水利水电工程施工技术全书

第二卷 土石方工程

第四册

地下工程施工技术

和孙文 葛浩然 等 编著

中国水利水电出版社
www.waterpub.com.cn
·北京·

内 容 提 要

本书是《水利水电工程施工技术全书》第二卷《土石方工程》中的第四分册。本书系统阐述了地下工程施工的技术和方法。主要内容包括:综述、总体规划、工程地质、施工测量、通风与降尘、隧洞开挖、TBM施工、斜井与竖井开挖、地下厂房开挖、支护工程、不良地质条件下的开挖、混凝土施工、灌浆施工、施工安全监测等。

本书可作为水利水电工程施工领域的工程技术人员、工程管理人员和高级技术工人的工具书,也可供从事水利水电工程科研、设计、建设及运行管理和相关企事业单位的工程技术、工程管理人员使用,并可作为大专院校水利水电工程及机电专业师生教学参考书。

图书在版编目(CIP)数据

地下工程施工技术 / 和孙文等编著. -- 北京 : 中国水利水电出版社, 2019.1
  (水利水电工程施工技术全书. 第二卷, 土石方工程; 第四册)
  ISBN 978-7-5170-6765-8

Ⅰ. ①地… Ⅱ. ①和… Ⅲ. ①水利水电工程—地下工程—工程施工—施工技术 Ⅳ. ①TV

中国版本图书馆CIP数据核字(2018)第197405号

书　　名	水利水电工程施工技术全书 **第二卷　土石方工程** **第四册　地下工程施工技术** DIXIA GONGCHENG SHIGONG JISHU
作　　者	和孙文　葛浩然　等 编著
出版发行	中国水利水电出版社 (北京市海淀区玉渊潭南路1号D座　100038) 网址:www. waterpub. com. cn E-mail: sales@waterpub. com. cn 电话:(010)68367658(营销中心)
经　　售	北京科水图书销售中心(零售) 电话:(010)88383994、63202643、68545874 全国各地新华书店和相关出版物销售网点
排　　版	中国水利水电出版社微机排版中心
印　　刷	天津嘉恒印务有限公司
规　　格	184mm×260mm　16开本　27.75印张　658千字
版　　次	2019年1月第1版　2019年1月第1次印刷
印　　数	0001—3000册
定　　价	**128.00元**

凡购买我社图书,如有缺页、倒页、脱页的,本社营销中心负责调换

《水利水电工程施工技术全书》
编审委员会

《水利水电工程施工技术全书》
各卷主（组）编单位和主编（审）人员

卷序	卷名	组编单位	主编单位	主编人	主审人
第一卷	地基与基础工程	中国电力建设集团（股份）有限公司	中国电力建设集团（股份）有限公司 中国水电基础局有限公司 中国葛洲坝集团基础工程有限公司	宗敦峰 肖恩尚 焦家训	谭靖夷 夏可风
第二卷	土石方工程	中国人民武装警察部队水电指挥部	中国人民武装警察部队水电指挥部 中国水利水电第十四工程局有限公司 中国水利水电第五工程局有限公司	梅锦煜 和孙文 吴高见	马洪琪 梅锦煜
第三卷	混凝土工程	中国电力建设集团（股份）有限公司	中国水利水电第四工程局有限公司 中国葛洲坝集团有限公司 中国水利水电第八工程局有限公司	席　浩 戴志清 涂怀健	张超然 周厚贵
第四卷	金属结构制作与机电安装工程	中国能源建设集团（股份）有限公司	中国葛洲坝集团有限公司 中国电力建设集团（股份）有限公司 中国葛洲坝集团机电建设有限公司	江小兵 付元初 张　晔	付元初
第五卷	施工导（截）流与度汛工程	中国能源建设集团（股份）有限公司	中国能源建设集团（股份）有限公司 中国葛洲坝集团有限公司 中国水利水电第八工程局有限公司	周厚贵 郭光文 涂怀健	郑守仁

《水利水电工程施工技术全书》
第二卷《土石方工程》
编委会

主　编：梅锦煜　和孙文　吴高见

主　审：马洪琪　梅锦煜

委　员：王永平　王红军　李虎章　吴国如　陈　茂
　　　　陈太为　何小雄　沈益源　张少华　张永春
　　　　张利荣　汤用泉　杨　涛　林友汉　郑道明
　　　　黄宗营　温建明

秘书长：郑桂斌　徐　萍

《水利水电工程施工技术全书》
第二卷《土石方工程》
第四册《地下工程施工技术》
编写人员名单

主　　编：和孙文　　葛浩然

副 主 编：杨元红　　徐　萍

主　　审：和孙文

编写人员：和孙文　　马　岚　　李继兴　　张玉彬　　沈如东

　　　　　张　林　　李兴明　　唐贤祥　　徐　萍　　王仕虎

　　　　　葛浩然　　王来所　　唐　俊　　杨元红　　吴庆杰

　　　　　金长文　　张宽宝　　刘芳明　　刘　伟　　周　涛

　　　　　王红军　　段汝健　　傒光恒　　杨天吉　　熊训邦

　　　　　胡耀光　　崔　巍　　张昌仁

序 一

水利水电工程建设在我国作为一项基础建设事业，已经走过了近百年的历程，这是一条不平凡而又伟大的创业之路。

新中国成立66年来，党和国家领导人一直高度重视水利水电工程建设，水电在我国已经成为了一种不可替代的清洁能源。我国已经成为世界上水电装机容量第一位的大国，水利水电工程建设不论是规模还是技术水平，都处于国际领先或先进水平，这是几代水利水电工程建设者长期艰苦奋斗所创造出来的。

改革开放以来，特别是进入21世纪以来，我国的水利水电工程建设又进入了一个前所未有的高速发展时期。到2014年，我国水电总装机容量突破3亿kW，占全国电力装机容量的23%。发电量也历史性地突破31万亿kW·h。水电作为我国当前重要的可再生能源，为我国能源电力结构调整、温室气体减排和气候环境改善作出了重大贡献。

我国水利水电工程建设在新技术、新工艺、新材料、新设备等方面都取得了突破性的进展，无论是技术、工艺，还是材料、设备等方面，都取得了令人瞩目的成就，它不仅推动了技术创新市场的活跃和发展，也推动了水利水电工程建设的前进步伐。

为了对当今水利水电工程施工技术进展进行科学的总结，及时形成我国水利水电工程施工技术的自主知识产权和满足水利水电建设事业的工作需要，全国水利水电工程施工技术信息网组织编撰了《水利水电工程施工技术全书》。该全书编撰历时5年，在编撰过程中组织了一大批长期工作在工程建设一线的中青年技术负责人和技术骨干执笔，并得到了有关领导、知名专家的悉心指导和审定，遵循"简明、实用、求新"的编撰原则，立足于满足广大水利水电工程技术人员的实际工作需要，并注重参考和指导价值。该全书内容涵盖了水利水电工程建设地基与基础工程、土石方工程、混凝土工程、金属结构制作与机电安装工程、施工导（截）流与度汛工程等内容的目标任务、原理方法及工程实例，既有理论阐述，又有实例介绍，重点突出，图文并茂，针对性及可操作性强，对今后的水利水电工程建设施工具有重要指导作用。

《水利水电工程施工技术全书》是对水利水电工程施工技术实践的总结和理论提炼，是一套具有权威性、实用性的大型工具书，为水利水电工程施工"四新"技术成果的推广、应用、继承、创新提供了一个有效载体。对大力推动水利水电技术进步和创新，推进中国水利水电事业又好又快地发展，具有十分重要的现实意义和深远的科技意义。

水利水电工程是人类文明进步的共同成果，是现代社会发展对保障水资源供给和可再生能源供应的基本需求，水利水电工程施工技术在近代水利水电工程建设中起到了重要的推动作用。人类应对全球气候变化的共识之一是低碳减排，尽可能多地利用绿色能源就成为重要选择，太阳能、风能及水能等成为首选，其中水能蕴藏丰富、可再生性、技术成熟、调度灵活等特点成为最优的绿色能源。随着水利水电工程建设与管理技术的不断发展，水利水电工程，特别是一些高坝大库能有效利用自然条件、降低开发运行成本、提高水库综合效能，高坝大库的高度、库容等记录不断被刷新。三峡、拉西瓦、小湾、溪洛渡、锦屏、向家坝等一批大型、特大型水利水电工程的相继建成并投入运行，标志着我国水利水电工程技术已跨入世界领先行列。

近年来，我国水利水电工程施工企业积极实施"走出去"战略，海外市场开拓业绩突出。目前，我国水利水电工程施工企业在亚洲、非洲、南美洲多个国家承建了上百个水利水电工程项目，如尼罗河上的苏丹麦洛维水电站、号称"东南亚三峡工程"的马来西亚巴贡水电站、巨型碾压混凝土坝泰国科隆泰丹水利工程、非洲第一水利枢纽工程埃塞俄比亚泰克泽水电站等，"中国水电"的品牌价值已被全球业内所认可。

《水利水电工程施工技术全书》对我国水利水电工程施工技术进行了全面阐述。特别是在众多国内外大型水利水电工程成功建设后，我国水利水电工程施工人员创造出一大批新技术、新工法、新经验，对这些内容及时总结并公开出版，与全体水利水电工作者分享，这不仅能促进我国水利水电行业的快速发展，提高水利水电工程施工的技术水平，保障施工安全和质量，规范水利水电施工行业发展，而且有助于我国水利水电行业走进更多国际市场，展示我国水利水电行业的国际形象和实力，提高我国水利水电行业在国际上的影响力。

该全书的出版不仅能提高水利水电工程施工的技术水平，而且有助于提高我国水利水电行业在国内、国际上的影响力，我在此向广大水利水电工程建设者、工程技术人员、勘测设计人员和在校的水利水电专业师生推荐此书。

孙继水

2015 年 4 月 8 日

序 二

　　《水利水电工程施工技术全书》作为我国水利水电工程施工领域的综合性大型工具书之一，与广大读者见面了！

　　这是一套非常好的工具书，它也是在《水利水电工程施工手册》基础上的传承、修订和创新。集中介绍了进入 21 世纪以来我国在水利水电施工领域从施工地基与基础工程、土石方工程、混凝土工程、金属结构制作与机电安装工程、施工导（截）流与度汛工程等方面采用的各类创新技术，如信息化技术的运用：在施工过程模拟仿真技术、混凝土温控防裂技术与工艺智能化等关键技术中，应用了数字信息技术、施工仿真技术和云计算技术，实现了工程施工全过程实时监控，使现代信息技术与传统筑坝施工技术相结合，提高了混凝土施工质量，简化了施工工艺，降低了施工成本，达到了混凝土坝快速施工的目的；再如碾压混凝土技术在国内大规模运用：节省了水泥，降低了能耗，简化了施工工艺，降低了工程造价和成本；还有，在科研、勘察设计和施工一体化方面，数字化设计研究面向设计施工一体化的三维施工总布置、水工结构、钢筋配置、金属结构设计技术，推广复杂结构三维技施设计技术和前期项目三维枢纽设计技术，形成建筑工程信息模型的协同设计能力，推进建筑工程三维数字化设计移交标准工程化应用，也有了长足的进步。因此，在当前形势下，编撰出一部新的水利水电工程施工技术大型工具书非常必要和及时。

　　水利水电工程施工技术的不断推进，必然会给水利水电工程施工带来新的发展机遇。同时，也会出现更多值得研究的新课题。相信这些都将对水利水电工程建设事业起到积极的促进作用。该全书是当今反映水利水电工程施工技术最全、最新的系列图书，体现了当前水利水电领域最先进的施工技术，其中多项工程实例都曾经创造了水利水电工程的世界纪录。该全书总结的施工技术具有先进性、前瞻性，可读性强。该全书的编者都是参加过我国大型水利水电工程的建设者，有着非常丰富的各专业施工经验。他们以高度的社会责任感和使命感、饱满的工作热情和扎实的工作作风，大力发展和创新水电科学技术，为推进我国水利水电事业又好又快地发展，作出了新的贡献！

近年来，我国水利水电工程建设快速发展，各类施工技术日臻成熟，相继建成了三峡、龙滩、水布垭等具有代表性的水电工程，又有拉西瓦、小湾、溪洛渡、锦屏、糯扎渡、向家坝等一批大型、特大型水电工程，在施工过程中总结和积累了大量新的施工技术，尤其是混凝土温控防裂的施工方法在三峡水利枢纽工程的成功应用，高寒地区高拱坝冬季施工综合技术在拉西瓦等多座水电站工程中的应用……，其中的多项施工技术获得过国家发明专利，达到了国际领先水平，为今后水利水电工程施工提供了参考与借鉴。

目前，我国水利水电工程施工技术已经走在了世界的前列，该全书的出版，是对我国水利水电工程建设领域的一大贡献，为后续在水利水电开发，例如金沙江上游、长江上游、通天河、黄河上游的水电开发、南水北调西线工程等提供借鉴。该全书作为工具书，可为广大工程建设者们提供一个完整的水利水电工程施工理论体系及一系列工程实例，对今后的水利水电工程建设具有指导、传承和促进发展的显著作用。

《水利水电工程施工技术全书》的编撰、出版是一项浩繁辛苦的工作，也是一个具有创造性的劳动过程，凝聚了几百位编、审人员近 5 年的辛勤劳动，克服了各种困难。值此该全书出版之际，谨向所有为该全书的编撰给予关心、支持以及为此付出了辛勤劳动的领导、专家和同志们表示衷心的感谢！

2015 年 4 月 18 日

前　言

由全国水利水电施工技术信息网组织编写的《水利水电工程施工技术全书》第二卷《土石方工程》共分十册，《地下工程施工技术》为第四册，由中国水利水电第十四工程局有限公司编写。

水利水电地下工程施工，是水利水电工程施工的重要组成部分，也是在围岩中，利用钻孔爆破、锚喷支护、安全监测以及隧洞全断面掘进机（TBM）等技术方法，进行开挖、支护、衬砌等构筑地下水工建筑物的系统工程，施工安全及技术质量要求高。随着我国能源、水利发展战略的实施，受我国水电资源的禀赋决定，西部的高山峡谷中大型水电站的建设，大多采用地下引水式发电系统开发方式，且抽水蓄能电站也以地下工程为主，大型调水工程中深埋长大水工隧洞与地下泵站也在不断涌现。21 世纪以来，依托国家重点工程项目建设，在引进、消化、吸收的基础上，通过集成创新与自主创新，我国水利水电地下工程施工技术取得了巨大的进步。为了提高地下工程施工技术水平，编写了《地下工程施工技术》，以供工程施工技术人员在实际工作中参考。

本书重点介绍了地下工程的施工测量方法，包括隧洞、斜井、竖井及地下厂房开挖支护方法，不良地质条件下的开挖，混凝土施工，灌浆施工等。对近些年地下工程施工出现的新技术、新方法、新工艺进行了系统阐述，并应用工程实例较为详细地介绍了各项施工方法的具体情况。本书编写力求系统性、先进性和实用性。

本书共 14 章，第 1 章由和孙文、马岚编写；第 2 章由李继兴、张玉彬编写；第 3 章由沈如东、张林编写；第 4 章由李兴明、唐贤祥编写；第 5 章由徐萍、王仕虎编写；第 6 章由葛浩然、王来所、唐俊编写；第 7 章由杨元红、吴庆杰、金长文编写；第 8 章由葛浩然、张宽宝、刘芳明、刘伟编写；第 9 章由周涛、王红军编写；第 10 章由葛浩然、段汝健编写；第 11 章由葛浩然、傅光恒编写；第 12 章由杨天吉、王红军、熊训邦编写；第 13 章由沈如东、胡耀光编写；第 14 章由崔巍、张昌仁编写。

本书编写过程中参考了多部地下工程施工技术方面的文献，同时得到了马洪琪院士的悉心指导及水电行业同仁们的大力支持和合作，在此表示衷心的感谢。

鉴于编者水平和经验有限，书中难免有不足和疏漏之处，恳请读者批评指正。

编者

2018 年 7 月

目　录

1 综 述

进入 21 世纪，以可持续发展为统领，为应对气候变化，全球形成了低碳发展的基本共识。其特点是通过实体经济的技术创新、组织创新、发展模式转型来减少对化学燃料的依赖，以降低温室气体排放量，适应和减缓气候变暖。其本质是通过不断增加对气候变化科技研发的投入，提高能源利用效率，开发清洁能源技术，优化产业结构，发展循环经济，重构经济社会可持续发展的微观基础。为实现 2020 年单位 GDP 二氧化碳减排40％～45％的目标，中国政府承诺，到 2020 年非化石能源占一次能源消费比重要达到 15％，常规水电占 9％。

水力发电工程是一项旨在以可持续方式提供现代能源和淡水服务，从而促进社会发展的技术，涉及了众多的利益相关方和专业学科。水电是重要的可再生能源，是电力系统中具有调峰、填谷、调频、调相、紧急事故备用、及时启动等多种功能的特殊电源，抽水蓄能电站运行灵活、反应快速，是目前最具经济性的大规模储能设施。因此，水电开发成为我国应对低碳形势，改善能源结构，提高电力系统综合效益与运行安全，协调区域发展，优化生态环境，保障人民生计，改变国际形象的重要手段。

最新的水能资源普查结果显示，我国水电能源可开发量为 5.146 亿 kW，经济可开发量为 4.018 亿 kW。截至 2016 年，我国水电装机容量已突破 3.3 亿 kW，初步规划到 2020 年水电装机容量将达到 3.8 亿 kW，其中抽水蓄能电站将达 5000 万 kW。

随着我国能源、水利发展战略的实施，受我国水电资源的自然分布状况所限，西部的高山峡谷中大型水电站的建设，大多采用地下引水式发电系统开发方式，且抽水蓄能电站也以地下工程为主，因此，大型调水工程中深埋长大水工隧洞与地下泵站将不断涌现。依托国家重点工程项目建设，在引进、消化、吸收基础上，通过集成创新与自主创新，我国水利水电地下工程施工技术取得了巨大的进步，为"确认中国水电发展处于全球领先地位，并且在国际上也发挥着越来越重要的作用"（IHA 北京水电宣言）作出了卓越的贡献。

1.1 技术现状

1.1.1 大型地下洞室群施工技术

地下引水发电系统由引水系统、厂房发电系统、尾水系统洞室群组成。一些特大型水电站洞室群，主要洞室开挖跨度超过 30m，边墙开挖高度超过 70m，在不到 $1km^2$ 的范围内由发电厂房、主变压器室、尾水调压室、平洞、斜井、竖井等百余条洞室组成。总体来说，大型地下引水发电系统具有布置密集、纵横交错、地质条件复杂、施工环境恶劣、安全风险极高等特点。水利水电特大型地下洞室群施工为当今地下工程中最复杂的系统工程，是地下工程结构建造技术的最高集成。截至 2015 年，我国已建成 120 余座地下水电站，尤其是龙滩、小湾、三峡水利枢纽右岸、彭水、构皮滩、官地、瀑布沟、糯扎渡、向家坝、溪洛渡（见图 1-1）、锦屏一级、锦屏二级等水电站的建成投产，标志着我国已成为全球建造地下水电站最多、综合建造能力强、技术水平领先的国家（见表 1-1）。

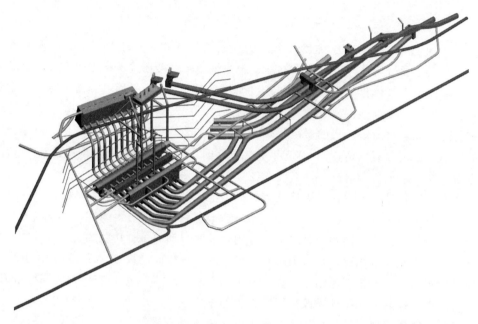

图 1-1　溪洛渡水电站地下厂房三维图

表 1-1　　　　　我国已建部分特大型地下引水发电系统工程一览表

水电站名称	装机容量/MW	主厂房尺寸/(m×m×m)	主变压器室尺寸/(m×m×m)	总洞挖量/万 m^3	主厂房开挖量/万 m^3	厂房开挖合同工期/月	厂房实际开挖工期/月
溪洛渡（左）	9×770	443.3×31.9×75.6	352.9×19.8×33.3	503.05	65.41	37	36
溪洛渡（右）	9×770	443.3×31.9×75.6	352.9×19.8×33.3	502.07	66.14	37	30
向家坝	4×750	245.0×33.4×85.5	192.3×26.3×23.9	187.49	59.09	32	
糯扎渡	9×700	418.0×31.0×77.8	348.0×19.0×22.6	260.10	81.80	30	31
龙滩	9×700	388.5×30.7×74.4	397.0×19.5×22.5	309.00	66.31	36	32.3
拉西瓦	6×700	311.8×30.0×75.0	354.8×29.0×53.0	—	—	—	—
小湾	6×700	298.4×30.6×79.4	257.0×19.0×32.0	180.82	55.62	36	28.5
三峡水利枢纽右岸	6×700	311.3×32.6×87.3		160.00	65.00	32	36
大岗山	4×650	226.6×30.8×73.8	144.0×18.8×25.6	160.12	32.95		28
长河坝	4×650	228.8×30.8×73.4	150.0×19.3×26.2	226.50	31.97	36	32

水电站名称	装机容量/MW	主厂房尺寸/(m×m×m)	主变压器室尺寸/(m×m×m)	总洞挖量/万 m³	主厂房开挖量/万 m³	厂房开挖合同工期/月	厂房实际开挖工期/月
锦屏一级	6×600	277.0×29.6×68.8	201.6×19.3×35.2	202.37	68.67	36.5	40
锦屏二级	8×600	352.4×28.9×72.2	374.6×19.8×31.4	1479.27	49.99	32	32
官地	4×600	243.4×31.1×76.3	197.3×18.8×25.2	238.34	35.23	22	26
构皮滩	5×600	230.5×27.0×75.3	207.1×15.8×21.34	170.00	41.60	24	33
瀑布沟	6×550	294.1×30.7×70.2	250.3×18.3×25.6	105.893	42.50	28	23.5
二滩	6×550	280.3×30.7×65.6	214.9×18.3×25.0	195.00	40.50	32	27
鲁地拉	6×360	267.0×29.8×77.2	203.4×19.8×29.5	167.93	57.09	27	38
彭水	5×350	252.0×30.0×76.5	——	80.52	41.50	17.5	33

地下引水发电系统工程施工，在三大洞室［主厂房、主变室、尾调（尾闸）室］施工前，应根据工程实际，充分论证、规划和优化总体施工方案，认真布置施工支洞，为三大系统（引水、厂房、尾水为三大系统）多工作面平行作业创造条件。根据合同技术要求进行开挖与支护现场工艺实验，掌握工艺要领，找准质量控制点，确定工艺流程；控制辅助工程进度，力争在主厂房开挖前，完成相应周边排水系统施工，改善围岩稳定条件；完成监测仪器埋设，为实现施工全过程实时监测奠定基础；完成通风洞（井），完善施工通风，改善作业环境，为确保主体工程连续施工创造条件。大型地下厂房是地下引水发电系统施工的关键项目，由于断面尺寸大，交叉口多，洞周围岩挖空率高，围岩稳定问题最突出。大型洞室施工多依照自上而下、分层分块开挖支护，逐步成型的原则进行。从围岩应力状态变化角度考察，不同的开挖支护程序就意味着不同的应力路径或应力历史，不仅影响施工期内围岩的应力、松弛区、洞周位移，而且影响洞室群最终成型后围岩的应力分布、松弛区大小以及洞周位移状况。因此，优选开挖方法及程序，适时有效进行支护是大型地下引水发电系统施工的关键技术问题。除地质因素外，还必须根据施工布置、进度要求、机械设备选型、施工成本等因素统筹兼顾，合理优化开挖支护施工方案。

马洪琪院士把我国大型地下引水发电系统快速安全施工的主要经验归纳为以下几点。

（1）统筹规划引水系统、三大洞室和尾水系统的施工程序，对关键线路的主厂房采用"平面多工序，立体多层次"的快速施工方法，首创地下厂房3层立体开挖方法。

（2）主厂房顶拱开挖遵循"先中后边、先软后硬"的开挖支护原则，喷射混凝土中普遍掺加钢纤维或化学纤维，以提高喷射混凝土整体性和抗裂性能。

（3）岩壁吊车梁采用双向光面爆破、锁角锚杆的岩台开挖技术，使岩台成型效果更好。锚杆在松弛圈不受力，向深部传递吊车梁荷载，使岩壁吊车梁对地质条件的适应性更强。

（4）厂房高边墙开挖遵循"施工分层、一次预裂、薄层开挖、随层支护"原则。第一层开挖完成后，即进行喷锚做浅层支护；第二层开挖完成后，上层用锚索做深层支护，下层进行喷锚支护，以控制高边墙有害变形。

（5）大挖空率高边墙应遵循"先洞后墙，重点加固"的开挖支护原则。两个尾水洞之间保留岩体厚度一般小于一倍洞径,对这部分岩体采用对穿锚索加固,以控制厂房高边墙大变形。

进入 21 世纪以来,我国在特大型地下洞室群的施工中,以优质、高效、安全、环保为目标,创建了特大型地下洞室群安全优质高效建设成套施工技术体系;建立了地下洞室群风流场数值模型和网络解算混合模型,提出了多洞全过程通风设计方法体系;研制了尾气净化、除尘装置,首次编制了绿色施工行业标准并形成了绿色施工评价指标体系;创建了特大型地下洞室群施工安全控制与评估技术体系;构建了具有施工信息采集和传输交互、施工通风分析、施工进度仿真和安全控制、预警预报以及决策支持等功能的集成平台;开发了特大型地下洞室群施工控制技术信息系统(见图 1-2)。

在复杂工程环境中,认真领会地下工程施工"精细爆破,适时支护,监控量测,动态优化"要义,系统运用特大型地下洞室群优质高效安全环保施工技术,我国水电建设者创造了月洞挖 24.8 万 m³ 的佳绩,基本能在 30 个月左右完成百万千瓦级的特大型地下引水发电系统工程的开挖与支护,确保开挖成型质量优良,有效控制爆破有害效应,调控岩体变形,实现支护结构对围岩塑性区的控制,不断缔造地下工程精品。

1.1.2 深埋长大水工隧洞施工技术

我国水工隧洞的建设基本符合社会发展的节拍,截至 2012 年,已建成的水工隧洞长度已超过 1200km。20 世纪 80 年代以前,西洱河一级水工隧洞一直保持着洞长第一的位置。1985 年以后,伴随着改革开放,鲁布革水电站率先使用世界银行贷款,引进国外的先进技术、先进设备和管理经验,使我国地下工程施工技术有了质的飞跃。鲁布革水电站水工隧洞全长 9.38km,开挖直径 8.8m,使用先进的开挖、支护设备,创造了全断面开挖、支护,月进尺 373.5m 的世界纪录。引水隧洞全断面针梁钢模混凝土衬砌技术的应用,极大地开拓了中国工程师的视野。天生桥二级水电站水工隧洞开挖直径 10.8m,是当时国内第一条采用 TBM 技术挖掘的隧洞。从此以后,我国工程技术人员在引进、消化、吸收基础上再创新,持续推动水工隧洞施工技术进步(见表 1-2)。

因工程的复杂性、地质条件的不确定性及施工运营安全的严苛性,深埋长大水工隧洞施工面临诸多技术挑战。深埋长大水工隧洞开始掘进之前,尽管可采用多层次平行的综合勘探方法对工程地质及水文地质条件进行勘察,但要消除地质条件的不确定性是不可能的,"十隧九变"是施工常态,主要原因如下:①原位应力高,特别是水平应力难于估计,且不易测量;②若穿越岩体无侧限抗压强度低于原位应力平均值(收敛较大且强度减弱),围岩将出现严重挤压并产生高塑性变形;③伴随高原位应力的硬岩将出现岩爆;④泥质岩将出现膨胀蠕变;⑤高外水压力或较大涌水;⑥断层和剪切带,通常伴随着软弱围岩,使围岩和工作面失稳;⑦沿隧道穿越的活动断层出现诱发地震和局部位移;⑧严重的构造破碎带,其力学条件和各向异性较差,需要进行预处理;⑨对地下水或较大含水层造成环境影响;⑩高地温;⑪有害气体逸出;⑫放射性污染等。上述修建隧道工程的不利条件都有可能出现。鉴于此,强调地质灾害防范意识,高度重视微观地质勘探,谨遵"探掘结合、防治并举、统筹兼顾、稳中求进"的原则是深埋长大水工隧洞施工设计的基本原则。尽可能选择适合快速施工的中、小断面隧洞布设集勘探、辅助通风排水及运输、增加工作面等

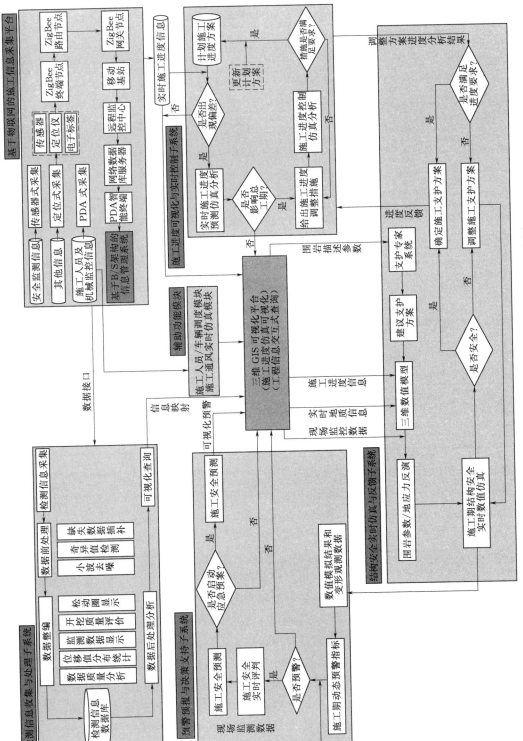

图 1 - 2 特大地下洞室群施工控制技术信息系统示意图

表 1-2　　　　　　　　　　　　　　　　部分国内深埋长大水工隧洞施工技术表

水电站及水电工程名称	洞长/m	断面尺寸/m	备　注
鲁布革	9380	8.0	云南罗平
西洱河一级	8248	5.6	云南大理
太平驿	30609	9.0	四川汶川岷江
福堂	19319	9.0	四川汶川岷江
沙湾	18715	8.4	四川木里河
硗碛	18670		四川宝兴河
锦屏二级	17250	12.4～13.0	四川雅砻江
薛城	15174	6.8	四川理县杂谷脑河
姜射坝	12742	7.5	四川茂县、汶川岷江
周宁	12352	6.8	福建周宁穆阳溪
色尔古	10200	9.0	四川黑水河
柳坪	10670	9.0	四川茂县黑水河
泗南江	10300	开挖洞径6.3；衬砌直径5.3	云南墨江泗南江
甘肃盘道岭隧道	15728		引大入秦工程
水磨沟隧洞	11650		引大入秦工程
引滦入津滦河隧洞	11395	5.7×6.25	河北
秦岭隧洞岭南施工段	18717	8.02	引汉济渭工程
秦岭隧洞岭北施工段	16543	8.02	引汉济渭工程
大伙房水库	85320	8.03	辽宁
岗曲河二级	11243	4.8、5.38	云南迪庆

于一体的多重功能的辅助洞，采用工程地质分析、仪器探测、超前钻孔进行超前地质预报，为探明地质条件、提前处理高压地下水及断层破碎带创造条件。深埋长大水工隧洞开挖方法和支护系统的确定受制于工程的功能实现、工程进度、工程成本、不可完全预见的地质灾害风险、安全与环境等多重因素影响，因而是一项高风险决策。

钻爆法是水工隧洞施工中应用最成熟的方法，"精细爆破、适时喷锚、监测反馈"是其核心。该方法适应地质条件范围广，可实现各种断面施工，应变能力强，建造成本可接受程度高。我国在软土隧道中采用新奥法，提出"管超前、严注浆、短进尺、少扰动、强支护、快封闭、早成环、勤量测"要诀，取得了成功。单一水工隧洞独头掘进的最大距离，受通风、冷却、排气、排水、出渣及材料运输等后期条件和时间周期限制。采用钻爆法时，多为3～5km，长隧洞施工多需设置施工支洞，实现"长隧短打"。要实现钻爆法快速施工，第一是应强调施工安全，这是工程参建各方的共同责任；第二是配置高性能配套成龙的施工机械设备，组织开挖、支护、衬砌、灌浆等多工序的平行流水作业；第三是应付不良地质条件的手段和措施；第四是充分的应急救援预案及施工组织与管理。工程实践证明，开挖过程中随机支护的及时施作是确保施工及工程安全的重要环节。

掘进机分全断面掘进机和部分断面掘进机（悬臂式掘进机）。全断面掘进机又分为全断面岩石掘进机和盾构机两大类，为扩展全断面岩石掘进机对复杂地层的适应性产生了单护盾掘进机、双护盾掘进机、三护盾掘进机。全断面岩石掘进机（TBM），至今已有60多年的发展史，在技术上日趋成熟。TBM法机械化程度高，施工速度快、安全，劳动强度相对小，施工环境相对好，是长隧洞施工，尤其是独头掘进距离较长条件下的主要方法。国际隧道协会（International Tunnel Association，ITA）在其"长大深埋隧洞"报告中指出，机械化隧洞施工方法，在不良地质条件下，目前的隧洞工艺水平仅限于在水头不超过1MPa的地下水位下方透水土层中进行作业。掘进机属于典型的非标准设备，没有适合任何地质条件的通用掘进机。设备一经确定后，开挖断面尺寸较难改变，制造安装需耗时8~14个月，一次性投资较大。实践证明，掘进机性能的发挥在很大程度上依赖于工程地质条件和水文地质条件，如岩体的裂隙等级、岩石的单轴抗压强度和韧性将决定掘进机掘进速率和工程成本，后配套系统必须满足支护体系施工及不良地质的超前探测及预加固处理措施，是成功使用掘进机的基础和保证。优良的设备保障、科学的施工管理和较强的施工组织应变能力，加上工程参建各方通力合作，将风险识别并设法降低风险变成共同的自觉行动等是成功的关键。

在深埋长大水工隧洞施工方案对比分析时，需要辩证地抉择，优势互补，综合运用。

锦屏二级水电站，4条引水隧洞单洞长为17km，开挖洞径为13~14.6m，普遍埋深为1500~2000m，最大埋深为2525m，是当今世界规模最大的深埋长大水工隧洞群。实测最大地应力为113.87MPa，围岩最小强度应力比为0.8；超高压大流量岩溶地下水集中发育，最高外水压力为10.22MPa，最大单点突涌水量为7.3m³/s，技术难度极具挑战性。

锦屏二级水电站深埋长大水工隧洞群，1号、3号引水洞东端采用TBM法，西端采用钻爆法，相向掘进；2号、4号引水洞均采用钻爆法，并在辅助洞打3条横洞，实现"长隧短打"。采用TBM法先行施工直径为7m的排水洞，形成多通道、多工作面协同、空间分序立体交叉施工，创造了隧洞群高地应力洞段单月开挖3300m的世界纪录，实现了深埋长大水工隧洞群的快速施工。

经过建设者不懈努力，系统攻坚，项目建成投产，取得了显著的成果，解决了强烈岩爆、高压大流量突涌水条件下长大隧洞群安全快速施工的工程难题。构建了高地应力岩爆风险集成预警系统，首创"超前诱导能量释放，时空分序强化围岩"的岩爆综合防治技术；建立了地下突涌水灾害风险识别体系，研发了高压大流量突涌水综合治理成套技术；提出了超长隧洞无轨运输无风门巷道式射流施工通风工法，实现了超深埋长大水工隧洞群多工作面协同安全快速施工，创造了超长隧洞无轨运输9602.8m和通风距离与独头掘进的新纪录。

Coca Codo Sinclair（简称CCS）水电站位于厄瓜多尔东部的Coca河流域。该水电站为引水式水电站，由首部枢纽、输水隧洞、调节水库、地下引水发电系统组成，静水头为618m，总装机1500MW，设计、施工、采购总承包（简称EPC）合同额为23亿美元，合同工程总工期为66个月，第60个月第一台机组发电，为厄瓜多尔目前最大的水电站，是中国对外承揽已建在建的最大EPC水电工程。

CCS水电站输水隧洞全长24.825km，采用全断面衬砌结构型式，为无压隧洞，成洞洞径为8.2m，输水流量为222m³/s，纵坡为0.173％。输水隧洞最大埋深为750m，穿越的地层岩性为花岗岩、安山岩、粗面岩、玄武岩、石灰岩、泥灰岩和砂岩等，实测岩石抗压强度最大达到 270MPa，主要分布于隧洞前段；沿线穿越规模不等的断层共 32 条，推测单个断层及其影响带长约 150m，预计全洞渗水约 750L/s，是一个典型的复杂地质条件深埋长大水工隧洞工程，其安全风险大，标准要求高，社会影响显著。

CCS 水电站输水隧洞在进口及中部设置 3 条施工支洞，采用以 2 台双护盾 TBM 逆坡掘进为主，钻爆法为辅，多工作面平行作业方式施工。TBM 掘进段采用预制钢筋混凝土管片衬砌，厚度为 0.3m，开挖洞径为 9.11m。管片为"6+1"通用型管片，管片混凝土设计强度为 40MPa、50MPa（ASTM），采用砂浆与豆砾石回填同步跟进，回填灌浆及围岩固结灌浆后续补强，连续式胶带机出渣。TBM1 实际掘进长度为 10782m，历时 30 个月，正常掘进时间共 21 个月，平均月掘进效率为 513.4m/月；最高单月掘进记录发生在 2013 年 11 月，当月掘进长度为 1059m，最高单日掘进长度为 43.2m，脱困段 F_5 断层及其影响带长达 250m，实测单点最大涌水为 2200L/s；TBM2 实际掘进长度为 13745m，历时 27.3 个月，正常掘进时间共 21.7 个月，平均月掘进效率为 633.4m/月；最高单月掘进记录发生在 2013 年 4 月，当月掘进长度为 1001m，最高单日掘进长度为 46.1m。TBM1 单月 1059m 的掘进速度在世界同类洞径中排名第 3。CCS 水电站输水隧洞建成投运，是在复杂地质条件下深埋长大水工隧洞设计建造领域，通过国际合作实现的一个成功的范例。

1.1.3　长斜（竖）井施工技术

水工压力管道工程中，长斜井与竖井是施工环境恶劣、作业难度最大、施工安全风险最高的工程。西龙池抽水蓄能电站输水系统上斜井长为 515.47m，坡度为 56°，采用导洞（井）法，使用爬罐和反井钻对接施工，采用绿光激光校准等"四新"技术工艺，解决了测量控制、通风排烟、不良地段安全处理、滞留水处理、安全点火起爆等难题，创造了用阿力玛克爬罐施工 56°斜井 382.0m 的新纪录，成功实现与 135m 反井钻孔精准对接。福堂水电站调压井，开挖直径为 31.4m，井筒高为 117.7m，是目前国际上已建水电站工程中直径最大的引水调压井。工程处于北东龙门山断裂之后山断裂与中央断裂夹持的地块中，距活动性较强烈的茂汶断裂最近仅 0.5km，多属 V 类、Ⅳ 类岩体。施工采用超前固结灌浆预处理、大管棚锁口、反井钻施工溜渣井；应用加速遗传算法（AGA）对施工监测量进行预测分析；采用扒渣机械下卧、分区开挖、倒挂混凝土整体式悬挂模板间隔衬砌等方法，保证了施工安全与质量，施工技术达到国际先进水平。惠州抽水蓄能电站 4 条长斜井采用进口反井钻机施工导井，最长钻孔深度为 303.7m，自行开发研制了镶金刚石耐磨材料的保径钻头代替进口钻头，钻进长度从采用进口钻头的 70～90m/个提高到 150～200m/个，采用钨钴合金定位耐磨板代替进口的 TC 材料耐磨板，扩孔进尺由采用每个进口耐磨板的 240m、损伤滚刀 4 只，提高到钻孔 240m 不损伤滚刀。在引进吸收的基础上进行创新，形成了一套 300m 级长斜井反井钻导井施工的工法。

继在天荒坪抽水蓄能电站自主研制 XHM 斜井滑模获得突破后，桐柏抽水蓄能电站 400m 长斜井研制采用连续拉伸式液压千斤顶-钢绞线斜井滑模系统获得成功，并提高了工效。采用滑模技术施工长斜井衬砌在我国水电工程施工中广泛应用，技术经济效果良好。在自主发明断绳保护装置成功之后，我国水电工程长斜井施工成套技术的可靠度得到提高。

CCS 水电站静水头为 618m，2 条引水竖井内径为 5.8m，长度分别为 539m、535m，采用反井钻机施工直径为 2.2m 的导井，自上而下扩挖支护，初支面渗水处铺设土工防水板隔离，滑框翻模浇筑衬砌，GIN 法高压固结灌浆，成功建成投运，创造了新的纪录。美纳斯水电站 400m 级竖井采用反井钻钻设直径为 4.2m 的竖井取得进展。国内水电工程中，一批深竖井施工系统引进了中煤系统"伞钻法"正井法全断面机械化快速施工技术，我国水电水利工程斜井、竖井施工技术水平与能力持续提升。

1.1.4 其他

继广州抽水蓄能电站成功引用无钢衬高压钢筋混凝土岔管新技术之后，业内采用透水衬砌结构建造了一批 600m 级水头的高压管道。为有效利用围岩承载，多采用 7.5MPa 高压固结灌浆提高围岩的抗渗性及变形模量并对混凝土衬砌施加预应力。灌浆施工在现场工艺实验的基础上，针对实际地质条件优化布孔加密，采用普通水泥灌浆，围岩渗透系数可达 1×10^{-5} cm/s。根据现场水力劈裂实验结果，选择采用化学灌浆补强，以确保工程安全。目前，拟建国内水头最高的阳江抽水蓄能电站，在继广州抽水蓄能电站开展压水试验最高压力达 5.90MPa 的混凝土衬砌式高压岔管 1∶2 比例尺现场模拟试验之后，阳江抽水蓄能电站策划开展系统的大型试验，已开始 10MPa 高压固结灌浆工艺设计。同时，我国水电工程建设者已系统开展全位置自动焊接技术及 TOFD 检测技术应用研究，通过水压爆破实验对 WDB620（TMCP）、B780CF（QT）、SMI SUMITEN950（TMCP）高强度合金钢焊接工艺进行检验，为超高水头压力钢管制造进行了技术储备。

在小湾水电站、锦屏一级水电站超高拱坝坝肩抗力体加固处理地下工程中，采用了先进的变形收敛监测、摄影测量、声波测试等技术，岩体内埋设位移计、应力计和测缝计等对围岩稳定进行监测，实时反馈分析，实现了信息化施工，为安全施工创造了条件；采用钢筋混凝土锚固洞、桩群、固结灌浆、化学灌浆、锚固技术、水力切割与置换技术处理不良地基，成功控制超高工程边坡岩体卸荷影响，施工技术达到国际领先水平；建造的锦屏一级水电站泄洪隧洞过流流速高达 52m/s，通过 2014 年 10 月 100%开度、全工况高水位过流试验以及 2015 年 9 月 8%、25%、50%、75%、100%多工况下的高水位过流试验及事故闸门动水关闭试验，经受住了高水头、大流量、超高流速的长时间极端不利工况下的过流检验，过流后经联合检查未发现任何明显的破坏，施工质量优良。已建成的溪洛渡水电站泄洪洞设计过流流速为 25～50m/s。为提高混凝土衬砌抗裂控渗性能，小浪底水电站排沙洞工程及南水北调中线穿黄工程采用预应力衬砌结构获得成功；在自一里水电站等工程中，成功建造了气密性要求严苛的气垫式调压室。

1.2 技术创新

1.2.1 基础理论

隧洞开挖支护是一个持续的非线性的卸载与调节过程，高埋深的岩体将受到上覆岩体重力和区域构造应力场的作用，开挖后原有的应力场受到干扰，洞室周围将诱发形成新的应力场。采用非确定性科学研究方法把地下工程开挖支护这一受多因素影响的复杂现象大系统简化为时间、空间、物质、能量、信息等参数的计算分析问题，从时间运动过程的变化与周围事物的联系中，寻求发展规律，预测未来变化形态，使理论研究更符合实际，更具有科学性，从而实现预见、统一、协调、优化的目标，是极具挑战性的难题。

Evert Hoek 认为，"通常情况下，实际条件优先，计算结果只是指导实际决策，澄清疑问或不确定性。对设计者来说，在给定的分析条件下，把分析结果看得太重要，并据此做出决定的行为是非常不明智的。与有经验的承包人进行讨论有助于消除像隧洞设计者仅仅需要理论分析这样的误解。"

岩爆机理的试验研究，限于试验手段、试验设备和理论模型的局限性，尚处于探索阶段。

高地应力软弱围岩隧道挤压型变形及支护原理的研究，是针对具有高应力背景的软弱围岩松弛持续的一个过程。在发展到松散以前，变形将达到可观的量值，称为挤压型变形，其本质是岩体内的剪应力超限而引起的剪切蠕动。变形可发生在施工阶段，也可能会延续较长时间，需要有控制地释放围岩变形，以降低作用在支护结构上的变形压力。同时，采用具有变形能力且在变形中不损坏的隧道支护，并在开挖时预留变形量。利用工程手段"调动"围岩，仍有较长的路要走。

1.2.2 施工技术

（1）地应力测试技术。目前，原位应力的量测主要采用应力解除法和水压破裂法，也开发了测量岩体原位三向应力的探头。一般测试误差较大，还需进行深入研究。

（2）隧洞超前地质预报。隧洞超前地质预报主要有工程地质法、仪器法和超前钻探法等。其中仪器法是目前国内外隧洞地质超前预报方法研究的主要方向。用于隧洞地质超前预报的仪器法主要有弹性波反射法、地质雷达法、红外测温法和电磁波法等。弹性波反射法是利用围岩与不良地质体之间存在的波阻抗差异特征；地质雷达法是利用围岩与不良地质体之间存在的电阻率和介电常数差异特征；红外测温法是利用围岩与不良地质体或地下水之间可能存在的温度差异特征。隧洞超前地质预报工作应开展相应的理论和分析方法研究，提高准确性。

（3）计算机仿真技术。针对岩石力学与工程特殊的问题和需求开发高效的数值计算工具，并形成自主的仿真平台是将理论技术化的重要途径。钟登华院士研发团队等在水利水电工程领域进行了计算机仿真技术系统研发，即依据地质勘探资料，采用计算机仿真技术，构建三维地质模型及数字工程信息，可预测传统的地质勘探工作未发现的不良地质构造，提前研究相应的对策措施；根据施工组织设计采用计算机仿真技术，实现施工进度可视化实时控制，为施工精细化管理提供支撑平台。计算机仿真技术科技成果的推广应用前景广阔。

（4）地质灾害防治技术。当前对岩爆的治理一般采用修正掌子面法和超前导洞应力解除法，多根据岩爆倾向指数预判，进行应力释放，然后采用能快速凝结且喷层厚度不受限制的纳米有机仿钢纤维喷射早强混凝土封闭，利用能快速提供支护抗力的水胀式锚杆和胀壳式预应力锚杆进行加固，辅以后期对破损区的固结灌浆处理，加强对施工人员及机械设备的安全防护等综合措施取得了成效，但对强岩爆的治理仍需探索。

大流量高水压突水突泥的防治，尤其是在工程对地下水或较大含水层造成环境影响需要控制的情况下，尚有诸多难题悬而未决。对不良地质体的塌方预警预报和治理技术尚需完善，对不良地质体的预加固技术仍待创新。

（5）工程安全监测技术。现行的地下工程安全监测，都是在开挖过程中定期采集应力、变形、渗流、渗压等数据评价地下结构工作性态，采取相应措施。监测设备包括多点位移计、电阻应变片或弦式仪器等。应研发光纤传感仪器、声发射技术及利用非固定像点数码摄影量测数字全息信息技术等，构建基于物联网的信息技术平台，为地下工程结构工作性态实时分析奠定基础；研发多元信息预警系统及安全评价方法以提高地下工程施工过程安全评价的全面性、准确性和实时性。

（6）其他。

1）施工通风。施工通风不仅牵扯到施工进度，还涉及施工环境及施工安全问题。多条平行施工的长隧道按 $250\sim500m$ 间隔设置横通道，采用巷道式通风，是简单易行的有效方法。单一隧道只能采用管道混合通风方案，采用钻爆法施工时要控制炸药单耗，注意炸药氧平衡指标及对爆破微尘的控制，少使用内燃机设备，设法降低废气（或污染物）总量。此外，对采用管道通风的隧洞工程，在条件许可时，应采取措施缩短通风路径；采用大功率风机，大直径通风管以期实现较大的独头掘进长度，尚需对通风风流行为进行深入研究，为实现科学的通风管理创造条件。大型地下洞室群施工通风，目前仍是一个难题，在有条件的情况下，应布置通风竖井，尽早形成自然通风与机械通风相结合的方法。机械通风采用变频调速，布设作业环境监测物联网，实现智能通风。

2）非爆破开挖。引进采矿系统采用的高效单臂硬岩掘进器，研发适用于国内水电行业资源配置现状的后配套运输、支护及其他后勤系统，在中硬岩中实现月均掘进 $300\sim500m$ 的目标。

中煤系统竖井 RBM 机械化施工已取得进展，引进、消化、吸收应同步开展。

3）喷锚支护。研发新型喷锚支护的材料，通过掺加硅粉、纳米材料、玄武岩纤维及低碱速凝剂，配制凝结快、回弹低、早期强度高的高性能喷射混凝土。

开发适用于断层破碎带的快速施工锚杆、"可让性"支护结构以及"让压式"预应力锚索，加强对预应力锚索防腐技术的研究，提高其耐久性。

4）应根据岩体特性及爆破有害效应控制的要求，研制系列性能适宜的爆破器材，并研发相应的爆破技术。

1.3 展望

在现代水利水电工程的地下工程施工时，在围岩中采用有效的调控技术，经过反馈调节，适时地控制岩体变形，调整岩体强度，改善岩体应力状态，维护与改善环境稳定性，以期使围岩与结构的工程能力得到充分发挥，从而获得系统的最佳效益，优质高效地实现工程目的的理念已成共识。随着社会经济的进一步发展，城市化进程的加快，面对资源短缺、环境恶化和土地衰退的严峻挑战，有识之士提出"Think Deep"的号召，即把地下空间当成新型的国土资源加以开发利用。在"一带一路"倡议实施带动下，我国水利水电开发不断深入，地下工程建设需求巨大，地下工程施工技术进步将面临诸多挑战，可谓

"困难与希望同在，机遇与挑战并存"。在国家创新发展战略引领下，技术创新体系与机制不断完善，坚持"自主创新，重点跨越，支撑发展，引领未来"的方针，依托乌东德、白鹤滩、两河口、杨房沟、清远、天池、丰宁、卡鲁玛、下凯富峡等水电站项目及新疆引额济乌等一批巨型调水工程项目建设，坚持理论与实践相结合，产、学、研、用协同推进，不断地创新、集成，持续推动我国水利水电地下工程施工技术进步，实现安全、优质、高效、环保建设目标，科学管理，精工良建，定将为我国绿色水利水电开发引领国际潮流作出应有的贡献。

2 总体规划

水利水电地下工程施工总体规划包括施工总程序、施工总布置、施工总进度、施工通道设计、施工资源配置、绿色施工等。总体规划要根据地下工程特点，施工难点、重点及施工方案来编制。

2.1 施工总程序

地下工程施工总程序由各组成系统的施工程序有机结合而成。在确定施工总程序时，要针对每个地下工程的特点认真分析研究，优先考虑科学合理引用"四新"技术，大力倡导绿色施工的理念。各组成系统主要包括引水系统、地下厂房系统、尾水系统及导流洞与泄洪隧洞的施工程序。

地下洞室群开挖总程序主要根据主厂房、主变室、尾调（尾闸）室（简称三大洞室），上下层叠洞室，立体交叉洞室，隧洞平交口等围岩稳定要求；合同控制性节点工期要求和具备工作面等条件来进行安排，并着力把引水、厂房、尾水、渗控、通风系统作为五大相对独立的施工体系，以三大洞室开挖为主线，按照排水、施工通道早安排的原则进行。

2.1.1 引水系统

地下引水系统指取水口至水电站球阀之间的水道，一般由水电站进水塔、上平洞段、斜（竖）井段、下平洞段及岔支管段组成，长引水隧洞末端还设置上游调压井，高压洞段有钢衬或部分钢衬，岔管有钢岔管或钢筋混凝土岔管之分。

引水系统施工原则：常规洞室开挖由外往里进行，混凝土衬砌视施工通道等因素决定衬砌方向，特殊洞室施工可根据实际情况灵活调整。地下引水系统施工程序见图 2-1。

有些水电工程由于地形地质条件的限制，引水隧洞会设置得较长，如西洱河一级水电站引水隧洞长超过 8km，鲁布革水电站引水隧洞长超过 10km 等。在施工中，这类长隧洞和地下厂房系统基本不发生干扰，所以，可以作为一个单独施工单元来考虑。采用钻爆法施工时，考虑工期和作业环境卫生，常常需要采取长洞短打法，即沿途分设几个施工支洞，把主洞分成 A、B、C、D、E、F 段，其施工程序见图 2-2。

各个施工程序的集合体便是该工程的施工总程序。

2.1.2 地下厂房系统

地下厂房系统包括主副厂房、安装间、母线洞、主变室、尾调室以及相应的交通洞、通风洞、排风井、电缆洞（井）、排水洞和附属的施工支洞等。众多洞室纵横交错，平斜

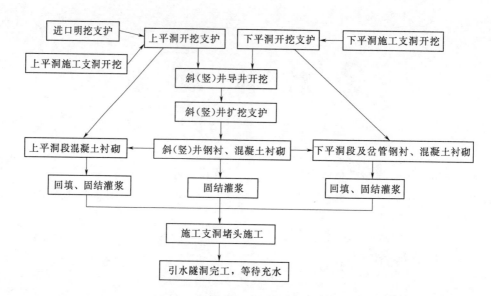

图 2-1　地下引水系统施工程序图

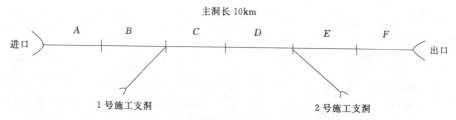

（a）施工支洞布置及施工分区

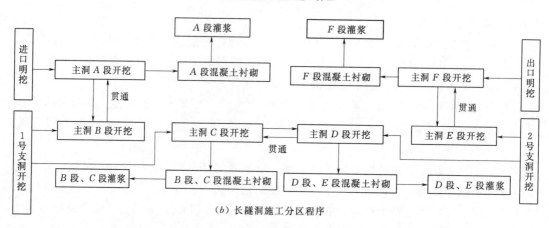

（b）长隧洞施工分区程序

图 2-2　长隧洞钻爆法施工程序图

竖相贯，形成复杂的系统工程。

　　厂房、主变室、尾调（尾闸）室这三大洞室多采用分层开挖支护。通过有限元分析，地下厂房开挖先于主变室对围岩稳定有利，地下厂房又处在关键线路上，所以附属施工支洞往往围绕如何缓解地下厂房施工强度而设置。地下厂房系统施工程序见图 2-3。

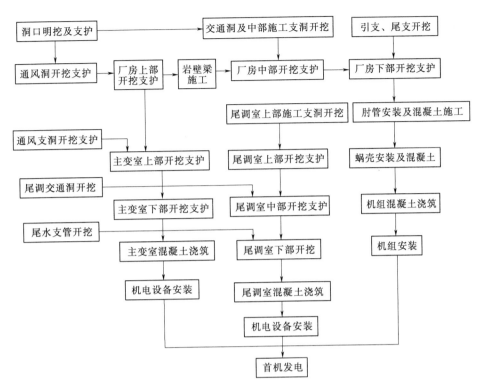

图 2-3　地下厂房系统施工程序图

注：几层周边排水廊道未列入其中，排水廊道应早于厂房同高程开挖。

2.1.3　尾水系统

地下尾水系统指机组肘管至尾水出口的水道系统，包括尾水岔支洞、尾水主洞及尾水出口、特大断面的尾水调压井或变顶高尾水洞。地下尾水系统施工程序见图 2-4。

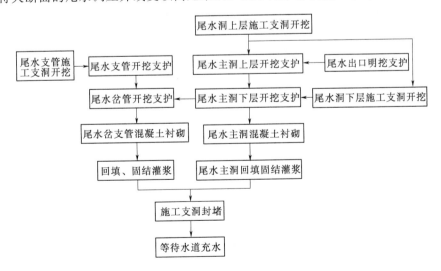

图 2-4　地下尾水系统施工程序图

2.1.4 导流洞与泄洪隧洞

导流洞与泄洪隧洞一般需分层开挖支护，混凝土衬砌则可采用全断面或分部浇筑法。开挖、支护、混凝土、灌浆采用流水作业或交叉平行作业，其施工程序见图2-5、图2-6。

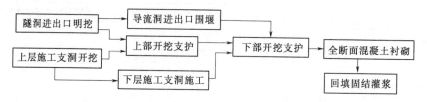

图2-5 全断面混凝土衬砌法施工程序图

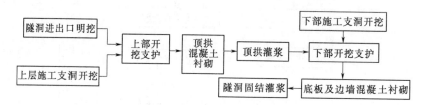

图2-6 分部混凝土衬砌法施工程序图

2.2 施工总布置

地下工程有别于地面工程，多布置在高山峡谷之中的山体内，施工布置难度较大，常采用集中为主、分散与集中相结合的原则。为满足大型施工设备的供电需要，有时压气站也被迫移入地下洞室，高压电缆、变压器都必须进入洞内，造成了安全隐患。

2.2.1 施工总布置内容

水利水电地下工程施工总布置内容，按国家现行规范要求编制，但对于施工部位来说，进行施工总布置要突出自己的特色。地下工程施工总布置内容一般要包括以下几方面。

（1）收集坐标系统、指北针，必要的地形、地物、标高、图例等。

（2）主体建筑物、洞室进出导流建筑物轮廓布置。

（3）主要施工机械设备布置、运输系统（如缆索起重机、混凝土铁路运输线、栈桥等）轮廓布置。

（4）主要施工公共建筑面积、主要施工辅助企业、大型临时设施布置及堆（弃）渣场地布置。

（5）风、水、电及其他动力、能源厂址位置及其主干管线布置。

（6）当地主要建筑材料场地位置及范围规划。

（7）主要施工场所供、排水布置。

（8）准备工程量一览表。

（9）汇总临建工程项目及其规模一览表。

2.2.2 施工总布置原则

（1）集中为主，分散与集中相结合原则。地下厂房区域是地下工程的核心，生产、生活设施应集中布置，便于管理；过水隧洞的施工线路较长，应机动分散布置，便于施工。

（2）充分利用堆（弃）渣场地，节约用地原则。设备、材料等堆放场地及钢筋、木材加工厂，可充分利用堆（弃）渣地，节约用地。

（3）充分利用业主指定场地，统一规划原则。业主按若干标段进行统一规划，合理分配场地，便于协调管理。

（4）充分利用地形地貌节约能源原则。新建砂石料及混凝土系统时，应充分利用地形、地貌，减少皮带机迂回爬高，节约能源。

（5）充分利用山沟水源，节省投资原则。南方地区山沟水源充沛，可修筑小水坝形成水库或高位水池，提供施工水源，节省投资。

（6）生产、生活污水集中处理，注意环保原则。生产、生活污水分别引排，集中处理，达标排放，保护环境。

（7）生产、生活房建布置整齐划一，便于绿化原则。生产、生活房建布置应按排、按行整齐划一，便于进行绿化和管理。

2.2.3 风水电布置

2.2.3.1 供风布置

（1）供风采用集中为主、集中与分散相结合的原则。采用前期分散，后期集中；明挖分散，洞挖集中；地下厂房洞室群相对集中，引、尾水系统相对分散的原则。

（2）压气站应布置在距集中供风最近的地方，减少管路沿程损失。一般布置在进洞方向的左侧洞口外为宜，便于风管进洞；当洞口无场地布置，被迫移入洞内，势必造成制风效率低、噪声增加，有损员工身体健康。

（3）压气容量按计算用风总容量的 1/5～1/4 选配为宜，一般装机总容量应大于计算用风总容量的 20％～25％为宜。

供风管路选配参考见表 2-1。

表 2-1   供风管路选配参考表

供风量/（m³/min）	不同直径风管供风距离/m		
	直径为 500～1000mm	直径为 1000～2000mm	直径为 2000～4000mm
10～20	75～100	100～125	125～150
20～40	100～125	125～150	150～200
40～80	125～150	150～200	200～250
80～200	150～200	200～250	250～300

2.2.3.2 供水布置

（1）优先考虑采用山沟水自流供水的原则。充分利用山沟水修建挡水坝，铺设管路至各工作面，利用高差自流供水以节省投资。

（2）水泵站站址应尽量选在坝址下游水流相对平稳的河段，或远离上游围堰水位变幅较小的河段；优先考虑岸边泵站，其次才考虑采用浮船、井塔等方案。

（3）分级提水时，需要用水的工作面分为高、中、低3个区域，一般中、低区域用水量大，高区域用水量小；为了节省能源，中、低位中转水池及提水容量较大，高位水池及提水容量较小，尽量按高水高用、中水中用、低水低用的原则设置提水能力、水池容量和管网布置。

（4）水泵总容量的配置，应按计算每小时用水总量的 $1/5 \sim 1/4$ 配备一级泵站的抽水能力，二级、三级泵站依次类推；各级泵站的装置容量应为抽水能力的 $1.5 \sim 2$ 倍（一台水泵按2倍设置，两台按1.5倍设置），水泵检修不得影响施工供水。

（5）水管的选配，应根据《水利水电工程施工手册》中建议的经济流速选配管径，沿进洞方向左侧布置为佳。

2.2.3.3 供电布置

（1）洞外供电布置。一般情况业主提供高压施工电网和若干接线点，在洞口压气站、砂石料加工系统、混凝土系统、修理修配厂、钢筋木材加工厂等附属设施用电集中的地方，配设充足的变压器和简易配电房。在地处较低的洞口附近，布置柴油发电机，供洞内抽排水备用。

（2）洞内供电布置。目前国内普遍采用 $10kV$ 高压电缆进洞，高压电缆沿进洞方向左侧布设，低压照明电则沿右侧布设。通风、排水按 $400 \sim 500m$ 进行规划，配置相应变压器，隧洞宽度小于 $8m$ 时须扩挖变压器室。主（副）厂房、主变室、尾调洞（井）是集中用电的区域，应统筹考虑开挖、混凝土浇筑和机电安装时的高峰负荷，一次性配足变电设施。地下工程选配箱式变压器较为安全，所有电器设施应有警示牌、警示灯、防护栏等安全措施，选用防潮电器，以保证安全。变电台车随凿岩台车跟进。

（3）变电设备配置。用电同步系数一般可考虑 $0.5 \sim 0.7$，故变电设备配置总容量乘以 $0.5 \sim 0.7$ 等于业主提供的总容量；生产负荷主要是电动机，为提高功率因素，常使用功率补偿装置。

2.2.4 砂石料系统、混凝土系统布置

2.2.4.1 砂石料系统布置

（1）应靠近料源布置，以缩短毛料运距，减少废弃料运输，经济合理。

（2）应方便进出料。进出料线路要顺畅，有足够的回车场地和成品堆存场地。

（3）应充分利用地形地貌，以减小皮带迂回、抬升，节约能源。

（4）应满足数量、质量要求。工艺流程尽量简单，根据不同的岩性选好、配足设备，确保数量质量。

2.2.4.2 混凝土系统布置

（1）采用集中为主，集中和分散相结合的原则。地下厂房系统宜集中布置，长引水系统宜分散布置于施工支洞口。地下厂房的主要通道是交通洞，宜在交通洞口附近，选址建立规模匹配的主拌和楼，引水隧洞沿线各支洞口，相应建拌和站，拌和楼、拌和站之间可以互为补充。

（2）应满足高峰强度的要求。按平均高峰强度配置拌和能力，同时考虑设备标称产量与实际产量的差距，一般考虑 $0.8 \sim 0.9$ 的系数，个别高峰月，可考虑其他拌和楼（站）

支援。

（3）应满足拌和物质量要求。机组大体积混凝土、钢筋混凝土岔管等有温控要求，统筹考虑浇筑时段、浇筑方案，配置合理可行的制冷手段，确保混凝土入仓温度。

2.2.5 生活办公房建设施布置

（1）采用集中为主、集中和分散相结合的原则。尤其引水式水电站战线长，高山峡谷之中很难全部集中布置生活办公福利房建及设备。但地下厂房系统是工程的中心区，应相对集中布置；引水隧洞沿线，因地制宜分散布置。

（2）生活区应选在地质结构相对稳定、边坡稳定的地方，保证不受山谷泥石流及江河洪水威胁，不受开挖放炮飞石影响；尽量远离施工区，营造安静的生活条件。

（3）工程规模较大，施工时段较长，楼层布局应该排行对列，整齐划一，便于实施绿化，加设围墙，封闭管理。

（4）新堆渣场沉降量大，一般不宜兴建楼房。如在堆渣场布置生活区，则石渣分层洒水碾压后的堆渣场，适当的结构加固也只能盖两层楼房，或一层为砖混结构，二层为轻便结构。

（5）生活区内除搞好绿化外，还应考虑娱乐设施、医疗保健和员工定期体检的医务室和小型超市。总之要以人为本，保障生活质量，促进员工的身心健康。

2.2.6 生产附属设施、房建和场地布置

（1）设备库房属于永久设备用房，由业主专门设计，施工方仅负责施工。而施工设备库房一般比较简易，在设备主要工作场地附近（如洞口）盖建轻型结构库房，兼小修、维护使用。

（2）中心材料库房包括劳保、五金、机电、杂项等内容，应尽量布置在施工的中心区，方便各施工单位领取材料。可布置成三合院或四合院的形式，便于保卫管理。以平房为主，便于装卸、搬运，还应考虑办公室和值守、保卫人员的居住场所。

（3）炸药、雷管库房的布置，应选择便于与施工道路接线的三面环山的山沟为佳。炸药库与民房、职工生活区、生产设备区和人员活动区要有足够的安全距离；炸药库、雷管库与值守人员居住处之间应满足爆破安全距离；炸药库、雷管库50m范围内要砍（割）树木杂草，以防山火；周围设置铁丝网围墙，设门上锁，防止闲杂人员随便进入；设置避雷针，其伞形保护范围涵盖炸药库和雷管库。

（4）大型设备修理、修配、加工厂房应尽量布置在工程施工活动中心区，方便履带型设备修理。机修、汽修混合型车间，可节省投资；除车、钳、铆、焊车间外的车间尽量选用轻型简便结构；钢管制作厂房前有足够的钢管堆放场地；所有厂房、车间应尽量连成一片，方便起吊设备统一使用，形成综合加工、修理片区，统一号令。

（5）木工、钢筋加工厂应尽量布置在工程施工活动中心区，厂房前应有足够的堆放场地，结构轻型简易，设置办公室和值守人员居住地，具备消防设施。

（6）混凝土试验室应布置在主拌和楼附近，平房为佳，以便于安装各种试验设备；应备有试块养护池和恒温室及办公值守人员休息室。

（7）中心调度室应布置在工程施工活动中心区，方便指挥调度，分调度室则应设在各

施工区内。各洞口设置员工休息室、值班室、小修间、临时库房、炸药加工间等设施。

2.3　施工总进度

如何在控制质量和成本前提下，确定地下工程合理的施工工期，对建设项目的经济和社会效益有着不可忽视的影响，同时也是导致工程项目进度、质量和成本失控及工程项目参建各方发生纠纷的重要原因。

根据施工总程序规划，施工总进度安排围绕关键线路展开，统筹兼顾，按"关键线路工期满足合同节点要求，非关键线路工期满足总工期要求"的原则，以合适的施工强度组织均衡生产，文明施工，统筹资源，提高资源利用率。

工程施工进度的编制，普遍采用计算机网络技术，对于网络计划的计算优化，有各种专用的计算机程序。

2.3.1　隧洞工程

2.3.1.1　导流隧洞工程

导流隧洞的开工日期，视工程的准备进展情况而定，其完工日期，如经过分析，在截流前不能完工时，可考虑采用下列解决方案。

（1）增加支洞，加快隧洞施工进度。

（2）改变导流洞方案，增加临时泄流途径。例如采用明渠进行导流，使隧洞在截流后的下一个洪水期投入使用。

（3）采用上述方法还不能解决问题时，则应修改总进度，把截流安排到下一个枯水期进行。

2.3.1.2　引水隧洞工程

对于有长引水隧洞的水电站，引水隧洞往往是控制发电的关键工程，应通过施工设计论证其施工进度，而后汇入总进度表。引水隧洞应同首部建筑、发电厂房、调压井和高压管道工程施工进度相适应，最好使各项工程基本上同时建成，避免不必要地增加引水隧洞的施工进度。

地下厂房的引水隧洞进水塔工程，竖井（斜井）因施工干扰，若对发电工期产生影响时，可在近进水口平洞段开设施工支洞。竖井（斜井）开挖程序往往由上而下，出渣通过导井，再由上而下溜渣，由汽车通过下部施工支洞运出。压力钢管须待斜井开挖完成后，才能进行安装和回填混凝土。此外，还要考虑到固结和回填灌浆的工期。

2.3.1.3　尾水洞工程

尾水洞出口高程较低，一般都位于正常水位以下，出口需要修建围堰。因此，往往需要开挖支洞，作为出渣和衬砌混凝土的通道。在安排进度时，需要考虑开挖支洞的工期。出口明挖的水下部分，可考虑安排在发电前水库蓄水的枯水期，进行水下开挖。

尾水洞常作为地下厂房下部开挖的出渣通道，因此，在厂房进行下部开挖之前，应当完成其开挖。至于混凝土衬砌灌浆，可安排在发电之前完成。如尾水洞和导流洞结合，则结合段需在导流之前完成，在导流洞封堵之后至机组投产发电之前，将导流洞的衔接段封堵处理完毕。

2.3.2　竖井（斜井）工程

（1）水电站的竖井，主要是调压井和闸门井。在编制施工总进度时，根据施工总程序要求，安排开工和完工日期。闸门井工程连同进水的全部工程（包括闸门和启闭机设备安装）应安排在水库蓄水前完成；调压井工程应安排在机组投产的引水隧洞过水之前完成。

（2）竖井施工进度，主要取决于开挖出渣的强度。小断面竖井，一般采用自上而下开挖，卷扬机提升出渣，开挖完成后，自下而上进行衬砌。大断面竖井，则采用先挖导井，而后扩大的方式，扩大时通过导井下部施工支洞出渣。当地质条件不利时，需要考虑边挖边喷混凝土锚杆支护和混凝土衬砌的施工方法。

（3）在施工总进度中，初拟开工日期，需要粗略地研究施工方法。根据选定的施工方法，估算竖井的开挖强度，从而确定施工进度。

2.3.3　地下厂房工程

（1）地下厂房的施工，首先充分利用水工已有的洞室进行出渣和通风，其次才视地形条件适当开挖施工支洞。故安排地下厂房进度时，要同时分析排风洞、进厂交通洞、尾水洞以及与厂房有联系的其他洞室的进度。

（2）各工程水工布置形式和施工条件不尽相同，其出渣方式各异，在安排进度时，应以厂房主体的开挖和混凝土衬砌为主线。首先拟定各部位的出渣方式，而后根据出渣和运送混凝土的要求，拟定各建筑物的施工程序。

（3）地下厂房施工进度示意图一般为横道图和网络图，根据工程施工的需要，有年度、月度和日历图。主要编制开挖、混凝土、金属结构、机组安装等施工进度计划指标。

2.4　施工通道设计

随着水利水电建设的快速发展和抽水蓄能电站的兴起，地下工程逐步显现三大特点：一是以深埋式地下厂房为核心，围绕其周围的洞室群层层叠叠，纵横交错，平、斜、竖相贯，形成复杂的地下系统工程；二是十几千米乃至数十千米的特长隧洞越来越普遍；三是随着大江大河梯级电站的开发，单机容量和装机规模的不断扩大，特大跨度的地下厂房和大断面导流洞、引水洞、尾水洞不断涌现。

针对以上特点，在施工规划阶段，必须认真分析研究，优化布置施工通道，破解施工难题，确保施工进度、安全、质量和员工身体健康。

2.4.1　设计原则

（1）满足关键线路施工进度的原则。地下厂房始终是地下工程的关键线路，对于特大型地下厂房必须考虑双通道或多通道。

（2）满足施工需要的原则。特大特高断面隧洞分两层或三层开挖时，每层须设置足够数量的通道。

（3）破解施工干扰的原则。为了解决隧洞进出口施工与隧洞洞身施工的干扰，可靠近进出口各设置施工通道。

（4）加快施工进度原则。因各种因素，工程进度推后，为了抢回被延误的工期而增设施工通道。

（5）处理工程地质问题的原则。为了处理重大工程地质问题，需增设的施工通道。

（6）施工支洞断面、坡度应满足施工需要原则。应考虑运输量大小、运输钢管或永久设备尺寸。

（7）洞口选址原则。应考虑工程地质、水文地质和水文资料等因素。

2.4.2 长隧道

2.4.2.1 独立长隧道

（1）一般情况下，20km 以上长隧洞可采用 TBM 法施工，20km 以内隧洞采用昂贵的 TBM 法施工不经济，以增设施工支洞，长洞短打的钻爆法施工为宜。

（2）长隧洞钻爆法施工，应布置若干条施工支洞，每条施工支洞控制 3～5km 洞段为宜。

（3）当山体非常雄厚，无法布置施工支洞或开支洞不经济时，可考虑 TBM 法或有轨出渣法施工。

2.4.2.2 双条或多条长隧洞平行布置

（1）一般可在进出口各布置一条贯通数洞的施工支洞，而不需布置过多直接通往外面的施工支洞。

（2）对各洞施工的关联性、逻辑性进行认真规划后，设置一定数量的连通施工支洞，充分利用主洞的施工时间互作施工通道。

2.4.3 地下洞室群

地下洞室群的施工，是一个复杂的系统工程，其施工通道布置是否合理，将直接影响工程进度、安全、质量和经济问题。

（1）从关键线路的关键工程入手，关键工程包括地下厂房、主变室、调压室（井）等。根据施工手段和施工方案进行合理分层，分层的原则还应考虑将永久隧洞作为施工通道的最大可能性，然后，适当增设施工通道，满足各层施工的需要。

（2）特大型洞室的地下厂房，应考虑上、中、下三层通道，每一层通道应满足开挖及喷锚设备进出。

（3）充分利用交通洞、通风洞等永久洞室，岔分出至引水、厂房及尾水系统的施工支洞。

（4）贯通引水支管及尾水支管的施工支洞，应考虑发电顺序和方便施工支洞的封堵。

（5）地下厂房的通风洞、交通洞、母线洞、引水支洞、尾水支洞是各层的主要施工通道，其中引水支管和尾水支管是进入厂房中部和下部开挖的主要通道，如断面尺寸不够，可扩挖其中的一条。

2.4.4 特大断面

（1）根据断面高度和施工手段进行分层，每层应有一定数量的施工通道，各施工通道应考虑互补性。

（2）根据工程量大小和施工进度要求，考虑施工支洞的数量。

（3）统筹考虑一条主施工支洞分岔至上层、中层、下层的分支洞方案，或上层施工支洞降坡为下层施工通道，使施工支洞设计更为经济、合理。

（4）进入主洞前的部分洞段，其断面和高程设置要合理，以达到既安全又经济的目的。

2.4.5 长斜井深竖井

斜竖井的开挖方案通常是：先贯通溜渣导井，然后自上而下扩挖，用导井溜渣。导井溜渣开挖通常用人工开挖正反导井结合、阿里马克爬罐反井开挖、反井钻机法等方法，也可用正井法一次开挖到位成型方法。随着水电开发的深入，出现了数百米的超深（长）斜竖井，采用上述任何一种方法均难以使导井贯通，且受到的安全威胁大。为此，可设置施工通道，降低超深（长）斜竖井的施工难度。

（1）超长斜井施工通道设计。如天荒坪抽水蓄能电站因受地形地貌局限无法布置中平洞，引水斜井一斜到底，长达 700 多米，施工难度相当大。为此，设计一条施工支洞直插斜井中部，留下一段岩塞，将长斜井分为两段施工，化解了开挖和混凝土施工的难度，使得采用阿里马克爬罐施工溜渣导井成为可能。

（2）深竖井施工支洞设计。如穆阳溪周宁水电站，因受地形地貌的局限，引水竖井一竖到底，深达 400 多米，施工难度相当大。为此，设计一条施工支洞直插竖井中部，如上述斜井一样化解了施工难度。

（3）不管斜井多长、竖井多深，考虑当今施工手段的可能性，应通过设计施工支洞的方法，将斜井划分为每段长 350m 左右，竖井划分为每段深 200m 左右为宜。

国外先进的反井钻机，可施工钻孔的深度达 300~500m，倾角大于 60° 为佳。如采用此类先进的反井钻机，施工溜渣导井又另当别论。

2.5 施工资源配置

地下工程施工资源配置应根据施工方案和施工总进度，结合施工经验、技术优势等来进行规划，主要是对劳动力、物资材料及施工机械设备进行合理配置。

2.5.1 劳动力

水利水电工程施工的劳动力（人），包括建筑安装人员，企业工厂、交通的运行和维护人员，管理、服务人员等。劳动力（人）配置计算内容主要包括施工工期各年份劳动力（人）、高峰劳动力（人）、历年平均劳动力（人）、总劳动量（工日）。

劳动力（人）计算一般采用劳动定额法、设备定员法和类比法 3 种计算方法。其中投标施工组织设计编制常采用劳动定额法，而施工中实施性施工组织常采用类比法。

（1）劳动定额法。施工总进度计划中的施工强度和劳动定额之比值，就是年或月的平均人数。不同设计阶段，采用相应不同的定额。这种计算方法所得结果往往偏大，尚需根据当时当地实际情况进行修正。现详细介绍如下：

1）劳动力（人）需要量计算步骤：①拟定劳动力（人）定额；②绘制各单项工程（主体和临建）分年、分月施工强度；③计算基本劳动力（人）曲线；④计算企业工厂运行劳动力（人）曲线；⑤计算对外交通、企管人员、场内道路维护等劳动力（人）曲线；

⑥计算管理人员、服务人员曲线；⑦计算缺勤劳动力（人）曲线；⑧计算不可预见劳动力（人）曲线。将上述曲线汇总，绘制整个工程劳动力（人）曲线。

2）劳动力（人）定额的拟定。劳动力（人）定额的拟定，主要是依据水工、施工特性、选定的施工方法、设备规格、生产流程，按国家有关定额确定。

3）基本劳动力（人）计算。以施工总进度表为依据，列出各单项工程，分年、分月的日强度及相应劳动力定额，以强度乘定额，即得单项工程相应时段劳动力需用量。进度表中月强度需换算为日强度，对于土石坝每月天数按统计有效工日计，对于其他工程项目，每月按 25 工日计。月强度换算为日强度的不均匀系数取 1.1～1.2。

同年同月各单项工程劳动力需用量相加，即为该年该月的日需用劳动力。

4）企业工厂运行劳动力。以施工进度表为依据，列出各企业工厂在各年各月的运行人员数量，同年同月逐项相加而得。各企业各时段的生产人员，一般由企业工厂设计人员提供。

5）对外交通、企管人员及道路维护劳动力（人）。基本劳动力（人）与企业工厂运行人员之和乘以系数 0.1～0.5。

6）管理人员。管理人员（包括有关单位派驻人员）取上述第 3）～5）项的生产人员总数的 7%～10%。

7）缺勤人员。缺勤人员按上述生产人员总数与管理人员数之和的 5%～8%计算。

8）不可预见人员。取上述第 3）～7）项人员之和的 5%～10%。

（2）设备定员法。该法在设备配套基础上，按工作面、工作班制、劳动组合等配备人员。施工机械设备的机上人员，一般比较清楚，有定额可查，而机下辅助人员的配备，却无定额可查。机组人员与工作面多少和工作班制多少有关，这些又是定员增加或减少的关键因素，并且计算条件是随设计深度而异，计算的结果出入较大，目前尚无成熟经验。

（3）类比法。根据同类型、同规模（水工、施工）的实际定员类比，通过认真分析适当调整。此法简单易行，也有一定的准确度，施工单位在项目施工组织中采用较多。

2.5.2 物资材料

水利水电地下工程施工所需物资材料种类繁多，通常归纳为：水泥、木材、钢材、永久机电设备、爆破材料、油料、房建材料、生活物资和其他器材物资等。

物资材料配置计算内容主要包括物资材料运输强度及物资材料仓库布置。

2.5.2.1 物资材料运输强度计算

（1）三材（水泥、木材、钢材）运输量。水泥 N_1，木材 N_2，钢材 N_3 的运输量应按式（2-1）计算：

$$N_1, N_2, N_3 = 1.2(\sum 主体工程三材运输量 + \sum 施工临时建筑工程运输量) \quad (2-1)$$

式中系数 1.2 是运输耗损和不可预见系数。

（2）年高峰材料运输强度。年高峰运输强度 $P_{框}$ 按式（2-2）计算：

$$P_{框} = V_{控} D_{高} K_1 \quad (2-2)$$

式中　$V_{控}$——控制性施工总进度计划，年高峰混凝土浇筑量，m^3/a；

　　　　$D_{高}$——高峰混凝土浇筑强度时每立方米混凝土外来器材物质运输量，$D_{高}$一般取

$0.4\sim0.55t/m^3$；当高峰混凝土强度仍有施工机械进场和较多的房建任务及自发电时，$D_高$ 可取上限，反之取下限；

　　K_1——施工不均匀系数，一般为 $1.1\sim1.2$。

　　（3）月高峰材料运输强度。月高峰运输强度 M 按式（2-3）计算：

$$M=(KK_2P_匡)/12 \tag{2-3}$$

式中　$P_匡$——匡算的年高峰运输强度，t/a；

　　　　K——月施工不均匀系数，一般取 $1.4\sim1.5$；

　　　　K_2——器材物质供应和运输不均匀系数，一般取 $1.1\sim1.2$。

2.5.2.2　物资材料仓库布置计算

　　水利水电工程项目仓库按物料性质划分，主要考虑以下内容：水泥仓库、钢材库（场）、木材库（场）、配件库和设备库、油库、炸药库、五金工具材料库、劳保生活用品库、土建建材库、施工机械存放场等。

　　（1）堆场、仓库中各种材料储量计算。各种材料储量应根据施工条件、供应重要任务和运输条件确定。如施工和生产受季节影响的材料，必须考虑施工和生产的中断因素；水运则需考虑洪水期、枯水期和严寒季节中影响运输的问题，储量可以大些；还必须考虑供应制度中的材料要求一次储备的情况等。各种材料储量按式（2-4）计算：

$$q=Qtk/n \tag{2-4}$$

式中　q——需要材料储存量，t/m^3；

　　　　Q——一般高峰年材料总需要量，t/m^3；

　　　　n——年工作日数，d；

　　　　t——需要材料储存天数，根据实际情况结合经验确定，d；

　　　　k——材料需要量的不均匀系数，可取 $1.2\sim1.5$。

　　（2）仓库占地面积估算。仓库占地面积按式（2-5）计算：

$$A=\sum WK \tag{2-5}$$

式中　A——仓库占地面积，m^2；

　　　　W——仓库建筑面积和堆存场面积，m^2；

　　　　K——占地面积系数，一般取 $3\sim6$ 或按经验选用。

2.5.2.3　特殊材料库的布置

　　（1）炸药库。爆破器材为特殊材料，炸药库的设计、施工和验收，必须由当地政府职能部门进行专项审批和监督实施。

　　（2）转运站是特殊库房，一般设在交通便利、物资集中的地方，尽量简化布设。转运量视各枢纽工程外来器材物质来源，以及运往工地的交通条件情况而定。

2.5.3　施工机械设备

　　水利水电地下工程开挖多采用钻爆法施工，采用的常规设备主要有凿岩台车、露天（潜孔）钻机、挖掘机、装载机、汽车、手风钻、反井钻机、通风设备、喷锚设备等。

　　地下工程施工设备配置及数量与项目构造设计、开挖支护的工程量、洞室的大小、施工工期等因素有关。地下工程施工的重点和难点是地下洞室开挖，下面主要介绍开挖支护的常用设备。

（1）钻机。钻机在地下工程施工中是必不可少的设备，主要用于锚杆造孔和洞室的垂直开挖造孔。洞内开挖造孔一般使用液压钻机或风动钻机，而且要带除尘装置或用水除尘。地下工程常用钻机性能参数见表2-2。

表2-2　　　　　　　　　　　　地下工程常用钻机性能参数表

序号	名称	型号	钻机类适用条件	主要性能和参数
1	三臂凿岩台车	BOOMER353E	大型地下洞室开挖及锚杆造孔	工作范围（长×宽）为14.3m×12m，钻孔直径为45～102mm；COP1838凿岩机：钻杆长度为5530mm，凿岩机功率为20kW，最大钻孔深度为18～24m
		T11-315		工作范围（宽×高）为13m×11m，钻孔直径为45～102mm；HLX5T凿岩机：钻机功率为21kW，最大钻孔深度为16～22m
2	两臂凿岩台车	BOOMER282	大、中型地下洞室开挖及锚杆造孔	工作范围（长×宽）为8.7m×6.3m，钻孔直径为45～86mm；COP1238凿岩机：钻杆长度为3405mm，凿岩机功率为15kW，最大钻孔深度为8～11m
3	锚杆台车	汤姆洛克Rabolt 530-60P	大、中型地下洞室锚杆造孔及安装	钻孔直径为32～65mm，最大工作高度为12.4m，单杆钻孔深度为5.3m，最大接杆钻孔深度不小于15m，安装锚杆长度为3～6m；HL510S凿岩机：凿岩机功率为16kW
4	锚索钻机	KR803-1C	适用于各种方向钻孔	最大钻孔深度不小于60m，钻孔孔径为76～180mm，液压动力锤（风动、液压驱动均可）KD1215R，发动机CAT3056DI-T EPA
5	露天履带钻机	ROC D7	大、中型地下洞室，中下层垂直钻孔开挖及露天开挖钻孔	工作范围为15m²，钻孔直径为64～115mm，最大钻孔深度不小于29m，凿岩机COP1838，发动机BF6M1013EC（或卡特彼勒C7）
		古河HCR1200-ED		工作范围为12m²，钻孔直径为76～102mm，最大钻孔深度不小于26m，凿岩机HD712，发动机6BTA5.9-C
		RANGER700		工作范围为17.6m²，钻孔直径为64～115mm，最大钻孔深度不小于25.6m，凿岩机HL700，发动机CAT3116，功率为145kW
6	潜孔钻	CM-351	大、中型地下洞室二层开挖、锚杆、锚索造孔及露天开挖钻孔	钻孔直径为78～165mm，钻杆长度为3660mm，冲击器DHD-340A，配用空压机XHP750W，工作风压为2.0MPa
		ROC 460HF		钻孔直径为89～140mm，钻杆长度为3050mm；冲击器：潜孔锤COP54，配用空压机XRH385MD，工作风压为2.0MPa
7	手风钻	YG-60 YT-24.28	适用于各种型式的开挖	最佳孔深为0～5m，孔径为60mm
8	地质钻机	XY-2PC XY-Ⅲ SGB-150	适用于垂直深孔及需取岩芯、岩石灌浆时用，钻进速度慢	孔深为50～150m，孔径为90～127mm

（2）装载机。装载机具有机动灵活、适应性强、作业效率高等特点，因此，广泛用于地下工程施工。特别是侧卸式装载机，更适用于地下洞室施工的装渣作业。地下工程常用装载机性能参数见表2-3。

名称	型 号	适用条件	主要性能和参数
装载机	沃尔沃 L150E	适用于大、中型地下洞室	最大前卸载高度为3800mm，铲斗容量为3.4m³（侧卸斗），外形尺寸（长×宽×高）为8575mm×2950mm×3580mm，发动机D10BLAE2，发动机额定功率为200kW
	ZL856		普通卸载高度为（3100±50）mm，加长卸载高度为（3503±50）mm，额定功率为162kW，铲斗容量（侧卸斗）为2.5m³
	KLD85ZⅣ-2		斗容（侧卸斗）为3m³，发动机 Nissan PE6T，发动机额定功率为168kW，外形尺寸（长×宽×高）为8180mm×3120mm×3475mm
	KLD90ZⅣ-2		斗容（侧卸斗）为3.2m³，发动机 Nissan PE6T
	CAT 966G		铲斗容量（侧卸斗）为3m³，最大侧卸高度为3005mm，发动机C11ACERT，功率为213kW
	WA380-3		铲斗容量（侧卸斗）为2.7m³，卸载高度为2900mm，发动机小松S6D114，额定功率为146kW，外形尺寸（长×宽×高）为7965mm×2780mm×3380mm

（3）挖掘机。挖掘机在洞内的工作主要用于装渣及清底，反铲有时也用来安全处理用。挖掘机工作效率与操作工的熟练程度有很大关系，在装渣时与运输设备的配套情况也有关系。地下工程常用挖掘机性能参数见表2-4。

名称	型 号	适用条件	主要性能和参数
反铲（正铲）	PC200-6EXCEL	适用于地下洞室开挖及道路修建，洞内安全处理	斗型：反铲，标准挖斗容量为0.8m³，最大挖掘半径（标准）为9875mm，标准最大卸载高度为6475mm，发动机S6D102E-1-A，额定功率为96/2000kW/r
反铲（正铲）	PC400-6	适用于地下洞室开挖及道路修建，洞内安全处理	标准铲斗容量为1.8m³，最大挖掘高度为11.505m，最大装载高度为8.155m，最大旋转半径为13.335m
	EX750-5（正铲）		标准挖斗容量为4m³，最大挖掘半径为13990mm，发动机 N14C，额定功率为324/1800kW/r，外形尺寸（长×宽×高）为14160mm×4310mm×4570mm
	EX300-5（反铲）		标准最大卸载高度为7130mm，最大挖掘半径为11100mm，尾部回转半径为3290mm，铲斗容量为1.4m³
	R954（利勃海尔）		发动机输出功率为240kW，铲斗容量为2.7m³
扒渣机（立式扒渣机）	SDZL-160型	适用于小断面隧洞	最大装载能力为160m³/h，最大挖掘高度为4600mm，最大挖掘深度为1000mm，挖掘力5.5t，工作臂偏摆角为±55°，爬坡能力（硬地面）不大于22°，电机功率为75kW，卸载距离为2400mm，卸载高度为1300～2750mm
	LWZ120		左转50°、右转20°，装渣宽度（不转运输槽时）为3180mm，卸渣高度（轨面以上）为1650mm，扒取高度（轨面以上）为2000mm，下挖深度（轨面以下）为450mm，电机功率为45kW

名称	型号	适用条件	主要性能和参数
电动挖掘机	CED460-6	工作高度旋转半径	最大挖掘半径为11900mm，最大挖掘深度为7700mm，最大挖掘高度为10600mm，最大卸载高度为7160mm，斗容范围为1.0~3.5m³
索铲	EDG-3，2.30	用于矿物开采和岩石剥离并将岩石转运至堆积场或卸载到运输工具	卸载半径为28.9m，最大卸载高度为10.65mm，最大挖掘深度为15m，斗容为3.2m³
	EDG-3，2.30A		卸载半径为28.9m，最大卸载高度为10.65mm，最大挖掘深度为15m，斗容为3.2m³
铲运机	XYWJ-2内燃铲运机	适用于2m×2m以上的各种洞采工作面的扒渣装车	斗容为2m³，最大卸载高度为1743mm，最大举升高度为4218mm，最小转弯半径外侧为4764mm，内侧为2461mm

（4）喷车。洞内施工一般情况下采用湿喷，因为干喷粉尘大，对洞内的污染大；在喷添加钢钎维的混凝土时，一般情况下采用泵送式喷车，因转子式喷车的转子衬板极易磨损坏，混凝土易堵塞，喷射效率低，使用成本高，所以洞内施工一般采用泵送式湿喷机。地下工程常用喷车性能参数见表2-5。

表2-5　　　　　　　　　　　　地下工程常用喷车性能参数表

名称	型号	适用条件	主要性能和参数
混凝土喷车	喷射机械手 MEYCO Robojet，喷射机 MEYCO Wet spaying，外加剂计量添加装置 MEYCO Dosa TDC	适用于洞内、洞外施工，支护，喷湿式混凝土。特别适用于喷钢纤维混凝土，聚胺纤维混凝土。钢纤维最大添加量40kg/m²（混凝土）	喷射生产率为30m³/h，喷射高度为14m，喷射宽度为20m，最大骨料粒径为22mm。发动机8045SE00，功率为79kW，空压机 Mattei C450
	诺麦特 Spraymec 9150 WPC 机械手 SB300，外加剂计量添加装置 NORDOZER 900		喷射生产率为35m³/h，喷射高度为15m，喷射宽度为16m，最大骨料粒径为20mm。发动机 BF4M1012C，功率为82kW
	阿尔瓦 SIKA PM500PC 喷射机 BSA1005，外加剂计量添加装置 Aliva403.5		喷射生产率为4~30m³/h，喷射高度为16.1m，喷射宽度为28.2m，最大骨料粒径为16mm。添加剂输送能力为30~700L/h

（5）竖井及反井开挖设备。竖井及反井开挖常用设备性能参数见表2-6。

表2-6　　　　　　　　　　　　竖井及反井开挖常用设备性能参数表

名称	型号	适用条件	主要性能和参数
反井钻机	LM-200	适用于打深竖井、陡斜井的导井	导孔直径为216mm，扩孔直径为1400~2000mm，最大钻孔深度为200/150m，钻孔倾角为60°~90°，主机功率为82.5kW
反井钻机	ZFY2.0/400	适用于打深竖井、陡斜井的导井	导孔直径为270mm，扩孔最大直径为2.0m，钻孔深度为400m，钻孔倾角为60°~90°，适用岩石单轴抗压强度小于250MPa，额定推力为1650kN，额定拉力为2400kN，额定扭矩为101.5kN·m
	Rhino 400H		导孔直径为229mm，扩孔直径为1200~1800mm，钻孔深度不小于400m，钻孔倾角为0°~90°，推进速度先导为0~15m/h，扩孔为0~8m/h，主机总功率为100kW

名称	型号	适用条件	主要性能和参数
反井钻机	RHINO 1088DC	适用于打深竖井、陡斜井的导井	导孔直径为280mm，扩孔直径为660～5876mm，钻孔角度为40°～90°，提升拉力为400t，最高转速为60r/min，工作最大扭矩为120kN，开启"卸扣反转最大扭矩"功能可达300kN，导孔钻头可承受最大压力为33t，扩孔刀头可承受最大压力为27t，总功率为385kW
全断面反井钻机	71RM型定向钻机和RD5-550相结合	在钻井精度控制、洞内交通条件和不良地质条件及岩石强度的适应性方面有较大优势	导孔直径为$12\frac{1}{4}''$，扩孔直径为$16''$，刀盘直径为5.5m及6.0m

（6）空压机。空压机常用设备性能参数见表2-7。

表2-7 　　　　　　　　　　　空压机常用设备性能参数表

名称	型号	适用条件	主要性能和参数
空压机	XAS 405	适用于其他风动工具所需的空气动力	排气量为23.6m³/h，正常工作压力为7bar，发动机OM336LA（奔驰），外形尺寸（长×宽×高）为4210mm×1810mm×2369mm
	XAMS 355		排气量为21m³/h，正常工作压力为8.6bar，发动机OM336LA（奔驰），外形尺寸（长×宽×高）为4210mm×1810mm×2369mm
	XAHS 365		排气量为21.5m³/h，正常工作压力为12bar，发动机OM441LA（奔驰），外形尺寸（长×宽×高）为4210mm×1810mm×2369mm
	P600		排气量为17m³/h，额定工作压力为7bar，发动机B/F6L913C柴油机，发动机功率为131kW，外形尺寸（长×宽×高）为4490mm×1900mm×1860mm
	XP 900		排气量为25.5m³/h，额定工作压力为8.6bar，发动机CAT3306柴油机，发动机功率为209kW，外形尺寸（长×宽×高）为4100mm×1900mm×1950mm
	VHP 400		排气量为11.5m³/h，额定工作压力为12bar，发动机B/F6L913C柴油机，发动机功率为131kW，外形尺寸（长×宽×高）为4490mm×1900mm×1860mm
	750		排气量为21.2m³/h，额定排气压力为7bar，工作压力范围为5.5～7bar，发动机6CTA8.3-230柴油机，额定功率为172kW，外形尺寸（长×宽×高）为3300mm×2210mm×1830mm
	750H		排气量为21.2m³/h，额定排气压力为10.3bar，工作压力范围为5.5～10.3bar，发动机6CTA8.3-260柴油机，额定功率为194kW，外形尺寸（长×宽×高）为3300mm×2210mm×1830mm
	750HH		排气量为21.2m³/h，额定工作压力为12bar，工作压力范围为5.5～12bar，发动机M11-C300柴油机，发动机功率为224kW，外形尺寸（长×宽×高）为3300mm×2210mm×1800mm

2.6 绿色施工

绿色施工内容主要包括环保施工及文明施工。

2.6.1 环保施工

地下工程施工主要的环保问题有：钻孔放炮产生的有害气体和粉尘、柴油机械产生的有害气体、施工机械和爆破产生的噪声、瓦斯和放射性元素、施工废渣和废物等。

2.6.1.1 环保标准

（1）洞内空气中有害气体的最高允许浓度见表5-1。洞内空气中粉尘的最高允许含量见表5-2。

（2）洞内作业地点噪声不应超过90dB（A）。隧洞最大允许噪声见表2-8。

表2-8 隧洞最大允许噪声表

每个工作日接触噪声时间/h	8	4	2	1	短暂时间
允许噪声/[dB（A）]	90	93	96	99	115

（3）瓦斯浓度应按有关规定控制。

（4）放射性强度应按国家有关规定控制。

2.6.1.2 环保措施

施工单位应有防尘、防噪声和防有害气体等的专职或兼职机构，须配备各种检测仪器，每3个月在各作业点进行检测，其结果应及时公布。达不到规定标准时，应采取措施限期解决。

（1）防止粉尘措施。

1）采用湿式凿岩作业，潜孔钻应有除尘装置。

2）爆破后喷水雾，降低悬浮在空气中的粉尘浓度。

3）用水淋透石渣和冲洗岩壁。

4）加强通风。

5）配备防尘器材，做好个人防护。

6）尽量采用湿喷工艺，采用干喷法时，应用防尘措施。

（2）防止有害气体措施。

1）加强通风排出或冲淡有害气体浓度，使其达标。

2）洞内不应使用汽油机械，柴油机械应加设废气净化装置和柴油添加剂，减少有害气体的排放量。

3）必要时机械操作人员佩戴防毒面具，做好个人防护。

（3）防止瓦斯中毒和爆炸措施。

1）施工人员应通过防瓦斯学习培训，取得合格证后上岗。

2）机电设备及照明灯具等，均应采用防爆形式。

3）配备专业瓦斯检测人员。

4）对监测仪器要检查率定。

（4）防止噪声措施。

1）采取消音、隔音或其他防护措施。

2）减少接触噪声时间。

2.6.2 文明施工

2.6.2.1 洞内管线路布置

（1）进入洞内的供风管、供水管和排水管，宜沿进洞方向左侧架空布设。出渣车辆从洞外靠右开始进洞时，光线突然由强变弱，驾驶员的眼球有一个适应过程，假如风、水管布设在右侧，则容易受车辆碰撞损坏；相反，出渣车辆从洞内往洞外驶出时，驾驶员已经适应洞内的光线环境，所以不易碰损风水管。

风水管架空布置是为了给路面腾出空间，便于开挖排水沟和浇筑混凝土路面。管线路布置见图 2-7。

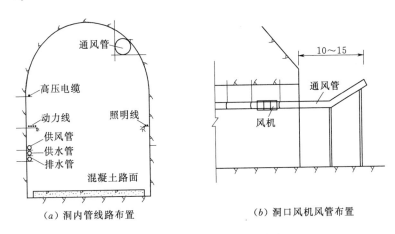

（a）洞内管线路布置　　　　（b）洞口风机风管布置

图 2-7　管线路布置示意图（单位：m）

（2）由于上述同样原因，四榀动力线宜架设在进洞方向左侧，距洞底 2m 以上。中等断面（大于 50m²）以上，左、右侧均应布设照明线路，供左、右侧照明。进洞高压电缆（10kV）宜布置在拱脚附近，高压电缆在最高处，动力线在中部，照明线在下部。

（3）通风管宜布置在洞顶靠左或靠右，视洞内岔洞情况，洞内靠左有岔洞，则风管宜布置在左侧，便于岔出风管；反之则应布置在右侧。

2.6.2.2 洞内路面与排水施工

（1）中等断面以上隧洞宜双侧设排水沟，小断面（小于 20m²）隧洞单侧设排水沟，应有专人负责疏通维护，上坡隧洞排水沟断面应足够大，代替抽排水管路，同时考虑隧洞掘进时碰到涌水量大的地层的不利因素。

（2）地下工程的主要运输通道宜浇筑混凝土路面，混凝土路面的厚度和混凝土的强度标准，取决于出渣车辆的大小，一般不应小于 20cm 和 C20 混凝土的标准。在浇筑混凝土路面的同时，两侧预留排水沟，可分半浇筑，不阻碍交通。

（3）复杂地下工程车流密度大的主要岔道口，应设交通警示牌或专职安全指挥人员。

2.6.2.3 洞内施工照明

（1）地下工程施工区应有足够的光照度。

1）平洞运输通道的光照度不低于 30lx。

2）平洞开挖及喷锚支护作业面的光照度不低于 100lx。

3）竖井、斜井及混凝土浇筑工作面的光照度不低于 110lx。

4）地下厂房、主变室、机组安装工作面的光照度不低于 200lx。

5）交叉运输或其他危险条件的运输通道的光照度不低于 50lx。

（2）隧洞沿线照明布线应齐整美观。隧洞沿线照明可采用日光灯或其他节能灯具，隧洞开挖、支护工作面的手提工作灯，应采用 36V 或 24V 低压行灯，用投射光照明，可用 220V，但应经常检查灯具和电缆的绝缘性能。竖井、斜井及导洞工作面应用 36V 或 24V 低压安全灯照明。

2.6.2.4 其他文明施工措施

（1）各类人员的着装、标志清楚，便于识别。着装应选颜色鲜艳、在较弱的灯光下也能辨识的衣料缝制，黄红色是最具警示的颜色。安全、质检人员，监理工程师佩戴的袖标或袋标等应加以区别，便于检查联系工作。

（2）洞内外材料堆放应整齐有序，挂牌标明规格型号和用途，做到工完料净场地清。

（3）隧洞开挖支护完成后，边墙挂牌标明桩号，隧洞衬砌完后，用专用标志或红油漆在边墙标出桩号。

（4）在洞室内及洞口适当地点须布置消防设备。洞室内、洞口、井口不得堆放易燃物品，洞室内进行电焊、气焊作业时，须有防火措施。

（5）洞室内主要作业面应备有电话、对讲机等通信工具，以便内外联系。

（6）洞室内主要作业面设置急救站，备有担架、氧气、带氧防毒面具、交通车辆和其他急救用品。

（7）有条件时洞口设置浴室、衣物烘干室和理疗卫生设施。让员工干干净净来上班，干干净净回家去。

（8）洞内渗水和施工用水掺合被污染的废水，汇集后通过潜水泵和各级离心泵抽排至洞外废水池，经物理、化学处理达标后排放。

（9）洞室内施工人员较集中的地方，设置移动厕所和垃圾桶，并设专人负责打扫，教育员工注意保持环境卫生。

3 工 程 地 质

在岩（土）体内，由于各种目的，经人工开凿形成的地下工程构筑物称为地下洞室。研究地下洞室围岩稳定性的实质，是研究岩体在开凿洞室后，其力学变化机理和岩体中应力分布状况。一般情况下，在查明岩体结构特征、地下水位状况和地应力条件的基础上，根据岩体的强度和变形特点就可以判别围岩的稳定性。

水电水利地下工程建筑在岩（土）体中，地质条件是影响施工方法、施工程序、开挖步骤、支护形式、地下水治理等施工措施的首要因素。工程构筑物场地是自然赋存体，前期由于受地质勘探精度、经费等条件的限制，根据地质勘探资料做出的设计与实际不一致的情况经常发生，由此而带来的在地下洞室施工过程中塌方、涌水、涌泥、涌砂、岩爆等地质灾害时常发生，给地下工程施工造成极大影响。随着人们对环境保护意识的进一步提高和国家对安全生产的日益重视，国家对地下工程施工过程中进行预测、预报提出了更高的要求。因此，在地下工程施工过程中采用各种技术、手段和方法对开挖掌子面地质条件进行及时准确编录、评价其稳定性，以及对掌子面前方地质条件进行准确预测，是提前采取预防措施、避免地质灾害或在一定程度上减少由于灾害造成的损失、保证地下工程施工安全的需要，也是满足环境保护和安全生产的需要。

影响围岩稳定的因素可归纳为客观的地质环境和主观的工程因素两大类。地下建筑物区的工程地质条件体现在岩体力学环境条件上，它主要包括岩体结构及其物理力学性质、岩体应力、地下水作用三个方面；而工程因素主要包括洞室形状、规模、洞群间距、施工方法、开挖程序、支护手段等。查明地质条件，并对围岩的稳定问题进行工程地质分析评价，既是围岩稳定性研究的基础，也是围岩稳定性评价的重要方法之一。随着现代计算机技术突飞猛进的发展和监测手段的广泛应用，更需要加深对地质条件的认识和研究，查明岩体结构条件，简化物理力学参数，合理概化岩体力学环境条件，建立切合客观实际的围岩分类和物理数学化模型，这是围岩稳定性数值分析等研究方法的基础。

3.1 影响围岩稳定的地质因素

3.1.1 地质构造

地质构造一般指岩层的成层结构、产状、褶曲、断裂构造等。地下洞室围岩的稳定，不仅与岩石、岩体的性质有关，还与地质构造各因素紧密关联。地质构造决定了围岩的完整程度和结构体尺寸大小。洞轴线与主要断裂破碎带、岩层走向等地质构造

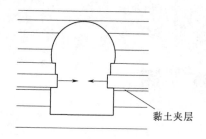

图 3-1　有软弱夹层产生的
滑移示意图

线及软弱围岩带的夹角越小，围岩的稳定越差；反之围岩的稳定性越好。陡倾角岩体有利于洞室顶拱的围岩稳定而不利于边墙稳定，需加强对边墙的支护；水平岩层或缓倾角构造面发育的岩体有利于边墙的稳定而不利于顶拱的稳定，需要加强对顶拱的支护。不同地质构造对围岩稳定性的影响情况不同（见图 3-1～图 3-10）。地质构造对围岩稳定性的影响见表 3-1。

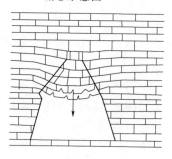

图 3-2　切割成砌块的中厚层
岩层围岩顶板松弛状态示意图

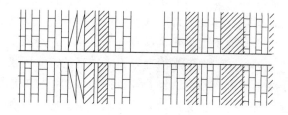

图 3-3　隧洞轴线与陡倾岩层走向
趋于垂直条件示意图

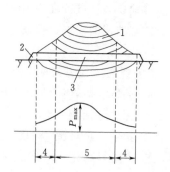

图 3-4　隧洞横穿向斜岩层示意图
1—向斜岩层；2—洞口；3—平洞；4—低
压力区；5—高压力区和富集水区

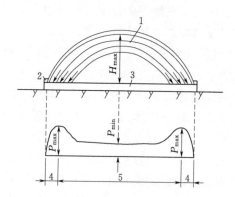

图 3-5　隧洞横穿背斜岩层示意图
1—背斜岩层；2—洞口；3—平洞；
4—高压力区；5—低压力区

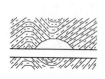

（a）洞室穿过向斜时的塌方

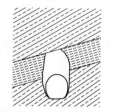

（b）软硬岩层相间褶曲地段洞室塌方一

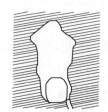

（c）软硬岩层相间褶曲地段洞室塌方二

图 3-6　不同岩层组合中的平洞示意图

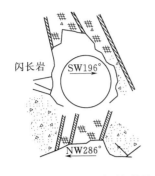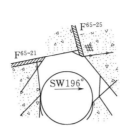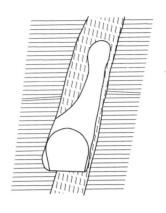

（a）洞室围岩有几个平行断层　（b）不同方向断层的切割情况

图 3-7　断层构造对洞室围岩稳定的破坏示意图

图 3-8　在被断层切割的软弱
破碎带开挖洞室示意图

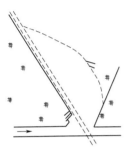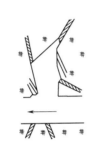

（a）穿过大断层破碎带　（b）穿过几条断层组成的破碎带

图 3-9　洞室穿过大断层时的塌方示意图

（a）几组结构面导致
的大块体塌方　（b）人字形结构面导
致的楔形体塌方

图 3-10　结构体系引起的围岩
稳定破坏示意图

表 3-1　　　　　　　　　　　地质构造对围岩稳定性影响表

构造类型			工程地质特征	围岩变形与破坏方式
	厚层及中厚层		层间结合牢固，无软弱结构面	围岩一般稳定
			层间结合较差或有软弱结构面	软弱岩体在临空面出露易于塌落
	软硬相间及软弱薄层		有层间错动或软弱夹层，不连续介质	主要受层面和软弱结构面控制，常表现为弯曲、折断、滑移
层状岩体	倾斜岩层	水平或缓倾角	中厚层或薄层岩层，层间结合差时	顶板薄层岩体易于塌落，地下水活跃时时常发生较大塌方；中厚层岩体顶拱成形差，呈选板状
		一般倾斜	当岩层倾角为30°～60°，有两组层面或节理互相切割时，走向与洞轴垂直或大角度相交，岩体强度较高	洞室围岩一侧易于崩塌；另一侧易于滑移，顶拱可能发生局部掉块现象
		陡倾	岩层走向与洞轴垂直或大角度相交的坚硬岩体	对围岩稳定有利，可能局部掉块
			岩层走向与洞轴平行或小角度相交的软弱岩体，层间结合差	极易松弛，严重者外鼓倾倒；地应力较大时，压弯失稳，造成严重塌方

构 造 类 型		工程地质特征	围岩变形与破坏方式
褶皱构造	洞室横穿向斜	向斜构造的裂隙上窄下宽，岩石切割成楔形体，岩层产状呈倒拱形，轴部压力大	向斜轴部压力大洞室顶拱易于塌落
	洞室横穿背斜	裂隙上宽下窄，岩石切割成楔形体，岩层产状呈正拱形，压力传递到两侧岩石，轴部压力小	有利于围岩稳定，实少发生洞顶塌落和掉块，但洞口围岩压力大，需支护
	不同岩层组合的褶曲	软弱岩层易产生次级小褶曲，硬脆岩层裂隙发育；软硬相间的岩层易产生层间错动	地下水活跃时，易产生塌方和掉块
断裂构造	要素比较 破碎带组成物未胶结	组成为断层泥、角砾岩、糜棱岩未胶结，结构松弛	未胶结或挤压不紧密的破碎物易失稳，直塌至坚硬岩石
	软弱岩体的断层破碎带	易风化，强度低或具有一定的膨胀性	围岩极易失稳；地下水活跃时则加速塌落，甚至造成塌方冒顶
	断层走向与洞轴线交角	交角小，则洞内出露长度长	可能失稳地段长
		交角大，则洞内出露长度短	可能失稳地段短
	洞室穿过大断层	裂隙密集，结构松散，出露范围大	极易塌方
	隧洞部位 洞顶：陡立和平缓结构面组合	岩体被切割成一定形状，塌方范围大	极易塌方
	洞顶：走向一致倾向相反的组合	岩体被切割成倒楔形体	洞顶易于塌落
	侧壁：洞室轴向与结构面走向一致	侧壁岩体被切割成楔形体，易塌落	边墙岩体易于失稳，且面积较大时可能引起上部岩体塌落

岩体完整程度划分。《水利水电工程地质勘察规范》（GB 50487）关于岩体完整程度的划分，遵循《工程岩体分级标准》（GB 50218）的规定。

（1）岩体完整程度的结构面特征分类见表 3-2。

表 3-2 岩体完整程度的结构面特征分类表

岩体完整程度	结构面发育程度		主要结构面的结合程度	主要结构面类型	相应结构类型
	组数	平均间距/m			
完整	1~2	>1.0	结合好或结合一般	节理、裂隙、层面	整体或巨厚层状结构
较完整	1~2	>1.0	结合差	节理、裂隙、层面	块状或厚层状结构
	2~3	1.0~0.4	结合好或结合一般	节理、裂隙、层面	块状结构
完整性差	2~3	1.0~0.4	结合差	节理、裂隙、层面、小断层	裂隙块状或中厚层状结构
	≥3	0.4~0.2	结合好		镶嵌碎裂结构
			结合一般		中、薄层状结构
较破碎	≥3	0.4~0.2	结合差	各种类型结构面	裂隙块状结构
		≤0.2	结合一般或结合差		碎裂状结构
破碎	无序	—	结合很差	—	散体状结构

注 平均间距主要指结构面（1~2 组）间距的平均值。

结构面的结合程度的划分应根据结构面的特征，按表 3-3 确定。

表 3-3 结构面结合程度划分依据表

结构面结合程度	结 构 面 特 征
结合好	张开度小于 1mm，无充填物
结合较好	张开度 1～3mm，为硅质或铁质胶结；张开度大于 3mm，结构面粗糙，为硅质胶结
结合一般	张开度 1～3mm，为钙质或泥质胶结；张开度大于 3mm，结构面粗糙，为铁质或钙质胶结
结合差	张开度 1～3mm，结构面平直，为泥质或泥质和钙质胶结；张开度大于 3mm，多为泥质或岩屑充填
结合很差	泥质充填或泥夹岩屑充填，充填物厚度大于起伏差

（2）岩石质量指标（RQD）分类。岩石质量指标（Rock Quality Designation）最早是由迪尔和米勒于 1963 年提出的，根据钻探时的岩芯完好程度来判断岩体完整性的等级划分指标。因其测量和计算均较简单，在工程中得到了广泛的应用。在我国已将该指标正式收入了《岩土工程勘察规范》（GB 50021）中。

RQD 指数在数值上等于用直径为 75mm 的金刚石钻头在钻孔中连续采取同一岩层的岩芯，其中长度不小于 10cm 的岩芯累计长度与相应于该统计段的钻孔总进尺之比，一般用去掉百分号的百分比值来表示：

$$RQD = (长度不小于 10cm 的岩芯累计长度/统计段钻孔总进尺) \times 100 \quad (3-1)$$

根据岩石质量指标（RQD）对岩体完整性进行分类，岩体完整性的 RQD 指标分类见表 3-4。

表 3-4 岩体完整性的 RQD 指标分类表

RQD	>90	75～90	50～75	25～50	<25
岩体完整性	好	较好	较差	差	极差

（3）岩体完整性指数分类。岩体完整程度的定量指标，应采用岩体完整性指数（K_v），K_v 应采用实测值。当无条件取得实测值时，也可用岩体体积节理数（J_v），按表 3-5 确定对应的 K_v 值。

表 3-5 J_v 与 K_v 对照表

J_v/(条/m³)	<3	3～10	10～20	20～35	>35
K_v	>0.75	0.75～0.55	0.55～0.35	0.35～0.15	<0.15

岩体完整性指数（K_v）与定性划分的岩体完整程度的对应关系，可按表 3-6 确定。

定量指标 K_v、J_v 测试的规定。岩石完整性指数（K_v）应针对不同的工程地质岩组或岩性段，选择具有代表性的点、段，测定岩体弹性纵波波速，并应在同一岩体取样测定岩

表 3-6   **K_v 与定性划分的岩体完整程度的对应关系表**

K_v	>0.75	0.75~0.55	0.55~0.35	0.35~0.15	<0.15
完整程度	完整	较完整	较破碎	破碎	极破碎

石弹性纵波波速。K_v 应按式（3-2）计算：

$$K_v = (V_{pm}/V_{pr})^2 \qquad (3-2)$$

式中 V_{pm}——岩体弹性纵波波速，km/s；

      V_{pr}——岩石弹性纵波波速，km/s。

岩体体积节理数（J_v），应针对不同的工程地质岩组或岩性段，选择具有代表性的露头或开挖壁面进行节理（结构面）统计。除成组节理外，对延伸长度大于1m的分散节理也应予以统计。已为硅质、铁质、钙质充填再胶结的节理不予统计。每一测点的统计面积，不应小于 2m×5m。岩体 J_v 值，应根据节理统计结果，按式（3-3）计算：

$$J_v = S_1 + S_2 + \cdots + S_n + S_k \qquad (3-3)$$

式中 J_v——岩体体积节理数，条/m³；

      S_n——第 n 组节理每米长测线上的条数；

      S_k——每立方米岩体非成组节理条数。

3.1.2　岩体结构

围岩的完整性、坚固性和含水性、透水性是影响围岩质量的3大因素，影响岩体质量的因素首推岩体的完整性。岩体由结构面和结构体组成，结构面包括岩体中原生的或次生的地质界面，如层理、节理、断层等；结构体的形状有柱状、楔形、锥形。结构体对围岩的影响如下：随着节理发育，结构体尺寸减小，岩体强度迅速降低；结构体尺寸越大，围岩的稳定性越好。但结构体尺寸和洞室开挖尺寸是一个相对关系，随着洞室开挖尺寸的加大，围岩稳定性受到破坏的可能性也相应增大。洞室尺寸与围岩破坏范围见图 3-11。

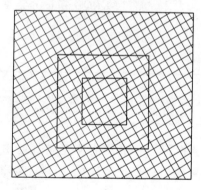

图 3-11　洞室尺寸与围岩破坏范围示意图

（1）岩体结构类型。不同类型、级别和自然特征的结构面及其切割而成的不同大小和形状的结构体相互组合，形成了各种不同的结构特征的岩体。岩体结构类型的划分是在研究岩体的地质特征、结构面、结构体自然特征及其组合状况的基础上所作的进一步概括。《水利水电工程地质勘察规范》（GB 50487）规定了岩体结构分类（见表 3-7）。

（2）岩体结构类型对围岩稳定的影响。不同的岩体结构类型具有不同的工程地质及水文地质特征，对岩体变形与破坏的机制、应力传播的规律、地下水的含水性和渗透性质以

类型	亚类	岩体结构特征
块状结构	整体结构	岩体完整，呈巨块状，结构面不发育，间距大于 100cm
	块状结构	岩体较完整，呈块状，结构面轻度发育，间距一般为 50～100cm
	次块状结构	岩体较完整，呈次块状，结构面中等发育，间距一般为 30～50cm
层状结构	巨厚层状结构	岩体完整，呈巨厚状，层面不发育，间距大于 100cm
	厚层状结构	岩体较完整，呈厚层状，层面轻度发育，间距一般为 50～100cm
	中厚层状结构	岩体较完整，呈中厚层状，层面中等发育，间距一般为 30～50cm
	互层结构	岩体完整或完整性差，呈互层状，层面较发育或发育，间距一般为 10～30cm
	薄层结构	岩体完整性差，呈薄层状，层面发育，间距一般小于 10cm
碎裂结构	镶嵌碎裂结构	岩体完整性差，岩块镶嵌紧密，结构面发育到很发育，间距一般为 10～30cm
	碎裂结构	岩体破碎，结构面很发育，间距一般小于 10cm
散体结构	碎块状结构	岩体破碎，岩块夹岩屑或泥质物
	碎屑状结构	岩体破碎，岩屑或泥质物夹岩块

及弹性波传播速度等都具有控制作用。

1）整体结构、块状结构、巨厚层状结构、厚层状结构对围岩稳定的影响。围岩稳定，采取局部随机锚杆支护。对易风化的软岩，及时喷混凝土保护。

2）次块状结构、中厚层状结构、互层结构、镶嵌碎裂结构、互层状结构对围岩稳定的影响。围岩稳定性差，采用系统锚杆、喷混凝土、挂网喷混凝土（或喷钢纤维混凝土）支护。

3）薄层结构、碎裂结构、散体结构对围岩稳定的影响。围岩不稳定，自稳时间很短；或围岩极不稳定，不能自稳。在施工期间采用超前锚杆、管棚、超前预灌浆、钢支撑、挂网喷混凝土支护。

岩体结构类型对围岩稳定性的影响见表 3－8。

（3）结构面性状对围岩稳定性的影响。结构面性状对围岩稳定性的影响很大。结构面的张开度越大，围岩的稳定性就越差；结构面越平直光滑，围岩的稳定性就越差；结构面越起伏粗糙，围岩的稳定性就越好；结构面泥质充填比岩屑充填围岩稳定性差。

根据《工程岩体分级标准》（GB 50218）的规定，结构面的结合程度可分为结合好、结合较好、结合一般、结合差和结合很差 5 级（见表 3－3）。

受结构面控制围岩的破坏见图 3－12，中厚层结构围岩的破坏见图 3－13，整体块状结构见图 3－14，薄层围岩的失稳破坏见

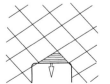

(a) 结构面倾角较缓岩层　　(b) 结构面倾角较陡岩层

图 3－12　受结构面控制围岩的破坏图

表 3-8

岩体结构类型对围岩稳定性的影响表

岩石结构类型		地质背景	完整状态		结构面特征	岩石饱和状态下抗压强度/MPa	水文地质特征	围岩稳定性评价
			结构面间距/cm	完整系数 K_v				
块状结构	整体状结构	岩性单一的构造、变形轻微的巨块状岩浆岩、厚层沉积岩，整体性好的变质岩	>100	>0.75	节理不发育，延展性差；多数呈闭合组糙状态，无充填或少夹碎屑，一般不超过2组节理，$\tan\varphi>0.6$	>60	地下水作用不明显，主要为裂隙水	岩体不受结构面切割时，整体稳定性好，一般不需支护；受结构面切割的岩体或定位于干洞室距小于洞室的跨度或高度时能沿结构面塌落，当构造应力大于岩体强度时，可能出现岩块剥落或岩爆现象
	块状结构	岩性单一的大块岩浆岩、厚层沉积岩，整体性较好的变质岩	100~50	0.75~0.55	节理较发育，呈闭合状；节理面有一定的结合力，一般只有3组以下的节理，$\tan\varphi=0.5\sim0.6$	>30	裂隙水甚微，可出现渗水、滴水现象，对软质的岩石可软化	整体强度较高，在大或特大洞室空间，当软弱结构面存在不利组合，可能出现剪切破坏和连接反应；深埋掘进时，岩体中显微裂隙的存在，可能导致岩爆；软化系数较低的岩石，在地下水的长期剪切作用下会使失稳情况加剧
	次块状结构	岩性单一的岩浆岩、变质岩、中厚层状沉积岩，岩体较完整	50~30	0.55~0.35	节理发育，多呈闭合状；少数节理有充填物，一般有3组以上的节理，$\tan\varphi=0.4\sim0.5$		裂隙水、滴水、股状水，对岩石软化	
层状结构	巨厚层状结构	巨厚层沉积岩	>100	>0.75	层面明显，层间结合力合理，一般 $\tan\varphi=0.3\sim0.5$	>30	地下水对岩层的软化作用明显	围岩破坏取决于岩石软弱结构面的组合与地下水的活动，中厚层与薄层岩层互层且地下水活动时，会出现大范围的围岩破坏
	厚层状结构	厚层沉积岩	100~50	0.75~0.55				
	中厚层状结构	构造变形轻的中厚层状岩，单层厚度大于30cm	50~30	0.55~0.30				
	互层状结构	呈互层状沉积岩，常有层间错动	30~10	0.30~0.20				

岩体结构类型		地质背景	完整状态		结构面特征	岩石饱和状态下抗压强度/MPa	水文地质特征	围岩稳定性评价
			结构面间距/cm	完整系数 K_v				
层状结构	薄层结构	在构造作用相对强烈的褶皱和层间错动,其单层厚度小于10cm	<10	<0.20	层理片理发育,有原生软弱现象、层间错动夹层、碎屑充填,结构面多为泥膜、碎屑充填,一般结合力差,其 $\tan\varphi\approx0.3$	15~5	有地下水,在地下水长期作用下软化,泥化作用明显	岩层走向与隧洞洞轴线夹角感小越不利,岩层倾向缓时洞室横断面的失稳范围分布较大;当相对围岩强度的应力重分布较大,岩体弹性模量小,层理薄时,水平和缓倾角岩层中的洞室会出现岩层倾斜、塌落;地下水会加剧围岩的破坏
碎裂结构	镶嵌碎裂结构	一般发育于脆硬岩层中的压碎岩带,节理、劈理组数多,密度大	30~10	<0.35	节理、劈理互相切割,咬合,面粗糙,闭合或夹少量碎屑,其 $\tan\varphi=0.4{\sim}0.6$	>60	本身为同一含水体,但透水性和富水性强	围岩的失稳破坏与结构体镶嵌的能力有关,破坏方式由表及里逐步发展。塌落高度与洞室跨度有关;当围岩整体强度不大,即使洞室埋深不大,在应力重分布作用下也会出现剪切破坏
	碎裂结构	岩性复杂,构造变动剧烈,岩体被切割成碎块,亦含弱风化带	10~3	<0.30	结构面间多被泥膜,碎屑充填,光滑,一般程度不一,$\tan\varphi=0.2{\sim}0.4$	<30	地下水作用明显,有软化、泥化现象,因渗流还可能引起管涌	整体强度低,岩体极易失稳变形;当地下水丰富时,围岩几乎没有自稳时间
散体结构		构造变动剧烈,一般为嵌入接触破碎带,岩浆岩接触破碎带、剧烈风化带及全风化带		<0.20	断层破碎带,接触破碎带,岩浆岩接触破碎带密集无序;破碎岩呈松块夹泥包块或软岩体,$\tan\varphi\approx0.2$	岩块强度无实际意义	破碎带中泥质较多,厚度较大时起富水作用,其两侧富集地下水,同时也促使破碎物质软化、泥化,以致产生崩解,甚至管涌	围岩极易坍塌、滑移、鼓胀,地下水作用使上述现象明显加快,围岩一般无自稳能力
		第四系松散堆积层				岩块强度无实际意义	地下水作用显著,泥化,可产生管涌现象	围岩极易坍塌、滑移、鼓胀,地下水的作用使上述现象明显加剧,围岩一般无自稳能力

图 3-15，层状碎裂结构围岩的失稳破坏见图 3-16，碎裂结构围岩失稳破坏见图 3-17，散体结构中的洞室见图 3-18，第四系松散堆积层中的洞室见图 3-19。

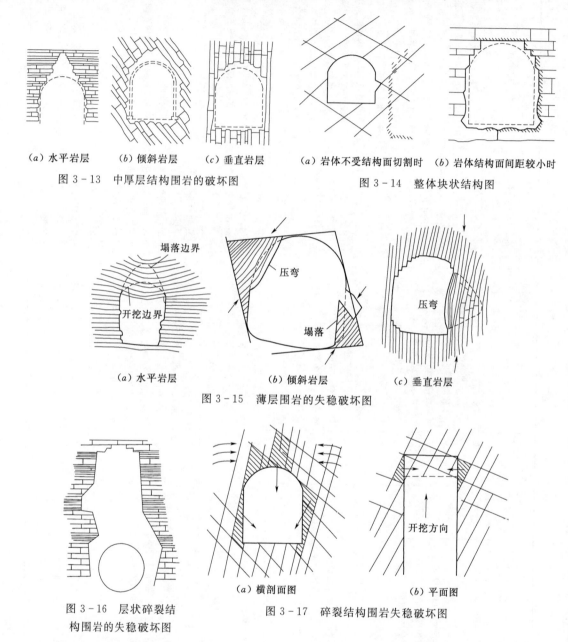

（a）水平岩层　　（b）倾斜岩层　　（c）垂直岩层

图 3-13　中厚层结构围岩的破坏图

（a）岩体不受结构面切割时　　（b）岩体结构面间距较小时

图 3-14　整体块状结构图

（a）水平岩层　　　　　　（b）倾斜岩层　　　　　　（c）垂直岩层

图 3-15　薄层围岩的失稳破坏图

图 3-16　层状碎裂结构围岩的失稳破坏图

（a）横剖面图　　　　　　（b）平面图

图 3-17　碎裂结构围岩失稳破坏图

3.1.3　岩石抗压强度

（1）岩石抗压强度对围岩稳定性的影响。虽然岩体结构是影响地下洞室围岩稳定的主要因素，但是在岩体结构相似的情况下，岩石抗压强度越低，围岩的自稳能力越差，尤其是软岩表现得最为明显。按《水利水电工程地质勘察规范》(GB 50487) 的规定，岩石饱和单轴抗压强度大于 30MPa 为硬质岩，不大于 30MPa 为软质岩。岩质类型划分见表3-9。

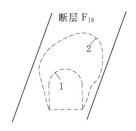

图 3-18 散体结构中
的洞室图
1—开挖边线；2—塌落线

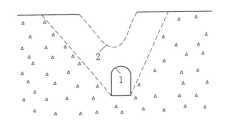

图 3-19 第四系松散堆积层中的洞室图
1—开挖边线；2—塌落线

表 3-9   岩 质 类 型 划 分 表

岩 质 类 型	硬 质 岩		软 质 岩	
	坚硬岩	中硬岩	较软岩	软岩
岩石饱和单轴抗压强度 R_b/MPa	$R_b>60$	$60 \geqslant R_b>30$	$30 \geqslant R_b>15$	$15 \geqslant R_b>5$

（2）岩石抗压强度对施工的影响。

1）岩石抗压强度对钻孔工效的影响。岩石抗压强度越高，钻孔需要的能量越大，钻孔机具的磨损越大，钻孔工效就越低。

2）岩石抗压强度对爆破的影响。岩石抗压强度越高，单位体积需炸药量越大，爆破效率越低。

3）岩石抗压强度对轧制混凝土骨料的影响。岩石抗压强度越高，破碎需要的能量越大，破碎机等机具的磨损越大，成品料的粒形越差。

3.1.4 地下水

地下水是影响围岩稳定和洞室施工安全的重要因素。因此，地下洞室施工必须掌握和了解工程建设地区的地下水类型、含水层和隔水层分布、水位、水质、水温、涌水量、补给来源、径流条件、排泄方式、动态变化及其影响。在含水层厚度较大、分布连续、补给来源充沛的富水区及岩溶地区的地下工程施工中，应做好超前预报和涌水量的预测。

（1）地下水对围岩的影响。

1）地下水对岩体和结构面的影响。在地下水作用下，岩石软化时岩石强度降低，岩石亲水性黏土矿物含量越高，软化系数越低，并且具有膨胀性，尤其对软质岩石、强风化岩石、膨胀岩产生软化、胀缩、崩解、潜蚀等有害作用。部分岩石的软化系数 K_d 取值见表3-10。

软弱结构面岩体在地下水作用下的软化系数远低于同类岩性的新鲜岩石，在验算地下洞室围岩稳定性时，可不考虑黏聚力，并相应降低沿软弱结构面的摩擦系数，或经过试验确定有关系数。

2）地下水的潜蚀作用。洞室的开挖，为围岩岩层中地下水的排泄提供了条件，水力梯度可能加大，从而对断层破碎带、强烈风化带或大裂隙中充填物进行潜蚀，将细颗粒带走。如果地下水流量继续增大，则可能出现管涌，直至引起大量塌方。

表 3 - 10　　　　　　　　　　　部分岩石的软化系数 K_d 取值表

岩　　石	单轴抗压强度/MPa		K_d
	饱和	干燥	
花岗岩	25～205	40～220	0.75～0.97
闪长岩	69～160	98～232	0.60～0.76
辉长岩	58～246	118～297	0.44～0.90
玄武岩	102～192	103～291	0.71～0.92
凝灰岩	33～154	62～179	0.52～0.86
石灰岩	8～189	13～251	0.58～0.94
砂岩	6～246	18～251	0.44～0.97
黏土岩	2～32	21～59	0.08～0.87
页岩	14～75	57～136	0.24～0.55
板岩	72～150	123～200	0.52～0.82
千枚岩	28～133	30～49	0.69～0.96
片岩	30～174	60～219	0.49～0.80
石英岩	50～177	145～200	0.80～0.96
糜棱岩	15～30	35～60	0.30～0.50

3）地下水的溶蚀作用。在有地下水的石灰岩、白云岩、碳酸钙胶结的砂岩、石膏与岩盐中开挖洞室，会发生岩石的溶蚀作用。石膏、岩盐和碳酸钙胶结的红色砂岩中的溶蚀速度较快，有时可能给工程施工及运行带来不良后果。

（2）地下水对塌方、涌水、涌泥的影响。地下水丰富洞段在溶洞、断层破碎带蕴藏着大量水体（俗称地下水库），地下洞室开挖揭露出这些溶洞、断层时，就会发生大塌方、涌水、涌泥。从以往工程经验看，突然造成涌水、涌泥的多是有丰富的地表水的地段，地表水沿着溶洞、暗河或断层破碎带以及背斜、向斜轴部等良好通道涌进地下洞室。因此，在研究预测地下洞室涌水量时，除应着重研究上述条件外，还应注意与地表水体的连通关系。

在地下洞室涌水预测中，不仅要预报出洞身涌水量，而且要预报出集中涌水的准确地点、涌出的形式及方向，以便有效地设计排水方式，准备排水设备和正确选择施工方法。对砂砾石层中地下水涌水的预报，可利用矿床水文地质学中矿床坑道的疏干公式计算其涌水量。在摸清了区域地质条件的基础上预测断裂带的涌水量，也是可能的。岩溶地下水的预报目前还缺少比较好的方法，为了准确预报岩溶地下水的涌水，必须首先摸清岩溶的发育规律、地下暗河系统及其与地表水的排泄、补给关系，然后，利用均衡法计算。

（3）地下水对施工的影响。地下水在洞室内出露的状态可划分为：洞壁干燥、洞壁潮湿或点滴状渗水、淋雨状或线流状出水。前两者对施工排水、喷混凝土、浇筑混凝土施工无影响或影响轻微；后者影响较大。因此，施工时必须配备足够的排水设施，对地下水排堵结合，以排为主。喷混凝土、浇筑混凝土施工时，对渗出的地下水采取引流排出措施。

3.1.5　围岩应力

（1）地应力对围岩稳定影响的分析。极高地应力及高地应力对围岩的稳定性起决定性作用，一般地应力对围岩的稳定影响较小。在分析岩体应力条件对围岩稳定的影响时，大致按以下步骤进行。

1）结合地应力实测成果，评估岩体初始天然应力状态。在无实测成果时，可根据地质勘察资料，按下列方法对初始应力场做出评估。

A. 较平缓的孤山体，一般情况下，初始应力的垂直向应力为自重应力，水平向应力不大于式（3-4）的计算结果。

$$\gamma H v/(1-\nu) \tag{3-4}$$

式中　H——工程埋深，m；

　　　γ——岩体重力密度，kN/m^3；

　　　ν——岩体泊松比。

B. 通过对历次构造形迹的调查和对近期构造运动的分析，以第一次序为准，根据复合关系，确定最新构造体系，据此确定初始应力的最大主应力方向。

当垂直应向应力为自重应力，且是主应力之一时，水平向主应力较大的一个，可取$(0.8\sim1.2)\gamma H$ 或更大。

C. 埋深大于 1000m，随着深度的增加，初始应力场逐渐趋向于静水压力分布；埋深大于 1500m 以后，一般可按静水压力分布考虑。

D. 在峡谷地段，从谷坡至山体以内，可区分为应力释放区、应力集中区和应力稳定区。峡谷的影响范围，在水平方向一般为谷宽的 1～3 倍。对两岸山体，最大主应力方向一般平行于河谷，在谷底较深部位，最大主应力趋于水平且转向垂直于河谷。

E. 地表岩体剥蚀显著地区，水平向应力仍按原覆盖厚度计算。

F. 发生岩爆或岩芯饼化现象，应考虑存在高初始应力的可能，此时，可根据岩体在开挖过程中出现的主要现象评估。高初始应力地区岩体在开挖过程中出现的主要现象见表 3-11。

表 3-11　　　　　　高初始应力地区岩体在开挖过程中出现的主要现象表

应力情况	主　要　现　象	R_c/σ_{max}
极高应力	硬质岩：开挖过程中时有岩爆发生、岩块弹出，洞壁岩体发生剥离，新生裂缝，成洞性差；基坑有剥离现象，成形性差	<4
	软质岩：岩芯常有饼化现象，开挖过程中洞壁岩体有剥离，位移极为显著，甚至发生大位移，持续时间长，不易成洞；基坑发生显著隆起或剥离，不易成形	
高应力	硬质岩：开挖过程中可能出岩爆，洞壁岩体有剥离和掉块现象，新生裂缝多，成洞性较差；基坑时有剥离现象，成形性一般尚好	4～7
	软质岩：岩芯时有饼化现象，开挖过程中洞壁岩体位移显著，持续时间较长，成洞性差；基坑有隆起现象，成形性较差	

注　R_c 为岩石单轴饱和抗压强度；σ_{max} 为垂直洞轴线方向的最大初始应力。

2）鉴于初始应力对围岩稳定性的影响，主要是通过洞室开挖洞周围岩二次应力的形成所反映，故应分析在初拟洞线、洞型的情况下，出现拉应力区的可能部位。

3）对于压应力集中部位，应根据围岩强度应力比来评价围岩的稳定性。当围岩强度与最大主应力之比小于 4 时，会出现应力超限，形成塑性区，围岩的稳定性差；当比值小于 2 时，围岩不稳定。

4）应注意断层等软弱结构面及层状各项异性岩体对二次应力分布的不利影响，弱面上可能产生剪应力导致块体失稳，或增大压应力和拉应力的集中程度。

（2）洞室围岩岩爆。岩体同时具备高地应力、岩质硬脆、完整性好至较好、无地下水的洞段，可初步判别为易产生岩爆。岩爆是围岩强度适应不了集中的过高应力，而突发的失稳破坏现象。如天生桥二级水电站引水隧洞的 2 号施工支洞为石灰岩岩体，当围岩强度与最大主应力比值小于 2.5 时，发生强烈的岩爆；比值小于 5 时，发生中等岩爆。

锦屏二级水电站辅助洞的探洞围岩是大理岩，岩爆均发生在岩体完整、地下水不发育的洞段。岩爆剥落形式以片板状的松脱剥落为主，局部伴有少量弹射。多数岩爆发生活跃期在放炮后的几小时内，距掌子面 1～3m 的范围（1 倍洞径以内）。少数岩爆持续数月仍有爆裂和剥落。锦屏二级水电站岩爆等级划分见表 3-12。

表 3-12 <center>锦屏二级水电站岩爆等级划分表</center>

特征 \ 级别	轻微岩爆（Ⅰ级）	中等岩爆（Ⅱ级）	强烈岩爆（Ⅲ级）	剧烈岩爆（Ⅳ级）
声响特征	噼啪声、撕裂声	清脆的爆裂声	强烈的爆裂声	剧烈的闷响爆裂声
运动特征	爆裂松脱、剥离	爆裂松脱、剥离现象严重，少量弹射	强烈的爆裂弹射	剧烈的爆裂弹射，甚至抛掷
时效特征	零星间断爆裂	持续时间较长，有随时间累进性向深部发展特征	具有延续性，并迅速向围岩深部扩展	具有突发性，并迅速向围岩深部发展
影响深度 h/B	表面小于 0.1	深度可达 1m 左右，表面小于 0.1～0.2	深度可达 2m 左右，表面小于 0.2～0.3	深度可达 3m 左右，表面小于 0.3
对工程的危害	影响甚微，适当的安全措施可使施工正常进行	有一定影响，应及时采取挂网喷锚支护措施，否则有向深部发展的可能	有较大影响，应及时采取挂网喷锚支护措施	严重影响甚至摧毁工程，必须采取相应的特殊措施加以防治
爆裂的力学性质	张裂破坏为主	张剪破坏并存	剪张破坏并存	剪张破坏并存
应力强度比系数 $(\sigma_{\theta max}/R_c)$	0.3～0.5	0.5～0.8	0.8～0.9	＞0.9
弹性应变能指数 W_{et}	＜2.0	2.0～5.0		＞5.0

注　h 为破坏波及深度，m；B 为洞径或跨度，m；$\sigma_{\theta max}$ 为洞壁最大切向应力，MPa；$\sigma_{\theta max}/R_c$ 与 W_{et} 均满足时发生该等级岩爆。

广州抽水蓄能电站地下厂房安装间、尾水岔管区域发生轻微至中等岩爆，炮响后 1～2h 仍能听到清脆噼啪爆裂声，岩体解裂呈直径 30cm 左右的板状岩块，平行洞壁产生新的裂隙，裂隙面新鲜、粗糙。

《水利水电工程地质勘察规范》（GB 50487）对岩爆进行了分级及判别（见表3-13）。

（3）地应力对侧墙稳定的影响。威尔逊及奥尔特力浦等研究岩体中方形隧洞侧墙围岩的破坏，得出以下几点结论。

A. $\sigma_v/R_b \leqslant 0.1$ 时（σ_v 为岩体垂直应力；R_b 为岩石饱和单轴抗压强度），对侧墙围岩可不支护。

表 3 - 13　　　　　　　　　　　　　岩爆分级及判别表

岩爆分级	主要现象和岩石条件	岩石强度应力比 R_b/σ_m	建议防治措施
轻微岩爆（Ⅰ级）	围岩表层有爆裂射落现象，内部有噼啪、撕裂声响，人耳偶然可以听到，岩爆零星间断发生，一般影响深度为 0.1～0.3m，对施工影响较小	4～7	根据需要进行简单支护
中等岩爆（Ⅱ级）	围岩爆裂弹射现象明显，有似子弹射击的清脆爆裂声响，有一定的持续时间。破坏范围较大，一般影响深度为 0.3～1m。对施工有一定影响，对设备及人员安全有一定威胁	2～4	需进行专门支护设计；多进行喷锚支护等
强烈岩爆（Ⅲ级）	围岩大片爆裂，出现强烈弹射，发生岩块抛及岩粉喷射现象，巨响，似爆破声，持续时间长，并向围岩深部发展，破坏范围和块度大，一般影响深度为 1～3m。对施工影响大，威胁机械设备及人员人身安全	1～2	主要考虑采取应力释放钻孔、超前导洞等措施，进行超前应力解除，降低围岩应力。也可采取超前锚固及格栅钢支撑等措施加固围岩。需进行专门支护设计
极强岩爆（Ⅳ级）	洞室断面大部分围岩严重爆裂，大块岩片出现剧烈弹射，震动强烈，响声剧烈，似闷雷；迅速向围岩深处发展，破坏范围和块度大，一般影响深度大于 3m，可使整个洞室遭受破坏。严重影响施工，危及人身安全，财产损失巨大，最严重者可造成地面建筑物破坏	<1	

注　R_b 为岩石饱和单轴抗压强度；σ_m 为最大主应力。

  B. $\sigma_v/R_b=0.1～0.2$ 时，边墙围岩有轻微的剥落。

  C. $\sigma_v/R_b=0.2～0.3$ 时，边墙围岩会严重剥落。

  D. $\sigma_v/R_b=0.3～0.4$ 时，围岩剥落相当严重。

  E. $\sigma_v/R_b>0.4$ 时，会出现岩爆。

  （4）围岩压力。围岩压力是指围岩作用在支护（衬砌）上的压力，是确定衬砌设计荷载大小的依据。围岩压力有松弛压力、变形压力和膨胀压力 3 种。松弛压力指由于地下洞室开挖造成围岩松动而可能塌落的岩体，以重力形式直接作用在支护上的压力。松弛压力产生的因素有地质的，如岩体破碎程度、软弱结构面与临空面的组合关系；也有施工方面的，如爆破、支护时间和回填密实程度等。变形压力指围岩变形受到支护限制后，围岩对支护形成的压力，其大小决定于岩体的初始地应力、岩体的力学性质、洞室形状、支护结构的刚度和支护时间等。膨胀压力指围岩吸水后，岩体发生膨胀崩解而引起围岩体积膨胀变形时对支护形成的压力。膨胀压力也是一种变形压力，但与变形压力性质不同，它严格受地下水的控制。

  1）变形压力。作用在支护上的变形压力，实际处于动态发展过程。为防止围岩在变形过程中遭受破坏，进行地下工程开挖时，应对围岩的变形动态作定期观测，根据需要确定是否加强支护。

  变形压力的发展过程：洞室开挖后，如重分布应力小于围岩岩体的强度（弹性极限），围岩处于稳定状态。重分布应力超过围岩的岩体强度，则洞室周边围岩首先破坏，裂隙自围岩表面沿径向方向向岩体内部延伸，其延伸范围称为塑性区。随着围岩的塑性区向岩体深处的发展，靠近洞室围岩表层开始松脱。如能及时支护，可使围岩与支护形成平衡状态，这时支护承受围岩向洞室内径向收敛变形所产生的变形压力，以及部分松弛压力。

2）洞室开挖过程中围岩位移。在洞室开挖过程中，围岩的径向位移随着开挖掌子面向前推进而增大，距掌子面约1倍洞径，围岩径向位移趋于稳定。硬岩与软弱围岩的位移略有不同，现将鲁布革水电站、小浪底水电站模型试验洞围岩变形介绍如下。

A. 鲁布革水电站原位模型试验洞围岩变形。

a. 模型试验洞的布置。鲁布革水电站地下厂房原位模型洞围岩变形量测试验的原位模型洞布置在地下厂房105号探洞内未开挖的岩体中，岩性为三叠系中统角砾状灰质白云岩，块状结构，与最大主应力方向夹角小于30°。断面取主厂房原设计尺寸的1/10，高5m、宽2.6m，方圆形，洞长30m。

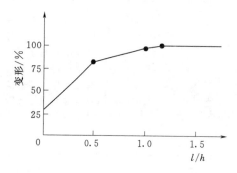

图3-20　围岩变形图

l—已开挖断面与掌子面的距离；h—洞高

b. 顶拱围岩位移。大约掌子面推进到预埋孔前1.5～2.5倍洞高距离时，岩体开始向洞内收敛；掌子面接近预埋孔断面，变形增加较快；当推进到预埋孔断面时，位移为总位移的25%～35%；当超过0.5倍洞高时，已释放变形的80%～90%；之后位移增幅减小，当过断面1倍洞高时，变形释放已达95%～100%；过断面1～1.2倍洞高后，已趋稳定，围岩变形见图3-20。

B. 小浪底水电站原位模型试验洞围岩变形。

a. 模型试验洞的布置。试验洞长105m、宽15m、高6.35m，围岩为平缓的砂页岩互层，有断层。

b. 围岩位移。随掌子面往前推进，围岩位移值增大，已开挖断面距掌子面约0.7～1倍洞身宽度时，围岩位移趋于稳定。

C. 围岩允许变形值。围岩的稳定，主要取决于变形量，强度是次要的。根据观测资料，首先确定破坏变形的极限值，然后，再确定变形的允许值。这种根据洞室的具体条件，直接建立位移的方法，对围岩稳定性的判定更为直观、简捷。《岩土锚杆与喷射混凝土支护工程技术规范》（GB 50086）提出，洞周边允许位移相对值可作为判断围岩稳定的参考数（见表3-14）。

表3-14　　　　　　　　　　　　洞周边允许位移相对值

围岩级别 ＼ 埋深/m	<50	50～300	>300
Ⅲ级/%	0.10～0.30	0.20～0.50	0.40～1.20
Ⅳ级/%	0.15～0.50	0.40～1.20	0.80～2.00
Ⅴ级/%	0.20～0.80	0.60～1.60	1.00～3.00

注　1. 周边位移相对值系指两测点间实测位移累计值与两测点间距离之比，两测点间位移值也称收敛值。

2. 脆性围岩取表中较小值，塑性围岩取表中较大值。

3. 本表适用于高跨比为0.8～1.2的地下工程：Ⅲ级围岩跨度不大于20m；Ⅳ级围岩跨度不大于15m；Ⅴ级围岩跨度不大于10m。

4. Ⅰ级、Ⅱ级围岩中进行量测的地下工程，以及Ⅲ级、Ⅳ级、Ⅴ级围岩中在表注3范围之外的地下工程应根据实测数的综合分析或工程类比方法确定允许值。

3.1.6 施工中塌方的地质因素

不利的地质条件是引发塌方的内在因素，不当的施工方法、不足的支护强度是导致洞室发生塌方的外在因素。

（1）发生塌方的地质因素。塌方的产生，往往是多种不利因素综合作用的结果。工程实践表明，有断层破碎带与其他结构面的不利组合，又有地下水活动所产生的塌方，一般较严重；另外，不及时支护的小规模塌方酿成大塌方的实例也很多。因此，工程经验表明，及时适宜的支护和排水是治理塌方最重要的措施。

A. 围岩强度与塌方的关系。塌方大多发生在强烈风化带、强烈卸荷松弛带、断层破碎带及其交汇带、极软弱岩层中。围岩强度越小，塌方规模越大。徐村水电站导流泄洪洞的塌方发生在碳质页岩劣质煤系地层中。

B. 岩体结构与塌方的关系。塌方与岩体结构类型关系密切，散体结构最易塌方，往往塌到地表，地表形成塌落坑。碎裂结构也易塌方，周宁水电站排风洞进口段塌方就属此类型塌方。

C. 结构面的不利组合与塌方的关系。在层状和块状结构中结构面的不利组合是发生塌方的主要因素，以在顶拱组成屋脊形及在边墙组成倾向洞中陡倾角的楔形体为典型，一般塌方高度不大。螺丝湾水电站引水上平洞的塌方、缅甸瑞丽江水电站的塌方多为此种类型。

D. 地下水活动与塌方的关系。地下水活动对恶化围岩稳定性，导致塌方起到至关重要的作用。在断层裂隙发育及水敏性强的软岩情况下，地下水因洞室开挖而汇集排泄，对围岩不仅产生外压（静压），而且将产生动水压力，带走不稳定的松软物质；同时，软化、泥化及膨胀作用也将减小结构面的摩阻力。因此，地下水活动极大地促进塌方发生，且增大塌方规模。多数塌方均与地下水活动有关，尤其是散体结构和结构面夹泥的围岩更易发生塌方。

E. 围岩应力与塌方的关系。塌方实质是围岩应力不平衡的表现。洞室开挖前，岩体处于三向受力的围压状态。随洞室的开挖，洞周围岩在天然初始应力场的背景下产生应力集中，或集中后的应力释放使应力集中区往围岩深部转移，从而形成二次应力场，即围岩应力场。当岩体强度（包括结构面的强度）能承受集中的应力或虽不能承受，但围岩的松弛变形较小在允许范围之内，二次应力达到新的平衡状态，此时，围岩不会发生明显的失稳破坏和塌方。当围岩不能承受集中的应力，且松弛变形自身不能控制时，围岩应力不平衡，产生了向洞内方向的围岩压力，即山岩压力，围岩失稳破坏，发生塌方。在地下洞室相交处围岩二次应力集中，尤其在高边墙下开挖洞口，更应加强支护。

F. 塌方规模的划分。按塌方高度和塌方量的大小将塌方分为小塌方、中塌方、大塌方三个等级，其等级划分见表3-15。

表 3-15　　　　　　　　　　　　　塌 方 等 级 划 分 表

塌方等级	塌方高度/m	塌方体积/m³
小塌方	<3	<30
中塌方	3~6	30~100
大塌方	>6	>100

（2）围岩失稳破坏的机制与破坏形式。按导致失稳破坏的主控因素，可将围岩失稳的机制归纳为围岩强度应力控制型、软弱结构面控制型和混合控制型三种基本类型（见表3-16）。

表3-16　　　　　　　　　　围岩失稳机制及破坏形式分类表

失稳机制类型	破坏形式		力学机制	岩　质	岩体结构
围岩强度应力控制型	脆性破坏	岩爆	压应力高度集中，突发脆性破坏	硬质岩	块状及厚层状结构
		劈理剥落	压应力集中导致压裂		
		张性塌落	拉应力集中导致张裂破坏		
	弯曲折断		压应力集中导致弯曲拉裂	硬质岩	层状、薄层状结构
	塑性挤出		围岩应力超过围岩屈服强度向洞内挤出	软弱夹层	夹层状结构
	内挤塌落		围压释放，围岩吸水膨胀强度降低	膨胀性软质岩	层状结构
	松脱塌落		重力及拉应力作用下松动塌落	硬质岩、软质岩	散体及碎裂结构
软弱结构面控制型	块体滑移塌落		重力作用下块体失稳	硬质岩（弱面组合）	块状及层状结构
混合控制型	碎裂松动		压应力集中导致剪切松动	硬质岩（结构面密集）	碎裂及镶嵌结构
	剪切滑移		压应力集中导致滑移拉裂	硬质岩（结构面组合）	块状及层状结构
	剪切碎裂		压应力集中导致剪切破碎	硬质岩（结构面较稀疏）	块状及厚层结构

A. 围岩强度应力控制型。进一步按围岩失稳的特征，大致划分出3种破坏形式（见表3-16）。由于散体几乎丧失了抗压强度，其抗剪强度就低，在垂直应力重力作用下导致塌落，故散体松脱塌落破坏形式可归于围岩强度应力控制型的一种特例。

B. 软弱结构面控制型。破坏形式为块体滑移坍落，表现为围岩中局部特定块体的稳定性，往往需要特殊的加固处理。

C. 混合控制型。应力集中，导致剪应力超限，大于结构面抗剪强度，围岩发生剪切破坏，既受强度应力控制，又受结构面控制。进一步按结构面的发育程度及性状分为3种破坏形式。

3.2　围岩分级

目前，国内外对围岩分级的基本思路是，首先对围岩的岩体质量进行评价分级；然后结合考虑工程因素对围岩的稳定性进行判断，确定各级围岩开挖及支护措施。

国内外围岩分级已发展到采用多个指标复合，即岩体质量复合指标定量评分的方法。其中，在国际上较为通用的是以巴顿（Barton）岩体质量 Q 系统分类为代表的综合乘积法分级和以比尼奥斯基（Bieniawski）地质力学RMR分级为代表的和差计分法分类。我国水电系统于1986年提出了水电地下工程围岩分级方法，经众多大中型地下工程的反馈应用，进一步修改和推广使用后纳入了《水利水电工程地质勘察规范》（GB

50487）中。国际上较为通用的几种围岩具体分级方法不再赘述，需要者可查阅相关文献。

我国水利水电地下工程常用的围岩分级是《水利水电工程地质勘察规范》（GB 50487）或《水工隧洞设计规范》（DL/T 5195）中的"围岩工程地质分级"。

围岩工程地质详细分级应以控制围岩稳定的岩石强度、岩体完整程度、结构面状态、地下水和主要结构面产状 5 项因素之和的总评分为基本判据，围岩强度应力比为限定判据，并应符合表 3-17 的规定。

表 3-17　　　　　　　　　　　地下洞室围岩详细分级表

围岩级别	围岩稳定性评价	围岩总评分 T	围岩强度应力比 S	支 护 类 型
Ⅰ级	稳定。围岩可长期稳定，一般无不稳定块体	$T>85$	>4	不支护或局部锚杆或喷薄层混凝土。大跨度时，喷混凝土、系统锚杆加钢筋网
Ⅱ级	基本稳定。围岩整体稳定，不会产生塑性变形，局部可能产生掉块	$85\geqslant T>65$	>4	
Ⅲ级	局部稳定性差。围岩强度不足，局部会产生塑性变形，不支护可能产生塌方或变形破坏。完整的较软岩，可能暂时稳定	$65\geqslant T>45$	>2	喷混凝土、系统锚杆加钢筋网。采用 TBM 掘进时，需及时支护。跨度大于 20m 时，宜采用锚索或刚性支护
Ⅳ级	不稳定。围岩自稳时间很短，规模较大的各种变形和破坏都可能发生	$45\geqslant T>25$	>2	喷混凝土、系统锚杆加钢筋网，刚性支护，并浇筑混凝土衬砌。不适宜于开敞式 TBM 施工
Ⅴ级	极不稳定。围岩不能自稳，变形破坏严重	$T\leqslant 25$		

注　Ⅱ级、Ⅲ级、Ⅳ级围岩，当围岩强度应力比小于本表规定时，围岩级别宜相应降低一级。

（1）围岩强度应力比 S 可根据式（3-5）求得：

$$S=\frac{R_b K_v}{\sigma_m} \tag{3-5}$$

式中　R_b——岩石饱和单轴抗压强度，MPa；

　　　K_v——岩体完整系数；

　　　σ_m——围岩初始最大主应力，MPa，当无实测资料时可以自重应力代替。

（2）围岩工程地质分类中五项因素的评分应符合下列标准。

1）岩石强度评分应符合表 3-18 的规定。

表 3-18　　　　　　　　　　　岩 石 强 度 评 分 表

岩质类型	硬 质 岩		软 质 岩	
	坚硬岩	中硬岩	较软岩	软岩
饱和单轴抗压强度 R_b/MPa	$R_b>60$	$60\geqslant R_b>30$	$30\geqslant R_b>15$	$R_b\leqslant 15$
岩石强度评分 A	$20\sim30$	$10\sim20$	$5\sim10$	$0\sim5$

注　1. 岩石饱和单轴抗压强度大于 100MPa 时，岩石强度的评分为 100。

　　2. 岩石饱和单轴抗压强度小于 5MPa 时，岩石强度的评分为 0。

2）岩体完整程度评分应符合表 3-19 的规定。

表 3-19　　　　　　　　　　　　　岩石完整程度评分表

岩体完整程度		完整	较完整	完整性差	较破碎	破碎
岩体完整性指数		$K_v>0.75$	$0.75{\geqslant}K_v>0.55$	$0.55{\geqslant}K_v>0.35$	$0.35{\geqslant}K_v>0.15$	$K_v{\leqslant}0.15$
岩体完整性评分 B	硬质岩	40~30	30~22	22~14	14~6	<6
	软质岩	25~19	19~14	14~9	9~4	<4

注　1. 当 60MPa${\geqslant}R_b>$30MPa，且岩石完整程度与结构面状态评分之和大于 65 时，按 65 评分。
　　2. 当 30MPa${\geqslant}R_b>$15MPa，且岩体完整程度与结构面状态评分之和大于 55 时，按 55 评分。
　　3. 当 15MPa${\geqslant}R_b>$5MPa，且岩体完整程度与结构面状态评分之和大于 40 时，按 40 评分。
　　4. 当 $R_b{\leqslant}$5MPa，属特软岩，岩石完整程度与结构面状态不参加评分。

3）结构面状态的评分应符合表 3-20 的规定。

表 3-20　　　　　　　　　　　　　结 构 面 状 态 评 分 表

结构面状态	宽度 W /mm	闭合 ($W<0.5$)		微张 （$0.5{\leqslant}W<5.0$）								张开 （$W{\geqslant}5.0$）		
	充填物			无充填			岩屑			泥质			岩屑	泥质	无充填
	起伏粗糙状况	起伏粗糙	平直光滑	起伏粗糙	起伏光滑或平直粗糙	平直光滑	起伏粗糙	起伏光滑或平直粗糙	平直光滑	起伏粗糙	起伏光滑或平直粗糙	平直光滑			
结构面状态评分 C 硬质岩		27	21	24	21	15	21	17	12	15	12	9	12	6	0~3
较软岩		27	21	24	21	15	21	17	12	15	12	9	12	6	
软岩		18	14	17	14	8	14	11	8	10	8	6	8	4	0~2

注　1. 结构面的延伸长度小于 3m 时，硬质岩、较软岩的结构面状态评分另加 3 分，软岩加 2 分；结构面延伸长度大于 10m 时，硬质岩、较软岩减 3 分，软岩减 2 分。
　　2. 结构面状态最低分为 0。

4）地下水状态评分应符合表 3-21 的规定。

表 3-21　　　　　　　　　　　　　地 下 水 状 态 评 分 表

活 动 状 态			渗水到滴水	线状流水	涌水
水量 $Q/[L/(min\cdot10m)]$ 或压力水头 H/m			$Q{\leqslant}25$ 或 $H{\leqslant}10$	$25<Q{\leqslant}125$ 或 $10<H{\leqslant}100$	$Q>125$ 或 $H>100$
基本因素评分 T'	$T'>85$	地下水评分 D	0	0~−2	−2~−6
	$85{\geqslant}T'>65$		0~−2	−2~−6	−6~−10
	$65{\geqslant}T'>45$		−2~−6	−6~−10	−10~−14
	$45{\geqslant}T'>25$		−6~−10	−10~−14	−14~−18
	$T'{\leqslant}25$		−10~−14	−14~−18	−18~−20

注　1. 基本因素平分 T' 是前述岩石强度评分 A、岩体完整性评分 B 和结构面状态评分 C 的和。
　　2. 干燥状态取 0 分。

5）主要结构面产状评分应符合表 3-22 规定。

表 3-22 主要结构面产状评分表

结构面走向与洞轴线夹角 β/(°)	90≥β≥60				60>β≥30				β<30			
结构面倾角 α/(°)	α>70	70≥α>45	45≥α>20	α≤20	α>70	70≥α>45	45≥α>20	α≤20	α>70	70≥α>45	45≥α>20	α≤20
结构面产状评分 E 洞顶	0	−2	−5	−10	−2	−5	−10	−12	−5	−10	−12	−12
边墙	−2	−5	−2	0	−5	−10	−2	0	−10	−12	−5	0

注 按岩体完整程度分级为完整性差、较破碎和破碎的围岩不进行主要结构面产状评分的修正。

对过沟段、极高地应力区（应力大于 30MPa）、特殊岩土及喀斯特化岩体的地下洞室围岩稳定性以及地下洞室施工期的临时支护措施需专门研究，对钙（泥）质弱胶结的干燥砂砾石、黄土等土质围岩的稳定性和支护措施需要开展针对性的评价研究。

跨度大于 20m 的地下洞室围岩的分级除采用本分级外，还宜采用其他有关国家标准综合评定，对国际合作的工程还可采用国际通用的围岩分级进行对比使用。

3.3 施工地质

水电水利工程施工地质工作是施工期间的地质工作，对消除地质隐患、优化设计、选择合理的施工方法、指导工程安全运行和充分发挥工程的目标效益具有重要意义。施工地质工作可参照《水电水利工程施工地质规程》（DL/T 5109）的要求执行。

3.3.1 工作内容

（1）施工地质工作应包括下列主要内容。

1）编录测绘施工揭露的地质现象，检验、修正前期工程地质勘察资料和评价结论。

2）进行取样与试验。

3）及时提出对不良工程地质问题的处理意见和建议。

4）进行地质观测与预报。

5）参加地基、围岩、工程边坡、水库蓄水及其他隐蔽工程的地质评价与验收。

6）提出运行期间的水文地质工程地质观测项目、实施方案、技术要求设计书。

7）编制施工地质报告。

（2）地下建筑物围岩施工地质工作。地下建筑物围岩的施工地质工作，可分为开挖期和最终断面形成后两期进行。

1）开挖期的施工地质工作应包括下列内容：①编录施工开挖揭露的各种地质现象；②随着施工开挖巡视记录施工情况；③进行测试工作；④预测预报可能出现的地质问题；⑤修正工程地质围岩分级；⑥参与研究围岩支护方案。

2）最终断面形成后的施工地质工作应包括下列内容：①进行工程地质围岩测绘；②核定工程地质围岩分类及其物理力学性质参数；③编写工程地质围岩说明书；④参加围岩验收。

（3）地质编录与测绘。

1）地质编录应随导洞开挖或扩挖进行，巡视观察施工情况，编录各种地质现象，进行测试工作并收集其资料，为评价围岩稳定、进行支护和优化设计积累资料。

2）地质编录应包括下列内容：①岩石名称、成岩时代、颜色、主要矿物成分、胶结、蚀变和风化程度、点荷载强度、史密特锤击回弹值、纵波速度、岩体完整性系数等；②层面、断层、软弱夹层、节理裂隙等各类结构面的产状、延伸长度、起伏差、粗糙度、张开度、充填物质厚度及其性质；③岩体透水性、地下水出溢点位置的岩性、构造、岩体完整状况、出露形态（潮湿、渗水、滴水、线状流水、涌水）、流量变化与降雨或地表径流的关系、洞室内地下水出溢点与地表水的水力联系；④在深埋洞段或高地应力区，应收集岩体应力测试资料并观察和编录发生片帮、岩爆、内鼓、弯折变形洞段的地质条件，片帮、岩爆的岩块大小、规模、形态、延续时间及其危害程度；⑤喀斯特洞穴大小、规模、形态、连通情况、洞穴充填堆积物成分和密实程度、地下水活动情况；利用超前探孔，有条件时采用地质雷达探测洞室围岩区的喀斯特洞穴发育位置、大小、规模，分析其对围岩稳定的影响和可能出现的涌砂涌水现象；⑥现场收敛、锚杆轴向应力、拱顶与边墙围岩位移和松动圈范围等原位观测资料；⑦施工方法，如超前钻孔、开挖方法、造孔凿进速度、石渣块度等。

3）应根据编录的实际情况提出临时支护措施和修改设计的意见。

4）水下岩塞爆破区应编录水上和水下地形地貌特征，注意有无反坡地形和不稳定岩体，岩塞爆破洞段上覆岩土体的厚度、组成物质、岩体风化分带及其厚度、节理裂隙发育情况。

5）地质测绘是在洞室断面形成后、永久衬砌（喷锚）之前进行的地质测绘，应按《水电水利工程地质测绘规程》（DL/T 5185）的要求，突出主要工程地质现象。

6）地质测绘应完成下列图幅。

A. 洞室展示（素描）图是地下洞室的主要图幅。隧洞、竖井、斜井、地下厂房均应测绘展示图。可随施工开挖全断面形成后，在围岩验收、喷锚或永久衬砌前分段（块）完成测绘工作。

B. 洞室纵、横剖面图是反映围岩工程地质条件的图件。沿洞室轴线测绘地质剖面图，选择代表性地段测绘地质横剖面图。

C. 地质平切面图。对大跨度洞室、地下洞室群、有岩壁梁结构的地下厂房，应绘制水平地质切面图，阐明岩墙、岩柱、岩壁梁的工程地质条件。

D. 地下建筑物地质测绘比例尺应符合表 3-23 的规定。

表 3-23　　　　　　　　　　地下建筑物地质测绘比例尺规定表

图幅名称	地下厂房	隧洞	竖、斜井
洞室展示（素描）图	1/200～1/50	1/500～1/50	1/200～1/50
纵剖面图	1/500～1/100	1/1000～1/100	1/1000～1/100
横剖面图	1/500～1/100	1/200～1/50	1/200～1/50
地质平切面图	1/500～1/100	1/500～1/100	

注　各种图幅的比例尺选择，可根据洞室长度、直径或跨度大小选定。

7）地质测绘应包括下列内容：①围岩名称、性质、风化程度和风化分带；②断层、软弱夹层、节理裂隙、岩脉喀斯特洞穴形态及地下水溢出点等；③爆破松动带和爆窝、爆破裂隙位置；④片帮、岩爆发生位置，以及塌方、掉块、变形破坏位置；⑤节理裂隙统计点、取样点、现场测试断面（点），物探检测点（段）、勘探孔洞等位置；⑥基准线、桩号、洞室轮廓线、实测剖面线位置；⑦支护、喷锚、衬砌及重点处理地段，并注明处理方式方法。

8）对下列地质现象和洞室地段，应拍摄照片或录像：①主要的断层破碎带、节理裂隙密集带、软弱夹层；②喀斯特洞穴；③岩体蚀变带；④围岩位移、松动、掉块、塌方及临时支护处理位置；⑤应力松弛、片帮、岩爆现象；⑥地下水活动的集中涌水点，并注明涌水量；⑦现场取样、测试、观测断面（点）及测试装置位置；⑧围岩处理（喷锚、灌浆、排水、衬砌等）位置。

9）对地质条件复杂洞室段，可进行洞壁岩体连续摄影，编制洞壁镶嵌图像，有条件时，可采用洞室摄像计算机地质素描成图。在拍、录前应做好标志，对所拍、录内容作详细说明，并分别统一编号，注明拍、录位置，方向，距离，角度，日期等。

（4）取样与试验。

1）施工期间，可视需要采集下列标本保存备查：①各洞段代表性岩石标本；②断层、软弱夹层、岩脉、蚀变带、软弱岩石、喀斯特洞穴充填堆积物质。

2）在洞室开挖过程中，应进行围岩工程物探测试与简易测试（点荷载强度、回弹值、地震波波速、声波波速等）。

3）在洞室开挖过程中，可根据需要进行下列复核性试验：①岩体承压板法试验、径向液压枕法或水压法试验；②岩块和岩体物理性质、单轴抗压强度、直剪试验；③岩体应力测试；④水质分析。

（5）观测与预报。

1）施工期间，应根据具体情况，并按专门拟定的观测要求对下列内容进行观测：①地下水动态；②围岩卸荷松动、裂隙张开、软弱围岩塑性变形情况；③断层破碎带、节理裂隙密集带、蚀变带等地段的围岩位移、坍落现象；④片帮、岩爆、内鼓、弯折变形；⑤洞室群间岩墙、岩柱及岩壁梁的稳定情况；⑥洞室气温、地温、有害气体等。

2）观测工作应布置在下列部位：①洞顶和拱座出现不利的软弱结构面部位；②软弱岩层、断层破碎带、蚀变带；③地下水活动强烈地段；④边墙有与洞轴线平行的陡倾角软弱结构面地段；⑤上覆岩体较薄地段的洞顶，洞室群间岩体较薄地段的岩墙、岩柱；⑥岩体应力高的地段；⑦进出口地段、交叉段、渐变段等。

3）预报应包括下列内容：①未开挖地段的地质情况和可能出现的工程地质问题；②可能失稳或塌方段、涌砂、涌水的位置、桩号、规模及发展趋势等。

4）对下列情况应分析可能发生的问题并及时预报：①洞室开挖揭露的实际地质情况与前期工程地质勘察资料有较大变化；②遇有软弱岩层、断层破碎带、蚀变带、富水带和喀斯特洞穴；③围岩不断掉块，洞室内灰尘突然增多，支撑连续发出响声；④围岩产生裂缝错位、裂缝加宽、位移速率加大的现象；⑤出现涌水涌砂现象，涌水量加大、涌水突然变浑浊；⑥地温发生变化，洞内出现冷空气对流；⑦出现片帮、岩爆等；⑧钻孔时，纯钻进速度加快，并经常发生卡钻及钻孔回水消失的现象。

5）施工地质预报应以书面方式为主，对危及洞室围岩稳定和施工安全的重大问题，应及时向有关单位作口头预报，并立即整理书面预报材料和图幅，正式报出。预报资料应统一编号。

3.3.2　工作方法

（1）施工准备期的地质工作。

1）搜集地质资料。地质资料的来源是招标阶段的地质勘察报告和设计代表的地质资料。

2）对照已有的地质资料察看现场地形地貌、岩性、地质构造、岩体结构、探洞、岩芯、地下水的情况等。

3）地质条件评价及建议开挖措施。根据掌握的地质资料分析判断，评价洞、室、竖井、斜井的围岩分级和岩溶、岩爆等不良地质对开挖的影响，并提出开挖支护措施和处理工程地质问题的建议。

（2）施工期的地质工作。

1）配合设计、监理单位共同做好施工地质工作。确定围岩级别、随机锚杆的布置、喷混凝土的部位、喷层厚度等项工作常由设计代表、工程监理单位进行，或者由设计、监理、施工单位地质人员讨论决定。这就需要施工单位地质人员向设计、监理地质人员介绍开挖过程中围岩变形、掉块、塌方等稳定情况，地下水动态，以及围岩是否发出过劈裂声，以便有关人员准确地确定围岩级别、支护形式和支护强度。设计地质人员进行地质描述时也需施工单位的地质人员配合。

2）超前地质预测预报。

A．地质预报流程见图 3-21。

B．地质跟踪调查推断法。在开挖过程中，使用地质跟踪调查推断法通过调查已开挖的围岩状况、相邻洞室的围岩状况，进行地质素描，推断前方围岩状况，或进行超前钻探、超前探洞（或超前小导洞），直接获得前方短距离地质信息。其调查的内容，包括地层与岩性的产出特征，断层与节理的产状、发育规律，岩溶带发育的部位、走向、形态、充填物状况，地下水出露的动态等。分析判断前方地质条件，以便采取相应的施工措施。

在地下水丰富的岩溶洞段慎用超前探洞方法，宜采用超前钻探方法。超前探洞揭露涌水突泥洞段时将突发涌水涌泥现象，可能发生安全事故，而超前钻探可以有计划地采取疏排、封堵等施工措施。开挖采用的冲击钻进不是调查水文地质条件的最佳方法。然而，用冲击钻进探测洞前方工作面是减少突发风险的一种途径，它是在合理的时间和费用范围内可利用的最好方法。岩芯钻孔可获得很多资料和较准确的数据，但耗时太多，费用较高，难以作为常规手段使用。在钻爆法开挖时钻孔设备是现成的，为探测钻一些比较深的爆破孔（或利用超前预灌孔）增加的工程量是有限的。探测孔宜根据洞穴发育规律布置，最低限度是 1 个孔，一般是 2~5 个孔，一般布置在开挖横断面的周边，孔距大于 5m，孔深大于循环进尺的 2 倍。风险随孔间距增大而增大。

C．物探法。使用地球物理技术进行勘探的方法称为物探法。用于地下洞室的物探法主要有：洞内地震反射波法（包括 TSP、TRT 等）、洞内地质雷达法、洞内瞬变电磁法等。物

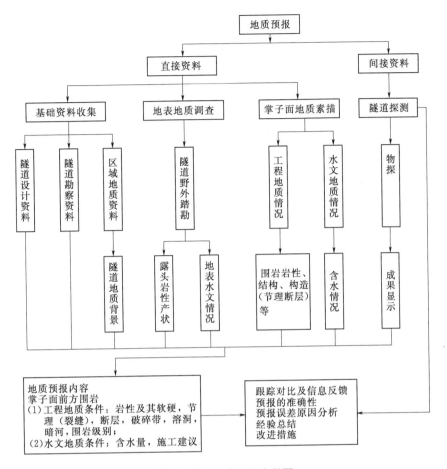

图 3-21 地质预报流程图

探法是一种间接采集地质信息方法，对其采集到的成果始终存在多解性。采用物探法进行地质预报时，比对已有的钻探资料、已开挖洞段的地质素描可提高物探法预报的准确度。

TSP 超前预报法是由瑞士安伯格测量技术公司开发的。元江墨黑高速公路大风垭口隧道使用 TSP203 系统进行长距离超前预报，探测范围可达 100m，硬岩可达 200m。开挖后表明其预报的准确度较高，一般误差小于 5m，距离相对误差为 0～15％。

地质雷达对于溶洞及空洞的探测是十分有效的。当隧洞施工中采用了 TSP 系统后，地质雷达可作为 TSP 系统的补充，短距离预测隧洞前方 30m 内的地质情况。

D. 高边墙大跨度洞室潜在不稳定块体的预报。地下厂房、主变室、尾水闸门室等高大洞室，一般采用自上而下逐层开挖的方法。由于不利的断层、节理组合常形成不稳定或潜在的不稳定楔形体，在开挖上层时就必须进行地质素描，记录岩层、软弱夹层、断层、节理产状、结构面性状、地下水状态等，分析、判断、预报顶拱、边墙是否存在不稳定楔形体。若存在不稳定或潜在的不稳定楔形体，应采取锚固措施或其他工程措施予以加固处理。此项工作一般由设计单位进行，承建单位配合并提出建议，施工单位实施。锚固处理应随层开挖，逐层支护，才能达到事半功倍的效果，否则将增大塌滑的风险、增大处理难度和延长工期。

围岩稳定性地质分析应注意下列问题。

A. 关于边墙围岩稳定问题。对于边墙，应十分注意有无与之平行或锐角相交倾向洞内的中陡倾角贯穿性结构面，除了规模较大的断层破碎带和软弱夹层，对大型洞室还包括小断层、小错动带以及虽不夹泥但长大的裂隙。这些面往往作为滑移面，与侧向陡倾切割面和上部缓倾切割面组合成向洞内滑动的不稳定块体。尤其要注意倾角 45°～60° 的滑移面。这是因为该倾角结构面易在高边墙的中下部出露，而倾角太陡的面可能不出露；这种倾角的结构面与其他结构面组合块体往往比较大，下滑力也较大。

B. 关于顶拱围岩稳定问题。对于顶拱，应注意有无缓倾的软弱结构面，并以此作为可能引起顶拱失稳的控制面，进而注意有无陡倾结构面与之组合成矩形体或向下方扩散的楔形体。此外，还应注意有无倾向相反的中等倾角结构面在顶拱形成屋脊形不稳定块体。

C. 高边墙的稳定性往往是大型洞室最重要的工程地质问题。在一定程度上，高边墙比大跨度顶拱的问题更复杂、更困难。复杂性在于边墙的失稳往往波及到顶拱；而且根据围岩应力实测及有限元计算，高边墙易出现拉应力，而顶拱反而处于受压状态，这是因为大型洞室（如地下厂房）一般埋置较深，构造应力比较突出，致使水平应力大于垂直应力，侧压力系数大于 1。困难在于边墙的失稳多发生在边墙已开挖到下部，才暴露出不稳定块体的滑移面，从而引起突然的滑塌，再回头来处理加固整个边墙既困难又费时。而一般开挖程序是先拱后墙，故即使顶拱出现失稳，由于此时洞室高度不大，较易处理。

3）施工期地质编录。

A. 地质编录的意义。记录围岩实际地质状况，对围岩做出恰当评价，划分围岩级别，完善支护体系，调整施工措施；地质素描图是竣工资料不可缺少的部分，留档备查。

B. 地质素描方法。采用观察、素描、实测、数码摄影、录像等手段进行地质编录。

C. 地质素描内容。描绘出洞室顶拱、边墙、端墙素描图。

a. 地层、岩性产状及其分布。

b. 断层、裂隙产状及其分布，断层、裂隙宽度、填充物性状，结构面形态，裂隙间距。

c. 软弱岩层的分布及厚度。

d. 地下水状态。

e. 围岩风化程度。

f. 围岩自稳状况。

g. 洞穴分布状态及充填物。

h. 岩爆程度。

i. 其他。

D. 地质素描图。地质素描图系地下洞室顶拱、边墙实测地质展示图。比例尺一般为1∶100，地质条件简单的可采用 1∶200。要求桩号准确，部位方向、高程明确，图例明晰。围岩分级及地质情况的文字素描按不同地质单元划分。

3.3.3　因地质原因导致的变更

工程岩体是经过地质演化自然形成的地质体，鉴于地勘工作的局限性及地质因素的复杂性，洞室开挖前不可能非常准确地勘察清楚地质情况，尤其是地质条件复杂区域更不容易达到理想程度，甚至开挖后揭露出的实际地质条件与招标前设定的地质条件相差很大，不得不调整施工方案、改变施工措施，被迫延长工期、增大资源投入、加大施工费用，导致涉及面较广的变更。符合合同变更条款，因地质原因发生的超挖超填、增加支护工程量等也是变更的重要内容。施工单位地质人员应熟悉合同变更条款，在施工过程中实测编录用于变更的地质资料、图件，以备变更。

（1）地质变更工作流程。地质变更工作流程如下：熟悉合同变更条款→与工程监理协商确定地质认证单内容及格式→实测、编录地质资料及图件→工程监理认证→向项目经营部门提交地质变更报告。

（2）变更地质资料、图件内容。变更内容表述要求变更的工程名称、部位（桩号、高程范围），变更工程量，变更地质原因，构成不稳定体结构面的组合简图及影像资料等。

导致变更的地质因素主要有以下各项或其中几项的组合。

1）围岩质量等级。

2）地层岩性，尤其软弱岩层、夹层。

3）岩体结构，尤其碎裂结构及散体结构。

4）地质构造：岩层产状、断层、节理产状。

5）断层宽度、性态，结构面状态。

6）地下水状态。

7）围岩风化状态。

8）地下洞穴状态及充填物。

9）膨胀性岩层性状。

10）穿沟谷处洞顶埋深。

11）高地应力。

12）塌方的地质原因及塌方体状态。

13）其他。

（3）变更工程量。

1）超挖超填工程量。

2）增加的支护工程量。

3）塌方处理工程量。

4）堵、排水工程量。

5）其他工程量。

4 施 工 测 量

水利水电地下工程施工测量是指在水利水电地下工程施工阶段进行的测量工作，主要包括施工控制网的建立、建筑物的放样、竣工测量等。

4.1 内容与工作程序

4.1.1 基本内容
施工测量的基本内容包括以下几点。

（1）技术设计。主要包括贯通设计、控制测量技术设计（或技术方案）、施工放样技术方案，以及其他专项测量技术方案等。

（2）控制测量。一般包括地面控制测量、联系测量、地下控制测量、贯通误差测量等。

（3）施工放样。一般包括开挖工程施工放样、欠挖检查、混凝土工程施工放样、仓位模板检查及验收，以及钢支撑安装、锚杆施工等支护工程放样及检查验收等。

（4）竣工测量。一般包括开挖工程竣工测量和混凝土工程竣工测量。竣工测量工作内容主要包括控制测量、细部测量（竣工测量）和竣工图编绘等工作。

4.1.2 特点
地下工程施工测量主要是在狭窄的地下空间中进行，其作业方法、作业程序等与地面施工测量存在一定的差别，其主要特点如下。

（1）测量工作空间狭窄，一般无自然光，光照度不理想，并有烟尘、滴水、施工干扰等情况，测量条件差。

（2）地下控制测量随着工程进展而进行，一般先布设低等级导线指示隧洞掘进，后布设高等级导线（或导线网）进行检核和校正。

（3）洞室之间贯通前互不相通，导线（导线网）不利于组织校核，出现错误往往不能及时发现，并且随着洞室掘进，点位误差的积累越来越大。

（4）受地下条件限制，隧洞控制测量一般只能前后通视，控制测量形式比较单一，大多采用导线测量形式，成果的可靠性主要依靠重复测量来保证。

（5）现场环境差、干扰大，控制测量、施工放样等工作实施难度大。

4.1.3 工作程序
地下工程施工测量程序与工程施工程序、施工测量特点密切相关，一般程序为：准备工作→地面控制测量→开挖工程施工放样（循环进行）→联系测量→地下控制测量→贯通误差测量→开挖工程竣工测量→混凝土工程施工放样→混凝土工程竣工测量。

（1）准备工作。设备、人员、技术及现场条件等准备。

（2）地面控制测量。建立控制点、外业观测、数据预处理与平差计算、技术总结报告等。地面控制成果验收合格后，进行下一程序。

（3）开挖工程施工放样。以地面控制网点作为基准，以设计图及设计文件为施工放样依据，进行联系地面和地下工程（平洞、斜井或竖井等）放样。开挖放样随着地下工程掘进循环进行，地下控制建立后，以地下控制点为基准进行地下工程开挖放样。

（4）联系测量。将地面平面和高程基准传递到地下，使地下平面和高程系统与地面一致。在联系地面和地下的工程施工到一定位置，现场具备条件时进行联系测量。

（5）地下控制测量。联系测量完成后，地下工程施工到一定位置，现场具备条件时进行地下控制测量。地下控制测量贯穿整个施工过程，根据工程施工情况和施工放样需要而延伸，一般先布设低等级控制指示工程掘进，施工现场具备条件后布设高等级控制进行校核和校正。

（6）贯通误差测量。地下工程贯通后测量实际贯通误差，并进行贯通误差分配调整。

（7）开挖工程竣工测量。一般根据开挖进度情况和验收计划分段进行，主要包括开挖纵、横断面测量及竣工资料绘制等。

（8）混凝土工程施工放样。开挖验收完成后，根据施工计划进行混凝土施工放样，主要包括施工点位放样、仓位模板校核、过程验收测量等。

（9）混凝土工程竣工测量。一般根据施工进度情况和验收计划分段或分部位进行，主要包括混凝土体形的纵、横断面，轮廓点，竣工平面图测量及竣工资料绘制等。

4.2　贯通测量

4.2.1　贯通误差的概念

地下工程贯通误差可能发生在空间的 3 个方向，对于平、斜隧洞，贯通误差的方向如下。

（1）纵向贯通误差。水平面内沿中心线方向的贯通误差分量。

（2）横向贯通误差。水平面内垂直于中心线方向的贯通误差分量。

（3）竖向贯通误差（高程贯通误差）。铅垂线方向的贯通误差分量。

对于竖井，影响贯通的是平面位置偏差，即上、下两端贯通的竖井中心线在水平面投影的偏差。

洞室群是由平洞（室）、斜井、竖井组成的，每一条平洞、斜井、竖井都存在贯通误差。贯通设计时，一般选择线路长且贯通路线复杂的线路预计算（估算）贯通误差，如果满足要求，则线路短、简单的路线理论上一定满足要求。也可以选择具有代表性的几条线路预计算（估算）贯通误差，根据贯通难易选择不同的控制测量等级和方法。

4.2.2　影响贯通误差的因素

在分析地下工程的贯通误差时，一般把测量误差分成相互独立的几个因素来考虑。对贯通误差的影响，一般有以下 3 个因素。

（1）地面控制测量误差对地下工程贯通面上贯通中误差的影响 $m_{上}$。

（2）地下控制测量误差对地下工程贯通面上贯通中误差的影响 $m_{下}$。

（3）联系测量误差对地下工程贯通面上贯通中误差的影响 $m_{联}$。

联系测量的方法不同，影响贯通误差的因素也不同，联系测量的方法一般分两种情况：

1）通过平洞、斜井进行联系测量时，平面联系测量可采用导线直接导入，高程联系测量可采用水准测量、三角高程测量方法直接导入。把进洞点纳入地面控制网，进洞点作为地面、地下控制的分界点，可以提高效率和精度。此时贯通中误差可根据式（4-1）计算：

$$m_{贯} = \pm \sqrt{(m_{上}^2 + m_{下}^2)} \tag{4-1}$$

2）通过竖井进行联系测量时，除了地上、地下控制测量对贯通产生影响外，还存在竖井联系测量对贯通误差的影响 $m_{井}$，这时把它作为一个独立因素进行分析。贯通中误差按式（4-2）计算：

$$m_{贯} = \pm \sqrt{(m_{上}^2 + m_{下}^2 + m_{井}^2)} \tag{4-2}$$

施工测量规范一般取 2 倍中误差作为误差的限差。

4.2.3　贯通测量误差分布情况分析

地下工程贯通误差是地面、地下控制测量以及联系测量误差影响的总和。地下控制导线（网）影响贯通中误差的大小，是根据地下工程两相向开挖洞口间的长度和几何结构，以及控制测量形式和精度来决定的。几何结构主要是指地下工程轴线和宽度，直接影响地下控制导线（网）的布设。相同长度的地下工程，在相同的观测条件下，控制点边长越短，点位越多，误差累积越大；轴线参数不同，投影在贯通面的分量不同，贯通误差的影响也就不同，具体工程应具体分析。

（1）有关测量规范对贯通测量误差分布情况的说明或解释如下。

1）《水电水利工程施工测量规范》（DL/T 5173）、《铁路工程测量规范》（TB 10101）等，都对隧洞开挖贯通中误差的技术要求进行了规定，并对控制测量误差对贯通面的影响值进行了说明或解释："测量误差对贯通面贯通误差的影响值，洞外按贯通中误差的 $\sqrt{1/3}$ 倍，洞内按 $\sqrt{2/3}$ 倍进行误差分配。"《水电水利工程施工测量规范》（DL/T 5173）对竖井联系测量的贯通误差分配进行了说明：若要通过竖井定向贯通时，则应把它作为一个新增加的独立因素参加中误差的分配。这时洞外按贯通中误差的 $\sqrt{1/4}$ 倍、洞内按 $\sqrt{1/2}$ 倍、竖井联系测量按 $\sqrt{1/4}$ 倍进行误差分配。

2）《水电水利工程施工测量规范》（DL/T 5173）中条文说明第 9.1.3 条：水电水利地下工程极少使用竖井辅助开挖，对竖井和竖井联系测量不作规定。平面控制测量总误差对横向贯通误差的影响主要来自洞外控制测量误差和洞内导线测量误差，考虑洞外观测条件较好，取洞外控制测量误差在贯通面上的影响为总误差的 $\sqrt{1/4}$ 倍，则洞内导线测量误差在贯通面上的影响为总误差的 $\sqrt{3/4}$ 倍。

需要说明的是，《水电水利工程施工测量规范》（DL/T 5173）使用了"中误差"的概念，TB 10101 使用了"总误差"的概念，施工测量规范一般取 2 倍中误差作为限差。

其实贯通误差控制的关键是控制总误差，不管怎么分配贯通误差，总的贯通误差不超过容许值。

（2）在贯通技术设计和实施过程中，特别注意以下两个方面。

1）贯通误差是地面、地下控制测量误差以及联系测量误差影响的总和，贯通技术设计时绝对不能漏项，如果使用竖井进行联系测量，竖井联系测量误差应作为一个相对独立的因素进行分析和贯通误差预计算，预计算总的贯通误差不得超过容许值。

2）实际实施过程中，如果控制测量精度（地面、地下控制、联系测量）一个或多个未达到设计的精度指标时，应及时采取优化方案、改进观测方法、提高控制测量精度等措施进行改进。

4.2.4 贯通测量设计的步骤与方法

贯通测量设计的主要步骤为：收集工程、规范等资料；确定地下工程贯通测量限差；贯通误差分配；贯通误差预计算（估算）；确定地面、地下控制测量等级，如使用竖井进行联系测量，确定竖井联系测量方法和精度。

4.2.4.1 贯通测量限差

贯通测量限差就是允许的贯通误差，主要有以下几种情况。

（1）工程建设合同技术条款中明确规定或设计图及设计文件明确说明贯通限差的情况。一般这种情况很少，主要是针对"要求贯通限差小于有关规范规定"的特殊工程。

（2）有关工程建设规范对贯通误差进行了规定，《水工建筑物地下开挖工程施工规范》（SL 378）对部分隧洞的横向贯通误差进行了规定。

（3）有关测量规范对贯通误差的规定。

1）《水电水利工程施工测量规范》（DL/T 5173）对贯通测量限差规定见表 4-1。DL/T 5173 中条文说明第 9.1.2 条：一是地下工程的纵向贯通误差对工程影响不大，而横向贯通误差的影响比较显著，故只规定横向贯通误差。二是水电水利工程的长隧洞主要作用是引水发电，故对横向贯通误差相比铁路规范稍严格，高程贯通误差稍放宽。

表 4-1 贯通测量限差规定表（一）

相向开挖长度/km	限 差/mm	
	横向	高程
<5	±100	
5～9	±150	±80
9～14	±300	
14～20	±400	

注　相向开挖长度包括支洞长度在内。相向开挖长度大于 20km 的隧洞应做专门设计。

2）《水电水利工程施工测量规范》（DL/T 5173—2003）对贯通测量限差的规定见表 4-2。

　　　　　　　　　　　　贯通测量限差规定表（二）

相向开挖长度/km	限　差/mm		
	横向	纵向	竖向（高程）
＜5	±100	±100	±50
5～10	±150	±150	±75

注　相向开挖长度包括支洞长度在内。

3）《铁路工程测量规范》（TB 10101—2009）对隧道贯通误差的规定见表 4－3，供测量技术人员对比分析。

表 4－3 　　　　　　　　　　　　　隧道贯通误差规定表

项　目	横向贯通误差							高程贯通误差
相向开挖长度/km	＜4	4～7	7～10	10～13	13～16	16～19	19～20	
洞外贯通中误差/mm	30	40	45	55	65	75	80	18
洞内贯通中误差/mm	40	50	65	80	105	135	160	17
洞内外综合贯通中误差/mm	50	65	80	100	125	160	180	25
贯通限差/mm	100	130	160	200	250	320	360	50

注　1. 本表不适用于利用竖井贯通的隧道。

　　2. 相向开挖长度大于 20km 的隧道应作专门设计。

贯通误差的限差，主要是根据工程建设的需要确定的。从表 4－1～表 4－3 的数据对比中可以知道，《水电水利工程施工测量规范》（DL/T 5173）和《铁路工程测量规范》（TB 10101）对贯通误差的规定，横向贯通限差相差不大；高程贯通限差在 TB 10101 中的规定要小。《工程测量规范》（GB 50026）及其他行业测量规范也对地下工程贯通误差进行了规定。

4.2.4.2　贯通误差的分配

分析贯通误差时，一般把地面控制测量、地下控制测量以及竖井联系测量误差当作相互独立的因素来考虑。第 4.2.3 条对贯通误差分布情况进行了一定的分析，相关测量规范对贯通误差分配进行了规定，如《水电水利工程施工测量规范》（DL/T 5173）的规定（见表 4－4）。

表 4－4 　　　　　　　　控制测量对贯通中误差影响值的限差表

相向开挖长度/km	中　误　差/mm			
	横　向		高　程	
	地面	地下	地面	地下
＜5	±25	±40	±20	±30
5～9	±37	±60		
9～14	±75	±120		
14～20	±100	±170		

注　相向开挖长度包括支洞长度在内。

如果使用《水电水利工程施工测量规范》（DL/T 5173）规定（见表 4-4）作为设计参数时，特别注意以下两个方面的情况：

（1）表 4-4 由根据表 4-1 计算而得，即取洞外控制测量误差在贯通面上的影响为 $\sqrt{1/4}$ 倍，洞内导线测量误差在贯通面上的影响为 $\sqrt{3/4}$ 倍，取 1/2 倍误差为中误差。如果贯通测量限差是由工程建设合同技术条款或设计图及设计文件规定，且与《水电水利工程施工测量规范》（DL/T 5173）的规定（表 4-1）不同时，就不能使用表 4-1 和表 4-4 规定的参数。可以根据规范规定的计算方式计算，得出地面、地下控制测量对贯通中误差影响值的限差。

（2）即使合同规定使用《水电水利工程施工测量规范》（DL/T 5173），且贯通限差与表 4-1 的规定相同，表 4-4 也不适用于使用竖井联系测量的情况。如果使用竖井进行联系测量，建议洞外控制测量误差在贯通面上的影响按贯通中误差的 $\sqrt{1/4}$ 倍、洞内控制测量按 $\sqrt{1/2}$ 倍、竖井联系测量按 $\sqrt{1/4}$ 倍进行误差分配，或参照《工程测量规范》（GB 50026）的有关规定执行。

4.2.4.3 贯通误差预计算（估算）与控制测量等级确定

在地下工程贯通前，实际贯通误差是计算不出来的，只有贯通后通过实际测量才能确定贯通误差的实际值。如果确定了控制测量等级和工程长度与几何结构，可以预计算（估算）出贯通误差；反之知道贯通限差和工程长度与几何结构以及高程线路长度等元素，可以计算出控制测量需要达到的精度，进而确定控制测量等级。

《水电水利工程施工测量规范》（DL/T 5173）、《铁路工程测量规范》（TB 10101），以及其他有关测量规范对贯通误差预计算（估算）进行了论述，有的简略，有的详细，但计算理论是相近的。高程贯通误差计算较简单，横向和纵向贯通误差计算较复杂。

（1）高程贯通误差预计算（估算）。洞外和洞内高程控制测量误差对贯通面竖向贯通误差的影响，可以按式（4-3）~式（4-5）计算：

$$M_h = \pm \sqrt{(m_h^2 + m_h'^2)} \qquad (4-3)$$

$$m_h = \pm M_\Delta \sqrt{L} \qquad (4-4)$$

$$m_h' = \pm M_\Delta' \sqrt{L'} \qquad (4-5)$$

式中　m_h'——洞外、洞内高程测量偶然中误差，mm；

　M_Δ、M_Δ'——洞外、洞内 1km 路线长度的高程测量偶然中误差，mm；

　L、L'——洞外、洞内两相邻洞口间高程路线的长度，km。

（2）高程控制测量等级确定。贯通技术设计的主要目的是确定控制测量的等级，而高程控制测量的等级主要由每千米高程测量偶然中误差来决定。水准测量的每千米高程偶然中误差 M_Δ 的允许值，可根据隧洞高程贯通中误差的允许值 M_h 和两洞口水准测量连测的路线长 L 按式（4-6）计算：

$$(M_\Delta)_{\max} \leqslant M_h / \sqrt{L} \qquad (4-6)$$

式中　L——两洞口水准测量连测的路线长，km。

分别计算出 M_Δ，根据测量规范规定的精度指标，就可确定地面高程控制测量的等级，同理经过计算，可确定地下高程控制测量的等级。

（3）横向误差预计算（估算）。

1）地面控制测量误差对横向贯通中误差的影响。地面控制网的平面位置精度估算根据隧洞施工开挖分段情况来进行，即估算隧洞中两相向开挖洞口间最长一段控制网的横向贯通中误差。只要满足了开挖最长一段的要求，其余各段的要求自然可以满足。

横向中误差是以隧洞中心线为参照方向的。因此，控制网的坐标轴应予转换，使 X 轴与隧洞中心线平行，使 Y 轴与贯通面平行。所求得的 m_Y 即为横向中误差，m_X 即为纵向中误差。估算的方法很多，也比较复杂，它与控制网结构、观测方法密切相关。详细计算方法见《水电水利工程施工测量规范》（DL/T 5173）及《铁路工程测量规范》（TB 10101）。

如果地面控制按导线布设时，可用式（4-7）计算地面控制测量对横向贯通中误差的影响。

$$M_Y = \pm \sqrt{\frac{m_{Y\beta}^2 + m_{YL}^2}{n}} \qquad (4-7)$$

其中

$$m_{Y\beta} = \pm \frac{m_\beta}{\rho} \sqrt{\sum R_X^2}$$

$$m_{YL} = \frac{m_L}{L} \sqrt{\sum d_Y^2}$$

式中　　$m_{Y\beta}$——由于测角中误差所产生在横向贯通面上的中误差，mm；

　　　　m_{YL}——由于测边中误差所产生在横向贯通面上的中误差，mm；

　　　　m_β——导线测角中误差，（″）；

　　　　$\dfrac{m_L}{L}$——导线边长相对中误差；

　　　　R_X——导线点至横向贯通面的垂直距离，m；

　　　　d_Y——导线点至横向贯通面的投影长度，m；

　　　　n——测量组数；

　　　　ρ——206265。

2）地下导线测量误差对横向贯通中误差的影响。由于地下控制导线（网）只能随开挖进程逐渐延伸，贯通以前，控制测量一般布设成支导线、双导线、直伸形闭合导线、交差导线（或导线网）等。隧洞开挖形状有直线形、曲线形和曲直形。贯通误差详细计算方法见《水电水利工程施工测量规范》（DL/T 5173）及《铁路工程测量规范》（TB 10101）。

地下控制测量按导线布设，控制测量误差对横向贯通中误差的影响 M'_Y，其计算方法同式（4-7）。式（4-7）中，R_X 和 d_Y 数据的取得，可用多种方法。

A. 图解法。根据隧洞及布设导线的长度，绘制一定比例尺的控制网图，将导线点及隧洞位置均展示在图上，同时将计划的贯通面标出，就可图解出 R_X、d_Y 值。一般情况下量取到 10m 级即可。

B. 利用在计算机上计算的导线网图形，再将隧洞和贯通面位置点位坐标输入到计算机中，在图上直接量取 R_X 和 d_Y。

C. 直接利用商业软件进行估算，R_X 和 d_Y 按相关要求的数据和图表输出结果。

3）竖井定向测量引起的横向贯通中误差按式（4-8）计算：

$$M_{Y0} = m_0 \frac{D_X}{\rho} \tag{4-8}$$

式中 m_0——井下基边的定向中误差，($''$)；

     D_X——井下基边至横向贯通面的垂直距离，mm。

4）洞外、洞内控制测量误差对横向贯通中误差总的影响按式（4-9）计算：

$$Mu = \pm \sqrt{M_Y^2 + M_Y'^2 + M_{Y0}^2} \tag{4-9}$$

（4）平面控制网等级和竖井定向精度的确定。

1）平面控制测量等级的精度指标主要是测角精度和测距精度，一般采用测角精度与测距精度相匹配的原则，因此，当控制测量对横向贯通影响的允许中误差 M_Y 确定之后，测角中误差和测距中误差可按式（4-10）来确定。即：

$$\frac{m_\beta}{\rho} = \frac{m_s}{S} = \frac{M_Y}{\sqrt{\sum R_X^2 + \sum d_Y^2}} \tag{4-10}$$

式中 m_β——测角中误差；

     m_s——测距中误差。

从式（4-10）可以看出，在确定了控制测量对横向贯通影响允许值后，只要再确定各基本导线点的 R_X 和 d_Y 就可计算出导线应达到的测角中误差和测距中误差。根据测量规范规定的精度指标，就可确定地面平面控制测量的等级。同理经过计算，可确定地下平面控制测量的等级。

2）竖井定向精度，根据公式 $M_{Y0} = m_0 \dfrac{D_X}{\rho}$，知道 M_{Y0} 的限差和 D_X 以后，可以计算出竖井定向应达到的中误差 m_0。

（5）纵向误差预计算（估算）。很多规范没有规定纵向误差的限差，如果需要计算竖向误差，可以根据横向误差计算原理计算纵向误差。

4.3 控制测量

4.3.1 地面控制测量

4.3.1.1 地面平面控制测量

（1）准备工作。收集资料，编制地面控制测量设计方案（技术方案），地面控制测量设计方案一般应包括平面和高程的内容，特殊情况才会独立编制其中一个设计方案；准备测量设备，检查设备性能、检定及校准情况；组织实施的测量人员情况；建立控制点的材料、设备、队伍；野外作业的计划及安全措施；野外作业的后勤保障等。

（2）坐标系统。各国的坐标系统、投影系统可能不一样，控制测量设计和使用时，应特别注意。坐标系统，属于国家测绘保密技术，使用坐标系统时，应满足各个国家有关测绘及保密法规的规定。

1）工程在设计阶段就设计了测量坐标系统，一般施工阶段应使用设计阶段的测量坐标系统。若设计阶段坐标系统不能满足施工阶段的需要，则应对测量坐标系统进行优化。这样的情况是很少发生，如厄瓜多尔 CCS 水电站，就对测量坐标系统进行了优化。

2）控制网边长投影变形值应满足有关规范规定。按《工程测量规范》（GB 50026）的规定，投影长度变形不大于±25mm/km，水电水利工程施工阶段，平面控制网边长投影变形应不大于±25mm/km。有的国家没有明确规定，但一般应以不影响施工放样精度为原则，水利水电工程按不超过±25mm/km 的控制为好。

3）对于发电系统等洞室群，控制网边长应投影到主厂房发电机层高程面附近；对于长隧洞，可以根据需要建立独立的坐标系统，控制网边长应投影到隧洞进、出口平均高程面。

（3）控制网的形式与等级。

1）地面平面控制可布设为全球卫星定位系统（GPS）网、三角形网、导线网（或导线），对于贯通线路较长的地下工程，地面平面控制宜采用 GPS 测量方法。

2）控制网等级。控制网等级是贯通技术设计时确定的。为了指导测量人员作业，有关测量规范对控制网等级进行规定，按《水电水利工程施工测量规范》（DL/T 5173）的规定（见表 4-5）。

表 4-5　　　　　　　　　地下工程洞外平面控制测量技术要求规定表

测量方法	控制网等级	测角中误差/(″)	洞室相向开挖长度 L/km
GPS 测量	二		10～20
	三		5～10
	四		<5
三角形网测量	二	1.0	7～10
	三	1.8	4～7
	四	2.5	<4
导线测量	二	1.0	6～10
	三	1.8	3～6
	四	2.5	<3

在使用表 4-5 的技术要求时，应根据贯通误差计算公式对贯通误差进行预计算（估算）。平面控制网设计时，既要满足规范（表 4-5）的技术要求，又要满足工程横向、纵向贯通限差，当计算的贯通误差大于贯通限差时，应提高控制测量等级，直到满足贯通误差的需要为止。

（4）控制点的选点与建立。

1）平面控制网点应选在通视良好、交通方便、地基稳定的地方。

2）每个开挖洞口宜布设不少于 3 个相互通视的平面控制点，应尽量建造具有强制归心装置的混凝土观测墩，若不能建造混凝土观测墩的可埋设稳定牢固的地面标。混凝土观测墩的建造和地面标的埋设应满足《水电水利工程施工测量规范》（DL/T 5173—2012）对平面控制点建立的规定。

（5）平面控制网（点）技术要求与实施。

1）全球定位系统（GPS）测量。

A. 各等级 GPS 网的主要技术指标见表 4-6。

表 4-6　　　　　　　　　　各等级 GPS 网的主要技术指标表

等级	平均边长/m	仪器标称精度		平均边长相对中误差
		固定误差 a/mm	比例误差系数 b/（mm/km）	
二	800～2000	≤5	≤1	1∶250000
三	500～1200	≤5	≤1	1∶150000
四	200～600	≤10	≤2	1∶100000

B. GPS 网由独立观测边构成闭合环或符合路线，闭合环或符合路线中的边数不宜多于 6 条。

C. GPS 观测应遵守的规定。GPS 卫星定位的主要技术要求见表 4-7。

表 4-7　　　　　　　　　　GPS 卫星定位的主要技术要求表

等级	接收机类型	仪器标称精度	卫星高度角/（°）	有效观测卫星数/颗	观测时段/个	时段长度/（′）	数据采样间隔/（″）	几何强度因子 PDOP
二	双频	≤5mm+1ppm	≥15	≥5	≥2	60～120	≤30	<5
三	双频	≤5mm+1ppm	≥15	≥5	≥1.6	45～90	≤30	<6
四	双频或单频	≤10mm+2ppm	≥15	≥4	≥1.6	30～60	≤30	<8

注　PDOP：位置精度因子 Position Dilution of Precision。

野外观测时，所有的观测值都记录在一个标准的外业日志手簿中，每个测站和每个时段的日志表包含以下内容：①GPS 网测量不观测气象元素，但应记录天气情况；②控制点名称、ID 号、类型；③每个观测段的日期、接收机的开始接收时间、停止接收时间；④接收机和天线的牌子、型号和序列号；⑤天线的配置信息，如方向、天线的高度（垂直高和倾斜高）；⑥任何不寻常地点的要素（包括任何可能的多路径效应来源和电磁信号干扰）；⑦测量过程中发生的不平常事件，如停电或突来的恶劣天气。

每时段观测前后各量取天线高 1 次，观测值精确到毫米，两次量高之差不大于 1mm，取平均值作为最后天线高。二等 GPS 网各测站的天线定向标志宜指向正北方向。

经认真检查，所有规定作业项目均已全面完成，并符合要求，记录与资料完整无误后再进行迁站。

D. GPS 网观测数据处理及质量检验。数据传输到电脑，使用软件对数据进行处理，一般使用仪器厂家提供的随机软件。

a. 基线解算。采用软件进行基线解算，基线解算不合格时，要分析原因，必要时进行基线的补测和重测。

b. GPS 网基线检验。同步环检验，异步环检验，重复基线检验，各项闭合差或较差应满足规范要求。

E. GPS 网平差计算。GPS 网平差计算可以使用仪器厂家提供的随机软件，如果是二等网，建议使用"科傻控制网平差软件"进行网平差计算。

a. 在各项质量检验合格后，以所有独立基线组成 GPS 空间向量网，并在 WGS－84 坐标系统中进行无约束平差，平差获得的基线向量的改正数（$V_{\Delta x}$，$V_{\Delta y}$，$V_{\Delta z}$）的绝对值均不应大于 3σ，对改正数超限的基线边可在满足数据冗余度的前提下剔除掉。

$$\sigma = \sqrt{a^2 + (b \times D)^2} \tag{4-11}$$

式中　D——距离值（当进行异步环检核时 D 为环平均边长，当进行重复基线较差检核时，D 为基线长，km）；

　　a、b——GPS 网的等级指标（其中 a 为固定误差系数，b 为比例误差系数）。

b. 在无约束平差确定有效观测量的基础上，在施工平面控制网的坐标系统下进行二维约束平差。GPS 网约束平差后，边长相对中误差应满足表 4-6 中相应等级的规定。

F. 编制 GPS 网测量技术总结报告。

G. 资料整理归档。GPS 网测量结束后，应对下列资料整理归档：①技术设计书；②控制网图和点之记；③外业观测记录手簿；④原始观测数据（电子版，刻盘归档管理）；⑤平差计算成果；⑥技术总结报告；⑦仪器检验资料。

2）地面三角形网测量。

A. 地面三角形网测量的主要技术要求见表 4-8。

表 4-8　　　　　　　　　　地面三角形网测量的主要技术要求表

等级	边长/m	测角中误差/(″)	三角形最大闭合差/(″)	平均边长相对中误差	最弱边边长相对中误差	测回数			
						边长	水平角		
							0.5″级	1″级	2″级
二	500～1000	±1.0	±3.5	≤1:250000	≤1:120000	往返各2	4	6	—
三	300～800	±1.8	±7.0	≤1:150000	≤1:80000	往返各2	3	4	6
四	200～600	±2.5	±9.0	≤1:100000	≤1:50000	往返各2	2	3	4

注　最短边长小于 200m 时，最弱边边长相对中误差仅作参考。

B. 外业观测按《水电水利工程施工测量规范》（DL/T 5173）中要求施测，水平角方向观测法技术要求见表 4-9，测距作业技术要求见表 4-10。

C. 数据处理与质量检验。观测数据传输至电脑，使用软件对观测数据进行分析，各限差严格按《水电水利工程施工测量规范》（DL/T 5173）和有关的测量规范控制，各项超限满足要求后，进行平差计算。

表 4-9　　　　　　　　　　水平角方向观测法技术要求表　　　　　　　　　　单位：(″)

等级	仪器标称精度	两次重合读数差	两次照准读数差	半测回归零差	一测回中 2C 较差	同方向值各测回互差
二、三、四	0.5	0.7	2	3	5	3
二、三、四	1	1.5	4	6	9	6
三、四	2	3	4	8	13	9

表 4-10　　　　　　　　　　　　　　　　　　　　　测距作业技术要求表

等级	仪器精度等级/mm	测 距 限 差			气 象 数 据			
		一测回读数较差/mm	测回间较差/mm	往返较差	温度最小读数/℃	气压最小读数/Pa	测定时间间隔	数据取用
二	2	2	3	$2\sqrt{2}\,(a+bD)$	0.2	50	每边观测始末	每边两端平均值
三	3	3	5		0.2	50	每边观测始末	每边两端平均值
四	5	5	7		1.0	100	每边观测1次	测站端观测值

D. 平差计算。数据检验合格后进行平差计算，常用的平差软件有南方测绘公司的"平差易"系列软件、武汉大学的"科傻控制平差软件"软件等。平差后控制网的各项精度指标应满足表 4-8 的规定。

E. 编制技术总结报告。

F. 资料整理归档。与 GPS 网的整理归档内容相同，只不过对于原始观测数据，GPS 网观测的是卫星发射的信号，原始观测数据只能保存电子文档（刻盘保存），三角形网测量观测的是水平角方向值、垂直角、斜距等元素，可以保存电子文档，也可以打印成纸质文件归档，建议打印成纸质文件归档，另外电子文件也应备份保存。

3）地面导线测量。

A. 地面导线测量技术要求见表 4-11。

表 4-11　　　　　　　　　　　　　　　地面导线测量技术要求表

等级	附合或闭合导线总长/km	平均边长/m	测角中误差/(")	测距中误差/mm	全长相对闭合差	方位角闭合差/(")	测距精度等级/mm	测回数		
								边长	水平角	
									1"级	2"级
三	4.0	600	±1.8	±3	1:100000	±3.6$\sqrt{n}$	3	往返各2	4	6
四	2.6	400	±2.5	±4	1:65000	±5.0$\sqrt{n}$	5	往返各2	3	4
一	1.3	250	±5.0	±5	1:32000	±10$\sqrt{n}$	5	往返各2	—	2

B. 外业观测按《水电水利工程施工测量规范》（DL/T 5173）中要求施测。水平角观测，当测站观测方向超过2个时，宜采用全方向法观测；当测站观测方向只有2个时，宜观测左右角。测回数和限差不能低于《水电水利工程施工测量规范》（DL/T 5173）的规定。

C. 数据处理、平差计算、编制总结报告、资料整理归档等工作与地面三角形网测量有关内容相同。

4.3.1.2　地面高程控制测量

（1）高程系统和高程基准。

1）高程系统是相对于不同性质的起算面（如大地水准面、似大地水准面、椭球面等）所定义的高程体系，我国高程系统采用正常高系统，正常高的起算面是似大地水准面。其他国家的高程系统可能与我国不一样。

2）高程基准是由特定的验潮站平均海面确定的测量高程起算面以及依据该面所决定的水准原点高程，高程基准定义了陆地上高程测量的起算点。1985 国家高程基准是我国现采用的高程基准，青岛水准原点高程72.2604m。其他国家的高程基准与我国存在差异。

工程使用的高程系统和高程基准，我国测绘法规有明确规定；国外工程，应注意工程所在国有关法规对高程系统和高程基准的规定。

（2）高程控制网的等级。根据《水电水利工程施工测量规范》（DL/T 5173）的规定，地下工程洞外高程控制测量技术要求见表4-12。

表4-12　　　　　　　　　　地下工程洞外高程控制测量技术要求表

部位	等级	每千米高差中误差/mm	洞室相向开挖长度 L/km
洞外	三等	≤3	8～20
	四等	≤5	2～10
	等外	≤10	<2

地下工程地面高程控制测量误差与地面水准路线长度相关。在使用表4-12的技术参数时，应根据工程情况和高程贯通误差计算公式对贯通误差进行预计算（估算）。高程控制网设计时，既要满足规范（见表4-12）的技术要求，又要满足工程高程贯通限差，当计算的高程贯通误差大于贯通限差时，应提高控制测量等级，直到满足贯通误差的需要为止。

（3）高程控制点的选择与建立。

1）高程控制网点应选在交通方便、地基稳定的地方，每个开挖洞口宜布设不少于2个高程控制点，高程控制点埋设应满足《水电水利工程施工测量规范》（DL/T 5173）对高程控制点建立的规定。

2）根据实际情况，高程控制点可以与平面控制点共用1个测量标志。

（4）高程控制测量方法及技术要求。地面高程控制可采用水准测量方法或电磁波测距三角高程测量等方法。各等级水准测量技术要求见表4-13，测站技术要求见表4-14。

表4-13　　　　　　　　　　各等级水准测量技术要求表

等级		二等	三等	四等
偶然中误差 M_Δ/(mm/km)		±1	±3	±5
全中误差 M_w/(mm/km)		±2	±6	±10
仪器标称精度/(mm/km)		±0.5、±1	±1、±3	±3
水准标尺类型		铟瓦线条尺、铟瓦条码尺	铟瓦尺或黑红面尺	黑红面尺
观测方法		光学测微法、数字水准法	光学测微法 中丝读数法	中丝读数法
观测顺序		奇数站：后前前后 偶数站：前后后前	后后前前	—
观测次数	与已知点联测	往返各1次	往返各1次	往返
	环形或附合	往返各1次	往返各1次	往一次
往返较差、环线或附合 线路闭合差/mm	平丘地	$±4\sqrt{l}$	$±12\sqrt{l}$	$±20\sqrt{l}$
	山地	$±0.6\sqrt{n}$	$±3\sqrt{n}$	$±5\sqrt{n}$

注　n 为水准路线单程测量测站数，每千米多于16站时，按山地计算闭合差限差；l 为往返测段，附合或环线的水准路线长度（km）；仪器标称精度为每千米水准测量高差平均值的偶然中误差。

表 4-14　各等级水准测量测站技术要求表

等　　级	二等		三等		四等
仪器标称精度/(mm/km)	±0.5、±1		±1	±3	±5
	光学	数字			
视线长度/m	≤50	≤50	≤100	≤75	≤100
前后视距差/m	≤1.0	≤1.5	≤2.0		≤3.0
前后视距累计差/m	≤3.0	≤6.0	≤5.0		≤10.0
视线高度/m	下丝读数≥0.3	≥0.55	三丝能读数		三丝能读数
基辅分划（黑红面）读数较差/mm	≤0.4		光学测微法 1.0 中丝读数法 2.0		≤3.0
基辅分划（黑红面）所测高差较差/mm	≤0.6		光学测微法 1.5 中丝读数法 3.0		≤5.0

注　当采用单面标尺四等水准测量时，变动仪器高度两次所测高差之差与黑红面所测高差之差的要求相同。

电磁波测距三角高程测量技术要求见表 4-15。

表 4-15　电磁波测距三角高程测量技术要求表

等级	仪器标称精度		最大视线长度/m	斜距测回数	天顶距					仪器高棱镜高丈量精度/mm	对向观测高差较差/mm	附合或环线闭合差/mm
	测距精度/(mm/km)	测角精度/(″)			测回数		指标差较差/(″)	测回差/(″)				
					中丝法	三丝法						
三等	±2	±1	700	3	3	1	8	5	±2	±35√S	±12√S
	±5	±2		4	4	3					
四等	±2	±1	1000	2	2	1	9	9	±2	±40√S	±20√S
	±5	±2		3	3	2					

注　S 为斜距。

（5）高程控制测量数据处理与平差计算。

1）水准测量数据处理与平差计算。

A. 检查观测手簿，计算概略高程。

B. 计算每千米水准测量高差平均值的偶然中误差，当高程路线闭合环的环数超过 12 个时，计算每千米水准测量高差平均值的全中误差，各项精度指标应满足表 4-12 的规定和有关测量规范的规定。相对于平面控制测量，高程控制平差计算较简单，可以使用电脑编制计算公式进行计算，也可以使用平差软件计算，建议使用南方测绘公司的"平差易"、武汉大学的"科傻控制平差软件"等软件进行计算。

C. 计算出高差与高程成果表。

2）三角高程测量数据处理与平差计算。

A. 检查观测手簿。

B. 对所测斜距进行气象、加常数和乘常数改正。

C. 计算往返高差及附和或闭合环闭合差，精度指标应满足表 4-15 的规定有关测量规范的规定。建议使用软件进行平差计算。

D. 计算出高差与高程成果表。

（6）编制技术总结报告。

（7）资料整理归档。高程控制网完成后，应对下列资料整理归档。

1）技术设计书。

2）高程控制网略图和点位说明资料。

3）高程控制网概算资料。

4）原始观测记录手簿或电子记录数据（电子版，刻盘归档管理）。

5）平差计算成果和精度评定资料。

6）技术总结报告。

7）仪器检定证书及检验资料。

4.3.2 联系测量

联系测量包括平面联系测量和高程联系测量。通过平洞（斜井）进行联系测量的，称为平洞（斜井）联系测量；通过竖井进行联系测量的，称为竖井联系测量。

4.3.2.1 平洞（斜井）联系测量

通过平洞（斜井）的平面联系测量一般采用导线测量方法直接导入；高程联系测量一般采用水准测量、三角高程测量方法直接导入。为了提高精度和减少工作量，一般将进洞点纳入地面控制网，进洞点作为地面控制测量和地下控制测量的分界点。

4.3.2.2 竖井联系测量

通过竖井的平面联系测量也称竖井定向，包括一井定向和两井定向，其目的是将地面控制点的坐标和方位角传递到井下，作为地下工程起始点坐标和起始边方位角。一井定向一般采用投点仪投点法、联系三角形法和陀螺仪定向法；两井定向一般采用投点仪投点法，也可采用联系三角形法和陀螺仪定向法。

（1）竖井平面联系测量（竖井定向）。影响地下平面控制测量误差的关键因素是地下起始边方位角。竖井定向中，影响起始边方位角的主要因素是投点精度和起始边距离长度。一井定向，传递到井下作为地下控制测量起始边的距离由竖井规格尺寸所决定，两井定向传递到井下作为地下控制测量起始边的距离由竖井定向的 2 条竖井之间的距离所决定，一井定向需要达到的精度远高于两井定向，技术难度远大于两井定向。

竖井定向精度要求高，技术难度大，可以使用平洞（斜井）联系测量的，不宜使用竖井联系测量。只有在竖井作为平洞（斜井）开挖施工通道而且只有竖井联系贯通地下工程，或其他平洞（斜井）联系地下工程但还没有贯通前，才通过竖井进行联系测量。使用竖井联系测量时，可以使用两井定向时尽量使用两井定向，而不宜使用一井定向。

竖井定向，特别是一井定向，精度要求高，技术难度大，虽然工程施工中很少使用，但有时又必须使用。本节将介绍几种竖井定向的方法。

1）光学和激光投点。

A. 在竖井口设置牢固稳定的观测平台，平台台面可用强制对中盘或用钢板自制成对中盘。在架设 2 个投点位置时，在选择投点位置时，应考虑在竖井范围内，C 点和 D 点布置在隧洞轴线附近，边长尽量长，且投点后井下点位 C'、D' 能架设仪器为原则，竖井投点见图 4 - 1。

B. 将激光投点仪安置于选定的强制对中盘支架上，直接往井下进行投点，投点后将仪器按 60° 转动。投点连线近似于圆，取中心点为投点点位，分别对 C 点和 D 点进行投点为 C′ 点和 D′ 点。

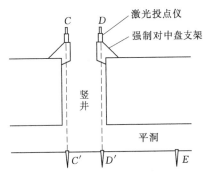

图 4-1 竖井投点示意图

2）陀螺仪定向。现代陀螺全站仪由电子全站仪和陀螺仪两大部分组成。其定向是利用陀螺仪本身由于地球的自转而引起的进动性，使陀螺轴在测站子午线方向左右摆动。通过陀螺全站仪和专用处理软件，计算出真北方向来，实现了全自动定向的目的。

陀螺全站仪全自动定向与传统方法定向测量相比，人员配置数成倍减少、工作效率成倍提高、定向精度高、观测时间和操作上有了一个质的转变。采用陀螺全站仪和激光垂准仪组合定向时应用的测量方法、步骤、精度要求、定向及陀螺全站仪的操作过程，按实际陀螺全站仪的型号、精度进行观测操作。

陀螺全站仪加激光垂准仪定向步骤如下：

A. 投点方法与"光学和激光投点"一样。

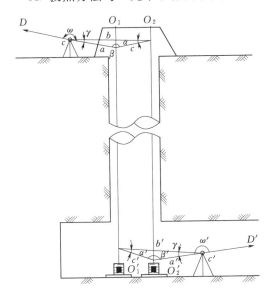

图 4-2 竖井联系三角形测量示意图

B. 单井双投点平面联系三角形测量。在竖井口观测平台上，分别安置光学或激光投点仪，直接往井下投点，在竖井底部得相应 2 点为 C′、D′，标定点位见图 4-1。当 D′ 点位在竖井底部标定后，用陀螺全站仪在 D′ 点上设站，直接测定 D′E 方向的坐标方位角。每次定向不少于 3 次独立观测。

3）联系三角形法。

A. 联系三角形法的原理。一井定向中最常用的方法是联系三角形法，其原理是在竖井井筒中同时悬挂 2 根重锤线（O_1O_1'，O_2O_2'），在井上、井下各选择连接点，同时与 2 根重锤线联系，分别组成三角形（见图 4-2）。

理论认为，同一重锤线上各点的水平投影相同（坐标 X、Y 相同），井上的 O_1O_2 方位角与井下的 $O_1'O_2'$ 方位角相等，所以井上与井下 2 个三角形通过一个公共边（c 或 c′）而形成联系三角形，井上观测角度 ω 和 γ，测量水平距离 a、b、c，井下观测角度 ω′ 和 γ′，测量水平距离 a′、b′、c′。根据地面平面坐标系统和联系三角形的观测数据，就可以计算出地下导线起始点坐标和起始边方位角。

联系三角形应布设成伸展状态，按照规范规定：三角形联系角 γ(γ′) 尽量小，不大于 3°。

B. 竖井联系三角形测量外业工作。竖井联系三角形测量外业工作主要包括投点、测角和测边。

a. 投点。投点就是在竖井井筒中悬挂 2 根重锤线，目的是为了测量角度和距离，将地面平面坐标传递到地下洞室。经常采用稳定投点法，一般使用细钢丝悬吊在井口支架上，细钢丝下端挂重锤，重锤置于井底油桶中，重锤稳定后不应触接到油桶的桶壁和桶底，使重锤线自由悬挂，并处于稳定铅直状态。

b. 水平角观测。使用电子全站仪观测井上、井下水平角。一般为了提高观测精度，增加检测校核条件，在 C 点设站时，增加一个已知点作为后视方向。

c. 水平距离测量。水平距离测量可以使用钢尺量距离、全站仪直接测量等方法，建议使用全站仪进行测量。全站仪进行距离测量的作业方法如下。

第一，连接点 $C(C')$ 至 2 条重锤线之间的距离 $a(a')$ 和 $b(b')$ 的测量。电子全站仪安置在 $C(C')$ 点，使用双面胶将反射片固定在重锤线上，反射片尽量正对仪器，为了减小垂直角误差对水平距离的影响，反射片与仪器的高度尽量一致。温度、气压、棱镜常数等参数直接输入仪器后，瞄准反射片中心，进行观测，记录水平距离。测量的距离加上重锤线的半径，就是全站仪至重锤线中心的距离（如使用直径为 1mm 的钢丝作为重锤线，测量的水平距离应加上 0.5mm）。

第二，两条重垂线之间的水平距离 $c(c')$ 的测量。在 O_1、O_2 连线的延长线上（或在 O_1'、O_2' 连线的延长线上），安置全站仪，使用全站仪"差距法"进行测量。

C. 联系三角形内业计算。

a. 计算角度。根据观测数据，按正弦定理计算 α、β 和 α'、β'，并计算三角形闭合差，判断观测精度是否满足规范要求。

b. 计算距离。使用余弦定理计算两条重锤线之间的水平距离，即按式（4-12）计算：

$$c_{\text{计}} = \sqrt{a^2 + b^2 + 2ab \times \cos r} \tag{4-12}$$

检查实测的距离 $c_{\text{测}}$ 和计算距离 $c_{\text{计}}$ 的差值 d 是否满足规范要求，若满足要求，在测量的边长上加上改正数，按式（4-13）计算：

$$v_a = -\frac{d}{3}, \quad v_b = \frac{d}{3}, \quad v_c = -\frac{d}{3} \tag{4-13}$$

式中　　d——测量值与计算值的差值。

v_a、v_b、v_c——改正数。

c. 角度改正计算。根据改正后的距离，按正弦定理再次计算三角形内角 α、β 和 α'、β'，检查三角形闭合差，如存在残差，分配在 $\alpha(\alpha')$ 和 $\beta(\beta')$ 角。

d. 计算方位角和平面坐标。根据以上方法求得的水平角和距离，计算出地下洞室的起始点坐标和起始边方位角。可以使用软件进行计算。

根据一井定向总结分析可以得出如下结论：投点仪投点的方法适用于短隧洞；对于长隧洞，仅仅使用投点仪投点很难达到竖井定向需要的精度；使用投点仪投点与陀螺仪定向的方法较容易，但陀螺仪价格昂贵，很多单位都没有配置；联系三角形法是最常用的方法，该方法对联系三角形的测角、测边精度要求高，实施中应采用提高测回数、使用"差距法"测距等措施提高精度。

（2）竖井高程联系测量。高程联系测量亦称高程导入，其目的是将地面上控制点高程传递到井下，作为地下高程基点，常用方法有长钢尺法、全站仪铅直测距法等。

1）全站仪"铅直测距法"引测高程法。全站仪"铅直测距法"引测高程就是用全站仪垂直测出竖井口至竖井底部的垂直距离（见图4-3）。在竖井口观测平台强制对中盘四周边上，任意选择一个便于立尺、观测的边缘；将水准尺一半立在对中盘表面内；另一半在对中盘边缘外，再在竖井下 D' 点位中心处，同竖井口观测平台选定立尺方向一致，量出对中盘宽度和水准尺一半的1/2距离处，架设全站仪于其点上；精确整平后，将全站仪提手把卸

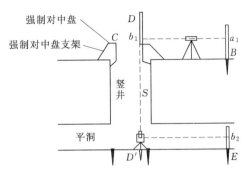

图4-3　全站仪铅直测距法引测高程示意图

下，将全站仪望远镜向竖井口旋转至天顶距显示度分秒为0时，启动全站仪免棱镜测距模式，开始试测距；利用测距时发出的激光光束来调整竖井口立尺的位置，使激光准确照准水准尺底部，即可测距，S 边测距8次，取用平均值。

选择测距模式时，根据测距条件、竖井深度，首选是标准测距模式，即在水准尺底部贴上反光纸进行测距；其次是选择免棱镜测距模式测距。测距的同时，井上、井下按光电测距要求进行测量和记录，同时读温度、气压值，井上井下取中数进行边长气象改正计算。

井上架设水准仪于 B 点与 D 点之间，观测 B 点水平尺和立于 D 点对中盘边缘上的水平尺，分别读数为 a_1、b_1。

将全站仪望远镜旋转至水平，水平显示度分秒为90°时，用中丝照准 E 点上水准尺，全站仪中丝读数为 b_2，按全站仪正、倒镜各测4测回，取用水准尺上读数的平均值来传送高程。E 点的立尺读数平均值为 $[b_2]$，则 E 点高程可按式（4-14）计算：

$$H_E = H_B + a_1 - b_1 - S_改 - [b_2] \tag{4-14}$$

式中　H_B——B 点高程，m；

　　　$S_改$——计算改正后 S 的距离。

2）长钢尺法。长钢尺法的测量原理与普通水准测量原理相同，用长钢尺代替了水准尺。在竖井中竖直固定长钢尺一直到井底。在井口安置水准仪，井口已知高程点安置水准尺，水准仪水平时观测水准尺（如读数为 a）和钢尺（读数为 b），在井底安置水准仪，井底高程控制点（未知）安置水准尺，水准仪水平时观测钢尺（读数为 c）和水准尺（如读数为 d）。理论上井口、井底水准仪水平视线的高差可按式（4-15）计算：

$$\Delta H = b - c + v \tag{4-15}$$

式中　v——长钢尺的尺长改正、温度改正、重力改正等的总合。

若井口已知点高程为 H_A，井底未知点高程为 H_B，则 $H_B = H_A + a - \Delta H - d$。

使用长钢尺法传递高程时，应特别注意钢尺的尺长、温度、重力（包括钢尺自重和重锤）等改正，必须至少独立测量2次，2次较差满足规范要求时，取2次平均值作为最终

成果。

4.3.3 地下控制测量

地下控制测量与地面控制测量最大的不同，是地下控制测量随着工程的进度而延伸，贯穿于整过施工过程，根据工程施工情况，需要经常进行地下控制测量工作。编制地下控制测量设计方案（技术方案）时，应尽量考虑现场条件可能改变对控制测量带来的影响，在地下控制测量实施过程中，根据实际情况，可对地下控制测量设计方案进行优化修改，目的是控制测量精度必须满足规范和合同的要求。

地下控制测量平面采用导线（网），高程采用水准或三角高程，技术要求、观测、数据处理、平差计算、资料归档等与地面控制测量有关内容相似，不再详细叙述，只对重要部分进行说明。

4.3.3.1 地下平面控制测量

（1）平面坐标系统。地下控制测量平面坐标系统一定应与地面控制测量坐标系统一致。

（2）地下平面控制测量等级。地下平面控制的等级是贯通技术设计时确定的，根据《水电水利工程施工测量规范》（DL/T 5173）的规定，地下平面控制测量的等级根据洞室相向开挖长度按表 4-16 选取。

表 4-16　　　　　　　　地下工程洞内平面控制测量技术要求表

测量方法	控制网等级	测角中误差/(″)	洞室相向开挖长度 L/km
导线测量	二等	1.0	9～20
	三等	1.8	4～9
	四等	2.5	2～4
	一级	5	<2

控制网设计时，应根据贯通误差计算公式对贯通误差进行预计算（估算），既要满足规范（见表 4-16）的技术要求，又要满足贯通限差，当计算的贯通误差大于贯通限差时，应提高控制测量等级，直到满足贯通误差的需要。

（3）地下平面控制点建立。由于洞内受施工机械、车辆频繁行驶、环境的干扰，为了提高工作效率，避免相互干扰，基本导线点位宜沿洞壁两侧稳定的结构上或底板便于观测的位置布设，一般建立方法如下。

1）点位可选在距洞壁 1m 左右的底板上，埋设标志时可用冲击钻和风钻打一个深约 20cm 的孔，用混凝土嵌入相当直径的不锈钢棒为标志。

2）导线点也可选在洞壁上，在一定高度处打孔，用水泥砂浆锚定插入洞壁的金属观测架，观测架伸出洞壁外能设置仪器进行观测为宜，观测架顶部为一强制对中盘。

3）也可建立为观测墩，位置沿洞壁两侧底板上布设，离洞壁宽度能设置仪器进行观测为宜，离底板高度约 1.1～1.2m。测量时可直接架设仪器或棱镜，既方便又快速，同时强制对中减小了导线的观测误差（一般适用于厂房、主变室、厂房交通洞等较宽的地下工程）。

（4）地下平面控制网的形式与技术要求。地下平面控制测量宜采用长边直伸导线或多环导线，导线分为基本导线和施工导线。

1）基本导线的边长宜近似相等，直线段不宜短于200m，曲线段不宜短于50m。导线边视线距离设施不小于0.2cm。

2）施工导线点宜每50m左右布设一点，每200m左右应与基本导线附合。

3）洞内各等级光电测距基本导线的技术要求应符合规范的规定。

4）洞内基本导线应加投影改正，并独立进行2组观测，导线点2组坐标值较差，不得超过中误差的$2\sqrt{2}$倍，合格后取2组的平均值为最后成果。

（5）有关测量规范对地下平面控制测量的特别规定如下。

1）按《水电水利工程施工测量规范》（DL/T 5173）的规定：洞室一侧开挖长度大于8000m时，应加测陀螺方位角；同一条导线边应往返观测陀螺方位角，往返观测的方位角较差小于2倍仪器标称精度，取往返方位角平均值作为该导线边的方位角。

2）按《盾构法隧道施工及验收规范》（GB 50446）的规定：使用盾构法施工的隧洞，在隧洞贯通前必须独立进行3次地下控制的复测，3次成果的较差不超过限差时，取3次成果平均值作为最终成果。

以上规定，对隧洞贯通是很重要的，贯通前独立进行3次地下控制复测的规定，在《盾构法隧道施工及验收规范》（GB 50446）中属于强制条款。地下工程观测条件差，有时需要工程停工，才能开展地下控制导线复测工作，涉及影响工期的问题，需要项目部决策。作为测量技术人员，首先一定要将不按规范规定执行可能造成的严重问题，用书面报告的形式向项目部反映，其次在测量技术方面采取一定的措施，一定要杜绝错误的发生。

4.3.3.2 地下高程控制测量

（1）高程系统。地下高程系统必须与地面高程系统一致。

（2）高程控制测量等级。地下工程洞内高程控制测量的等级是贯通技术设计时确定的，按《水电水利工程施工测量规范》（DL/T 5173）的规定（见表4-17）。

表4-17　　　　　　　　　　地下工程洞内高程控制测量技术要求表

部位	等级	每千米高差中误差/(")	洞室相向开挖长度 L/km
地下	三等	≤4.5	8～20
	四等	≤4.5	2～8
	等外	≤15	<2

高程控制测量设计时，应根据贯通误差计算公式对高程贯通误差进行预计算（估算），既要满足规范（表4-17）的技术要求，又要满足贯通限差，当计算的高程贯通误差大于贯通限差时，应提高控制测量等级，直到满足高程贯通误差的需要。

（3）地下高程控制点的建立。地下的高程控制点应尽可能与基本导线点位同点，如使用水准测量时，也可沿洞壁底部、边墙钻孔埋设水准标志。水准点宜按200m间距布置，相关测量技术要求按现行的国家测绘规范和行业规范执行。

（4）高程控制测量布设形式与技术要求。

1）地下高程控制测量可采用水准测量或电磁波测距三角高程测量等方法。

2）地下高程控制，应至少独立进行 2 组观测，较差应满足规范要求。

3）水准测量和光电三角高程测量的技术要求应符合《水电水利工程施工测量规范》（DL/T 5173）的要求。

4.3.4 贯通误差测量及调整

4.3.4.1 贯通误差测量

地下工程开挖贯通后，实际贯通误差应按下述方法测定。

（1）洞内采用导线测量的隧洞，应在贯通面中线附近标志一临时点，由两端导线分别测量该点的坐标，其坐标较差分别投影至线路中线及其垂直的方向上，即为纵向和横向贯通误差。同时测量该点的水平角，求得方向贯通误差。

（2）由两端高程点分别测量贯通面处临时点的高程，其高程差即为高程贯通误差。

4.3.4.2 贯通误差调整

（1）实际贯通误差宜在未衬砌地段（调线地段）调整。当不影响已衬砌段的建筑限界时，调整范围可伸入已衬砌段。

（2）贯通误差调整应以满足线路设计规范和轨道平顺性要求为原则，调整后的线路应满足隧洞建筑限界要求。

（3）横向贯通误差的调整。

1）直线隧洞贯通误差调整应符合如下规定：洞内采用导线法测量的直线隧道应优先采用平差法调整。

2）曲线隧道的横向贯通误差应符合如下规定：导线法测量的曲线隧道应优先采用平差法调整。当采用平差法不能满足轨道平顺性要求和有关验收标准及建筑限界要求时，可采用增减圆曲线长度、改变曲线起终点、增设曲线等方法调整贯通误差。

（4）高程贯通误差应按下列方法调整。

1）由两端测得的贯通点高程，应取两贯通高程的平均值作为调整后的贯通点高程。

2）高程贯通误差调整可按贯通误差的一半，分别在两端未衬砌地段，以未衬砌段的线路长度按比例调整其范围内各水准点高程。

3）未衬砌段高程放样应以调整后的水准点高程为依据。

4）调整后的线路应满足线路设计和验收规范要求。

（5）调线地段的开挖和衬砌均应以调整后的中线和高程进行施工放样。

4.4 施工放样

施工放样与过程验收测量贯穿于整个施工阶段，是施工测量中内容最多、任务最重、管理难度最大的工作。随着测量技术的发展和测量设备性能、精度的不断提高，施工放样与过程验收测量在测量精度上容易满足工程施工的需要，关键是完善管理制度及检查校核制度，避免错误的发生。因此放样前的准备工作和放样成果的检查工作很重要。

4.4.1 地下工程施工放样与过程验收测量的内容

（1）地下工程钻爆法施工开挖放样与过程验收测量。包括地下工程轴线、腰线和开挖规格测量放样，超、欠挖检查，开挖过程验收断面测量及工程量计算等。

（2）地下工程 TBM 施工放样与过程验收测量。利用基本导线测量成果测设掘进机安装测量控制点，满足隧洞中线、掘进机组装、反力架和导轨安装等需要并控制掘进机掘进的方向和高程，管片检查及过程验收测量等。

（3）地下工程混凝土施工放样与过程验收测量。包括地下工程混凝土施工立模点位放样、混凝土仓位模板测量检查及验收、混凝土体形过程验收测量等。

（4）地下工程锚杆施工、钢拱架等支护工程的施工放样与过程验收测量。包括对锚杆施工、钢拱架安装等进行施工点位放样，对施工后锚杆点位、钢拱架体形等进行过程验收测量。

4.4.2 放样前的准备工作

在地下工程施工放样之前，测量工程师应了解施工区域已有控制网的现状、坐标和高程系统、布网方法、布网层次和精度等状况，并对本施工项目测量控制点分布的合理性、可靠性等通过踏勘和检测做出评价，选择适宜的坐标、高程起算控制点，根据放样的内容和精度，制定合理的施工测量方案。为了掌握准确的数据和工程设计图，就需要做资料搜集与放样测量准备。

（1）熟悉工程设计图纸，并对图纸上标注的各项数据如平面尺寸、断面尺寸、高程注记、各类曲线元素、坡比及三维坐标值等，进行认真详细的复核、校对及放样数据的编制、计算。放样数据应 2 人独立计算、编制，相互对比检查校核。

（2）为充分利用人力、物力资源，确保施工质量、进度和效率，应针对建设工程的特点、放样工作的难易程度，选配相应技术水平的测绘人员和适当的仪器设备。人员应持证上岗，设备进行检验合格，且必须在有效检定周期内，这是顺利完成施工放样测量工作的重要保证。

（3）工程测量放样的技术设计，在业主现场交接后即可编写，其内容应当结合《水电水利工程施工测量规范》（DL/T 5173）和国家相关测绘标准、规范的具体规定进行编制，它是指导测量工作正确进行的重要依据，内容如下。

1）对施工区已有平面与高程控制网点情况的描述。

2）采用何种技术规格和方法对接收的相关成果进行复测。

3）确定施工放样应达到的精度（合同规定或参照规范）。

4）制定地下洞、室群工程施工放样所选择的测量放样方法、方案，并进行施工放样精度预计算。

5）说明参加测量放样人员及仪器设备的配备及完好情况。

6）特殊要求、注意事项、质量控制措施、安全措施等。

4.4.3 地下工程钻爆法施工开挖放样与过程验收测量

4.4.3.1 开挖放样精度要求与工作程序

（1）按《水电水利工程施工测量规范》（DL/T 5173）的规定，地下开挖轮廓放样点相对于洞室轴线的限差为 ±50mm，地下开挖放样应在开挖掌子面上标定开挖轮廓线的特征点，对分层开挖的地下厂房等大断面洞室进行放样时，宜适当增加开挖轮廓线点。

实际开挖施工放样中，放样精度不能低于规范和合同的规定。根据工程施工和质量控制的需要，可以适当提高放样精度。

（2）工作程序：开挖放样→欠挖检查→过程验收测量→绘制过程验收资料及提交资料。

4.4.3.2　平洞（室）开挖放样

开挖放样方法与工程施工现场密切相关，导流洞、引水平洞、地下发电系统洞室群（竖井除外）等工程开挖放样方法基本相同。

平洞（室）开挖施工放样一般采用三维坐标法，特殊轮廓点可采用极坐标法，使用计算器编程配合全站仪，直接在工作面放出设计开挖线。对于隧洞断面尺寸小，放样精度要求不高的直洞或斜洞，可以采用激光准直标示法；自动施工放样法由于受现场条件的限制（如欠挖、风水管设施、施工作业设备等挡住视线或激光），实际操作没有三维坐标法和极坐标法灵活，一般较少使用。

（1）三维坐标法放样。在控制点上安置仪器（或自由设站），定向完成后，使用棱镜配合全站仪（或无棱镜测距模式）在工作面上直接测出三维坐标，使用计算器编程序计算所测量点位与设计开挖边线的距离。根据距离差值移动棱镜（或无棱镜测距模式激光点），再次测出三维坐标，计算所测点至设计开挖边线的距离，采用趋近法，重复以上操作，距离在 20cm 以内，可以使用小钢尺量距离或直接使用目测方法定出开挖边线，将棱镜（或无棱镜测距模式激光点）移动至定出的开挖边线重新测量（主要是为了避免移动方向不正确造成的错误），若点位限差满足规范要求，用红油漆标注明显标识。

（2）极坐标法放样。首先根据放样点设计参数和控制成果计算方位角和平距，在控制点上安置全站仪（或自由设站），定向完成后，根据计算的方位角定向，使用棱镜配合测量平距，采用趋近法定出平面位置，实测已放点位的高程，计算开挖高差并标注标识。

（3）激光准直标示法放样。目前激光准直仪因为小巧，安装、调试和激光指向校对快速并放样方便，适用于隧洞断面尺寸小、施工放样精度要求不高的隧洞。根据需要，可将激光准直仪安装在洞内任何安全和方便放样的地方，放样时只要按激光光斑的设计位置进行相关轮廓点线的放样和标注，或将隧洞开挖断面的中心轴线投绘在掌子面上。根据中心轴线，按设计的开挖面周边线点的计算距离值，在横轴线一定高程面上，丈量与断面轮廓边线的水平（或垂直）距离值，也可以与横轴中心线的设计计算值来垂直向上、向下丈量垂直放样断面轮廓边线。

（4）自动施工放样法。用智能型或带马达驱动免棱镜可测距的全站仪，将事先在室内用隧洞测量软件计算的隧洞中线的平纵定线参数、设计开挖断面轮廓线点参数、炮孔位置布设参数等，运行处理后形成自动全站仪可以接收识别的数据，再传输到全站仪中。施工放样时，在隧洞中离开挖面适当的任意位置架设仪器，利用全站仪中的自由设站程序，完成测站位置的三维坐标定位后，用仪器照准后视点，启动仪器中的隧洞测量程序。这时，仪器就可自动按设置放样的需求在凹凸不平的掌子面上，自动搜寻开挖断面轮廓线点和炮孔的设计位置，并有一束醒目的激光指在开挖掌子面上，形成一个光点。当按光点标注完成后，再继续搜寻下一个断面轮廓线点和炮孔，直到设置放样的点位全部完成（见图 4 - 4）。完成一个炮孔及点位的搜寻和放样过程的时间，会依据开挖掌子面的凹凸程度、要求精度和操作的熟练程度而不同。

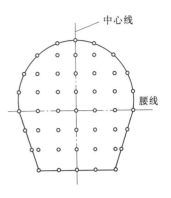

图 4 - 4　自动施工放样点位示意图

4.4.3.3　斜井开挖放样

随着测量仪器的发展，免棱镜全站仪的推广使用，斜井开挖放样常用的方法是三维坐标法。使用计算器编程配合全站仪，直接在工作面放出设计开挖线，作业操作与平洞三维坐标法相同，需要注意的是，如果使用上山法施工，施工放样应采取特殊的安全防护措施，确保设备、人员的安全。

激光指向及垂直洞轴线放样法，适用于断面尺寸很小，精度要求不高的斜井施工放样。放样人员站在斜井作业面就能操作为宜，断面尺寸超过 2m，如果要使用登高设备，操作起来就比较困难。以下介绍激光指向及垂直洞轴线放样法（见图 4 - 5）。

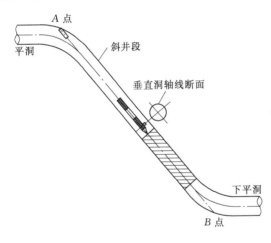

图 4 - 5　激光指向放样法示意图

（1）在上平洞段顶拱与斜井管道中心线的交点 A 点，沿斜井管道中心线方向上安装激光准直仪，使激光光束与管道中心线吻合。

（2）预备一把多向转角组合花杆，金属杆与花杆构成 90°的直角，可旋转 360°，并有一定伸缩长度，金属杆头有一环扣，可扣挂尺子。

（3）放样时操作：打开 A 点的激光器，则在掘进面上有光斑显示，首先将花杆尖对准光斑，而后调整花杆上部，使花杆顶部也落在光斑上，这时花杆位置即为管道中心线；将尺子挂上转角杆，使尺子沿着转角杆方向，以隧洞的设计半径 R 画出开挖边线，如此旋转 360°，就可快速地完成一次规格线放样任务。

4.4.3.4　竖井开挖放样

（1）竖井开挖放样的内容和方法。竖井测量的工作内容主要有两个方面：控制点投点和工作面现场施工放样。

1）控制点投点。将井口的控制点投影至工作面。一般有两种方法：锤球吊线投点和投点仪投点。

2）工作面现场施工放样。根据投影至工作面的控制点作为基准，进行施工放样（以及超欠挖检查、断面测量、模板检测、竣工测量等测量工作）。一般有两种方法：钢尺量距法和全站仪测量法。

锤球吊线投点主要注意保证锤球稳定，很多测量书刊都有详细介绍，本节只介绍使用投点仪进行投点。

（2）投点仪投点。

1）投点仪分类。根据投点方法不同，投点仪分天顶仪和天底仪，有的投点仪具有天顶仪和天底仪 2 种功能（如：瑞士徕卡公司生产的天顶天底仪 ZNL）。

2）投点具体操作方法。仪器操作人员在控制点上安置好投点仪后，整平仪器，工作面测量人员使用接收板（也可使用整洁的白纸）进行投点定位。使用光学投点仪投点时，由仪器操作人员根据目镜观测的情况指挥接收定点人员移动标识笔，直到标识笔与目镜观测到的投点重合，仪器操作人员指挥接收人员在接收板上做标识；使用激光投点仪投点时，由接收定点人员根据接收到的激光光斑大小，指挥仪器操作人员调整激光控制螺旋，直到光斑最小最清晰，接收定点人员在接收板上做标识。

应每旋转 60°左右投一个点，连线近似于圆，取圆的中心作为控制点的投影点，也可将投点两两相连取交点作为控制点的投影点；使用天顶仪从下往上投点时，接收板应是可透光的，便于工作（该方法有一定的安全风险，开挖中很少用，只有从上往下无法投点时，才使用）。每次至少投 3 个点，进行检查校核。

（3）井身段工作面施工放样。控制点投到井身段施工工作面，应检查距离、角度等是否满足要求，检查合格后，以投点后的控制点位为基准，进行现场施工放样，放样方法一般使用全站仪坐标法和钢尺量距法。

根据三峡水电站、小湾水电站等实际工作情况，总结如下，仅作参考。

1）对于规格较小的小竖井（方形边长小于 5m，圆形半径小于 2.5m），在井身段很难使用仪器进行后方交会自由设站，现场条件（狭窄）限制很难安置全站仪进行施工放样，则使用钢尺量距法进行施工放样。

2）对于规格较大的竖井（方形边长 5～20m，圆形半径 2.5～10m）在井身段施工测量，可以使用钢尺量距法，也可以使用全站仪后方交会自由设站，进行施工放样。

3）对于大规格的竖井（方形边长大于 20m，圆形半径大于 10m），一般使用全站仪后方交会自由设站，进行施工测量。

如果使用钢尺量距的方法进行施工放样，控制点的点位应尽量在竖井轴线上；使用全站仪施工放样时，3 个控制点之间的水平角应大于 30°。

4.4.3.5 欠挖检查

开挖工程施工不可避免局部会有欠挖，原则上是在下一个循环施工放样时对上一循环开挖进行欠挖检查，欠挖检查的方法与施工放样方法一致，精度要求相同。一般运用三维坐标法，使用电子全站仪无棱镜测距功能，直接测出岩石面上激光所指部位的三维坐标，根据测出的坐标值计算超欠情况（规格较小的竖井使用钢尺量距法进行检查），如有欠挖，用红油漆在工作面上具体部位标出欠挖线。

为了控制开挖质量和保证下一道工序的顺利进行，有的项目部规定：第二循环开挖放样时，检查第一循环欠挖情况，如果存在欠挖且不满足开挖要求，放第一循环欠挖线和第二循环开挖线，第三循环开挖放样前，必须检查第一、第二循环欠挖情况，如果第一循环不满足开挖要求，就只放第一、第二循环欠挖线，不再放第三循环开挖线，进行第一、第二循环欠挖处理，一直到第一循环开挖满足要求，才开始放第三循环的开挖线。

4.4.3.6　过程验收测量

经检查无欠挖或欠挖满足合同规定时，进行开挖过程验收测量，原则上是在下一个循环施工放样时，对上一个循环开挖进行欠挖检查，如无欠挖或欠挖满足合同规定时，就对上一个循环开挖进行过程验收测量。

测量方法一般采用全站仪三维坐标法，制点上安置全站仪（或自由设站），使用免棱镜测距功能直接进行测量，若所测点与断面位置相差超过 20cm，移动照准位置后重测。所测点与断面的位置相差在 20cm 以内，直接使用仪器进行数据存储（20cm 是经验值，只作为参考）。

内业作业：将仪器采集数据传输到计算机中，对数据进行编辑，计算超欠挖，并对数据进行分析；使用 CAD 绘图软件绘图，作为开挖过程验收和开挖质量考核的依据，将所有资料整理，归档，保存，主要资料及时提供给相关部门。

4.4.4　地下工程 TBM 施工放样与过程验收测量

在水工隧洞盾构施工测量中，采用的是基于《地下铁道工程施工及验收规范》（GB 50299）要求新编的《盾构法隧道施工及验收规范》（GB 50446）盾构施工测量"条款"，具体要求如下。

（1）一般规定。

1）盾构施工测量是指导盾构掘进和管片拼装符合设计要求而进行的测量工作。

2）盾构施工测量主要内容应包括地面控制测量、竖井联系测量、地下控制测量、掘进施工测量、贯通测量和竣工测量。

3）测量工作开始前，应对施工现场进行踏勘，接受和收集相关测量资料，办理测量资料交接手续，并对既有测量控制点进行复测和保护。

4）了解盾构结构和自身导向系统特点、精度，制定科学可行的盾构施工测量方案。

5）地面施工控制测量应采用附合路线形式，地下控制测量在隧道贯通后也应采用附合路线形式重新布设和施测。

6）地面施工测量控制点必须埋设在施工影响的变形区以外，由于施工现场条件限制，埋设在变形区内的施工测量控制点必须经常检核。

7）测量外业数据采集和内业数据处理应符合国家相关技术标准，使用规范的表格和软件，并有复核手续。

（2）掘进施工测量。

1）采用联系测量方法，将平面和高程测量数据传入地下控制点上，满足盾构拼装、反力架和导轨等安装对测量的要求。

2）盾构上所设置的测量标志应满足下列要求。

A. 盾构测量标志必须不少于 2 个，测量标志应牢固设置在盾构纵向或横向截面上，标志点间距离尽量大，前标志点应靠近切口位置，标志可粘贴反射片或安置棱镜。

B. 测量标志点间三维坐标系统应和盾构几何坐标系统一致或建立明确的换算关系。

C. 对测量标志初始测量值经换算得到的盾构机姿态应与盾构拼装时测定的数据或与本身测量系统测算的盾构姿态一致。

3）盾构机就位后应准确测定盾构与隧道设计轴线的初始位置和姿态，盾构机自身导向系统测得的成果应与初始位置和姿态一致。

4）盾构姿态测量应满足下列要求。

A. 盾构姿态测量内容包括横向偏差、高程偏差、纵向坡度、横向转角及切口里程。

B. 盾构姿态计算数据取位要求见表 4-18。

表 4-18 盾构姿态计算数据取位要求表

名称	单位	取位精度	名称	单位	取位精度
横向偏差	mm	1	横向角	(′)	1
高程偏差	mm	1	切口里程	m	0.01
坡度	‰	1			

C. 人工测量频率应根据盾构自身定向装置精度确定，一般盾构每掘进预计形成 1/3 贯通测量误差的距离内应测量 1 次。

D. 以控制导线点按极坐标法测定测量标志点，测量精度应小于±3mm。

5）管片测量要求应满足下列规定。

A. 盾构姿态测量的同时，应进行管片姿态测量。

B. 管片位置测量应在其脱离盾尾前、后分别进行。

C. 管片测量内容应包括管片中心、底部高程、水平直径、垂直直径和前沿里程。

6）每次测量完成后，应及时提供盾构和管片姿态测量成果及偏差值，供修正运行轨迹使用。

4.4.5 地下工程混凝土施工放样与过程验收测量

（1）混凝土施工放样内容。将图纸上设计的各种工程建筑物、构筑物，按照设计要求测设到相应的地面上，并用标志加以标定，作为施工的依据，保证建筑工程符合设计要求。已立模板、预制构件的检查、验收测量，曲线的起点、终点、折线的折点均应放出，曲面预制模板宜增放模板拼缝位置点。

（2）混凝土施工放样精度。根据《水电水利工程施工测量规范》（DL/T 5173）的规定：混凝土衬砌立模放样点相对于洞室轴线的限差为±20mm。实际作业时，放样精度应满足规范和合同的规定。

（3）混凝土施工放样工作程序。混凝土衬砌立模点位放样→施工人员立好模板并调校模板→测量模板位置并检查合格→通知测量咨询验收模板（资料签字）→验收资料提供给现场技术或质检人员→混凝土浇筑后测量混凝土体形→提供混凝土过程验收测量体形资料。

（4）混凝土衬砌立模放样。

1）平洞（室）、斜井混凝土衬砌立模放样。混凝土衬砌立模位放样一般直接放出设计线或距离设计线 20～50cm 的参照线。

设计边线、中线、特征点等平面点位一般使用全站仪二维坐标法和极坐标法，特殊轮廓点可采用极坐标法，高程放样采用三角高程测量或几何水准测量；横断面为圆形、城门形、马蹄形等隧洞的弧形部位，一般采用全站仪三维坐标法。

A. 全站仪二维坐标法放样。在控制点上安置全站仪，定向完成后，使用微型棱镜配合全站仪在工作面测量平面坐标，使用计算器编程序计算出所测点位与需放线之间的距离，采用趋近法，重复以上操作，直到所测点与需放线之间的距离在2mm以内，方可注标志。如果2mm不能满足精度要求，需要再次移动的情况，移动后必须重新测量（主要是为了避免移动方向不正确造成的错误）。

采用趋近法直接放出建筑物设计高程面、特殊轮廓点的高程线或高程参考线。标识并在标识附近标注明显标志。

B. 极坐标法放样。使用极坐标法进行混凝土工程特殊轮廓点的放样，具体操作步骤与极坐标法进行开挖放样相同，只是精度要求不同以及对放样点标识的方法不同。所测点与需放线之间的距离在2mm以内，方可注标志，如果2mm不能满足精度要求，需要再次移动的情况，移动后必须重新测量。

C. 全站仪三维坐标法放样。横断面为圆形、城门形、马蹄形等隧洞的弧形部位的施工放样，一般放样点位标识在隧洞插筋上。在控制点上安置全站仪，定向完成后，使用微型棱镜配合全站仪（或全站仪免棱镜测距功能）在稳定的插筋上测出三维坐标，使用计算器编程计算出所测点位至设计弧线中心的空间距离，计算距离与设计距离的差值，就是放样点需要偏移的距离，采用趋近法，放出设计线或设计参考线。该方法与开挖放样的原理相同，不同之处在于精度不同、标识不同。

2）竖井混凝土衬砌立模放样。竖井混凝土衬砌立模放样与竖井开挖放样方法相同，只是精度不同，投点精度、放样精度、标识不同。

先将井口控制点投影到工作面，检查投点之间距离、角度与井口控制点之间距离、角度较差是否满足要求（如使用钢尺量距法，只检查距离较差），较差满足要求后，使用全站仪法或钢尺量距法进行施工放样。

3）放样点位标识的要求。混凝土衬砌立模放样点位标识应不超过2mm，一般是在地面钉小钉或在固定的钢板、钢筋（或插筋）上刻标志，用红油漆标识点位，再用红油漆注半径30mm左右的圆形标志。

（5）混凝土仓位模板检测及过程验收测量。施工人员对模板架设后，使用拉线、吊线、钢尺量距等方法检查模板位置并进行调整，自检合格后，通知测量人员对模板进行检查测量，一般情况下，检查测量可采用与放样同一组测站点和相同的测量方法，特殊部位的模板，可利用施工放样的轮廓点拉线、钢尺量距等方法进行检查，检查结果记入测量检查成果表。如检查不合格，应向有关部门提出调整要求，直至调整检查合格，申请测量监理工程师对仓位模板进行检测验收。

（6）体形检测及过程验收测量。在下一个仓位施工放样时对上一个仓位的混凝土体形进行检查，使用电子全站仪直接检测混凝土体形三维坐标，根据坐标值计算体形偏差值，对检测数据进行统计分析并将成果传递给相关部门（一般传递给作业队、技术部、质量管理部），作为混凝土外观质量修整的依据。作业队根据质量控制措施，进行错台、打磨等处理后，测量人员再测混凝土体形，作为混凝土外观质量评定依据和混凝土过程验收的测量资料。

4.4.6 锚杆、钢拱架等支护工程的施工放样与过程验收测量

（1）根据设计图进行锚杆、钢拱架等支护工程的施工放样，一般使用全站仪三维坐标法，放样精度根据设计图或按有关规范规定执行。

（2）锚杆施工、钢拱架安装完成后，根据需要进行锚杆点位、钢拱架安装体形等测量，作为过程验收或竣工验收的资料。测量方法一般是三维坐标法，使用免棱镜测距功能，直接测量三维坐标，计算偏差值，编制成果表，绘制图，整理归档资料，根据需要资料提供给有关部门。

4.5 竣工测量

竣工测量是一项贯穿施工全过程的工作，它所形成的测量数据文件、图纸资料是评定和分析工程质量以及工程竣工验收的基本资料之一。

4.5.1 竣工测量内容

竣工测量工作内容主要包括控制测量、细部测量（竣工测量）、竣工图编绘等工作。

4.5.2 控制测量

控制测量的坐标系统和高程基准应与施工放样坐标系和高程基准保持一致，一般应充分利用原有施工控制网点，如原有施工控制网点因破坏等原因不能满足要求，需重新建立竣工控制网，竣工控制网精度不能低于施工控制网精度。

4.5.3 开挖工程竣工测量

开挖竣工测量主要包括建筑物基础建基面平面图和纵、横断面图测绘（地下工程竣工一般不需要测量地形图，但进洞部位需要测量地形图），根据工程施工进度和验收要求，开挖竣工测量分部位进行，每个验收单元开挖完成后应及时测绘开挖面竣工纵、横断面图。直线段横断面间距一般为 5m，曲线段一般为 2.5m。开挖竣工测量时应通知监理工程师进行现场作业监理，测量方法一般分两种：

（1）垂直轴线法。控制点上安置全站仪（或自由设站），在所测断面的每一个断面的洞室底部准确测设出一个点作为临时点，再在临时点上安置仪器，定向后，旋转仪器，使仪器方向与所测断面方向一致，使用具有无棱镜功能的全站仪或断面仪进行测量，仪器自动存储数据（该方法适用于一次测量几百米长的隧洞断面，配置 2 台仪器，4～6 人，速度快，特别适用于非直线段竣工断面测量）。

（2）直接测量法。控制点上安置全站仪（或自由设站），定向后，使用免棱镜测距功能直接进行测量，若所测点与断面位置相差超过 20cm，移动照准位置后重测；所测点与断面的位置相差在 20cm 以内，直接使用仪器进行存储数据（如果在非直线段，需要使用计算器计算每一个测点的桩号和偏心距，较为费时）。

现场测量完成后应及时绘制纵、横断面图，计算超欠挖值，计算开挖工程量，及时整编开挖竣工测量成果和资料，并报送监理工程师审核批准。

4.5.4 混凝土工程竣工测量

混凝土工程竣工测量主要包括混凝土竣工平面图、纵横断面图及重要轮廓点的体形测

量。断面的布设应满足规范要求，布点的密度根据建筑物的体形特征和规范要求来确定。测量方法与开挖竣工测量方法相同，测量时应通知监理工程师进行现场作业监理。

现场测量完成后应及时绘制平面图，纵、横断面图，计算体型偏差值，编制混凝土竣工测量成果和资料，并报送监理工程师审核批准。

4.6 资料整编

地下工程在施工过程和竣工后搜集来的相关资料，严格按照工程规定和业主及设计方的要求，结合《水电水利工程施工测量规范》（DL/T 5173）和相关测绘行业标准的具体规定进行整编。

4.6.1 施工过程中测量资料整编

施工过程中测量资料整编宜包括下列项目。

（1）施工测量技术方案。

1）贯通测量技术设计书。

2）地面控制测量设计（或技术）方案。

3）地下地面控制测量设计（或技术）方案。

4）其他专用控制测量设计（或技术）方案。如使用竖井进行联系测量，需要竖井联系测量技术方案。

（2）控制测量资料。

1）原始观测记录和计算成果应记录真实、注记明确、计算清楚和格式统一。纸质成果应装订成册，电子成果应拷贝或刻录光盘并做好记录，2种成果均应长期保存。

2）原始观测和记事项目应在现场记录清楚，注明观测者、记录者、观测日期、起讫时间、气象条件、使用的仪器等。纸质记录不得涂改或补记，各记录须编列页次。

3）记录、计算取位应符合测量规范的规定。

4）洞外控制测量完成后，应整编提交下列成果。

A. 控制测量技术报告。包括工程名称、进出里程及长度、平面形状、测量依据、采用的技术标准、布网情况、施测方法、仪器型号、平差方法、坐标系统、施工控制网投影面高程、控制网与定测线路中线的关系、施测日期、特殊情况及处理结果和注意事项。GPS测量应提供参考椭球及其基本参数、隧道中央子午线经度值等。

B. GPS网、三角网、导线网、高程网的原始观测数据和观测记录资料。

C. GPS点、导线点、三角点的坐标、边长及方位角成果表。

D. 角度、边长和高程观测精度及计算方法、平差后精度。GPS控制测量应提供独立基线闭合差计算结果、外部检测比较和联测比较结果、基线向量及其改正数、WGS84三维坐标及精度。

E. 洞外控制测量布网及线路关系（里程及曲线要素）示意图。

F. 点之记。

5）洞内控制测量完成后应整编提交下列成果。

A. 控制测量技术报告。包括布点情况、施测日期、施测方法、仪器型号、平差方法和特殊情况及处理结果。

B. 导线网、高程网的原始观测数据和观测记录资料。

C. 洞外控制点检测及联测成果。

D. 洞内平面、高程控制测量平差成果。

E. 导线点的坐标、边长及方位角成果表。

F. 高程点的高程、高差成果表。

G. 洞内控制测量布网及线路关系示意图。

6）贯通测量完成后应整编提交下列成果。

A. 贯通测量技术报告。包括施测日期、施测方法、仪器型号、贯通误差及分析评价、贯通误差调整原则。

B. 实测数据。贯通点的里程、实际贯通误差及其调整成果。

C. 实际贯通误差及其调整成果的平面、立面示意图等。

7）其他专项控制测量资料。

（3）施工放样资料。

1）开挖和混凝土施工放样依据和放样数据，计算程序。

2）开挖和混凝土施工放样记录。

3）开挖和混凝土施工过程验收资料。

4）开挖和混凝土工程量资料（用于过程结算）。

（4）竣工测量资料。

1）开挖工程竣工平面图、断面图、竣工工程量。

2）开挖工程竣工测量技术报告。

3）混凝土工程竣工平面图、断面图、竣工工程量。

4）混凝土工程竣工测量技术报告。

4.6.2 工程竣工验收测量资料整编

工程竣工验收测量资料由合同规定或业主、监理、施工方共同决定，一般包括以下内容（不限于）。

（1）全部施工测量技术方案。

（2）控制测量。

1）控制测量报告以及平面图、点之记、评审文件、批准文件等，原始观测数据一般不需要整编为竣工资料。

2）贯通测量资料。

（3）施工放样。混凝土仓位模板验收资料必须整编为竣工资料。因为有竣工测量资料，其他施工放样资料根据需要进行整编。

（4）全部竣工测量。

1）开挖工程竣工平面图、断面图、竣工工程量及开挖竣工测量成果表。

2）开挖工程竣工测量技术报告。

3）混凝土工程竣工平面图、断面图、竣工工程量及混凝土体形竣工测量成果表。

4）混凝土工程竣工测量技术报告。

（5）设备、人员等资料。

4.7 工程实例

4.7.1 工程实例：南美洲厄瓜多尔 CCS 水电站施工测量

4.7.1.1 工程概况

南美洲厄瓜多尔 Coca Codo Sinclair（简称 CCS）水电站工程为引水式电站，总装机容量 1500MW，是厄瓜多尔最大的水电站，主要建筑物包括首部枢纽（溢流堰顶高程 1275.50m）、24.8km 长的输水隧洞、调蓄水库（混凝土面板堆石坝坝顶高程 1233.50m）、压力管道（上平段高程 1204.50m）、地下厂房发电系统（发电机层高程 623.50m）等。

4.7.1.2 CCS 水电站施工测量特点

CCS 水电站施工测量除了大型水电站具有的建设工期长、测量精度高以外，还有以下特点。

（1）测区控制面积大。测区位于南纬 0°00′～0°12′，西经 77°26′～77°40′之间，从首部枢纽至厂房直线距离 27km，公路里程约 70km；从首部枢纽至调节水库直线距离 25km，公路里程约 80km。测区首级平面控制网布设二等 GPS 网和三角网，建立 57 座强制观测墩，控制网面积约 150km²；水准高程网沿公路布设，建立二等水准高程点 107 座，水准路线长超过 250km。这样大的控制面积在大型水电项目中极少。

（2）测区地形地貌复杂，高差大，测量坐标系统复杂。测区山势陡峭，树林茂密，通视困难。首部枢纽工程右岸坝肩开口线高程 1345.00m，调节水库大坝高程 1233.50m，厂房发电机层高程 623.50m，施工区最大高差超过 700m。为了满足施工测量的需要，优化测量系统，采取"分区投影、坐标平移"的方案解决了施工区控制网边长投影变形过大的问题，建立了厄瓜多尔国家 UTM、CCS 水电站 TM－CCS－1245、TM－CCS－893、TM－CCS－630 共 4 套坐标系统和首部枢纽、输水隧洞、调节水库、引水发电系统 4 套相对独立的施工坐标系，CCS 水电站工区共 8 套坐标系，坐标系统极为复杂。

（3）测量技术复杂、难题多。测区面积大，地形地貌复杂，控制网建立难度大；测区高差大，合理建立测量系统，解决施工区控制网边长投影变形过大的问题是测量工作最大的技术难题；输水隧洞（24.8km）贯通精度技术要求高；530m 深的 2 条竖井工程测量实施困难。

4.7.1.3 CCS 水电站测量坐标系统优化设计

（1）前期测量坐标系统的情况。

1）规划阶段的测量坐标系统。前期，业主完成了部分的勘测工作，业主建立的测量坐标系 TM COCASINCLAIR（简称 TM－CCS）参数如下：

参考椭球：$a=6378137$，$f=1/298.257222101$。

中央子午线：$-77°34′16.858052″$。

投影比例尺：1.00014。

加常数：东向加 213776.4404m，北向加 10000000.000m。

投影面高程：893.00m。

高程系统：Instituto Geografico Militar（IGM）。

2）设计阶段的测量坐标系统。2009 年，中国水利水电建设股份有限公司中标 CCS 水电站 EPC 工程，设计单位开始建立控制网、地形测量、地质勘查等工作，在业主的要求下，使用的测量坐标系与业主规划阶段的坐标系 TM COCASINCLAIR（TM－CCS）一致。

3）前期施工使用的测量坐标系统。2010 年 7 月工程正式开工，开始临建工程的施工，2011 年逐渐开始部分主体工程的施工，使用的坐标系也是 TM COCASINCLAIR（TM－CCS）坐标系。

（2）TM－CCS 测量坐标系及控制网边长投影变形的分析。厄瓜多尔国家测量坐标系统采用的投影是"通用横轴墨卡托投影"，简称 UTM 投影，UTM 投影是一种"等角横轴割圆柱投影"。控制测量计算中，有 2 项投影计算会引起长度变形：①地面水平距离投影到椭球面或某一高程面 H_0 的长度变形 ΔS_1，称为边长的高程投影变形；②参考椭球面的距离投影到墨卡托投影面的长度变形 ΔS_2，2 项投影变形的总量应满足有关规范要求。

前期业主为本工程建立的坐标系（TM－CCS），是 UTM 投影的特例。为了减小长度投影变形，中央子午线选择在本工程区域中心附近：$-77°34'16.858052''$，投影面高程 893.00m，使用 1.00014 的投影比例尺，而不是标准的"通用横轴墨卡托投影中央经线上长度 0.9996"。

根据投影变形计算公式计算得出每千米投影变形：输水隧洞进口为-5.7cm，出口为-4.8cm，地下厂房按高程 630.00m 计算为$+4.1$cm。根据《工程测量规范》（GB 50026）的规定，每千米边长投影变形不大于 2.5cm 的要求，TM－CCS 测量系统长度投影变形过大，不满足规范要求，对长隧洞的贯通存在影响，对高精度的施工测量也有影响。

（3）优化设计测量坐标系统。

1）采用分区投影。经过国内外测量专家、设计专家的分析、讨论，决定采取分区投影的方法解决控制网边长投影变形过大的问题。首部枢纽和输水系统采用一个投影面高程，投影面高程 1245.00m（输水隧洞进口与出口洞底高程的平均值），理论上最有利于输水隧洞的贯通；引水发电系统压力管道和地下厂房采用另一个投影高程面，投影面高程 630.00m。计算测量系统优化后的每千米投影变形，满足规范要求。

平面测量坐标系统为了与厄瓜多尔国家坐标系联测，建立一套国家坐标系 UTM（18 SOUTH）；为了原勘测阶段的测量文件可以继续使用于勘测设计，并且有利于坐标成果转换和校核，建立一套投影面高程 893.00m 的坐标系（TM－CCS－893）；为了工程施工需要，优化投影面高程 1245.00m 和 630.00m 的坐标系 TM－CCS－1245 和 TM－CCS－630。

2）应用坐标平移的方法解决坐标系统优化对已经施工工程的影响。

A. 应用测量坐标平移方法。对 CCS 水电站测量坐标系统进行优化设计时，CCS 水电站工程部分施工设计图纸已批复，部分工程已经施工。

经过国内外测量专家和设计专家的反复分析、论证，根据设计图纸审批情况和工程实际施工的情况，决定应用测量坐标平移方法，对 TM－CCS－630 和 TM－CCS－1245 控制网成果进行平移，减少因投影面改变引起的坐标变化对现有设计和施工的影响，以不修改已施工的工程，而且设计图修改设计坐标的工作量最小为原则。

B. 各工程部位平移基点的选择与平移参数。首部枢纽以 CAP02 点作为平移基点，2号支洞以 CON02 点作为平移基点，调节水库以 EMC03 点作为平移基点，厂房部位以 CCS13 点作为平移基点。各工程部位平移基点及平移参数计算成果见表 4-19。

表 4-19　　　　　　各工程部位平移基点及平移参数计算成果表　　　　　　单位：m

点名	2012 年高程 893.00m 投影面成果		2012 年高程 1245.00m、630.00m 投影面成果		平移参数	
	A_X	A_Y	B_X	B_Y	C_X	C_Y
CAP02	9978359.2575	201242.6383	9978357.9842	201241.8929	1.2733	0.7454
CON02	9984137.7766	209913.3434	9984136.8443	209913.1158	0.9323	0.2276
EMC03	9984607.8260	224527.7848	9984606.9208	224528.4174	0.9052	-0.6326
CCS13	9985328.8271	226911.6917	9985329.3825	226911.1928	-0.5554	0.4989

注　1. 计算公式为 $C_X = A_X - B_X$，$C_Y = A_Y - B_Y$。
　　2. CCS13 的成果高程为 630.0m 投影面。

C. 平移后的测量坐标和高程 893.00m 投影面的坐标差值及设计修改分析。原施工部位使用高程 893.00m 投影面的坐标成果，对控制网投影高程面进行优化后，并对各施工区域的施工控制点成果进行平移。分析平移后的坐标成果与原高程 893.00m 投影面的坐标成果的差值情况，经过测量专家和设计专家的分析，决定设计图纸设计坐标的修改情况和工作量。

输水隧洞和压力管道的设计坐标必须进行调整变更，相应的设计参数（半径、切线长、桩号）等要进行调整变更。根据原设计图的设计坐标，计算变更设计坐标，校核正确无误后，向咨询单位报设计变更文件。首部枢纽、调蓄水库、地下厂房等工程部位仍采用原设计坐标。

4.7.1.4　贯通测量误差分析与控制网创新设计

CCS 水电站输水隧洞长 24.8km，引水发电系统长 3km 左右，就测量贯通技术而言，输水隧洞比引水发电系统技术难度大得多。下面介绍输水隧洞贯通测量误差分析与控制网创新设计情况。

（1）CCS 水电站输水隧洞工程概述。CCS 水电站输水隧洞长 24.8km，纵坡为0.173%，隧洞设计内径 8.2m。为了该工程的施工，布设了 1 号、2A、2B 等 3 条施工支洞，支洞长度分别为 310m、1650m、1360m。TBM1 从 2A 施工支洞滑行至 2A0+410 桩号开始掘进，支洞 2A 0+1644 桩号与主洞 9+878 桩号相交，掘进至主洞 0+330 桩号贯通，从 1 号施工支洞滑行出洞，贯通长度 11.6km；TBM2 从主洞出口滑行进洞，从 24+800 桩号开始掘进，掘进至 11+050 桩号贯通，从 2B 施工支洞滑行至 TBM2 拆机室，贯通长度 15.2km。

（2）CCS 水电站输水隧洞贯通误差分析及控制网创新设计。

1）输水隧洞贯通误差估算与分析。

A. 高程贯通误差分析。长隧洞高程控制测量通常采用水准测量方法，输水隧洞TBM2 施工段，洞内长 15km，洞外水准路线长 60km，按竖向贯通中误差允许值 $M_h = \pm 40mm$，计算出 1km 路线长度的高差偶然中误差为 $\pm 4.6mm$，因此隧洞内、外高程控制选择三等水准测量（$M_\Delta = \pm 3mm$）就可以满足要求。

B. 输水隧洞横贯通估算与分析。根据《水工建筑物地下开挖工程施工规范》（SL 378—2007）的规定，隧洞的横向贯通误差允许值为±300mm（相应中误差为±150mm）。《水电水利工程施工测量规范》（DL/T 5173—2003）规定地面控制测量对横向贯通中误差的影响值应不超过横向贯通中误差允许值的$\sqrt{\dfrac{1}{3}}$，据此计算出 TBM2 施工段地面控制测量、洞内控制测量对横向贯通影响的允许值，其允许中误差分配值见表 4-20。

表 4-20　　　　　　　　　　　横向贯通允许中误差分配值　　　　　　　　　　　单位：mm

贯通面上的横向允许中误差	地面控制测量影响值	洞内控制测量影响值
±150	±86	±122

根据地面控制测量对横向贯通中误差的影响值±86mm，计算出地面控制测量测角中误差为±1.1″，按二等平面网的精度可达到要求。

根据洞内控制测量对 TBM2 施工段横向贯通中误差的影响值±122mm，采用单导线的形式计算出洞内控制测量所需精度。洞内测角中误差和测距中误差计算成果见表 4-21（计算过程略）。

表 4-21　　　　　　　　　　洞内测角中误差和测距中误差计算成果表

M_P/m	$\sum R_x$/m	$\sum R_y$/m	测角中误差/(″)	测距相对中误差
±0.122	56360	650	±0.44	1：468784

如果洞内基本控制布设双导线，双导线与同精度的单导线相比，可以提高$\sqrt{2}$倍的精度，双导线测角中误差应不超过±0.6″，测距相对中误差应不超过 1/300000。

从以上计算成果分析，虽然洞外设计二等平面网可以满足要求，但洞内受施工干扰、空气环境等影响，观测条件差，要达到±0.6″的测量中误差和 1/300000 的测距相对中误差，难度相当大，《水电水利工程施工测量规范》（DL/T 5173—2003）规定洞内二等导线，测角中误差±1.0″。

根据计算分析，如果 TBM2 施工段满足要求，那 TBM1 施工段理论上一定满足要求。

2）输水隧洞控制网设优化创新。

A. 地面控制网采用二等 GPS 网和二等三角网，结合了 GPS 网和三角网的优点，提高地面控制网的精度。

B. 经过对高速铁路 CPⅢ 布网形式（见图 4-6）分析后进行优化，在隧洞内的基本控制布设成狭长形导线网，长隧洞直线段基本导线网形见图 4-7，在弯道处受隧洞宽度和半径的限制，布设成单侧交叉导线网（见图 4-8）。该布网形式具有观测条件多、有利于校核检查网的观测质量、有利于提高精度等优点。

洞内控制网的边长，在直道处主要受洞内观测条件的影响，在弯道处主要受弯道的限制。根据洞内的观测条件，视线长度不宜超过 1km，在直道处的边长，通常为 500～800m；在弯道处的边长，应根据隧道的宽度、弯道半径、洞内管线布置和导线网的形式来确定，输水隧洞半径为 500m 的部位，一般边长在 150m 左右。

为了提高仪器对点精度，方便观测，洞内基本控制点应建立成强制对中观测点，强制

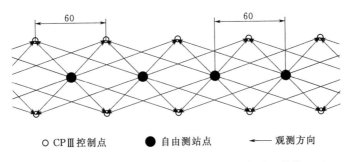

图 4-6　高速铁路 CPⅢ 布网形式的一种示意图（单位：m）

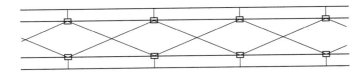

图 4-7　长隧洞直线段基本导线网形示意图

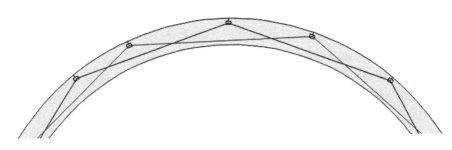

图 4-8　弯道单侧交叉导线网形示意图

对中的中心即为导线点的平面位置，强制对中观测点固定在洞壁上以保证其稳定性。

4.7.1.5　CCS 水电站地面首级施工控制网测量

（1）首级施工控制网等级及精度。

1）平面控制网等级及精度要求。平面控制网采用二等精度，GPS 静态方式观测控制点的平面位置，每个工区的控制网点应满足合同规定和工程施工的要求。各工区的控制点至少 3 个方向相互通视，使用全站仪对各工区的控制网进行边角网测量，GPS 网、全站仪边角网都要满足二等控制网精度要求，GPS 网和全站仪三角网的较差也要满足相应的限差要求。平面控制网最弱点位中误差应小于±10mm，平均边长相对中误差不大于 1/250000。

2）高程控制网等级及精度要求。高程控制网采用二等水准精度。各个工区平面控制点在能够用二等直接水准联测的情况下，用二等直接水准精度联测平面控制网点，个别点位联测确实有困难时，可采用代水准方法，求出平面点高程。二等水准每公里偶然中误差±1.0mm，往返测较差和线路闭合差不大于 $±4\sqrt{L}$mm。

（2）控制点布设情况。

1）平面控制点布设情况。CCS 水电站首级平面控制点先建立骨架网，在骨架网的基础上分区建立分区网。观测时先观测骨架网，再观测分区网。共建立观测墩 57 座，骨架网以"CCS＋数字"命名，分区网以"以分区名字的字母缩写＋数字"命名，其地面骨架网见图4－9。

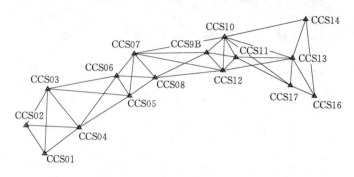

图4－9　CCS水电站地面骨架网示意图

2）水准高程点布设。在每个平面观测墩的观测台上均建立不锈钢的水准标志。在首部枢纽1号营地附近、REVENTADOR宾馆附近、厂房4号营地附近和调节水库K27＋100附近分别建立了水准基本组标，即水准组标共有12座；在沿E45公路、厂房进厂公路、调节水库进厂房公路分别每2～3km建立1座水准点，共有32座，整个工程共建立二等水准点63座。观测墩强制对中器面高程：对57座观测墩中的44个观测墩强制对中器面观测水准高程，13座观测三角高程。

（3）平面控制网卫星定位系统测量观测与数据处理。

1）星历预报。卫星定位系统观测前使用星历预报软件进行星历预报，作为制定第二天的观测作业计划的依据，星历预报为24h，即0:00—24:00。

从星历预报可以看出：在6:00—20:00整个观测时段内卫星数都有18颗以上，而最少18颗卫星的时间在7:00。

在截止高度角10°的观测范围内PDOP均小于4，最大值1.8出现在7:00。卫星数量、卫星时段可见性、卫星PDOP值变化分别见图4－10～图4－12。

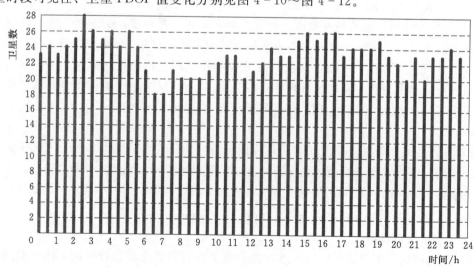

图4－10　卫星数量图

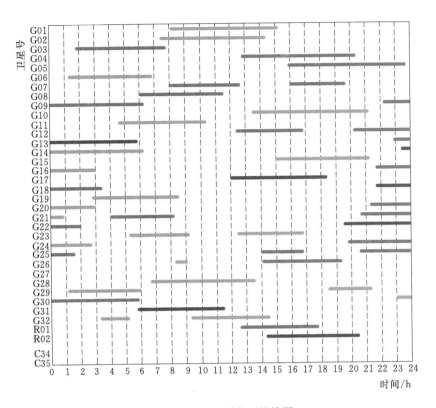

图 4-11　卫星时段可见性图

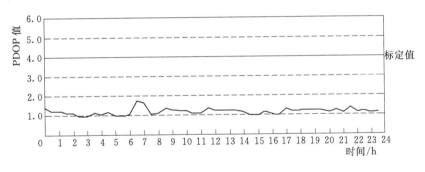

图 4-12　卫星 PDOP 值变化图

2）GPS 观测技术要求。

卫星截止高度角不小于 15°；

同时观测有效卫星数不小于 4 颗；

有效观测卫星总数不小于 6 颗；

几何定位模糊度（GDOP）不大于 3；

观测时段数不小于 2；

时段长度不小于 120min；

数据采样间隔 5s；

时段中任一卫星有效观测时间不小于 15min；

开机后经常检查有关指示灯与仪表显示，使其处于正常状态。

外业观测作业时，每个测站和每个时段严格按测量规范进行野外作业的记录，所有规定作业项目全面完成，并符合要求，记录与资料完整无误后，才进行迁站。

3）GPS 网基线解算与网平差。

A. 基线解算采用 Trimble Business Center（V2.5）进行基线解算，星历预报采用精密星历。

B. 网平差采用 Trimble Business Center（V2.5）进行，固定 CCS07、CCS12 大地坐标，分别对 UTM（18 SOUTH）、投影面高程 893.00m、投影面高程 1245.00m、投影面高程 630.00m 共 4 种坐标系统进行了整网平差。

C. 固定点大地坐标。

CCS07：$B = 0°07'54.23576''$S，$L = 77°36'30.57564''$W，$H = 1381.241$m；

CCS12：$B = 0°08'11.12581''$S，$L = 77°28'13.48412''$W，$H = 1322.424$m。

4）网平差精度。

A. 对于整网平差精度仅对投影面高程 893.00m 平差成果进行了精度统计。

B. 网平差后最弱点位中误差为±5mm（设计规定限差为±10mm）。

C. 网平差后点位误差椭圆长半轴最大为±5mm（设计规定限差为±10mm）。

D. 网平差后最弱边长比例误差为 1∶150272，平均边长比例误差为 1∶1533343（规范规定平均边长相对中误差为 1∶250000）。（按骨架网 CCS 点计算）

网平差后最弱边长比例误差为 1∶34388（EMC06～EMC02，边长为 62m，边长中误差为 2mm），平均边长比例误差为 1∶1431509（规范规定平均边长相对中误差为 1∶250000）。（按整网全部点计算）

5）施工坐标计算。使用坐标平移计算分别计算出首部枢纽、输水隧洞、调节水库、引水发电系统共 4 套施工坐标，平移参数见表 4-19，施工坐标成果略。

（4）使用全站仪三角网对地面 GPS 平面控制网进行检测。CCS 水电站首级 GPS 平面控制网严格按二等技术要求进行观测，经过严密平差计算，各项精度指标都满足有关测量《规范》二等网的要求，使用高精度全站仪（TCA2003、TM30）对平面网观测 9 测回，在三角形闭合差、角度中误差等精度满足规范的情况下，对 GPS 平面网的边长、方位角进行对比检查，少部分角度较差超限。经过分析讨论，决定对部分平面点使用 Lica GNSS 仪器进行复测，使用全站仪分 3 个时段按 12 测回对部分点进行复测，经过复测后，提高了 GPS 网的精度，输水隧洞地面控制网 GPS 网和全站仪三角网较差满足规范要求，保证并提高了地面控制网的精度。

（5）高程控制网外业观测与平差。

1）使用 Leica DNA03 数字水准仪和 Trimble DiNi03 数字水准仪配合相应的条码铟瓦水准标尺对整个水准路线按二等水准精度进行外业观测。

2）水准网线路见图 4-13，共形成 13 个大小不同的闭合环。水准观测共 252 个标段，路线长度共 270.0km。其中水准主线路 159 段，214.4km；首部枢纽支线 17 段，10.4km；2 号支洞支线 24 段，22.6km；调节水库支线 18 段，8.0km；厂房支线 27 段，12.2km；其他支线 7 段，2.4km。

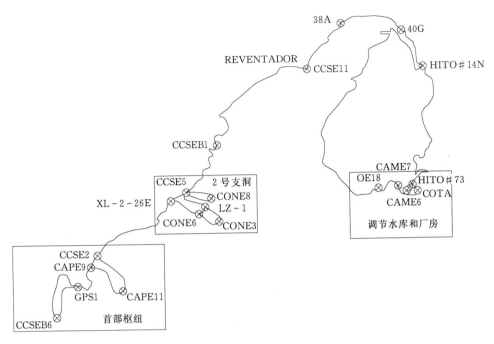

图 4-13　水准网线路示意图

3）水准测量技术要求和作业。水准测量技术要求和作业见本书 4.3.1.2 的有关内容和测量规范的规定。

4）平差计算。外业观测数据应加标尺每米真长改正、正常水准面不平行改正、水准路线闭合差改正，然后使用工程测量控制网微机平差系统 NASEW3.0 进行平差。

整网平差固定 GPS1 和 COTA2 点高程进行平差。

GPS1 高程为 $H=1299.563m$。

COTA 高程为 $H=613.723m$。

5）水准高程平差计算精度。高程控制网偶然中误差为±0.45mm/km，规范规定限差为±1.0mm/km，最弱点高程中误差为±1.74mm，高程成果略。

4.7.1.6　CCS 水电站输水隧洞控制网测量与贯通测量成果分析

（1）CCS 水电站输水隧洞施工控制网测量。

1）洞内基本控制点的测量方法。洞内基本控制测量的观测，使用 TM30 或 TS30 全站仪，采用全圆方向观测法观测 9 测回。在进行距离观测中，观测时的温度、气压可直接输入仪器中，对边长进行改正。使用多测回测角程序自动观测，自动记录水平角（方向值）、斜距、平距、垂直角等数据，观测前准确量取仪器高和镜站高并记录于记录簿。观测技术要求按不低于规范要求执行。

2）洞内基本导线的计算与检核。对观测数据进行检查校核，各项限差满足要求后进行内业计算。使用检查合格后的观测数据进行平距和高差计算，根据每条边 2 个控制点的平均高程，对边长进行投影改正至高程 1245.00m 面。将水平角（方向值）、计算的高差和投影改正后的平距输入平差软件进行平差计算，获得坐标成果。使用南方平差 2005 和控制网优化与平差软件，分别独立计算 2 套成果进行对比校核。

3）洞内基本高程控制测量。洞内基本高程控制测量采用二等水准测量，洞内水准测量通过左、右水准路线的连测进行检核；洞内水准点通常设置在运输轨道两侧的隧洞底板上，埋设固定的不锈钢水准标志。水准点设置的位置，既要便于水准点的保护，又要能保证 2m 长水准尺在洞内的使用。观测的技术要求和平差计算与地面二等水准相似。

水准高程路线应组成附合路线或闭合环，每隔 3km 左右，水准高程点标志与基本导线点标志合一，观测平面网同时观测三角高程，使用三角高程检查水准高程，如果较差满足要求，使用水准高程作为最终成果。三角高程很难达到二等水准的精度，使用三角高程检查水准高程，是为了避免错误的发生。

（2）输水隧洞贯通测量成果及分析。

1）输水隧洞 TBM2 贯通情况。测量人员对控制测量部分闭合差超限的情况进行了认真分析，并与原来的数据进行了对比，判断现场由于雾气、电、旁折光等原因造成，但无法判断哪一次的数据更准确。对其中 4 个测站中部分数据使用原来的数据替代。这样计算的结果，闭合差小了，X 坐标最大调整了 $-113mm$，高程没有进行调整。复测原始数据计算成果和实际使用贯通测量成果比较情况见表 4-22。

表 4-22　　　　　复测原始数据计算成果和实际使用贯通测量成果比较情况表　　　单位：m

点号	复测原始数据计算成果			对部分数据替代后成果（贯通测量用）				
	X	Y	H	X	Y	H	ΔX	ΔY
2TR24	9983122.6262	212638.5869	1246.234	9983122.721	212638.5676	1246.234	-0.094	0.019
2TL27	9983045.2905	212054.2134	1247.265	9983045.394	212054.1936	1247.265	-0.104	0.020
2TR25	9983050.7708	212053.4776	1247.216	9983050.873	212053.4574	1247.216	-0.102	0.020
2TL28	9982976.6546	211495.7081	1248.236	9982976.768	211495.6871	1248.236	-0.113	0.021

输水隧洞 TBM2 贯通后，对贯通误差进行了测量，实际横向贯通误差 $-264mm$，纵向贯通误差：$-17mm$，竖向贯通误差 33mm；对各种情况进行了分析，如果使用复测原始数据计算成果作为贯通前的控制网成果，横向贯通误差是 $-135mm$，纵向为 $-26mm$；如果不复测，直接使用原来的控制点成果，横向贯通误差可能会超过 300mm。

2）输水隧洞 TBM1 贯通情况。根据多次观测数据进行认真分析，并结合以前观测的数据，对少数几个方向的数据进行了删除，并使用双导线的计算方法进行了对比检查，再使用网的形式进行严密平差计算。使用了认为可靠的成果作为贯通前的基本控制成果，TBM1 坐标成果见表 4-23，最终使用的成果与原成果差值 20mm 左右。高程复测情况，TBM-34 号点，水准高程 1267.6960m，三角高程 1267.6968m。

输水隧洞 TBM1 贯通后，对贯通误差进行了测量，实际贯通误差横向为 $-0.2mm$，纵向为 10.7mm，竖向为 $-26.5mm$。

3）分析及结论。输水隧洞 TBM 实际贯通误差远小于规范规定的贯通限差，对比情况见表 4-24。虽然 TBM1 横向贯通误差接近于 0，有偶然性，但从表 4-23 可以分析得出，每一次的观测成果与最终使用的平均值的成果，最大差值为 42mm。即使使用任何一次的复测成果作为贯通前的控制成果，贯通误差也会远小于规范规定的限差。所以输水

表 4－23　输水隧洞控制网复测成果　　　　　　　单位：m

复测次数	点号	复测控制点成果			每一次成果与平均值的差值		
		X	Y	H	ΔX	ΔY	ΔH
第一次	TBM－35	9977863.0753	202059.1040	1267.5173	0.0208	−0.0076	0.0027
	TBM－34	9977880.5918	201989.5210	1267.6993	0.0208	−0.0074	0.0025
第二次	TBM－35	9977863.0896	202059.0982	1267.5167	0.0351	−0.0135	0.0021
	TBM－34	9977880.6068	201989.5149	1267.6987	0.0358	−0.0135	0.0019
第三次	TBM－35	9977863.0135	202059.1293	1267.5098	−0.0410	0.0176	−0.0048
	TBM－34	9977880.5293	201989.5459	1267.6918	−0.0417	0.0175	−0.0050
第四次	TBM－35	9977863.0396	202059.1150	1267.5147	−0.0149	0.0034	0.0001
	TBM－34	9977880.5561	201989.5317	1267.6973	−0.0149	0.0034	0.0005
平均值	TBM－35	9977863.0545	202059.1116	1267.5146			
	TBM－34	9977880.5710	201989.5283	1267.6968			

表 4－24　输水隧洞 TBM 实际贯通误差与规范* 规定限差对比情况表

序号	工程名称	实际贯通误差/mm		贯通测量限差/mm		实际掘进长度 /km	规范规定长度 /km
		横向	高程	横向	高程		
1	输水隧洞 TBM1	−0.2	26.5	±300	±80	11.6	9～14
2	输水隧洞 TBM2	−263.7	32.8	±400	±80	15.2	14～20

注　输水隧洞 TBM2 由中国水利水电第十工程局有限公司负责施工，控制导线网复测时，需要 TBM 停止掘进，贯通前地下控制网只复测了 1 次。

*　《水电水利工程施工测量规范》（DL/T 5173—2012）。

隧洞控制测量技术是可行、适用的高精度测量技术。提高长隧洞贯通精度一直是测量工作的技术难题，CCS 水电站输水隧洞优化测量系统，使用三角网检测 GPS 网，严格控制地面控制网的精度，创新优化设计洞内基本控制网的布设。创造了 TBM1 横向贯通误差−0.2mm 的极高精度，并对多次成果进行分析。实践证明，该贯通测量技术具有可行性、适用性、精准性，是可以在长隧洞贯通测量中推广使用的先进技术。

（3）输水隧洞控制测量总结。隧洞高程贯通技术，如使用等级水准测量进行高程控制，一般可以达到规范规定的贯通精度。隧洞贯通技术难度最大的是平面贯通误差的控制，结合 CCS 水电站工程实际测量工作开展情况，总结如下。

1）使用全站仪三角网对地面 GPS 平面控制网检测的重要性。

2）洞内基本控制网布设的特点及优越性。采用狭长形的网形布设洞内基本控制，增加多个检核条件，其目的就是要利用多余的观测数据，通过不同的路径对控制网进行检核。因为有多余观测数，在数据分析时，删除部分超限的数据，保证平差计算使用数据的质量，以保证基本控制网的可靠性和精度。

3）洞内基本控制网注意的事项。洞内观测条件对控制网精度的影响很大，根据《水电水利工程施工测量规范》（DL/T 5173—2012），二等三角网使用 0.5″精度的仪器测量 4

测回，输水隧洞使用 TM30（0.5″，1mm＋1ppm），多测回测角自动观测 9 测回，对 60 多个四边形（或多边形）闭合差进行了统计，有 30％左右未达到二等网的要求，其中高压电、水雾气、旁折光是影响精度的主要因素。改善观测环境后，按 12 测回进行多次补测或复测，使观测数据基本达到要求。

4）长隧道洞内基本控制网如何提高精度，不仅需要测量团队从控制点布设、网型设计方面优化、提高观测技术要求等方面努力，也需要工程建设项目部高度重视，采用通风、停工等措施，为基本控制网测量创造较好的观测条件。

4.7.1.7 施工放样

（1）平洞（室）施工放样。隧洞、厂房发电系统等钻爆法开挖施工放样和混凝土施工放样，已经有很成功的技术方法和经验，不再叙述。

自由设站法在开挖放样中有其优越性，已经在很多工程推广使用，不过在使用过程中应注意自由设站的图形强度。

混凝土施工放样精度高于开挖放样精度 2 倍以上，若使用自由设站的技术，使用的条件更严格。测量人员应根据具体情况而决定，在施工放样技术方案中进行具体要求，现场放样时，按照技术方案执行。

（2）输水隧洞 TBM 施工测量。

1）TBM 初始姿态测量与人工导向。

A. 参照点的布设方式及类型。TBM 机可以看作为一个近似的圆柱体，在开挖掘进过程中不能直接测量其刀盘的中心坐标，只能用间接法来推算出刀盘中心的坐标。在 TBM 机的机壳体内适当位置选择测量的观测点就成为非常重要的工作，这些观测点即为 TBM 机的参照点，参照点的布设既要有利于观测，又要有利于点位的保护，并且相对位置不能发生变化。参照点的布设可以根据 TBM 机的特征进行制作、布设。如在 TBM 机上粘贴反射片，焊接连接螺杆等。参照点的布设应遵照便于观测和保存的原则。

在输水隧洞的硬岩双护盾掘进机中一共布设了 32 个参照点（见图 4-14），其中前盾布设了 17 个（点号为 1～17），尾盾布设了 15 个（点号为 20～34）。这些参照点在 TBM 机构建之时就已经定好位，并精确测定了各参考点在 TBM 坐标系中的三维坐标数据。在进行 TBM 初始姿态的测量及人工检测姿态时，可以通过测量这些点的三维坐标，并把坐标数据与 VMT 公司提供的相关数据进行三维转换，就可以推算出 TBM 的当前姿态和位置参数。

B. TBM 初始姿态及人工检核的测量。在进行测量时，以控制测量的平面和高程控制点为基准，只要将特制的适配螺栓旋到 M8 螺母内，再装上 Leica 圆棱镜，就可以精确测定 TBM 机前盾和尾盾参考点的三维空间坐标。通过将这些参照点已知的坐标和测得的坐标进行三维转换，与设计坐标比较，就可以计算出 TBM 机的姿态和位置参数。通过这种方法可以计算出 TBM 机的始发姿态及人工检核 TBM 机的姿态，从而检核 TBM 机导向系统显示的姿态是否和计算的姿态一致。

对于新建造的机器及长时间没有使用的机器，应该人工校核测量。尤其对于 TBM 机上的激光靶托架变形，重新拆卸安装的情况下，必须重新测量参照点，获得 TBM 机的姿态，使 TBM 机不会偏离设计的洞轴线前进。

2）TBM 机激光导向测量。

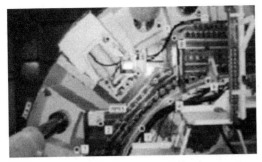

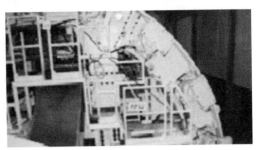

图 4 - 14　TBM 机前盾和尾盾参照点示意图

　　A. VMT 激光导向系统。为了随时掌握 TBM 机的掘进方向，在 TBM 机上配备了激光导向系统，用于测量和控制 TBM 机的掘进方向。输水隧洞双护盾硬岩掘进机上的自动导向系统为德国 VMT 公司的 TUnIS 激光导向系统，控制激光导向系统测量采用 Leica TCA1203 型全站仪，仪器标称精度测角中误差±3.0″，测边精度 1mm＋1.5ppm。利用基本导线点通过常规的测量方法为 TBM 机激光导向提供坐标；激光导向系统通过配套的硬件和软件系统，可以快速、连续、准确地计算出 TBM 机的掘进轴线与设计轴线的偏差，并以图像和数字化的形式显示在操作室的计算机上，使 TBM 机操作人员可以及时了解 TBM 机的实时位置，根据信息通过调整支持系统和油缸来进行调向。

　　B. 激光导向系统的测量原理。撑靴式硬岩掘进机 VMT 导向系统工作原理是基于架设在基准点上的激光全站仪（激光站）和盾头上的激光靶，通过全站仪发射的激光束测量激光靶棱镜，测量出其三维坐标，激光指向激光靶，根据激光靶内安装的传感器可以测量出 TBM 机的俯仰角和滚动角。由于激光靶、TBM 机刀盘中心几何位置关系是固定的，因此根据坐标转换即可以计算出 TBM 机的姿态，如左右偏差（偏离轴线的差值）、上下偏差（偏离高度的差值）、俯仰角、滚动角及里程。然后，导向系统软件依据全站仪测量的激光靶数据计算出 TBM 机的实时三维姿态，并在计算机上通过软件以数据和图形的形式显示出来，供 TBM 操作手操作掘进。

　　3）激光导向系统的应用。

　　A. 激光导向系统操作流程。首先，安装激光导向系统硬件及软件，将设计隧洞的路线平面位置及高程位置输入到导向系统软件中，设置导向系统软件，根据激光靶的位置设计全站仪托架。其次，为了保证隧洞控制点及贯通的精度，必须进行控制测量，将洞内导线点联测到洞内。再次，根据联测的控制点成果测量激光站及后视棱镜的三维坐标，并进行 TBM 机始发姿态的测量和调整工作。最后，将测量的激光站及后视点三维坐标输入到导向软件中进行定位。定位满足要求后，启动导向软件中的"开始导向"即可完成导向系统的操作。根据掘进的距离、激光靶与全站仪之间的通视情况、无线通信信号等情况，及时前移全站仪和后视点。全站仪前移可以利用软件中的"全站仪前移"命令进行，也可以人工通过隧洞下部的导线控制点测量所得。至此，激光导向系统的操作全部完成。

B. 利用激光导向系统的调向。激光导向系统可以快速、连续地为 TBM 操作者提供隧道轴线的偏差，并以图形和数字的形式显示出来，从而使操作手适时了解 TBM 的姿态情况。操作手根据姿态进行调向，使 TBM 沿着设计的洞轴线方向掘进，也是激光导向系统在 TBM 上的主要用途。

CCS 水电站输水隧洞撑靴式双护盾硬岩掘进机，水平垂直调向主要通过伸缩油缸使 TBM 达到左右偏移、上下偏移，以达到 TBM 按照设计的洞轴线的轨迹前进的目的。在换步完成之后，伸出撑靴使撑靴盾稳定支撑在岩石面上，在掘进时通过调节 TBM 的 A、B、C、D 4 组主推的压力来控制各组主推油缸推进速度的快慢。A 组油缸位于顶部，B 组位于右侧，C 组位于底部，D 组位于左侧。通过 A 组和 C 组调节 TBM 在垂直面的行走趋向，通过 B 组和 D 组调节水平面上的左右行走趋向。在掘进状态下调向必须小幅度缓慢纠偏，一般每米调整偏差不超过 3mm，防止调向过急损伤刀具。在调向完成后，通过保持各组油缸的行程差使 TBM 按照需要的轨迹推进。

4.7.2　工程实例二：广东省天然气管网一期工程项目西江盾构隧道

（1）工程概况。西江盾构隧道是广东省天然气管网一期工程的重大控制性工程之一。盾构隧道穿越等级为河流大型穿越工程，穿越段总长度为 2445.6m（其中盾构掘进段长度 2161.4m，南岸与北岸竖井深度分别为 26.9m 和 18.3m，合计 2206.3m；连接线路段为 239m），始发井直径为 12.5m，接收井直径为 10.0m。

（2）联系三角形法外业观测。平面联系测量使用始发井进行一井定向，采用联系三角形法，严格按有关规范进行联系三角形布设，联系三角形图形见图 4 - 2。

投点等准备工作完成后进行外业观测，使用 Leica TM30 电子全站仪（测角标称精度：0.5″，反射贴片测距标称精度：1mm＋1ppm）进行观测，水平角采用全圆法观测 12 测回，距离采用反射贴片配合全站仪进行测量，观测 4 测回，水平角、距离观测技术要求按规范规定执行。

井上、井下角度、距离全部测量完成，经检查观测数据满足规范要求后，第一次定向外业观测完成。移动重锤线并稳定后，进行第二次定向。独立进行 3 次定向测量，对测量数据进行处理，对成果进行分析。

（3）测量数据处理分析。

1）距离测量成果。

A. 2 条重锤线之间井上、井下实测距离对比情况。

2 条重锤线之间的距离使用电子全站仪差距法进行测量，测量 4 组，如较差满足测量规范要求，取平均值。3 次独立定向两条重锤线之间的井上、井下距离测量成果见表4 - 25。

以上成果看出，2 条重锤线之间井上、井下距离测量成果的较差远高于规范要求，使用电子全站仪差距法测量距离，精度高。

表 4－25 3 次独立定向两条重锤线之间的井上、井下距离测量成果表

定向次数	边长名称	井上/m	井下/m	较差/mm	限差/mm
第一次	C_1	11.81776	11.81848	－0.72	2.0
第二次	C_2	11.71165	11.71147	0.18	2.0
第三次	C_3	11.63608	11.63605	0.03	2.0

B. 计算 2 条重锤线之间的距离。根据实际测量的距离 $a(a')$、$b(b')$ 和角度 $\gamma(\gamma')$，使用余弦定理计算距离 $c_{计}$，其计算距离成果见表 4－26。

C. 距离改正计算。将实测距离 $c_{测}$ 与计算距离 $c_{计}$ 进行对比（见表 4－27）。如果限差满足规范要求，对测量距离（a、b、c）进行误差分配，对距离进行改正，实测距离及改正成果见表 4－28。

表 4－26 余弦定理计算距离成果表

定向次数	成果类别	井 上		井 下	
		名称	数据	名称	数据
第一次	实测值	a_1/m	25.77685	a_1'/m	19.51565
		b_1/m	37.59371	b_1'/m	31.33156
		γ_1	0°23′10.60″	γ_1'	0°36′23.39″
	计算值	c_1/m	11.81872	c_1'/m	11.81881
第二次	实测值	a_2/m	25.88976	a_2'/m	19.51558
		b_2/m	37.59387	b_2'/m	31.22106
		γ_2	0°42′02.6″	γ_2'	0°52′04.62″
	计算值	c_2/m	11.71033	c_2'/m	11.71145
第三次	实测值	a_3/m	25.96148	a_3'/m	19.51479
		b_3/m	37.59472	b_3'/m	31.14712
		γ_3	0°30′40.94″	γ_3'	0°42′43.27″
	计算值	c_3/m	11.63658	c_3'/m	11.63636

表 4－27 2 条重锤线之间的实测距离 $c_{测}$ 与计算距离 $c_{计}$ 对比成果表

定向次数	边长名称	实测距离 $c_{测}$/m	计算距离 $c_{计}$/m	较差/mm	限差/mm
第一次	井上	11.81776	11.81872	－0.96	2.0
	井下	11.81848	11.81881	－0.33	2.0
第二次	井上	11.71165	11.71033	1.32	2.0
	井下	11.71147	11.71145	0.02	2.0
第三次	井上	11.63608	11.63658	－0.5	2.0
	井下	11.63605	11.63636	－0.31	2.0

表 4 - 28　　　　　　　　　　　　　实测距离及改正成果表　　　　　　　　　　单位：m

定向次数	井 上				井 下			
	名称	实测距离	改正数	改正后距离	名称	实测距离	改正数	改正后距离
第一次	a_1	25.77685	0.00032	25.77717	a_1'	19.51565	0.00011	19.51576
	b_1	37.59371	−0.00032	37.59339	b_1'	31.33156	−0.00011	31.33145
	c_1	11.81776	0.00032	11.81808	c_1'	11.81848	0.00011	11.81859
第二次	a_2	25.88976	−0.00044	25.88932	a_2'	19.51558	0	19.51558
	b_2	37.59387	0.00044	37.59431	b_2'	31.22106	0	31.22106
	c_2	11.71165	−0.00044	11.71121	c_2'	11.71147	0	11.71147
第三次	a_3	25.96148	0.00017	25.96165	a_3'	19.51479	0.00010	19.51489
	b_3	37.59472	−0.00017	37.59455	b_3'	31.14712	−0.00010	31.14702
	c_3	11.63608	0.00017	11.63625	c_3'	11.63605	0.00010	11.63615

2）角度成果。根据实际测量的距离 a、b、c 和角度 γ 计算角度 α、β，计算三角形闭合差，检查测量精度。根据改正后的距离和实测角度 γ 再次计算角度，并计算三角形闭合差，角度成果略。

若经边长平差改正后计算的角度值，如存在三角形闭合差，将闭合差分配到 α 和 β 角。西江穿越工程竖井定向，三次定向测量边长平差改正后计算的角度值，闭合差都为 0.00″。

3）隧洞定向坐标和方位角计算成果。使用"南方平差易"软件进行坐标和定向方位角的计算，将改正后的角度和距离输入软件进行计算，起始点坐标和定向方位角成果见表 4 - 29。

表 4 - 29　　　　　　　　　　　起始点坐标和定向方位角成果表

定向次数	定向边方位角			平面坐标 C'	
	(°)	(′)	(″)	X/m	Y/m
第一次	3	47	59.19	62938.3572	72828.1744
第二次	3	48	00.85	62938.3578	72828.1750
第三次	3	47	55.50	62938.3572	72828.1741
三次平均值	3	47	38.51	62938.3574	72828.1745

（4）竖井定向精度分析。

1）联系三角形测量成果分析。按规范要求布置联系三角形，按高于规范的要求进行外业观测，2 条重锤线之间的距离使用全站仪采用"差距法"进行测量，提高距离测量的效率和精度。独立定向 3 次，使用实测数据计算角度，6 个三角形，最小闭合差为 0.00″，最大闭合差为 0.29″，精度高，观测成果可靠。

根据实测值和计算值的较差对边长进行改正，使用改正后的距离计算角度，6 个三角形的闭合差都为 0.00″。根据改正后角度和距离使用软件计算方位角和坐标，独立定向 3 次的定向边方位角最大较差为 5.35″，方位角中误差为 2.25″，该定向精度远高于《盾构法隧道施工与验收规范》（GB 50446）规定的精度（较差为 $20''$，中误差为 $\pm 12''$）。洞内起始点（C'）3 次坐标成果最大较差：ΔX 为 0.6mm，ΔY 为 0.9mm，起始点坐标和定向方位成果见表 4-29。

2）使用高精度的陀螺经纬仪进行检查校核。为了对竖井定向成果进行检查校核，邀请专家团队使用高精度的陀螺经纬仪（标称精度为 $5''$）检测隧洞定向边方位角，实测了 3 组数据，分别为 $3°48'00''$、$3°48'04''$ 和 $3°48'08''$。

总体分析结果：西江盾构隧道工程竖井定向测量方案优越，实际定向精度高于规范要求，成果可靠，能满足工程施工的需要。

（5）竖井联系三角形测量总结。

1）使用电子全站仪配合反射贴片进行距离测量的优越性。

A. 不需要专门搭设测量距离的观测平台，准备工作简便，可以显著提高测量准备工作的效率，对现场施工影响较小。

B. 距离测量快捷，比常规的钢尺量距方法，减小了测量的工作量，提高了工作效率。

C. 使用差距法进行距离测量，精度高，从广东省天然气管网一期工程项目西江盾构隧道工程竖井联系三角形测量的统计数据可以看出符合规范要求。

2）严格按规定布设联系三角形，联系三角形的形状为 γ、α 角不大于 $3°$ 的直伸形最有利。

3）根据误差理论计算，对距离和角度进行改正。

4）观测过程中应注意重锤线的稳定性。

综上所述，在没有配置陀螺定向仪的情况下，使用联系三角形法是竖井定向的基本方法，竖井定向过程中，严格按照规范要求布设三角形、改进观测方法、提高观测精度、严密平差计算，可以提高定向精度。使用电子全站仪进行距离测量，操作简单，精度高，比常规钢尺量距有较多的优越性。

一井定向是测量工作中技术要求极高的工作，由一井定向进行联系测量的工程，如果隧洞长，应使用陀螺仪进行定向或定向校核。在水利水电工程施工中，已有一井定向不成功的案例，给工程带来很大的损失。测量技术人员和项目技术负责人，都应该有足够的重视。

5 通 风 与 降 尘

地下工程通风与降尘需紧密结合施工通道布置和施工方法进行，在单一洞室布置的基础上要综合考虑大型洞室群施工方式的特点，对洞室群施工通风根据施工程序采取分期动态布置。

施工通风主要是依据有关的规程规范、地质条件、施工方案、施工设备等资料及施工条件，通过选择合理的通风量、通风方式、通风设备和系统布置方案，采用合适的喷雾洒水、个体防护、改进施工设备等综合降尘措施，使得地下工程施工洞内空气中主要有害气体和粉尘的允许浓度满足国家标准，达到改善作业环境的空气质量，提高施工效率，实现地下洞室群文明、安全、环保施工的目的。

5.1 控制标准

5.1.1 有害气体

施工过程中，洞内氧气按体积计算不应少于20%。有害气体浓度应符合表5-1的标准。

表5-1 洞内空气中有害气体的最高允许浓度表

名 称	最高允许浓度		附 注	
	按体积/%	按质量/(mg/m³)		
二氧化碳	0.5	10	一氧化碳的最高允许浓度与作业时间	
一氧化碳	0.0024	30	作业时间	最高允许浓度/(mg/m³)
二氧化氮	0.00025	5	1h以内	50
二氧化硫	0.00050	15	0.5h以内	100
硫化氢	0.00066	10	15~20min	200
三氧化二氮	0.001			
氨	0.004	30	反复作业的间隔时间应在2h以上	
甲烷	1			
丙烯醛		0.3		
甲醛		3		

5.1.2 粉尘

常见于地下工程施工中的粉尘，大多是粒径为 0.25～10mm 的、能呈等速度沉降的尘粒。防尘的主要对象为粒径大于 5mm 的呼吸性粉尘。洞内空气中粉尘的最高允许含量应符合表 5-2 的标准。

表 5-2　　　　　　　　　　　洞内空气中粉尘的最高允许含量表

粉尘种类	含有 10% 以上游离 SiO_2 的粉尘	含有 10% 以下游离 SiO_2 的粉尘	含有 80% 以上游离 SiO_2 的生产粉尘	含有 10% 以下游离 SiO_2 的水泥粉尘
最高允许浓度 /（mg/m³）	2	10	1	6

5.1.3 空气温度湿度与风速

洞内最适于人们劳动的温度是 15～20℃，开挖作业面的温度不宜超过 28℃。

一般说来，空气相对湿度低于 30%，水分蒸发过快，会引起人体黏膜干裂；相对湿度大于 80%，水分蒸发困难，使人烦闷，适宜的湿度为 50%～60%。在地下工程施工中，当空气温度和相对湿度一定时，提高风速可提高散热效果。温度与风速之间有一个适宜关系，可参考表 5-3 进行调整。

表 5-3　　　　　　　　　　　温度与风速的关系表

空气温度/℃	<15	15～20	20～22	22～24	24～28
适宜风速/（m/s）	<0.5	<1.0	>1.0	>1.5	>2.0

施工洞内最低风速应不小于 0.15m/s，最大风速不超过表 5-4 的规定。

表 5-4　　　　　　　　　　　施工洞内最大风速规定表

名称	平洞、竖井、斜井工作面	运输与通风洞	升降人员与器材的交通井	出渣井	专用通风洞、井
最大风速/（m/s）	4	6	8	12	15

5.1.4 检测方法

有害气体的测定方法有检定管法、红外线法、气相色谱法和电化学法等多种。因有毒气体对人体危害很大，应以方便、快速、准确的测定法为宜，目前现场采用较多的为检定管快速测定法。

检定管快速测定法所使用的仪器有：检定管、气体采样器和秒表。检定各种有毒气体的原理，是根据待测气体与检定管中的指示剂发生化学变化后，变色的长度和深浅来确定待测气体的存在及浓度。目前我国生产的检定管可以测定一氧化碳、硫化氢、氮氧化物等多种物质。

5.2　通风形式

施工洞室的通风形式包括自然通风、机械通风和混合通风。

5.2.1 自然通风

（1）自然通风产生的基本条件。

1）进、出风口要有高程差。

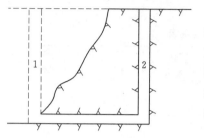

图 5-1 自然通风示意图
1—洞外空气柱；2—洞内空气柱

2）洞内外空气要有温度差（见图 5-1）。冬季，地面气温低，洞内气温高，洞外空气柱 1 的平均密度大，洞内空气柱 2 的平均密度小，风流从位置较低的洞口进入，由位置较高的洞口（井口）排出；夏季则相反，风流从位置较高的洞口（井口）进入，由位置较低的洞口排出。

（2）自然通风产生的方法。自然通风送风容易，供风能力大，成本低。在地下工程施工中应尽可能利用自然通风。

1）在岩层中不产生有害气体的短小隧洞，可借洞口进风净化空气。

2）隧洞断面较大采用分部开挖时，可先贯通导洞、导井形成对流通风。

3）长隧洞或地下厂房开挖时可利用施工支洞，增设通风竖井和利用永久井、洞等通道形成风流循环。

（3）自然通风的利用与开发。在工程施工中，为了节约成本，应根据地下洞室的布置情况，按照低进高出的原则，布置适量的通风竖井，使地下洞室之间形成通风回路。通风回路的布置原则是：进风口和出风口应有足够高差，使之形成烟囱效应。

工程实例：惠州抽水蓄能电站 A 厂房开挖施工，充分利用尾调通气洞局部位于副厂房上部，且尾调通气洞局部上部又位于场内公路边的现状，在厂房与尾调通气洞之间、地表与尾调通气洞之间布置通风竖井，地表至厂房顶部高差接近 300m，形成了很好的烟囱效应。惠州抽水蓄能电站 A 厂房通风竖井布置及自然风流向见图 5-2，1 号通风竖井下口和厂房通风竖井上口布置在在尾调通气洞同一侧，竖井形成后采用砖墙将 2 条竖井连接起来，形成专用通风通道。

图 5-2 中，A 厂房交通洞进口高程 237.50m，A 厂房通风洞进口高程 240.50m，1 号通风竖井井口高程 425.10m。

A 厂房通风洞洞口与 A 厂房交通洞洞口高差 3.0m，1 号通风竖井与 A 厂房交通洞洞口高差 187.6m，1 号通风竖井口与 A 厂房交通洞洞口高差 184.6m，在 A 厂房交通洞、A 厂房通风洞洞口与 1 号通风竖井口之间存在了较大高差，在 A 厂房房内形成了很好的自然通风回路，1 号通风竖井起到了很好的烟囱作用。

由于 A 厂房通风洞洞口与 A 厂房交通洞洞口之间存在较小压差，加上 1 号通风竖井的存在，A 厂房通风洞的空气流向因气温不同而不同。当 A 厂房内气温高于洞外气温时，空气流向由洞内向洞外；当 A 厂房内气温低于洞外气温时，空气流向由洞外向洞内。施工过程中，在 A 厂房通风洞洞口设置了布帘，保证 A 厂房通风洞只作为进风通道。

5.2.2 机械通风

地下洞室通风主要有管道式、巷道式、风道式 3 类通风形式，一般前 2 类使用较多。

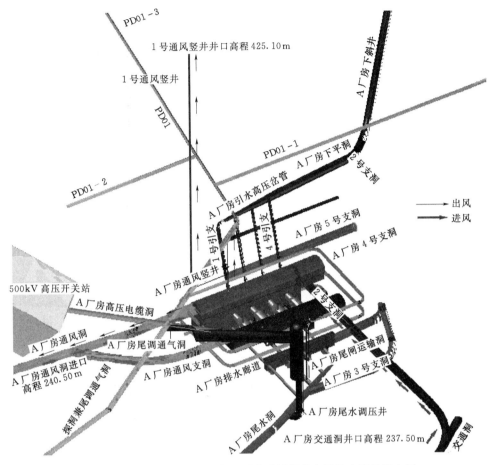

图 5-2 惠州抽水蓄能电站 A 厂房通风竖井布置及自然风流向图

在这几种通风形式中，机械通风是常用的通风方式，不同机械通风方式的特点和适用范围见表 5-5。

表 5-5 不同机械通风方式的特点和适用范围表

通风方式	布置图例	特 点	适用范围
压入式		1. 能冲淡工作面有毒气体； 2. 风管末端距工作面较吸出式大； 3. 可使用任意类型的风管； 4. 污浊风流自隧道全断面排出，对平行作业施工不利； 5. 散烟时间随洞长面增加而增加	适用于较短（小于 200m）的隧洞和竖井
吸出式		1. 污浊风流沿风管排出，全线施工条件好； 2. 排烟速度快； 3. 风管末端距工作面相对相近，易受爆破损坏； 4. 风机布置在洞外时，只能用硬质风管	适用于较短（小于 200m）的隧洞和深 300m 以内竖井，但易形成炮烟停滞区，一般不单独使用

通风方式	布置图例	特　点	适用范围
混合式		1. 具有压入式和吸出式两者的优点； 2. 通风能力强、效果好； 3. 污浊风流沿风管排出，沿途车辆行驶造成的废气不易排出； 4. 需 2 套以上设备，运转费用高； 5. 风机布置和通风组织要求严格	适用长、大洞井的通风，是长、大洞井快速通风的常用方式
沿程排放式		1. 沿程排放气体冲淡柴油机废气； 2. 通风机功率小； 3. 通风管径考虑调节排放量可逐段缩小，但结构复杂	适用于长、大隧洞无轨掘进的辅助通风
利用平行导洞通风		1. 通风设备简单； 2. 对于平行导洞和主洞前面的独头巷道尚需辅以局部风管式通风	适用于设有平行导洞或辅助坑道的长隧洞

5.2.3　混合通风

在地下洞室群开挖中期，当通风竖井、施工导洞等通道形成后，可采取机械通风与自然通风相结合的混合通风方式，其特点及应用范围见表 5-6。

表 5-6　　　　　混合通风方式的特点及应用范围表

通风方式	布置图例	特　点	适用范围
利用竖井、导井或钻孔进行机械-自然通风		1. 利用导井形成自然通风，效果好、费用低； 2. 对独头工作面需辅以机械通风	适用于长、大隧洞及洞室群通风
利用预先开挖完毕的永久通道（洞、井）进行通风		1. 利用各洞室之间在平面布置及高程差异的特点，提前安排开挖风流循环系统的洞室作为施工通风的通道； 2. 地下厂房上、下层同时开挖时，可在上、下层之间增设竖井，形成循环系统	适用于地下厂房洞室群

5.3　风量计算

地下洞室通风的基本原理是利用外来新鲜空气冲淡、稀释施工中产生的各类有害气体，使之达到安全卫生标准。施工前，需根据洞室施工程序、方法、施工设备配置及通风方式的安排，计算出满足施工人员正常呼吸及冲淡、排出地下溢出有害气体等的最大通风量。

通风量计算包括施工人员所需风量计算、爆破散烟的需风量计算、冲淡柴油机废气所需风量计算及满足最小风速所需风量计算等，设计风量为这几项计算风量的最大值。

5.3.1 施工人员所需风量

施工人员所需风量一般按洞内同时工作的最多人数计算，每人每分钟供给 $3.0m^3$ 的新鲜空气。

施工人员所需风量按式（5-1）计算：

$$V_P = \upsilon_P m K \tag{5-1}$$

式中　V_P——施工人员所需风量，m^3/min；

υ_P——洞内每人所需新鲜空气量，一般取 $3m^3/min$；

m——洞内同时工作的最多人数；

K——风量备用系数，取 $1.1 \sim 1.15$。

5.3.2 爆破散烟所需风量

爆破散烟所需风量一般按爆破后 $20min$ 内将工作面的有害气体排出或冲淡至容许浓度计算。

（1）按静态稀释炮烟理论计算风量。爆破散烟所需风量按式（5-2）计算：

$$V_L = QB/Ct \tag{5-2}$$

式中　V_L——稀释炮烟所需风量，m^3/min；

Q——同时爆破的最大炸药量，kg；

B——每千克炸药爆破后产生的有毒气体的体积，折合成 CO 计算，一般采用 $B = 0.4m^3/kg$；

C——CO 允许浓度，取 0.0024%；

t——爆破后的通风时间，min。

（2）按一次排净法计算风量。一次排净法风量按式（5-3）计算：

$$V_j = LS/t \tag{5-3}$$

式中　V_j——一次排净所需风量，m^3/min；

L——通风区段长度，m；

S——隧洞的断面面积，m^2；

t——爆破后的通风时间，min。

由于隧洞断面上风速分布的不均匀和风流紊乱扩散的作用，烟尘不可能一次排净，在排烟过程中必然存在稀释过程，所以计算值偏低。

（3）按通风方式计算风量。

1）压入式通风量按式（5-4）计算：

$$V_y = \frac{21.4}{t}\sqrt{QSL} \tag{5-4}$$

式中　V_y——压入式通风风量，m^3/min；

L——隧洞长度，m；

S——隧洞的断面面积，m^2；

t——爆破后的通风时间，min。

从开挖面至稀释炮烟到安全浓度的距离 L' 可按式（5-5）计算：

$$L' = 400 \frac{Q}{S} \qquad (5-5)$$

使用式（5-4）时，当 $L < L'$ 时，取用 L；反之取用 L'。

2）吸出式通风。电雷管起爆时，按式（5-6）计算；火雷管起爆时，按式（5-7）计算：

$$V_x = \frac{15}{t} \sqrt{\left(15 + \frac{Q}{5}\right) Q S} \qquad (5-6)$$

$$V'_x = \frac{15}{t} \sqrt{(15 + Q) Q S} \qquad (5-7)$$

式中　V_x——吸出式通风计算风量，m^3/min。

一般布置时，风管吸风口距工作面距离 L_x 应小于风流有效吸程 L'_x：

$$L_x \leqslant L'_x = 1.5 \sqrt{S} \qquad (5-8)$$

如果 $L_x > L'_x$，按式（5-8）计算的风量需增加 20%。

3）混合式通风。混合式压入通风量按式（5-9）计算，混合式吸出通风量按式（5-10）计算：

$$V_{hy} = \frac{7.8}{t} \sqrt[3]{Q S^2 L_y^2} \qquad (5-9)$$

$$V_{hx} = (1.2 \sim 1.3) V_{hy} \qquad (5-10)$$

式中　V_{hy}、V_{hx}——混合式压入、吸出通风量，m^3/min；

L_y——压风管口至工作面距离，m，一般为 30m 左右。

4）按最低允许风速计算风量。

$$V_d = 60 v_{min} S_{max} \qquad (5-11)$$

式中　V_d——保证洞内最小风速所需风量，m^3/min；

v_{min}——洞内允许最小风速，大断面隧洞不小于 0.15m/s，小断面隧洞不小于 0.25m/s；

S_{max}——隧洞最大断面面积，m^2。

5.3.3　柴油机械所需风量

柴油机械排出的有害气体的数量与柴油机类型、保养状况、作业点高程、燃油种类、柴油耗量、负荷状况以及是否配有净化装置等多种因素有关，所以所需通风量差别很大，目前尚无准确计算方法。一般可按 $4m^3/(kW \cdot min)$ 风量计算，并与同时工作的人员所需的通风量相加。下面几种的计算方式仅供参考。

（1）按单位功率需风量指标计算。按式（5-12）计算：

$$V_g = v_0 P \qquad (5-12)$$

式中　V_g——使用柴油机械时的通风量，m^3/min；

v_0——单位功率需风量指标，一般为 $2.8 \sim 8.1 m^3/(kW \cdot min)$，通常选用

$4.1m^3/(kW \cdot min)$；

P——洞内同时工作的柴油机械的总额定功率，kW。

（2）按平均功率耗油量计算。按式（5-13）计算：

$$v_g = \frac{v_1 v_2 P}{60} \qquad (5-13)$$

式中　v_1——消耗 1kg 柴油需供给的风量，一般为 $500 \sim 2000m^3/kg$，可选用 $1500m^3/kg$；

v_2——柴油机械耗油率，一般为 $0.223 \sim 0.300kg/(kW \cdot h)$ 可选用 0.27 $kg/(kW \cdot h)$；或者采用本单位施工中实例的统计指标；

P——洞内同时工作的各种柴油机械的总额定功率，kW，初估时可按额定功率的 60% 选取。

5.3.4　竖井及地下厂房爆破所需风量

（1）竖井通风量计算。

1）井深小于 300m 的竖井爆破后炮烟温度比气温高，有一定的自然通风作用，一般宜采用压入式通风。其工作所需风量按式（5-14）计算：

$$V_w = \frac{7.8}{t} \sqrt[3]{QS^2 H^2 K_1} \qquad (5-14)$$

式中　V_w——竖井通风量，m^3/min；

H——井筒最终深度，m；

S——井筒断面面积，m^2；

K_1——竖井内炮烟浓度修正系数，见表 5-7。

表 5-7　　　　　　　　竖井内炮烟浓度修正系数 K_1 取值表

井　筒　特　征		K_1
干燥无涌水		1.00
井深小于 200m		1.00
井深大于 200m	涌水量小于 $6m^3/h$	0.60
	涌水量为 $6\sim15m^3/h$	0.30
	涌水量大于 $15m^3/h$	0.15

2）当竖井深度超过 300m 时，宜采用吸出式或以吸出式为主的混合式通风。其工作面所需风量按式（5-6）~式（5-10）计算；风管末端距工作面的垂直距离 $L_x < 4\sqrt{S}$。

（2）地下厂房通风量计算。地下厂房开挖一般利用自由涡流作用冲淡和扩散有害气体，爆破时所需风量可按式（5-15）计算：

$$v_s = 2.3 \frac{V}{K_2 t} \lg \frac{500Q}{V} \qquad (5-15)$$

式中　v_s——地下厂房通风量，m^3/min；

V——厂房开挖容积，m^3；

K_2——地下厂房通风涡流扩散系数，当 $\frac{aL_k}{\sqrt{S}} \geq 0.38$ 时，K_2 值可按表 5-8 查得；

a——自由涡流结构系数，一般为 $0.06 \sim 0.10$，粗糙通风洞或风管取大值，光滑者取小值；

L_k——与通风洞方向一致的厂房长度，m；

S——通风洞或风管的断面面积，m^2。

表 5-8   地下厂房通风涡流扩散系数 K_2 取值表

$\dfrac{aL_k}{\sqrt{S}}$	0.420	0.554	0.605	0.750	0.945	1.240	1.680	2.420	3.750	6.600	15.100
K_2	0.335	0.395	0.460	0.529	0.600	0.672	0.744	0.810	0.873	0.925	0.965

如果通至厂房的隧洞较长时，应按隧洞通风要求核算，并取两者中的较大值。

如以地下厂房为中心的地下洞室群开挖结束后，在转入混凝土施工和机电安装期间，施工人数达到高峰，还有混凝土散热、电焊作业产生有毒气体等，此时永久通风系统尚未形成，通风仍是一项突出问题。由于洞室贯通，自然通风会起一定作用，但由于洞室布置复杂，影响自然通风效果的因素很多，尤其遇洞外大气压低的时候，地下洞室必须辅以机械通风，具体布置及风量设计要依实际情况考虑。

5.3.5 满足最大、最小风速所需风量

按最小排尘风速所需风量计算。洞室内允许最小风速，大断面洞室掘进不小于 $0.15m/s$，小断面隧洞和导洞掘进不小于 $0.25m/s$。

最大风速不得超过以下规定：

(1) 洞室、竖井、斜井小于 $4m/s$；

(2) 运输与通风洞小于 $6m/s$；

(3) 升降人员与器材的井筒小于 $8m/s$。

5.3.6 高海拔地区洞内所需风量修正

在高海拔地区，排尘通风量不做高程修正，但爆破散烟风量需做修正。

(1) 爆破散烟所需风量修正。

$$\upsilon_H = \frac{\upsilon_0}{K} \qquad\qquad (5-16)$$

式中 K——高程修正系数，见表 5-9；

υ_0、υ_H——海平面及高程 Hm 处的通风量，m^3/min。

表 5-9   高程修正系数 K 取值表

高程 H/m	K	高程 H/m	K
0	1.0	3000	0.7239
1000	0.8983	3500	0.6858
1500	0.8507	4000	0.6496
2000	0.8051	4500	0.6174
2500	0.7639	5000	0.5840

（2）使用柴油机械通风量高程修正系数变化见图 5-3。

（3）施工人员所需风量的修正系数建议为 1.3～1.5。

5.3.7　通风量确定

（1）通风量计算应在地下工程施工程序、施工方法、施工设备类型与数量、通风方式等已基本确定后进行。

（2）施工通风应根据不同的施工阶段、作业内容，按满足施工人员正常呼吸需求，满足冲淡、排出炮烟和施工机械产生的有害气体和粉尘，分别计算出各自的通风量后按实际工作组合叠加，求出不同施工阶段、不同作业内容所需通风量，选用其中的最大值。

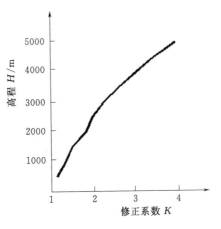

图 5-3　使用柴油机械通风量高程修正系数变化图

（3）当工程所处位置位于海拔 1000.00m 以上时，需考虑风量的高程修正系数。

（4）根据以上原则选定的施工通风量，除应满足洞、井容许最小风速外，还应注意不得超过最大允许风速。一般应按最大、最小允许风速和相应洞内湿度所需的风速进行校核。

（5）根据所确定的施工所需风量进行风机工作风量计算，再选择通风设备。

（6）地下厂房三大洞室根据通风散烟的时间、一次起爆药量、隧洞断面的最小风速要求，采用纯稀释理论、隧洞最小风速、厂房涡流 3 种计算方法进行通风量的计算并确定通风方式，同时，根据地下工程施工经验对计算出的通风量进行修正。一般情况下，漏风系数可取 1.20～1.45。如在乌东德水电站右岸地下厂房系统施工通风量的计算中，通风管路按 100m 漏风率取 1％～2％计算，沿程风压损失最大取 20％。

如以地下厂房为中心的地下洞室群开挖结束后，在转入混凝土施工和机电安装期间，施工人数达到高峰，还有混凝土散热、电焊作业产生有毒气体等，此时永久通风系统尚未形成，通风仍是一项突出问题。由于洞室贯通，自然通风会起一定作用，但由于洞室布置复杂，影响自然通风效果的因素很多，尤其遇洞外大气压低的时候，地下洞室必须辅以机械通风，具体布置及风量设计要依实际情况考虑。

5.3.8　通风动态仿真及流态分析

在进行通风设计之前，可进行通风动态仿真及流态分析。即在传统通风设计方法的基础上，通过引入时间因素，根据地下洞室群施工通风仿真原理，建立施工通风仿真模型，通过动态仿真计算获得施工期内风量的动态变化曲线和通风影响因素的权重，为施工通风设计、设备选型及通风多方案比较分析提供技术支持。

（1）系统仿真原理及基本步骤。地下洞室群施工通风是一个具有多变量影响的复杂系统。系统仿真技术是对系统进行试验研究的综合性技术，仿真试验的过程一般包括 3 个阶段的工作：①建立模型阶段；②模型试验阶段；③结果分析阶段。

在仿真模型试验过程中可引入"仿真钟"（又称"模拟钟"）的概念，用来体现"模拟时间"的运行轨迹。仿真钟的推进有 2 种方法，一是时间步长法；二是事件步长法，也叫固定时间增量法。在通风仿真模型中通常采用时间步长推进法。

系统仿真的基本步骤一般为：开始——参数输入——模拟钟按给定的时间步长推进——施工通风仿真模块——是否达到预定的仿真状态——统计分析——输出成果——结束。

仿真结束后，可以得到施工期内任意时刻通风系统的具体状态。

（2）施工通风仿真模型。

1）施工通风影响参数。首先确定影响施工通风的参数库。

A. 洞室参数。包括开挖洞室的形体尺寸，即断面面积 S、洞室长度 L、开挖最大容积 V。

B. 爆破参数。包括单位耗药量、单位长度炮眼装药量、炮眼装药系数、超钻系数、钻孔孔距、钻孔排距等。

C. 机械设备参数。包括钻机、装载机、自卸汽车的型号和数量。

D. 布置参数。主要决定于施工中风机的布置情况，包括风管、风道长度等。

E. 其他参数。为施工通风的影响系数。包括洞室内通风要求的最小风速、单位马力柴油机械设备每分钟要求的通风量、大断面通风涡流扩散的影响系数、风道的糙率系数、洞室施工环境修正系数、百米风管的漏风率等。

2）施工通风仿真模型内部数据流向。仿真实现模块依据参数库提供的通风参数，经过模型变换，由功能选择子模块根据通风仿真的不同情况调用相应的仿真计算体，从而获得描述施工通风系统的状态量。后期处理模块对当前施工时刻的通风系统进行统计、分析，然后以图表的形式输出。通风仿真参数的获得以及模拟钟的推进由施工全过程仿真系统控制。仿真模型内部数据流向为：各类参数——模拟变换——仿真执行——内部状态集——输出集。

3）确定施工通风风量的数学模型。工作风量是反映通风系统的主要状态量。在地下洞室群实际掘进过程中，施工通风风量是一个变化的函数，不同的掘进工作面位置、断面尺寸、所采用的施工方法、设备配置数量、类型和布置位置均会产生不同的施工通风效果。考虑通风风量 Q 的动态表征，可建立如下确定 Q 的数学模型。

$$Q = f[T, X, \Phi(A, m, N, S, \cdots)] \tag{5-17}$$

式中
$\qquad Q$——风量，m^3/min（与开挖阶段、工作面位置，以及洞室的施工方法、通风设备的类型和数量、通风方式等密切相关）；

$\qquad T$——掘进时段，min；

$\qquad X$——掘进工作面位置，m，用地下洞室已完成的长度和层数来表示；

$\Phi(A, m, N, S, \cdots)$——炸药量 A、施工人员数量 m、施工机械设备数量 N、洞室断面面积 S 等变量的函数。

4）施工通风仿真模型的状态方程。根据系统仿真的思想，建立通风仿真模型的状态空间方程式（5-18）。

$$Q_1 = km(t)Q_r$$
$$Q_2 = 36A(t)/T$$
$$Q_3 = 60v_{min}(t)S_{max}(t)$$
$$Q_4 = 21.4[A(t)S(t)L(t)]^{1/2}/T \qquad (5-18)$$
$$Q_5 = 10.14[A(t)S(t)L_y(t)^2]/T$$
$$Q_6 = \mu \sum N(t)$$
$$Q_7 = 2.3V(t)\{lg[500A(t)/V(t)]\}/(K_wT)$$
$$Q_8 = 7.8[A(t)S(t)^2L(t)^2K_s]^{1/3}/T$$

式中　k——通风风量备用系数；

$m(t)$——洞室内同时作业人员数，个；

Q_r——每个施工人员按安全卫生要求的新鲜空气流量，m^3/min；

T——通风散烟时间，min；

$A(t)$——各掘进面同一通风口同时爆破的总炸药量，kg；

$S_{max}(t)$——通风洞室的最大断面积，m^2；

$S(t)$——洞室的开挖面积，m^2；

$L(t)$——洞室的长度，m；

$L_y(t)$——压风管口至开挖工作面的距离，m；

$V(t)$——洞室开挖的体积，m^3；

$\sum N(t)$——t 时刻同时在洞室内工作的柴油机械设备的总额定功率，kW；

其余符号意义同前。

施工通风系统的需风量按式（5-19）计算：

$$Q = \max\{Q_i\} \qquad (i=1,2,\cdots,n) \qquad (5-19)$$

式中　Q_i——某一时刻同时发生的风量需求。

同一时刻同时发生的通风量包括：洞内作业人员呼吸所需风量；冲淡有害气体的通风量；洞室内最小风速要求的通风量；洞室开挖要求的通风量；冲淡柴油机械设备排放的有害气体要求的通风量等。

5）通风实体状态计算。施工通风仿真可看作是实体（人员、机械设备和相关洞室）随时间变化的状态迁移过程。通风仿真计算体根据施工中的某个状态中的实体类型和数量计算此时的通风量。在给定的施工时刻，实体是不可能同时有通风要求的。由于通风仿真模型建立在施工过程仿真基础上，因此，可以得到任意时刻通风实体的状态，从而能够更准确地模拟施工通风系统的状况。

5.4　选型与布置

5.4.1　通风设备

（1）风机。通风机依据工作风量和工作风压进行选择，为了既能有效地进行通风散烟，又能有效地向工作面供给新鲜空气，宜选用可逆转的轴流式风机。风机按其构造分为离心式和轴流式。目前主要采用轴流式，常用轴流式风机型号见表 5-10。

表 5-10   常用轴流式风机型号表

型　号	转速/(r/min)	全风压/Pa	风量/(m³/min)	电动机功率/kW
SFD 系列	高速	600~5400	750~2800	(37~110)×2
	中速	320~2480	520~1900	(17~34)×2
	低速	140~248	410~1900	(8~34)×2
SFS 系列			600.4~3727.6	5~75
BD 系列	580~980	510~3612	62~10230	(18.5~250)×2
BK 系列	980~1450	10~1482	170~5430	(18.5~250)×2
SSF 系列	高速	600~5534	900~2800	(37~110)×2
	中速	319~2527	608~1892	(12~34)×2
	低速	161~1480	466~1448	(6~16)×2
SDF（A）系列		140~5355	90~2912	(2.2~110)×2
SDF（B）系列		500~5355	680~2912	(30~110)×2
SDDY-Ⅲ系列	高速 1480	3700~8080	85000~215000	(55~250)×2
	中速 980	1630~3600	65000~150000	(18.5~73)×2
	低速 740	960~2100	45000~105000	(7.5~37)×2
SDF（C）系列	1480	550~5355	770~2912	(37~110)×2
	980	240~2445	640~1968	(12~34)×2
	750	140~1375	420~1475	(6~16)×2
进口 GIA 3×AVH 系列	高速	4992	3641	(75~355)×2
TBM1 进口轴流式风机 2AL16-1320	1500	4250	27840	2×132
TBM2 进口轴流式风机 3AL17-1600	1500	6350	33300	3×160
HAFC1800-13-6	高速	2740	3930	154.5×2
HAFC1800-10-6	高速	2630	2010	75×2
HAFC1800-8-6	高速	1830	2970	62.5×2
HAFC1800-13-4	高速	4680	600	59×2
HAFC1800-10-4	高速	2910	1000	42.85×2

（2）风筒。风筒主要有软风筒和硬风筒两种。近年来，我国研制了多种新型软风筒，解决了接头气密性差、阻力大等问题。一种新型软风筒——PVC 拉链软风筒常用规格与允许工作压力见表 5-11。目前，在采用进口轴流式风机时，可采用正压风筒，直径为 2200mm，每条风筒长 100m，用拉链连接。

表 5-11   PVC 拉链软风筒常用规格与允许工作压力表

直径/mm	500	600	800	1000	1200	1500
允许工作压力/Pa	2450	2940	2940	4900	4900	4900

5.4.2 风筒送风距离

风机的一般送风距离只有 400m 左右，少数工程达到 500m 以上。

（1）胶皮风筒的送风距离。压入式风机一般选用胶皮风筒，根据料质不同，一般选用 PVC 高强纤维布基风筒，这种高质量风筒漏风小，可保证送风距离长。

在通风工程中，由于能耗与风量的立方成正比，漏风将无谓地增加能耗。根据统计，漏风 1%，将增加 3%～5% 的能量，因此减少漏风是十分重要的。根据理论计算，送风距离可按式（5-20）～式（5-22）计算：

$$L = RD^5/6.5\alpha \tag{5-20}$$

$$R = H/Q^2 \tag{5-21}$$

$$L = HD^5/6.5\alpha Q^2 \tag{5-22}$$

式中　D——风筒直径，m；

　　　R——风筒的摩擦风阻，$N \cdot s^2/m^3$；

　　　H——风机风压，Pa；

　　　Q——风机风量，m^3/s；

　　　α——风筒的摩擦阻力系数。

胶皮风筒的送风距离一般在 800m 以上。

（2）铁皮风筒的送风距离。铁皮风筒一般应用于抽出式风机，由于其摩擦阻力较胶皮风筒大，送风距离将缩短。铁皮风筒的送风距离一般在 500m 以上。若采用进口风机、风管，则效果更好，可达 10km 以上。

5.4.3 风机工作风量

通风机的工作风量应为施工所需通风量与风管或风道的漏风量之和。

（1）风管式通风机工作风量。风管式通风机工作风量按式（5-23）计算：

$$V_m = \left(1 + \frac{PL}{100}\right)V \tag{5-23}$$

式中　V_m——风机工作风量，m^3/min；

　　　V——洞井施工需要的有效风量，m^3/min；

　　　L——风管长度，m；

　　　P——100m 风管漏风量，见表 5-12。

表 5-12　　　　　　　　　　　　**100m 风管漏风量参考表**

风管类型	100m 漏风量/%	使　用　条　件
金属风管	1～2	直径为 0.5～1.0m，每节长 3m，法兰连接良好
橡胶风管	10	直径为 0.5～1.0m，每节长 20m，插接
	2～5	直径为 0.5～1.0m，每节长 20m，单反边或双反边连接
塑料风管	1～2	直径为 0.6～0.8m，每节长 10m，法兰连接良好

当采用压入式通风，而通风量是由柴油机决定时，考虑到沿程漏掉的风量有冲淡废气的作用，此时按式（5-24）计算风机工作风量：

$$V_m = \left(1 + \frac{PL}{100}\right)V - cV \qquad (5-24)$$

式中　c——压入式通风风管漏气的利用系数。

取 $c = \frac{1}{2}\frac{PL}{100}$，则：

$$V_m = \left(1 + \frac{1}{2}\frac{PL}{100}\right)V \qquad (5-25)$$

（2）风道式通风机工作风量。风道式通风机工作风量按式（5-26）、式（5-27）计算：

$$V_m = V + V_k \qquad (5-26)$$

$$V_k = 60K'\sqrt{h}S \qquad (5-27)$$

式中　V_k——通风巷道风门漏风量，m^3/min；

　　　　h——风门两侧压差，以毫米水柱表示；

　　　　S——风门面积，m^2；

　　　　K'——风门漏风系数，见表 5-13。

表 5-13　　　　　　　　　　　　风门漏风系数 K' 取值表

风　门　情　况	K'	风　门　情　况	K'
砖墙，包铁皮风门，边缘是毛毡或橡胶垫	0.015～0.4	板墙条，两面抹灰浆，普通木门	0～0.06
砖墙，普通木门	0.03～0.0545	板墙条，两面抹黏土，普通木门	0.059～0.09

5.4.4　风机工作风压

风流经过风管或风道时所需的总风压为风机工作风压。

$$h_m = h_{ky} + h_p \qquad (5-28)$$

$$h_{ky} = \mu L \qquad (5-29)$$

式中　h_m——风机工作风压，Pa；

　　　　h_{ky}——沿程风压损失，Pa；

　　　　L——风管总长，m；

　　　　μ——每米风管沿程损失，Pa/m，按图 5-4 查得（图中，若采用带箍软管时，风压损失应增加 10%）；

　　　　h_p——局部风压损失，Pa，包括进出口、转弯段、渐变段、突变段等局部风压损失，粗估时可取沿程风压损失的 20%～30%。

5.4.5　通风机选择

选择风机的一般原则：①根据计算出的风机工作风量 V_m 和风机工作风压 h_m 选择风机，选择时依照特性曲线进行比较，采用在较高效率区运转的风机型号；②在地下工程施工中，为了既能有效地进行通风散烟，又能有效地供给工作面所需的新鲜空气，应尽量选用可逆式的轴流式风机，并辅以少量的射流风机；③在有瓦斯的洞室中，当采取吸出式通风时，应选用防爆型的轴流式风扇。

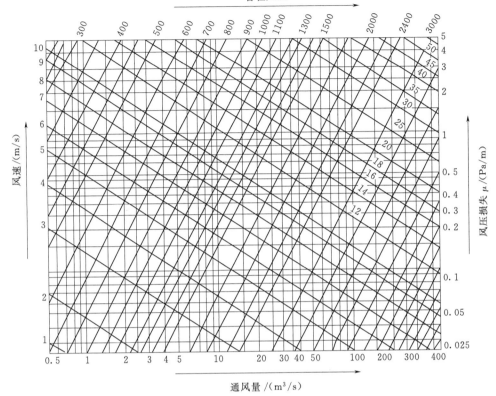

图 5-4 通风计算诺模图

5.4.6 风管与风机布置

（1）风管布置。

1）风管的直径应根据确定的通风量、管内风速、风管长度和隧洞断面大小综合考虑确定。在净空允许的情况下，应尽可能采用大直径的风管以减小阻力。管内风速一般控制在 10～15m/s，对于长隧洞不超过 8m/s。风管材料根据通风方式选取。

2）风管的通风效果与风管末端到工作面的距离有关，应尽量接近工作面，但不被爆破飞石砸坏通风设施，一般为 20～50m。

3）不同直径的风管连接要用过渡接头，避免断面突然变化。

4）吊挂风管应做到平、直、稳、紧、顺，风管转弯半径不小于风管直径的 3 倍。

5）尽量增大每节风管长度以减小风管接头。

6）当开挖与混凝土浇筑或开挖与喷混凝土平行作业时，通过浇筑混凝土、喷混凝土段的风管应换接临时风管，以保证向开挖面顺利送风。

（2）风机布置。长距离隧道通风的线路阻力较大，一台风机不能满足需要时，可数台风机串联运行，但串联效果不太好。串联风机宜选用型号与功率相同的风机。风机布置分集中串联与间隔串联形式，其间隔距离根据洞长、断面大小、通风机特性确定。风机串联时的合成特性曲线按风量相等、风压相加原则求得，因此长距离隧道通风尽可能采用机械与自然相结合的形式，或采用进口风机。

5.5 通风方案

5.5.1 选择原则

（1）施工通风将直接影响施工进度、文明施工和员工的身体健康，因此，通风系统布置必须是满足施工人员正常呼吸及冲淡机械废气、有害气体及降温等的最小通风量，并满足洞室最小风速。

（2）机械通风主要选用高风压、长距离通风机和在隧洞工程施工广泛应用的对旋轴流风机。一般可配置流量 $7200m^3/min$、$5000m^3/min$ 和 $3000m^3/min$ 等的轴流风机，尽量减少通风机的数量，其单机通风距离可以达到2500m（配置硬风筒）以上，配置的这几种风机接力距离可按2000m控制，其余轴流风机接力距离可按600~1000m控制。

（3）一般需设置几条通风竖井进行后期通风。在昼夜温差和季节温差大的地区，应在通风竖井井口布置抽风机。当外界温度高于洞内温度时，启动抽风机；当外界气温低于洞内温度时，竖井采用自然通风方式。

（4）为了保证进洞的空气质量，必须减少进风隧洞口的空气污染，可采取以下措施：①根据风向，在进风隧洞口来风方向控制施工粉尘及空气污染，在进风隧洞口前设车速控制牌，禁止车辆及其他空气污染源在进风隧洞口长时间停留，减少污染源；②营造良好的洞口环境，对进风隧洞口进行绿化及经常性洒水，对进风隧洞口附近边坡进行植草等改造；③在进风隧洞口如果有排气管道，将排气管道的出口尽量向高处设，避免污染进风隧洞口空气。

（5）通风管吊挂做到平、直、紧、稳、顺，增大每节风管长度，减少风管接头，以减少风量损失。

（6）洞室内施工尽量使用电动设备，减少内燃机械的使用，以减少有毒气体的排放。

（7）加强施工现场空气质量监测，根据监测结果优化通风系统布置。

（8）隧洞掘进洞室断面最小风速不小于 $0.15m/s$；通风竖井最大允许风速不大于 $15m/s$。

（9）为了保证洞内的空气质量，隧洞内尽量使用电动设备，柴油设备（包括运输车辆、挖装设备）配置空气过滤净化器。在开挖施工工作面进行喷雾除尘，保持洞内的空气质量，减少洞内的通风量。

5.5.2 分期施工方案

地下工程施工通风对散烟、除尘的影响是连续性的，针对地下工程的洞室施工程序及施工进度安排，施工通风总体上一般分为三期布置。

一期：地下工程开工前期，通风竖井还未贯通，且部分洞室前期均为独头工作面，洞室之间互不关联，因此，通风主要采用正、负压机械混合通风的方式。

二期：当三大洞室通风竖井及两端的中层施工支洞形成后，三大洞室的二期通风采用从中层施工支洞正压进风和竖井排风的通风方式（竖井根据洞外的气温，采用自然和机械排风相结合的方式）。尾水系统、引水系统在施工总体程序安排上，利用各洞室之间在平面布置及高程差异上的特点，尽快将联系各主体洞室的引水竖（斜）井、主厂房通风竖井、主变洞排风竖井、出线竖井、尾水调压室的溜渣井等贯通，并增设部分施工通风洞（井），创造自然通风和机械通风相结合的条件。各井口布置风机（视洞外气温，采用自然和机械通风两种方式），一期布置的负压风管或改为正压通风或拆除。

三期：当开挖基本结束，进入混凝土灌浆和安装阶段后，引水系统、三大洞室、尾水系统连成一片，引水隧洞进口、尾水洞出口及主厂房通风竖井、主变洞排风竖井、出线竖井也全部连通，所有通至地面的洞（井）及新增的通风辅助洞（井）都将起到烟囱效应，将废气从洞内排出。此阶段保留前期部分正压风机辅助通风，将所有负压风机及竖井井口的风机拆除，竖井主要采用自然通风的方式。

5.5.3　通风洞井设置方案

（1）施工通风洞（井）的设置以不危害和影响邻近建筑物的安全和运行为前提。

（2）施工通风洞（井）的设置主要解决引水下平段、尾水调压室、尾水洞等洞室通风条件较差的部位的通风。

（3）施工通风洞（井）的设置及断面尺寸应满足通风、除尘、散烟的要求。

（4）施工通风洞（井）的设置尽量利用通至地面或边坡的各类永久隧洞及竖井，在施工程序安排上，创造尽快贯通的有利条件。

（5）施工通风洞（井）必须做好洞（井）内的安全、排水及照明设施工作，确保施工通风洞（井）始终处于完好运行状态。

（6）根据各隧洞及通风的需要，在有利于通风的部位及通道内布置通风竖井及通风平洞。

（7）工程结束后，所布置的通风洞、井，应采用混凝土进行封堵。一般情况，与流道贯通的通风洞（井），封堵长度不少于30m，其余通风洞（井）封堵长5m。

5.5.4　通风布置

在地下厂房系统施工中，众多的施工支洞大部分都在洞内开洞，三大洞室的出口只有少数洞口，洞室开挖施工的通风散烟非常困难。因此，施工通风应根据施工部位的通道不同和施工程序的不同，采取分部位、分期规划。

（1）引水系统通风布置。引水系统根据施工程序及通风方式的变化，分为三期布置，一期采用正、负压结合的方式通风；二期在引水竖井导井贯通后，采用正压通风方式；三期采用自然通风方式，辅以机械通风。

1）引水系统一期通风（引水竖井导井贯通前）。在水电站进水口或者引水上平段施工支洞进口位置设置通风机，对引水洞上平段进行正压机械通风；在进厂交通洞口或者引水下平段施工支洞口设置通风机，向引水洞下平段压入新鲜空气进行正压通风，引水上、下平洞内设局部风机辅助通风。

2）引水系统二期通风（引水竖井导井贯通后）。保留在进厂交通洞或者引水下平洞施工支洞口设置的通风机正压进风，施工废气由引水隧洞进口排出。

3）引水系统三期通风（开挖结束，混凝土及机电安装期间）。引水系统开挖完成后，采用自然通风方式为主，保留二期的正压风管，根据工作面的需要适时通风。

（2）三大洞室通风布置。根据三大洞室施工程序及施工通道的变化，三大洞室通风按三期规划。

1）三大洞室一期通风（一般为厂房Ⅰ层、Ⅱ层、Ⅲ层开挖，主变室Ⅰ层、Ⅱ层开挖，尾调室上部的开挖）。通常在施工支洞口、进厂交通洞口等各洞口设通风机正压进风，利用厂房的排风竖井、主变的排风竖井以及尾调通气洞等作为散烟通道。

2）三大洞室二期通风（一般为厂房Ⅳ层及以下开挖，主变室Ⅲ层、Ⅳ层开挖，尾调室下部开挖）。一般情况下，此时，主厂房通风竖井、主变排烟竖井、出线竖井下段已与三大洞室连通，因此，可保留部分一期设在各洞口的通风机正压进风，在各竖井口设置通风机负压排烟。

3）三大洞室三期通风（开挖结束，混凝土及机电安装期间）。三大洞室开挖结束后，三大洞室与引水和尾水系统全部贯通，此时洞内主要靠自然通风，同时保留进厂交通洞口的通风机和部分洞口的通风机及向三大洞室正压通风的风管，在三大洞室空气质量较差时辅以正压通风。

（3）尾水系统通风布置。根据尾水系统的施工程序及施工通道、通风竖井的变化情况，尾水系统的通风按三期规划。

1）尾水系统一期通风（尾调室溜渣井贯通前）。进点后尽快施工尾水隧洞排风竖井，在施工支洞口设通风机正压进风，在排风竖井口设通风机经尾调交通洞或通风洞排烟。

2）尾水系统二期通风（尾调室溜渣井贯通后）。此时，尾水洞与尾调室、主厂房通风竖井、主变排烟竖井、出线竖井下段等贯通，保留一期通风设置的部分通风机正压进风，在支洞与尾调室岔口设通风机从主厂房排风竖井、主变排烟竖井、出线竖井等负压排烟。

3）尾水系统三期通风（开挖结束，混凝土及机电安装期间）。尾水洞开挖完成后，洞内各部位已经贯通，以自然通风为主，拆除所有排风管及排风风机，保留正压风管及部分通风机辅助洞内通风。

5.6 专项措施

地下工程施工中空气质量的提高，不仅要采取高效的通风方式进行确保，同时也需要从源头上进行治理，控制污染源的排放，进行综合治理，才能有效保证地下工程施工环境满足劳动卫生标准，充分体现以人为本的科学发展理念。

5.6.1 钻孔防尘

采用湿式凿岩机造孔。采用潜孔钻造孔时应配备符合国家卫生标准的除尘装置。采用手持或支腿凿岩机钻孔时，必须采用湿式凿岩作业，采用风水混合法除尘。干式凿岩只在钻孔工作量不多、水源供应很困难的场合采用，但必须备有干式捕尘装置。

5.6.2 爆破除尘

（1）水封爆破降尘。水封爆破是把水装在用聚氯乙烯、聚乙烯等薄膜加工的塑料袋中充当炮泥放在炮孔中封堵炸药。

（2）爆破后采用喷雾降尘。

(3) 为加速湿润粉尘的沉降，在距掘进工作面 20～30m 处设置粗雾粒净化水幕。

5.6.3 出渣防尘

（1）冲洗岩壁。放炮后出渣前，用水枪在掘进工作面自里向外逐步洗刷巷道顶板及两侧壁。

（2）装渣洒水。在装渣前及装渣时，向渣堆不断洒水，直到石渣湿透，如果石渣湿度大，可以少洒水或不洒水。

5.6.4 喷混凝土防尘

（1）湿喷混凝土或裹砂混凝土。

（2）在喷混凝土工作面设局部通风机吸尘。

5.6.5 个人防护

（1）使用能有效防止粉尘，并吸附过滤有害气体的防护口罩。

（2）使用压风呼吸器。

5.6.6 柴油设备废气防治

地下工程施工采用低污染柴油机械，并配置废气净化设备，不应采用汽油机械。柴油机燃料中宜掺入添加剂，以减少有害气体排放量。

（1）使用柴油设备的各作业地点或运行区段，有独立的新风，防止污风串联。

（2）各作业地点有贯穿风流，当不能实现贯穿风流时，配备局部风机，将其排出的污风引到回风系统。

（3）柴油设备的分布不宜过于集中，每个区域的柴油机相对稳定，以便于风量分配及管理。

（4）柴油设备重载运行方向与风流流向相反为好，以利用风流加快稀释及改善司机的工作条件。

5.6.7 其他措施

尽快形成通风循环线路，尽早完成通向外界竖井以改善通风条件。降尘综合措施及技术要求见表 5-14。

表 5-14　　　　　　　　　　　降尘综合措施及技术要求表

作业内容	降尘措施	技 术 要 求					
钻孔	湿式凿岩捕尘装置	供水方式	下列水压（MPa）时的用水量/(L/min)				
			0.10	0.20	0.30	0.40	0.50
		旁侧供水	0.30	0.49	0.59	0.65	0.75
		中心供水	0.20	0.32	0.43	0.50	0.55
爆破	水封爆破	水封是用聚氯乙烯、聚乙烯薄膜加工的塑料袋，以充当炮泥。水封爆破比炮泥封堵爆破工作面粉尘浓度降低 40%～70%，同时还可减少爆破后产生的有害气体。发生瞎炮处理简单、安全					
	喷雾降尘	使用水喷雾器或风、水喷雾器，向工作面喷雾降尘					
	水幕降尘	在距工作面 20～30m 处设环形管道水幕，加速湿润粉尘的沉降					

作业内容	降尘措施	技 术 要 求
装渣	冲洗岩壁	装渣前，用水枪冲洗岩壁
	洒水	装渣前及装渣时，向渣堆不断洒水。一般石渣用水量为 10～20L/t
喷混凝土	湿喷作业	湿喷工艺，无粉尘飞扬
	局部通风排尘	加速排尘
个人防护	防护口罩	使含尘空气通过高效率滤料净化后供人呼吸
	防尘安全帽	有净化器的呼吸器，使吸入空气净化

5.7 工程实例：清远抽水蓄能电站地下洞室通风工程实例

清远抽水蓄能电站由上水库建筑群、引水发电建筑物、下水库建筑群等组成。发电厂为地下式，共布置 4 台机组，单机容量为 320MW，总容量为 1280MW，最高净水头为 502.7m。引水发电建筑物由水电站上水库进出水口、引水竖井、中平洞、下斜井、下平洞、高压岔管及引水支管、主厂房、主变室、尾水闸门室、尾水洞及下库进出水口、尾水调压井、下库闸门等建筑物组成。引水及尾水系统采用"一管四机"供水方式，地下厂区主厂房、主变室、尾水闸门室三大洞室平行排列的布置格局。引水发电系统地下洞室群埋层深、直接对外的通道少（基本均为从交通洞、3～6 号施工支洞、进风出渣洞）、洞室群密集，通风散烟、施工通风布置是否合理及通风效果良好与否将直接影响工程进度、质量、安全和员工的身体健康，需要认真对待、统筹规划。

清远抽水蓄能电站地下厂房施工前期，由于地下厂房系统洞室开挖断面大、洞室长，加之开挖强度大，通风较困难。另外，引水及尾水系统隧道均为独头掘进，线路长、出口少、作业面多，是通风的另一个重点难点。交通洞是连接地下厂房系统、引水系统及尾水系统的主要交通隧道，长达 1.575km，是地下厂房系统施工最主要的通道，车流量大，对应的开挖工作面多，也是通风的难点。

清远抽水蓄能电站通风分三期设置：一期通风时段主要为三大洞室系统中上层开挖、三大洞室附属洞室及交通支洞等独头掘进阶段，作业面多，通风难度最大；二期通风时段为三大洞室及尾水系统中下层开挖阶段，此时开挖作业面已减少，且洞室之间已经相互贯通，可以借助机械通风与自然通风相结合，形成较好的通风循环；三期为混凝土施工阶段的通风，以自然通风为主。地下厂房系统洞室群通风的主要难点在一期通风阶段。

地下厂房地下洞室群通风布置的总原则为：紧密结合洞室群结构布置及开挖方案，以厂房、主变室、下平洞、高压岔管及引水支管、尾水隧洞、尾水管等通风难度最大的施工部位为通风散烟的重点，合理规划布置通风散烟系统，加快通风竖井施工进度，尽早形成排风通道，利用高差及风压变化形成烟囱效应改善通风效果，确保地下洞室群良好的施工环境。

（1）一期通风供风系统布置。

1）在进风出渣洞洞口设置了两套风机型号为 SD-NO11 型（功率 55kW×2）的供风

机，每天24h不间断机械动力供风，通风目的是为了保障厂房、主变Ⅰ层、Ⅱ层洞室群开挖施工期间洞烟、粉尘及污浊空气能顺利排出洞外，确保良好的施工作业环境。

2）在交通洞洞口设置了两套风机型号为SD－NO11型（功率55kW×2）的供风机，每天24h不间断机械动力供风，确保交通洞、3～6号施工支洞开挖期间良好的施工环境。

3）在尾水隧洞洞口设置两套风机型号为88－1型（功率55kW×2）的供风机，每天24h不间断机械动力供风，确保尾水隧洞、尾水支管及岔管开挖期间良好的施工环境。

4）在高压电缆洞洞口设置一套风机型号为SD－NO11型（功率15kW）的供风机，每天机械动力供风16h，保障高压电缆洞开挖良好的作业环境。

上述供风机随着隧洞的逐渐掘进进尺，通风时间越来越长，直至洞室群开挖结束、洞室自然对流通风条件形成后，需根据施工需求另行拆除供风机。

（2）二期通风供风系统布置。在一期通风系统布置的基础上考虑到工作面多，新鲜风需要量很大，若采用常规通风方式存在通风距离过长、风压损失大、通风量不足及布置风筒过多影响交通及美观等问题。为此，结合巷道式通风的原理，采用机械通风与自然通风相结合的方式。在进风出渣洞、排风竖井、交通洞、高压电缆洞、3～6号施工支洞相序贯通后，根据施工掘进进度及工程建设需要分别设置供风机。二期供风系统布置如下。

1）在交通洞J0＋800.00桩号附近，设置两套风机型号为SD－NO11型（功率55kW×2）的供风机，每天24h不间断机械动力供风，确保交通洞、4～5号施工支洞开挖期间良好的施工环境。

2）在4号施工支洞岔口，设置两套风机型号为SD－NO11型（功率37kW）的供风机，每天24h不间断机械动力供风，确保尾水闸门室、尾水支管开挖期间良好的施工环境。

3）在5号施工支洞岔口，设置两套风机型号为SD－NO11型（功率55kW×2）的供风机，每天24h不间断机械动力供风，确保下平洞、高压岔管及引水支管开挖期间良好的施工环境。

地下厂房系统二期通风规划如下。在交通洞口设置轴流风机正压通风，在主厂房、主变室排风洞口、高压电缆洞内设置负压通风，可满足三大洞室施工通风要求。在独头掘进的洞室进口处，如4号施工支洞岔口、5号施工支洞、6号施工支洞及下平洞高压岔管等洞内相关岔口设置强力轴流风机向开挖掌子面正压通风；通风难度最大的下平洞、尾水支洞、尾水连接洞、尾水管等处开挖通风，新增3条负压抽风，并及时贯通具备条件的尾水调压井，形成良好的通风循环条件。

地下厂房系统二期排风规划如下。将交通洞洞口及J0＋800.00桩号附近供风站作为三大洞室及其附属洞室施工新鲜风的补偿巷道，而将高压电廊洞、排风竖井、下斜井作为污浊空气的排出通道，使整个系统风的流向有序，形成大型通风循环。

清远抽水蓄能电站地下厂房洞室群系统通风，充分利用有限的对外通道，将地下厂房几个系统的通风系统有机连接，利用自然通风与机械通风相结合，实现了洞室群内风流的有序流动更新，解决了大型洞室群通风的问题。在地下厂房洞室群通风系统布置完成后，通风效果很好。

6 隧 洞 开 挖

在水利水电工程中，隧洞坡度小于 12% 的叫平洞，大于 12% 的叫斜井。隧洞可按断面大小或按用途分类。其按断面大小分类及主要施工方法见表 6-1。

表 6-1　　　　　　　　隧洞按断面大小分类及主要施工方法表

隧道类型	断面面积 S/m^2	等效直径 D/m	主 要 施 工 方 法
小断面	$S<25$	$D{\leqslant}5$	有轨或小车，一般用手风钻与特制小型机械作业
中断面	$25<S{\leqslant}100$	$5<D{\leqslant}10$	有轨或无轨，可用手风钻与隧洞开挖机械作业
大断面	$100<S{\leqslant}225$	$10<D{\leqslant}15$	可用大型机械作业，视隧洞长度采用有轨或无轨运输
特大断面	$S>225$	$D>15$	相同于大断面施工方法

注　本表与施工规范略有不同。

一般坡度小于 12% 的隧洞，可采用轮式机械的无轨运输方式。随着施工机械性能的提高与施工技术的发展，局部地段坡度达 15% 左右时，也可采用无轨运输方法。但如采用有轨运输，则隧洞的坡度必须在 3% 以内。由于有轨作业洞内空气质量好，所以长隧洞施工中使用较为普遍，但也存在灵活性差，对洞口场地要求高的特点。因此，隧洞施工中采用有轨或无轨运输方式，应根据工程具体条件而定。

按用途分类，隧洞可分为以下几类。

（1）有水力学要求的水工隧洞，如导流洞、泄洪洞、引水洞、尾水洞等。这类洞室在结构上不仅要考虑山岩压力，而且要考虑内水压力，要求表面光滑平整，糙率系数低，一般都需进行混凝土衬砌。

（2）无水力学要求的永久建筑隧洞，如交通洞，出线洞、排风洞、排水洞等。这类洞室不需考虑内水压力对洞室的作用，仅考虑山岩压力及地下水压力的作用。因此，可不进行混凝土衬砌，但必须进行一次支护以保证洞室永久稳定，为减少地下水压力，须考虑排水结构。

（3）施工支洞。作为进入主体工作面的通道，为保证安全与尽量减少工程量，只需进行一次支护。

（4）勘探洞。断面小，一般不做永久支护。但在局部不良地质段可使用木支架、钢支架做一些临时性支撑。

6.1　洞口施工

6.1.1　洞口开挖准备

洞口场地除设计有特殊要求外，一般仅需满足施工临时设施布置和运输车辆、施工机械停放及回旋。

永久性工程的洞口须进行边坡处理，边坡处理应按设计要求进行自上而下的边坡开挖支护。对于临时施工支洞洞口边坡，必须满足施工安全要求。边坡上方的浮石、危石及倒悬石应清除干净。开挖洞口边坡时，应采用预裂爆破或光面爆破技术。洞口不能选择在冲沟地带，也应尽量避开存在偏压的位置，以保证安全，降低成本。

6.1.2 洞口开挖方法

（1）坚硬岩质边坡条件下洞口开挖。坚硬岩质边坡条件下洞口开挖，一般比较简单，对洞脸边坡进行修整，并根据岩石裂隙发育程度进行一定量的喷混凝土与锚杆支护，锚杆长度一般不超过 3.0m（有可能滑落的大块岩石，可根据块体大小，确定锚杆长度）。洞口进洞开挖，可采用先开挖中、下导洞法，再用逐层剥离法开挖至规格线，周边宜留保护层，最后进行光面爆破成型。进洞成型后，一般不需要进行混凝土衬砌锁口，只需采用喷锚支护。喷混凝土层厚 5~7cm，锚杆为 $\phi22 \sim 25mm$，排间距 1.5m×1.5m 及随机锚杆，长度视断面大小而定，一般不超过 4.5m。

由于洞口的重要性与地应力变化的复杂性，所以在确定支护参数时，不论洞口岩体质量如何，都要将其围岩级别降低一级，如对Ⅱ类围岩需按Ⅲ类围岩的支护参数进行设计。

（2）碎裂结构岩石及松散块体边坡条件下的洞口开挖。在洞口开挖规格线以外 5.0m 甚至更大范围内的掌子面上，必须进行锚杆、挂网喷混凝土支护。支护参数：锚杆 $L3.0 \sim 5.0m$，$\phi22 \sim 25mm$，排间距 1.5m×1.5m~1.0m×1.0m。锚杆方向与洞脸大角度相交，且尽量考虑垂直于岩层层面或主节理面的可行性。网喷混凝土规格为：网格 $\phi6 \sim 8mm$，20cm×20cm，喷层厚度 7~12cm。

破碎岩石进洞开挖的一般程序如下。沿开挖规格线设置一排管棚和钢构架，管棚采用 $\phi25 \sim 42mm$ 花管，管间距为 30cm，长 3.0~4.5m，向洞轴线交角外倾 1°~2°。若使用大管棚，钢管间距 50cm 左右，长 20m 为宜。设置管棚后，进行压力注浆，浆液水灰比为 0.5∶1~1∶1，具体比值视吃浆程度进行调整，注浆压力为 0.2~0.5MPa，注浆 24h 后即可进行进洞开挖，洞口开挖前支护见图 6-1。

进洞开挖仍然是导洞超前，周边留 1.0~1.5m 的保护层，最后进行光面爆破。每进尺 0.8~1.0m，即沿洞口开挖规格线设置格栅拱架等，或工字钢。格栅拱架高 12cm，梁主筋为 $\phi22mm$。系统锚杆挂网、喷混凝土跟进。

锚杆长度由隧洞断面大小确定，其他参数可控制在锚杆 $\phi22 \sim 25mm$，排间距 1.0~1.5m，喷层厚度以覆盖格栅拱架高度为宜。以上程序的作业段长度视地质条件而定，一般约为 1.0~1.5 倍洞径。

边坡不高，并无安全特殊要求的洞口段可不做混凝土二次衬砌锁口。

（3）软弱高塑性土层中的进洞开挖。不论何种地质条件，经适当处理都可以进洞。在软弱高塑性土层中进洞，与松散体或碎裂结构岩体中进洞基本相同，考虑其高塑性土变形压力，初始支护需要加强，将格栅拱架改为 16~18 号工字钢。管棚 $\phi42mm$ 或 $\phi105mm$，喷层厚度增加至 20cm，环向系统锚杆需加密至排间距 1.0m×1.0m~0.5m×0.5m，也可以在大管棚间加插一小管棚。

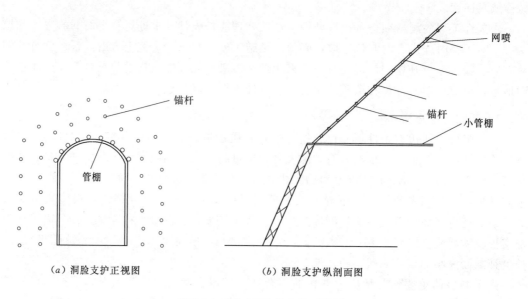

（a）洞脸支护正视图　　　　　　　　　（b）洞脸支护纵剖面图

图 6-1　洞口开挖前支护示意图

（4）浅埋覆盖层条件下的进洞开挖。在有些条件下，尽管洞口属浅埋状态，但也无法将洞口位置再往山里移动，这时进洞前需采取一些措施，如在洞顶位置的地表处设置一些吊顶锚杆和地表混凝土梁（见图 6-2），并沿进洞开挖规格线设置钢结构梁，然后进行进洞开挖，进洞后继续用锚杆、钢结构梁喷混凝土支护。

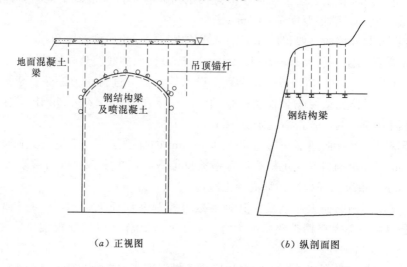

（a）正视图　　　　　　　　　　（b）纵剖面图

图 6-2　浅埋覆盖下的进洞方法示意图

（5）由洞内往洞外的出洞开挖。在有些条件下，如洞口有施工干扰或洞外无施工道路或洞口在水下等条件限制时，开洞口通常由洞内往洞外进行。这时的开挖与支护方法与隧洞的开挖与支护是无异的，只是在距洞约 1.5 倍洞径范围内须加强支护，其加强支护段长度根据洞口岩性、边坡坡度、覆盖层厚度来决定。

（6）洞口的混凝土明洞延长措施。当洞口是高边坡、地质条件较差、特别是边坡上有滚石等安全隐患时，应加强清坡，一定范围内做一些必要支护，这时洞口有必要浇筑一段钢筋混凝土明洞以保证安全。

（7）水位以下洞口开挖。只要洞口开挖底板线低于正常河水位以下，就需要采取特殊措施，其施工常用措施见表 6-2。

表 6-2　　　　　　　　　　　　　水位以下洞口施工常用措施表

施工方法	围堰型式	适 用 条 件	特 点
围堰法	混凝土围堰、浆砌石围堰或土石围堰	1. 水深较浅，洞口施工期较短，能有在汛前下闸的条件，只须做枯水季低围堰； 2. 工期较长，须做全年围堰，堰顶须高出一定标准的洪水位； 3. 围堰及其基础须进行加固和防渗处理	1. 对围堰及基础须进行防渗处理； 2. 施工围堰有很强的季节性，围堰的预留岩埂和岩埂易于拆除； 3. 洞口围堰施工通道要有解决措施； 4. 工期安排较紧
岩塞法	近进水口段预留一段岩塞留待工程近尾声时开挖，岩塞布置形式及爆破施工应进行专项设计	1. 洞口水深，没有修筑全年围堰条件； 2. 洞口岩体较好，经适当加固可保证隧洞施工和隧洞运行安全	1. 拆除爆破技术要求高； 2. 洞口段建筑物施工布置范围狭小； 3. 对拆除时机选择要求严格
预留岩埂法或与围堰结合	岩埂上筑重力式混凝土、混凝土拱围堰或砌石围堰	1. 水深相对较浅，枯水季节在水上； 2. 有预留岩埂的岩石条件，有时须在岩埂上修筑建筑物； 3. 岩埂基础处理措施视地质条件而定	1. 可减少围堰工程量； 2. 岩埂拆除爆破技术要求高； 3. 拆除后的残留物大部能搬运走

6.2　开挖方法

6.2.1　中、小断面隧洞开挖

中、小断面隧洞开挖，一般情况下采用全断面一次开挖成形。当遇不良地质岩体段，采用自上而下的台阶法，即上半部超前一至二排炮，下半部跟进，这样既可以保证足够的作业空间，又可避免风、水、电等管线的重复拆装。

在个别特殊情况如地下水丰富，存在岩爆地段时，可以用中、下导洞超前一定距离法。

中、小断面的钻爆机械一般选用手风钻和门架式钻孔台车。断面尺寸大于 5.0m×5.0m 的长隧洞，可以选用多臂凿岩台车（小断面以两臂为主）。

中、小断面隧洞的装渣运输方式可以采用有轨与无轨方式（见表 6-3）。

6.2.2　大断面隧洞开挖

大断面隧洞视其断面大小、岩石状况而确定开挖方法，一般都需要分层、分区、分块

表 6－3   **隧洞装渣运输方式特点表**

作业方式	装渣方式	运输方式	备 注
有轨作业	人工	斗车、机动翻斗车	特小断面、速度慢、劳动强度高
	装岩机	梭式矿车 （电瓶车牵引）	中、小断面，长隧洞，污染小
	扒渣机		中、小断面、长隧洞
无轨作业	人工	手推车	特小断面、短隧洞（长度不超过 800m）
	侧、正向装载机及反铲	自卸车	中、大断面，长隧洞，机动灵活，但污染严重
	扒渣机	自卸车	中小型断面，污染小，速度快，适宜于装载机作业难度大的隧洞断面
		皮带机	可在洞内先进行一道破碎后，使用皮带机运出，污染小，适用长断面隧洞；洞内交通因皮带机而受影响，甚至影响洞内其他工作项目

开挖。各层开挖后，都要进行一次支护，支护完成后方能进行下一层开挖。分层高度根据开挖设备及支护所需工作高度进行确定，一般为 4m 左右，边墙每次预裂高度为 8～10m。

大断面隧洞的开挖和地下厂房的开挖方法基本相同，特大断面隧洞的第一层开挖，可以分区块进行。如分左、右两半先后掘进，或分左、中、右三区进行开挖。采用分左、中、右三区先后掘进的方法，宜中部超前，左右两幅滞后跟进，这样使左右两幅作业时，有足够的作业空间。为了使超前部分具有足够的钻爆、支护作业空间，其前后幅错距须留有一定的距离，一般以 30m 为宜。

开挖的层数根据隧洞断面高度决定。边墙是垂直边墙时，第二层以下的开挖，两侧边墙宜采用预裂爆破，中部爆破孔采用垂直孔（见图 6－3），这样的开挖方法较为便捷，相当于明挖的台阶爆破法。采用垂直孔台阶爆破法，虽然每次的爆破量可以无限，且垂直孔一般孔径都较大，装药量也相对较多，但在地下工程开挖中，却一定要严格控制爆破规模与爆破质点振动速度。当边墙采用光面爆破时，必须预留保护层，且光面爆破孔不宜先钻孔，以避免因爆破孔起爆过程中破坏光面孔而造成塌孔。

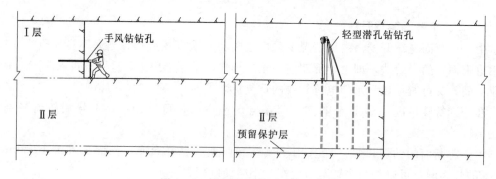

图 6－3   隧洞 Ⅱ 层以下开挖示意图

底层，即建基面层，一般预留 2～3m 保护层，采用手风钻水平钻孔进行光面爆破，以获得较好的起伏差。

6.3 钻爆设计

钻孔布置决定隧洞开挖的爆破效率及开挖质量，因此十分重要。爆破孔的布置根据隧洞断面尺寸、岩石性质、围岩类别的不同而不同。在钻爆中首先要考虑以下几个因素。

（1）炮孔直径。根据国产与进口钻机机具特点，一般炮孔直径都在 38~48mm 之间。当使用垂直孔爆破时，钻孔直径一般在 60~100mm 之间。

（2）炮孔深度。炮孔深度是指炮孔底至开挖掌子面的垂直距离，它由围岩类别、断面大小、循环排炮进尺及对开挖规格的要求决定。一般来讲，开挖质量要求高的水工隧洞，各类围岩不同断面炮孔深度建议值见表 6-4。

表 6-4   各类围岩不同断面炮孔深度建议值表

隧洞围岩类型	隧洞断面类型	炮孔深度建议值/m
Ⅰ类、Ⅱ类、Ⅲ类围岩	中、大断面	3.0~3.5
	小断面	2.0~2.5
Ⅳ类、Ⅴ类围岩	各种断面	1.5~2.5
	特小断面	1.0~2.0

6.3.1 中小断面隧洞爆破孔设计

由于大断面隧洞的第一层（顶层）开挖方法与中、小断面隧洞的全断面开挖方法相同。因此，大断面隧洞上层开挖爆破孔设计可参照中小断面爆破孔设计，只是局部有所不同。

中小断面隧洞开挖爆破孔分别有掏槽孔、崩落孔、周边孔等。

（1）掏槽孔。掏槽孔一般布置在开挖面中央偏下部，其深度比其他孔深 15~20cm。掏槽孔形式很多，常用的有斜孔掏槽、平行直孔掏槽、混合掏槽几种。

1）斜孔掏槽。通常采用楔形形式，它适用于软岩或排炮循环进尺不大的隧洞开挖。楔形掏槽又分水平楔形掏槽和垂直楔形掏槽。隧洞开挖多用水平楔形掏槽法，它最适用于岩层大致垂直或陡倾围岩，便于钻孔时操作。水平楔形掏槽孔见图 6-4。

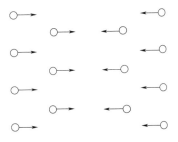

图 6-4　水平楔形掏槽孔示意图

在软岩中，仅用单排楔形掏槽就会有较好效果。在硬岩中，要采用分层掏槽方式。第一层（内层）掏槽孔用较小的倾角，一般为 55°~60°（见图 6-5）。岩质越硬，倾角越小，孔底间两排孔距离一般为 0.1~0.3m；岩质越硬，距离越小（见表 6-5）。第一层掏槽孔的深度为第二层（外层）掏槽深度的 0.5~0.7 倍。第二层掏槽孔使用较大的倾角，约 70°~75°，一般采用外层比内层每排多一个孔的布置法。

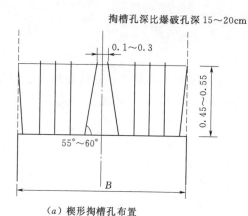

（a）楔形掏槽孔布置

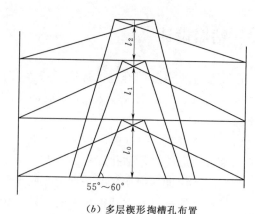

（b）多层楔形掏槽孔布置

图 6-5　楔形掏槽孔布置示意图（单位：m）

表 6-5　楔形掏槽孔的布置表

岩石坚固系数	最少掏槽孔数量	与开挖面夹角/(°)	成对掏槽孔底的距离/cm	岩石坚固系数	最少掏槽孔数量	与开挖面夹角/(°)	成对掏槽孔底的距离/cm
2~6	4	70~75	35~45	13~16	6	58~60	20~30
6~8	4~6	65~70	35~45	16~18	6~8	55~58	20~25
8~10	6	63~65	30~40	18~20	6~8	53~55	15~20
10~13	6	60~63	25~35				

楔形掏槽具有所需掏槽孔较少，掏槽体积大，易将岩石抛出，炸药单耗低等优点。其缺点是掏槽深度受开挖面宽度限制，也受岩石硬度限制，对高强度岩层中楔形槽效果较差，因此难以提高排炮循环进尺。

2）平行直孔掏槽。平行直孔掏槽的布置是其中有一个或几个不装药的空孔，作为装药掏槽炮孔爆破时的自由面。直孔掏槽适用于坚硬、均质、裂隙不发育的岩体中，也适用于排炮进尺较大的隧洞开挖中。当钻孔深度小于 3m 时，炮孔利用系数可达 0.90~0.92，钻孔深度达 3~4m 时，炮孔利用系数降低到 0.83~0.90。

平行直孔掏槽要求更多的炮孔数量和更多的炸药量，而且对钻孔精度要求很高。

直孔掏槽形式很多，常用的有一字形掏槽（又称龟裂掏槽）、筒形掏槽和螺旋形掏槽。

A. 一字形掏槽（龟裂掏槽）。是使用得最多的一种掏槽形式，掏槽孔布置在一条直线上，彼此间严格平行。装药孔与空孔间隔布置，掏槽孔分次序起爆，起爆后整个掏槽线上成条状槽缝，为崩落孔创造自由面。它的装药长度为炮孔深度的 90%，一般由 5~9 个炮孔组成，间距 10~20cm（见图 6-6）。

B. 筒形掏槽。采用台车钻孔，适用于平行直孔掏槽。一般是在掏槽孔中留有一个至数个炮孔不装药（空孔），当装药孔起爆后，即向邻近的空孔产生强力的挤压作用，从而较好地使邻近岩体被粉碎和抛出，达到掏槽的目的。从理论上讲，筒形掏槽预留的空孔起不到普通爆破自由面的作用，仅对爆破应力及其方向起集聚导向作用，并作为受压岩体所必要的碎胀补偿空间，削弱其抗爆强度，因此，空孔必须布置在粉碎圈的范围内。在施工中正确选定空孔数量、位置及其装药掏槽孔的间距至关重要。

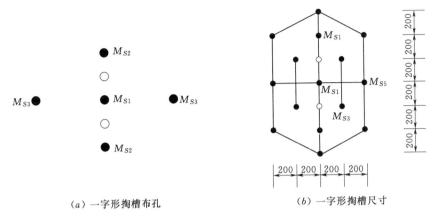

（a）一字形掏槽布孔   （b）一字形掏槽尺寸

图 6-6　一字形掏槽布孔方法图（单位：mm）

筒形掏槽的布孔方式很多，有四孔三角形、九孔对称形、单空孔菱形、双空孔菱形等（见图 6-7）。常用的九孔对称形掏槽是在掏槽的中心钻一个大直径（75～100mm）的空

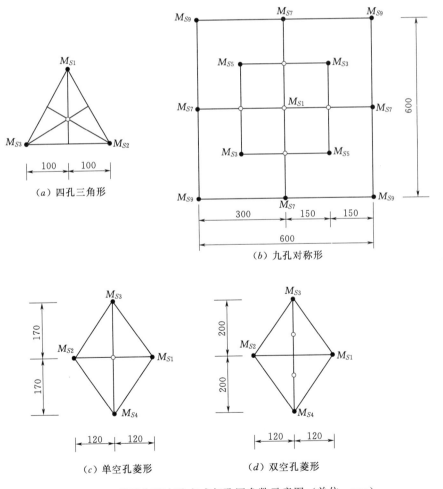

（a）四孔三角形

（b）九孔对称形

（c）单空孔菱形　　　　　　　（d）双空孔菱形

图 6-7　筒形掏槽布孔方式与孔网参数示意图（单位：mm）

137

孔，作为岩石粉碎后的膨胀空间，使掏槽部位的碎岩挤压抛出，形成筒形槽腔。它的优点是便于放样、钻孔和装药施工，对于中硬岩石掏槽效果较好。

筒形掏槽孔的装药长度一般不小于炮孔深度的 90％。第一响炮孔到空孔距离不应大于 1.5 倍空孔直径（大口径空孔）。

C. 螺旋形掏槽。它的特点是装药孔至中心空孔的距离依次递增，由近及远依次起爆，其装药孔连线呈螺旋状，能充分利用自由面的作用扩大掏槽效果（见图 6-8）。

当炮孔深度小于 4.7m 时，中心钻孔直径为 100mm，这种掏槽能保证炮孔利用系数达到 0.95～1.0；当炮孔深度为 4.7～6.0m 时，中心钻孔直径为 200mm，炮孔利用系数为 0.85～0.95。

掏槽孔的装药长度一般为炮孔深度的 90％，装药孔与空孔间距离如下：第一响为 $(1.0 \sim 1.5)D$；第二响为 $(3 \sim 4)D$；第三响为 $(4 \sim 5)D$；空孔直径 D 一般不小于 100mm。

遇坚硬难爆的岩石，可增加 1～2 个空孔，空孔可比装药孔深 20～30cm，并在孔底装 200～500g 炸药。在掏槽装药孔爆破后随即起爆，以利抛渣。

大断面隧洞常采用双螺旋形掏槽，其特点是螺旋装药孔是成对布置，至空孔的距离也逐渐增加。双螺旋直孔掏槽布置见图 6-9，其布置孔距参数见表 6-6。

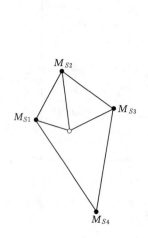

图 6-8　螺旋形掏槽示意图

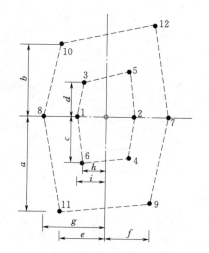

图 6-9　双螺旋直孔掏槽布置图
$a \sim i$—孔距参数；1～12—起爆顺序

表 6-6　　　　　　　　　双螺旋直孔掏槽布置孔距参数表　　　　　　　单位：mm

空孔直径	a	b	c	d	e	f	g	h	i
75	465	340	160	120	235	245	270	75	110
85	496	365	175	130	250	270	290	85	120
100	558	410	190	140	280	300	325	95	130
110	600	443	205	150	305	330	350	105	140
125	687	505	235	175	350	375	400	115	160
150	780	580	280	210	400	430	455	125	190
200	900	700	385	365	500	540	570	170	250

D. 混合掏槽。它是指两种以上掏槽方式的混合使用，一般在岩石特别坚硬或隧洞开挖断面较大时使用。常用的几种混合掏槽方式见图6-10。

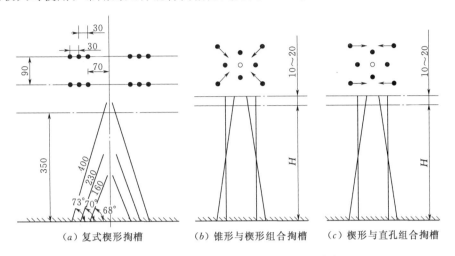

（a）复式楔形掏槽　　（b）锥形与楔形组合掏槽　　（c）楔形与直孔组合掏槽

图6-10　常用的几种混合掏槽方式示意图（单位：cm）

（2）崩落孔。崩落孔相对于掏槽与周边孔，其精度要求相对较低。但它与岩石性质有很大关系，根据岩石的强度、坚硬程度的不同，其炮孔间距见表6-7。

表6-7　　　　　　　　　　　崩落孔的炮孔间距（经验）表

岩体性质	软岩	中硬岩	硬岩	特硬岩
间距/cm	100～120	80～100	60～80	50～70

崩落孔的装药量。根据岩石性质不同，单孔炸药量可用式（6-1）计算。

$$q_d = \frac{\pi d^2}{4} \Delta l \alpha \qquad (6-1)$$

式中　q_d——每个炮孔的炸药用量，kg；

　　　d——药卷直径，mm；

　　　Δ——药卷装药密度，kg/m³；

　　　α——钻孔充填系数，见表6-8；

　　　l——炮孔深度，m。

表6-8　　　　　　　　　　　钻孔充填系数表

岩体坚固系数	4～6	7～9	10～14	15～20
α	0.55～0.60	0.60～0.65	0.65～0.70	0.70～0.75
相当于	Ⅳ类岩体	Ⅲ类岩体	Ⅱ类岩体	Ⅰ类或高强度岩体

（3）周边孔。在现代开挖中，凡是对开挖规格有要求的，必须采用光面爆破或预裂爆破。在隧洞开挖中，中、小断面全断面开挖，大断面隧洞第一层开挖的周边线都呈弧形，所以，需要用光面爆破。光面爆破的质量控制，其主控因素为周边炮孔孔径 d、孔距 a、光爆层厚度（或最小抵抗线）w、周边孔密集系数 m、炮孔线装药密度 q、炮孔装药不耦

合系数 k 等。影响光面爆破参数选择的因素很多，主要有岩石性质、炸药品种、一次爆破的断面大小、断面形状等。

1）光爆孔孔距 a 一般是炮孔孔径的 8～12 倍（也有人认为是 10～14 倍），软岩、破碎岩取小值，坚硬完整性好的岩石取大值。开挖的钻孔孔径一般都选用 38～50mm。

2）密集系数 m 和最小抵抗线 w 之间的关系为 $m=a/w$；瑞典的兰格弗尔斯建议 $m=0.5～0.8$，软岩取大值。《矿山井巷工程施工及验收规范》(GBJ 213) 建议 $m=0.8～1.0$，铁路隧洞工程技术规则建议 $m=0.65～1.0$，中国电力建设集团有限公司常用的 $m=0.7～0.8$。

3）不耦合系数。光面爆破的不耦合系数 k 一般取 1.5～2.0，若大于 2.0 则导致产生的效果不好。

4）线装药密度。线装药密度与岩石性质关系很大，一般坚硬岩石取大值，软岩、破碎岩取小值，其范围为 $\Delta=70～350g/m$。表 6-9～表 6-11 可供隧洞光面爆破设计参考。

表 6-9   隧洞光面爆破经验参数表

围岩性质	炮孔间距 a /m	最小抵抗线 w /m	线装药密度 q /(kg/m)	不耦合系数 /m
坚硬岩	0.55～0.70	0.60～0.80	0.25～0.35	1.2～1.8
次坚硬岩	0.5～0.65	0.60～0.80	0.20～0.30	1.2～1.8
中硬岩	0.45～0.60	0.60～0.75	0.15～0.25	1.5～2.0
软岩	0.35～0.45	0.45～0.55	0.07～0.12	1.5～2.0

注 表中所列参数，炮孔直径 D 为 38～50mm，药卷直径为 20～25mm，炮孔深度为 1.0～3.5m。

表 6-10   隧洞光面爆破实例参数表

工 程 名 称	岩性	炮孔直径 /mm	炮孔间距 /cm	最小抵抗线 /cm	线装药密度 /(g/m)	炮孔密集系数 /(个/m²)
鲁布革水电站引水隧洞	灰岩	50	55	70	200	0.80
漫湾水电站导流隧洞	流纹岩	50	60	80	200～250	0.75
大朝山水电站尾水隧洞	玄武岩	50	60	75	200～210	0.80
水布垭水电站交通洞	灰岩	42	50	70	160～170	0.70
锦屏一级水电站公路洞	大理岩	40	50	70	200～220	0.70
糯扎渡水电站导流洞	花岗岩	40	40～50	60	180～200	0.75
彭水水电站尾水洞	灰岩	42	55～60	70	200～250	0.80

表 6-11   隧洞光面爆破参数表

岩石坚固系数 f	不耦合系数 m	线装药密度 Δ /(g/m)	炮孔间距 /cm	最小抵抗线 w /cm
2～4	1.5～2.0	50～125	40～30	60～70
4～6	1.5～2.0	100～200	45～35	60～70
6～10	1.5～2.0	150～250	50～40	60～70
>10	1.5～2.0	200～300	55～45	60～70

5）为了达到较好的光面爆破效果，在施工中必须注意下列几点：对周边孔的钻孔要求做到平、直、齐，孔位准确。要使用低爆速、低猛度、低密度、传爆性能好、爆炸威力

大的炸药，严格控制装药集中度，优先选用专用药卷连续装药，并在孔底部位适当加强装药量；无专用药卷时，应自行加工用竹片串成，分散绑扎，并附绑上导爆索以解决传爆问题；周边孔尽量同时起爆，若因有特殊要求不可能同时起爆时，可适当分段起爆；底板的周边孔装药量应加倍，底脚孔应装粗药卷，以克服岩体的夹制作用。

6.3.2 大断面隧洞爆破孔设计

大断面隧洞一般都需要分层开挖，而中、下层开挖时，中层开挖一般采用垂直钻作业，它相当于明挖中的台阶爆破。为保证开挖质量，凡是直立边墙，宜采用预裂法（有时也使用光面爆破），预裂爆破更适用于稳定性较差而又要求控制开挖轮廓规格的软岩中。

预裂爆破相对于光面爆破来讲，要求孔距相对较密，线装量密度更大，一般孔距为 8～12 倍孔径。

（1）预裂爆破的线装药密度的理论计算。1982 年，王中黔等人用断裂力学原理推导计算出，以 2 号岩石铵锑炸药为计算标准，得：

$$P_c = 24.77D_c - 2.8\Delta_g 1.4 \qquad (6-2)$$

式中　P_c——爆炸气体最终作用到孔壁上的压力，kg/cm^2；

　　　D_c——炮孔直径，cm；

　　　Δ_g——装药线密度，g/m。

使用工程类比法，可试选用式（6-3）～式（6-5）计算：

$$\Delta_g = 0.034[\sigma_p]0.63a0.67 \qquad (6-3)$$

张正宇教授提出的经验公式：

$$\Delta_g = 0.83[R_压]0.5a0.6 \qquad (6-4)$$

或

$$\Delta_g = 0.42[\sigma_p]0.5a0.6 \qquad (6-5)$$

式中　Δ_g——装药线密度，g/m^3；

　　　$[R_压]$——岩石极限抗压强度，MPa；

　　　$[\sigma_p]$——岩石极限抗压强度，kg/cm^2；

　　　a——钻孔间距，m。

式（6-3）适用于 $\sigma_p = 20\sim150MPa$ 岩石。

（2）预裂爆破的经验参数。浅孔预裂爆破参数见表 6-12。

表 6-12　　　　　　　　　　　　浅孔预裂爆破参数表

岩石类别	周边孔孔距/cm	崩落孔与周边孔距/cm	装药线密度/(g/m)
特硬岩石	50	45	400～500
硬岩	40～50	40	200～350
中硬岩	40～45	40	200～250
软岩	35～40	35	70～120

注　炮孔直径为 40～50mm，药卷直径为 20～25mm。

深孔预裂孔为避免钻孔出现漂移现象，宜采用较大孔径（相应钻杆刚度大），一般以 80～100mm 为宜，孔距为（8～12）D，不耦合系数取 2～4。深孔预裂爆破参数见表 6-

13，国内外预裂爆破线装药密度与岩石抗压强度关系经验数据见表 6-14。

表 6-13　　　　　　　　　　　　深孔预裂爆破参数表

岩石性质	岩石抗压强度/MPa	钻孔直径/mm	钻孔孔距/cm	装药线密度/(g/m³)
特坚硬岩石	>120	90～100 100	80～100 80～100	300～700 300～450
硬岩	80～120	90 100	80～90 80～100	250～400 250～350
中硬岩石	50～80	80 100	60～80 80～100	180～300 150～250
软弱岩石	<50	80	60～80	100～180

表 6-14　　　国内外预裂爆破线装药密度与岩石抗压强度关系经验数据表

$R_压$/MPa	10	20	25	70	80	150
Δ_g/(g/m³)	150	200	250	350	400	600

（3）其他爆破孔。中、下层开挖凡不能采用预裂爆破的地方一般采用光面爆破。在使用光面爆破作业时，一定要留保护层，保护层厚度一般为 20～30 倍钻孔直径，但底板保护层厚度小一些，一般为 10～15 倍孔径。

钻孔孔径最好不超过 120mm，以 60～110mm 为宜，因为超过 120mm 时不经济。有条件时，最好使用散装炸药。

6.3.3　起爆顺序

只有采用正确的起爆顺序，方能达到理想爆破效果。其起爆程序为先掏槽孔，再由最接近掏槽孔的崩落孔一层层向外依次起爆，最后是周边光爆孔。掏槽孔内的爆破孔，应给予一定的时差顺序起爆，而掏槽孔附近的崩落孔起爆时差可以相隔 50ms 以上，以提高爆破效果。此外为达到更好的爆破效果，每孔的雷管宜装在孔底部位，让聚能穴朝向孔口。

在钻爆法开挖施工中，炸药和起爆器材的选用是一个值得注意的问题。根据水文地质等条件选用适合本工程所需要的安全炸药，特别是坚硬密实的围岩，应选取与岩石波阻抗相匹配的高威力炸药。建议炮孔装药系数见表 6-15。

表 6-15　　　　　　　　　　　　建议炮孔装药系数表

炮孔	Ⅰ类围岩	Ⅱ类围岩	Ⅲ类围岩	Ⅳ类、Ⅴ类围岩
掏槽	0.70～0.90	0.70	0.60	0.50
崩落	0.60～0.80	0.60	0.50	0.40～0.30
周边	0.60～0.75	0.55	0.45	0.40

（1）国产炸药品种及性能见表 6-16，国产炸药性能比较见表 6-17。

（2）非电毫秒雷管技术性能见表 6-18。

根据实测资料，当分段起爆差小于 50～100m/s 时，爆破震动波峰有叠加现象。因此，为减少对围岩的爆破震动破坏，1～6 段雷管应尽量跳段起爆。

表 6-16 国产炸药品种及性能表

项 目	膨化硝铵炸药	粉状铵锑炸药	乳化炸药	多孔粒状铵油炸药
爆速/(m/s)	3400~3800	3000~3400	3300~4900	3000~3200
爆力/mL	330~380	320~350	270~300	290~310
猛度/mm	14~17	12~15	12~17	4~5
殉爆距离/cm	4~9	6~12	5~9	0
临界直径/mm	12~15	2~22	15~20	50~70
装药密度/(g/cm^3)	0.85~1.00	0.95~1.10	0.90~1.20	0.78~0.88
抗水性	良	中	优	差
贮存期	大于6个月	大于6个月	大于4个月	小于15天

表 6-17 国产炸药性能比较表

项目	粉状乳化炸药	岩石一级乳化炸药	2号岩石铵梯炸药
爆速/(m/s)	4100~4800	>4500	>3200
爆力/mL	330~360	>320	>320
猛度/mm	17~19	>16	>12
殉爆距离/cm	10~20	>4	>3

表 6-18 非电毫秒雷管技术性能表

级别	1	2	3	4	5	6	7
非电毫秒	小于13	25±10	50±10	75$^{+5}_{-10}$	110±15	150±20	200$^{+20}_{-25}$

级别	8	9	10	11	12	13	14	15
非电毫秒	250±25	310±30	380±35	460±40	550±45	650±50	760±55	880±60

6.3.4 爆破振动控制

地下洞室开挖的爆破振动控制，国内外都是以爆破质点振动速度与建筑物破坏之间的关系作为控制标准。

质点振动速度 v(cm/s) 与单响药量 Q(kg) 和相关距离 R(m) 之间存在以下关系：

$$v = K(Q^{1/3}/R)^\alpha \tag{6-6}$$

式中 K——与介质和爆破条件等因素有关的系数；

α——衰减系数，与岩性有关，一般介于1~2之间。

当考虑爆破点与观测点（建筑物，防护目标等）的高差对质点振动速度传播规律的影响时，可用经验公式（6-7）计算：

$$v = k(Q^{1/3}/D)^\alpha (Q^{1/3}/H)^\beta \tag{6-7}$$

式中 D、H——爆区药量的几何中心至观测点的水平距离和高差，m；

α、β——与地质条件，爆破条件及相对位置有关的系数，由爆破试验确定；

k、α——应由爆破试验确定。

爆区不同岩性的 k、α 参考值试验结果见表 6-19。

表 6 - 19   爆区不同岩性的 k、α 参考值试验结果表

岩　性	k	α
坚硬岩石	50～150	1.3～1.5
中坚硬岩石	150～250	1.5～1.8
软岩	250～350	1.8～2.0

苏联地球物理所的专家认为，当振速大于 12～14cm/s 时，对建筑物才可能产生破坏。现在国内外有些专家提出了适用于多种建筑物的安全允许标准，一般建筑物应控制在 3cm/s 或 2～3cm/s 以内。大量实践证明，控制振动速度在 5cm/s 以内对建筑物不产生破坏。建筑物安全允许国家标准见表 6 - 20。

表 6 - 20   建筑物安全允许国家标准表

序号	保护对象类别		允许安全质点振动速度峰值/(cm/s)		
			<10Hz	10～15Hz	50～100Hz
1	土窑洞、土坯房、毛石房屋		5～10	7～12	11～15
2	一般砖、非抗震性大型砖块建筑物		20～25	23～28	27～30
3	钢筋混凝土结构房屋		30～40	35～45	42～50
4	一般古建筑与古迹		1～3	2～4	3～5
5	水工隧道		70～150		
6	交通隧道		100～200		
7	矿山巷道		150～300		
8	水电站及发电厂中心控制室设备		5		
9	新浇大体积混凝土	龄期：初凝～3d	20～30		
		龄期：3～7d	30～70		
		龄期：7～28d	70～120		

注　1. 表中所列频率为主振频率，是指最大振幅所对应的波的频率。

    2. 频率范围可根据类似工程或现场实测波形选取。选取频率时可参考下列数据：洞室爆破小于 20Hz；深孔爆破 10～60Hz；浅孔爆破 40～100Hz。

选取爆破振动速度标准时，要考虑以下因素。

(1) 选取建筑物安全允许振速时，应综合考虑建筑物的重要性、建筑质量、新旧程度、自振频率、地基条件等因素。

(2) 省级以上（含省级）重点保护古建筑与古迹的安全允许振速，应经专家论证选取，并报相应文物管理部门批准。

(3) 选取隧道、巷道安全允许振速时，应综合考虑构筑物的重要性、围岩状况、断面大小、深埋程度、爆源方向、地震振动频率等因素。

(4) 非挡水新浇大体积混凝土的安全允许振速，可按表 6 - 20 给出的上限值选取。

(5) 根据数十座地下厂房岩壁梁的施工经验的爆破振动速度测试分析，当混凝土达到设计强度后，振动速度小于 12cm/s 时，对岩壁梁混凝土不产生不利影响。

6.4 设备选型

近年来，大型水电站的开发建设，主要是利用原有的地形地理条件，如位于高山峡谷地区的水电站和依据地势而建的抽水蓄能电站，大多采用引水隧道、地下厂房布置形式。此类项目的施工，多采用钻爆法，地下工程平洞开挖的常规设备主要有钻机、装载机、挖掘机、空压机等。地下洞室开挖断面的大小、施工进度的要求、出渣运输距离、围岩类别、操作人员的素质等因素影响着施工设备的选型、配置。

（1）钻机。钻机在地下工程施工中是必不可少的设备，主要用于开挖掘进造爆破孔及大断面洞室的垂直开挖钻孔。以液压钻机或风动钻机为主，而且要带除尘装置或用水除尘（见表 6-21）。

表 6-21　　　　　　　　　　　　平洞开挖主要钻孔设备表

序号	名称	代表产品	钻机类使用条件	主要性能和参数
1	三臂凿岩台车	BOOMER353E	大型地下洞室开挖及锚杆造孔	工作范围（长×宽）为 14.3m×12m，钻孔直径为45～102mm；COP1838 凿岩机：钻杆长度为 5530mm，凿岩机功率为 20kW，最大钻孔深度为 18～24m
		T11-315		工作范围（宽×高）为 13m×11m，钻孔直径为45～102mm；凿岩机 HLX5T，钻杆功率为 21kW，最大钻孔深度为 16～22m
2	两臂凿岩台车	BOOMER282	大、中型地下洞室开挖及锚杆造孔	工作范围（长×宽）为 8.7m×6.3m，钻孔直径为45～86mm；COP1238 凿岩机：钻杆长度为 3405mm，凿岩机功率为 15kW，最大钻孔深度为 8～11m
3	履带钻机	ROC D7	大、中型地下洞室，中下层垂直钻孔开挖及露天开挖钻孔	工作范围为 15m²，钻孔直径为 64～115mm，最大钻孔深度不小于 29m；COP1838 凿岩机：发动机 BF6M1013EC（或卡特彼勒 C7）
		古河 HCR1200-ED		工作范围为 12m²，钻孔直径为 76～102mm，最大钻孔深度不小于 26m；HD712 凿岩机：发动机 6BTA5.9-C
		RANGER700		工作范围为 17.6m²，钻孔直径为 64～115mm，最大钻孔深度不小于 25.6m；HL700 凿岩机：发动机 CAT3116，功率为 145kW
		CM-351	大、中型地下洞室二层开挖、锚杆、锚索造孔及露天开挖钻孔	钻孔直径为 78～165mm，钻杆长度为 3660mm，冲击器 DHD-340A，配用空压机 XHP750W，工作风压为 2.0MPa
		ROC 460HF		钻孔直径为 89～140mm，钻杆长度为 3050mm，冲击器：潜孔锤 COP54，配用空压机 XRH385MD，工作风压为 2.0MPa
4	手风钻	YG-60 YT-24.28	适用于各种型式的开挖	最佳孔深为 0～5m，孔径为 45mm

（2）装载机。装载机主要用于装载洞渣，具有机动灵活、适应性强、作业效率高等特点。因此，广泛用于地下工程施工，特别是侧卸式装载机更适用于地下洞室施工的装渣作业（见表 6-22）。

（3）挖掘机。挖掘机在洞内的工作主要用于装渣及清底，常用的有正铲和反铲，反铲有时亦用于安全处理用（见表 6－23）。挖掘机工作效率与操作工的熟练程度有很大关系，在装渣时与运输设备的配套情况也有关系。

表 6－22 平洞开挖主要装渣设备表

名称	代表产品	使用条件	主要性能和参数
装载机	L150E 沃尔沃	适用于大、中型地下洞室	最大前卸载高度为 3800mm，铲斗容量为 3.4m³（侧卸斗），外形尺寸（长×宽×高）为 8575mm×2950mm×3580mm，发动机 D10BLAE2，发动机额定功率为 200kW
	ZL856		普通卸载高度为 3100mm±50mm，加长卸载高度为 3503mm±50mm，额定功率为 162kW，铲斗容量（侧卸斗）为 2.5m³
	KLD85ZⅣ－2		斗容（侧卸斗）为 3m³，发动机 Nissan PE6T，发动机额定功率为 168kW，外形尺寸（长×宽×高）为 8180mm×3120mm×3475mm
	KLD90ZⅣ－2		斗容（侧卸斗）为 3.2m³，发动机 Nissan PE6T
	CAT 966G		斗容（侧卸斗）为 3m³，最大侧卸高度为 3005mm，发动机为 C11ACERT，功率为 213kW
	WA380－3		斗容（侧卸斗）为 2.7m³，卸载高度为 2900mm，发动机为小松 S6D114，额定功率为 146kW，外形尺寸（长×宽×高）为 7965mm×2780mm×3380mm

表 6－23 平洞开挖主要装渣及清底设备表

名称	代表产品	使用条件	主要性能和参数
反铲（正铲）	PC200－6EXCEL	适用于地下洞室开挖及道路修建，洞内安全处理	斗型：反铲，标准挖斗容量为 0.8m³，最大挖掘半径（标准）9875mm，标准最大卸载高度为 6475mm，发动机 S6D102E－1－A，额定功率（kW）为 96/2000
反铲（正铲）	PC400－6	适用于地下洞室开挖及道路修建，洞内安全处理	标准铲斗容量为 1.8m³，最大挖掘高度为 11.505m，最大装载高度为 8.155m，最大旋转半径 13.335m
	EX750－5（正铲）		标准挖斗容量为 4m³，最大挖掘半径为 13990mm，发动机 N14C，额定功率为 324/1800kW，外形尺寸（长×宽×高）为 14160mm×4310mm×4570mm
	EX300－5（反铲）		标准最大卸载高度为 7130mm，最大挖掘半径为 11100mm，尾部回转半径为 3290mm，铲斗容量为 1.4m³
	R954（利勃海尔）		发动机输出功率为 240kW，铲斗容量为 2.7m³
扒渣机（立式扒渣机）	SDZL－160 型	适用于小断面隧洞	最大装载能力为 160m³/h，最大挖掘高度为 4600mm，最大挖掘深度为 1000mm，挖掘力为 5.5t，工作臂偏摆角为 ±55°，爬坡能力（硬地面）不大于 22°，电机功率为 75kW，卸载距离为 2400mm，卸载高度为 1300～2750mm
	LWZ120		左转 50°、右转 20°，装渣宽度（不转运输槽时）为 3180mm，卸渣高度（轨面以上）为 1650mm，扒取高度（轨面以上）为 2000mm，下挖深度（轨面以下）为 450mm，电机功率为 45kW
电动挖掘机	CED460－6	工作高度或旋转半径	最大挖掘半径为 11900mm，最大挖掘深度为 7700mm，最大挖掘高度为 10600mm，最大卸载高度为 7160mm，斗容范围为 1.0～3.5m³
	EDG－3，2.30A		卸载半径为 28.9m，最大卸载高度为 10.65mm，最大挖掘深度为 15m，斗容为 3.2m³

（4）空压机（见表 6 - 24）。

表 6 - 24   平洞开挖常用空压机表

名称	代表产品	使用条件	主要性能和参数
空压机	XAS 405	适用于其他风动工具所需的空气动力	排气量为 23.6m³/h，正常工作压力为 7bar，发动机 OM336LA（奔驰），外形尺寸（长×宽×高）为 4210mm×1810mm×2369mm
	XAMS 355		排气量为 21m³/h，正常工作压力为 8.6bar，发动机 OM336LA（奔驰），外形尺寸（长×宽×高）为 4210mm×1810mm×2369mm
	XAHS 365		排气量为 21.5m³/h，正常工作压力为 12bar，发动机 OM441LA（奔驰），外形尺寸（长×宽×高）为 4210mm×1810mm×2369mm
	P600		排气量为 17m³/h，额定工作压力为 7bar，发动机 B/F6L913C 柴油机，发动机功率为 131kW，外形尺寸（长×宽×高）为 4490mm×1900mm×1860mm
	XP900		排气量为 25.5m³/h，额定工作压力为 8.6bar，发动机 CAT3306 柴油机，发动机功率为 209kW，外形尺寸（长×宽×高）为 4100mm×1900mm×1950mm
	VHP400		排气量为 11.5m³/h，额定工作压力为 12bar，发动机 B/F6L913C 柴油机，发动机功率为 131kW，外形尺寸（长×宽×高）为 4490mm×1900mm×1860mm
空压机	750	适用于其他风动工具所需的空气动力	排气量为 21.2m³/h，额定排气压力为 7bar，工作压力范围为 5.5～7bar，发动机 6CTA8.3 - 230 柴油机，额定功率为 172kW，外形尺寸（长×宽×高）为 3300mm×2210mm×1830mm
	750H		排气量为 21.2m³/h，额定排气压力为 10.3bar，工作压力范围为 5.5～10.3bar，发动机 6CTA8.3 - 260 柴油机，额定功率为 194kW，外形尺寸（长×宽×高）为 3300mm×2210mm×1830mm
	750HH		排气量为 21.2m³/h，额定工作压力为 12bar，工作压力范围为 5.5～12bar，发动机 M11 - C300 柴油机，发动机功率为 224kW，外形尺寸（长×宽×高）为 3300mm×2210mm×1800mm

6.5 水工隧洞糙率系数与开挖的关系

过水水工隧洞的成洞尺寸是根据流量、水头与糙率系数来确定的。长期以来混凝土衬砌后的水工隧洞糙率系数都取用 0.015。但随着模板技术的发展，特别是钢模台车的使用，混凝土的施工质量大大提高，糙率系数可选用更低值。对于不衬砌隧洞，或采用喷、锚支护过水的隧洞，糙率系数变化范围很大，它决定于隧洞内表面的起伏差，因此，光面爆破效果起决定性作用。光面爆破效果非常好的开挖断面，经喷锚支护后，糙率系数可以达到 0.022～0.025 或更小；若是用 TBM 法开挖的不衬砌隧洞，其糙率系数可控制在 0.0175 以下。

我国水电系统中，糙率系数计算仍普遍采用尼古拉兹公式：

$$\lambda = \left(1.74 + 2\lg \frac{r_0}{\Delta}\right)^{-2} \tag{6 - 8}$$

或

$$\eta = \frac{D^{\frac{1}{6}}}{22.32\lg 3.7\dfrac{D}{\Delta}}$$ (6-9)

式中 λ——不衬砌隧洞糙率系数；

  η——有压隧洞糙率系数；

  D——洞径（$D=2r_0$），m；

  Δ——当量糙度（不平整度），m。

隧洞的糙率系数是影响沿程水头损失的一个重要因素，沿程水头损失采用式（6-10）计算：

$$h_f = \lambda \frac{l}{4R}\frac{v^2}{2g}$$ (6-10)

式中 h_f——沿程水头损失，m；

  l——过水隧洞长度，m；

  R——水力半径，m；

  v——平均流速，m/s；

  g——重力加速度，m/s²。

根据一些国内工程实测，隧洞断面在 5m 左右的不衬砌隧洞，周边不平整度为 11.5cm 时，其糙率系数为 0.0252 左右；当起伏差（不平整度）达 5cm 时（即光面爆破效果很好，再经喷混凝土平整），糙率系数可取 0.0217。大断面隧洞的糙率系数对其水头损失影响相对要小，为弥补其糙率系数的增大而需增大开挖断面的相对值也要小一些。因此，提高开挖质量，减小起伏差对降低糙率系数是有利的，且有较好的经济效益。

7 TBM 施 工

7.1 TBM 分类

掘进机的技术名称由《全断面岩石掘进机名词术语》(GB 4052—1983)统一规定为全断面岩石掘进机。其定义为一种依靠旋转并推进刀盘，通过盘形滚刀破碎岩石而使隧洞全断面一次成形的大型机械设备。

全断面隧洞掘进机主要有岩石掘进机和盾构机两种。通常用于土质地层或软土地层开挖的称为盾构机，用于岩石地层开挖的称为岩石掘进机，即 Tunnel Boring Machine（简称 TBM）。两种掘进机在掘进原理和解决问题对象上有根本不同，岩石掘进机 TBM 是利用滚刀挤压破碎岩石解决岩石隧洞的掘进问题；盾构机是利用刮刀开挖软土解决软土地层掘进问题，并利用压力平衡原理（土压平衡、泥水平衡、气压平衡）解决掌子面稳定和控制地表沉陷问题，因而各自适用于不同的掘进对象。目前双模式、复合式设备的研发运用，已在复杂地质条件下使用。本章主要解决的是岩石隧洞掘进问题，因此本章将主要阐述 TBM 隧洞施工，不涉及盾构机和双模式、复合式盾构。

TBM 掘进技术经过近半个世纪的发展，目前已相当成熟。通常以护盾形式划分为敞开式 TBM、单护盾 TBM 和双护盾 TBM（还有极为少见的多护盾型式）。其他分类方法，如以围岩地质条件划分，可划分为硬岩掘进机（如敞开式 TBM）、软硬岩兼容掘进机（如双护盾伸缩式 TBM）、软土掘进机（如 EPB 掘进机）、硬岩和软土兼容的混合盾构 TBM 等；以 TBM 直径大小划分，有微型 TBM（0.3~1.0m）、小型 TBM（1.0~3.0m）、中型 TBM（3.0~8.0m）和大型 TBM（>8.0m）；以开挖断面形状划分，有单一的圆形断面 TBM、双圆或多圆 TBM、不规则断面 TBM；以隧洞的水平-垂直度划分，有水平掘进 TBM、竖井 TBM 和斜井 TBM。

（1）敞开式 TBM。敞开式 TBM（Open Hard-rock Tunnel Boring Machine）又称为支撑式 TBM，是 TBM 最早的机型，也是最基本的机型。它依靠撑靴撑紧洞壁，为刀盘推进和旋转破岩提供反力，开挖后立即施作初期支护，如在刀盘护盾后面安装钢筋排、打锚杆、挂网、喷射混凝土、架设钢拱架等，永久衬砌支护待贯通后施作或者采用同步衬砌技术施工。

敞开式 TBM 的作业特点是：开挖岩石的作业是循环进行的，每个工作循环中存在换步，换步过程中无法破岩。敞开式 TBM 适用于围岩整体性较好的隧洞施工，同时可以利用临时支护手段应对短距离的不良地质洞段。

敞开式 TBM 主机主要由刀盘、护盾、主驱动、撑靴系统、主梁、推进系统、出渣皮带机、L1 区支护系统等组成。

某工程使用的海瑞克公司制造的 $\phi 8.5m$ 敞开式 TBM，其主机部分主要结构见图7-1。

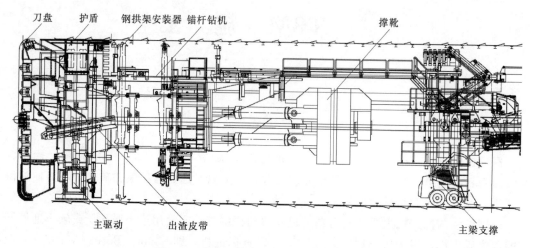

刀盘　护盾　钢拱架安装器 锚杆钻机　　　　　　　　　　撑靴

主驱动　　出渣皮带　　　　　　　　　　　　　　　　主梁支撑

图7-1　敞开式 TBM 主机部分主要结构图

敞开式 TBM 根据撑靴布置方式的不同，可以分为双 X 形支撑和水平支撑两种形式，水平支撑 TBM 见图7-2。目前，常采用水平支撑布置撑靴。

图7-2　水平支撑 TBM

（2）单护盾 TBM。单护盾 TBM（Single Shield Machine）是在盾构机与敞开式 TBM 的基础上发展而来的，它既利用了敞开式 TBM 的破岩机理和出渣方式，又结合了盾构机的衬砌支护方式和推进模式。单护盾 TBM 只有一个护盾，没有撑靴，依靠推进油缸顶推，在已经拼装好的预制混凝土管片上，为掘进提供反力，掘进与管片拼装交替进行，主要适用于围岩自稳能力较差的脆性围岩或软岩地层隧洞施工，其掘进速度低于双护盾 TBM。

单护盾 TBM 与敞开式 TBM 的最大区别在于没有为掘进提供反力的撑靴，因此需要铺设预制管片；它与盾构机最大的区别在于破岩机理和出渣机构的不同。

（3）双护盾式 TBM。双护盾 TBM（Double Shield Machine）在单护盾 TBM 和敞开式 TBM 的基础上发展而来，既有与敞开式 TBM 类似的撑靴，也可在较好围岩状态下撑紧洞壁为掘进提供反力，又利用了单护盾 TBM 的衬砌支护方式，且兼有单护盾 TBM 的所有功能。

双护盾 TBM 由 TBM 主机和后配套系统（含连接桥）组成。与敞开式掘进机不同的是，双护盾 TBM 没有主梁和后支撑。主机主要由装有刀盘的前盾、主轴承及驱动组件、装有支撑装置的后盾、连接前后盾的伸缩护盾及安装管片的盾尾组成。

后配套系统有管片安装机、皮带输送系统、豆砾石填充系统、水泥浆注浆系统等，其余后配套设施与敞开式 TBM 设施大同小异。

典型双护盾 TBM 的主机结构见图 7-3。

图 7-3　典型双护盾 TBM 主机结构图
1—护盾；2—刀盘；3—撑靴；4—油缸；5—管片

7.2　TBM 工作原理及组成部分

隧洞掘进机结构组成包括主机和后配套系统两大部分，它由几十个独立的子系统有机地连接成一个完整的大系统，综合了钢结构、机械传动、起重、运输、液压、润滑、气动、给排水、通风除尘、减振、降温、控制噪声、电气、程序控制、监控、遥控、超探支护、机械手、激光导向等多学科的技术。主机由刀盘、护盾、主轴承、支撑系统、推进系统、刀盘驱动系统等组成，后配套设备一般包括：①主机的配套设备，如液压泵站、润滑系统、给排水系统、变压器与配电柜、应急发电机等；②主机辅助设备，如通风除尘系统、降温设备、初期支护系统（锚杆、喷射混凝土、挂网、钢拱架等）、仰拱块铺设或者管片拼装设备等；③出渣、施工材料运输、隧洞通风系统等。后配套、洞内辅助设施必须与主机协调匹配工作，方能顺利完成掘进施工各项工艺。

7.2.1　TBM 破岩原理

硬岩掘进机使用盘形滚刀，利用楔入式滚压破碎原理将刀圈的刀刃挤压楔入岩体进行破岩。刀尖压入岩体，当压力大于岩石的抗压强度时，与刀尖接触部位的岩石被压碎，在

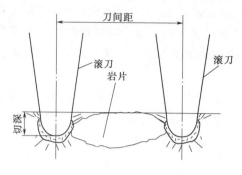

图 7-4　硬岩掘进机破岩原理示意图

刀尖前形成压碎区，硬岩掘进机破岩原理见图 7-4。随刀盘的转动和刀具在岩面上连续滚压，在破岩掘进面上形成同心圆的滚动轨迹，其破岩轨迹见图 7-5。刀尖前的岩石被压碎碾成细小的岩粉，而刀尖两侧的岩体被剥成一块块的渣片。刀圈滚压生成的岩渣块形状呈中间厚周边薄的长片形，近似鱼背的形状。渣块的大小与刀间距和切深有关。良好围岩状态下的 TBM 岩渣见图 7-6。

图 7-5　TBM 破岩轨迹图

图 7-6　良好围岩状态下的 TBM 岩渣图

7.2.2　敞开式 TBM 掘进原理

TBM 在掘进时，撑靴撑紧隧洞洞壁上，承受刀盘扭矩和推进的反力。推进油缸以支撑系统为支点，把推力施加给刀盘，推动刀盘破岩掘进。崩落在隧洞底部的岩渣随刀盘旋转，被均布在刀盘上的铲斗、刮板收集到主机皮带机上，通过主机皮带机转载至后配套皮带机，再输出洞外。

敞开式 TBM 掘进时，撑靴撑紧洞壁，收起前支撑和后支撑，启动皮带机，然后回转刀盘，开始掘进；掘进一个循环后，进行换步作业。另一个循环掘进开始须根据导向系统的参数在掘进时调向。

7.2.3　双护盾模式掘进原理

双护盾 TBM 在围岩稳定性较好的地层中掘进时，撑靴紧撑洞壁，为主推进油缸提供反力使 TBM 向前推进，刀盘的反扭矩由两个位于支撑盾的反扭矩油缸提供，此时掘进与管片安装可同步进行。TBM 作业循环为：掘进与安装管片→换步→再支撑→再掘进与安装管片。双护盾模式掘进工作原理见图 7-7。

在软弱围岩中掘进时，掌靴收回，伸缩护盾处于收缩位置，成为单护盾模式，支撑系统与主推进系统不再使用。刀盘掘进时的反扭矩由盾壳与围岩的摩擦力提供，刀盘的推力由辅助推进油缸支撑在管片上提供，TBM 掘进与管片安装不能同步。此时 TBM 作业循

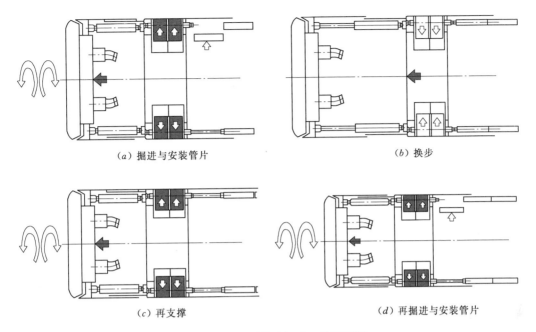

(a) 掘进与安装管片　　　　　　　　　　　　(b) 换步

(c) 再支撑　　　　　　　　　　　　(d) 再掘进与安装管片

图 7-7　双护盾模式掘进工作原理图

环为：掘进→换步（辅助推进油缸回收）→安装管片→再掘进。软弱围岩中单护盾模式掘进工作原理见图 7-8。

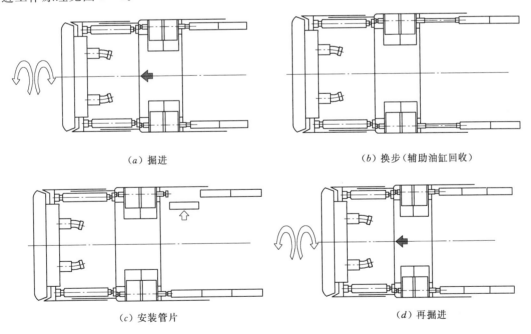

(a) 掘进　　　　　　　　　　　　(b) 换步（辅助油缸回收）

(c) 安装管片　　　　　　　　　　　　(d) 再掘进

图 7-8　软弱围岩中单护盾模式掘进工作原理图

7.2.4　单护盾模式掘进原理

单护盾模式工作原理与双护盾 TBM 软弱围岩掘进工作原理相同。

7.2.5 TBM 组成部分

（1）刀盘。刀盘一般采用重载型整体焊接结构，包括刀盘体、面板耐磨保护、滚刀座、滚刀（包括中心刀、边刀、面刀、超挖刀）、铲斗、铲牙、出渣斗、接渣斗、喷水系统等。刀盘在顺时针旋转时切削岩石，反转则是在遇到破碎带或不稳定的岩层，刀盘被挤住时脱困之用。

（2）主驱动。主驱动系统是刀盘转动驱动力的来源，主驱动由刀盘转接环、主轴承、大齿圈、小齿轮、法兰、内外密封结构、变速箱及驱动电机减速机等组成。主轴承是用来传递刀盘扭矩的轴承，包括内齿圈密封、驱动齿轮和带驱动的行星齿轮箱，是掘进机的最关键部件，主轴承的寿命等于掘进机的寿命。虽然掘进机具备不同类型和形式，但使用的主轴承形式基本相同。主轴承基本采用大直径、高承载力、长寿命的双轴向径向滚柱三排组合体设计。

（3）护盾。敞开式 TBM 一般只有前盾，而双护盾 TBM 一般由前盾、后盾（支撑盾）、连接前后盾的伸缩部分和尾盾组成。

（4）主梁（敞开式 TBM 才有）。主梁前端与主驱动变速箱连接，后端与撑靴、撑靴油缸、鞍架、推进油缸及后支撑连接，推进油缸通过主梁将掘进推力传递给主轴承。主梁一般采用低合金高强度钢焊接而成。

（5）支撑推进系统。支撑推进系统包括撑靴、撑靴子油缸、扭矩油缸、推进油缸及鞍架（仅敞开式 TBM 才有）。在掘进过程中，撑靴油缸伸出撑紧岩面，使撑靴子与隧洞洞壁产生摩擦力，提供推进油缸掘进反力和扭矩油缸调向反力，并承受主机与连接桥的部分重量。掘进反力直接通过推进油缸、撑靴传递给洞壁。敞开式 TBM 主机的姿态的调整和反力，通过鞍架、撑靴传递给洞壁。

（6）管片安装机（单、双护盾式 TBM 才有）。管片安装机为单体回转式，具有 6 个自由度，其移动可以精确地进行控制，以保证管片安装位置的准确性。管片安装机控制分有线控制和无线控制 2 种，施工中主要采用无线遥控器安装管片，有线控制器作为无线遥控器出现故障时的临时设备使用。安装机也具有紧急状况下的自锁能力，可确保施工中的安全。

（7）皮带输送系统。皮带输送系统由 TBM 输送带、第二输送带、后配套输送带和石渣排放输送带组成。在输送带转载的地方装有喷水嘴以减少粉尘。TBM 输送带在刀盘内靠近其中心线，装在前盾内随前盾一起移动，并能用液压装置使输送带后缩以便保养。TBM 输送带为液压驱动、无级调速并可反转，承载滚轴与惰轮均为软质滚轮。

（8）钢拱架安装器（仅敞开式 TBM 有）。钢拱架安装器位于顶护盾下方，可分为钢拱架拼装环（齿圈旋转机构）和撑紧环（撑紧臂）两部分。钢拱架拼装环采用齿轮齿圈驱动，固定在主驱动变速箱上，撑紧环可以掘进前后行走，径向撑紧收缩。钢拱架拼装环可安装由型钢组成的环形钢拱架，并对各段钢拱架进行定位、卡位旋转并逐节拼装。撑紧环可抓取拼装好的整环钢拱架，并前后移动定位，最后通过撑紧臂径向撑开或收缩，将钢拱架撑紧在洞壁上。

（9）锚杆钻机（仅敞开式 TBM 有）。锚杆钻机安装在 L1、L2 区。L1 区安装在钢拱架安装器后面，L2 区安装在喷浆机械手前方。锚杆钻机的主要部件为液压冲击式凿岩机。

（10）混凝土喷射系统（仅敞开式 TBM 有）。混凝土喷射系统安装在 L1、L2 区。系统包括混凝土罐体吊机、混凝土喷射泵、液压泵站、控制系统、喷射臂、旋转小车、旋转支撑架等。一般具有以下特点：机械手喷头满足各个方向喷浆要求，喷射臂角度范围满足喷浆设计要求，伸缩臂的行程至少大于 1 个掘进行程要求。

（11）超前地质预报系统。超前钻探和超前地质加固是 TBM 必备的辅助施工手段。TBM 配置超前地质预报系统，用于地质超前探测和不良地质的处理，能有效防止重大事故的发生，保证 TBM 施工的安全和效率。目前成熟的超前地质预报系统有：BEAM 系统、ISIS 系统、TSAT 系统。具体采用何种系统，应由相关技术人员根据工程特点有针对性地选择。

（12）超前钻机。超前钻机由液压凿岩机、推进梁、动力站、控制系统、钎具等组成，能实现超前锚杆、超前管棚、超前预注浆、地质预判等功能。超前钻机可根据工程实际特点选装。

（13）后配套拖车。后配套拖车多采用门架式结构，布局需保证人员通道、物料运输通道畅通。行走方式可采用轮式或轨式。在后配套拖车上布置 TBM 工作所需的机械、电气、液压辅助设备，以及支持掘进机作业的各种设备，如皮带输送机、除尘器、通风管、集中油脂润滑系统、豆砾石回填系统、水泥浆搅拌注入系统、电气控制柜、液压动力装置、变压器、空压机、水系统以及电缆卷筒、水管卷筒等。

7.3 TBM 施工方法及类型选择

先须根据工程特征，采用 TBM 法和 DBM 法综合对比分析，确定是否可采用 TBM。

7.3.1 TBM 施工方法选择

TBM 法虽然具有掘进速度快、工作效率高、施工安全、施工环境好等优点，它有很多成功的先例；但是 TBM 法也具有对不良工程地质条件适应性差的特点，而对这些条件如重视不够，也会给工程带来巨大的损失，甚至得不偿失。这在瑞士高达隧洞、印度 DulHasti 引水隧洞、中国台湾省北宜高速坪林隧洞和昆明掌鸠河引水工程上公山隧洞等类似工程中也有体现。TBM 掘进引以为傲的高速度也大多是在地层相对稳定、岩石强度适中、地下水不太丰富的地层掘进施工中诞生的。因此，在进行 TBM 选型前须综合以下因素，冷静、科学地确定工程是否适合 TBM 掘进法。

选择 TBM 施工工法时应有以下认识：第一，没有可以适应任何地质条件的 TBM；第二，每种 TBM 都有各自的优缺点；第三，除非避免不了，尽量不使用 TBM 法开挖本该由钻爆法开挖的洞段，即不排除对极端不良地质洞段采用钻爆法通过的可能。选型主要考虑以下主要因素：工程地质条件分析、掘进性能比较、工期要求、工程造价和经济性等。

（1）敞开式 TBM 与护盾式 TBM 掘进性能比较。敞开式 TBM 与护盾式 TBM 性能比较见表 7-1。

（2）隧洞衬砌设计要求。采用 TBM 施工的岩石隧洞工程在隧洞设计时都要将机器类

表 7 - 1　　　　　　　　　　　　敞开式 TBM 与护盾式 TBM 性能比较表

TBM 类型	护 盾 式	敞 开 式
衬砌形式	管片衬砌	非管片衬砌
围岩暴露期	较短	较长
洞内通风、出渣和材料运输的空间布置	小断面隧洞布置较难；大断面隧洞布置较容易	较易
对围岩的观察和处理	较难	较易
适应性	范围更广，Ⅱ类、Ⅲ类、Ⅳ类、Ⅴ类围岩均适应，通过两种工作模式减少了对围岩的依赖程度	相对而言对围岩的依赖程度很高，一旦洞壁无法提供支撑反力，只能通过人为措施通过
安全可靠性	提高设备和人员安全	设备和人员更多地面临岩爆、突涌水等的威胁
技术先进性	融合了支撑盾和盾构的各自相对优势并独立发展，积累了丰富成熟经验	相对于大直径断面一次支护的配套工艺很大程度上制约了 TBM 快速掘进的优越性
开挖直径（在衬砌厚度相同时）	较小	较大
设备投资	较高	较低
开挖单价和刀具费用	视围岩岩性而定	偏高
经济性	缩短了工期带来的经济性	增加了二次初砌工期

型选择与隧洞衬砌型式结合起来进行决策。若采用管片衬砌则采用护盾式 TBM，采用非管片衬砌则采用敞开式 TBM。管片衬砌型式主要根据隧洞用途与设计要求、工程地质与水文地质条件、管片与模具制作技术及其与其他衬砌方法的成本比较等方面综合分析后确定。

隧洞必须采用预制混凝土或者混凝土衬砌。优先选用护盾式 TBM。在后期管片设计时，根据围岩各项指标对预制混凝土管片相关细节进行研究和优化，以确定最安全、经济的管片型式。

（3）施工进度要求。采用何种形式的 TBM，须根据地质资料优选。但在围岩较稳定的隧洞段进行掘进施工时，刀盘及其上安装的破岩刀具基本相同，敞开式和双护盾 TBM 的掘进速率基本一致。而需要衬砌的隧洞，如果采用管片衬砌，采用护盾式 TBM 掘进，管片安装时间不占直线工期，管片安装与掘进基本同步，在隧洞开挖贯通同时，管片衬砌同步完成；而如果采用敞开式 TBM，除需要进行大量的临时支护外，根据围岩的破碎情况，TBM 经常需要停止掘进，等围岩支护完成后再安全继续掘进。而且在掘进支护完成后，还需要在后面进行常规衬砌。无疑采用敞开式 TBM 掘进，总工期比双护盾 TBM 要长，而且如果在掘进过程中进行常规混凝土衬砌，其施工干扰相对较大。

（4）经济性比较。对于 TBM 施工隧洞，TBM 类型的选取应从地质、工期、施工成本、工程设计和现场条件等角度进行综合分析确定。

敞开式 TBM 通常用于围岩稳定的隧洞的开挖。一般认为，若隧洞总长度中超过 80%是稳定的，则考虑采用敞开式 TBM，或岩石质量指数（RQD）为 50%～100%、节理长度小于 60cm，首选敞开式 TBM。在软弱围岩条件下，敞开式 TBM 的支护量大，并限制了撑靴的支撑能力，影响掘进进程。因此，一般软弱围岩所占长度比例较大时，应考虑选用双护盾 TBM；若软弱围岩地段严重，占隧洞总长度比例绝大部分，撑靴难以支撑时，需要选用单护盾 TBM。由于护盾式 TBM 盾体较敞开式 TBM 长，围岩自稳时间较短，在选型时要权衡比较，并有相应的处理措施。

从工期角度来看，由于敞开式 TBM 一般是掘进贯通后再进行模筑衬砌，而双护盾 TBM 是在掘进的同时，完成预制管片的衬砌，因此，双护盾 TBM 往往占有工期优势。

从施工成本来看，一般双护盾 TBM 比敞开式 TBM 设备成本略高，而且双护盾 TBM 需要很大的管片预制厂，所需管片模具和人员费用较高、场地较大，需要考虑现场是否有足够的管片加工、存放场地及运输条件。综合考虑，一般采用双护盾 TBM 施工比采用敞开式 TBM 施工增加 10%～20%工程成本。如果选择敞开式 TBM，造型设计时应重点考虑支护设备的配置及能力，如超前钻机、锚杆钻机、钢拱架安装器、挂网设施、混凝土喷射装置等。而护盾式 TBM 需要加强考虑护盾设计、推进系统、辅助推进系统、脱困扭矩、管片安装器、豆砾石喷射系统和灌浆系统等。

（5）选择 TBM 的其他适用边界条件。根据 TBM 施工作业的特点，拟采用 TBM 施工的各类隧洞工程还须考虑影响 TBM 布置的现场地形、排水、围岩、使用寿命等基本条件是否满足。

1）隧洞进出口的施工场地条件。进出口场地应尽量开阔和平坦，不仅应满足 TBM 设备安装、拆卸、进料、出渣和交通需要，还应具备布置生产生活营地和混凝土预制厂等条件。在不具备布置支洞条件的隧洞可考虑采用 TBM 施工。

2）隧洞纵坡及施工排水条件。在纵坡较大的隧洞中采用 TBM 施工，若存在富水洞段，为便于施工排水自流出洞，须将 TBM 逆坡布置、逆坡掘进，防止出现断电现象时 TBM 设备被淹没和与此有关的其他人身伤害事故。

3）TBM 围岩适用条件。受 TBM 机型限制，硬岩 TBM 不宜承担软土隧洞的掘进。在特殊围岩隧洞段，如膨胀岩洞段、具有软土充填的岩溶洞穴发育段等，TBM 适应能力也较弱。当某一隧洞确定采用 TBM 方案时，若局部洞段存在上述情况，须采取具有针对性的施工预案或措施。

4）TBM 使用寿命。在一般情况下，每台 TBM 平均使用寿命约为 20～25km。因此在超长隧洞中使用 TBM 时，应对其掘进长度留有余地。

5）其他因素影响。包括不可抗拒因素（如地震、火山、洪水）和特殊地质因素（如放射性地层、有害气体、有害水质）等方面，这些对 TBM 布置的影响也是不容忽视的。

7.3.2　TBM 类型选择

在确定了长大隧洞采用 TBM 法施工后，就要决定选择哪一类 TBM。TBM 可分为敞开式、单护盾、双护盾等，主要根据工程地质和水文地质条件、隧洞设计要求、支护与衬砌形式等综合分析结果确定。

（1）敞开式 TBM 适用范围。敞开式 TBM 在掘进过程中如果遇到局部不稳定的围岩，可以利用其附带的辅助设备，通过安装锚杆、喷锚、架设钢拱架、加挂钢筋网等方式予以加固；当遇到局部洞段软弱围岩及破碎带，则 TBM 可由附带的超前钻机与注浆设备，预先加固前方上部周边围岩，待围岩强度达到可自稳状态后再掘进通过。掘进过程中可直接观测洞壁岩性变化，便于地质描绘。永久性衬砌待全线贯通后施工作业或者采用新兴的同步衬砌施工技术。敞开式 TBM 主要适用于整体较完整、有较好自稳性的中硬岩地层（单轴干抗压强度为 50～350MPa）；当采取有效支护手段后，也可适用于软岩隧洞。

（2）单护盾 TBM 适用范围。单护盾 TBM 主要适用于复杂地质条件的隧洞。施工时，人员及设备完全在护盾的保护下工作，安全性好。当隧洞以软弱围岩为主，抗压强度较低时，适用于护盾式 TBM，但如果采用双护盾 TBM，由于护盾盾体相对于单护盾 TBM 长，而且大多数情况下都采用单护盾模式工作，无法发挥双护盾 TBM 的作业优势。单护盾 TBM 盾体短，更能快速通过挤压收敛地层段；从经济角度看，单护盾 TBM 比双护盾 TBM 造价低，可以节约施工成本。

单护盾 TBM 适用于软岩（岩石单轴抗压强度小于 50MPa）隧洞的掘进。

（3）双护盾 TBM 适用范围。当围岩有软有硬、同时又有较多的断层破碎带时，双护盾 TBM 具有更大的优势，硬岩状态下，支撑盾上安装的撑靴撑紧洞壁，为掘进施工提供反力；软岩状态下，洞壁不足以承受撑靴压力，则利用尾盾的辅助推进油缸顶推在已经拼装好的管片上，为掘进提供反力。

双护盾 TBM 具有两种掘进模式，能有效地切削单轴抗压强度 5～250MPa 的岩石（30～120MPa 最为理想）。

护盾式 TBM 实现了边掘进边衬砌，但是单护盾 TBM 以及双护盾 TBM 在单护盾模式下掘进时，掘进和管片拼装交替进行；双护盾 TBM 在双护盾模式下掘进时，可以在掘进施工的同时完成管片拼装。

7.3.3 TBM 选型的主要影响因素与流程图

TBM 施工首先需要正确选型，其次才是科学组织施工。TBM 选型需要解决两个问题，一是选择合适的类型，二是确定合理的 TBM 主要技术参数。选型原则：①安全性、可靠性、先进性、经济性相统一；②满足隧洞开挖直径、长度、埋深和地质条件、沿线地形以及洞口条件等环境条件；③满足安全、质量、工期、造价及环保要求；④后配套设备与主机配套，满足生产能力与主机掘进速度的要求，与工作状态相适应，且能耗小、效率高，同时具有施工安全、结构简单、布置合理和易于维护保养的特点。

TBM 选型过程中需要重点考虑如下因素。

（1）隧洞断面形状与大小。这直接影响到 TBM 类型以及刀盘直径，护盾、撑靴、主梁（或内外机架）等的结构与尺寸，后配套布置形式，出渣及施工材料运输方式等。

（2）围岩地质条件。围岩岩性与自稳能力决定了 TBM 类型选择；围岩岩性、抗压强度、石英含量等决定刀盘设计结构、刀盘选材、刀盘开口率、刀具布置、刀具规格、刀具数量、驱动功率等；围岩裂隙、节理、断层、破碎带、支护类型及参数等决定了 TBM 支护方式的选择以及支护设备选型、数量、布置方式等。

（3）隧洞坡度、曲线半径等因素，影响到主机、连接桥及后配套结构设计。

（4）隧洞掘进长度决定了 TBM 供电方式的选择、关键部件寿命计算。

（5）隧洞埋深、地应力、围岩收敛性决定了 TBM 扩挖量的设计。

（6）隧洞沿线是否穿越煤系底层、围岩瓦斯含量等决定了 TBM 电气系统是否要求防爆。

（7）隧洞围岩条件、掘进长度、工期要求决定了 TBM 平均掘进速度、最大掘进速度的设计。

TBM 选型流程见图 7-9。

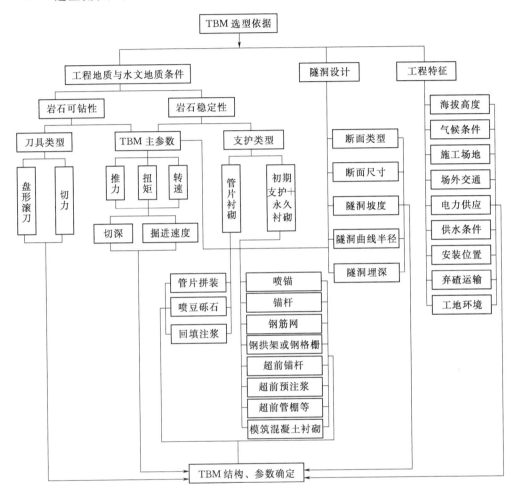

图 7-9　TBM 选型流程框图

7.3.4　选定 TBM 的主要设计要求

在确定了 TBM 类型后，需要根据设计要求对 TBM 的主要关键参数进行确定，包括主机参数和后配套系统的配置和数量。每台 TBM 都要根据地质条件、支护要求、工程进度和开挖洞径进行制造。即使是同类型主机，尚需自主确认驱动形式、控制系统、测量系统、记录系统等规格和关键参数，特别是与之配合的后配套系统更是关系到 TBM 技术性能和效率的发挥。在选型时，充分考虑该隧洞采用的 TBM 对地质适应性。具体体现在以下方面（包括但不限于）。

（1）刀盘的适应性。刀盘和刀具应具有良好的破岩开挖能力和地层适应能力。TBM 施工隧洞通常地质条件复杂、围岩强度变化较大，TBM 刀盘设计和刀具配置要既能适应硬岩掘进，又能适应破碎软岩掘进。刀盘设计时要求有足够的强度、刚度、耐磨性，且刀具应具有高的耐磨性能，以减少刀具更换的频次，实现连续快速掘进。

（2）变频电机驱动对地质的适应性。刀盘驱动方式对 TBM 施工非常重要，变频驱动具有可靠性高、传动效率高、能耗经济、针对不同的围岩具有良好的调速性能和破岩能力等优点，已在 TBM 上得到广泛的应用。刀盘可以双向旋转，顺时针旋转掘进出渣，在换刀和脱困时可以逆时针旋转。在硬岩区，地质稳定、均匀的地层采用高转速，以获得较高的掘进速度；在软岩区，地质不均、不稳定地层采用低转速，以获得较高的扭矩，同时可以更好地保护刀具，保持掘进的连续性。

（3）良好的操作性。TBM 的操作设计充分考虑到减轻操作者的劳动强度，提高操作者的劳动效率。主司机在主控室内可以完成 TBM 掘进的主要操作，如启动泵站、推进、调向、换步、刀盘转动、油脂系统的注入控制等。TBM 的主要状态参数，如各种油压、油温、气压力、TBM 姿态等也直接反馈到主控室内。

（4）长距离掘进适应性。保证 TBM 具有良好的可靠性、使用性能和配套系统是成功的关键，通常 TBM 设计应具有以下优点，以满足长距离施工。

1）TBM 关键部件设计寿命满足工程需要。主轴承设计寿命和主驱动组件设计寿命须满足工程需要，管片拼装器的轴承和密封寿命须满足工程需要。关键部件的寿命可连续掘进 15km 以上，具备长距离掘进的需要。

2）技术先进性。TBM 上大量采用变频、液压、控制、导向等领域的新技术，其控制系统的底端全部由 PLC 可编程控制器直接控制，上端由上位机进行总体控制。TBM 还可以通过网络系统由洞外技术部门或 TBM 制造商进行远程监控、调试及控制。TBM 的数据采集系统可以记录 TBM 操作全过程的所有参数。整机液压系统大量采用了比例控制、恒压控制、功率限止等先进的液压控制技术。TBM 电气、液压系统部件全部采用国际知名品牌，保证良好的质量和使用性能，增加其可靠性。

3）精确的方向控制能力。长距离施工要求 TBM 具有良好的方向控制能力，以保证线路方向误差控制在规定的范围内。TBM 方向的控制包括两个方面：一是 TBM 本身能够自动纠偏；二是采用先进的激光导向技术降低方向控制误差。TBM 主推进油缸和辅助推进油缸均分为 4 组，能分区域单独控制，使 TBM 具有良好的转向和纠偏性能。导向系统能精确反映 TBM 主机的方位和姿态，使主司机能精确地控制 TBM 掘进方向。

（5）不良地质地段掘进适应性。

1）TBM 穿过富水地段，要预测隧洞涌水量较大地段发生涌水灾害的严重程度。TBM 必须具备有通过涌水及高水压地段的能力，因此，所选 TBM 必须具有以下特点。第一，能进行地质预报。涌水预报采用红外探测为主、超前地质钻探为辅的综合超前地质预报方法。对于隧洞部分洞段涌水量大，仅靠水泵排水无法保障施工顺利进行的部位，可采用堵、排结合的方式防水。可以利用超前钻机钻孔，再利用注浆设备进行超前地层加固堵水。第二，TBM 配置具有良好防水性能的电气设备，以保证 TBM 在涌水及高水压地段电气设备的完好性，从而保证设备的正常运转。

2）断层破碎带是隧洞围岩失稳和出现地质灾害的突出地段，容易引起塌方、大量涌水，甚至突发性涌水，因此，TBM 对断层破碎带的掘进适应性尤为重要。

A. 超前地层加固。对断层破碎带进行超前地质预报，并利用 TBM 配置的超前钻机探水。利用 TBM 配置的超前钻机和注浆设备对地层进行超前加固，同时刀盘面板预留注浆孔的设计能满足对掌子面加固的需要。

B. TBM 结构设计可保证导洞向前开挖。若断层破碎带及其影响带宽度大，单靠超前地层加固等措施已不满足施工要求时，可以将盾尾内第二环管片拆除，从盾尾处采用钻爆法开挖导洞绕过 TBM 主机向前开挖，TBM 步进通过。如采用双护盾 TBM，则管片安装机设计时其行程满足拆除盾尾内第二环管片。

3）在隧洞埋深较大、质地软弱、地应力较大的岩层中，易发生围岩塑性变形，所选 TBM 具有以下特点能满足施工条件。

A. 刀盘设计与布置。刀盘设置超挖刀，能增大 TBM 开挖直径，为 TBM 在围岩变形量小的情况下快速通过围岩变形地段预留了变形量。

B. TBM 的锥形盾体，较短的机身长度以及扩挖能力是克服膨胀岩土的重要手段，大大降低了卡机的可能性。

C. 主驱动可实现整体抬高的设计，在围岩发生收敛变形地段，抬高主轴承可扩大开挖面，从面降低卡机的风险。

D. 地层加固。若超前地质预报显示围岩变形量大，TBM 不能正常通过，应视情况加快管片安装进度，或停机利用 TBM 配置的超前钻机和注浆设备加固地层，然后通过。

E. 高强度的结构设计，足够的能力储备。TBM 高强度的结构设计和足够的推力、扭矩等能力储备能保证 TBM 不易被变形的围岩损坏或卡住，能在 TBM 被卡机时提供足够大的推力和扭矩。

4）穿越易塌方地段，TBM 采用以下设计。

A. 封闭式的刀盘设计。TBM 刀盘采用封闭式设计，能有效地支撑掌子面，防止围岩发生大面积的坍塌。

B. 高强度的结构设计，足够的能力储备。TBM 高强度的结构设计和足够的推力、扭矩等功能储备能保证 TBM 不易被坍塌的围岩损坏或卡住。

C. 撑靴压力可调。TBM 撑靴压力能根据地质条件调整，以免支撑力过大而破坏洞壁岩石。

D. 停机进行超前地质处理，如预灌浆、超前管棚等措施。

5）穿越瓦斯、一氧化碳、二氧化碳、甲烷、硫化氢等有害气体地层，TBM 采用以下设计。

A. 超前探测及卸压。TBM 配置地质预报仪和超前钻机，能根据需要对可能的有害气体聚集地层采用超前钻探检验其浓度，并对聚集的有害气体采取打孔卸压的方法卸压并稀释。

B. 有害气体监测系统。根据有害气体涌出的规律，TBM 分别在主机皮带机进渣口、伸缩盾顶部、主机皮带机卸渣口、除尘风机出口和主机皮带机卸渣口 5 处设置有害气体监测器，监测有害气体和氧气浓度。监测器采集的数据与 TBM 数据采集系统相连，并输入 PLC 控制系统。当浓度达到一级警报临界值时，警报器将发出警报；当浓度达到二级警报临界值时，TBM 停止工作，只有防爆应急设备处于工作状态。

C. 通风能力。TBM 二次通风机的通风能力应充分考虑对有害气体的稀释能力。

D. 配置防爆应急设备。TBM 配置的应急设备如二次风机、水泵、应急发电机、应急照明灯等全部为防爆设备，同时隧洞内配置的通风机应为防爆风机。

7.3.5 工程实例

厄瓜多尔 CCS 输水隧洞工程 TBM 选型主要技术要求见表 7-2。

表 7-2　　　　　　　　厄瓜多尔 CCS 输水隧洞工程 TBM 选型主要技术要求表

项目	主 要 技 术 要 求
主要性能参数	1. 管片安装机在熟练的操作人员操作下安装 1 环的时间不长于 20min，其他相关设备的能力应与掘进速度相匹配，并留有足够的余量。 2. TBM 系统掘进速度同时应满足如下要求： （1）岩石饱和单轴抗压强度在 160～200MPa 之间时，掘进速度不低于 36mm/min； （2）岩石饱和单轴抗压强度在 120～160MPa 之间时，掘进速度不低于 54mm/min； （3）岩石饱和单轴抗压强度在 60～120MPa 之间时，掘进速度不低于 72mm/min； （4）岩石饱和单轴抗压强度在 30～60MPa 之间时，掘进速度不低于 90mm/min。 当岩石的饱和单轴抗压强度超过 200MPa 时，TBM 仍然能够顺利的掘进且刀盘或设备的其他任何零部件没有任何损坏。 3. TBM 系统应有能力达到平均月进度 600m 的要求。 4. 掘进机换步时间应小于 5min。 5. 管片宽度 1.8m。 6. 最小转弯半径不大于 500m。 7. 主轴承的主密封、主驱动、变频器、液压马达、阀组、液压泵、油缸、PLC、变压器、电器控制柜等主要部件以及后配套上的主要设备纯工作寿命应保证 12000h。 8. 刀盘、主轴承在偏心荷载大扭矩工况下纯工作寿命应保证 15000h。 9. 护盾应满足正常掘进 20km，不更换、不大修。 10. 后配套系统应满足一列车运送 2 环管片及相应的轨道、止水、连接螺栓、豆砾石、灌浆等材料的能力，并满足存放 2 环管片施工的所有材料。 11. 开挖的洞轴线偏差应该控制在±40mm 以内。 12. TBM 扩挖时，刀盘底部相对于前护盾底部最大超挖不大于 40mm
刀盘	1. 刀盘应有足够的强度和刚度，防止刀盘的变形、裂纹、断裂，刀盘应有耐磨措施，并能够满足最大 200MPa 硬岩的掘进，周边刀具设置的数量尽量大，以减少换刀频率，各厂商需要提供计算说明。 2. 刀盘应能符合目前国际先进水平，此部分供应商必须在本土制造。 3. 刀盘结构件应进行无损检测，结构件焊接后应进行热处理方可进行加工。刀盘应采取特殊的耐磨措施，刀盘采用碳化铬耐磨合金材料。 4. 为便于工作现场组装，分瓣刀盘应在工厂内进行预组装，并配有钻好螺栓孔的工艺法兰和销钉孔，提供连接螺栓和销钉。 5. 刀盘应提供附加的刀具或部件以实现不小于 100mm 半径扩挖，并配置有刀盘抬升装置以避免机头下沉。 6. 刀盘上的铲斗和出料槽应能满足最大掘进速度的出渣需要。应有防止直径超过 20cm 的岩石进入刀盘造成皮带机损坏的措施。铲斗应能实现径向关闭的功能。应有避免岩渣在刀盘中部和铲斗堵塞的措施。铲斗应具有液压驱动的可以控制铲斗开度的装置控制物料的流量并阻止物料进入刀盘内部。 7. 刀盘应有良好的喷水除尘装置，而且便于维护。 8. 刀盘的设计和刀具的配置应适应本工程不同地质的掘进需要。在刀盘承受最大推力工况下，刀具承受不均匀作用力时，必须能正常工作，以降低其更换频率。 9. 由于本项目可能存在较大地下涌水，为有效运输渣料，需要在刀盘后部设置渣水分离装置，以确保出渣能力对正常掘进的需要

项目	主 要 技 术 要 求
刀具	刀盘应装配直径不小于 19″的滚刀,设置便于快速更换的背装式刀具,应有改善工作环境和缩短更换刀具时间的措施和爬梯
主轴承	1. 在本项目地质报告给定的地质条件下,操作 TBM 时,TBM 应具备足够的驱动功率。 2. 刀盘驱动采用变频电机驱动并有反转功能,变频器容量应有足够的余量,其高频影响应符合标准要求。应采取措施,改善各驱动电机之间的同步性,变频电机的防护等级为 IP67。驱动电机、变频器、减速箱、主轴承必须是世界品牌产品。 3. 刀盘启动转矩不小于额定转矩的 1.25 倍,短时间内的脱困转矩应达到额定转矩的 1.5 倍,虽然如此,TBM 在坍塌和刀盘上方有一定厚度的松散围岩荷载等特殊状况下要有足够的转矩启动刀盘。 4. 设计的主轴承应该能够减少传递到其他组件上的来自主驱动的振动。 5. 在 TBM 供应商确定的荷载下主轴承的寿命不小于 15000h。轴承应为 3 排轴向,径向滚子轴承组成的传动齿轮轴承。 6. 在给定的荷载情况下,制造商提供的主轴承的主驱动齿轮箱和电机的寿命不小于 15000h。 7. 为了降低齿轮箱或驱动小齿轮给主轴承齿轮造成损害的风险,与齿轮啮合的驱动小齿轮轴两端使用轴承支架以减小弯矩。 8. 主轴承的密封结构合理可靠,能够有效地防止水、尘土和污物进入,并确保正常掘进 15km 后不损坏。 9. 主轴承的润滑系统和大齿轮油箱的润滑系统应分开单独设置。 10. 驱动电机为水冷,水冷系统应有效可靠。 11. 主轴承要装满足够的齿轮油。 12. 主轴承在遇到大水涌入时要确保能正常工作
护盾	1. 护盾组件包括了前护盾、伸缩护盾、支撑护盾和尾护盾以及护盾的连接、支撑和推(拉)动机构。 2. 前护盾、伸缩护盾、支撑护盾、尾护盾应具有足够的强度、刚度和耐磨性,防止壳体的变形、裂纹,壳体应采取特殊的耐磨措施,壳体采用碳化铬耐磨合金材料。 3. 必要时,在伸缩盾部位可打开盾体露出围岩,对围岩进行处理。 4. 护盾的壳体满足通过不良地质段时,失稳岩体对护盾壳体施加压力的工况下不发生变形、损坏的要求。 5. 为防止卡机,护盾应尽可能短,制造商应以图纸表示在两种状态下(伸开和收缩)前护盾、伸缩护盾、支撑护盾、尾护盾的分体长度,并论证如何才能达到护盾最短的长度。整个盾体设计为倒锥形,在设备稳定和运转允许的范围内,盾体应尽可能做成倒锥体,内伸缩护盾与支撑护盾的直径相同。 6. 应在前护盾设稳定机构,即能在掘进时防止刀盘振动;同时,换步时该机构能起到稳定前护盾的作用。 7. 应设有防止及调整前护盾与支撑护盾相互滚动的机构;当护盾滚动时该机构应能使护盾复位。 8. 支撑靴应使其接地比压适合本工程的地质条件;支撑靴接地比压应满足地质条件的最低要求,接地比压的调定应与推力相匹配。在前护盾设置化学灌浆孔。 9. 在内伸缩护盾上应设有便于观察围岩的窗口,左右各设 1 个。 10. 应有防止回填豆砾石及砂浆进入尾护盾的措施。护盾的尾部密封采用独立的钢丝刷系统,该系统能够承受设计的最大静水压力和管片背后的回填灌浆压力。在掘进过程中可以对钢丝刷系统进行更换,并详细说明如何更换钢丝刷。 11. 应有防止伸缩护盾滑动时卡住的措施。 12. 在前护盾和伸缩护盾外部的周边应该有直径不小于 100mm 的、有一定角度和一定数量的、可以打开和关闭的管孔,管孔应布置在有利于处理 TBM 刀盘的位置前方 20～30m、直径 25m 范围内的不良地质段;在前护盾周边 360°范围内至少有直径不小于 100mm、最大角度是 12°的 30 个孔,20 个孔在盾体的上部 180°范围内,10 个孔在盾体下部的 180°范围内;通过刀盘至少可以钻 20 个内径不小于 100mm 的孔

项目	主 要 技 术 要 求
管片拼装器	1. 管片安装器应适应 TBM 和管片衬砌，安全有效地安装管片，并有适当的吸取力储备。安装 1 环管片的时间不超过 20min。 2. 管片安装器应使用具有真空互锁的吸盘吸取管片，吸力与最重管片的重量比为 3：1，真空度为 0.8。 3. 管片安装器应能轴向、径向和圆周方向运动并在这 3 个方向有 6 个自由度。管片安装器应能抓紧并且把管片安装到精确的位置以使管片安装误差在允许的范围之内，管片密封条能够完全接触挤压，管片不出现损坏变形。 4. 管片安装器应包括： （1）安装管片时单独操作与集中控制推压管片的互锁机构，包括在 TBM 操作手和管片安装手之间的安全互锁开关。 （2）安全吸取管片的警示信号。 （3）吸取管片时的真空检测装置。 5. 管片安装器在安装完 1 片管片后应能返回并自动定位吸取下一片管片。 6. 在安装管片期间，应为隧洞施工人员提供足够的安全空间。 7. 安装器应有一锥形的插销插入管片的中心定位孔。插销设计有能够防止管片损坏的带有横纹的塑料套管，且能将力传递到管片的中心截面。 8. 安装器应有 2 个对准管片内弧面定位孔的激光头，以便定位销插入管片。 9. 通过授权按键和功能按键的同步选择，遥控应该能够实现安装器的所有功能。 10. 在管片安装过程中出现破损时，TBM 管片安装器能将其拆下并重新安装新的管片。 11. 管片安装器应有在旋转平面内保护电缆和管子安全不被损坏的转轮或其他被认可的系统。 12. 管片安装器的主要动作为比例控制。 13. 所有手持电气设备如管片安装器控制器必须防水。 14. 管片安装器的轴承和密封寿命为 12000h。 15. 真空系统要安装压力传感器检查压力损失状况，并能在压力下降 0.8bar 时阻止操作安装器吊起管片，安装器应发出警报或停止工作。 16. 安装器应有安装和操纵超前钻的装置从预留孔中在 TBM 内进行地质处理和钻孔。 17. 安装器相对于隧洞底部而言应可以在 220°范围内顺时针和逆时针旋转。 18. 在停电的情况下，安装器应该在任何位置吸附管片至少 30min，在此期间，能够用手动的方式将管片放置在安全的位置
喂片机	1. 最少存储 1 环管片。 2. 能够反转运出安装区域内损坏的管片。 3. 喂片机应为底部灌浆留有充足的空间。 4. 喂片机应有合适的操作者位置。 5. 喂片机应有一个通往 TBM 尾盾的区域。 6. 喂片机应有足够的空间以便于维护和取油样。 7. 即使在大水涌入隧洞底部，喂片机也要能够正常工作
后配套拖车	1. 后配套拖车宜采用门架式结构，轮轨式移动。 2. 后配套拖车应有足够的强度和刚度。 3. 考虑排水要求，后配套台车行走道轨在架高结构上铺设，架高架底面高度考虑做 45cm。钢轨规格为 P43，每节长度为 12.5m。 4. 后配套的设备应布置合理，操作维修方便，豆砾石、砂泵的输送距离应尽量短，中间应留有足够的空间，便于运输列车进出后配套。一列运输列车按运送掘进 2 环所有的材料进行规划。列车的轨道在也铺设在支撑架上，轨距为 900mm，道轨规格为 P43，每节长度为 12.5m。 5. 后配套的设备布置需考虑隧洞连续皮带机机尾距离和支架组装所需的空间

项目	主 要 技 术 要 求
回填系统	1. TBM 系统应配备豆砾石充填和灌浆设备。充填效果良好。设备的工作寿命应满足 12000h。 2. 管片在尾盾内安装，底管片设计有直接接触围岩的底座，要在安装好并退出尾盾的第一环管片和围岩的环形空间内尽快地回填豆砾石，然后再后配套或配套以后灌水泥浆。在特殊情况下，如涌入大量的地下水、塌方等，回填豆砾石灌浆困难，将使用高黏度砂浆回填管片与围岩间的空间，或者是仅回填底管片部分。 回填高黏度砂浆的设备要安装在后配套的前部，使用散装水泥在后配套上搅拌砂浆，设备应便于维护，用水冲洗清洁后可移除盖板和管道并能在最短的时间内复位。 3. 砂浆灌注后进行豆砾石充填，豆砾石充填能力应与最高掘进速度相匹配，并有一定的余量，尚需配置 1 台备用豆砾石泵。 4. 豆砾石充填系统完整、可靠。管路系统便于撤换和疏通。 5. 灌浆设备布置在后配套的尾部，灌浆设备能力应与最高掘进速度相匹配，并有一定余量。灌浆的水泥采用散装水泥，并能实现连续自动灌浆。配置 1 套自动灌浆记录仪。 6. 灌浆系统应包括：储存 2 环管片所用的储浆罐、螺杆式灌浆泵、流量计、压力表、记录仪。 7. 在后配套上要有充足的豆砾石、砂子和水泥的吊装运输设备。 8. 豆砾石的储存能力要满足 2 环管片的要求，水泥浆液的生产能力要与灌浆设备的灌浆能力相匹配
皮带运输系统	1. 将掘进时产生的渣料从刀盘一直送到隧洞连续皮带机接料部位的主机和后配套皮带机。 2. 皮带机应具有自动清理、刮渣、防跑偏、耐磨、防滑、阻燃、调速等功能。 3. 驱动和控制部件等须全部采用高质量产品，设备的纯工作时间应满足 12000h。 4. TBM 和后配套皮带机的输送能力须满足最大掘进速度时岩渣的输送并有一定的富余。考虑地下水和断层的存在，TBM 皮带机富余量不少于 50%，须采取有效的渣水分离措施
液压系统	1. 液压系统工作应稳定、可靠。 2. 液压泵站应设有机械式压力仪表，同时设有能将压力信号传送到控制室的传感元件。 3. 液压主油箱应设有循环过滤冷却回路，液压油箱应设置液位传感器，过滤精度小于 $5\mu m$。 4. 液压系统应设有便于测量压力的快速接头。 5. 液压软管应布置整齐，并设有必要的防护措施。 6. 卖方在其投标文件中提供多种液压油品牌、型号等参数，以供选择。 7. 卖方应提供 1 台加油机。 8. 液压元件采用国际著名品牌。 9. TBM 设计时要考虑足够大的推力，保证在硬岩条件下刀盘有足够的推力破碎围岩以达到预计的掘进速度，主推进油缸的分组和控制须保证 TBM 在各种围岩情况下能够调整和控制前护盾的姿态。 10. TBM 的换步由主推进油缸和辅助推进油缸共同动作而完成，并能在换步过程中矫正后护盾的姿态。主推进油缸应有回拉前护盾的功能。 11. 在单护盾模式下辅助推进油缸撑靴作用在管片上时应避免不破坏管片，当管片强度不能满足辅助推进缸的局部挤压时，需有措施保护管片不受破坏。辅助推进油缸的分组和控制须能有效地使 TBM 在单护盾模式下掘进时控制方向并防止滚动，且要灵活地安装辅助管片。TBM 在各种工况下工作时辅助推进油缸都应保证管片的稳定。 12. TBM 应配备反扭矩系统或具备同类型功能的系统，此系统须能有效的抵抗并矫正 TBM 的滚动。 13. 撑靴应把支撑力分散到围岩上，压力不超过 4MPa。 14. TBM 应有防滚动系统并有效地防止和矫正 TBM 的滚动。 15. 撑靴及撑靴油缸要保证 TBM 在双护盾模式时应提供足够反作用力，在软弱围岩施工段，撑靴作用在侧墙上最大比压不超过 3MPa。撑靴油缸应有足够的行程以应对洞径的扩挖和可能的围岩变形。 16. TBM 应配有前稳定器，其功能除了减少掘进时的震动外，还应在 TBM 换步及矫正后护盾姿态时固定前护盾，稳定器的油缸应有足够的行程，以应对洞径的护挖和可能的围岩变形。 17. 主推进和辅助推进油缸最大推力的确定需要考虑以下因素： (1) 岩石的最大抗压强度为 200MPa。 (2) 在断层处 TBM 的上方及周边会有松散的围岩。此时 TBM 须有足够大的推力克服 TBM 与松散围岩摩阻力才能推动 TBM。设计时须考虑当 TBM 上方有一定厚度松散围岩时，TBM 不被卡住。 (3) 沿隧洞洞线有一定范围的地层属于缩径收敛地层，主推进油缸和辅助主推进油需有足够的推力以降低 TBM 卡机的风险和提高 TBM 的脱困能力，从而保证 TBM 总体掘进速度的实现。 18. 与盾体采用铰接方式连接，主要要求如下： (1) 要求使用铰接支座，能够辅助实现隧洞开挖接近隧洞理论轴线并在隧洞开挖允许的公差范围之内，铰接支座能够承受的反作用力要大于最大的推力值。 (2) 铰接支座应有防止泥浆、水泥浆、粉尘或其他外部物质进入其中的密封，要有在 TBM 内部更换铰接支座的措施

项目	主 要 技 术 要 求
润滑系统	1. 根据不同的需要，选用合适的润滑方式和润滑介质。 2. 润滑系统稳定可靠，并设有监控连锁装置。 3. 主轴承润滑油系统应设独立的滤油器，应备用一套润滑脂泵。 4. 脂润滑系统应尽可能采用自动、半自动机械式集中润滑。 5. 润滑系统应装满初装油。 6. 卖方应提供一台便携式气动油脂泵，便于对需要手动润滑的地方进行注脂
电气系统	1. 设备应自带变压器，为设备提供工作电源和照明用电。变压器的容量和数量由卖方确定。为买方用电设备提供 500kVA 的富裕容量，并提供给买方用电设备备用的电源插座。 2. 买方提供的供电系统一次电压为 20kV〔（−10%～＋10%）U_n〕，频率为 50Hz，卖方应充分考虑用电电压的不稳定性。 3. 卖方应配备功率因数的动态补偿装置，能使功率因数达到 0.95。 4. 对控制回路的供电应设有稳压装置，采用不间断电源供电。 5. 电器设备的保护等级不低于 IP65。 6. 高压、低压供电系统应有漏电监视器和短路、接地保护装置。 7. 45kW 以上的电机均采用软启动。 8. 应设有足够的照明系统，应保证人员工作安全和设备的操作、维护、检查需要。应有应急照明系统，应急照明灯具采用防爆型。 9. 应配备高压电缆卷筒和有效工作长度为 500m 的软电缆
通风、除尘、降温	1. TBM 通风、除尘、降温能力应满足洞内工作要求，并考虑潜在的有害气体的影响。 2. 隧洞通风，在后配套尾部应设有风筒储存器，并配备储存器的起重设备，储存能力大于 250m，风筒直径为 2200mm，另配备替换风筒储存器 1 个。 3. TBM 的二次通风要满足洞内空气的要求。 4. 冷却系统应确保主机工作面及后配套工作环境温度不高于 30℃。 5. 除尘系统应采用干式除尘设备，确保 TBM 及后配套部位的空气质量满足有关标准
供水、排水系统	1. 供水系统应满足刀盘喷水、冷却和其他工作用水的需求。 2. 冷却系统应采用闭式循环系统，系统设计应尽量节约用水量。 3. 供水系统水管卷筒储存能力为 100m，卷筒软管须柔软、耐磨，直径暂定为 6 英寸①。 4. TBM 及后配套的排水系统应配备满足 300L/s 的排水能力，并另提供同样容量的备用排水泵。排水泵要选用抗磨耐用的泥砂泵，水泵可布置在伸缩盾及尾盾等部位，污水须排至后配套尾部
自动导向系统	1. 提供 TBM 导向和控制的激光全站仪，导向系统有效工作长度不小于 200m，导向系统要求是最先进的，便于操作、检查和排除故障，具有数据储存和长距离传输的功能。 2. 导向系统应能在 TBM 操作室和洞外办公室内显示导向数据，要提供独立于当前显示系统的下载和打印数据的设备。 3. 自动导向系统安装位置应合理可靠，要有安全防护装置，系统防水、防潮、防尘、防震性能良好，系统连续运行可靠、数据可靠、系统误差小。 4. 在 TBM 掘进的过程中，导向系统要实时提供相对于隧洞设计参数的 TBM 数据：桩号、水平/垂直位移、坐标轴线偏差、高程偏差。 5. 导向系统在 TBM 掘进的过程中应能够计算出 TBM 与隧洞设计参数回归曲线，并计算和显示在 TBM 掘进过程中必要的修正参数，这些数据能够直接输入到 TBM 的控制、开挖和衬砌机构。 6. 导向系统要提供制造厂商的详细说明，随 TBM 一起提供导向系统的备份光盘和软件说明，便于买方在系统故障时重新安装，安装次数不受限，不设密码限制

① 旧制单位：1 英寸≈0.0254m。

项目	主 要 技 术 要 求
数据采集系统、控制系统	1. 控制系统具有连锁和安全保护功能，保证设备和人员的安全。 2. 所有与掘进工作有关的数据，如刀盘转速、扭矩、推进速度、推力、拉力、油缸行程、支撑力、温度、压力、流量、有害气体浓度等均应能传送到 PLC 上，并传送到控制室 PC 机的显示器上，这些数据同时能记录和打印。数据采集系统的一次存储量应在 3 个月以上。 3. 操作室采用隔音材料制作，室内噪声不大于 70dB。操作室宽敞明亮，最少能容纳 4 个人，室内设备布置应易于操作、观察并配有空调设备。 4. 数据采集处理传输系统应先进、可靠，宜于操作、检查、故障排除，具有远程传输功能。能够对掘进参数、设备性能参数、各系统工作时间进行记录、分析统计，以图表或数字等方便的形式显示和输出。 5. 数据采集处理传输系统能够分别在主机操作室和洞外显示、储存、打印。随机提供软件备份光盘、软件使用说明，便于买方在系统故障时重新安装，安装次数不受限，不设密码限制。 6. 控制系统应先进、可靠、便于操作，能够显示掘进参数、工作时间、停机时间和各系统的工作参数、主要辅助设备的工作参数，具有故障诊断和报警功能，具有远程传输功能。 7. 控制回路应考虑适当的冗余。 8. 随机提供控制系统软件备份光盘、软件使用说明、控制系统梯形图和流程图，便于买方在系统故障时分析和重新安装，安装次数不受限，不设密码限制。 9. 软件备份包括 PC 机、PLC 的编程软件、PLC 和上位机的通信软件。 10. PLC 的显示为中文、英文、西班牙文相互切换。 11. 其他独立的 PLC 控制单元也应按上述要求提供有关软件。 12. TBM 的控制系统须考虑和隧洞连续皮带机接口
环境监测系统	1. 在 5 个部位布置有害气体检测器，有害气体检测器应能连续可测，并具备数显功能。 2. 当有害气体浓度达到预设的值时，应能报警；达到极限值时，应能自动切断电源，同时启动应急照明灯

7.4 TBM 监造与工厂验收

7.4.1 TBM 监造

在确定使用 TBM 作业并选定 TBM 类型后，需寻找合适的制造厂家订货并签订合同。厂家开始制造 TBM 时，作为使用方派专业人员驻厂监造并验收就至关重要。TBM 监造主要指设备制造、调试阶段的质量控制、进度控制和投资控制，即监造中的"三控制"。其中质量控制是最主要的，而质量控制的关键是设备制造、调试的过程控制。

TBM 采购合同中，设备监造工作的相关要求必不可少，应将监造的协议、大纲、形式、联络方式以及发现问题的处理程序、监造点的设置、监造记录及制造厂对监造工作的配合要求进行必要的约定。通常情况下，实施的 TBM 监造更多地是指质量控制和进度控制两个方面。

对于具备相应技术能力的买方，可以从企业内部派员参加 TBM 监造，否则应聘请有实力的人员或委托设备监理公司实施监造。

（1）监造大纲。监造大纲主要包括：监造的项目和内容，设备制造质量的控制方式（即监造方式），制造厂内的验收项目，设备的供货进度计划等。

（2）质量控制方式。目前通行的质量控制方式（即监造方式），主要分为文件见证、现场见证、停工待检和不合格品控制。

1）文件见证。见证项目由制造商自行进行检验，监造方按规定的要求查阅制造商的检验记录、试验报告和技术文件等。

2）现场见证。指监造方与制造商在现场对见证项目实施会同检验，监造方若未如期参加时，制造商可以自行进行检验，自行检验合格后，即可转入下一道工序。

3）停工待检。指监造方与制造商在现场对见证项目实施会同检验，没有监造方参加并签字认可的，制造商不得自行检验并转入下一道工序。制造商应与监造方商定更改见证日期，如更改时间后，监造方仍未按时参加，则认为放弃监造。

4）不合格品控制。监造工作中一个重要的内容是不合格品的控制。设备制造总会产生不合格品，而有了不合格品也不是必须全部报废，也不可能全部报废。错误的报废会造成重大浪费，错误的让步会给后序 TBM 运行带来隐患，造成更大的损失。因此，怎样正确处理 TBM 制造过程中产生的不合格品在某种程度上也反映了监造方的水平。

（3）进度控制方式。监造方按照制造合同规定的工期目标、制造商的生产能力和资源配置、设计文件和图纸提供的时间等各项条件及要求，编制设备制造控制性总进度计划，并以此为宏观控制目标，随设备制造实际进展情况不断优化、调整和完善阶段性计划。

进度控制主要包括对制造商进度计划审查和实施过程中 TBM 制造及进口件到货进度的控制。

设备质量和进度总是对立而又统一的，当质量与进度发生矛盾时，应遵循进度服从质量的原则。

（4）监造记录。TBM 设备制造、调试过程中，监造方要定期书面报告制造过程情况，使 TBM 设备的用户或买方能及时了解设备在制造过程中存在的问题、解决办法和处理结果，了解设备制造进度，利于工程安排与部署。

（5）监造总结。在 TBM 监造工作结束后，监造方要根据监造过程的实际情况写出 TBM 监造工作总结，除实事求是地对监造对象、监造依据、方式、人员组织等加以说明之外，还应简要介绍该产品的主要参数、结构、生产过程、监造的主要内容等。

7.4.2　TBM 工厂验收

TBM 工厂组装完成后，需要进行一次出厂验收，工厂验收十分重要且必要，目的在于全面检验设备设计、制造、组装质量，检验设备功能是否满足合同要求，同时为保证后序的工地组装与验收的质量和进度，顺利掘进奠定基础。

在工厂验收中发现的问题，应及时提出，双方协商，在保证质量的前提下以最合理、省时的方式利用工厂内的设备、技术条件及时解决。

7.5　TBM 进场运输

TBM 为大型综合性施工机械，系统庞大，进场运输前必须适当解体。整机解体后的大件如刀盘、主轴承、主梁（或机架）、刀盘支撑等仍然属于超限件，对运输方式及道路、桥梁、隧洞的通过能力都有相应要求。一般情况下，TBM 施工现场都处于山岭地区，因此大件运输的问题显得尤为重要。TBM 进场运输通常可以分为裸装件、木箱包装、集装箱 3 种包装方式。当然，也不能为了减小大件的尺寸或重量而在工厂对 TBM 设备盲目解体，要综合考虑拆装对设备质量性能的影响、拆装工期、运输线路的通行能力等因素，由制造商、用户、承运单位共同研究确定，以期达到最佳的效果。

（1）选择承运单位。TBM 设备价值高昂，对工程进展影响巨大，因此选择进场运输的承运单位必须慎重，通常会采用招标方式确定。招标前，必须全面掌握 TBM 设备构成、大件尺寸重量，全面考察工厂到工地运输线路、潜在投标人的情况。

（2）勘察道路，考察 TBM 实物，确定经济成本合适的运输方案。

（3）装运与进场顺序。综合考虑工地 TBM 组装现场的条件、工厂 TBM 解体计划、不同部件运输时间的差别、工地组装顺序等因素，确定工厂各部件进场顺序以及工厂装运顺序。

（4）运输安全与工期保障措施。确保运输部件安全、如期运抵工地，是 TBM 进场运输的最终目标，必须从组织机构、技术措施方面，制定科学合理的方案。

对于超限件，必须联系当地公安交警部门进行全程或者分段交通管制，以有效防止拥堵，确保通行。

对沿途承载力不足的桥梁、路面和宽度不足的路段，事先加固排障。

提前联系沿途各地的交通、路政、交警等相关部门，必要时请求警车押运护送，以保证车队顺利通过各管辖路段。

做好安全保卫工作，防止行车或者停靠期间货物丢失、缺损或者运输车辆受损。

7.6 TBM 施工辅助设施规划

为了使 TBM 连续正常作业，除 TBM 组装期需要配置相应的设备及场地建设外，还须系统地布置 TBM 掘进期所需要的场地建设及相应设备配置。这些工作准备充分与否，直接影响到 TBM 掘进进度、质量和安全。

7.6.1 洞外设施及场地布置原则及条件

（1）TBM 组装与 TBM 掘进运行期场地布置统筹兼顾，应尽可能减少二次布置设施拆除和重复建设。

（2）变配电系统应布置在洞口附近，减少供电损失和高压电缆布置，同时在不同的施工阶段，仍能保证可靠供电。

（3）风机布置应远离洞口 30～40m，确保不抽循环风，保证供风质量。

（4）骨料堆放场、材料堆放场尽量减少二次搬运。

（5）洞外布置设施生产能力须大于 TBM 掘进平均进度。如仰拱、管片生产能力应需大于 TBM 掘进生产能力，并提前生产；砂浆或者混凝土拌和能力需大于 TBM 掘进支护生产能力。

7.6.2 施工用电规划

TBM 施工中，一般隧洞较长，多在 10～20km，TBM 供电系统变电站一次侧输入电压以 10kV 甚至更高至 20kV 为宜。

TBM 供电系统主要包括：①刀盘电动机供电；②常规动力设备供电；③直流电源供电及控制电源；④照明及安全保障设备用电供电；⑤后备应急发电。

根据工程实际用电负荷计算配置相应的电缆型号、变压器容量及型号。

7.6.3 通风规划

（1）TBM 施工通风除尘要求。TBM 施工一般通风距离较长，要求风压、风量大，漏风率低，须与后配套系统上风管储存延伸装置进行集成，而且须统筹考虑从后配套系统尾部到 TBM 刀盘的二次助力通风及除尘风机的整体方案。TBM 设备复杂，液压、电气、自动控制系统多，零部件制造精密，对温度、粉尘反应敏感，因此，除了同钻爆法对空气供给量有同样要求外，对空气中的粉尘量和环境温度要求更为严格，以防止或减少因粉尘、温度超标引发的各种故障。

按《水工建筑物地下工程开挖施工技术规范》（DL/T 5099—2011）的规定，在整个隧洞施工过程中，作业环境应符合下列安全标准。

1）洞内空气中氧气按体积计算不应少于 20%。

2）粉尘允许浓度，空气中含有 10% 以上游离 SiO_2 的粉尘含量不得大于 $2mg/m^3$。

3）CO 最高允许质量浓度为 $30mg/m^3$；CO_2 的体积浓度不得大于 0.5%；氮氧化物（换算成 NO_2）质量浓度为 $5mg/m^3$ 以下。

4）洞内平均温度不应超过 28℃。

5）每人应供应新鲜空气 $3m^3/min$。

（2）TBM 通风参数计算和确定。TBM 通风参数确定须先计算出通风风量、风压，再对比各厂家风机参数性能确定相应风机及风筒直径。

7.6.4 TBM 施工供水、排水

（1）TBM 施工供水。施工供水包括工地施工用水、生活用水和消防用水。在施工区附近有地表水的情况下，施工及消防用水主要采用地表水，生活用水为地下水；在没有地表水的情况下，施工用水、生活用水和消防用水均采用地下水；如所在地地下水缺乏，则采用汽车拉运方式解决。用水水质应经检验应满足规范要求，如不满足需建水处理系统进行处理后供给。

（2）TBM 排水（顺坡排水）。如 TBM 是从上坡掘进，洞内排水，则主要采用自流方式。由于 TBM 主机部位较后部铺设的管片低，需要在主机部位随 TBM 配置防爆型潜水泵，抽排该部位的积水至后配套污水箱，经沉淀后排入隧洞并流入洞口场地的污水处理池。

（3）TBM 排水（反坡排水）。隧洞反坡段施工时因掘进作业面按下坡方式向前推进，使地下水和施工用水积聚在工作面底部。为避免掘进过程中设备侵入水中和影响仰拱块铺设作业，TBM 一般都随机备有一套具有一定排水能力的排水系统，然而，当反坡地段处在富水区域内，有可能出现涌水时，还应制定出包括应急措施在内的施工排水方案，该方案主要包括排水路径及排水系统的组成与设置。

引排水路径一般根据工程是否平行导坑而定，在有先行贯通的平行导坑情况下，污水可通过就近的横通道直接引入平行导坑水沟后顺坡排出洞外；否则，必须采用多级集水坑

和水泵的方式，将污水由低位到高位逐级引排过变坡点后，经仰拱块中心水沟顺坡排出洞外。

排水系统主要由水泵、管路、集水坑等设施组成，其中水泵的技术性能、管路规格以及集水坑的容量、数量、位置和间隔距离等，应根据排水量的要求和作业特点进行合理配置。

集水坑和排水泵通常沿隧洞中心水沟间隔布置，集水坑的作用有两个：一是将工作面的污水由低位接引到高位；二是防止高位的地下渗水顺中心水沟流向工作面，以减少工作面积水和对仰拱铺设作业的干扰。在具有平行导坑排水条件的情况下，必要时也可在横通道内与正洞的交汇处布设集水坑，以便就近将中心水沟集水坑内的污水转引至平行导坑排水沟内。

7.6.5　出渣系统

TBM 隧洞工程施工中，出渣速度的快慢直接影响着掘进的效率。出渣设备的选型与配置是否合理，对于提高设备利用效率、圆满完成施工任务、提高经济效益都具有十分重要的意义。

常规 TBM 出渣有连续皮带出渣和有轨运输矿车出渣两种。连续皮带出渣，皮带机架可采用悬挂式或支撑式，悬挂式便于节约隧洞的使用空间，支撑式便于皮带机的运行维护。采用有轨运输矿车出渣可采用与材料运输车同轨距的机车进行牵引，机车可做到一车多斗，该项出渣方式常用于隧洞断面小、工期不紧及隧洞长度适中的隧洞。具体采用何种布置形式，应视洞内的空间与后配套的连接关系及其他布置要求，并综合考虑整套出渣系统的采购成本、运行成本和维护成本而定。

7.6.6　列车编组

（1）运输方式确定。运输方式主要根据隧洞坡比、隧洞长短来确定。隧洞坡比小于3%一般采用有轨机车运输；隧洞坡比大于 3%可采用轮式机车运输，或者采用卷扬机牵引有轨机车的运输方式，也有采用轮式机车与有轨机车结合的运输方式。具体采用何种方式须根据工程不同特点有针对性地确定。

（2）列车编组确定。主要根据 TBM 掘进所需材料的运输情况，来确定运输车辆的大小和方式，如混凝土运输不仅要确定运输方量，还要确定是否在运输过程中有搅拌需要。管片或预制件所需运输车辆不仅要保证运输量，还需确定运输尺寸是否对隧洞内的设施有影响。

在确定了编组列车类型号后，需根据 TBM 掘进程序来对相应车辆编组。比如混凝土在 TBM 上安排在前时，列车也应相应在前。

（3）列车数量确定。列车数量 N 主要决定于列车在隧洞内的运行循环时间 T_1 与 TBM 掘进循环时间 T_2，另外也与隧洞长度有关。当 TBM 连续作业时，列车数量可通过公式 $N=T_1/T_2$ 简单计算取整。一般 TBM 掘进不可能连续作业，须通过分析隧洞内设施布置及列车装卸车情况综合分析。

以某工程为例说明如何确定列车编组数量。某工程最长掘进隧洞长度为 10926m，其中小火车重车运行平均时速按 20km/h 计，空载运行时速按 25km/h 计，在通过错车道等特殊位置时按 10km/h 计算（长度约 400m），则一组列车运行循环时间见表 7-3。

表 7-3 一组列车运行循环时间表

序号	项　目	单位	计算值
1	隧洞掘进长度	m	10926
2	通过特殊段长度（错车道、变压器）	m	400
3	火车重车运材料运行时速	km/h	20
4	火车通过特殊段时速	km/h	10
5	装车时间	min	16
6	列车编组时间	min	2
7	列车运行至 TBM 后配套时间	min	34.3
8	进入后配套时间	min	2
9	卸车时间	min	10
10	火车轻车运材料运行时速	km/h	25
11	离开后配套时间	min	2
12	列车出洞至组装洞（检修洞）	min	27.9
	循环时间	min	96.2

TBM 掘进按每天纯掘进时间以 12h 计，掘进一个循环以约 30min 计，按表 7-3 统计，运输一个循环材料至洞内卸车共需 54.3min。

由表 7-3 中所需时间，可得出各列列车进洞、装车时间需求，其运行时间见表 7-4。

表 7-4 列 车 运 行 时 间 表

序号	项　目	单位	运距	时间	第一列火车	第二列火车	第三列火车	第四列火车
1	开始	m	-100	0.7	7	67	132	197
2	装车时间	min	-100	16.0	16	83	148	213
3	列车编组时间	min	-100	2.0	18	85	150	215
4	列车运行至 TBM 后配套时间	min	10726	34.3	53	120	185	250
5	进入后配套时间	min	10826	2.0	55	122	187	252
6	卸车时间	min	10826	10.0	65	132	197	262
7	列车出洞	min	10726	27.9	67	134	199	264
8	列车离开后配套时间	min	200	2.0	97	162	227	292
9	列车分组时间	min	-100	2.0	97	164	229	294
	循环时间	min	-100	99.0	99	166	231	296

按表 7-4 计算可知，在第四列火车进洞时，即可满足掘进需要。将材料装车、运输、支护等时间进行整理，可得出 TBM 小火车循环时间，见图 7-10。

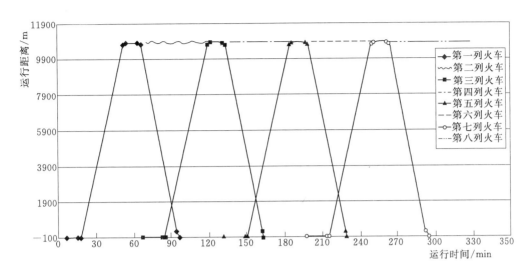

图 7 - 10　TBM 小火车循环时间图

　　从以上图表分析可知三列火车编组可满足工程需要。

　　（4）列车牵引阻力、牵引力计算。以某工程为例，采用旭马 CFL - 150 DCL 内燃机车（机车重量 22t；功率 100kW；机车外形尺寸长 6600mm×宽 1350mm×高 1750mm）。编组情况为：材料车＋混凝土搅拌车＋材料车＋人车＋机车。编组列车参数见表 7 - 5。

表 7 - 5　　　　　　　　　　　　　　编 组 列 车 参 数 表

项　　　目	数量	空载单重/t	空载总重/t	满载单重/t	满载总重/t
机车	1	22.00	22	22	22.0
混凝土搅拌车 6m³	1	5.00	5	20	25.0
平板车（材料车 2 辆）	5	6.00	15	15	27.0
载人车	2	1.05	4	4	6.1
单列车重量			46		80.1

　　1）列车牵引阻力计算。

$$F=W_pP+W_qQ+(W_i+W_e)(P+Q) \tag{7-1}$$

式中　F——列车牵引阻力，t；

　　　P——1 台机车的重量，t；

　　　Q——运行车辆自重与载重量之和，t；

　　　W_p——机车单位质量的基本阻力，N/t，一般可按 $10.4+0.126v+0.001382v^2$ 计算；

　　　W_q——车辆单位质量的基本阻力，N/t，一般可按 $10.7+0.011v+0.00236v^2$ 计算；

　　　W_i——列车单位质量的坡度阻力，N/t，一般可按 i 计算；

　　　W_e——列车单位质量启动阻力，N/t，一般可按 $20+3i$ 计算；

　　　i——隧洞掘进坡度。

　　按列车不同运行速度和工况进行计算，其计算结果见表 7 - 6。

表 7 - 6 **不同条件下列车牵引阻力计算结果表**

序号	参数及计算项目	单位	列车运行速度/(km/h)			
			10	15	20	25
1	机车重量 P	t	22	22	22	22
2	车辆运行重量 Q	t	80.1	80.1	80.1	80.1
3	机车单位质量基本阻力 W_p	N/t	11.80	12.60	13.47	14.41
4	车辆单位质量基本阻力 W_q	N/t	11.05	11.40	11.86	12.45
5	列车单位质量坡度阻力 W_i	N/t	3.87	3.87	3.87	3.87
6	列车单位质量启动阻力 W_e	N/t	31.61	31.61	31.61	31.61
7	列车牵引阻力 F	N	4766.85	4812.55	4869.22	4936.86

2）机车驱动牵引力计算。

$$F_k = 3600 N_e \eta / v \qquad (7-2)$$

式中　F_k——机车驱动牵引力，N；

　　　N_e——内燃机功率，kW；

　　　η——传动效率，%；

　　　v——列车牵引速度，km/h。

按列车不同运行速度进行计算，其牵引力计算见表 7 - 7。

表 7 - 7　　　　　　　　　　**不同运行速度下列车牵引力计算表**

序号	参数及计算项目	单位	列车运行速度/(km/h)			
			10	15	20	25
1	内燃机功率	kW	100	100	100	100
2	传动效率	—	0.8	0.8	0.8	0.8
3	驱动牵引力	N	28800	19200	14400	11520

7.6.7　管片生产系统（护盾式 TBM 才有）

对于护盾式 TBM，管片生产系统直接关系着 TBM 的掘进效率。TBM 管片一般通过管片预制厂生产，根据养护条件一般将其分为两种：一种是传统的养护池水养护；另一种是目前流行的蒸汽养护。

TBM 预制管片精度要求高，这就要求配套的模具制作非常精密，模具的价格也因此比较昂贵。混凝土管片需求量通常较大，为减少模具投入的费用，就必须提高模具的周转率。目前，预制混凝土管片一般采用蒸汽养护的方法，而水养池养护法由于模具量大，管片预制耗时长，现已较少用。

蒸汽养护目前常用的生产方法有固定模具和生产线两种方式。固定模具由于蒸养系统集成在模具内，模具设计复杂，管片要蒸养到出模强度降温后才能脱模，耗用模具较多，占用模具时间长；而生产线生产由于采用自动化控制，劳动条件好，温度控制方便，管片成形质量易保证，且耗用模具较少，故目前多采用生产线方法。

（1）管片预制厂规模确定。管片预制厂的生产线规模主要根据 TBM 的掘进速度确定，要求管片生产能力大于 TBM 掘进速度。通常，可用 TBM 月均进尺推算管片的日生产能力，再根据管片日生产能力确定管片预制厂规模。

管片日生产能力通常按式（7-3）计算：

$$N \geqslant S/LP/D \tag{7-3}$$

式中　N——管片日生产能力，片；

　　　S——TBM 月均进尺，m；

　　　L——单片管片长度，m；

　　　P——每环管片片数，片；

　　　D——月有效生产天数，通常取 25d。

（2）管片模具和生产线规划。

1）生产线循环时间 T。生产线循环时间按月有效工作日 25d，日有效工作时间按 21h，生产线利用率为 95% 计算。则生产循环时间 $T=60/(N/21)/0.95$。

2）蒸养时间 t。蒸养时间 t 根据室内试验成果初步确定。

3）蒸养模具工位 n。由蒸养时间 t 和生产循环时间 T 计算所需蒸养模具工位数，即 $n=t\times60/T$。

4）生产线工位。生产线工位根据蒸养时间 t 及蒸养模具工位数 n 计算。生产线工位数量主要取决于生产线循环时间和生产线各工序强度。生产线上脱模、清理模板、刷脱模剂及吊钢筋笼、浇筑混凝土、抹面各工序累计时间应小于循环时间。

5）管片模具数量 Q 的确定。根据上述计算确定模具数量。原则上每一工位对应一个模具，但考虑到每一环管片为 P 片，须按整套配置，因此所需模具数量应大于生产线工位和蒸养模具工位之和，并应为 P 的整数倍。

模具循环利用次数：$X=$ 预制管片总数 $\times1.05/Q$。即模具结构和刚度至少满足周转使用 X 次不变形。

（3）预制厂布置。如具备条件，管片预制厂尽量布置在隧洞洞口附近，以减少管片倒运成本。

预制混凝土管片生产厂从功能上可分 4 个区域：钢筋加工区、管片生产区、管片静养区和生产附属配套设施区。

钢筋加工区主要进行钢筋原材料堆存、放样、下料、钢筋笼绑扎、成品堆放等工序。因此，钢筋加工区须考虑原料的堆放、原料加工区、半成品分类堆放、钢筋笼绑扎、钢筋笼吊运输、钢筋笼堆放等必要的空间和设备。

管片生产区主要进行钢筋入模、埋件安装、模具紧固、混凝土浇筑、平仓及清理、管片预蒸养、管片蒸养、管片出模、清理模具、刷脱模剂等工序。因此管片生产区须考虑少量钢筋笼堆存场地和吊运设备，根据生产线的长度确定养护室的大小并确定各温度区的大小、各生产工序工位的布置及操作台、管片出模的吊运设备及吊运通道、管片翻转机具的布置等。

管片静养区主要功能是管片从蒸养室出来后在室内静养，有的项目在蒸养后要求在水池中至少养护 7d。因此，该区域要需根据管片的生产产量与养护时间来规划管片的必要存放场地、管片吊运设备和管片出厂的交通道路等。

生产附属配套设施区主要有锅炉房、混凝土拌和站、垫块生产车间、试验室、现场办公室、配电室及卫生间等。生产附属配套设施一般布置在厂房的周边，并与主要功能模块方便地衔接在一起。

厄瓜多尔 CCS 水电站 TBM1 管片预制厂平面布置见图 7-11。

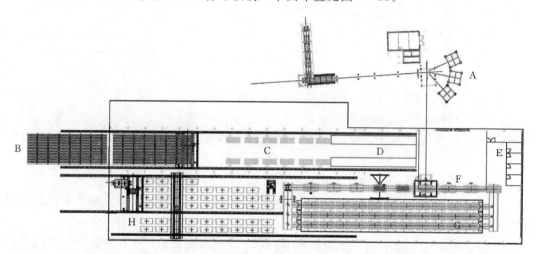

图 7-11　厄瓜多尔 CCS 水电站 TBM1 管片预制厂平面布置图
A—拌和系统；B—钢筋原材料堆存区；C—钢筋笼绑扎加工区；D—钢筋笼成品堆放区；
E—生产附属办公区；F—管片生产区；G—管片蒸养区；H—管片静养区

（4）管片预制厂生产工艺。

1）管片预制生产流程。管片预制生产流程见图 7-12。

2）生产工艺要点。

A. 脱模剂。优先油性脱模剂，慎用水性脱模剂。螺栓孔、定位孔等凹凸部位需均匀涂刷锂基脂。

B. 混凝土入模及振捣控制重点。混凝土下料自模具中部下料，边下料边振捣。通过控制风压大小来控制混凝土振捣。在混凝土下料入模一定量后，打开模具全部风动振捣器，风压开至 0.7MPa，利用振捣器振动力使混凝土流动；混凝土灌入模具满后，风压稳定至 0.7MPa 振捣 1min。然后逐步减压振捣，减压至 0.4MPa、0.2MPa 各振捣 1～1.5min。由于混凝土差异，在振捣时根据气泡情况延长或减短振捣时间。

C. 混凝土蒸养时间。蒸养车间最高蒸养温度达 60～65℃，湿度不低于 95%。混凝土蒸养时间 7～8h。

D. 混凝土养护。不需要水池养护的需在室内常温养护（根据外界环境可覆盖土工布、塑料薄膜等措施）静养 24h 后出厂，室外保湿养护不小于 7d。需要水池养护的在脱模后管片表面温度与外界温度温差不大于 20℃，放入水池养护不小于 7d。室外洒水养护不小于 7d。

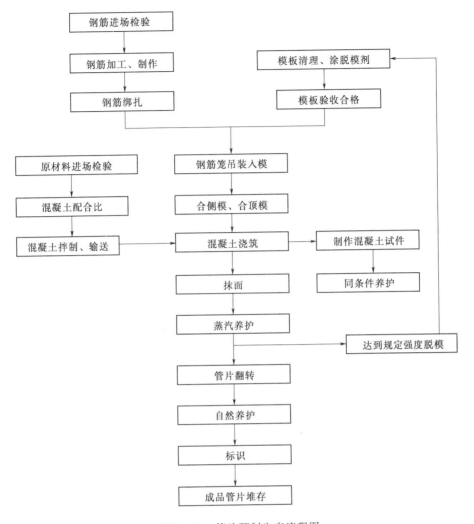

图 7 - 12 管片预制生产流程图

E. 脱模强度。混凝土脱模强度不小于10MPa。

F. 管片堆垛整齐划一，木枋间距须根据计算并按计算结果摆放。

G. 管片生产顺序与管片堆存顺序相一致。而管片堆存顺序与管片安装先后顺序一致。

7.7　TBM 组装

TBM 现场组装可以分为洞内组装和洞外组装，洞内组装需要在 TBM 进场之前施工组装洞室、安装组装用起重设备等；洞外组装则需要准备适当的组装场地，完成地面硬化、安装起重设备等工作，并具备供电、照明条件。

从根本上讲，TBM 洞内组装与洞外组装没有本质的区别。对于每个部位、每个系统，其组装的顺序、工艺要求、操作要点、注意事项等是完全一致的，最大的不同之处在于外部环境，从而带来施工组织安排的不同，其组装对比见表 7－8。

表 7－8　　　　　　　　　　　TBM 洞内、洞外组装对比表

项目	洞　内　组　装	洞　外　组　装
作业空间	小	大
组装场地准备	组装洞室施工工期长、造价高，技术难度大	组装场地准备工期短、造价低，技术难度小
起重设备	通常采用桥式起重机，洞内施作钢筋混凝土承重墙或者岩锚梁等； 汽车吊配合组装受限	通常采用门式起重机，其基础为钢筋混凝土梁； 便于采用汽车吊配合组装
总体组装工序	主机、后配套通常需要分步组装，否则洞室施工长度大大增加，导致工期、成本大幅增加	通常可同时组装主机和后配套，平行作业
组装工期	长	短
部件摆放与倒运	组装洞室内不具备存放大量部件的条件，需要严格按照组装顺序逐件运抵组装现场	允许在组装场地摆放较多部件，倒运工作量小
天气影响	小	大
危险源	多，导致安全投入增加	少
安全性	低	高

（1）预备洞和出发洞施工。由于 TBM 始发时需要具备一定的条件，根据 TBM 结构不同，敞开式 TBM 通常需要 10～20m 的圆形出发洞，为 TBM 始发时撑靴支撑于洞壁创造条件，始发时刀盘旋转、推进的反力均通过撑靴传递到洞壁。对于单护盾、双护盾TBM，始发时如果没有钻爆法施工的预备洞，则需要在洞口位置施工简易洞门，始发时利用管片、反力架等结构提供始发反力。

（2）TBM 组装及场地基本要求。TBM 组装可以分为洞内组装和洞外组装，洞内组装则需要在 TBM 进场之前施工扩大洞室、安装组装用起重设备等；洞外组装则需要准备适当的组装场地，完成地面硬化、安装起重设备，并具备供电、照明条件。

TBM 是一个多环节紧密联系的联合作业系统，它包括破岩、装渣、转运、调车以及辅助设施。为满足庞大系统的组装和初始运行条件，需要有较大的场地，其功用是：布置出渣列车、施工材料运输车辆运行及调度轨线，安装出渣用连续皮带机或者转载皮带机，安装通风机，布置库房、安排钢材、钢轨等物资存放场（尽量靠近调车轨线，避免或者减少二次倒运）。对于采用有轨运输方式出渣的情况还要安装翻车机，用于倾倒矿车中的弃渣（由于 TBM 掘进速度快，采用梭矿出渣效率低，影响掘进速度）。

通常情况下，TBM 洞外组装场地长度应满足式（7－4）的要求。

$$L \geqslant L_1 + L_2 + L_3 + e \qquad\qquad (7-4)$$

式中　L——场地总长度，m；

　　　L_1——TBM 长度，m；

　　　L_2——牵引设备与转运设备的总长，m；

　　　L_3——调车道长度，由轨型和轨距控制，m；

e——安全长度，$e>10\text{m}$。

当场地长度受地形影响，不能满足初始运行的要求时，只能牺牲生产效率或增加临时设施及设备采购成本。须根据实际条件详细核算对比后确定将采取的措施。

场地宽度以最大件的运输、起吊、轨道布置或转运设施布置三者综合考虑，一般为刀盘直径再加 4m。

组装场地与施工场地需要综合考虑，统筹安排，既要保证施工需要又要避免浪费。

（3）洞内组装。

1）组装场地布置。TBM 洞内组装条件与洞外不同，需要扩挖组装洞室，组装洞室主要由施工服务区洞段（如有必要）、组装洞段、倒车洞（如有必要）、通过洞段、始发洞段等组成。某引水工程 TBM 洞内布置见图 7-13。

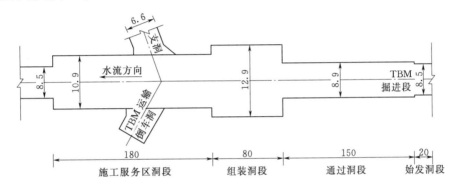

图 7-13　某引水工程 TBM 洞内布置图（单位：m）

组装洞段为 TBM 主机及后配套的主要安装场所，常规配备桥式起重机作为主要安装吊装设备，桥式起重机吊车梁通常有岩壁吊车梁和直墙吊车梁两种方案，可根据实际情况选用。组装洞段长度与洞外组装场地长度相同，宽度以在 TBM 刀盘直径的基础上两侧留出足够的安装距离为宜，一般不小于 2m；高度应考虑 TBM 刀盘翻身，计算方法为：刀盘直径＋刀盘离地安全距离＋吊具高度＋吊钩最小有效吊高＋桥机净高（含轨道）＋安全超高。

施工服务区洞段为 TBM 后配套和出渣皮带机分节组装后的暂存区，通常设计为城门洞形。

倒车洞为满足运输车辆洞内调头所设，具体需根据各工程自身特点来布置设计。

通过洞段为 TBM 完成安装后的调试场地，也作为连续皮带机安装时的暂存区。

始发洞段为 TBM 联动调试场地，是为 TBM 始发提供反力系统，并进行试掘进的洞段。

2）组装场地其他要求。

A. 组装洞室宜布置在地质条件比较好的主洞段。

B. 扩挖洞室在满足组装空间要求的前提下，尽量做到断面尺寸经济合理，结构型式简单，洞室长度根据 TBM 主机和后配套的实际情况综合确定并留有余地。

C. 施工支洞断面尺寸及坡度应满足进洞运输最大件和最重件要求。主洞、支洞交叉处洞室空间应满足最大件运输时车辆的转弯要求。可根据实际条件选择扩挖运输倒车洞。

D. 安装用起重机在满足安装所需的最大吊重前提下，尽可能选用小高度桥式起重机。

E. 始发洞段撑靴与洞壁接触部位的洞壁应能使 TBM 撑靴外表面均匀与洞壁接触，并能为 TBM 掘进提供足够的反力。

3）TBM 组装。TBM 组装总体思路是按主机、连接桥至末节后配套台车进行分部组装。TBM 进场时直接将主机的主要设备（包括刀盘、盾体、主梁、主驱动、步进机构、撑靴系统、推进油缸、主梁内部皮带机电气管路及主要附件）直接运至组装洞前端，将主机的后支撑系统、后配台车和连接桥等设备按组装顺序暂时存在洞外储存区。主机的主要设备运至组装洞后即可进行刀盘焊接和主机组装。完成后，使 TBM 主机、连接桥和后配套连接成整体后，再进行整机调试。

A. TBM 主机组装。主机组装流程依次为：刀盘组拼焊接、安装步进底座、安装底护盾、安装主驱动、安装主梁、安装侧护盾和顶护盾油缸底座、安装顶护盾、安装撑靴及主梁附件、安装后支撑及主梁其他附件、安装刀盘。

B. TBM 后配套组装。TBM 后配套由多节台车组成，台车上摆放有风、水、电动力供应系统，辅助作业工序设备，安全设施及生活设施。

C. 整机液压、电气管路连接。TBM 主机、连接桥、后配套台车组装完成后，由专业工程师进行整机液压系统、电气系统、润滑系统、供排水系统和皮带传输系统等的安装和连接。

4）性能检测和整机调试。性能检测需在出厂前和组装调试后分别进行。根据各设备性能测试参数进行测试，并根据各设备性能进行调整和检验设备性能。

（4）洞外组装。

1）组装场地要求。TBM 组装场以 TBM 主机组装为轴线，同时兼顾 TBM 后配套台车组装布置场地。组装场主要分为三部分，包括主机组装场、后配套组装场和配件、部件堆存场。TBM 组装与 TBM 掘进运行期场地布置统筹兼顾布置，减少二次布置设施拆除和重复建设。

主机组装场尽可能布置在洞口，以减少 TBM 步进距离。

后配套组装场尽可能沿洞轴线、主机组装轴线延长线布置，如果洞口外延长线不足，则后配套场地考虑在布置主机一侧，待后配套分段组装完成后，通过轨道与主机连接桥连接或者直接用起吊设备分节将后配套起吊至主机组装线。

由于 TBM 部件种类多、数量大，堆存场地要做好场地平整、防水等工作，便于TBM 组装各部件运输和拆箱；合理有序地存放，使 TBM 部件起吊、运输、组装工作安全、有序、快捷、顺利开展。大件摆放因地制宜、就近堆存、便于取放，小型散件遵循"先用靠外，减少倒运"的原则。集装箱应按进场的顺序依次摆放，开顶箱置于不开顶集装箱上。主机大件进场后直接存放在洞口组装场上按照组装要求和顺序进行安排，并遵循"支撑部件直接就位，先组装的部件靠中"的原则摆放。电气部件需采取防护措施，避免淋雨受潮。CCS 水电站 TBM 洞外组装场地见图 7-14。

2）组装设备及设施准备。TBM 不论洞内组装还是洞外组装，都会用到大量的设备、机具、工具，在组装之前必须全部到位并具备功能。提醒注意如下几点。

A. 主机组装用起重设备。洞外组装通常采用龙门吊，根据实际情况，如果条件允许

图 7 - 14　CCS 水电站 TBM 洞外组装场地

也可以考虑采用汽车吊予以辅助。

B. 后配套组装用起重设备。洞外组装根据场地条件、部件重量、掘进施工过程中的应用情况等确定采用龙门吊或者汽车吊。

C. 与相关部件重量相匹配的吊索、吊具准备。

D. 螺栓拉伸器、液压扳手、风动扳手、升降作业平台等专用工具准备。

E. 常用工具、电气焊、二氧化碳保护焊、叉车等小型机具与工具准备。

F. 根据 TBM 技术要求，准备组装用液压油、齿轮油等油品。

G. 枕木、钢材等物资以及清洗剂、棉纱等材料准备。

3）TBM 组装。敞开式 TBM 和护盾式 TBM 的洞外组装顺序基本相同，均分为主机组装和后配套组装两部分，组装顺序也基本相同，具体参见洞内组装相关内容。洞外组装以双护盾 TBM 为例，洞内组装以敞开式 TBM 为例。

7.8　TBM 步进

TBM 步进通常分为始发步进（自装配场地前进到掘进工作面的过程）、通过步进（通过已施工洞段的过程）和贯通步进（贯通后前进到拆除场地的过程）等。步进通常采用油缸推进、弧形滑道步进的方式进行，也有采用电机驱动、整体托架轨道步进的方式。

（1）油缸推进、弧形滑道步进方案流程。某工程油缸推进、弧形滑道步进流程见图 7 - 15。

1）施工准备。包括掘进始发段施工、导向槽施工、步进推力油缸安装、洞口场地硬化、出发导向槽施工、弧形钢板制作、TBM 组装调试、滑行支撑架安装。

2）步进推力油缸步进一个行程，同时推力油缸伸出，推动 TBM 主机前进一个行程。

3）举升油缸举升 TBM 主机，使主机脱离弧形钢板，同时后支撑支腿伸出。

4）步进油缸收缩，牵引弧形钢板沿滑道步进一个行程，同时主机推力油缸收缩牵引滑行支撑架步进一个行程，带动后配套牵引油缸伸长。

5）举升油缸收缩，后支撑腿收缩。

6）后配套牵引油缸收缩，后配套步进一个行程，安装仰拱预制块，铺设轨道，预制块注浆，进行下一循环。

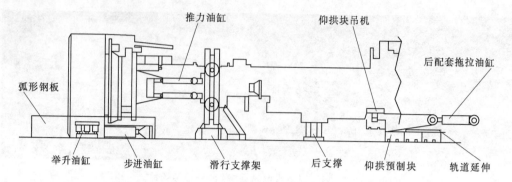

图 7-15 某工程油缸推进、弧形滑道步进流程示意图

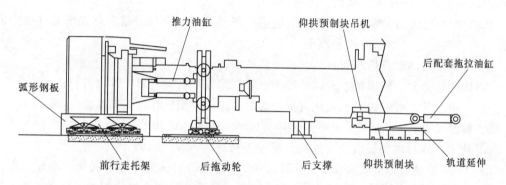

图 7-16 某工程电机驱动、整体托架轨道步进流程示意图

（2）电机驱动、整体托架轨道步进方案流程。某工程电机驱动、整体托架轨道步进流程见图 7-16。

1）施工准备。包括掘进始发段施工、隧洞底面整体式轨道垫层施工、洞口场地硬化、整体式轨道加工安装、整体式托架加工安装、TBM 组装调试。

2）后支撑支腿支撑地面，同步电机带动整体托架，拖动主机步进一个行程，同时后配套牵引油缸伸长一个行程。

3）锁定整体式托架行走轮，收起后支撑支撑腿，收缩后配套油缸，带动后配套步进一个行程。

4）安装仰拱预制块，铺设轨道，预制块注浆，进行下一循环。

（3）步进注意事项。

1）防止盾体翻滚的措施。为防止 TBM 步进过程中（尤其是双护盾）可能发生的翻滚，需要在 TBM 前盾位置增加防翻滚托架。在步进时，如果盾体滚动较大，托架底部与滑行基础面相接触，采用千斤顶调校。

2）连接桥的改造。连接桥台车轮组需根据实际解决台车轮组的滑移问题，以适应始发洞前期土建要求。

3）TBM 步进时应安排人员密切跟踪，观察各机构的连接是否可靠，台车之间的连接是否到位，周边空间是否有障碍物。有问题要及时用对讲机与操作室联络，及时处理。

4）TBM 步进时，要注意滑行基础是否下沉，如果下沉严重要及时进行处理，如采用铺钢板等措施。

5）步进换步的调向量不可过大，每次换步前根据测量数据进行微调，使 TBM 始终沿隧洞中心步进。如果偏差过大，须分多次微调，缓慢纠正。

7.9 TBM 始发掘进

TBM 在步进到达工作面后准备始发掘进。TBM 在掘进过程中要克服刀盘破碎岩石的反扭矩及推进油缸的反推。始发需做好以下几个准备工作：①确定掘进和换步反力提供，并事先为设备提供好反力；②对于护盾式 TBM，还需要注意首环管片的安装质量；③掘进参数控制。

（1）提供掘进和换步反力。TBM 始发掘进按双护盾掘进模式，其反力基础有两个，其中一个为撑靴提供支撑反力，主要利用钻爆开挖面，但是由于钻爆开挖面凹凸不平，需按撑靴形状及尺寸现浇混凝土作为撑靴基础；另一个是在辅推油缸位置安装反力架，由反力架向辅推油缸提供反作用力，并为初始环管片安装提供支撑。

（2）始发洞段长度。即反力架安装位置至始发掌子面长度，按 TBM 主机尺寸确定，其长度为 TBM 主机长度。

（3）掘进参数。由于始发掌子面凹凸不平，为保证刀盘和刀具平衡受力，当撑靴支撑到基础混凝土面上时，缓慢推进，主推压力不能过大。刀具贯入度控制为 3mm/r。

（4）始发环管片安装（针对护盾式 TBM）。护盾式 TBM 始发环管片的安装姿态决定着后续管片安装的质量，所以始发环安装时需要校正初始断面，确定管片成形的圆度及同洞轴线的同轴度。在安装前采用全站仪对螺栓孔位置和初始断面进行放点，使管片就位后的每个螺栓孔都有对应的点，确保每个孔位方位准确，使管片安装时有参考位置。对初始断面放点时因为反力架在安装就位后不是整体在同一垂直面的，容易造成每片管片在断面方向错台，为后续管片的安装造成困难。所以对初始断面放点，使用工字钢及钢板调整出一个标准的垂直断面。安装完成每片后都要确保辅助推进油缸有效接触管片，防止管片下沉，因为管片只有环向有螺栓固定，容易发生危险。同时为了保证每片之间不错台，在两片靠近连接缝中间的位置，打膨胀螺栓，用 10 号槽钢将两片管片固定在一起，从而保证管片成形后的圆度。

（5）始发换步。始发换步要控制换步推力，换步推力不能超过反力架承受力。

（6）始环管片回填（针对护盾式 TBM）。在管片拼装完成换步出尾盾后，管片与洞室顶部及左右两侧的底角都会形成空隙，为了管片成形后的稳定性，须在换步抬对始环管片进行回填，由于管片与岩面凹凸不平，须采用立模封堵的方案对管片后空隙进行回填，回填可以采用混凝土、砂浆或豆砾石等。

7.10 TBM 掘进

7.10.1 影响 TBM 掘进效率的主要工程地质因素

（1）岩石单轴抗压强度（R_c）。理论上，单轴抗压强度（R_c）在 $5\sim250\text{MPa}$ 之间的岩石都可采用 TBM 施工，一定范围内 R_c 越低，TBM 的滚刀的贯入度越高，掘进速率越高；反之 R_c 越高，TBM 的滚刀贯入度越低，掘进速率越低。但如果 R_c 太低，TBM 掘进后围岩的自稳时间极短，甚至不能自稳，从而引起塌方或围岩快速收敛变形等灾害，导致停机处理，降低纯掘进时间。因此，当 R_c 值在一定范围内时，TBM 既能保持一定的掘进速率，又能使隧洞围岩在一定时间内保持自稳。目前，大多数硬岩 TBM 较适合单轴抗压强度 R_c 值为 30～150MPa 的岩石。可将岩石单轴抗压强度与 TBM 工作条件划分为"好、一般、差" 3 个级别，其工作条件关系见表 7-9。

表 7-9   岩石单轴抗压强度与 TBM 工作条件关系表

R_c/MPa	工作条件	R_c/MPa	工作条件
30～60	好	$R_c<30$ 或 $R_c>150$	差
60～150	一般		

（2）岩石耐磨性。岩石的耐磨性与岩石的矿物成分有着密切的关系。石英、长石等矿物的含量对耐磨性影响较大，其含量越高则岩石的耐磨性越大。当石英、长石含量超过 70％时对刀具的磨损很大，刀具的频繁更换会大大降低掘进效率，并显著增加工程成本。岩石的耐磨性指标目前一般采用 CERCHAR 试验法，其方法为：使用一根锥夹角为 90°的钢针在 70N 的荷载下于岩石表面以 10mm/min 的速率移动 10mm，磨损后针尖的直径 D 用显微镜测量，岩石的耐磨性指标 A_b（0.1mm） 由针尖的磨损值来确定，根据 A_b 值可将岩石的耐磨性分为 5 级。根据国内、国外大量 TBM 工程实践，在低—中等耐磨性的岩石条件下 TBM 掘进效率较高，而在强至特强耐磨性的岩石条件下掘进效率较低。可根据 A_b 值将 TBM 的工作条件分为"好、一般、差" 3 个等级（见表 7-10）。

表 7-10   岩石的耐磨性与 TBM 工作条件关系表

$A_b/0.1mm$	岩石耐磨性等级	TBM 工作条件	$A_b/0.1mm$	岩石耐磨性等级	TBM 工作条件
<3	极低耐磨性	好	5～6	强耐磨性	一般
3～4	低耐磨性	好	>6	特强耐磨性	差
4～5	中等耐磨性	好			

（3）结构面状况。围岩的结构面状况一般可用岩石完整性系数 K_v 和结构面走向与掘进方向的夹角来衡量，岩体中节理、裂隙发育程度及其产状会在一定程度上影响 TBM 的掘进效率。围岩结构面密度越大，则完整系数越小，此时有利于滚刀破岩，TBM 掘进速率就越高。但当岩体中结构面特别发育时，岩体完整性系数很小，岩体呈碎裂状或散体状，已不具有自稳能力，此时必须对不稳定围岩进行大量加固处理，从而大大降低 TBM 掘进效率；当围岩结构面不发育时，岩体的完整性系数 K_v 很高，TBM 破岩完全依赖于滚刀的作用，此时掘进效率也会降低。另外，结构面走向与掘进方向的夹角也会影响掘进效率。当夹角小于 60°时，掘进效率随着夹角增大而增大；当夹角为 60°时，最有利于滚刀破岩；当夹角大于 60°时，掘进效率有随着夹角增大而减小的趋势。根据岩体完整性系数 K_v 和结构面走向与掘进方向的夹角可将 TBM 的工作条件分为三级（见表 7-11）。

（4）超前地质预报。工程地质问题的发生是 TBM 施工和地质因素作用矛盾的综合反映。在一定的工程地质条件下有其发生的必然性，但何时、何处发生又有很大的不确定性。这就决定了对 TBM 工程地质问题的预测既要有设计阶段的宏观长期性，又要有施工阶段的具体短期性。

表 7-11　　　　　　　　　　　　结构面状况与 TBM 工作条件关系表

K_v	结构面走向与掘进方向夹角/(°)	TBM 工作条件
0.45～0.75	50～70	好
0.35～0.45 或 0.75～0.85	70～80 或 30～50	一般
<0.35 或 >0.85	0～30 或 80～90	差

针对 TBM 机械结构和性能及其施工特点，在隧洞工程中已采用了诸如超前钻孔、导洞、TSP 物探、地质编录（岩渣、护盾窗观测、涌水量）等方法，逐渐摸索出不同阶段、详细程度不同的超前地质预报模式。应充分重视 TBM 超前地质预报，以确保施工在可控制的条件下进行。

7.10.2　敞开式 TBM 掘进施工

7.10.2.1　TBM 施工流程

敞开式 TBM 掘进施工流程见图 7-17。

7.10.2.2　掘进参数的选择

（1）掘进模式的选择。TBM 设备根据转速可分为高速模式和低速模式掘进 2 种。使用高速掘进时，周围岩石振动较大，容易引起周围岩石松动，所以在地质情况较差时，采用低转速、高扭矩掘进；围岩较完整时，采用高转速、低扭矩掘进。

（2）不同地质状况下掘进参数的选择和调整。

1）节理不发育的硬岩（Ⅱ类、Ⅲ类）情况下的作业。

A. 选择电机高速掘进。

B. 开始掘进时掘进速度选择 15%，掘进到 5cm 左右开始提速。

C. 正常情况下，掘进速度一般选择不大于 35%。

D. 围岩本身的干抗压强度较大，不易破碎，若掘进速度太低，将造成刀具刀圈的大量磨损；若掘进速度太高，会造成刀具的超负荷，产生漏油或弦磨现象。因此，必须选择合理的掘进参数。

2）节理发育的Ⅲ类围岩状况下作业。掘进推力较小，应选择自动扭矩控制模式，并密切观察扭矩变化，调整最佳掘进参数。

3）节理发育且硬度变化较大的Ⅳ类围岩状况的作业。因围岩分布不均匀，硬度变化大，有时会出现较大的振动，所以推力和扭矩的变化范围大，必须选择手动控制模式，并密切观察扭矩变化。

A. 此类围岩下掘进，推力、扭矩在不停地变化，不能选择固定的参数（推力、扭矩）作标准，应密切观察，随时调整掘进速度。若遇到振动突然加剧，扭矩的变化很大，并观察到渣料有不规则的块体出现，可将刀盘转速换成低速，并相应降低推进速度，待振

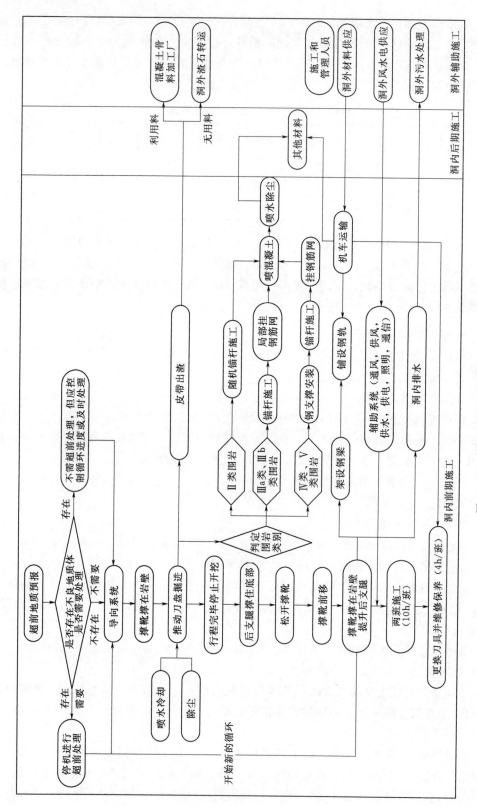

图 7-17 敞开式 TBM 掘进施工流程图

动减少并恢复正常后，再将刀盘转换到高速掘进。

B. 掘进时，即使扭矩和推力都未达到额定值，也会使通过局部硬岩部分的刀具过载，产生冲击载荷，影响刀具寿命，同时也使主轴承和主大梁产生偏载。所以要密切观察掘进参数与岩石变化。当扭矩和推力大幅度变化时，应尽量降低掘进速度，控制在30%左右，以保护刀具和改善主轴承受力，必要时停机前往掌子面了解围岩和检查刀具。

4）节理、裂隙发育或存在断层带（Ⅳ类、Ⅴ类围岩）下的作业。掘进时应以自动扭矩控制模式为主，调整掘进参数，同时应密切观察扭矩变化、电流变化及推进力值和围岩状况。

A. 掘进参数选择。电机选用低速，掘进速度开始为20%，等围岩变化趋于稳定后，推进速度可上调，但不应超过一定范围（如35%），扭矩变化范围小于10%。

B. 密切观察皮带机的出渣情况。当皮带机上出现直径较大的岩块，且块体的比例大约占出渣量的20%～30%时，应降低掘进速度，控制贯入度。

当皮带机上出现大量块体，并连续不断成堆向外输出时，停止掘进，变换刀盘转速以低速掘进，并控制贯入度。

当围岩状况变化大，掘进时刀具可能局部承受轴向载荷，影响刀具的寿命，所以必须严格使扭矩变化范围不大于10%，以低的掘进速度进行。一般情况下，掘进速度不大于20%。

7.10.2.3　TBM 掘进步骤

（1）掘进作业开始，撑靴撑紧洞壁，后支撑提起，TBM 刀盘转动，推进油缸伸出完成一个循环的掘进。

（2）掘进一个行程终了，刀盘停止转动准备换步，后支撑伸出抵到洞底上以承受 TBM 设备主机的后端重力，撑靴油缸收回。

（3）推进油缸回缩，由推进液压缸反向供油，使活塞杆缩回，带动撑靴及外机架向前移动。

（4）回到（1），进行下一个循环。

7.10.2.4　敞开式 TBM 支护施工

（1）TBM 超前支护。在特殊洞段及不良地质洞段的施工，包括自稳时间较短的软弱破碎岩体、断层破碎带，以及大面积淋水或涌水地段，需要进行超前支护，主要类型有钢筋排、超前锚杆、超前小导管注浆等。与常规钻爆法不同的是，超前支护施工采用 TBM 设备自身携带的超前钻机进行，其余工艺流程和注意事项与钻爆法同，此处不再赘述。

（2）TBM 初期支护。TBM 初期支护与常规钻爆法不同的是支护施工采用 TBM 设备后配套配置的锚杆钻机、超前钻机、混凝土拌和及输送泵、混凝土喷射机械手、钢筋网安装器、环形梁安装器等设备，通过专业操作手使用手动装置和遥控装置配合完成作业。其余工艺流程和注意事项与钻爆法同，此处不再赘述。

（3）TBM 二次衬砌施工。要做到掘进与衬砌同步施工，需解决技术与施工组织方面等问题。通常情况下，待 TBM 掘进贯通后，开始施工二次衬砌。而近年来随着科技的进步，已能在大断面隧洞中解决二次衬砌与 TBM 掘进同步施工的问题。在施工前设计合适的衬砌台车，同时着力解决 TBM 掘进、辅助洞室开挖、二次衬砌各工序同步施工相互干扰问题，以及物料运输的矛盾、各施工作业面通信联络、统筹调度等主要问题。

要解决二次衬砌与掘进同步施工的难题，需做到以下几点。

1）软风管穿行衬砌台车。

2）高压电缆、供水、通信、照明等管线不间断。

3）有轨运输畅通无阻，车辆通行空间要求更大。

4）无底部横向支撑，台车侧向力消除。

5）混凝土浇筑过程中，不能影响列车通行。

6）二次衬砌、辅助洞室开挖、掘进同步施工，需统筹安排，尽量避免干扰。

7）二次衬砌滞后 TBM 掘进长度不少于 1km。

7.10.3　双护盾式 TBM 掘进施工

7.10.3.1　TBM 施工流程

双护盾式 TBM 掘进施工流程见图 7-18。

7.10.3.2　掘进模式选择

双护盾式 TBM 掘进根据地质条件可采用双护盾和单护盾 2 种模式。

双护盾掘进模式在围岩稳定性较好的地层中掘进，在此模式下，掘进与安装管片同时进行，施工速度快。单护盾掘进模式适应于不稳定及不良地质地段，这时洞壁不能提供足够的支撑反力，因而不能再使用支撑靴与主推进系统，伸缩护盾处于收缩位置，刀盘的推力由辅助推进油缸支撑在管片上提供，TBM 掘进与管片安装不能同步，施工速度较双护盾模式慢。

7.10.3.3　掘进参数选择和调整

在掘进过程中，操作手要根据围岩变化、渣料变化情况，及时调整变换掘进模式和掘进参数，选择恰当的推力、撑靴压力、刀盘转速等。

（1）硬岩节理不发育段的作业。围岩本身的抗压强度较高，不易破碎，此时推力可能达到刀盘的额定推力值，若推进速度太低，将造成盘形滚刀刀圈的大量磨损；若推进速度太高，会造成滚刀超负荷，产生轴承漏油或者刀圈偏磨现象，所以必须选择合理的参数掘进。

（2）均质软岩、一般节理段的作业。此时所需推力较小。

（3）围岩硬度变化较大、节理较发育段的作业。因围岩不均质，硬度变化大，掘进中刀盘会出现较大振动，推力和扭矩值也会发生较大幅度的变化，此时应选择手动控制模式，密切观察推力和扭矩变化。在这种工况下，即使扭矩和推力都未达到额定值，也会使部分滚刀过载，产生冲击荷载，降低刀具寿命，同时也将造成主轴承受力恶化，故应尽量降低推进速度。

（4）节理发育、裂隙较多或在破碎带、断层等地质条件下的作业。TBM 在这种地质条件下的掘进较为困难，掘进速度很低。掘进时围岩状况变化大，刀具将承受径向和侧向冲击载荷，降低刀具寿命，此时应控制扭矩变化范围不大于 10%，并降低推进速度，控制贯入度。

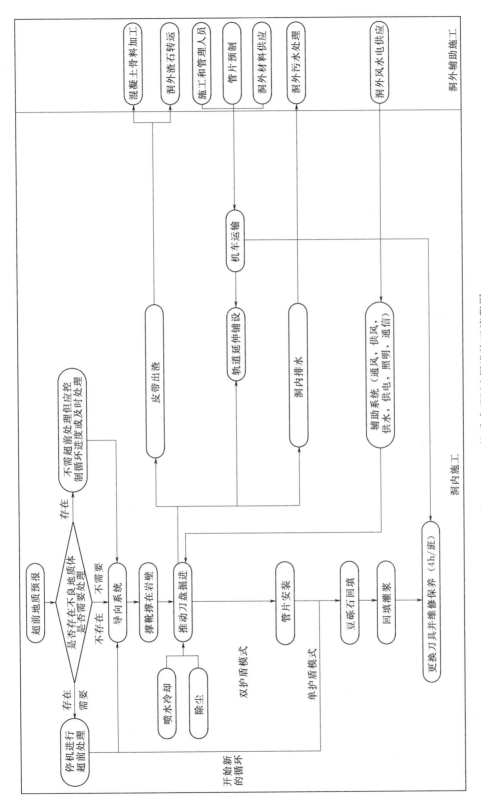

图 7-18 双护盾式 TBM 掘进施工流程图

7.10.3.4 TBM 设备掘进作业

双护盾模式掘进时，掘进与管片安装同步进行，TBM 作业循环为：掘进与安装管片→撑靴收回换步→再支撑→再掘进与安装管片。单护盾模式掘进时，TBM 掘进与管片安装不能同步。此时 TBM 作业循环为：掘进→辅推油缸回收→安装管片→再掘进。

7.10.3.5 管片安装

目前通用的管片型式主要为左右对称通用型，通过右转弯 R 与左转弯 L 交替安装来满足不同的曲线要求。少量隧洞也有采用六边形蜂窝形管片的。

(1) 管片安装原则。管片安装时要遵循以下原则：①要适合隧洞设计轴线；②要适应 TBM 掘进机的姿态。这两者相辅相成，通过正确的管片选型和选择正确的拼装点位，将隧洞的实际路线调整在设计线路的允许偏差范围内。

(2) 管片安装依据。

1) 盾尾间隙（35mm）。管片外弧面与盾尾内弧面的间隙。如果间隙过小，则 TBM 在换步（双护盾掘进模式）或掘进（单护盾掘进模式）过程中盾尾内弧面与管片外弧面会产生严重摩擦，轻则降低换步或掘进速度，重则盾尾密封刷或管片损坏，造成隧洞渗水漏水，影响砂浆和豆砾石回填困难。

2) 油缸行程差（上下±40mm；左右±20mm）。辅助推进油缸上、下组和左、右组的差值。如果行程差过大，千斤顶的顶力方向与环面不垂直，换步或掘进时管片受力不均，管片产生相对转动，导致出现大的错台、上浮、下沉和旋转，影响皮带、风筒吊挂等其他工作的有序进行。

为了保证管片的安装质量，在管片安装的时候必须以盾尾间隙和油缸的行程差作为安装依据。

(3) 管片安装要点及注意事项。

1) 管片选型和拼装点位选择以满足隧洞线型为前提，重点考虑管片安装后盾尾间隙要满足下一掘进循环限值，确保有足够的盾尾间隙，以防盾尾直接接触管片。管片拼装手应该按照现场技术人员指定的楔形块点位，遵循错缝拼装的原则进行管片安装。

2) 采用通用型管片，管片安装时尽量使楔形块位于隧洞上半断面，安装尽量从底部开始依次安装，最后安装楔形块。这样可以减小纵缝张开量，有利于楔形块的快速安装。

3) 清理管片表面和盾尾安管片装部位的泥浆等异物。启动管片拼装机和推力千斤顶，按照底拱管片→左右侧标准管片→左右邻接块→楔形块的顺序依次安装。

4) 收回待拼装管片对应位置的千斤顶，每次回收的千斤顶个数不能超过千斤顶总数的 1/3，即每次收回千斤顶数不超过 6 个。

5) 用管片吊机安全的将管片吊至喂片机，然后用喂片机运输至拼装机吸取位置，管片拼装手操作拼装机吸取管片并镶嵌到管片安装部位。

6) 在距离上一环管片 30mm 左右的地方对管片进行微调，调整管片与上一环管片齐平，保证不挤坏止水胶条，控制管片纵向和横向接缝错台在 5mm 以内。

7) 楔形块安装前，对止水胶条进行润滑处理，以减少楔形块插入时弹性密封胶条间的摩擦阻力；安装时先径向插入 450mm，调整位置后缓慢纵向顶推。

8）管片调整到位后，对齐螺栓孔，穿入一定规格带有垫片的环向、纵向螺杆，用启动扳手打紧螺杆；及时伸出相应位置的推力千斤顶顶紧管片，其顶推力大于稳定管片所需力，然后方可移开管片拼装机。

9）按照以上方法依次安装其他块管片，直到整环拼装完成后，等待下一环换步（双护盾模式）或掘进（单护盾模式）至100～200mm时，使用气动扳手按照先环向后纵向的方式复紧螺栓，控制螺栓垫片至不能用手转动为止。

7.10.3.6 管片安装时存在的问题及解决办法

（1）地质条件。

1）主要原因：①当岩石比较破碎、地下水丰富时，盾尾水面较高，而且水下沉淀石粉较多，需要抽水清查；②顶部岩石破碎塌方，管片脱出盾尾后变形较大，拼装管片时螺栓不好拧紧。

2）解决办法：①根据地下水流量不同及时增加水泵，在最短的时间内排除盾尾积水并及时清查，保证底部有足够的间隙安装管片；②管片脱出盾尾时，砂浆回填和豆砾石回填要及时跟上，减小管片变形量。

（2）掘进速度与盾尾姿态。

1）主要原因：①岩石过硬或破碎甚至有塌方时，TBM掘进速度较慢（40～60min），直接影响下一环管片及时安装；②TBM掘进时纠偏过大导致盾尾间隙不均，管片难拼装；③TBM盾尾姿态不好，没有及时掌握、分析相关数据而不旋转或过于频繁旋转管片。

2）解决办法：①岩石不好时，操作人员要根据掘进参数判断设备的工作性能，在保证人员、设备安全的情况下加快掘进速度；②以测量数据为准，及时调整姿态以保证TBM纠偏量不能过大；③拼装手及时观测盾尾间隙和TBM姿态适当调整一环或两环管片，尽量按照固定点位安装；④拼装手和TBM操作手要及时沟通，相互掌握TBM姿态和管片姿态。

（3）设备性能及故障排除。

1）主要原因：①维护人员检查维护不到位，由于长时间的运行导致设备性能下降而出现液压、机械或电器故障（如：管片吊机故障，拼装机动作故障，辅助推力油缸伸缩故障，喂片机行走故障等）；②由于相关操作手不注意或看不到而损坏设备；③对设备了解不够，不能及时排除故障。

2）解决办法：①安排相关专业人员维护相关设备，检查要仔细认证，达到运行时间或磨损值的配件及时更换；②操作人员要在安装过程中一定要做到"一看"（仔细看周围情况）、"二动"（在观察周围情况后操作设备）、"三听"（在设备运行中听有没有异常声音），及时掌握设备工作性能；③拼装手或相关维护人员（电器、液压或机械工程师），要认真学习了解设备的工作原理，要能很快而且准确地判断设备问题所在，并能及时排除故障。

（4）圆环管片环面不平整。

1）主要原因：①拼装时前后两环管片间夹有杂物；②千斤顶的顶力不均匀，使环缝间的止水胶条压缩量不相同；③止水条粘贴不牢，拼装时翻至槽外，使与前一环的环面不密贴，引起管片凸出；④成环管片的环、纵向螺栓没有及时拧紧及复紧。

2）解决方法：①拼装前检测前一环管片的环面情况，清除环面和盾壳内的各种杂物，决定本环拼装时纠偏量及纠偏措施；②控制千斤顶推力，使千斤顶推力分布均匀；③检查止水条的粘贴情况，保证粘贴可靠。

（5）管片环面与隧洞设计轴线不垂直。

1）主要原因：①拼装时前后两环管片间夹有杂物，使相邻块管片间的环缝张开量不均匀；②千斤顶的顶力不均匀，使止水条压缩量不相同，累计后使环面与轴线不垂直；③前一环环面与设计轴线不垂直，没有及时采取楔形块点位转动纠正；④TBM推进单向纠偏过多，导致管片环缝压密量不均匀而使环面与轴线不垂直。

2）解决方法：①尽量将千斤顶全部开启，使 TBM 纠偏的推力均匀；②在施工中经常测量管片环面的垂直度，并与轴线相比较，发现误差，根据需要纠偏的量适当调整管片拼装点位，对环面进行纠正；一般一次纠偏不超过 6mm，偏差大时可连续多环纠偏；③合理地修改管片的排列顺序，充分利用转动管片来纠偏。

（6）圆环整环旋转。

1）主要原因：①千斤顶编组不合理，使管片受力不均匀而产生相对转动；②管片环面不平，千斤顶的顶力方向与环面不垂直，TBM 换步或掘进时就会产生使管片转动的力矩导致管片旋转；③管片螺栓孔和螺栓之间一般留有 3~5mm 的间隙，拼装时管片的位置安放不准确，造成两环管片之间相互错动引起旋转偏差；④后拼装的管片与已就位的管片发生碰撞，使已拼装的管片发生移位。

2）解决方法：①控制好 TBM 掘进的姿态，千斤顶压力的调整情况要使推力变化均匀，调整好管片环面的角度，减小推进过程中产生的转动力矩；②拼装管片时管片要放置正确，千斤顶要有足够的顶力使管片不发生相对滑动；③经常变换管片拼装的顺序。

（7）管片碎裂。

1）主要原因：①管片环面不平整，相邻管片迎千斤顶面有交错现象，使后拼的管片受力不均匀，管片的表面会出现裂缝，TBM 推力较大时会顶断管片；②拼装时前后两环管片间夹有杂物，使相邻块管片环面不平整，后拼装的管片在推进的时候就可能被顶断；③管片有上翘或下翻，使管片局部受力不匀，造成破碎；④楔形块管片插入时，由于管片开口不够而使管片受挤压产生碎裂。

2）解决方法：①每环管片拼装时都对环面平整情况进行检查，发现环面不平应及时旋转管片予以纠正，使后拼上的管片受力均匀；②及时调整管片环面与轴线的垂直度，使管片在盾尾内能居中拼装成环；③对于管片存在上翘或下翻的情况时，应该及时利用管片旋转拼装进行纠正。

（8）管片环高差过大，形成错台。

1）主要原因：①盾尾间隙环向不均匀，管片拼装的中心与盾尾中心不同心，管片与盾尾相碰，为了将管片拼装在盾尾内，将管片径向内移，造成环间错台过大；②管片拼装的椭圆度较大，造成环间错台过大；③管片的环面与隧洞轴线不垂直，如继续上一环的方向拼装将会与盾尾相碰，将管片向相反方向移动，造成过大的环间错台；④管片在脱出盾尾后，空隙没有及时填充，管片受自重的作用，造成环间错台过大。

2）解决办法：①将管片在尾盾内居中拼装，使管片不与盾壳相碰；②纠正管片环面与隧洞轴线的不垂直度；③及时、充足地进行同步注浆和豆砾石回填，利用浆液和豆砾石将管片托住，减少环间错台；④拼装过程中发现新拼装的管片与前一环管片的环间错台过大，采取松开连接螺栓的方法，逐块调整管片的位置。

（9）管片椭圆度过大。

1）主要原因：①管片的拼装位置中心与盾尾的中心不同心，管片无法在盾尾内拼装成正圆，只能拼装成椭圆形；②管片的环面与 TBM 轴线不垂直，使管片与 TBM 的中心不同心；③单边注浆使管片受力不均匀。

2）解决办法：①采用旋转管片调整隧洞的轴线，使管片的拼装位置处在盾尾的中心；②控制 TBM 纠偏，使管片能在盾尾内居中拼装；③待管片即将脱出盾尾时，对管片的环向螺栓进行复紧，使各块管片的连接可靠；④注浆和豆砾石回填时注意管路的布置，使管片均匀受力。

（10）管片接缝渗漏与处理措施。管片拼装完成后，往往有地下水从已拼装完成管片的接缝中渗漏进入隧洞，主要表现为管片预留豆砾石主入口漏水、管片接缝漏水、管片破损处漏水。如果对渗漏问题处理不当，将会使管片受到地下水的长时间冲刷作用，使钢筋混凝土管片受到电化学腐蚀。

1）主要原因：①管片拼装的质量不好，接缝中有杂物，管片纵缝有内外张角、前后喇叭等，管片之间的缝隙不均匀，局部缝隙太大，使止水条无法满足密封的要求，周围的地下水就会渗漏进入隧洞；②管片碎裂，破损范围达到粘贴止水条的止水槽时，止水条与管片间不能密贴，水就从破损处渗漏进隧洞；③止水条粘贴不牢固、提前粘贴遇水膨胀，使止水条在拼装时松脱、变形、提前膨胀，无法起到止水作用。

2）解决方法：①可以加大衬垫的厚度，在贴过衬垫处的止水条上按规定加贴一层遇水膨胀橡胶条，并且要在清理止水槽、胶水不流淌后才能粘贴止水条；②对渗漏部分的管片接缝进行注浆，利用水硬性材料在渗漏点附近进行壁后注浆；③对管片的纵缝和环缝进行嵌缝，嵌缝一般采用遇水膨胀材料嵌入管片内侧预留的槽中，外面封以水泥砂浆以达到堵漏的目的。

7.10.3.7　管片豆砾石回填灌浆

管片与岩面间的间隙回填分底拱和边顶拱回填。底拱部分回填主要是为了防止管片推出盾尾后不下沉，通用的方法是加大底拱管片厚度，使其直接安置在岩面上，或者在管片推出盾尾后采用速凝砂浆回填。边顶拱的回填须及时，主要是防止管片推出盾尾后管片椭圆度发生变化，以保证管片质量，通常采用豆砾石和水泥灌浆回填。

（1）豆砾石回填灌浆容易发生的问题。双护盾 TBM 掘进采用管片衬砌，施工中由于设备及人为因素，会造成一些可避免或不可避免的质量缺陷，例如在掘进过程中会产生轴线偏移、高程偏移等缺陷；在管片安装过程中会产生错台、破损、上浮等缺陷；在豆砾石回填过程中充填不及时、充填不饱满、空腔、充填压力过大，造成管片破裂等缺陷。而管片的安装质量及管片与围岩间的回填质量不仅直接影响隧洞过流条件，甚至给隧洞安全运行带来隐患。

1）由于隧洞掘进通常是上坡段，豆砾石回填灌浆区间段形成开放区，区间不封闭使得灌浆压力长时间无法升高，浆液在回填空间中处于无压或低压状态，靠自身的自泳性能在豆粒石中渗透，使受灌空间不能在相对封闭的情况下灌注。

2）豆砾石的质量也是影响灌浆质量的一大因素。豆砾石圆润，充填空隙率就相对小；豆砾石针片状量大，充填空隙率相对大。豆砾石的质量不仅增加灌浆耗浆量，而且增加豆砾石充填成本（圆润的豆砾石对充填管磨损小）。在检查时豆砾石密度小的区域相对饱满，豆砾石密度大的区域相对疏松。

3）管片安装质量直接影响灌浆质量。管片错台、破损、缝隙过大，不仅影响管片安装质量验收，而且在豆砾石灌浆过程中影响灌浆质量。

4）施工的不连续性也会影响灌浆质量。由于豆砾石灌浆是自泳灌浆，浆液是以渗透形式进入豆砾石空隙，施灌时液面较高，停灌后浆液继续渗透使液面下降，部分豆砾石成为无砂混凝土状，浆液凝固后，后续灌浆很难充满豆粒石的空隙，有可能形成不饱满的疏松带。

5）灌浆压力设计不大于 0.2MPa，实际灌浆设备上的仪表不能真实地反映灌浆压力，导致控制整个灌浆的压力非常困难。灌浆设备仪表压力只反映压力表位置管路浆液压力，不能反映孔口压力，更不能反映受灌空间内的浆液压力，无法显示出管路的压力损失情况。浆液进入到豆砾石空隙后压力呈递减状态，随着渗透距离的增加，在泳动的末端降至零点。

6）浆液的自泳特性和岩粉的影响灌浆质量。由于 TBM 在掘进过程中产生大量的岩粉和极小颗粒，大部分岩粉随大块渣料被出渣设备带走，剩下的有的附着在围岩上，有的沉积在底部。刀盘大量的喷水和盾体围岩大量地下渗水的存在，在豆砾石回填后，由于机械振动和渗水的作用，岩粉呈浆糊状与豆砾石胶结在一起，甚至凝结。在该胶结区豆砾石疏松又封闭，浆液无法自泳渗入，即使补灌也无法使该区域饱满。

（2）豆砾石回填灌浆问题的解决措施。针对豆砾石回填灌浆存在的问题，在施工中采取如下措施。

1）严格控制管片安装质量。

A. TBM 掘进中产生的轴线偏移、高程偏移等。要求管片安装人员勤测量管片与盾体的间隙，勤分析管片安装顺序，并调整管片安装顺序。

B. TBM 掘进振动对管片影响，造成顶管片楔形块下沉。将豆砾石回填尽量提前回填，使管片两侧至顶部管片提前被支撑，减小 TBM 掘进振动对管片变形的影响，降低管片椭圆度。

C. 管片安装破损、错台等质量不仅与 TBM 掘进姿态、岩石软硬等有关，除以上不可控因素外，还与管片拼装手及安装工艺有关。对施工中加强管片拼装手的培训，减少人为因素。提高管片安装工艺，尽可能减少管片安装破损、错台等通病。对破损管片即时修复，减少由于破损对豆砾石回填质量的影响。

D. 管片缝隙过大，源头在管片拼装时解决。但由于隧洞转弯或者调整管片顺序时，不可避免会造成管片缝隙过大。在豆砾石回填灌浆时，优先采用水泥袋、棉纱填塞。

2）设置封闭环。封闭环段长不小于 200m，即每隔 200m 提前在 200m 位置段集中灌浆，并形成封闭环，一个区间段形成一个封闭环后再集中对该区间段灌浆。

3）严格控制豆砾石质量。豆砾石质量要在源头控制，不合格豆砾石不允许运输至工地。豆砾石料径控制在5～10mm，并在灌注时保持湿润。对豆砾石密度大、不进浆的区域，在灌浆孔附近提前钻孔排气。

4）管片豆砾石灌浆是自泳灌浆，且要求其灌浆工作具有连续性。通常采取如下措施来解决灌浆工作不连续性的问题。

A. 使用的浆液具有小水灰比高流动性、稳定性特征。选用多个配比的浆液，以适用不同部位和不同地质条件下的灌浆要求。典型浆液配比见表7-12。

表 7-12　　　　　　　　　　　　典型浆液配比表

浆液类型	水灰比	制浆量/L	水泥/kg	水/kg	砂/kg
纯水泥浆	0.5∶1	166.7	200	100	0
	0.6∶1	186.7	200	120	0
	0.8∶1	170.0	150	120	0
砂浆	0.8∶1∶0.5	131.5	100	80	50

B. 在同一灌注区段内按先底部、再两侧、最后顶拱的灌浆顺序灌浆。不同部位采用不同的灌注配比。底部浆液水灰比按1∶1或者0.8∶1配比，两侧浆液水灰比按0.6∶1，顶拱按1∶1或者0.8∶1配比，且在灌注顶拱时掺加外加剂增加浆液流动性。

5）豆砾石回填灌浆是自泳灌浆，在未形成封闭环之前，灌浆压力无法升至设计压力，甚至是无压力灌浆，这主要是浆液在进入到豆砾石空隙后压力呈递减状态，随着渗透距离的增加，在泳动的末端降至零点。设置封闭环段，然后在封闭环段内按自下而上同一高程从一端向另一端灌浆，当同一高程内灌浆孔串浆，即使压力达不到设计压力也停止该孔灌注。在同一高程灌浆达到封闭环时，注意控制灌浆压力。

在灌注顶拱部位时，不仅要控制灌浆压力，而且要注意观察前方未灌注环管片是否有串浆现象。当出现后序孔排气、排水或串浆时，均匀控制好注浆压力和注入率进行持续灌注。直至被串孔排除浓浆后将其孔口阀门关闭或采用木塞堵塞，若是关闭阀门的孔，一段时间后还可以打开进行观察，看孔内是否还有水或气需要排出。因为受灌空间里的水、气排出不是均匀连续的，随着受灌空间内浆液液面的升高，有的孔需要反复多次才能排完孔内聚集的水、气。

在一个封闭环回填灌浆结束阶段，当灌浆压力达到设计值时，根据管路的长短、排气孔回浆浓度等适当地增加灌浆压力，使末段灌浆效果更佳。

7.11　TBM特殊情况下的施工

7.11.1　TBM在岩爆洞段的掘进施工

（1）岩爆预测。根据隧洞的地质条件，岩爆的预测须采用多种手段进行综合预测。拟采用的方式为宏观预报、仪器法、围岩性质预测法。根据已有的施工经验，岩爆可能发生在岩石新鲜、完整、干燥、岩性脆硬和抗压强度大的洞段。在断层带附近的完整岩体部位也易发生岩爆。另外，复杂的地质构造带容易发生岩爆，而且在拱肩或腰部发生较多。进入埋深大、地应力高、可能发生岩爆的区域施工时，首先利用超前钻孔等进行超前预报，了解隧洞前方的围岩情况，并根据预报预测的结果提前制定通过方案。

（2）轻微、中等岩爆洞段 TBM 施工原则。在施工预测即将进入易发生岩爆洞段时，需要针对岩爆的处理制定试验大纲，并进行现场试验。岩爆洞段的施工原则根据地质情况分别采取以防为主、以治理为主的方案。以防为主的方案分别以解除围岩应力或降低开挖扰动为途径。以治理为主的方案针对岩爆的具体情况采用喷混凝土、锚杆等措施。TBM 施工过程中由于不存在爆破作业，开挖过程是一个连续切割的过程，因此不易在隧洞洞壁上形成应力集中的位置，故发生岩爆的可能较钻爆法要小。所以在 TBM 施工洞段针对岩爆采用以防为主、结合治理的施工方案。轻微、中等岩爆的处理利用 TBM 自带的支护设备及时对开挖出露岩石进行锚杆、钢筋网、喷射混凝土的支护作业，并对隧洞洞壁进行钻孔、充水，以降低岩石内部的应力，降低岩爆发生的概率和发生的强度。

在出现岩爆后，首先清理爆下的岩石，接着对岩爆产生的位置及时喷射混凝土封闭，而后再利用锚杆、网喷混凝土等支护方式进行。如支护设备已经通过该区域，利用后配套结构设施工平台，增加相应钻孔设备进行施工，同时，可将喷射混凝土管路连接到该位置进行喷射混凝土施工。

（3）强岩爆的处理措施。较强岩爆洞段处理的关键是将支护作业的各个支护程序按时实施，并加强超前预报工作，保证 TBM 安全顺利通过岩爆洞段。由于岩爆的发生较难预测，施工过程中将在预测可能发生岩爆区域严格执行设计的支护方案，即开挖后及时进行程序化的支护，锚杆、网喷混凝土、钢拱架在规定时间内完成。在预测可能发生岩爆的洞段，即埋深大、地应力高、坚硬完整的无水洞段，应及时利用 TBM 自带的喷射混凝土设备向顶拱及侧壁喷射混凝土，跟随锚杆（可以综合采用普通预应力锚杆、自钻式中空注浆锚杆）、钢筋网、钢拱架等措施及时支护。减少岩层暴露时间，防止岩爆的继续发生。TBM 开挖施工时，每一个循环掘进结束后，利用 TBM 的超前钻机打超前应力释放孔并喷撒水。应力释放孔宜短，多提前释放应力，降低岩体能量；对露出护盾的洞壁钻孔、喷撒水，以降低岩体强度；及时采用挂网锚喷支护法，混凝土厚度、锚杆布置根据具体情况确定。发生岩爆的洞段，及时根据地质、岩爆程度等采用挂网锚喷支护法，对岩爆烈度较高处可酌情增设一定的钢拱架支撑等措施。

7.11.2 TBM 在不良地质条件下的脱困方案

TBM 在隧洞施工中可能出现强岩爆、大型的断层破碎带，特别是在超前预报未能预测到的突发强岩爆、断层坍塌等情况可能困住 TBM 刀盘，导致刀盘无法旋转，开挖施工无法正常进行。

（1）掌子面强岩爆。施工中突然发生较强烈的岩爆时，可能有大块岩石爆出，卡住 TBM 刀盘。岩石的挤压作用会导致刀盘和岩石之间的摩擦力较大，刀盘的启动扭矩不能克服该摩擦力，使刀盘无法启动。

针对以上情况的处理方法包括以下几点。

1）后退刀盘，使掌子面的岩石松动，减小岩石和刀盘之间摩擦力，直到达到刀盘启动的要求。

2）由于刀盘后退行程有限，如果后退刀盘不能使岩石松动达到刀盘启动要求，则需要通过刀盘进入前方进行小型的松动爆破，将贴近刀盘的大块岩石破碎或者松动，直到满足 TBM 刀盘启动的要求。岩石松动后缓慢启动刀盘（刀盘转速控制在 0～1rpm 之间），先不进行推进作业，同时启动胶带机将刀盘前方的岩石切割破碎并通过 TBM 自身的胶带机运出，缓慢提高刀盘的转速到 1～2rpm 进行慢速推进，直到将掌子面因岩爆产生的大块岩石均被破碎运出。

（2）较大断层的坍塌。TBM 施工中如遇到较大断层破碎带，由于塌落的松散岩石可能大量进入刀盘和轴承之间的空隙，加大了刀盘启动的摩擦力，从而造成刀盘无法正常的启动。掘进施工无法进行。此时施工首先将刀盘适当后退，减小刀盘前方松散岩石对刀盘的挤压力，同时利用 TBM 自带的底部清渣胶带机通过刀盘护盾上预留的孔将刀盘和主轴承之间的松散石渣运送到 TBM 的胶带机上。清渣工作以刀盘是否可以顺利启动为标准，一旦刀盘可以启动（刀盘转速 0～1rpm），即停止清渣工作，利用刀盘的旋转将掌子面前方以及刀盘和轴承之间的石渣运出。同时，逐渐提高刀盘的转速，直到可以以正常的刀盘转速进行推进施工。

7.11.3 高地应力地段 TBM 防止收缩变形的措施

在塑性较大的围岩洞段如出现较大的地应力，围岩将出现收缩变形和片帮剥离，TBM 施工过程中如果不采取相应措施，有可能导致刀盘和护盾被卡住，从而使掘进施工无法进行的情况。针对此情况，在 TBM 施工时将采取如下措施，以避免出现上述情形。

（1）及时实施超前预报，根据超前预报的结果指导施工，在进入可能因高地应力引起收缩变形的洞段时，提前制定相应的施工措施。

（2）检查 TBM 边刀的磨损程度，在进入上述洞段时，更换全新的边刀，使开挖的洞径达到最大，可能的情况下安装扩挖刀具，适当扩大洞径，减小因围岩收缩卡住刀盘的可能。

（3）TBM 开挖通过后，在出露的岩石洞段及时进行初期支护作业，保证支护的质量，特别是锚杆和喷射混凝土的质量。隧洞洞壁施工应力释放孔，减少隧洞中应力集中，降低收缩变形量。

7.11.4 软弱破碎围岩段坍塌处理

（1）坍塌原因及影响分析。围岩的坍塌和破坏是造成 TBM 掘进停工的主要原因，岩体产生坍塌的原因及影响因素主要有：①受断层影响带及其次生小断层的影响，软弱结构面、宽大节理及节理密集带发育的影响，以及在 TBM 施工时连续振动、地下水、应力释放、重力等综合作用下开挖后易发生坍塌，造成底部清渣时间过长；②岩体的自稳能力很差，在 TBM 掘进时，常在护盾上方或刀盘前方发生大规模的坍塌；塌方深度高、塌方量大，因此混凝土回填引起支护作业时间加长；③隧洞开挖前，岩体初始应力处于相对平衡状态，开挖隧洞后，改变围岩的受力状态，应力重分布引起围岩收敛变形；围岩收敛、拱顶下沉造成洞室断面净空大为缩小，不能满足二次衬砌净空，影响到隧洞的二次衬砌；

④TBM依靠撑靴对隧洞的反力而获得向前的推力，在软弱结构面、节理发育地带，岩体破碎，受撑靴挤压而发生滑塌。

（2）坍塌处理措施。在护盾及前方采用超前小导管或超前锚杆支护，通过采取超前小导管加强支护的措施，提高围岩自稳能力，能有效控制围岩出护盾前的变形，保证二次衬砌净空。在护盾后部紧跟掘进施作锚、网、钢拱架，喷混凝土及时封闭围岩；在局部围岩破碎地段，为保证结构安全，在护盾后平台采用自钻式锚杆加固围岩；TBM通过后，后配套上的喷混凝土及复喷至设计厚度，保证支护强度。充分利用掘进机的湿喷设备，在围岩出护盾后及时初喷混凝土，封闭围岩，将围岩的收敛变形减少到最低限度。由于围岩松动范围的扩大，而使围岩的稳定性降低，为了保证施工及投入使用后的结构安全，衬砌后需及时进行固结注浆。对剥落和坍腔的处理：由于围岩软弱，造成掘进机在行进时撑靴部位打滑，围岩二次扰动，出现更大的坍塌，为此采取以下措施：①当剥落在15cm以内时，喷射混凝土封闭并喷平，以便于掘进机撑靴通过；②坍腔在15cm以上时，首先采用湿喷系统封闭围岩，然后利用已经架立的钢拱架立模灌注C30细石混凝土，填平坍腔，可以避免坍腔继续向前方延伸而产生过大变形，有效控制临空面的继续扩大而造成更大范围的坍塌，同时也可保证掘进机的撑靴顺利通过而不挤压拱架。撑靴部位由于围岩抗压强度不能提供足够的撑靴反力，易造成撑靴打滑，撑靴部位二次扰动，变形过大。针对此现象拟采取的对策如下：①此部位出护盾后立即对此部位进行铺设钢筋网、喷射混凝土施工支护作业，增加此部位的抗压强度，提高承载力；②调整撑靴压力来减少对围岩的扰动。因围岩坍塌而产生的岩渣无法通过正常的出渣系统排出，可在护盾后增设一套机械清渣系统，缩短清渣工序时间，提高特殊地段的掘进速度。

施工过程中，通过超前地质预报的准确预测，根据不同的地质条件合理选用合适的TBM掘进参数，超前加固，及时封闭围岩以控制变形、坍塌，扩延采用合理的支护措施，提高通过不良地质洞段时的支护速度等一系列措施，使TBM掘进机最终顺利通过断层破碎带。

7.12 TBM 到达

到达掘进是指TBM到达贯通面之前50m范围内的掘进。到达前必须检查掘进方向并及时调整方向以保证准确贯通。为确保TBM顺利到达，须提前在接收洞底部施工TBM接收导台或拆卸场（洞室）开挖支护，并完成拆卸场（洞）室布置。贯通面洞口在TBM到达前需加固，加固拟采用树脂锚杆加固，以免TBM贯通因贯通偏差剪切锚杆造成设备损坏。

7.12.1 TBM 贯通姿态

在TBM贯通前100m、50m、30m处，要对洞内所有的测量控制点进行复测，确认TBM姿态，如掘进里程、轴线坡度等，根据测量数据对TBM姿态及时调整，从而保证贯通位置准确。如条件允许，可在TBM贯通面向TBM方向开挖不大于50m长的贯通洞来辅助测量。

7.12.2 贯通前掘进与管片拼装

对于护盾式 TBM，贯通前掘进须注意以下几点。

（1）加强掘进方向控制。

（2）接收段，特别是贯通前 5～10m 处，降低推进力，推进速度，尽量减小对围岩的扰动。

TBM 到达段，护盾式 TBM 为防止管片在失去后盾管片支撑或 TBM 推力后产生松弛导致管片环缝张开，须根据实际情况采取设置管片纵向拉紧装置的措施，如采用槽钢拉紧。拉紧装置在 TBM 推力卸去前进行设置安装，设置环数一般为贯通面 10 环。

7.13 TBM 拆除

TBM 掘进完成后，如果距离洞口较近，并且具备场地、对外运输条件，则可以考虑将 TBM 牵引出洞或者步进出洞，在洞外拆卸，这是比较理想的方案；如果 TBM 掘进完成后，距离洞口很远或者两台 TBM 相向掘进，则只能在隧洞内拆卸。

7.13.1 拆卸洞准备

拆卸洞布置在贯通面围岩条件较好的地段，在洞内安装布置吊装和运输设备，将 TBM 拆卸解体后分批运出洞外。拆卸洞内可安装桥式起重机、门式起重机。然后，利用起重机小车左右移动、前后走行将解体后的主机和后配套大件提升、移位、装放至运输平板车上外运出洞。拆卸洞必须有足够的空间和结构，并综合考虑拆卸方式来确定拆卸洞的长度和断面尺寸，同时考虑 TBM 拆卸件的尺寸、拟采用的起重设备的技术参数、运输设备、拆卸部件在洞内的摆放等因素综合确定。另外，还需考虑拆卸洞室的功能特性、施工方法、衬砌结构等。由于拆卸洞室施工比较繁杂，工期一般要 5 个月左右，甚至更长，必须在 TBM 到达前完成洞室开挖及设备安装调试，如在 TBM 到达后才能开挖拆卸洞室的，需在 TBM 到达前确定好方案并做好准备工作。

而 TBM 洞外拆除除需考虑贯通面后接收台及 TBM 滑行出洞方案外，洞外拆除场地还需平整，并在 TBM 到达拆除地前布置好拆除起吊设备，如履带吊、汽车吊、门式起重机，并综合考虑运输设备进出运输通道、倒车调头位置。

7.13.2 TBM 拆卸

TBM 的拆卸流程基本与安装流程相反，要本着"安全、科学、明晰、环保"的原则。

（1）拆卸准备。

1）TBM 拆卸前标识。拆卸之前，根据各系统特点，制定电气、液压、结构件等的标识方案并实施，同时认真记录存档。TBM 贯通前再次检查标识是否完整、准确，如有缺损或错误，及时补充或修改。

2）拆卸前设备功能的检测。拆卸之前需要对 TBM 的重要部件、设备的功能进行检测。包括驱动装置、推进和支撑装置、电气和液压系统、主轴承和刀盘的各项重要性能参数等，这些要认真进行记录。

3）准备运输方案。根据边拆卸边运输的原则，按照拆卸顺序配置相应的运输车辆，并做好运输的各项准备工作。

（2）拆卸的一般顺序。先电路、信号、通信系统，再液压、管路系统，最后才能拆机械；先强电、后弱电；自上而下、先外后内；先主流，后分支；先主体、后框架结构。

（3）拆卸工具和设备。

1）对于高压拆装设备（如液压预紧螺栓拆卸专用螺栓拉伸器和电动、气动扭矩扳手等），设备未经检测、人员未经培训，一律不得投入使用。

2）对于螺纹紧固件，优先选用梅花扳手或套筒扳手，其次才是开口扳手和活动扳手。依照螺栓规格、等级、紧固扭矩、是否锈蚀等选用适当的扳手等工具，如快速扳手（棘轮扳手）、方头冲击扳手、电动扳手、风动扳手、液压扳手、螺栓拉伸器等。对于锈蚀严重、上述工具和方法不能奏效的则可考虑用劈裂、乙炔火焰切割等方式进行破坏性拆除。

（4）拆卸的一般原则。

1）从实际出发，可不拆的尽量不拆。为了减少拆卸工作量和避免破坏配合性能，对于尚能确保使用性能的零部件可不拆，但需要进行必要的试验或诊断，确信无隐蔽缺陷。

对不可拆的连接或拆后降低精度的结合件，如条件允许则不予解体，必须拆卸时须注意保护。

若不能肯定内部技术状态的部件，如不影响整机拆卸则不予解体，待拆后整修时再检测诊断其状况。

2）尽量少拆。对于某些设备总成、液压泵站等自身连接的线路和管路，只要不影响吊装、运输，则维持原状。

3）液压系统拆卸时，应特别小心、谨慎，注意元件外表及环境的清洁，尤其是管路接头拆卸后应立即安装堵头和防护帽，以免人为污染。

4）在拆卸轴孔装配件时，通常应坚持用多大的力装配，就用多大的力拆卸。若出现异常情况，要查找原因，防止在拆卸中将零件碰伤、拉毛、甚至损坏。热装零件需利用加热来拆卸，一般情况下不允许进行破坏性拆卸。

5）拆卸应为下次装配创造条件。如果技术资料不全，必须对拆卸过程进行记录，以便在安装时遵照"先拆后装"的原则重新装配。拆卸精密或复杂的部件，应画出装配草图或拆卸时做必要的记号并记录，避免误装。

6）分类存储。拆开后的零件，均应分类存放，以便查找，防止损坏、丢失或弄错。存储时按照"总成、部件、零件""电气、液压、机械""大件、小件""粗糙、精密"分开的原则，单独存放。

临修部件，也可以按照装配图顺序，在洁净的工作台上依次摆放。

根据零件的结构特点，细长零件要悬挂，防止弯曲变形；对不能互换的零件或高速旋转盘类零件，防止运转性能变化带来的不利影响（如偏心、质量不平衡、静态与动态不平衡等），要成组存放或用记号笔打上标记。

7.13.3 主机拆卸

（1）确定 TBM 各个部件处于拆卸位置，断开主机和后配套连接桥之间的连接并对连接桥加以可靠的支撑。

（2）确保各个用电器电源已断开，检查释放液压系统、压缩空气系统的残存压力。

（3）首先进行液压、电气系统和辅助设备（如超前钻机）的拆卸。

（4）在进行液压、电气系统拆卸的同时进行各关键部件如刀盘、盾体、推进系统、主轴承附属件的拆卸和大件吊装位置吊具的安装。

（5）对拆卸工作比较复杂繁琐的部件，如刀盘，要考虑将它的固定连接件和其他系统的拆卸同时进行，以减少拆卸的时间。

（6）关键部件的附属件拆卸完成后，开始依次进行刀盘、盾体、主轴承、支撑调向系统、推进系统的拆卸。

（7）在主机拆卸的同时，根据施工现场的条件合理安排其他位置系统的拆卸。

（8）根据预先制定的运输方案，及时将拆卸完成的部件运输到指定位置。

7.13.4　后配套拆卸

（1）在主机和后配套步进到位以后，利用主机拆卸的时间开始进行通风软管、给水水管、高压供电电缆等拆卸，并通过主洞内的钢轨运输线路将拆卸的风筒、水管、电缆运到洞外。同时，拆卸后配套各部位的电缆、液压油管、风水管路等零部件集中通过有轨方式从隧洞出口运输出洞。

（2）从前向后依次解体连接桥与后配套，同时以无轨方式从隧洞进口支洞运输出洞。解体时，首先拆卸安装于后配套的各种设备，之后解体结构件。

（3）将拆卸的部件及时安全地运输到指定位置。

7.13.5　TBM 拆卸注意事项

（1）TBM 贯通前须全面仔细复查，补全机、电、液各零件的标识。

（2）除组装所用设备、机具以外，TBM 拆卸专用的拖车牵引连接装置，连接桥支撑轮架等专用装置应准备完好。

（3）检查、统计各种管接头、堵头需求量，按照相应的规格、数量做好准备。

（4）TBM 贯通前应进行主机、后配套及其辅助设备的带负荷性能测试，以全面鉴定各机构、设备的性能状态，为拆卸后及时维护、修理和制定配件计划提供依据。

（5）TBM 主机零部件采用机车拖运，须注意装载重量及隧洞限界尺寸。

（6）TBM 后配套拖车及连接桥拖拉出洞运行速度限制为 5km/h。

（7）TBM 零部件的包装储存，必须事先制定可行方案，尽可能考虑可能的储存期限以及再次运输的道路情况。

7.13.6　TBM 拆卸过程的技术状况鉴定

TBM 拆卸过程中主要观察与检查如下项目。

（1）零部件磨损、疲劳、腐蚀等产生的损伤状况。

（2）零件原有的几何形状、尺寸、表面粗糙度、硬度、强度以及弹性等发生的变化程度。

（3）零件技术性能的变坏或失效引起的机械损伤程度和性质，以便为以后是否维修提供依据。

7.13.7 拆后整修

经过一项工程的掘进施工，TBM 整机各部位、各系统均会存在不同程度的损伤，为确保储存期间以及再次上场前的设备质量，TBM 拆卸后必须进行较全面地整修。

7.13.8 拆后存储

TBM 拆卸、整修后，须根据可能的储存时间，选择适当的场所存放，并采取相应的防护、保安措施，以减少各部件的自然老化、损耗，避免意外损坏。

8 斜井与竖井开挖

在水利水电工程中，通常把隧洞轴线与水平面的夹角 α 作为区分地下工程平洞、斜井与竖井的标准。当 $\alpha \leqslant 6°$ 时，称为平洞；当 $6° < \alpha < 75°$ 时，称为斜井，其中当 $6° < \alpha \leqslant 48°$ 且不便自然溜渣的为缓斜井，当 $48° < \alpha < 75°$ 时，方便自然溜渣的为斜井；当 $\alpha \geqslant 75°$ 时，称为竖井。

斜井与竖井的断面形式较多，可以是圆形、方形、矩形或根据需要的不规则形状；断面面积从数平方米至数百平方米不等。

8.1 分类与功能

按隧洞轴线与水平面的夹角 α 划分为：缓斜井（$6° < \alpha \leqslant 48°$）、斜井（$48° < \alpha < 75°$）、竖井（$\alpha \geqslant 75°$）。

按井身断面积 A 或内径（边长）尺寸 B 的大小通常划分为：特小断面斜（竖）井（$A \leqslant 10m^2$ 或 $B \leqslant 3m$）、小断面斜（竖）井（$10m^2 < A \leqslant 25m^2$ 或 $3m < B \leqslant 5m$）、中断面斜（竖）井（$25m^2 < A \leqslant 100m^2$ 或 $5m < B \leqslant 10m$）、大断面斜（竖）井（$A > 100m^2$ 或 $B > 10m$）。

按井身断面形式划分为：圆形斜（竖）井、方形斜（竖）井、异形断面斜（竖）井。

按隧洞长度 L 划分为：短斜（竖）井（$L \leqslant 50m$）、中长斜（竖）井（$50m < L \leqslant 100m$）、长斜（竖）井（$100m < L \leqslant 200m$）、超长斜（竖）井（$L > 200m$）。

按井口埋藏情况划分为：埋藏式斜井、开敞式斜井等。

按使用功能划分为：闸门井、引水斜（竖）井、尾水斜井、调压井、电梯井、出线竖井、交通斜（竖）井、通风井等。

水利水电地下工程中常见的斜井、竖井因功能不同而产生不同形式（见图 8-1）。

8.2 开挖程序

在水利水电地下工程施工中，斜井、竖井的开挖程序需要结合引水系统、厂房系统及尾水系统的施工综合考虑，为满足水电站施工总工期的需要，斜井群和竖井群的开挖支护一般可以顺序组织，按导井开挖→扩大开挖及初期支护→永久衬砌的顺序流水施工。为减少相邻竖井、斜井在开挖施工过程中相互干扰与影响，并确保施工安全，一般按以下原则综合考虑，确定合适的具体施工程序。

（1）确保安全，效率优先，创造条件，首先进行关键工期线路（或工期较紧张）的竖

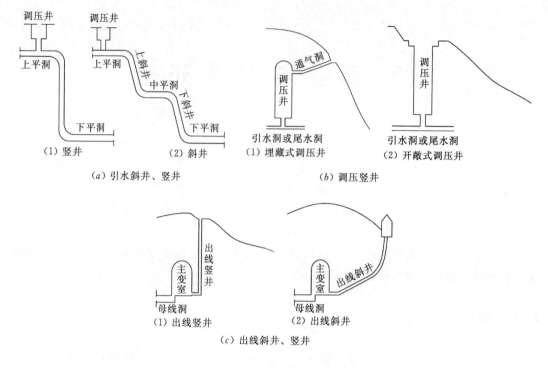

（1）竖井　　　　　　　　（2）斜井

（a）引水斜井、竖井

（1）埋藏式调压井　　　　（2）开敞式调压井

（b）调压竖井

（1）出线竖井　　　　　　（2）出线斜井

（c）出线斜井、竖井

图 8-1　斜井、竖井形式示意图

井或斜井开挖。

（2）多条并排相邻布置的竖井、斜井宜采取跳井间隔开挖支护或相邻掌子面错距开挖支护的方式施工，竖井、斜井开挖的初期支护宜紧跟开挖掌子面，相邻掌子面开挖支护错距距离应不小于 30m 和 3 倍以上洞径。

（3）相邻竖井、斜井开挖爆破作业结束和附近有爆破作业影响的项目施工结束后，开始永久混凝土衬砌的施工或进行压力钢管安装。

（4）综合以上因素以及施工交通洞的布置，以及相邻构筑物施工过程中相互影响的关系，优化确定实际的施工程序。

8.3　斜井、竖井开挖方法

斜井、竖井开挖方法主要有全断面一次开挖成型法和先导井后扩大开挖成型法两种。按开挖方向，又可分为正井法（自上而下开挖）与反井法（自下而上开挖）两种。

8.3.1　全断面一次开挖成型法

全断面一次开挖成型的施工方法包括正井法与反井法，分别适用于不同的施工环境及地质条件，斜井、竖井钻爆全断面开挖方法及施工特点见表 8-1，斜井全断面正井法开挖施工见图 8-2，斜井全断面反井法开挖施工见图 8-3，竖井全断面正井法施工见图 8-4，竖井全断面反井法施工见图 8-5。

表 8-1　　　　　　　　斜井、竖井钻爆全断面开挖方法及施工特点表

开挖方法		适 用 范 围	施 工 程 序	施 工 特 点
斜井	正井法（下山法）	围岩为Ⅳ类、Ⅴ类；下部无施工通道或下部虽有交通条件，但工期不满足要求，断面较小	上部通道和上弯段开挖成型，安装完成起吊设备；由上至下分层开挖支护，出渣采用有轨运输，绞车配合斗车运出洞外；开挖一段，支护一段（见图8-2）	需要提升设备，解决人员、钻机及其他工具、材料、石渣的运输问题
	反井法（上山法）	洞深不大（50m以内），地质条件较好，只有下部具备施工通道	利用事先打好的锚杆临时搭设开挖掌子面的工作平台，材料由人工搬运或用绳索吊运，人员上下走钢筋爬梯，放炮时平台拆走。施工到一定高度后，在适当的位置打一旁洞堆放材料（见图8-3）	需解决工作平台搭设、材料搬运和临时堆放洞开挖问题；施工成本低，简单易行；安全问题突出
竖井	正井法	浅井或围岩为Ⅳ类、Ⅴ类；岩石条件好，但下部无施工通道或下部虽有交通条件，但工期不满足要求；井口有足够场地的深竖井；井身断面较小	上部井口形成，布置提升装置；由上至下分层开挖随层支护。小断面采用人工装渣，大断面采用抓斗机配合吊桶出渣。开挖一段，支护一段（见图8-4）	需要提升设备，解决人员、钻机及其他工具、材料、石渣的垂直运输问题。中煤使用的伞钻钻爆、抓斗出渣、绞车提升及混凝土浇筑支护一体，系统具有很快的掘进速度，月进尺在100m左右，开挖深度可达800m，适合较大断面开挖。缺点是井口布置需要有很大场地，一般只适用于露天竖井开挖
	反井法	井深不大（50m以内），地质条件较好	有条件时可采用吊篮法：先打两个导孔（通信孔，吊篮的钢丝绳孔），在上通道布置提升装置；由下往上分层开挖，从下通道出渣（见图8-5）	每次造孔及爆破均需搭设施工排架或拆除吊篮；施工成本低，简单易行，安全问题突出

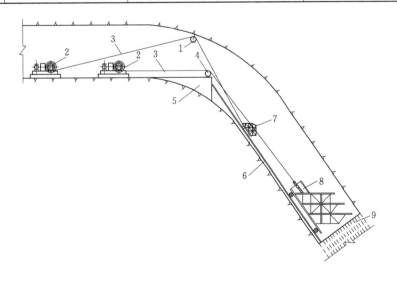

图 8-2　斜井全断面正井法开挖施工示意图

1—运输小车转向滑轮；2—绞车；3—扩挖台车提升钢丝绳；4—扩挖台车转向滑轮；

5—井口钢平台；6—运行轨道；7—运输小车；8—扩挖台车；9—爆破孔

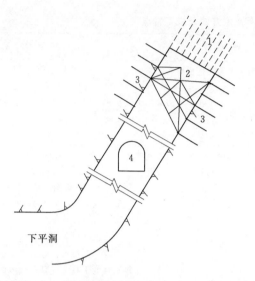

下平洞

图 8-3　斜井全断面反井法开挖施工示意图
1—爆破孔；2—工作平台；
3—锚杆；4—旁洞

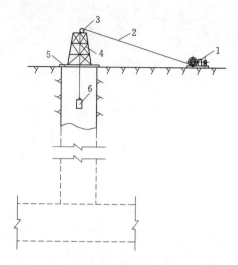

图 8-4　竖井全断面正井法施工示意图
1—绞车；2—提升钢丝绳；3—转向滑轮；4—井架；
5—井口钢平台；6—吊桶或棱车箕斗

8.3.2　先导井后扩大成型法

先导井后扩大成型法是先挖通一小断面导井作为溜渣通道，再扩大开挖成设计断面的一种施工方法，竖井导井正井法开挖布置见图 8-6，其开挖方法及施工特点见表 8-2，斜井导井正井法开挖布置见图 8-7，导井开挖深孔分段爆破法见图 8-8，导井反井钻机施工见图 8-9，竖井导井辐射孔扩挖法布置见图 8-10，竖井导井吊盘反向扩挖法布置见图 8-11，斜井全断面扩挖施工见图 8-12，露天竖井全断面扩挖见图 8-13，埋藏竖井全断面扩挖施工见图 8-14。

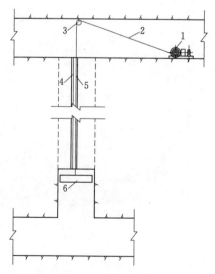

图 8-5　竖井全断面反井法施工示意图
1—绞车；2—提升钢丝绳；3—转向滑轮；
4—通信孔；5—钢丝绳孔；6—吊篮

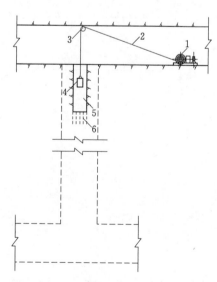

图 8-6　竖井导井正井法开挖布置示意图
1—绞车；2—提升钢丝绳；3—转向滑轮；
4—吊笼；5—导井；6—爆破孔

表 8 - 2　　　　　　　　斜井、竖井先导井后扩大成型开挖方法及施工特点表

方　法		适 用 范 围	施 工 程 序	施 工 特 点
导井开挖方法	钻爆法开挖，正井、反井或正反井结合法	井深小于 100m 的导井，围岩较好	提升架及绞车提升设备安装→开挖（见图 8－6、图 8－7）	施工简易；正井开挖需提升设备；反井开挖需搭设作业平台
	深孔分段爆破法	井深不大，下部有施工通道的竖井	钻机自上而下一次钻孔，自下而上一次或分段爆破，石渣坠落至下部出渣（见图 8－8）	成本低，效率高；开挖爆破的效果取决于钻孔精度
	吊篮法	围岩稳定性好，井深不大的竖井	与钻爆全断面开挖反井法相同	施工设备简易，成本低；要求上、下联系可靠
	反井钻机法	倾角大于 55°的竖井、斜井、中等强度岩石，深度在 250m 以内的斜导井和深度在 300m 以内的竖导井开挖	先自上而下钻导孔，然后自下而上扩孔（见图 8－9）	机械化程度高，施工速度快、安全，工作环境好，质量好，功效高；对于Ⅳ～Ⅴ类围岩成功率低
导井扩大开挖方法	导井辐射孔扩挖法	Ⅰ～Ⅲ类围岩的竖导井	在导井内，采用吊罐或活动平台自下而上打辐射孔，分段爆破（见图 8－10）	需设置提升设备及活动作业平台；钻孔与出渣可平行作业；井壁规格控制难度大
	吊盘反向扩挖法	Ⅰ～Ⅱ类围岩、较小断面的竖井	从导井内下放活动吊盘，并与岩壁撑牢，即进行钻孔作业。钻孔完成后，收拢吊盘，从导井内往上起吊（见图 8－11）	需设置提升设备；吊盘结构简单，造价低
	自上而下扩挖法	各类岩石	先加固井口，安装提升设备，进行钻孔爆破作业。视岩石稳定情况，支护紧跟开挖面进行。与竖井正井法开挖施工方法相同（见图 8－12～图 8－14）	需设置提升设备，以运输施工设备和器材；对斜井扩大开挖，还需设置活动钻孔平台车
	深孔一次爆破扩挖法	导井深度小于 50m，地质条件较好的导井	导井扩挖造孔一次到位，采用单孔单响控制爆破，一次扩挖成形	需要性能较好的钻机设备；造孔精度要求高

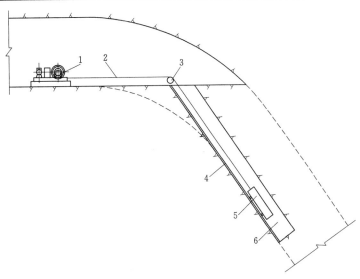

图 8-7　斜井导井正井法开挖布置示意图

1—绞车；2—提升钢丝绳；3—转向滑轮；4—轨道；5—吊桶（或棱车）；6—导井

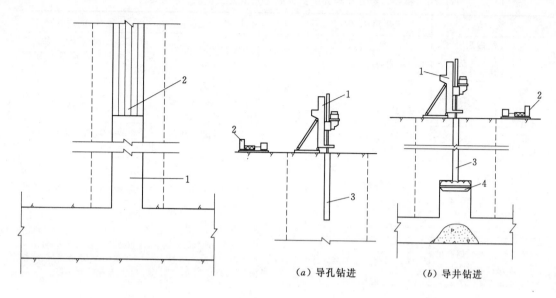

图 8-8　导井开挖深孔分段爆
破法示意图
1—已挖好的导井；2—深孔

图 8-9　导井反井钻机施工示意图
1—反井钻机；2—辅助设施；
3—导孔钻进；4—扩井钻头

(a) 导孔钻进　　　　(b) 导井钻进

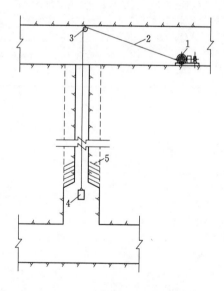

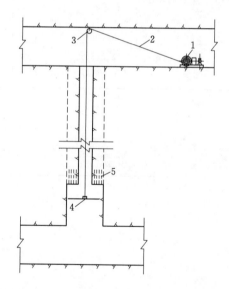

图 8-10　竖井导井辐射孔扩挖法
布置示意图
1—绞车；2—提升钢丝绳；3—转向滑轮；
4—吊篮；5—辐射孔

图 8-11　竖井导井吊盘反向扩挖法
布置示意图
1—绞车；2—提升钢丝绳；3—转向滑轮；
4—吊盘；5—爆破孔

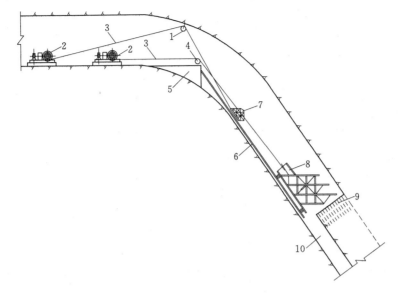

图 8-12　斜井全断面扩挖施工示意图

1—运输小车转向滑轮；2—绞车；3—扩挖台车提升钢丝绳；
4—扩挖台车转向滑轮；5—井口钢平台；6—运行轨道；
7—运输小车；8—扩挖台车；9—爆破孔；10—导井

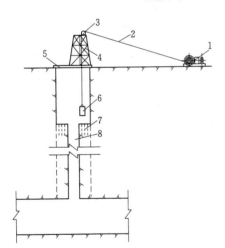

图 8-13　露天竖井全断面扩挖示意图

1—绞车；2—提升钢丝绳；3—转向滑轮；4—井架；
5—井口钢平台；6—吊笼；7—爆破孔；8—导井

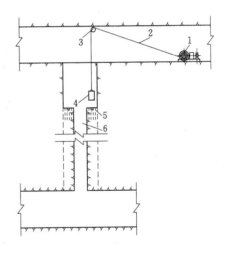

图 8-14　埋藏竖井全断面扩挖施工示意图

1—绞车；2—提升钢丝绳；3—转向滑轮；
4—吊笼；5—爆破孔；6—导井

8.3.3　出渣方法

斜井、竖井开挖出渣方法需结合开挖方法及斜井、竖井断面尺寸、工期要求、交通条件等因素综合选择。斜井、竖井开挖出渣方法见表 8-3，正井法开挖竖井出渣方法见图 8-15。

表 8 - 3　　　　　　　　　斜井、竖井开挖出渣方法表

出渣方法	适用开挖方式	机械配套	其他条件
人工或机械装渣、吊桶或斗箕出渣	正井法开挖竖井	装岩机或小型反产、吊桶、斗箕、轨道、绞车、吊车（或门、塔机和龙门吊等）、井口提升架或导向轮吊点	起重机提升主要用于开敞式竖井，井口场地宽阔，便于布置起重机设备
导洞溜渣，井底出渣	先导井后扩大开挖斜（竖）井	人工或小型反铲等扒渣，绞车或起重机	小型反铲配起重机适用于开挖大断面竖井
钢溜槽溜渣，井底出渣	上山法或先导井后扩大开挖	钢板溜槽，人工扒渣	适用于重力自然溜渣不畅情况
自然落渣，井底出渣	反井法或上山法开挖斜竖井		适用于重力自然溜渣顺利情况

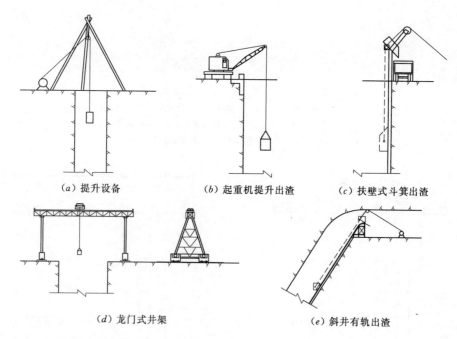

（a）提升设备　　　　（b）起重机提升出渣　　　　（c）扶壁式斗箕出渣

（d）龙门式井架　　　　　（e）斜井有轨出渣

图 8 - 15　正井法开挖竖井出渣方法示意图

依上所述，在选择斜井、竖井开挖方法时应综合考虑以下因素后进行确定。

（1）围岩的稳定性。

（2）斜井、竖井上、下端的通道情况。

（3）开挖断面尺寸。

（4）顶部结构型式，下部扩大开挖后对上部围岩稳定性的影响情况。

8.4　导井开挖方法

8.4.1　导井开挖方法选择

断面较大的斜井和竖井开挖，在具备条件的情况下，通常采用先开挖小断面导井用于

溜渣，再自上而下全断面扩大开挖的方法。对溜渣而言，导井断面直径大于 2.5m 不易堵塞，因此，对大断面斜井、竖井，可先开挖小断面导井，再进行二次扩大开挖，将导井断面扩大。

导井的断面直径，取决于开挖方法和施工机具。人工开挖导井，断面直径可大于 3.0m；而使用机械开挖，如反井钻，其断面直径较小。断面较大的斜井需再进行人工扩挖导井。

导井开挖分正井法和反井法，常用的开挖方法有普通自上而下钻爆开挖法、一次钻孔分段爆破法成井法、吊罐法、爬罐法和反井钻机法。前三种方法由于作业条件差、钻孔偏斜率大，只用于较浅的井。爬罐法只适用于岩层较好地区，一般开挖井深不超过 200～250m；反井钻机法安全性好，开挖速度快，可优先选用。

对于长深斜井和竖井，导井开挖施工困难时，可增设施工支洞，把长深斜井和竖井变为短浅井以利于施工，长深斜井、竖井施工见图 8-16。

导井开挖要求岩性相对较好（Ⅱ～Ⅳ类），下部有出渣与作业通道。

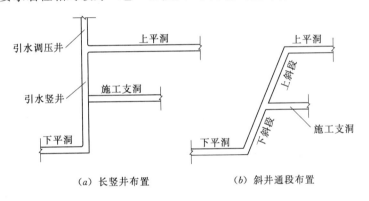

(a) 长竖井布置　　　　　　(b) 斜井通段布置

图 8-16　长深斜井、竖井施工示意图

8.4.2　反井钻机导井施工

由于反井钻机机械化程度高、施工速度快、安全、工作环境好、质量好、功效高，因此，目前在水利水电工程中主要采用反井钻机进行导井施工，本节主要介绍反井钻机的导井施工方法。导井的其他正井、反井及吊罐法开挖施工方法、程序与竖井全断面正井法、反井法的开挖方法、程序相同（见第 8.3 节斜井、竖井开挖方法）。

（1）施工程序。反井钻机导井施工程序见图 8-17。

（2）施工要点。目前国内常用的反井钻机一般采用 $\phi 216mm$ 钻头进行导孔施工，导孔贯通后再用 $\phi 1.4m$ 或 $\phi 2.1m$ 镶齿盘形滚刀钻头，由下向上扩孔。

厄瓜多尔 CCS 水电站压力竖井中使用反井钻机开挖溜渣导井，反井深 540m，导井断面直径为 3.2m；厄瓜多尔 MINAS 水电站压力竖井和通风竖井中分别使用 RD5-550 反井钻机，一次成型竖井开挖，反井深度分别为 451.88m 和 440.59m，反井成孔直径为 5.5m 和 6.0m；两个工程均获得成功。操作时，其导井偏差均控制在 2% 以内。

反井钻机施工时，其基础为关键点之一，宜采用现浇 C20 混凝土，基础尺寸视选用的反井钻而定，一般为 6m×3m×0.7m（长×宽×高），反井钻机混凝土基础布置见图 8-18。

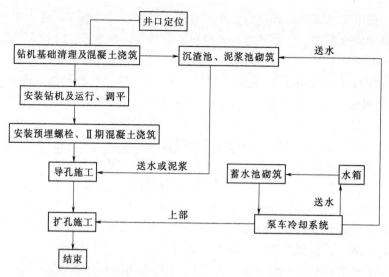

图 8-17 反井钻机导井施工程序图

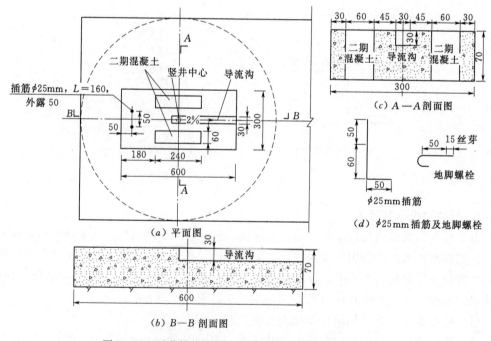

（a）平面图

（b）B—B 剖面图

（c）A—A 剖面图

（d）φ25mm 插筋及地脚螺栓

图 8-18 反井钻机混凝土基础布置示意图（单位：cm）
注：1. 基础为素混凝土，厚度为-70cm，混凝土强度为 C20；
　　2. 导流沟深 30cm，导流沟方向根据实际情况确定。

8.5 井口开挖与支护

井口的开挖与支护对斜井、竖井后续开挖施工的安全尤为关键。井口开挖与支护通常分露天和埋藏两种形式。

8.5.1 露天井口

露天竖井、斜井井口开挖与支护，在施工平台明挖、支护完成后，根据地质情况分别采取相应的开挖支护措施。

(1) 地质条件较差。竖井井口采用短进尺开挖，用锚杆、钢筋网、喷混凝土或钢筋混凝土及时进行锁口支护，确保在施工过程中的围岩稳定；斜井井口上部采用长锚杆或锚筋桩、悬吊锚筋桩等措施对井口围岩进行加固，必要时采用超前锚杆或注浆小管棚进行超前支护。

(2) 地质条件较好。井口开挖后视岩石情况采用短锚杆＋喷混凝土或喷混凝土进行强支护；对于岩石较为完整，在进行混凝土锁口施工过程中可以保持围岩稳定的，可以只用随机锚杆进行支护。

(3) 露天竖井、斜井的开挖，应按照先导井、后扩挖的施工程序，并采用周边光爆孔适当加密方法进行洞口开挖。较大断面时，全断面正井法（下山法）施工的斜井、竖井，宜先施工中导井，再分层进行扩挖；地质条件较差，采用短进尺分区开挖。

(4) 露天竖井、斜井井口开挖形成后，井圈须采用混凝土结构进行锁口；锁口混凝土高度及厚度根据地质情况及开挖支护方式确定，锁口圈高度考虑防洪要求，一般高出井口，距地面 0.30m 以上，并预留 3～5m 宽的井台。

8.5.2 埋藏井口

(1) 小断面竖井、斜井井口上部平洞开挖：断面较小的竖井、斜井井口上部平洞可全断面开挖，地质条件较差时，采用短进尺、及时支护的开挖方式。

(2) 大断面竖井、斜井井口上部平洞开挖：地质条件较差时，宜采用不良地质情况下的开挖方式进行开挖；地质条件较好时，可视断面情况，采用全断面开挖或先开挖导洞再扩大开挖的方式。

(3) 井口上部开挖时，将开挖、支护、混凝土浇筑（钢衬安装）、灌浆等项目施工需要的设备安装空间及吊点槽扩挖空间在井口部位开挖的同时开挖到位。

(4) 井口开挖及支护：井口部位开挖采用光面爆破及"短进尺，弱爆破"开挖技术控制开挖成型质量；井口部位支护按照围岩稳定要求进行支护。竖井锁口采取在井口结构支护线外设置现浇混凝土进行锁口的方法，斜井锁口采取格栅加锚喷混凝土方法进行复合支护锁口，必要时可将拱顶用混凝土进行衬砌。

(5) 调压井的上部采用混凝土结构时，为便于支立模板及保障下部施工安全，常在下部开挖前进行顶部混凝土施工，有利于顶部围岩的稳定。

8.6 缓斜井开挖

缓斜井开挖的主要难点是溜渣问题，洞身开挖可采取正井法或反井法，为出渣方便，多数采用正井法开挖。相邻两条斜井开挖时，开挖工作面应错开 30m 左右，先开挖一条斜井、后开挖另一条斜井。缓倾角斜井正井法开挖见图 8-19，缓倾角斜井施工和开挖支护方案见表 8-4。

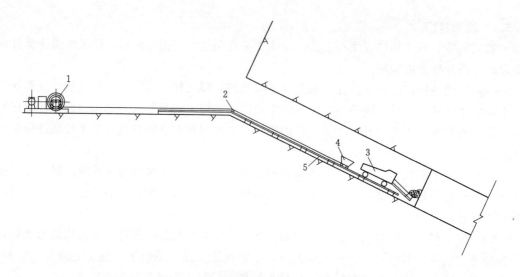

图 8-19　缓倾角斜井正井法开挖示意图

1—绞车；2—转向滑轮；3—扒渣机；4—矿斗车；5—轨道

表 8-4　　　　　　　　　　　　**缓倾角斜井施工和开挖支护方案表**

部位	施 工 方 案	
	开挖程序及方法	支护程序及方法
下口	Ⅱ类、Ⅲ类围岩洞段，采用手风钻全断面钻爆开挖，开挖循环进尺 3m；Ⅳ类、Ⅴ类围岩洞段采用分上下两层开挖，先挖上层，后挖下层，上层超前下层一排炮，开挖循环进尺为 1.0m	洞口开口前先打设 $\phi25mm$，3.0～4.5m 长的锁口锚杆两排，锁口锚杆间排距均为 1.0～1.5m，喷锚支护紧跟开挖掌子面。在Ⅳ类、Ⅴ类围岩不良地质洞段，根据现场需要确定增设超前锚杆和钢支撑
斜井段反井法开挖	采用反井法开挖。Ⅱ类、Ⅲ类围岩洞段，采用手风钻全断面钻爆开挖，开挖循环进尺 3m；Ⅳ类、Ⅴ类围岩洞段采用分上下两层开挖，先挖上层，后挖下层，上层超前下层一排炮，开挖循环进尺为 0.8m。非电毫秒雷管微差爆破，周边轮廓线实施光面爆破。缓倾角斜井在底板上铺设厚 4mm 钢板，开挖渣料顺斜井下溜到下口，在下口由装载机配合自卸车出渣	Ⅱ类、Ⅲ类围岩洞段，喷锚支护滞后开挖面为 8～10m；Ⅳ类、Ⅴ类围岩洞段要求喷锚支护紧跟开挖面，不良地质段必要时视围岩情况增设超前锚杆和钢支撑
斜井段正井法开挖	采用正井法开挖，在斜井上口布置 2 台 10t 绞车牵引系统，洞内铺设轨道，人员、材料、设备由绞车牵引斗车、开挖平台车上下，随开挖工作面向下延伸，沿洞底板一侧安设钢楼梯，作为人员上下的辅助通道，每间隔 50m 左右设置防溜车自动安全隔挡一个，每 50m 设一个避车安全洞。自制开挖平台车，由绞车牵引上下，人员在平台车上采用手风钻打孔。Ⅱ类、Ⅲ类围岩洞段，采用手风钻全断面钻爆开挖，开挖循环进尺 3m；Ⅳ类、Ⅴ类围岩洞段采用分上下两层开挖，先挖上层，后挖下层，上层超前下层一排炮，开挖循环进尺为 0.8m。非电毫秒雷管微差爆破，周边轮廓线实施光面爆破	Ⅱ类、Ⅲ类围岩洞段，喷锚支护滞后开挖面为 8～10m；Ⅳ类、Ⅴ类围岩洞段要求喷锚支护紧跟开挖面，不良地质段必要时视围岩情况而增设超前锚杆和钢支撑

部位	施工方案	
	开挖程序及方法	支护程序及方法
上口	Ⅱ类、Ⅲ类围岩洞段，采用手风钻全断面钻爆开挖，开挖循环进尺 3m；Ⅳ类、Ⅴ类围岩洞段采用分上下两层开挖，先挖上层，后挖下层，上层超前下层一排炮，开挖循环进尺为 1.0m。非电毫秒雷管微差爆破，周边光面爆破。用装载机配合自卸车出渣	进洞前先按设计进行洞口锁口锚杆支护和喷混凝土支护。Ⅱ类、Ⅲ类围岩洞段，喷锚支护可适当滞后 15m 左右；Ⅳ类、Ⅴ类围岩洞段要求喷锚支护紧跟开挖面，不良地质段必要时视围岩情况增设超前锚杆和钢支撑

缓斜井开挖要点如下。

（1）钻孔爆破作业。钻孔采用手风钻，小断面可搭设临时脚手架，较大断面采用移动式钻孔平台，其爆破参数与平洞开挖相同。

（2）装渣、运输。装渣、运输环节是缓倾角斜井施工的难点，也是制约施工进度的关键因素。目前，适用的装渣设备种类很少，对小断面斜井仍采用人工装渣方式，对较大断面采用扒渣机装渣。采用有轨运输，出渣主要采用斗车，对于较缓的斜井也可采用梭车。为提高装运速度，对于短斜井在迎头面应设置岔道；对于长斜井在中间设置错车道。

8.7 调压井（室）开挖

尾水调压室的结构型式有长廊形、圆筒形和气垫式 3 种。

长廊形尾水调压室常见的有"两机一洞"或"三机一洞"，即 2 台机组或 3 台机组共用一条尾水隧洞，在各尾水隧洞中间留有中隔墙。长廊形尾水调压室结构见图 8-20。

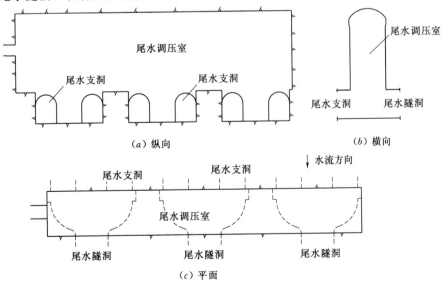

图 8-20　长廊形尾水调压室结构示意图

圆筒形尾水调压室常见的有"两机一井一洞"或"三机一井一洞"，高水头水电站有时也采用"一机一井一洞"。圆筒形尾水调压室结构见图8-21。

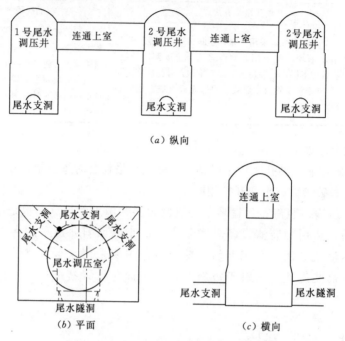

图8-21 圆筒形尾水调压室结构示意图

气垫式尾水调压室结构较为简单，实际上是一条独头洞，其长度、断面视工程规模、水头大小而定，长度一般不超过100m，如金平水电站采用气垫式调压室，装机10.0万kW，调压室长74m，宽11m，高15.5m，为城门洞形。采用气垫式调压室要求岩石好，少节理裂隙。其开挖方法与普通地下洞室一样，本书不再赘述。

8.7.1 圆筒形尾水调压室开挖

（1）开挖施工程序。圆筒形尾水调压室上部为圆顶，下部为多洞相交的岔口，全洞可分为上、中、下3个部分进行开挖，各部分开挖方法不同，其开挖程序见图8-22。

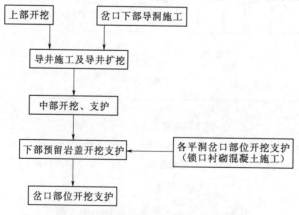

图8-22 圆筒形尾水调压室开挖程序图

（2）开挖方法。圆筒形尾水调压室上部开挖分多层，各层根据具体施工条件分区施工；中部主要采用先导井后扩大开挖方法，其开挖方法见表8-5。

表8-5　　　　　　　　　　　　圆筒形尾水调压室开挖方法表

施 工 方 法		施 工 程 序	施工特点及条件
上部第一层；顶部球面穿顶开挖	环向分环分区开挖	首先完成导洞开挖与支护。沿环向开挖支护第一环，分单元开挖，开挖后及时完成浅表层一次支护。第一环开挖时，与第二环交接部位易出现掉块现象，临边过高，必要时采用树脂锚杆和喷混凝土进行临时支护处理，以保证施工安全。 第一环完成后，根据第二环的高度与支护高度要求，第二次降低底板后，进行第二环的环向单元开挖，同样开挖后及时完成浅表层一次支护（见图8-23）	适用于大断面穿顶开挖，可根据施工条件划分为多个环形开挖区；施工过程中出现临时高边坡，需要进行临时支护；每环开挖结束后要降低底部高程后再进行下一环开挖支护
	中部先用反井法开挖竖井，再分层扩挖	利用施工通道先开挖进入调压室中心部位，再用反井法向上开挖至室顶规格线，然后自上而下分层开挖支护（见图8-24）	减少施工支洞，需采用反井法开挖竖井，对施工通风要求高。出渣时扒渣难度大
上部第二层开挖	分层分区扩挖	利用尾调交通洞用为通道，中部拉槽，再分区进行扩挖支护（见图8-25）	与中部分区或分环分区开挖方法相同，只是出渣条件不同
中部开挖	导井开挖及扩挖后，再用正井法分区或分环分区分层扩挖	根据开挖断面的情况，可全断面分区开挖或将开挖区域分环分区开挖，按正井法分层扩挖支护；分环分区开挖时，内环超前外环一个循环。采用反铲扒渣（见图8-26）	与常规的竖井扩挖施工方法相同
	导井开挖及扩挖后，再采用正井法分环螺旋形扩挖	根据开挖断面的情况，将开挖区域分成两环开挖，一个开挖环层的本层前缘与本层尾部相接，形成螺旋形连续下降的开挖布局，分台高度控制在4～5m，坡度为4%～5%。采用反铲扒渣，逐层开挖支护（见图8-27）	开挖区域形成一个坡道，便于开挖、出渣、下层预裂、支护施工的作业布置
下部开挖	分层开挖	下部通常分3层进行开挖，Ⅰ层开挖首先采用轻型潜孔钻配合手风钻沿着四周进行预裂爆破施工，利用中间导洞做临空面进行扩挖支护；Ⅱ层、Ⅲ层一次预裂爆破，采用中间拉槽开挖；底板保护层采用手风钻造水平孔进行	下部开挖条件为：进入岔口的各个岔口开挖，支护完成（需要混凝土衬砌的衬砌完成），尾水洞的上游渐变段加强支护完成

8.7.2　长廊形尾水调压室开挖

（1）长廊形尾水调压室施工方法相似于地下厂房，根据其结构型式，可将开挖分为上、中、下3个部分施工。上部开挖的方法和程序与地下厂房和主变洞的开挖方法相同；中部开挖根据施工支洞的布置情况，可采用降坡开挖或降坡开挖与导井溜渣相结合，或全部采用导洞溜渣扩挖的方法，施工时可在上部布置一台临时桥机来进行材料、物资的调运；下部为多洞相交的岔口，在导井施工之前先完成下通道的开挖。

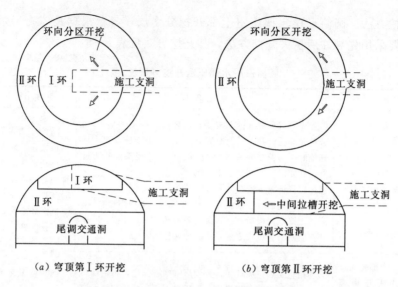

（a）穹顶第Ⅰ环开挖　　　　　　　（b）穹顶第Ⅱ环开挖

图 8-23　顶部球面穹顶环向开挖施工示意图

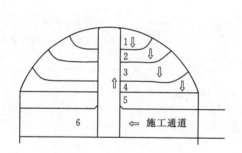

图 8-24　顶部球面穹顶中部先开挖施工示意图
1～6—开挖顺序

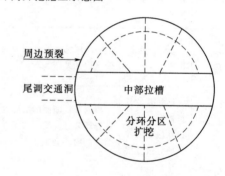

图 8-25　上部第二层分区开挖施工示意图
注：扩挖分区及开挖顺序可根据实情况规划。

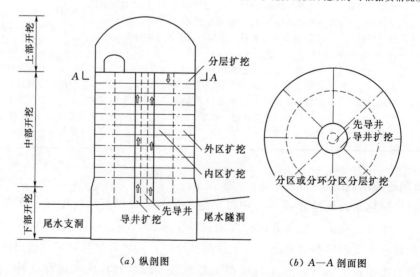

（a）纵剖图　　　　　　　（b）A—A 剖面图

图 8-26　分区或分环分区分层扩挖示意图

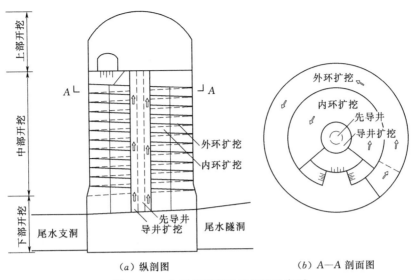

（a）纵剖图　　　　　　　　　（b）A—A 剖面图

图 8-27　分环螺旋形连续扩挖示意图

（2）开挖方法。长廊形尾水调压室开挖方法见表 8-6。

表 8-6　　　　　　　　　　长廊形尾水调压室开挖方法表

开挖部位	开 挖 方 法	施 工 注 意 事 项
上部开挖	和地下厂房的开挖方法相同	
中部开挖	先施工导井，再分层扩挖，其分层扩挖方法与竖井和圆筒形尾水调压室相同；中部有连通支洞条件时，可采用降坡与各支洞相连通；下部降坡并在尾水洞垫渣，以便于施工设备、人员和物资的运输（见图 8-28 和图 8-29）	对于开挖高度较大的斜坡道临空面采取控制爆破和加固措施处理；最后一层开挖时宜与尾水调压室已开挖洞室一次性贯通，并用开挖料将调压室下已开挖区进行回填；导井数量根据断面大小确定
下部开挖	主要是尾水支洞和尾水隧洞贯通整流区的开挖，开挖方法与圆筒形尾水调压室下部开挖相同	在开挖到中隔墙时，隔墙不能用预裂，宜采用光面爆破；中隔墙需开挖连通洞，断面不宜超过 35m² ，各洞间距不小于 1.5 倍洞径

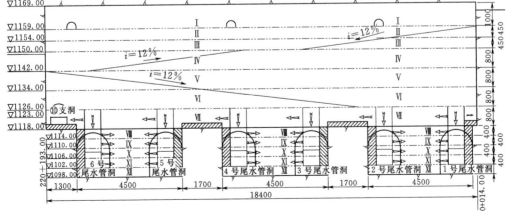

图 8-28　长廊形尾水调压室分层开挖示意图（鲁地拉电站）（单位：mm）
Ⅰ～Ⅻ—依次为分层层次

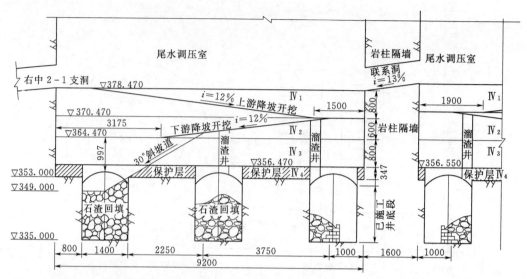

图 8-29　长廊形尾水调压室中、下部开挖示意图（溪洛渡水电站）（单位：mm）

8.8　设备选择

8.8.1　绞车提升设备

（1）提升井架高度按式（8-1）确定。

$$H_1 = h_1 + h_2 + h_3 + \frac{D_p}{4} \tag{8-1}$$

$$D_p = (20 \sim 30)d$$

式中　H_1——井架高度，m；

h_1——井口卸渣台高度，m，吊桶提升 $h = 5 \sim 6$m，罐笼提升 $h = 0$m；

h_2——提升容器及连续装置总高，m；

h_3——过卷高度，m，提升速度不大于 3m/s 时，$h_3 \geqslant 4$m；提升速度不小于 3m/s 时，$h_3 \geqslant 6$m；

D_p——天轮直径，mm；

d——提升钢丝绳直径。

井口卸渣台利用井架搭设或单独架设。

绞车与井架的相对位置应保证钢丝绳平面偏角 $\alpha < 1°30'$（提升绳）$\sim 2°$（稳绳、管道吊挂）；钢丝绳的仰角为 $20° \sim 50°$；天轮上的钢丝绳包角大于 $110°$。

（2）提升吊桶（或箕斗）的容积根据设计出渣生产率计算。

1）单钩提升。

$$V = \frac{PT}{1800K_1} \tag{8-2}$$

2）双钩提升。

$$V = \frac{PT}{3600K_1} \tag{8-3}$$

其中 $$T = t_1 + t_2$$

式（8-2）和式（8-3）中　V——提升吊桶（箕斗）容积，m^3；

P——要求出渣的生产率，m^3/h；

T——一次提升时间，s；

K_1——容器充盈系数，一般为 0.9～0.95；

t_1——一次提升运行时间，s；

t_2——一次提升包括装渣卸渣的辅助时间，s。

一次提升运行时间 t_1 按式（8-4）或式（8-5）计算。

1）单钩提升。

$$t_1 = \frac{2H}{v_{max}/\alpha} \tag{8-4}$$

2）双钩提升。

$$t_1 = \frac{H}{v_{max}/\alpha} \tag{8-5}$$

式（8-4）和式（8-5）中　H——提升高度，m；

α——速度系数，取 1.2；

v_{max}——最大提升速度，m/s，其取值见表 8-7。

表 8-7　　　　　　　　　　竖井最大提升速度取值表

竖井深度/m	罐笼/(m/s)	吊桶/(m/s)	备注
<40	2	0.75	无导向装置
40～100	3	1.5	沿导向装置
>100	6	3.0	沿导向装置

（3）绞车提升钢丝绳根据计算单位长度重量值选取。

1）提升绳。

$$P_c = \frac{Q_1 + Q_2}{\dfrac{110\sigma}{m} - H_z} \tag{8-6}$$

2）悬吊绳。

$$P_c' = \frac{Q'}{\dfrac{110\sigma}{m} - H_z} \tag{8-7}$$

3）导向绳。

$$P_c'' = \frac{Q''}{\dfrac{110\sigma}{m} - H_z} \tag{8-8}$$

上三式中　P_c、P_c'、P_c''——钢丝绳单位长度重量，kg/m；

Q_1——提升容器及连接装置自重，kg；

Q_2——提升容器载重，kg；

Q'——悬吊物自重及载重，kg；

Q''——导向绳拉紧力，每 100m 井深按 1.1～1.6 计；

H_z——绳悬吊高度，m；

σ——钢丝绳公称抗拉强度 155～170kgf/mm²；

m——安全系数，提升人与提升安全梯时采用 9，提升物时采用 6.5，提升吊盘、管路和导向绳时采用 6。

根据 P_c 值选择相应钢丝绳，提升绳一般用 6×19 钢丝绳，导向绳一般用 6×7 钢丝绳，单股钢丝的直径不小于 20.5mm（6×19 中，6 为钢丝绳股数，19 为每股钢丝绳钢丝根数）。

（4）绞车选择。

1）单筒绞车（最大静张力）。

$$F_{max} = Q_1 + Q_2 + P_c H_z \qquad (8-9)$$

2）双筒绞车（最大静张力差）。

$$\Delta F_{max} = Q_2 + P_c H_z \qquad (8-10)$$

式（8-9）及式（8-10）中 F_{max}——单筒绞车最大静张力（即最大提升力）；

ΔF_{max}——双筒绞车最大静张力差；

其余符号意义与式（8-6）、式（8-7）相同。

3）单筒绞车提升电动机功率。

$$N' = \frac{K F_{max} v_{max}}{102 \eta \alpha} \rho \qquad (8-11)$$

4）双筒绞车提升电动机功率。

$$N'' = \frac{K \Delta F_{max} v_{max}}{102 \eta \alpha} \rho \qquad (8-12)$$

式（8-11）及式（8-12）中 N'、N''——单筒、双筒绞车提升电动机功率，kW；

K——电动机功率备用系数，取 1.2；

η——传动效率，取 0.85；

ρ——动力系数，取 1.4；

α——速度系数，取 1.2。

其余符号意义与式（8-4）、式（8-9）、式（8-10）相同。

根据式（8-11）和式（8-12）计算的 N'、N'' 及相应 F_{max}、ΔF_{max} 选用绞车，一般选用 JTP 型矿用绞车，中国电建集团水利水电第十四工程局有限公司根据地下洞室斜井、竖井施工的特点，对煤矿上常用的 JTP 型矿用绞车进行改进，改进后的 JTP 型矿用绞车能够很好地适应水电工程地下洞室布置空间受限的特点。

8.8.2 抓岩机

抓岩机可选用于斜竖井开挖出渣设备，其技术特性见表 8-8。煤炭系统深竖井正井开挖配套设备主要参数见表 8-9。

8.8.3 反井钻机

反井钻机于 20 世纪 50 年代出现于北美，发展到今天已形成了众多生产厂家，典型

表 8 - 8   抓 岩 机 技 术 特 性 表

型式	悬吊式		扶壁式		环形轨道式			中心回转式	
型号	NZQ₂ - 0.11	自配	HK - 4, HDK - 4	HK - 6, HDK - 6	HH - 6	ZHH - 6	HH - 6A	ZH - 4	ZH - 6
适用井筒直径/m			4~5.5	5~6.5	5~8	6.5~8	5~7	4~6	≤4
抓斗容积/m³	0.11	0.6	0.4	0.6	0.6	0.6	0.6	0.4	0.6
抓岩能力/(m³/h)	12	30~50	40	60	50	80~100	60	30	50
耗气量/(m³/min)	2.5①		20①	40①	15	30	15~25	17	17
电机功率/kW		27.5②	17②	30②					
总重/kg	1187		5450	7840	7710~8580	13126~13636		9427	10410

注 由于矿渣车占有一定空间，因此实际适应的井筒直径要大于列表中井筒直径。

① 抓岩部分耗气量；

② 绞车电动机功率。

表 8 - 9   煤炭系统深竖井正井开挖配套设备主要参数表

竖井直径/深/m	3.5/200	4.5/300	5.5/400	6.0/600	7.0/800
提升机型号及提升功率	JT1600×1200 - 20/132kW	ZJK - 2.5/20/570kW	ZJK - 3/20/850kW	ZJK - 3/15.5/850kW	ZJK - 4/15.5/1250kW
提升天轮直径/mm	1600	1600	2000	2500	3000
抓斗容积/m³	1	2	3~4	3~4	5
掘进风钻	YT - 28		FJD - 6 伞钻	ST2 - 6.7 配 YGZ - 70 伞钻	
稳车电机	根据吨位配置22~45kW				

的有美国罗宾斯公司的 28 种型号的产品，其钻孔直径从 1.2m 至 6.0m 不等，钻孔深度可达 900m；德国维尔特公司生产的 HG100、HG160、HG210、HG250、330SP 系列，芬兰的 RHINO1088DC 钻孔直径从 1.4m 至 6.0m 不等，钻孔深度可达 1000m。国内反井钻机起步较晚，产品以小直径扩孔的反井钻机为主，典型产品有苏南煤机厂生产的 LM - 90、LM - 120、LM - 200 系列，长沙矿山研究院生产的 TYZ1000、TYZ1200、TYZ1500 系列和西北有色冶金机械厂生产的 AF - 2000 等，钻孔直径为 0.9~2.4m。

国产反井钻机 LM - 200 型导井施工范围：竖井最大开挖深度不大于 220m，斜井反导井最大开挖长度不大于 200m（最小倾角角度不小于 58°）。LM - 280 型导井施工范围：竖井最大开挖深度不大于 280m，斜井反导井最大开挖长度不大于 240m（最小倾角角度不小于 58°）。

进口反井钻机 RHINO300 型施工竖井反导井最大开挖长度不大于 400m，斜井反导井最大开挖长度不大于 350m（最小倾角角度不小于 58°）。

国内常用反井钻机主要技术参数见表 8 - 10。

表 8-10 　　　　　　　　　　　　　　　　国内常用反井钻机主要技术参数表

技术参数	单位	ZFY1.4/200 (LM-200)	ZFY1.8/250 (LM-250)	ZFY1.4/300 (LM-300)	ZFY2.0/400 型
导孔直径	mm	270	244	250	216
设计最大扩孔直径	mm	1400	1800	1400	1400
设计最大钻孔深度	m	200	250	300	200
转速	r/min	0～16	0～16	0～16	0～20
扭矩	kN·m	40	52	70	40
导孔推力	kN	350	700	550	350
扩孔推力	kN	850	1250	1300	850
电机功率	kW	86	86	129.6	82.5
设计钻进倾角	(°)	60～90	60～90	60～90	60～90
运输尺寸(长×宽×高)	mm×mm×mm	2950×1370×1700	2670×1380×1560	3000×1810×1740	3200×1400×1650
工作尺寸(长×宽×高)	mm×mm×mm	3230×1770×3448	3350×1650×3940	3280×1410×3488	3200×1700×3600
主机重量	kg	8300	8500	10000	8300

反井钻机型号组成及代表意义。

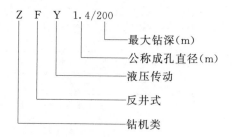

例如，ZFY1.4/200（A）型反井钻机，表示公称成孔直径为 1.4m，最大钻深为 200m，第一次改进设计的反井式液压传动的钻机。

8.9　开挖施工安全

斜井、竖井开挖施工安全问题及预防措施见表 8-11。

表 8-11 　　　　　　　　　　斜井、竖井开挖施工安全问题及预防措施表

安全项目		安　全　措　施
井口 加固	露天式井口	1. 井口明挖，按设计要求对边坡进行加固； 2. 井口开挖每边需有 3～5m 台地； 3. 边坡坡脚设排水沟； 4. 井口地面应设反坡和挡坎、排水沟，防止地表水流入井内； 5. 井口开挖一定深度后，进行加固处理
	埋藏式井口	1. 井口洞段开挖后，按设计要求做好永久支护； 2. 井口开挖一段后进行加固处理； 3. 竖井、斜井相连接的上、下平洞处根据围岩稳定情况进行加固处理

安全项目		安 全 措 施
竖井斜井井身安全	防物体坠落	1. 井口设临时安全护栏，护栏下设封闭挡渣板或拦渣坎，斜井口设挡车装置； 2. 竖井井口应设全封闭盖板（除必需的施工预留孔外），出渣孔设自动开启封闭门
	提升设备	1. 防止过卷、过速，设过电流和失电压等保险装置及可靠的制动系统； 2. 设置防滑装置，防止断绳溜车（桶）； 3. 建立制度，定期检查提升及出渣设备，以及钢丝绳断丝情况； 4. 建立可靠的通信和信号系统，信号声光兼备； 5. 绞车吊运重物时，严禁施工人员站在重物下面井坑内
	人员交通	1. 设置人行爬梯，竖井爬梯应设护栏，每隔8～10m设休息平台；斜井爬梯应设扶手； 2. 每隔一定距离设安全网，斜井每隔80～100m设避人洞
	导井防堵塞	1. 控制爆破后石渣块度不大于井径的1/3； 2. 加大各段雷管间隔时间
	通风、排水	1. 建立强大有力的通风和排水系统； 2. 井内作业时，吊罐内备氧气袋，以防止井内缺氧致作业人员窒息危害
	防人员坠落	1. 井内作业人员必须系安全带； 2. 工作面布设安全网、防护装置等防坠落设施
	其他	1. 一次支护必须与开挖同时进行； 2. 对不利的岩层结构面、节理裂隙段，应及时进行锚固； 3. 爆破后应认真进行危石撬除； 4. 钻孔作业前，应派专人检查工作面的情况，有无瞎炮，对残孔应标识，确认无误后，再定孔位，严禁打残孔； 5. 斜井、竖井施工应避免立体作业，如确有需要，要有可靠的支挡措施，确保下层作业人员及设备的安全； 6. 人工扒渣时，由井周边到导井口应有适当的坡度，便于扒渣，扒渣人员必须系好安全带或安全绳防止坠落

8.10　工程实例

8.10.1　锦屏一级水电站尾水调压室开挖

（1）工程概况。锦屏一级水电站尾水调压室采用"三机一室一洞"的布置形式，共布置两个尾调室。两个调压室中心间距为95.10m。1号调压室上、下室开挖直径分别为41.0m、38.0m，高80.5m，调压室顶部高程为1689.00m；2号调压室上、下室开挖直径分别为37.0m、35.0m，高79.5m。

调压室顶部为穹顶，主要采用ϕ32mm，$L=9$m预应力锚杆和ϕ32mm，$L=7$m普通砂浆锚杆，间排距为1.4m×1.4m，交错布置，挂网ϕ10@20cm，喷C30钢纤维混凝土，厚20cm，局部不良地质段采用锚索和浅层锚杆加强支护。

（2）调压室施工分区划分与施工程序。

1）施工分区与通道布置。

A. 上部施工区：高程1668.00m以上的穹顶开挖为上部施工区，施工通道为1号、2号尾调上部施工支洞、尾调交通洞和尾调连接洞。

B. 中部施工区：高程 1668.00～1634.50m 为中部施工区，设备从尾调交通洞进入后，通过螺旋形开挖通道下降，开挖贯通后从下部出来。

C. 下部施工区：高程 1632.00m 以下岔口施工区为下部施工区，下部施工区施工通道主要是尾水洞与尾水连接洞。调压室开挖施工分区、分层示意见图 8-30。

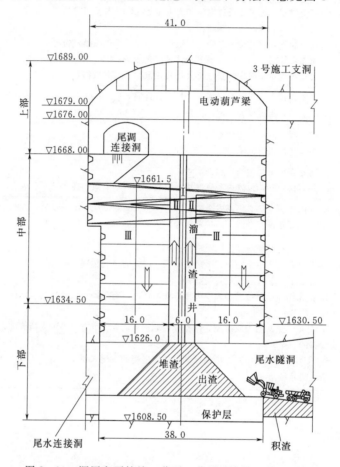

图 8-30　调压室开挖施工分区、分层示意图（单位：m）

2）施工总程序。

A. 上部施工时，2 号尾调室超前，为 1 号尾调室提供施工通道；下部施工时，2 号尾调室超前 1 号尾调室 8～10m。

B. 中部导井施工，导井扩挖成溜渣井，分层螺旋形向下开挖，浅表层支护与开挖同层完成。搭设深层支护环形栈桥，深层支护滞后于开挖层同步施工。

C. 开挖支护完成，深层支护具备贯通开挖支护条件后，进行下部开挖。

（3）井身开挖施工。

1）上部施工。

A. 第一层施工。尾调交通洞底板距穹顶高程约 22m，布置 2 条施工支洞至尾调室高程 1678.00m，分别作为两个尾调穹顶施工支洞。

第一环开挖支护：支洞开挖支护完成后，延环向开挖第一环，分单元开挖，开挖后及时完成浅层一次支护，高地应力区应力调整后又进行二次浅层锚杆支护，然后再进行下一单元施工。

第二环开挖支护：第一环完成后，进行浅层二次未完成部分的施工，根据第二环的高度与台车支护高度要求，将底板降低后，进行第二环的环向单元开挖，开挖后及时完成浅表层一次支护。

第一层开挖与浅层支护完成后，搭置脚手架进行锚索施工与挂网施工，完成后拆除排架进行复喷支护。

B. 第二层施工。第二层施工以尾调交通洞作为切入口，先开挖中部导槽，再沿环向开挖外围，外围保护层厚度不小于 3m，永久开挖面浅表层一次支护跟进施工，二层开挖完成后同时进行浅层二次支护和深层锚索支护。

2）中部施工。中部施工主要为从尾调交通洞以下到高程 1634.50m 贯通前的部分施工，采用环形螺旋形坡道开挖。配置一台反向挖掘机，作为清渣与辅助性起重设备使用。浅层支护设备，深层支护设备，均随开挖留在井中，开挖结束后从下部通道撤退。

A. 导井开挖。溜渣井为中导井，反井钻机开挖导井，再采用反井吊篮法射线形造孔扩大到 4～6m。

B. 环形分环开挖。为了便于开挖后的石渣进入溜渣导井中，从下部出渣，采用两环环向水平孔施工的方法，用简易小平台作为施工平台，开挖平台高 4～5m。两环同时同步施工，内环超前一层，外环滞后内环一层，形成台阶形漏斗。在爆破时，65% 以上的石渣进入溜井中下到底部，35% 的石渣采用挖掘机清理后进入井中。

3）下部施工。下部施工分为 3 层半。

A. 第二层导洞开挖支护施工：第二层中的导洞是作为尾水连接洞的施工通道，在尾调室分为三岔，分别进入各个连接洞。开挖采用"中一左一右"的分序开挖方式，开挖后及时完成支护。

B. 第一层贯通开挖支护施工：这一层的贯通施工是应力集中释放的区域，开挖时采取的措施为：控制贯通层的层厚，分区分段贯通，处理好分区贯通与后续施工间的关系。

C. 第二层开挖支护施工：贯通后第二层只有几个岩柱，为了提供较大的场地作为支护设备运行空间，先开挖下部两侧岩柱，再开挖上游两个岩柱。

D. 第三层开挖支护施工：第三层是进入导洞底部层，采用从下游向上游先挖导槽，再分区分单元开挖两边，周边超前预裂爆破的施工方法。下部开挖支护程序与方法见图 8-31。

锦屏一级水电站尾水调压室开挖成型后，平均超挖 13.2～14.9cm，控制在施工规范内。声波监测表明松动深度只有 0.6～1.5m。实际开挖工期为 8 个月，比计划的 11 个月提前 3 个月。

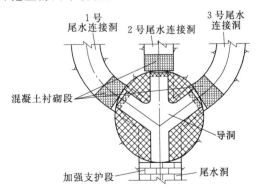

图 8-31 下部开挖支护程序与方法示意图

8.10.2 瑞丽江一级水电站斜井开挖

（1）工程概况。缅甸瑞丽江水电站工程。引水系统共布置 2 条压力管道，每条压力管道各包含 2 条斜井，斜井倾角皆为 60°。马蹄形断面，开挖半径 $R=3.2$m。其中，上斜井单条全长 202.507m，洞轴线起止高程 677.10～518.00m，上下两个弯段空间转角 $\theta=64°20'27.94''$，转弯半径 $R=20$m；下斜井单条全长 167.173m，洞轴线起止高程 518.00～389.50m，上下两个弯段空间转角 $\theta=60°$，转弯半径 $R=20$m。

压力管道斜井段埋深 40～200m，围岩以微风化、新鲜岩体为主，少量为弱风化。弱风化带岩体完整性差，以镶嵌破碎结构为主。

工程地质主要为古生代寒武系第二段（∈b）中粗粒阴影混合岩，夹眼球状花岗质混合片麻岩（岩石湿抗压强度 70～80MPa）及薄层状角闪片岩（岩石湿抗压强度 30～40MPa）。Ⅳ级结构面、小断层、挤压面沿片麻理发育，缓倾角夹层在顶拱、边墙随机分布，宽 1～5cm，由片状岩、岩屑、少量高岭土膜、钙膜充填。Ⅳ级结构面规律发育有两组：①片麻理产状 30°N～45°E，SE（NW）∠70°～80°，间距 50～100cm，延长大于 10m；②横向节理 30°N～50°W，SW（NE）∠80°～90°，间距 50～100cm，延长大于 5m，部分洞段出露原生层理产状 40°N～50°E，SE∠15°～35°。

斜井的设计支护方式为随机锚杆 $\phi25$mm，$L=3.5$m，根据实际揭露的地质情况设置，喷混凝土 C25 厚 0.15m，挂网钢筋 $\phi6.5@0.15$m×0.15m。

（2）斜井施工方法。采用先导井后扩大开挖的施工方法。导井施工采用反井钻机法，反井钻机采用 ZFY2.0/400 型钻机，由于斜井断面不大，结合现场地质情况、施工条件和工期要求，导井直径采用 1.4m，反井钻机扩孔后不再进行导井二次扩挖，斜井全断面一次扩挖成型。

反井钻施工导井时，先导孔轴线布置在斜井轴线垂直下方 1m 位置。

（3）导井施工。1 号、2 号管上、下斜井上弯段及下弯段开挖采用人工手风钻开挖，为保证反井钻机有足够的工作空间和基础平台，对上弯段顶部进行扩挖，底部开挖成平台。采用 3m³ 装载机配合 15t 自卸汽车在斜井下弯段除出渣，为方便斜井扩挖时装载机出渣，对下弯段进行部分扩挖。

1）先导孔施工。斜井井口测量定位，钻机施工平台基础开挖、清理，然后浇筑基础混凝土。基础混凝土达到设计强度的 70% 后，安装钻机。ZFY2.0/400 型钻机先导孔直径为 216mm，导孔开始钻进采用高钻速低钻压，动力水龙头的转速使用快速挡，钻压为 2～5MPa。开始钻进时放置一根稳定钻杆，钻进 30～40m、60～80m、100～130m、170～180m 及地质情况变化大的部位各再放置一根稳定钻杆，确保了导孔钻进的精度。导孔在距离孔底约有 5～8m 时，为防止石块坠落伤人，在预定钻穿位置设置围栏，禁止人员进入。

2）$\phi1.4$m 扩孔钻进。导孔钻贯通后，在斜井底部用卸扣器将导孔钻头和异型钻杆换下，修平顶拱扩孔钻进范围，连接扩孔钻头，开始扩孔反钻施工。扩孔钻压主泵油压控制在 20.0MPa 以下，副泵油压控制在 18.5MPa 以下，过程中根据岩层情况调整。

反井钻机导井施工见图 8-32。

（4）扩挖施工。斜井扩挖采用自上而下一次扩挖。利用斜井扩挖台车进行开挖及运送材料、设备至掌子面，人员通过安全爬梯进入工作面施工。

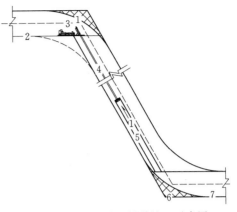

图 8-32　反井钻机导井施工示意图
1—顶部扩挖；2—上平洞；3—反井钻机；
4—先导孔；5—扩孔（1.4m）；
6—底部扩挖；7—下平洞

扩挖台车有轨输送车，扩挖台车安装前首先进行轨道安装，轨道分上平段轨道、弯段及斜井段轨道，斜井段接近开挖面段安装为活动轨道。每次开挖前将活动轨道下降至开挖位置固定，运行扩挖台车至打钻位置进行施工，打钻结束后扩挖台车运行至安全位置，拆出活动轨道至安全位置。安全爬梯设置在轨道左侧，用 $\phi25mm$ 钢筋焊制而成，根脚焊接在斜井支护锚杆上。爬梯随掌子面前进而逐步延伸。

由于溜渣井直径采用 1.4m，在扩挖过程中主要控制渣料的块度，为防止溜渣过程中堵塞导井，斜井扩挖爆破采用密孔爆破，主爆孔间距为50～60cm，周边孔光面爆破，孔距为50cm。对于较差岩层，需要跟进支护时，排炮进尺控制为 1.5m。

8.10.3　美纳斯水电站竖井开挖

美纳斯水电站工程（MINAS-San Francisco Power Project），位于南美洲西北部厄瓜多尔共和国（República del Ecuador）主要河流 Río Jubones 上。水电站主要建筑物均布置在帕萨赫市（Pasaje）至昆卡市主干道附近，交通便利。水电站总装机容量约为275MW（3×91.7MW），多年平均发电量为1300GW·h。业主为厄瓜多尔国家电力公司（Corporación Eléctrica del Ecuador，简称 CELEC EP），水电站以发电为主，同时兼有水土保持、旅游等综合利用功能。

美纳斯水电站压力竖井直径为 5.5m，压力竖井井口高程 737.15m，井底高程285.27m，高度为 451.88m。通风电缆井直径为 6m，井口高程 745.00m，终孔高程304.41m，高度为440.59m。地质岩层主要为火山喷出物凝灰岩、片岩、局部夹带辉绿角砾熔岩，岩层之间存在软弱碎屑岩，层间错动带充填泥岩，岩层节理呈缓倾角分布为主。采用全断面反井钻机进行开挖。

（1）反井钻机选型。在分别考察 Master Drilling、Tumi Raise Boring 公司的设备并综合比较后，确定使用 71RM 型定向钻机和 RD5-550 反井钻机施工，该设备在钻井精度控制、洞内交通条件和不良地质条件及岩石强度的适应性方面有较大优势。

71RM 型定向钻机负责先导孔及扩孔，先导孔直径 12 1/4″，扩孔直径 16″。在竖井导孔形成之后，将定向钻机更换为全断面反井钻机，同时将 2 根钻机支架钢箱梁安装完成。RD5-550 全断面反井钻机负责一次性反拉成型，其中压力竖井刀盘直径为 5.5m，通风电缆井刀盘直径为 6.0m（见图 8-33）。

（2）施工中对先导孔的偏斜测量与纠偏措施。压力竖井开挖直径为 5.5m，最大垂直施工高度为451.88m，对钻进方向和垂直度的要求很高。导孔钻进是反井钻施工中的重点和难点，是反井施工中的重要环节，也较容易发生卡钻等事故，往往决定了反井工程的成败。在有些项目反井钻施工中，由于精度失控、不良地质段影响造成塌孔和洗孔水流失等原

图 8-33　刀盘

因而发生卡钻事故，导致较大工程损失。在美纳斯水电站竖井工程中，制定并采取了行之有效的偏差控制措施，还通过孔内电视摄像等数码科技手段，更直观、准确地掌握了地质情况，使得导孔顺利贯通。

检测步骤如下。

1）开孔 15m 后检测一次，如果符合要求，则继续往下打，如果不符合要求，则提钻回填水泥浆重新开孔。

2）在导孔钻进过程中，基本每 50m 检查一次，并在更换钻头时进行检测。纠偏方法是提钻至一定高度，用水泥浆或细石混凝土进行回填，等强度达到后，重新进行钻孔。

3）纠偏检测方法：由钻机自带数据采集与数据计算处理软件（EDM 5000.1 Single User Db）对定向钻杆三维空间进行定位检测，一般每 5m 采集计算一次。当发生超标偏差或趋势时，提出钻杆采用先进的孔内定向仪（GEROYE DATA）检测并计算偏差值，从而指导偏差的处理。

（3）深孔灌浆。导孔在钻进过程中，钻杆遇到断层、裂隙、溶沟、溶槽或软弱夹层等不良地质段时，导孔会发生偏斜，容易导致导孔偏离原设计轴线，甚至会出现突然塌孔，无法返水返渣卡钻情况。通常进行灌浆处理，直到返水返渣恢复正常后方可继续钻进。根据实际施工情况，在钻进过程中使用外加剂 poly plus 2000 检查是否正常反水，采用自流纯压式灌注法对先导孔灌浆，灌浆之前将全部钻杆取出，或将钻头提出待灌浆区，在孔口拌制 0.5∶1 的水泥浆液后灌入先导孔内，待水泥浆液凝固后继续钻进。

在压力竖井先导孔钻进过程中出现多达 8 次水流失现象，每次灌浆处理约 5～7d，采用自流纯压式灌注法大多情况能有效的对裂隙、错动层等不良地质进行封闭填充，但在电缆井有些井段有重复灌浆情况。为了先导孔的钻进和后续的全断面反扩施工创造更有利的条件，因此，技术上也考虑了其他灌浆方法。

孔口封闭纯压式灌注法；孔口封闭、下小导管排水减压灌浆法。

方法①：钻孔深度大、地下水位高，灌浆浆液受孔内地下水的顶托难于到达钻孔下部对岩石裂隙进行有效固结，灌浆效果差。

方法②：即孔口封闭、下小导管孔底排水减压灌浆法（见图 8-34）。这种方法的优点是孔内只下入小直径排水管，重量小，安全易操作，通过排水减压能改善纯压灌注孔底段灌浆效果不好的情况。

（4）先导孔扩孔施工。为满足 RD5-550 全断面反井钻机匹配要求，$\phi 12\frac{1}{4}''$ 先导孔施工之后将钻杆全部提起，再换装 $\phi 16''$ 大钻头及钻杆扩孔，自上而下将先导孔扩为 $\phi 16''$。扩孔一般很顺利，平均 40m/d。

（5）竖井反扩施工。先导孔扩孔施工完成后，将 71RM 先导孔钻机拆除，复测导孔偏差，符合要求后换装 RD5-550 全断面反井钻机。在井底安装全断面的扩孔钻头，自下

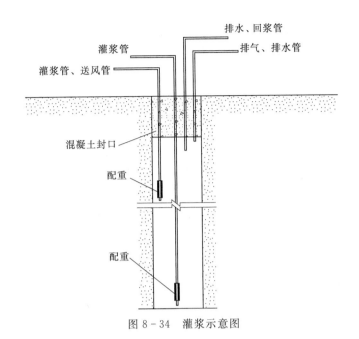

图 8-34 灌浆示意图

向上一次性扩挖成型。

扩孔开孔，当扩孔钻头安装好后，慢速提升钻具，直到滚刀开始接触岩石，然后停止上提，用最低转速旋转，并慢慢给进、保证钻头滚刀不受过大的冲击而破坏，等钻头全部均匀接触岩石，才能正常扩孔钻进。钻进过程中扩孔钻压和扭矩的大小根据地层的具体情况及钻进深度而定，从钻机的保养和滚刀的使用寿命考虑，拉力一般不超过 20MPa，扭矩在 400kN·m 以下，若遇到特殊情况，可灵活掌握。

反扩时渣料管理及观测如下。

1）取样分析。由下平洞值班人员，在下井口对渣样进行取样分析，确定岩性变化，判断是否存在塌方等异常情况。渣料取样后，进行统一存放和编号记录，地质工程师根据渣样情况进行分析整理。

2）渣量统计。由下平洞值班人员，在钻孔过程中，对所有反扩出渣进行数量统计并记录，通过分析出渣量确定是否存在塌方或堵井现象。通风电缆井全断面反扩钻进参数抽查见图 8-35。

（6）效率分析。根据每日施工情况，做好施工台账登记，并由现场管理人员签字确认。施工台账内容包括反井钻机钻孔时间、停工时间、钻孔深度、影响因素等。压力竖井反井钻机施工效率分析见表 8-12，通风电缆井反井钻机施工效率分析见表 8-13。

表 8-12　　　　　　　　　压力竖井反井钻机施工效率分析表

项目	开钻时间/(年.月.日)	终孔时间/(年.月.日)	协调停工时间/h	钻孔时间/h	平均钻进速度/(m/h)
先导孔	2015.2.6	2015.5.13	1761	567	0.797
扩孔	2015.5.18	2015.7.2	783	321	1.408
全断面反拉	2015.8.1	2015.11.29	973	1187	0.381

注　压力竖井直径为 5.5m，总高度为 451.88m。

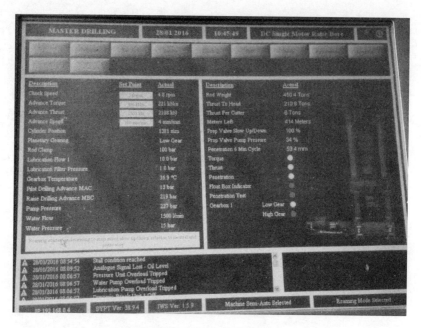

图 8-35　通风电缆井全断面反扩钻进参数抽查图

表 8-13　　　　　　　　　　通风电缆井反井钻机施工效率分析表

项目	开钻时间 /（年.月.日）	终孔时间 /（年.月.日）	协调停工时间/h	钻孔时间/h	平均钻进速度/（m/h）
先导孔	2015.6.9	2015.11.17	3024	864	0.51
扩孔	2015.11.18	2015.12.3	164	220	2.00
全断面反拉	2016.1.16	2016.7.19	2824	1160	0.27

注　2016 年 7 月 19 日通风电缆竖井钻机再次故障，共反扩 332m，等待配件时间至少需 60d，业主方联合决定，剩余井口段 108.59m 改为钻爆法。

8.10.4　白鹤滩水电站左岸尾水调压室穹顶开挖

白鹤滩水电站左岸引水发电系统采取"两机一室一洞"的结构布置形式，共布置有 4 个圆筒式尾水调压室，其穹顶结构为半圆形或圆弧形，直径为 44.5～48m；是目前国内已建和在建最大跨度和最大规模的尾水调压室。左岸尾水调压室穹顶设计参数见表 8-14，左岸尾水调压室穹顶主要工程量见表 8-15。

表 8-14　　　　　　　　　　左岸尾水调压室穹顶设计参数表

部　位	形式	直径/m	高度/m	设　计　支　护　参　数
1 号尾水调压室穹顶	半圆形	48.0	24.00	①钢纤维混凝土＋挂网＋喷混凝土； ②普通砂浆锚杆 C28，$L=6m$/普通预应力锚杆 C32，$L=9m$，$T=150kN$； ③对穿预应力锚索 2000kN，$L=35\sim40m$； ④预应力锚索 2000kN，$L=25m$
2 号尾水调压室穹顶	半圆形	47.5	23.75	
3 号尾水调压室穹顶	半圆形	46.0	15.20	
4 号尾水调压室穹顶	圆弧形	44.5	13.91	

表 8-15 　　　　　　　　　　　左岸尾水调压室穹顶主要工程量表

序号	工程项目	1 号尾水调压室穹顶	2 号尾水调压室穹顶	3 号尾水调压室穹顶	4 号尾水调压室穹顶	合计
1	石方洞挖/万 m^3	2.894	2.80	2.16	2.09	9.94
2	锚杆/万根	0.160	0.157	0.134	0.131	0.582
3	喷混凝土/m^3	720	710	602	588	2620
4	锚索/根	80	79	103	97	359

注 表中工程量仅供参考。

水电站 4 个尾水调压室穹顶围岩均由坚硬岩构成，围岩类别以 Ⅱ 类和 Ⅲ 类为主，均具备开挖形成大型圆筒形地下洞室的条件，但洞室直径近 50m，规模大，且地应力较高，开挖后将会产生松弛和变形，局部存在岩爆（片帮）、岩体破裂等现象。

1 号尾水调压室穹顶陡倾角结构面相对发育，f722、f723、T734、T735、T736 等与缓倾角结构面组合可形成块体，易坍落，但块体方量较小。

2 号尾水调压室穹顶未发现长大结构面组合形成的定位及半定位块体，穹顶附近可能发育缓倾角结构面，可能引起穹顶的局部垮塌。

3 号尾水调压室在穹顶附近出露的角砾熔岩，因开挖产生应力集中，也可能会产生一定程度的塑性屈服变形，穹顶未发现长大结构面组合形成的块体。

4 号尾水调压室在穹顶附近出露的角砾熔岩，因开挖产生的应力集中，也可能会产生一定程度的塑性变形。P2β31 层底部局部发育第三类柱状节理玄武岩，不同柱面与缓倾角结构面组合，可在穹顶构成小块体，块体失稳，影响施工安全。

（1）施工难点、重点。

1）穹顶开挖成型质量和围岩稳定。白鹤滩水电站左岸尾水调压室穹顶具有开挖直径大、地质条件相对复杂的特点，层间错动带及断层导致穹顶部位可能存在不稳定块体，同时受中高地应力的不利影响，开挖后穹顶容易松弛变形。因此，保证穹顶开挖成型质量和围岩的稳定是本工程施工的重点和难点。

2）预防岩爆。白鹤滩水电站左岸尾水调压室穹顶埋深大，受岩体构造应力和自重应力的影响，地应力较高。前期相邻洞室的开挖过程中岩爆、片帮现象比较突出。因此，穹顶开挖施工过程中采取有效措施防治岩爆的危害是本工程的重点和难点。

3）采取有效手段改善穹顶通风散烟。白鹤滩水电站左岸尾水调压室穹顶高程与通气平洞顶高程之间存在 6～7m 的高差，再加上受到洞室埋深大，施工支洞均为洞内接线，整体洞线长，弯道多等因素的影响，尾调穹顶开挖阶段的施工通风散烟较为困难。因此，采取有效的通风布置方案，合理安排施工程序，改善现场施工作业环境条件，是本工程施工重点和难点之一。

（2）施工通道布置。根据尾水调压室结构布置情况和本工程总体施工通道规划，左岸尾水调压室穹顶的施工通道布置如下。

1）左岸尾调锚固观测交通洞作为穹顶对穿锚索施工、永久安全观测仪器埋设和数据采集的通道。

2）1～4 号尾水调压室穹顶施工从 303 号交通洞进行到左岸尾水调压室交通洞后，自上游向下游接各尾调通气洞进入穹顶施工掌子面。

3）左岸尾调排风平洞作为穹顶施工期通排风系统布置和日常检修、维护的通道。

（3）主要施工方法。根据白鹤滩左岸尾水调压室穹顶工程地质及施工通道布置情况，结合国内现有穹顶开挖方法，为保证施工的安全性，同时满足工程施工进度，穹顶开挖采用"先中导洞后两侧、分扇形条块、开挖区域逐步扩大、应力分期释放、穹顶对穿锚索支护跟进"的施工方法。

1）开挖方法。尾水调压室穹顶总体开挖按照先1号、3号，后2号、4号，单个尾水调压室穹顶开挖采用先中间，后侧边的程序进行。穹顶开挖前首先完成穹顶范围内永久安全监测仪器的埋设，以取得变形初始值。穹顶开挖前通过锚固观测洞提前实施穹顶对穿预应力锚索造孔，在开挖过程中完成穿索与张拉。对穿锚索的注浆，待顶拱Ⅰ层开挖完成后进行。

单个穹顶的开挖自上而下分两层九区进行。

穹顶Ⅰ层开挖高度为15.5m/15m，分为两个小层与小区进行开挖支护。Ⅱ层开挖分四小区进行（见图8-36和图8-37）。

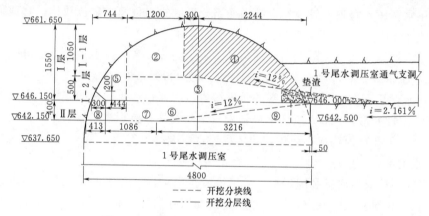

图8-36 穹顶开挖分层分区图（单位：cm）

注：①～③、⑤～⑨—分区序号，其中⑦在高程642.150m的水平剖面上。

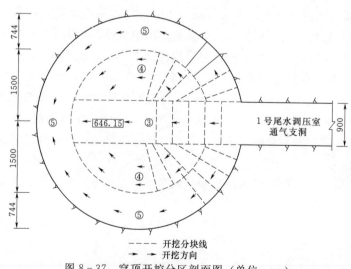

图8-37 穹顶开挖分区剖面图（单位：cm）

③～⑤—分区序号

A. Ⅰ层开挖。尾水调压室穹顶Ⅰ层开挖高度为10.5m，层内分两区，第①区利用尾调通气洞作为施工通道，尾调通气洞开挖工作面穿过尾水调压室井壁后，先完成锁口锚杆支护，然后垫渣升坡进行尾水调压室穹顶部分第①区（中导洞）的开挖。第①区开挖采用下部导洞超前，顶部预留保护层开挖跟进的方式；下部导洞以及顶部预留保护层开挖采用钻架台车配手风钻光面爆破。

穹顶中导洞开挖及支护完成后，分扇形、沿环向进行穹顶第②区的开挖。第②区开挖时，为保证穹顶成型质量，顶部预留2m厚保护层，开挖时底部掏槽超前1~2排炮、然后顶部保护层扩挖跟进。第②区开挖采用钻架台车配手风钻钻孔爆破，周边设计轮廓线位置采用光面爆破。

第②区开挖完成后尽可能完成对穿预应力锚索施工，穹顶Ⅰ-1层开挖支护全部完成后，开始Ⅰ-2层的施工。Ⅰ-2层高度为5m/4.5m，层内分三区，采用手风钻水平钻爆开挖的方式完成第③区中部斜坡道抽槽的开挖。第④区中间区域采用手风钻水平爆破或潜孔钻竖向造孔梯段爆破进行开挖。第⑤区周边预留环形保护层采用钻架台车配手风钻环向水平爆破，周边设计轮廓线位置采用光面爆破。

B. Ⅱ层开挖。穹顶Ⅰ层开挖支护完成后，利用尾调通气洞作为施工通道，沿调压室中心线按12%的坡度降坡进行穹顶Ⅱ层的开挖支护，Ⅱ层开挖高度为4m，而4号室Ⅱ层开挖高度为3.5m。第⑥区降坡段采用手风钻水平爆破开挖至穹顶Ⅱ层开挖设计底板高程位置，然后以预留斜坡道为界分别向两边进行开挖，开挖时中间区域（第⑦区）超前不小于15m，然后第⑧区预留环形保护层开挖跟进；第⑧区施工采用手风钻配钻爆平台架水平钻爆开挖，设计轮廓线位置采用光面爆破。第⑨区预留斜坡道在穹顶Ⅱ层开挖支护完成后再安排进行挖除。

C. 尾水调压室穹顶开挖出渣均采用3.4m³侧卸装载机或反铲配25t自卸汽车运输；开挖面安全清撬主要采用人工配合反铲进行。

D. 穹顶开挖到设计轮廓线后应及时完成后系统锚喷支护及锚索的施工，以避免穹顶围岩由于变形和应力松弛出现破坏。系统锚杆采用三臂凿岩台车造孔，人工配合平台车注装锚杆；喷射混凝土采用喷车施喷；穹顶对穿预应力锚索提前从尾调锚固观测交通洞内向下钻孔，为穹顶开挖后及时进行系统锚杆支护提供条件，同时避免锚杆安装后锚索钻孔钻到锚杆。

E. 为控制球冠轮廓线规格，尾水调压室穹顶周边轮廓线每排进尺不得大于2.0m，确保穹顶成型、壁面完整和稳定。

2）支护施工。左岸尾水调压室穹顶设计采用了砂浆锚杆、预应力锚杆、喷素混凝土、挂网喷射混凝土、喷钢纤维混凝土、预应力锚索等多种支护结构型式。穹顶系统支护具有工程量大、施工强度高、与开挖之间的工序干扰较大的施工特点。

A. 系统支护施工原则。

a. 调压室穹顶①~⑨区按次序逐块进行开挖支护，上一区系统支护及相应的锚索施工完成后方可进行下一区的开挖施工。

b. 单个工作面支护施工与开挖跟进平行交叉作业，各工序间交替流水作业。总体上按照初喷混凝土→6m普通砂浆锚杆→9m预应力锚杆→锚索→挂网复喷混凝土的程序进行。

c. 原则上对于Ⅱ类、Ⅲ类围岩，初喷混凝土以及6m锚杆紧跟开挖面，9m预锚、挂网、复喷混凝土滞后开挖面不大于15m；完成系统支护时间距围岩揭露不大于5d。

d. 对于不良地质段系统支护应紧跟开挖工作面。

e. 对穿锚索在孔位出露后及时进行穿索和张拉施工，对穿锚索滞后开挖工作面$3m \leqslant L_1 \leqslant 6.0m$，以不破坏锚墩为前提。以1号尾水调压室为例：第①区施工时完成中导洞轴线3束对穿锚索；第②区施工时完成18束对穿锚索；第⑤区施工时完成剩余4束对穿锚索。穹顶25束对穿锚索灌浆在Ⅰ层开挖支护完成后进行。

f. 原则上高程652.80m以上压力分散型锚索的施工应在穹顶Ⅰ层⑤区开挖支护期间完成，高程652.80m以下、高程647.79m以上的压力分散型锚索应在穹顶Ⅱ层⑧区开挖支护期间完成。锚索灌浆后，其周边范围的爆破质点振动速度应满足设计开挖技术要求的规定。

g. 尾调穹顶开挖支护施工期间，应根据永久安全监测数据的分析反馈情况指导现场施工；适时调整支护时机，确保系统支护的及时性。

B. 锚杆施工方法。尾水调压室锚杆数量多，穹顶锚杆采用凿岩台车造孔为主，轻型潜孔钻辅助；锚杆采用人工配合平台车安插或人工在吊车作业平台上安插，采用注浆机注浆。普通砂浆锚杆采用先注浆后插锚杆或先插杆后注浆工艺施工。预应力锚杆根据施工现场实际情况分别采用二次注浆或一次注浆工艺施工。

C. 喷混凝土施工方法。尾水调压室穹顶原则上采用人工现场编网的方式为主。喷混凝土施工采用10m³搅拌运输车从拌和楼运输喷混凝土料，喷混凝土采用混凝土喷车湿喷工艺作业。

D. 预应力锚索施工方法。根据设计图纸，白鹤滩水电站左岸尾水调压室穹顶布置有2000kN级对穿预应力锚索、2000kN级压力分散型预应力锚索。对穿型预应力锚索施工采用HTYM165锚固钻机造孔，压力分散型锚索采用MD80锚固钻机造孔。对穿锚索造孔及灌浆施工均在尾调锚固观测洞进行，压力分散型锚索在穹顶开挖区采用可移动平台架进行施工。

3) 爆破设计。

A. 设计原则。尾水调压室穹顶周边设计轮廓线采用光面爆破的方式进行开挖。不良地质洞段爆破设计遵循"短进尺、弱爆破、少扰动"的原则进行。严格控制最大段起爆药量，保证爆破质点振动速度满足设计技术要求。

B. 主要爆破参数选择。尾水调压室穹顶主要采用钻架台车配手风钻水平开挖，周边设计轮廓线采用光面爆破，线装药密度控制在$80 \sim 100g/m$之间。手风钻钻孔直径为42mm，爆破效率初拟为85.7%～90%考虑。实际施工中可根据现场爆破情况作局部调整。根据初拟钻孔深度及爆破效率，尾水调压室穹顶排炮循环进尺对于中间导洞区域的排炮进尺不大于3m，周边设计轮廓线区域的爆破进尺不大于2m。

C. 爆破器材选用。主爆孔采用ϕ32mm乳化炸药连续装药，周边轮廓线位置上的光爆孔采用ϕ25mm乳化炸药、导爆索间隔装药；雷管采用非电毫秒雷管和磁电雷管。

4) 不良地质断层破碎带开挖。根据设计地质资料显示，白鹤滩水电站左岸尾水调压室穹顶开挖支护施工过程中主要存在层间错动带和中高地应力的影响。

A. 对于Ⅳ类围岩，循环进尺不大于 1.0m；系统支护紧跟开挖掌子面。必要时可采取喷混凝土封闭掌子面、超前锚杆等措施。

B. 对于层间错动带拱肩出露部位，首先应按照设计图纸要求完成超前锚筋束的施工；开挖面揭露后应及时完成设计加强支护以及排水孔的施工。错动带局部软弱部分主要采用人工配合风镐方式进行清除，然后人工立模完成 C25 混凝土塞的回填。局部软弱部分的置换深度及高度应按照设计图纸要求，根据现场实际出露的层间错动带厚度确定，模板采用木模板，并采用膨胀螺栓进行固定；混凝土采用人工入仓，对于置换深度较小的部位采用插钎振捣为主和人工锤击模板面辅助振捣的方式，对于深度较大部位采用 ϕ30 插入式软轴振捣器进行振捣，人工插钎作为辅助振捣的方式。

9 地下厂房开挖

目前，我国在建和已建水电站地下厂房有几百座，其中特大型的如三峡、溪洛渡、龙滩、小湾、向家坝、锦屏二级、乌东德、白鹤滩、锦屏一级等水电站，其装机均超过 400 万 kW，主厂房开挖量皆在 50 万 m³ 以上，规模巨大，其中十余座跨度达到 30m 以上，溪洛渡水电站右岸地下厂房开挖尺寸为 443.3m×31.9m×75.6m（长×宽×高），向家坝水电站地下厂房开挖尺寸为 245.0m×33.4m×85.5m（长×宽×高）。众多大型地下厂房的施工，采用了大量的开挖新技术、新工艺，为大跨度地下厂房的开挖施工安全和高边墙的稳定提供了有力的保障，极大地提高了地下厂房的开挖施工质量和效率。

9.1 通道设计

地下厂房的施工通道设计应满足"平面多工序、立体多层次"的施工组织要求，合理规避施工干扰。每一层的通道必须在该层开挖施工前形成。

地下厂房施工通道设计是否合理，将直接影响工程进度、安全、质量和经济问题，应进行规划设计。

9.1.1 设计原则

（1）满足施工进度和通风要求。对于特大型地下厂房主要开挖层宜在两端布置通道。

（2）地下厂房分多层薄层进行开挖，每层需规划好足够的通道。

（3）为避免过多的通道布置，大型地下厂房一般只考虑上、中、下三层主通道，厂房内设置斜坡道作为辅助通道，每一层通道应满足开挖及喷锚设备进出。

（4）尽量利用永久洞室作为施工通道。如地下厂房的通风洞、交通洞、母线洞、引水下平洞、尾水支洞均可作为各层的施工通道，在此基础上适当再增设施工支洞，满足各层施工的需要。

（5）充分利用地下厂房周围洞室的施工支洞。如引水下平洞、尾水支洞、主变室等的施工支洞。引水下平洞、尾水支洞的施工支洞布置时，应充分考虑机组的发电顺序和方便施工支洞的封堵。

（6）施工通道的设计应注意与施工通风布置相结合，以利于改善地下厂房开挖支护施工期间的施工环境。

（7）施工通道的断面以及坡度的设计，应满足主要施工设备运输所需尺寸、交通流量等基本原则，更应兼顾后期压力钢管、机电设备等大件运输的需要。

（8）洞口选址原则。应综合考虑工程地质、水文地质和水文资料等因素，洞口高程要满足防洪要求，尽可能减少洞口明挖工程量，避开松动区及泥石流、滑坡区域。

（9）施工通道的布置应尽量避开不良地质带的影响区域，并充分注意到与相邻洞室之间在立体空间上的相互交叉关系。

某特大型地下厂房开挖通道布置见图 9-1。

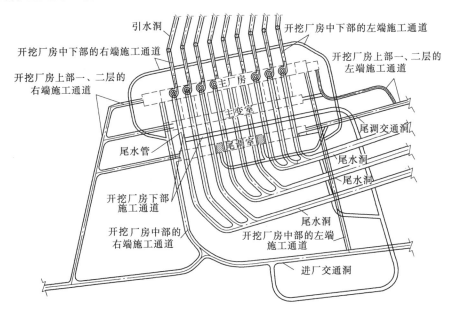

图 9-1　某特大型地下厂房开挖通道布置图

9.1.2　通道设计与布置

（1）断面设计。断面形式及尺寸应满足交通运输和施工所需的最大件和最重件运输要求，并留有空间布置管线、排水沟和人行道。临时增设的施工通道，断面形式一般为城门洞形。

主要及交通流量大的临时通道，断面不宜小于 9.0m×7.0m（宽×高），一般临时通道不宜小于 7.0m×6.5m（宽×高）。对于使用时段很短的临时施工通道，断面可以根据实际情况进行调整。

对于不能满足车辆在临时通道内调头的施工通道，宜每隔 200m 左右对施工通道断面进行加宽，作为回车道。

（2）纵坡设计。

1）对于行驶轮式设备的通道，纵坡一般不宜超过 10%，局部最大纵坡不大于 14%，以最大限度发挥施工设备的机械性能，提高施工效率，降低施工难度。

2）对于只行驶履带设备的通道，最大纵坡可以达到 30°。

（3）线形布置。

1）转弯半径应满足施工机械设备和施工所需的最大件和最重件运输要求。

2）立面上应满足和通道相交的洞室与通道间岩墙厚度不小于 1 倍洞径。

3）通道与通道之间以及与周边洞室之间在平面上要留有足够的安全距离，一般不小于 1 倍洞径。

4）通道与洞室交角设计，主要考虑交通顺畅以及开口处与洞室之间保留岩体的稳定，一般通过圆弧进行连接。通道轴线与主洞轴线交角宜大于 40°，且应在交叉口设置不小于 20m 的平段。

（4）路面设计。

1）当利用永久洞室做通道，以及对于使用时间不长、车流量不大的临时通道，其路面浇筑找平混凝土或利用洞渣找平，两侧设置排水沟。

2）对于使用时间长、车流量大的主要临时通道，宜浇筑路面混凝土，厚度以 20～25cm 为宜，两侧布置排水沟。

9.2 开挖程序

9.2.1 三大洞室的开挖关系

（1）地下洞室群开挖前，一般参照设计方提供的技术要求和推荐方案，制定施工方案及措施，以确定地下洞室开挖程序。

（2）在开挖过程中，应合理安排三大洞室的施工程序，以有利于围岩稳定和保证施工安全；并根据开挖揭示的围岩条件及监测情况，动态调整施工方案及开挖程序，原则上一般每开挖 2～3 层系统分析调整一次。

（3）三大洞室开挖，一般主厂房和尾水调压室先开工，主变室滞后主厂房 1～2 层，先小洞后边墙开挖，开挖完成以后应及时支护，开挖时序与锚索支护要相结合。

（4）地下厂房与周边洞室交叉部位开挖应遵循以下施工程序。

1）先洞后墙法。地下厂房与周边洞室交叉部位一般采取先洞后墙，即隧洞提前进入厂房，并沿厂房边墙进行环向预裂，在贯通前须对 1 倍洞径长度范围内的隧洞进行支护，贯通后在厂房内进行锁口。

2）母线洞施工程序。母线洞平行布置，相隔距离近，其上有岩壁吊车梁，下有尾水支洞，开挖将对岩壁梁的安全和厂房下游边墙围岩的稳定产生影响，宜采用相间错开交叉进行开挖，且须待已开挖母线洞支护完成后才能进行相邻母线洞的开挖。

3）主变室施工程序。主变室与厂房一般为平行布置，相隔距离近，主变室开挖对厂房顶拱及边墙的围岩稳定会产生较大影响，一般先开挖厂房，待同高程部位的厂房开挖及支护完成后再进行主变室的开挖。

9.2.2 主厂房开挖分层

分层应根据施工通道、地下厂房的结构、施工设备能力以及支护施工综合研究确定。通常分层高度在 4～8m 之间，并逐层支护跟进，以免出现较大变形。地下厂房开挖分层主要从下列几个因素来考虑。

（1）施工通道。主要考虑施工支洞、进厂交通洞、母线洞、引水洞、尾水支洞等洞室的布置情况，开挖分层要与施工通道匹配。

（2）地下厂房结构。主要考虑吊顶牛腿、岩壁梁、母线洞、安装间、副厂房、机坑、集水井等的布置情况，开挖分层要便于上述结构的施工并保证上述结构的安全。

（3）分层要满足开挖和支护设备的作业空间，发挥施工设备最佳效率。

（4）开挖分层便于锚杆、锚索、喷混凝土的施工并具有一定的安全距离。

图9-2为溪洛渡右岸地下厂房开挖分层图。

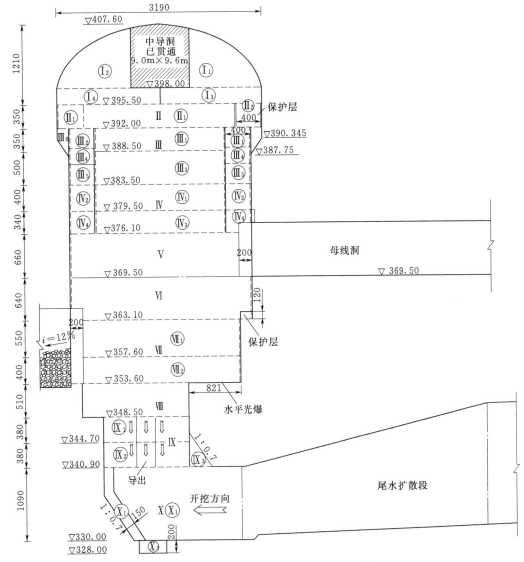

图 9-2　溪洛渡右岸地下厂房开挖分层图（单位：cm）

Ⅰ～Ⅹ—开挖分层序号；下角1～5—层内开挖顺序

9.3　顶层开挖

厂房顶层开挖的高度应根据开挖后底部不妨碍吊顶牛腿及两侧起拱部位锚杆的施工和不影响多臂液压台车发挥最佳效率来确定，开挖高度一般在7～10m范围内。

（1）顶层开挖采用多臂液压台车或手风钻造孔，周边光面爆破的开挖方法。

（2）顶层开挖如只有一条通道则从一端向另一端开挖，如两端都有通道则从两端向中间开挖。

（3）在地质条件好的地下厂房中，顶拱开挖大多采用中导洞先行掘进并支护完成，再两侧扩挖跟进的方法［见图9-3（a）］。对于跨度较大的厂房，两侧扩挖时，先进行一侧的扩挖并支护完成，再进行另一侧的扩挖［见图9-3（b）］。也可以采用先开挖两侧后开挖中部的方法［见图9-3（c）］。开挖循环进尺不大于3.5m。中导洞尺寸一般以1部三臂液压台车可开挖的断面为宜，中导洞超前两侧扩挖15～20m。

（4）在地质条件差的地下厂房中，厂房顶部可采用小导洞先行，中部扩挖跟进并支护完成，最后进行两侧扩挖的方法［见图9-3（d）］，对于跨度较大的厂房，两侧扩挖时，先进行一侧的扩挖并支护完成，再进行另一侧的扩挖［见图9-3（e）］。顶层开挖应严格遵循"短进尺、少扰动、强支护、及时封闭、勤观测"的原则。开挖循环进尺不大于1.5m，并控制最大单响药量，开挖后按设计要求及时进行锚喷支护。

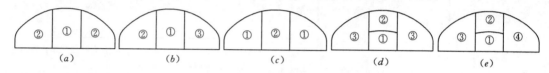

图9-3　厂房顶层开挖方法示意图

①～③—开挖序号

（5）钻爆设计。

1）中导洞的钻爆设计见第6章隧洞开挖。

2）厂房顶层两侧扩挖钻爆设计见图9-4。

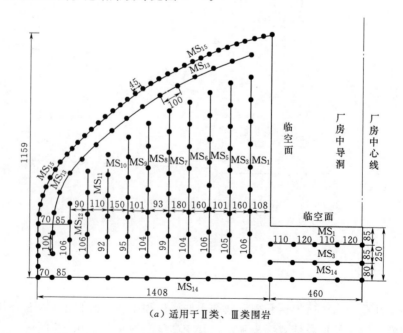

（a）适用于Ⅱ类、Ⅲ类围岩

图9-4（一）　厂房顶层两侧扩挖钻爆设计图（单位：m）

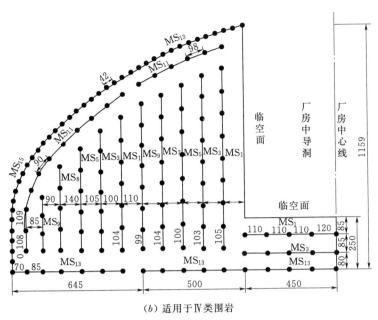

（b）适用于Ⅳ类围岩

图 9-4（二）　厂房顶层两侧扩挖钻爆设计图（单位：m）

3）厂房顶层两侧Ⅱ类、Ⅲ类围岩扩挖钻爆参数见表 9-1，Ⅳ类围岩参数见表 9-2（供参考）。岩石为玄武岩，表中参数可根据不同的岩石级别进行调整。

表 9-1　　　　　　　　厂房顶层两侧Ⅱ类、Ⅲ类围岩扩挖钻爆参数表

炮孔名称	钻孔参数			装药参数					
	雷管段别	孔距/cm	孔数/个	药径/mm	装药长度/cm	堵塞长度/cm	单孔药量/kg	段药量/kg	
主爆孔	MS_1	106	14	32	270	80	2.7	37.8	
	MS_3	103	14	32	270	80	2.7	37.8	
	MS_5	110	8	32	270	80	2.7	21.6	
	MS_6	104	8	32	270	80	2.7	21.6	
	MS_7	99	8	32	270	80	2.7	21.6	
	MS_8	104	7	32	270	80	2.7	18.9	
	MS_9	95	7	32	270	80	2.7	18.9	
	MS_{10}	97	6	32	270	80	2.7	16.2	
	MS_{11}	100	5	32	270	80	2.7	13.5	
	MS_{12}	85	4	32	270	80	2.7	10.8	
	MS_{13}	100	16	32	270	80	2.7	43.2	
周边孔	MS_{15}	45	40	25	270	80	0.42	16.8	
底孔	MS_{14}	100	16	32	270	80	2.7	43.2	
合计			153					321.9	

开挖断面/m²	钻孔总数/个	爆破方量/m³	总装药量/kg	炸药单耗/(kg/m³)	爆破效率/%	进尺/m
112.16	153	336.48	321.9	0.96	85	3.0

注　1. 孔径为 42mm。

　　2. 孔深为 350cm。

　　3. 周边孔线密度为 120g/m。

表 9 - 2　　　　　　　　　**厂房顶层Ⅳ类围岩两侧扩挖钻爆参数表**

扩挖次数	炮孔名称	钻孔参数			装药参数				
		雷管段别	孔距/cm	孔数/个	药径/mm	装药长度/cm	堵塞长度/cm	单孔药量/kg	段药量/kg
第一次扩挖	主爆孔	MS₁	106	14	32	120	50	1.2	16.8
		MS₃	103	14	32	120	50	1.2	16.8
		MS₅	110	8	32	120	50	1.2	9.6
		MS₇	104	8	32	120	50	1.2	9.6
		MS₉	99	8	32	120	50	1.2	9.6
		MS₁₁	90	6	32	120	50	1.2	7.2
	周边孔	MS₁₅	45	13	25	120	50	0.19	2.47
	底孔	MS₁₃	100	10	32	120	50	1.2	12.0
	合计			81					84.07
第二次扩挖	主爆孔	MS₁	104	7	32	120	50	1.2	8.4
		MS₃	95	7	32	120	50	1.2	8.4
		MS₅	97	6	32	120	50	1.2	7.2
		MS₇	100	5	32	120	50	1.2	6.0
		MS₉	85	4	32	120	50	1.2	4.8
		MS₁₁	90	11	32	120	50	1.2	13.2
	周边孔	MS₁₅	45	27	25	120	50	0.19	5.05
	底孔	MS₁₃	100	6	32	120	50	1.2	7.2
	合计			73					60.25

扩挖次数	开挖断面/m²	钻孔总数/个	爆破方量/m³	总装药量/kg	炸药单耗/(kg/m³)	爆破效率/%	进尺/m
第一次扩挖	65.14	81	97.71	84.07	0.86	88	1.5
第二次扩挖	47.02	73	70.53	60.25	0.85	88	1.5

注　1. 孔径为42mm。

　　2. 孔深为170cm。

　　3. 周边孔线密度为110g/m。

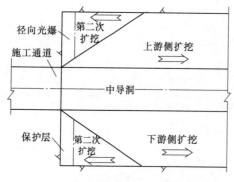

图 9 - 5　厂房顶层端墙开挖方法图

（6）由于厂房顶层的施工通道一般都布置在厂房端墙的中部附近，两侧扩挖时，为了便于开挖施工，厂房端墙两侧需留下一个三角体，待两侧扩挖至厂房上下游边墙时，再反方向采用双向光面爆破的开挖方法完成三角体的开挖，其开挖方法见图9-5。

（7）对于顶层两端布置有施工通道的厂房，宜先行贯通中导洞，以改善厂房施工的通风条件。需要注意的是，对处于Ⅲ类、Ⅳ

类围岩的地下厂房，中导洞开挖后，导洞两侧边也需要有一定量的临时支护，以确保安全。

（8）顶拱光面爆破施工。为了确保厂房顶拱安全与稳定，顶拱开挖要成型好，开挖面要与设计开挖曲线基本吻合、基本圆滑，径向超欠挖小，光爆孔残留率符合规范要求，纵向起伏差小即相邻两排炮的错台要小，这就需要对顶拱光面爆破的造孔工艺和钻爆参数进行严格控制。

1）顶拱光面爆孔尾线定位导向技术。在地下厂房开挖爆破前预先设计顶拱的爆破孔位及孔间距，确定开孔点，采用测量仪器精确放样这些开孔点，做出标识，并在这些开孔点沿洞轴线平行线方向的后面已开挖成型面上1.5~2m处逐一放出导向点，同时在相邻的已钻孔中放置控制倾角及方向的参照导向管，钻孔过程中以导向点、前排炮的光爆半孔和导向管作为导向参照，即可精确控制钻孔方向和钻孔倾角。厂房顶拱光爆孔钻孔定位见图9-6。

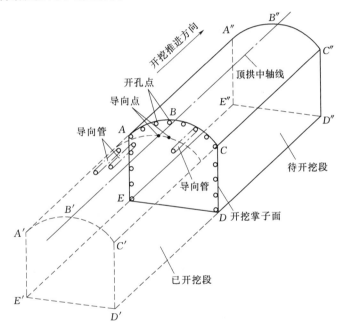

图9-6　厂房顶拱光爆孔钻孔定位示意图

2）厂房顶拱光爆孔采用手风钻钻孔，孔径为42mm，孔间距为孔径的8~12倍，一般以40~50cm为宜。

9.4　岩壁梁层及岩壁梁岩台开挖

9.4.1　岩壁梁层开挖

为保证岩台的完整性，岩壁梁层采用两侧预留保护层，中部用潜孔钻进行梯段爆破的开挖方法，保护层厚度一般不小于4.0m。岩壁梁层开挖施工顺序见图9-7。

（1）岩壁梁通常是处在厂房开挖的第二层或第三层范围。岩壁梁层中槽开挖要求厂房顶拱及岩壁梁以上边墙必须开挖支护完成且围岩稳定不存在安全隐患。

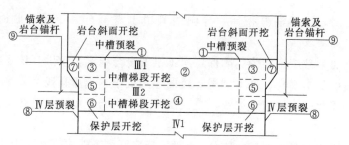

图9-7 岩壁梁层开挖施工顺序图

①～⑨—施工顺序；Ⅲ、Ⅳ—厂房开挖分层

（2）该层开挖后的底部高程应满足岩壁梁锚杆的施工和方便岩壁梁钢筋混凝土的施工，这通常应在厂房开始开挖前就规划好。一般情况下，岩壁梁层的下部距岩壁梁下拐点不宜小于3.0m，上部距岩壁梁上拐点不宜小于2.0m。

（3）岩壁梁层中部主爆区与两侧预留保护层间应先行预裂，减小中部主爆区爆破对岩台的爆破震动影响。中部开挖20～30m后，两侧预留保护层开挖可跟进。

厂房岩壁梁层开挖方法平面示意见图9-8，其立面示意见图9-9。中部主爆区钻爆布置见图9-10。

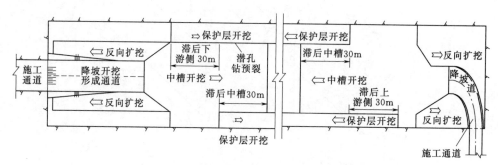

图9-8 厂房岩壁梁层开挖方法平面示意图

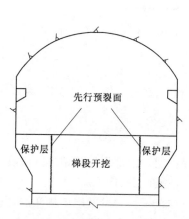

图9-9 厂房岩壁梁层开挖方法立面示意图

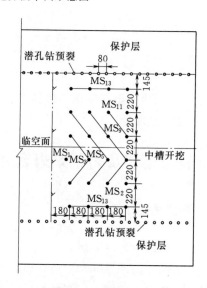

图9-10 中部主爆区钻爆布置图（单位：cm）

9.4.2 岩壁梁岩台开挖

岩壁梁岩台开挖是地下厂房开挖施工中难度最大、质量要求最高的项目，岩台成型的好坏将直接影响到厂房吊车的安全运行。岩壁梁岩台的开挖应使岩壁受爆破的影响最小，还应使岩壁斜面符合设计要求。施工时，要求以最优的爆破技术措施和精细的施工工艺来满足设计要求。

（1）在进行岩壁梁岩台开挖前，应在岩壁梁层内适当的部位模拟岩台进行爆破试验，以取得适合于岩壁梁岩性的最佳爆破参数和施工工艺。岩台开挖的爆破松动范围应小于50cm（或按照设计另提出的要求）。

岩壁梁岩台开挖时应进行爆破振动测试，求出爆破振动经验公式，以控制爆破时混凝土质点振动速度满足安全规程要求（或按照设计另提出的要求）。

（2）岩壁梁岩台的开挖方法主要有两种：一种是采用垂直为主的密孔光面爆破［见图9-11（b）］；另一种是采用水平密孔光面爆破［见图9-11（a）］，目前采用较多的是前一种开挖方法。

垂直密孔光面爆破：先对岩台保护层与中槽开挖边线之间进行预裂，然后先开挖保护层Ⅰ［见图9-11（b）］，再开挖保护层Ⅱ、Ⅲ，上述部位的开挖均采用手风钻垂直造孔梯段爆破，梯段高度控制在3.0m以内，最后用手风钻钻孔把岩台斜面上的三角形岩体Ⅳ开挖完成。三角形岩体Ⅳ开挖采用双向光面爆破技术，即竖向和斜面

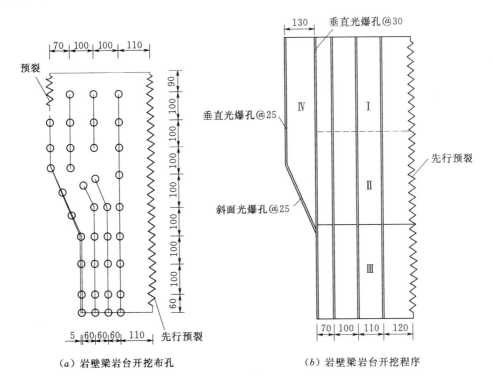

（a）岩壁梁岩台开挖布孔　　　　　　　（b）岩壁梁岩台开挖程序

图9-11　岩壁梁岩台开挖方法示意图（单位：cm）

Ⅰ～Ⅲ—保护层开挖；Ⅳ—岩台开挖

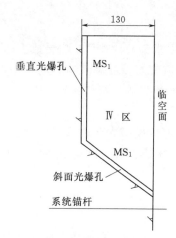

图 9-12 岩壁梁岩台开挖布孔示意图（单位：cm）

均采用光面爆破，见图 9-12。光爆孔孔距宜控制在 40cm 以内，线装药密度不宜大于 90g/m，控制斜面光爆孔从斜面下方自下而上沿斜面进行钻孔。该方法的优点是可以多工序平行作业，施工速度快，同时便于岩台开挖质量的控制。

水平密孔光面爆破：光爆孔和主爆孔均采用水平造孔，边线光爆孔一般采用密孔、小药量，孔距宜小于 40cm，岩台斜面一般为 4 孔，分成三等分，采用隔孔装药光面爆破。岩壁梁岩台开挖布孔见图 9-11（a）。

（3）岩壁梁保护层和岩台开挖钻爆参数（供参考）。垂直密孔光面爆破岩壁梁保护层及岩台开挖钻爆参数见表 9-3。

采用水平密孔光面爆破岩壁梁保护层及岩台开挖钻爆参数见表 9-4。

表 9-3　　　　垂直密孔光面爆破岩壁梁保护层及岩台开挖钻爆参数表

炮孔名称	钻 孔 参 数			装 药 参 数					
	雷管段别	孔深/cm	孔数/个	药径/mm	装药长度/cm	堵塞长度/cm	线密度/(g/m)	单孔药量/g	段药量/kg
垂直光爆孔	MS₁	150	20	25/12	130	20	90	135	2.70
斜面光爆孔	MS₁	260	20	25/12	220	40	90	234	4.68
合计			40						7.38

开挖断面/m²	钻孔总数/个	爆破方量/m³	总装药量/kg	炸药单耗/(kg/m³)
3.445	40	22.05	7.38	0.334

注　1. 孔径为 42mm。

　　2. 孔距为 32cm。

表 9-4　　　　水平密孔光面爆破岩壁梁保护层及岩台开挖钻爆参数表

段别	孔数/个	孔深/m	装药长度/m	单 孔 药 量			段装药量/kg
				φ25mm/支	φ32mm/支	重量/kg	
MS₁	3	2.5	1.6		8	1.6	4.8
MS₃	4	2.5	1.6		8	1.6	6.4
MS₅	3	2.5	1.6		8	1.6	4.8
MS₇	4	2.5	1.6		8	1.6	6.4
MS₉	4	2.5	1.6	6		1.0	4.0
MS₁₁	5	2.5	1.6	6	2	1.0	5.0
MS₁₃	7	2.5	1.9	4	—	0.4	2.8

（4）由于岩壁梁是靠锚杆将梁锚固在岩壁上，梁与岩壁接触面的下半截是一个斜面，因此梁与岩壁接触岩面的开挖质量的好坏将对岩壁梁的质量产生重大影响。为了获得较好

的岩台开挖质量，除了选择恰当的钻爆参数外，还应在进行垂直与斜面光爆孔造孔时，采取搭设钢管样架的方法来控制造孔精度。样架由水平横管、支撑管、导向管三部分组成，采用1.5″钢管安装样架进行定位，支撑导向管的水平横管安装必须经测量准确定位。由于斜面光爆孔的样架较高，需要在边墙上打插筋等形式予以固定牢靠。垂直光爆孔与斜面光爆孔样架搭设见图9-13。

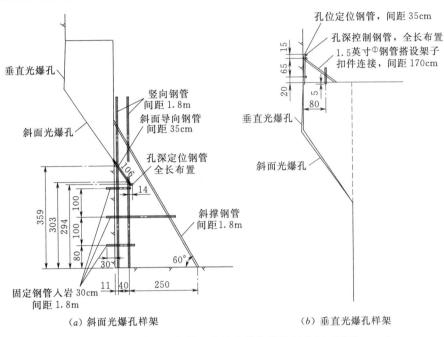

图9-13　垂直光爆孔与斜面光爆孔样架搭设示意图（单位：cm）
①1英寸=2.54cm

（5）岩台开挖注意事项。

1）采用水平密孔光面爆破时：①岩壁的光爆孔外插角应尽量小，孔应保持水平，尤其控制好上下两个拐点孔的方向、位置；②排炮进尺不宜大于3.0m；③靠近设计开挖边线的第二排爆破孔可根据岩石的实际情况设计为准光爆孔，以提高边线孔的爆破效果。

2）采用垂直密孔光面爆破时：①当三角形岩体的宽度较大时，除了垂直光爆孔外，还可增加一排竖向的辅助爆破孔，以适当减少垂直光爆孔的装药量，获得更好的光面爆破效果；②钻孔时边墙垂直光爆孔尽量与斜面光爆孔基本对齐；③下拐点以下边墙在开挖时可考虑欠挖5～10cm来保证下拐点以下边墙不受到大的破坏；④对于上拐点，为了确保无欠挖，在垂直和斜面方向可考虑3～5cm的技术性超挖；⑤斜面导向管安装前采用手风钻（孔径为50mm）按照设计孔位进行预开孔，预开孔的孔深为3～5cm，开孔完成后再进行导向管以及孔深控制钢管的安装；⑥为了防止造孔偏差，岩台斜面位置造孔采取三次换钎的方法：首次开孔采用2m长度钻杆，2m杆钻进结束后再换成3m钻杆钻进；终孔钻杆长度＝斜面光爆孔设计孔深＋导向管长度＋钎尾长度；⑦联网时要确保竖向光爆孔与对应的斜面光爆孔同时起爆；⑧一次联网起爆长度不宜大于30m。

3）无论岩台开挖采用何种方法均应注意：①在岩台开挖过程中应根据围岩变化的情

况适时调整钻爆参数；②测量放线、装药、爆破都应按施工技术措施实施，每一个环节都应处于受控，才能确保岩台的开挖质量；③如地应力较大或岩石情况不甚理想时，可在下拐点下适当位置布置预应力锚杆以加固围岩，保证下拐点的成型；④对于地质条件较差的部位，在岩台开挖前可以采取固结灌浆的方式对岩台附近的岩体进行加固处理。

（6）岩壁梁锚杆的特别关注点。岩壁梁锚杆是承受桁车梁荷载的受力体，因此，其锚杆质量特别重要，锚杆施作时必须使用先注浆后插杆法。其余操作也必须遵照设计要求执行。

9.5 岩壁梁以下平层开挖

9.5.1 岩壁梁层下层开挖

（1）岩壁梁锚杆施工前，须对该层所有设计边线进行预裂。通常情况下，开挖部位上部的岩壁梁混凝土浇筑 28d 后方能进行该部位的开挖。

（2）采用两侧预留保护层，中间用潜孔钻进行梯段爆破的开挖方法。保护层厚度一般不小于 4.0m，中部主爆区与两侧预留保护层间应先行预裂。中部开挖 15～20m 后，两侧预留保护层开挖可跟进。

（3）为减小开挖爆破对岩壁梁的振动影响，在岩壁梁下的一层开挖期间应对各段龄期混凝土的爆破质点振速进行监测，并根据爆破监测成果确定后续开挖方法和最大单响药量控制标准。

9.5.2 其他平层开挖

（1）主要采用一次预裂（设计边线预裂）、薄层开挖、随层支护的梯段爆破开挖施工方法。梯段爆破钻爆布置见图 9-14。层高不大于 4.0m 时，也可采用手风钻水平造孔爆破。当厂房的跨度较大时，在宽度方向上可以分左右两个半幅进行开挖。

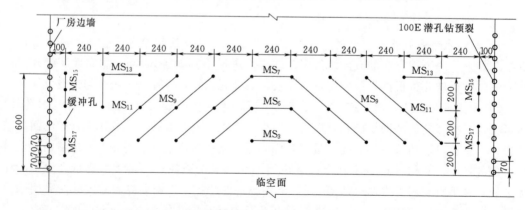

图 9-14　梯段爆破钻爆布置图（单位：cm）

（2）厂房梯段爆破开挖钻爆参数见表 9-5。

（3）梯段爆破开挖区的开挖方向一般应与出渣方向相反，如出渣通道不位于厂房轴线上时，梯段爆破应有一个调整区。通过一两排炮形成位于厂房轴线上的正面开挖。普通平层开挖方法平面示意见图 9-15。

炮孔名称	钻 孔 参 数					装 药 参 数				
	雷管段别	孔径/mm	孔深/cm	孔距/cm	孔数/个	药径/mm	装药长度/cm	堵塞长度/cm	单孔药量/kg	段药量/kg
主爆孔	MS₃	76	400	240	2	60	300	100	7.0	14.0
	MS₅	76	400	240	4	60	300	100	7.0	28.0
	MS₇	76	400	240	6	60	300	100	7.0	42.0
	MS₉	76	400	240	6	60	300	100	7.0	42.0
	MS₁₁	76	400	240	6	60	300	100	7.0	42.0
	MS₁₃	76	400	240	6	60	300	100	7.0	42.0
缓冲孔	MS₁₅	76	400	240	6	50	280	120	5.25	31.5
	MS₁₇	76	400	240	6	50	280	120	5.25	31.5
合计					42					273.0

注 1. 孔的排距为 200cm。

    2. 缓冲孔距预裂孔的孔距为 100cm。

    3. 预裂孔钻爆参数为：孔径 76mm，孔距 70cm，孔深 8.0m，药卷直径 32mm，线装药密度 600g/m。

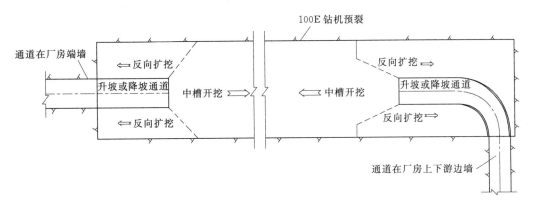

图 9 - 15   普通平层开挖方法平面示意图

（4）在厂房各平层的开挖中，有的通道要承担两至三层的开挖，一般可在下一层内采用降坡的方式形成斜坡道来解决下一层开挖，或在本层内采用升坡的方式形成斜坡道来解决上一层的部分开挖。斜坡道宽度一般为 7.0～9.0m，其设计最大坡度应控制在 14% 以内。斜坡道两侧的预留岩体待本层开挖结束后再行开挖。

（5）对于安装间、副厂房、风机室、集水井以及收台的部位，均涉及底板开挖，其底板以上需预留厚度不小于 2.0m 的保护层，保护层采用手风钻水平造孔开挖。

（6）在设计梯段爆破参数时应控制好最大一响的装药量，以使爆破产生的振动速度小于设计的规定值，避免对高边墙和已浇好的小牛腿或岩壁梁混凝土造成破坏，而要控制好最大一响装药量、正确选择爆破参数，就需要在厂房一、二层开挖时做好爆破振动测试工作，通过测试获得质点振动速度计算公式 $v = K(Q^{1/3}/R)^\alpha$ 中的 K 和 α 值，以便正确选择最大一响装药量，调整相关的爆破参数。

9.5.3　设计边线预裂施工

（1）造孔设备选择。应选择能尽量临近设计边线的造孔设备，以减少边墙部位技术性超挖。目前普遍采用的是 YQ - 100E 轻型潜孔钻。

（2）为了保证预裂孔位置在设计边线上，上一层开挖时，分层线以上 2.0m 范围内的边墙需超挖 10～15cm。

（3）预裂孔孔径一般 70～90mm，孔距 0.7～0.9m。采用间隔装药，竹片靠洞室轮廓线一侧，线装药密度通过爆破试验来确定。

（4）样架搭设。为了保证预裂孔的造孔精度，需搭设样架，样架采用 1.5″钢管搭设，造孔时钻机固定在样架上，其搭设见图 9 - 16。图 9 - 16 中三脚架的间距不大于 1.7m。

（5）控制最大单响药量。为了保证高边墙的稳定，预裂孔起爆时，根据设计规定的高边墙

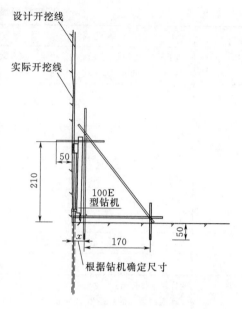

图 9 - 16　样架搭设示意图（单位：cm）

质点振速要求，通过雷管分段对最大单响药量进行控制，最大单响药量可以通过爆破振动测试求出爆破振动速度经验公式来确定。

9.6　机坑开挖

（1）机坑上部开挖一般利用引水下平洞作为施工通道，下部利用尾水支洞及尾水管扩散段作为通道。

（2）相邻机坑岩墙厚度较薄，为确保岩墙的稳定，机坑开挖宜采用跳坑开挖，即：待首批间隔机坑开挖支护结束后，再进行相邻机坑的开挖。

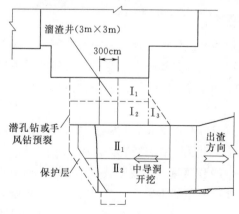

图 9 - 17　机坑开挖方法示意图
I₁～I₃—机坑中部开挖顺序；
II₁、II₂—机坑下部开挖顺序

（3）在进行机坑开挖前，提前从尾水管扩散段开挖一中导洞至机坑底部，同时对机坑上部悬挑部位的岩体进行锚杆或锚索支护，确保机坑开挖期间悬挑岩体的稳定，其开挖方法见图 9 - 17。

（4）机坑开挖采用手风钻分层梯段爆破，设计边线采用轻型潜孔或手风钻先行预裂。视机坑深度，一般分 3～4 层进行开挖，分层高度不宜大于 4.0m（见图 9 - 17）。

（5）机坑深度较深，而尺寸相对较小，出渣设备不易进入机坑内，为此，在进行机坑开挖时，需先在机坑中部开挖一断面 3m×3m 的导井，与先行开挖至机坑下部的中导

洞连通，作为溜渣井（见图9-17）。溜渣井开挖采取正井法，用潜孔钻造孔一次到位，分3次爆破成型。机坑石渣通过溜渣井溜至下部的中导洞内，再用装载机配自卸车进行出渣。

9.7 复杂洞室交叉口开挖

当有几个交叉洞室出现时，首先要开挖并支护好一条主线洞。在洞口交叉处只留下洞口，不支护。交叉洞在洞内开洞，开洞口方法都相同，即支护参数选择降低一级围岩使用和中下导洞先进，再用多圈剥离爆破法进行。

交叉洞开挖中常遇到小洞贯大洞的步骤，如地下厂房母线洞先进入主厂房，而后主厂房再行下挖。这种情况是先将小洞开挖成型，并深入到大洞室内，小洞洞段做好支护，并在大、小洞室交界面做一次环向预裂。而在大洞开挖时，在交叉洞口区段同样要预留保护层，最大限度地保护岔洞口不受破坏。

徐村引水发电洞下岔管置于上复岩层，仅几米厚，不足1倍洞径的强风化砂、板岩石层中，该岔管开挖跨度达15m，顶部马道又是一条交通要道，因此没有可能进行悬吊锚杆施工。采取的措施是：从1号支管向上游开挖，短进尺、弱爆破、强支护。先贯通岔管主洞，然后由支管向主管方向开挖，而在主管与支管的交叉口，又在主管壁上开洞口，最后贯通。这种方法非常成功，洞顶路面未见沉降和开裂，其平面布置与开挖程序见图9-18。

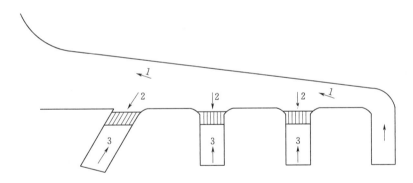

图9-18 徐村高压岔管平面布置与开挖程序示意图
1～3—开挖序号

以锦屏一级水电站1号尾水调压室下部五通口相贯洞口为例，最大跨度为19m，存在高地应力和低岩体抗压强度问题，属Ⅲ类、Ⅵ类围岩区。开挖方向是从尾水洞向尾调推进，在进入尾调室下部时先开挖导洞，先进入2号尾水连接洞，在尾水连接洞边顶拱预留2m左右的保护层，再扩大断面开挖设计规格线，并锁口和完成1倍洞径内的钢支撑锚杆复合系统支护（按Ⅴ类围岩标准）。这样依次完成1号尾水连接管和3号尾水连接管的1倍洞径内的钢支撑锚杆复合系统支护（按Ⅴ类围岩标准）。

由于地应力高岩体强度低，因此在各个尾水连接洞开挖支护完成后，再对各个尾水连接洞1倍洞径范围内进行混凝土衬砌，最后再进行尾调室的贯通开挖（见图9-19）。

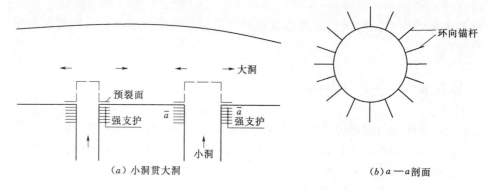

（a）小洞贯大洞　　　　　　　　　　　（b）a—a剖面

图 9-19　小洞贯大洞开挖程序平面示意图

9.8　设备选择

9.8.1　设备配置原则

（1）选用设备的基本性能满足工程施工环境要求。

（2）设备通用性较好，常用备品、备件在工程所在地易于获取。

（3）设备机动性好，运行安全可靠、能耗低、满足环保要求，同等条件下宜优先选用尾气排放量较小或以电力作为动力的设备。

（4）应选用带有喷水降尘或积尘装置的钻孔设备。

（5）设备配置数量应按照设备的额定生产能力或采用工程类比法进行确定。其数量应与工程的施工强度相适应，并适当留有余度。

（6）挖、装、运设备需成龙配套。一般情况下运输设备容量为挖掘设备斗容的 3～6 倍（距离较远时选用大值）。

9.8.2　主要机械设备配置

厂房开挖主要的机械设备有造孔、装渣和运渣设备，另外还有部分辅助设备，包括供风、通风、排水及供电等设备。

（1）造孔设备。造孔设备主要有多臂液压台车、手风钻、液压潜孔钻、轻型潜孔钻等。顶层开挖造孔可以采用手风钻，也可选择多臂液压台车。机坑及岩台开挖以手风钻为主。其他层以液压潜孔钻为主，也可选择轻型潜孔钻，层高不大于 4.0m 时，也可采用手风钻水平造孔爆破。设计边线预裂主要采用轻型潜孔钻造孔，要选择能靠近设计边线的轻型潜孔钻，以减少超挖，对于孔深小于 4.5m 的设计边线预裂可采用手风钻造孔。非设计边线预裂采用液压潜孔钻和轻型潜孔钻造孔均可，液压潜孔钻施工速度快，但费用高。造孔设备数量选择主要是根据设备的生产能力和各部位的开挖进度来确定，同时要结合支护施工一同考虑。

（2）装渣设备。装渣设备主要采用挖掘机（使用反铲较多）和装载机。顶层及机坑装渣主要采用装载机，再配一个小型反铲用于清底，其他层主要采用大斗容的反铲（1.4m³ 及以上）。在施工空间允许的条件下，尽量使用反铲装渣，反铲的装渣效率高。装渣设备数量选择主要是根据设备的生产能力、各部位的开挖进度以及同时装渣的工作面数量来确定。

（3）运渣设备。运渣设备采用自卸车。对于大型地下厂房一般选择载重量为 20～32t 的自卸车。载重量太小，自卸车数量多，既不经济，又容易造成交通拥挤，影响工程进度；载重量太大，需要较大断面的运输通道，不经济。对于小型地下厂房，可以选择载重量为 15t 及以上的自卸车。运渣设备数量选择主要是根据载重量大小、运渣距离、各工程对限速的要求、同时出渣的工作面数量以及厂房开挖进度来确定，另外要与装渣设备匹配。

（4）供风设备。供风设备主要采用固定电动压风机，并辅以少量的移动压风机。一般选择 20～40m³/min 的压风机。供风量总量主要是根据开挖配置的用风设备及同时使用情况来确定，另外要结合支护施工的用风设备一同考虑。

（5）排水设备。排水设备主要是用潜水泵将各工作面的积水抽排至布置在厂房附近的排水泵站内，再通过排水泵站排出洞外。排水设备数量主要是根据排水设备的排水能力、各用水设备的用水量（包括开挖和支护）以及地下水渗透量来确定。

（6）供电设备。供电设备主要是变压器，一般采用 500～1000kVA 的变压器。总的供电容量主要考虑供风、通风、排水、照明以及电动施工机械等的用电负荷，支护施工的用电负荷一并考虑。

某大型地下厂房开挖施工的主要设备配置见表 9-6，顶层及机坑开挖造孔主要以手风钻为主，运渣距离为 15km，运输设备考虑一定的备用，永久通风建筑物已经形成。

表 9-6　　　　　　　　　　某大型地下厂房开挖施工的主要设备配置表

序号	设备名称	设备型号	单位	数量	备　注
1	三臂凿岩台车	BOOERM，353E	台	2	与支护共用
2	液压潜孔钻	HCR1200-ED	台	1	
3	反铲	PC400，1.8m³	台	2	
4	反铲	PC220，1.0m³	台	1	用于清底
5	装载机	L150E，3.4m³	台	1	
6	装载机	ZLC50C，2.2m³	台	1	
7	自卸汽车	20T	辆	25	
8	手风钻	YT28	把	40	
9	轻型潜孔钻	YQ-100E	台	6	
10	压风机	W42/8-Ⅱ2	台	2	40m³/min，与支护共用
11	压风机	VHL-20/8-Ⅱ	台	3	20m³/min，一台作备用
12	轴流式通风机	SDT-180A	台	1	4000m³/min
13	变压器	S9-500/10/0.4	台	1	500kVA
14	变压器	S9-800/10/0.4	台	1	800kVA

9.9　安全监测

地下厂房安全监测的目的是通过埋设永久安全监测仪器设备和施工期临时安全监测仪

器设备，以了解工程施工期、运行期的变形、渗透、应力应变情况，及时掌握建筑物性态变化，以检验设计方案和施工工艺的正确性，及时发现异常情况，及时采取补救措施，防止事故发生。为指导施工、优化设计方案和判断建筑物安全性提供实测资料，通常安全监测主要项目为：

（1）变形观测。

1）表面变形观测。在岩壁吊车梁顶部不影响吊车运行的位置设表面变形观测点，观测施工期和吊车运行时岩壁吊车梁的变位情况。

2）围岩收敛变形观测。在地下洞室围岩表面埋设收敛变形测点，利用收敛计和多功能隧洞测量系统进行观测。一旦开挖掌子面推进到收敛观测断面或略超过收敛观测断面（不超过 1m）时，应立即埋设收敛变形测点，必须在 12h 内埋设完毕并记录初始读数。

3）围岩深部变形观测。在地下洞室围岩内埋设多点位移计进行观测。

4）接缝变形观测。在结构混凝土结构与围岩接触面、地下洞室衬砌结构与围岩接触面埋设测缝计进行观测。

（2）围岩松动范围观测。对锚杆应力计的钻孔进行声波测试。

（3）渗流观测。在地下洞室衬砌结构与围岩接触面埋设渗压计观测渗透压力，在排水洞内设量水堰观测渗流量。

（4）围岩支护结构应力观测。选取一定数量的锚杆设锚杆应力计进行观测。

（5）锚固措施荷载观测。选取一定数量的预应力锚索设锚索测力计进行观测。

（6）应力应变观测。在厂房岩壁吊车梁、蜗壳、机墩等以及尾水调压室阻抗板处埋设钢筋计、混凝土应变计、无应力计观测结构内部应力、应变。

（7）巡视检查。包括日常巡视检查、周、月、季年度巡视检查和特别巡视检查。

具体施工安全监测见第 14 章。

9.10 工程实例

9.10.1 小湾水电站厂房快速开挖技术

（1）工程概况。小湾水电站装机容量为 $6 \times 700 MW$。该工程由混凝土双曲拱坝（坝高 292m）、坝后水垫塘及二道坝、左岸泄洪洞及右岸地下引水发电系统组成。

该水电站引水发电系统工程是一个超大型地下洞室群工程，在不到 $0.3 km^2$ 的区域里布置近百条洞室，总长度近 17km，这些洞室纵横交错，平、斜、竖相贯，形成庞大而复杂的地下洞室群。

整个系统分引水、厂房及尾水三大系统。具体有主副厂房、主变室、调压室三大洞室和 6 条引水压力管道、6 条母线洞、两条尾水洞以及交通洞、运输洞、出线洞和通风洞等地下建筑物组成的一个庞大地下洞室群及进水口、尾水出口、开关站、地面控制楼、通风洞口等地面建筑物组成。

主副厂房开挖尺寸为 $298.40m \times 30.60m \times 79.38m$（长×宽×高），最大开挖高度为84.88m，是目前最大的地下厂房之一。厂房里端墙外侧布设有 $\phi 8.8m$ 主排风，外端墙侧布设 $\phi 10.5m$ 电梯井，其上游侧 6 条压力管道贯入，下游侧分别在厂房中部、底部有 6 条母线洞及 6 条尾水支洞穿过，主变室平行布置在厂房下游侧，与厂房间净距为 49.7m。尾水管后延扩大段开挖跨度达 22.5m，从而，导致相间岩柱隔墩仅有 10.5m，其挖空率达 68.18%，该部位工程安全问题尤为突出。

（2）施工通道布置与研究。对洞室立体交叉位置要分析研究清楚，并重点从通道功能、通风散烟、相邻洞室安全、大坝帷幕线等方面综合考虑。

1）充分利用设计永久洞室。

2）通过各施工通道将各大系统联系起来，方便交通。

3）提前打通通风洞及竖井，以形成机械设备通风及自然通风。

4）最初布置有 10 条施工支洞，后因提前一年发电需要，新增 7 条施工通道。

5）通过压力管道下平段使引水系统与厂房系统相连，通过横穿尾水支洞的上、下层施工支洞使厂房下部机坑及底层排水洞相连，尾水系统则通过相对独立的施工支洞将 2 条尾水隧洞、尾水调压室、机组尾水检修闸门室联系交通。

（3）施工环保技术研究与实践。随着施工设备、施工工艺不断改进，相应施工工期逐步缩短，施工强度加大，与之相匹配的环境保护工作被给予了足够的重视。开工前，对通风散烟方案进行科学、合理的设计，对施工中产生的污水、废油、弃渣等进行彻底处理，否则，将造成通风效果较差，施工环境污染大，给后期施工带来一些意想不到的后患，以严重制约工程进度。

1）一期通风方案。一期施工通风引水、厂房、尾水系统三大系统互不贯通，主要采取轴流通风机将新鲜风流从洞口压入或将污浊风流抽出的混合通风方式，以压抽混合式为好，并且抽出式风机能力要大于压入式风机能力的 20%～25%。主要选用天津市通风机厂生产的 TF93－1 轴流式隧道通风机（2×110kW）、TF88－1 轴流式隧道通风机（2×55kW）2 种。

2）二期通风方案。二期施工通风则有少部分洞室、竖井相互贯通，但还有大部分洞室开挖掘进处于独头工作面状态。主要利用洞室群各洞室之间在平面布置及高程差异上的特点，尽快将联系各主体洞室中导洞先行开挖与附近排风洞、电梯井贯通，同时，增设部分施工通风洞（井），以实现强制通风。对于已连通并形成贯通风流的主要风道，采用机械巷道式通风，以抽为主，对于还仍处于独头开挖的洞室施工，与一期通风一样。

（4）地下厂房快速开挖技术。因洞室交叉多、结构复杂、厂房洞室断面大、顶拱及边墙有Ⅲ级断层和Ⅳ级结构面通过，开挖过程中遇到不稳定楔形体时，特别是高边墙与洞室相贯的部位，为保证洞室群的整体稳定，必须科学、合理安排开挖、支护施工程序，应用"新奥法"原理，开挖后适时喷锚支护，避免因支护不及时而造成坍塌。

在立面上待上层开挖支护结束后，开挖下一层。在平面上充分利用厂房长度空间，实施开挖超前、支护跟进和上层支护与下层开挖错距平行交叉作业，有效实现上、下层工序搭接，增加单层开挖支护有效时段，减少施工干扰。

对于穿过厂房边顶拱的断层、结构面及影响带，以及经分析可能存在的不稳定楔形体，开挖过程中要采取超前喷锚支护措施；对断层及软弱破碎带，开挖后按设计要求及时支护，及时埋设观测仪器，加密原型安全监测。

根据厂房布置及施工通道布置特点、施工设备机械性能，兼顾吊顶牛腿混凝土岩锚梁混凝土、母线洞开挖支护等施工需要，主、副厂房自上而下分Ⅹ层开挖，各层又分区开挖支护。小湾地下厂房开挖分层分区见图9-20，其中吊车岩锚梁布置在Ⅲ层开挖层内。

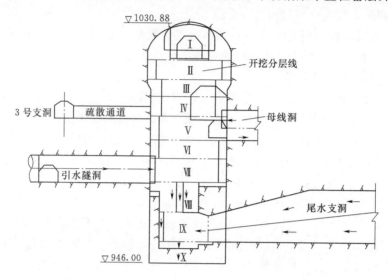

图9-20 小湾地下厂房开挖分层分区图（单位：m）

1）厂房顶拱层开挖支护。采用8m×7m中导洞，优先开挖与厂房上游侧4号施工支洞贯通，中导洞开挖结束后进行超前观测仪器埋设及松动圈声波测试。其顶拱扩挖分Ⅲ期进行，Ⅰ期扩挖为中导洞扩挖至厂房顶拱，Ⅱ期扩挖为厂房上游侧扩挖，Ⅲ期扩挖为厂房下游侧扩挖。平面上从厂房左、右两侧同时"品"字形扩挖推进，扩挖时喷锚支护适时跟进开挖掌子面，喷锚支护滞后开挖掌子面20～30m，厂房原型观测超前开挖掌子面3倍洞径以上。开挖采用凿岩台车钻爆，设计轮廓光面爆破，正常排炮循环进尺3.0m，不良地质段为1～1.5m。每排炮爆破后反铲挖掘机进行安全处理。

2）厂房Ⅱ层开挖支护。先对设计轮廓及中槽边线进行预裂，中槽边线预裂用潜孔钻造孔预裂，边墙手风钻预裂，预裂深度为4.5m。吊顶牛腿混凝土浇筑结束后开挖，采取中槽潜孔钻垂直梯段爆破，并超前约30m，上下游边墙预留3m保护层手风钻垂直钻爆跟进，边墙预裂线下垂直光面。Ⅱ层开挖爆破见图9-21。

3）厂房Ⅲ层开挖支护。先对中槽边线进行预裂，上、下游两侧预留保护层光面爆破。中槽边线预裂用潜孔钻造孔预裂，设计轮廓边线手风钻光面爆破。吊车岩锚混凝土梁浇筑结束后开挖，采取潜孔钻垂直上、下游分半梯段爆破，上游侧优先开挖支护，上下游边墙手风钻垂直钻爆预裂超前20～30m，并根据地质情况，下游侧断层或Ⅳ级结构断面预留3m保护层光面爆破开挖。Ⅲ层开挖爆破见图9-22。

4）厂房Ⅲ层下半层开始至Ⅶ层开挖支护。各层开挖过程中，为减小爆破对高边墙围岩的影响，同时保证边墙的成型质量，边墙4m分层分半开挖方式，其开挖钻爆见图9-23，其开挖程序为：①边墙手风钻预裂→②上游侧梯段爆破→③下游侧梯段爆破→④边墙岩坎处理。安装间、副厂房岩台预保护层水平光面爆破开挖，以保证水平建基面岩石的完整性。为防止两侧同时卸荷引起高边墙的大位移，确保高边墙的稳定，在厂房下挖过程中须运用"新奥法"原理，真正做到"平面多工序、立体多层次"，实现地下厂房的快速施工。

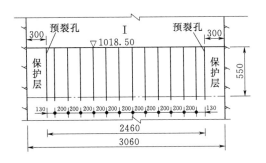

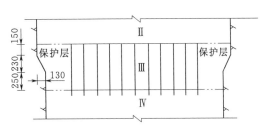

图 9-21　Ⅱ层开挖爆破图（单位：cm）　　　　图 9-22　Ⅲ层开挖爆破图（单位：m）

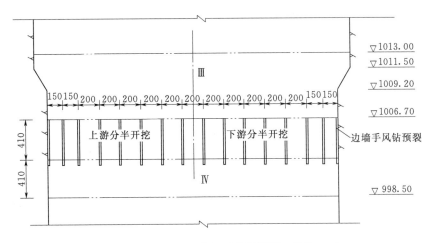

图 9-23　Ⅲ层以下半幅开挖钻爆图（单位：m）

5）厂房Ⅷ～Ⅸ层坑挖。从安装间对应下层的施工支洞进入Ⅷ层上半层机坑，以下从尾水扩散段开挖进入厂房Ⅸ层。上游边墙及局部槽挖轮廓线采用手风钻预裂，机坑左右两侧采用手风钻垂直钻爆预裂钻，为保证机坑间岩柱的稳定，超前做好锁口锚杆。

（5）岩壁梁岩台开挖技术。开挖顺序按①区→②区→③区光面爆破开挖，Ⅲ层岩台分区开挖顺序见图 9-24，③区岩台开挖钻孔方法见图 9-25。

①区爆前先将③区垂直光爆孔打设完成，①区垂直光爆孔超前于③区光爆孔 10m 左右距离。为防止在①区光爆时对先打设好的③区垂直光爆孔造成影响并塌孔，在③区垂直光爆孔内插 φ40mm PVC 管进行保护。①区、②区光爆孔开挖之间仅需滞后 1～2 排炮的距离，以方便及时了解开挖爆破出的岩台成型效果，一旦爆破效果不理想及时调整爆破参数。③区开挖爆破时，为确保高程 1009.20～1011.50m 岩台成型稳定，在厂房岩台上下拐点处打 φ25mm@1.0m、$L=4.5m$，并且在③区开挖钻爆前打完该锚杆。同时，为使手风钻打设垂直光爆孔和斜面光爆孔准确，采用斜面孔搭 1.5 寸钢管架设样架，手风钻钻杆沿样架打孔，垂直光爆孔采用打插筋、拉双线控制精度。对于Ⅰ～Ⅲ类围岩段垂直光爆孔和斜面光爆孔的孔距均为 32cm；对于Ⅳ类、Ⅴ类围岩及不良地质洞段，垂直光爆孔和斜面光爆孔孔距均为 25cm，线装药密度按 45～80g/m 左右控制。

需要注意的是：第一，为保证岩台不欠挖，③区光爆孔按高程下降 10cm 造孔控制；

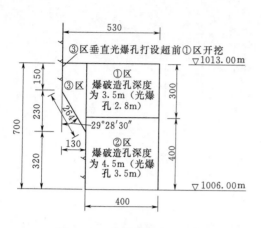

图 9-24　Ⅲ层岩台分区开挖
顺序图（单位：cm）

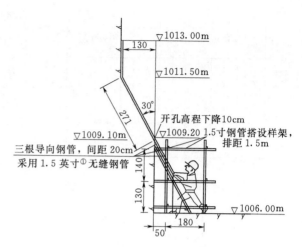

图 9-25　③区岩台开挖钻孔方法
示意图（单位：cm）
① 1英寸＝2.54cm

第二，③区垂直光爆孔和斜面光爆孔一次起爆，一次起爆长度控制在 50～80m 较为合适；第三，从下拐点至底部留 3m 高度是手风钻最佳操作空间。

（6）水泥药卷式预应力锚杆应用技术。预应力锚杆为主动施力锚杆，对开挖后的围岩可尽早提供支护压力，为恢复岩体三维受力状态、提高岩体整体稳定性极为有利。小湾水电站地下厂房支护预应力锚杆采用锚固端和自由端药卷式注浆体一次注入、后张拉方式的施工工艺，不仅简化了施工工序，加快了施工进度，同时，药卷式注浆容易保证注浆饱满度。

9m 长水泥药卷式预应力锚杆在小湾地下厂房系统施工中得到了广泛应用。该锚杆造孔采用凿岩台车，施工速度快，从钻孔、注入快/慢速水泥药卷、安插杆件、固定锚垫板、水泥药卷达设计强度后锚杆张拉、整根锚杆受力，全过程仅需 10～12h，施工速度极快，真正体现了尽早受力；通过现场对锚固段分别为 1m、1.5m、2m、2.5m、3m 的试验，锚固段长度为 1.5～3.0m 较为合理。预应力锚杆设计张拉力一般为 $P＝125kN$，水泥药卷式注入 7.5～8.5h 后张拉。

（7）锚索及钢锚墩应用技术。地下厂房预应力锚索支护是在直垂边坡进行，其预应力锚索根据设计要求分为黏结式端头锚和无黏结式端头锚以及对穿式黏结双边锚三种。其工程量多达 1033 根、结构复杂、工序干扰大、技术难题多，是地下厂房施工技术难题之一。

根据开挖分层情况，每层均有 1～2 排锚索，高度适宜的直接采用 MG-80 型、QJZ-100B 轻型潜孔钻机进行造孔；对于开挖层上有二排的锚索施工，上部锚索施工时搭设宽 2.5m 脚手架作为施工平台，采用 MG-80 型、QJZ-100B 轻型潜孔钻造孔，锚索送索及张拉在钻孔操作平台上进行。补张拉、张拉段回填灌浆及封锚采取搭作业平台进行，YDC240Q 型千斤顶单根循环分级调直张拉，YCW250B 型及 YCW400B 型千斤顶整体分级张拉，OVM 锚具锚定，灌浆机封孔。最初施工采用混凝土锚墩，对工期影响大，后经试验、测试改为钢锚墩，使用效果较好，加快了施工进度。

通过小湾水电站地下厂房开挖技术的研究，总结出一种快速有效的开挖支护方法：对于大跨度断面地下洞室开挖按新奥法原理，顶拱开挖时利用地质探洞超前进行安全监测，先中导洞贯通后再顶拱、两侧"品"字形扩挖，适时实施系统支护，顶拱以下按"小洞穿大洞、先洞后墙"原则，采取"边墙预裂、立面薄分层、平面分半"方法开挖。

9.10.2 构皮滩水电站地下厂房开挖技术

构皮滩水电站装机容量为 $5 \times 600MW$，主要建筑物有双曲拱坝、泄洪消能建筑物、水电站厂房、通航及导流建筑物等。地下厂房洞室群在不到 $0.5km^2$ 的区域内布置了近 70 条洞室，洞室纵横交错，平、竖相贯，总长度近 15km，总洞挖量为 170 万 m^3，各类锚杆有 16 万根，预应力锚索 1444 束，喷混凝土达 9.2 万 m^3。

地下厂房最大开挖尺寸为 $230.45m \times 27.00m \times 75.32m$（长×宽×高）、主变室最大开挖尺寸为 $207.10m \times 15.80m \times 21.34m$（长×宽×高）、调压室廊道最大开挖尺寸为 $158.00m \times 19.30m \times 22.83m$（长×宽×高）、调压室竖井段高 90.42m，三大洞室间岩柱最大厚度为 34m。

地下水电站建筑物主要包括：引水渠、进水塔、引水隧洞、主厂房、主变洞、尾水洞、调压室、尾水平台、尾水渠、开关站、交通洞及通风洞等。

受以 W24 岩溶系统为代表的空间展布错综复杂的岩溶系统的影响，构皮滩地下水电站是一个复杂的超大型地下工程。

主厂房自上而下分Ⅸ层开挖支护。分层原则层高不超过 10m，以 8~10m 为宜，在大的分层前提下做到层间再分层，控制分层高度在 3.5~6m 之间，做到薄层开挖，变形减速，适时支护。

顶拱采用全液压三臂凿岩台车和门架配若干台中风压手风钻钻孔爆破开挖，其余层采用潜孔钻进行中部拉槽梯段爆破开挖，周边保护层采用手风钻光面爆破跟进；锚喷作业锚杆采用三臂凿岩台车、锚杆台车，喷混凝土采用喷混凝土台车和湿喷机；出渣采用侧翻装载机或采用 2m³ 反铲配 20t 自卸车；系统通风采用射流风机和轴流风机。

构皮滩水电站主厂房施工机械主要设备配置见表 9-7。

表 9-7　　　　　　　　　构皮滩水电站主厂房施工机械主要设备配置表

序号	设备名称	型号及规格	单位	数量
1	三臂凿岩台车	BOOMER353E	台	2
2	潜孔钻	HCR15-ED	台	2
3	锚杆台车	435H	台	1
4	轻型潜孔钻	YQ-100E	台	20
5	装载机	CAT320B，3m³	台	3
6	反铲挖掘机	ZX330	台	3
7	手风钻	YT28	把	50
8	自卸车	T20，20t	辆	20
9	混凝土喷射混凝土台车	Meyco Potenza	台	1

序号	设备名称	型号及规格	单位	数量
10	混凝土喷射机	TK961	台	5
11	锚杆注浆机	Meyco Degnna	台	4
12	混凝土搅拌运输车	MR45－T，6m³	台	6
13	锚索钻机	MD50	台	15
14	锚索钻机	MD30	台	10

10 支 护 工 程

支护工程主要是指地下洞室开挖后进行的初期支护，又称一次支护或临时支护，但临时支护与初期支护是有区别的。临时支护结构主要以满足施工期的工程安全为目的，在二次支护前有可能被拆除，在二次支护（即混凝土衬砌）中可不考虑临时支护结构的存在和作用。初期支护不仅要满足施工期的工程安全，而且将支护结构做永久性考虑，是永久结构的组成部分。初期支护的作用是抵御与平衡山岩压力（包括地下水），减小对地下洞室的破坏。混凝土衬砌，即二次支护的作用是加强地下洞室的耐久性和可靠度，以及减少水工隧洞的糙率系数，满足过水和通风要求，减少沿程损失，增加美观。

10.1 支护原理

支护是通过喷混凝土、锚杆、预应力锚索、钢构架等的作用，提高地下洞室围岩岩体的力学指标、提高围岩稳定性的一种手段。

地下洞室开挖后，破坏了该区域地下空间的原始应力状态，由此势必进行应力调整。由于应力调整，随之而产生围岩的变形。岩石差的Ⅲ类、Ⅳ类、Ⅴ类围岩，如不加以约束，则容易产生洞室破坏，如掉块、颈缩、塌方甚至洞室毁坏等现象。而通过相应的支护后，围岩将得到稳定，变形得到抑制，甚至可达到永久稳定。

在20世纪70年代以前，地下洞室开挖后，是用预加工好的木拱架或钢拱架顶撑住围岩，进行临时支护，使其得到暂时稳定，然后再浇筑钢筋混凝土。但由于拱架的跨度问题，这种开挖支护方法只能局限在中、小断面隧洞，而大跨度隧洞只能在岩石强度高、岩体完整的Ⅰ类、Ⅱ类围岩中开挖。20世纪70年代后期，奥地利缪勒等人提出了"充分利用围岩自稳能力"，即新奥地利法的理念。从此，新奥法迅速传入我国。我国地下工程工作者应用这一理念，通过喷混凝土、锚杆等的联合支护作用，极大程度地提高和延长了围岩自稳时间，不仅地下洞室开挖掘进速度得到快速提高，而且在大跨度、大断面地下洞室的Ⅲ类、Ⅳ类围岩中成洞也不再困难。我国地下工程进入了一个崭新时期，地下工程施工技术得到一次飞跃。

新奥法理念及锚喷支护手段的引进，使得地下工程开挖中抑制塌方的产生成为可能，穿越复杂地质条件下的地下洞室施工技术变得简单。

围岩的破坏，是从浅表层开始，逐步延伸至深部，因此，抑制住浅表层的变形，对稳定、延缓深部围岩变形极其有利。这样就有一定的时间进行下一步的中层、深层支护。

目前主要使用的初期支护方法有喷混凝土、锚杆、预应力锚索及钢构架等。各种方法的主要支护作用如下。

（1）喷混凝土。对围岩表层、薄层的支护，在单块强度高的破碎围岩中作用明显。喷混凝土后，浅表层岩石黏结成一薄层，可在一定程度上抑制住浅表层破碎岩块的松动与位移，延缓其变形、松动及脱落。喷混凝土在锚喷联合支护中，具有不可替代的作用。因此，开挖、支护整个操作过程中，首先要先喷一层混凝土，以暂时稳定围岩。

（2）锚杆。对围岩中层与深层的支护。锚杆的作用主要有 3 个：①悬吊作用，通过单根锚杆，对不稳定的单块体岩石进行锚固；②组合梁作用，通过多根全长黏结型锚杆，将薄层状岩石串联组合成整体，以提高整体岩石的力学参数（见图 10-1）；③支撑拱作用，在隧洞顶部通过多根系统有规律的全长黏结型锚杆组合，使这一区域岩体组成一个能支撑上复山岩压力的承载拱，以稳定地下洞室（见图 10-2）。

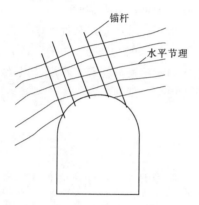

图 10-1　组合梁作用

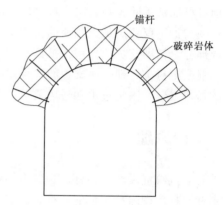

图 10-2　支撑拱作用

在各类锚杆中，以全长黏结型锚杆效果最好。全长黏结型锚杆通过杆体与岩石的接触（黏结和摩擦）起作用，能十分有效地抑制围岩变形，但其作用仅有一定的影响范围。通常，大块体岩石通过块体的作用，影响范围大（见图 10-3）；软弱破碎岩体中影响范围小（见图 10-4）。将相邻锚杆的影响范围相连而形成大范围的锚固岩体，这就是锚杆所起到的支撑拱作用，也是为何岩石质量好、大块体岩石区锚杆排间距大，而破碎、软弱岩石区锚杆排间距小的原因之一。

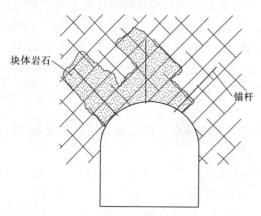

图 10-3　块体岩石中锚杆作用

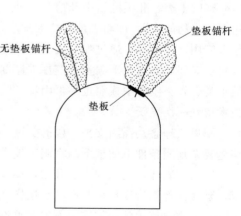

图 10-4　破碎、软弱岩石中锚杆作用

全长黏结型锚杆，特别是砂浆锚杆的质量取决于注浆饱满度及浆液稠度，即浆液水灰比。浆液越稠，固结后收缩率越小，其锚杆质量越好。因此，锚杆安装时应优先采用先注浆后插杆的施工工艺。

锚杆施工中，在锚杆杆尾加垫板，可增加锚杆的作用范围，特别在小块、破碎岩层中作用明显（见图 10-4）。

（3）预应力锚索。围岩深层的支护，主要为悬吊作用。预应力锚索是在大跨度、特大跨度地下洞室中使用的深层支护手段，在高地应力地区常使用。预应力锚索在地下洞室中的布置特别是顶拱部位，宜对称布置。江门地下中微子实验基地、白鹤滩水电站尾水调压室开挖跨度均为 48m，虽岩体质量好，相对完整，为确保其长期稳定，顶拱仍布置了一定数量的系统预应力锚索。

（4）钢构架。起初始表层支撑力作用。多使用在Ⅳ类、Ⅴ类围岩中。由于Ⅳ类、Ⅴ类围岩自稳时间较短，因此开挖后须采用具有足够强度的钢构架进行临时支撑，以利于下一步进行其他支护工作。

围岩支护的整体是由喷混凝土（网喷）、锚杆、锚索及钢构架等的浅表层与深层支护，组成一个联合作用体来解决围岩稳定问题。其中，对整体而言，锚杆的作用是主导性的，而喷混凝土、钢构架只能防止岩体浅表层的掉块、剥离与脱落，对深处的岩石（岩体）几乎不起作用。

10.2　支护参数

根据新奥法的要领及初期支护原则，须针对不同围岩进行支护参数的设计。各类围岩的支护参数与支护时机概述如下。

（1）Ⅰ类围岩。围岩完整性好，整体状结构，无Ⅰ级、Ⅱ级、Ⅲ级结构面，节理裂隙密度平均小于 1 根/m，且不连续，闭合，裂隙面紧密接触。开挖后稳定性极好，成型好，一般不需要支护。

（2）Ⅱ类围岩。围岩完整，基本稳定，无Ⅰ级、Ⅱ级结构面，厚层、块状结构，少量有Ⅲ级结构面，但不发育，可能会存在被裂隙切割的倒楔形体，有局部不稳定现象。所以只需采用随机锚杆，以悬吊作用机理进行支护，再喷一层厚 5~7cm 混凝土以防止围岩进一步风化及固结表层。在Ⅱ类围岩中的大跨度重要建筑如大型地下厂房等，才使用喷混凝土、系统锚杆等。

（3）Ⅲ类围岩。开挖后洞室成型好，一般是层状、小块状结构，或碎裂镶嵌结构，咬合较好而紧密，节理裂隙较密集。少量也存在小断层（宽度不超过 20~30m）。开挖后局部掉块随时可能发生。但从整体来讲，有较长的自稳时间，能自稳数十天到几十个月。这类围岩开挖后若能立即喷上一层混凝土，不仅能抑制住掉块的发生，而且能延长自稳时间。这类围岩须进行系统性支护，如系统锚杆，喷厚 8~12cm 的挂网混凝土。尽管这类围岩有较长自稳时间，但从开挖面揭露到一次支护时间的间隔不宜拖延太久，以免围岩逐步松弛变形过大导致松弛圈不断扩大而造成危害。

（4）Ⅳ类围岩。围岩中节理裂隙发育，多为薄层、多节理、碎粒状结构。开挖后不及时支护会产生严重掉块、松弛，甚至发展成塌方。其节理裂隙多为张开型，节理裂隙密集或有断层破碎带通过的地段有丰富地下水的可能。对这类围岩必须做系统的强支护，目前，Ⅳ类围岩又细分为Ⅳa类和Ⅳb类。Ⅳa类围岩被切割的岩石单块强度较高，切割成的块度也相对Ⅳb类围岩大一些。因此两类围岩的支护处理在方法上有以下差别。

Ⅳa类：做一定的强支护，如网喷混凝土，系统锚杆再加钢筋拱肋，即用单根 $\phi25$ 左右的钢筋作拱肋贴在岩面上，与锚杆尾焊接以取代工字钢或钢格栅拱架。单根钢筋拱肋的排距要比钢拱架间距小，如 30～40cm 一根，再复喷混凝土。

Ⅳb类：除网喷混凝土和系统锚杆外，还必须使用钢拱架和格栅拱架。

不论是Ⅳa类还是Ⅳb类围岩，开挖后必须立即喷混凝土，然后再及时进行相应的支护措施，如架设工字钢架或打锚杆等。

（5）Ⅴ类围岩。一般产生在大断层通过的地质构造带及其影响带或软弱的泥岩、劣质煤系统地层、薄层多裂隙的页岩、千枚岩或严重风化带中。岩体呈散粒状结构，开挖后不能成型，也没有自稳时间。对这类围岩，不仅要进行系统的强支护，还要进行超前预支护，如超前注浆管棚等。开挖后及时进行系统锚杆和格栅拱架或工字钢、挂网喷混凝土等综合支护措施。

各类围岩支护参数见表 10-1。

表 10-1　　　　　　　　　　　各类围岩支护参数表

断面　围岩	Ⅰ类	Ⅱ类	Ⅲ类	Ⅳ类		Ⅴ类
				Ⅳa类	Ⅳb类	
小断面	不支护	不支护或随机锚杆	喷混凝土 5～8cm，系统锚杆 $L=2～3m$ @1.5m×1.5m	钢筋拱肋、间距为 30～40cm，系统锚杆 $L=2～3m$ @1.0m×1.0m，网喷混凝土 10～12cm	钢构架、间距为 60～80cm，系统锚杆 $L=2～3m$ @1.0m×1.0m，网喷混凝土 10～12cm	管棚、间距为30cm，钢构架、间距 60～80cm，系统锚杆 $L=2～3m$@0.75m×0.75m～1.0m×1.0m，网喷混凝土 10～15cm
中断面	不支护	喷混凝土 3～5cm，随机锚杆	喷混凝土 5～8cm，系统锚杆 $L=3～5m$ @1.5m×1.5m	钢筋拱肋、间距为 30～40cm，系统锚杆 $L=3～5m$@1.0m×1.0m，网喷混凝土 10～15cm	钢构架、间距为 60～80cm，系统锚杆 $L=3～5m$@1.0m×1.0m，网喷混凝土 12～16cm	管棚、间距为30cm，钢构架、间距 60～80cm，系统锚杆 $L=3～5m$@0.75m×1.0m×1.0m，网喷混凝土 12～16cm
大断面	喷素混凝土 3～5cm	喷素混凝土 5～7cm，随机锚杆	喷混凝土 8～12cm，系统锚杆 $L=4.5～6m$	钢筋拱肋、间距为 30～40cm，系统锚杆 $L=4.5～9m$@1.0m×1.0m，网喷混凝土 10～15cm	钢构架、间距为 50～80cm，系统锚杆 $L=4.5～9m$@1.0m×1.0m，网喷混凝土 12～16cm	管棚、间距为30cm，钢构架、间距为 50～80cm，系统锚杆 $L=4.9～9m$@0.75m×0.75m～1.0m×1.0m，网喷混凝土 15～18cm
特大断面	喷素混凝土 5～7cm	挂网喷混凝土 7～10cm，随机锚杆	网喷混凝土 10～12cm，系统锚杆 $L=4.5～9.0m$@1.5m×1.5m	钢构架或钢筋拱肋、间距为 30～80cm，系统锚杆 $L=6～12m$@1.0m×1.0m，1.2m×1.2m，网喷混凝土 12～16cm	可用管棚钢构架间距为 40～80cm，系统锚杆 $L=6～12m$@1.0m×1.0m，网喷混凝土 12～18cm	管棚、间距为30cm钢构架、间距为 40～60cm，系统锚杆 $L=6～12m$（或更长）@0.75m×0.75m～1.0m×1.0m，网喷混凝土 15～20cm

表中钢构架可采用工字钢，也可采用由数根钢筋加工成的格栅拱架。工字钢的型号从 $I_{14} \sim I_{20}$ 不等，小断面的用小型钢，大断面的用 I_{20} 左右工字钢，软岩用工字钢型号要大于硬岩，具体视断面大小、围岩类别而选择。

锚杆直径，一般在软岩中采用 $\phi 22 \sim 25$ 小直径的锚杆，大断面硬岩中可采用 $\phi 25 \sim 28$ 大直径锚杆。锚杆品种的选择详见本书 10.3.2 节浅层支护工艺及支护材料。

从表 10-1 中可看出，锚杆的排间距与洞室断面大小无关，主要取决于岩性。岩石越软，排间距越小。对于高塑性、膨胀性大的黏土、淤泥类土，锚杆排间距更密，可小于 $0.5m \times 0.5m$。

隧洞开挖后，洞室周边围岩应力进行重新分布，根据应力应变原理，隧洞周边产生的应力随其变形量的变化而不断产生变化。新奥法原理中，采用让压理论，允许围岩变形致使其对支护产生的压力达最低点时进行支护，即围岩压力与支护的相互作用达到一个最佳支护时机与支护力时，是最为合理的，此时支护结构承受的力也是最小的。岩石特征曲线与支护特征曲线相互作用图和软岩中支护特征曲线分别见图 10-5、图 10-6。

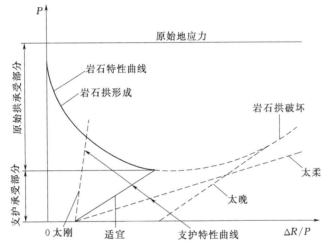

图 10-5　岩石特征曲线与支护特征曲线相互作用图

事实上，要寻找这个最佳时机点并不容易。目前常用的办法，对Ⅰ类、Ⅱ类硬岩，初期支护时间可适当滞后于掌子面，有利于平行作业和施工进度。对Ⅳ类、Ⅴ类软岩，由于软岩中随应变产生的对结构物的作用力具有不可逆转性，而且围岩松弛十分迅速，围岩因松弛变形产生的松弛压力越来越大，因此无须寻找最佳时机点，应尽早支护（见图 10-6）。

喷混凝土可喷素混凝土，也可喷钢纤维混凝土和喷聚丙烯混凝土。施工时，对Ⅲ类围岩，开挖后宜先喷素混凝土，随后施作锚杆等支护措施。锚杆施作时机不宜拖后到距掌子面三个进尺

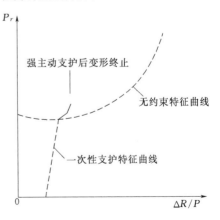

图 10-6　软岩中支护特征曲线图
P—围岩应力；ΔR—围岩应变

循环以上，一般情况距掌子面 10～15m 后必须将初期支护完成。

对Ⅳ类、Ⅴ类围岩，开挖后必须立即喷上一层混凝土，紧接着设置钢拱架、系统锚杆，再复喷混凝土。基本完成初期支护后再进行下一个循环的作业，这样方能保证作业安全和工程安全。

10.3　支护工艺

围岩支护一般有浅层支护、中等深层支护和深层支护。浅层支护主要使用锚杆、喷混凝土和钢构架几类，其中喷混凝土和钢构架仅局限于围岩表层，属表层支护。浅层支护的支护深度一般不超过9m。中等深层支护以锚杆为主，部分也使用短预应力锚索和锚筋束，支护深度一般在 9～20m 之间。深层支护多以预应力锚索为主，锚固深度超过20m。

10.3.1　支护工艺要点

地下洞室的支护参数根据围岩分类来确定，支护工艺要点如下。

（1）地下厂房、地下油气库、交通要道等重要工程的地下洞室，其围岩分类宜保守不宜先进。如遇有争议的Ⅲ类或Ⅳ类围岩时，则按Ⅳ类围岩的支护参数进行设计。

（2）设有中、深层支护的重要工程，其施工程序应按以下步骤进行：首先速喷混凝土5～7cm，设计有钢构架的，先安装钢构架，而后施作锚杆，再复喷混凝土。浅层支护结束后再施作中层、深层支护，如预应力锚索等。

（3）锚杆的选择应尽量选用全固结砂浆锚杆。由于自进式锚杆难以做到全长固结，因此施工中应少用自进式锚杆。

（4）岩壁吊车梁等重要部位的锚杆，必须采用先注浆后插杆的工艺；大型地下洞室的锚杆，应尽量采用杆尾带垫板的工艺。

10.3.2　浅层支护工艺及支护材料

浅层支护包括喷混凝土、锚杆安装、钢构架安装等内容。

（1）喷混凝土。按搅拌方法，喷混凝土分为 4 类（见表 10-2）。

表 10-2　　　　　　　　　喷混凝土分类表

类别	喷射工艺、方法	特　点
干喷	喷混凝土的各种材料干拌后，利用风压在喷射机喷嘴喷出，并在喷嘴加水	粉尘大，加水量不易控制，故质量不稳定，回弹高。一般水压为 0.2～0.3MPa，风压为 0.3～0.5MPa 和 0.5～0.7MPa 两个等级，用风量为 9m³/min。适用于少量喷混凝土如开挖工作面需及时喷混凝土，通风条件好的环境如边坡喷射混凝土等
湿喷	喷混凝土的各种材料（包括水），在拌制好后，用风压通过喷射机从喷嘴喷出	加水量为设计加水量，质量稳定，粉尘小，回弹相对较小，密实度高，强度高，喷射风压达到 0.5～0.7MPa 以上。适用大面积大量喷混凝土，在各种环境条件下都适合使用

类别	喷射工艺、方法	特 点
半湿喷 （潮喷）	在喷射混凝土材料搅拌过程中加设计用水量的 8%～10%，拌匀后用风通过喷射机喷出	是改良后的干喷法，粉尘较小。但加水量不易控制，因此质量不稳定。适用条件与干喷法相同，目前应用较为广泛
水泥裹砂法	将设计水量和设计水泥用量的 80%、砂量的 80% 搅拌后通过砂浆泵输送至干喷机混合管和剩余的水泥、砂和速凝剂混合用风压喷出	粉尘小、质量相对易控制但工艺繁锁，目前使用较少

1）喷混凝土材料。喷混凝土标号一般不宜低于 C20，因此对原材料有一定要求。

水泥：水泥标号不低于 42.5，出厂后储存期不超过 3 个月，水泥品种选用硅酸盐水泥或普通硅酸盐水泥，其特性见表 10-3。

表 10-3　　　　　　　　水泥品种特性表

水泥品种	硅酸盐水泥	普通硅酸盐水泥	矿渣水泥	火山灰硅酸盐水泥
特点	与速凝剂相容性好，能早强，后期强调高	与速凝剂相容性好，能早强，后期强调高	早期强度低，保水性差	早期强度低，干缩大，变形大
备注	优先选用	优先选用	不宜	不宜

喷混凝土骨料：宜采用中砂、粗砂和粒径 10～15mm 的小米石。砂的细度模数以 2.5～3.2 为宜；当粒径小于 0.075mm 的细颗粒含量超过 20% 时，会影响水泥与集料的良好黏结。砂的容重大于 1550kg/m³ 为宜。骨料级配达到表 10-4 要求为最优。

表 10-4　　　　　　　　骨 料 级 配 表

项目	通过各种筛径的累计重百分数/%							
粒径/mm	0.15	0.30	0.60	1.20	2.50	5.00	10.00	15.00
优	5～7	10～15	17～22	23～31	34～43	50～60	78～82	100
良	4～8	5～22	13～31	18～41	26～54	40～70	62～90	100

速凝剂：要求初凝时间不大于 5min，终凝时间不大于 10min。速凝剂中不得含氯。速凝剂的选用和掺量须通过试验确定。目前，国产速凝剂主要种类及其特性见表 10-5。

表 10-5　　　　　　　国产速凝剂主要种类及其特性表

速凝剂型号	掺量（水泥用量的百分比）/%	初凝时间/min	终凝时间/min	掺速凝剂的 1d 及 28d 抗压强度与不掺速凝剂的抗压强度相比/%	
				1d	28d
红星 1 号	2.5～4	<3	<10	230～240	66～74
711 型	2.5～3.5	<3	<10	120	86～100
782 型	6～7	<3	<10	170	>90
8808 型	4～8	<3	<7	110～120	<90

速凝剂型号	掺量（水泥用量的百分比）/%	初凝时间/min	终凝时间/min	掺速凝剂的1d及28d抗压强度与不掺速凝剂的抗压强度相比/%	
				1d	28d
8604型	3.5～5	1～4	2～10		＞90
BD-V型	0.6	5～12	7～25		
无碱液态	7	3	7～8	7～8	＞75

减水剂：喷混凝土中加入减水剂可提高后期强度、增加和易性、减少回弹。有些减水剂可以达到抗裂、抗渗作用，如明矾石膨胀型减水剂等。目前，国产减水剂产品型号繁多，选用时一定要通过试验选择型号与用量。常用的有 FDN 型、JM 型、H 型等，聚羧酸型 DL-T、JM-PCA、JG-2H、NOF-AS 等，其掺量根据产品型号不同差别较大，掺量范围大致在水泥用量的 0.3%～3%。

除了减水剂外，在喷混凝土中掺加一些掺合料和特殊外加剂可以极大地提高喷混凝土特性。特别是在喷混凝土中加入硅粉或纳米材料，可增加混凝土强度，减少回弹，提高耐久性较为明显（见表 10-6）。

表 10-6 硅粉、纳米材料主要特性表

外加剂名称	特 点	掺量（水泥用量的百分比）/%
无机纳米材料	以二氧化硅为主的材料磨细后颗粒直径达纳米级，有减水、促凝作用，增加后期强度可高达 45MPa，掺加材料可不使用减水剂，抗渗性能好，减少回弹达 50% 以上	8～10
硅粉	增加黏性，减少回弹，增加后期强度但易开裂	5～10

2）喷混凝土主材配合比。喷混凝土水泥用量应根据设计强度确定，一般为 350～400kg/m³，胶骨比（水泥∶砂＋小米石）为 1∶3.6～1∶5，砂率为 0.45～0.6 的重量比，水灰比 0.4～0.5。可加入一些细粉料如粉煤灰、火山灰之类的物料增加和易性和黏聚性。喷混凝土主材配合比参数见表 10-7。

表 10-7 喷混凝土主材配合比参考表

水泥用量/(kg/m³)	砂/(kg/m³)	米石/(kg/m³)	粉料（胶粘用料的百分比）/%
350～450	700～1200	560～800	10～20

粗骨料应采用坚硬碎石或卵石，严禁使用具有碱活性的骨料。

为了提高喷混凝土的抗拉强度和防裂性能，可在喷混凝土中掺加钢纤维和聚丙烯纤维。地下厂房中常采用喷钢纤维混凝土代替混凝土衬砌。

大量工程实践证明，喷钢纤维混凝土的钢纤维掺量为 30～45kg/m³ 较合适。如掺量超过 50kg/m³，不仅搅拌时容易结团，产生堵管，而且喷混凝土内容易产生架空现象，密实度不好，强度反而下降。当掺量少于 30kg/m³ 时，喷钢纤维喷混凝土的强度增加不明显，达不到预想效果。喷钢纤维混凝土材料的常用配合比见表 10-8。

表 10 - 8   喷钢纤维混凝土材料的常用配合比表

材料 用量 /(kg/m³)	水泥（胶黏材料）	410～460	备注：可含 10%～20% 的细粉料， 如米山灰、粉煤灰等。 喷钢纤维混凝土的胶黏材料用量比 不掺钢纤维的高。掺钢纤维时，米石 砾径不超过 10mm
	砂（60% 的砂率）	960～1000	
	小米石（粒径 10mm）	650～680	
水灰比		0.40～0.50	

注　外加剂、速凝材料通过试验确定，硅粉或纳米材料按前表掺量配制。

钢纤维按材质分为碳钢型、低合金钢型和不锈钢型，根据工程使用环境选用。按生产工艺分为钢丝切断型、薄板剪切型、熔抽型和钢锭铣削型。按钢纤维形状分为平直和异形两种，通常选用异形；异形有压痕形、波形、端钩形、大头形和不规则麻面形，通常选用端钩形和波形。

钢纤维按抗拉强度分为 3 级。

A. 380 级：抗拉强度为 380～600N/mm²；

B. 600 级：抗拉强度为 600～1000N/mm²（常用级）；

C. 1000 级：抗拉强度为大于 1000N/mm²。

钢纤维长度或标准长度宜为 20～60mm，直径或等效直径为 0.3～0.9mm。常用的长度为 35mm。钢纤维长度太长容易造成堵管。

对钢纤维的要求为：形状合格率大于 85%；强度合格率不低于规定值的 90%；将钢纤维弯折 90°，每 10 根中至少有 9 根不会折断。

喷聚丙烯混凝土可抑制混凝土初期微裂缝的产生，提高抗渗性能，增加韧性，能减少回弹近 10%，但对混凝土的强度影响甚微，包括抗拉强度的增加不明显。聚丙烯的掺量为每立方米混凝土 0.9kg。

对聚丙烯纤维的力学性能要求：抗拉强度不低于 450MPa；杨氏弹性模量应大于 3500MPa；纤维断裂伸长率小于 25%；纤维长度大于 14mm。

增韧型聚丙烯粗纤维，又称有机仿钢丝纤维，其物理力学指标为：当量直径不小于 0.8μm，长度 30～50mm，密度约 0.91kg/m³，断裂强度不小于 450MPa，断裂伸长率 15%～30%，初始模量不小于 5.0MPa，耐碱性能（极限拉力保持率）不小于 95.0%，熔点为 165℃。

有机仿钢丝纤维的掺量应根据试验确定，一般为 6～9 kg/m³，使用有机仿钢纤维，喷混凝土抗拉强度有所提高，但其弯曲韧度指数和韧度系数明显低于喷钢纤维混凝土。[弯曲韧度指数是变形达到某数值时，抗弯韧度除以变形达到第一次裂缝出现的抗弯韧度，详见《钢纤维混凝土试验方法》（CECS13：89）]。

（2）锚杆安装。锚杆是围岩稳定的主导性因素，因此锚杆质量和锚杆类型的选择是关键。目前使用最为广泛的是普通砂浆锚杆。

锚杆杆体一般选用 φ16～28mm 的Ⅱ级螺纹钢，随着洞室断面的不断大型化和使用在某些特殊部位，锚杆直径也有达 32～36mm 的。一般情况下，在软岩中使用的锚杆直径较细。

1）普通砂浆锚杆的质量取决于砂浆浆液的水灰比（稠度）和注浆压力，因此对水泥及其砂浆要求如下。

A. 水泥。选用不低于 42.5 的硅酸盐水泥。

B. 砂。粒径不大于 2.5mm，主要过筛以防小石混入。

C. 减水剂。通过试验确定。

D. 水泥：砂：水＝1：1：（0.38～0.42）。

E. 砂浆强度不低于 M20。

F. 对注浆泵的要求。注浆压力达到 2～5MPa。

2）锚杆安装要点。顶拱锚杆多采用先注浆后插杆的方法，将注浆管插至孔底，随着浆液的压力而缓慢退出，须保证浆液有一定的稠度，则注浆可达到饱满。在下倾孔中，当锚杆孔孔径较大，一般大于 60mm 以上，孔径比杆径大 25mm 以上时，也可先插杆后注浆。下倾孔常常设置排气管，即将内径 4～5mm，壁厚 1～1.5mm 的软塑管插入孔底，从孔口注浆，直到排气管有浆液流出即可。

锚杆按其自身结构分种类较多，常用锚杆使用条件和特点见表 10-9。

表 10-9　　　　　　　　　　常用锚杆使用条件和特点表

锚杆类型	使 用 条 件	特 点
普通砂浆锚杆	岩石不甚破碎，基本有成孔条件	全长黏结式，浆液能渗透进入部分岩石裂缝中，与岩石结合牢固，质量可靠，能和围岩共同发挥作用，成本低，操作简单。根据需要可成预应力和张拉力锚杆，是效果最好、成本低廉的一种锚杆，应优先考虑（首选）
水泥卷锚杆	对岩石完整性要求高，有成孔条件	全长黏结式，先插杆后搅拌，因此搅拌不易均匀，与岩壁固结效果不够好，部分段落会成为摩擦型。此种锚杆可以是单一的水泥卷，也可以根据不同时间分段固结，有早强、有缓凝，因此可施加预应力。操作简单，使用方便，但与围岩共同发挥作用的性能稍差
中空注浆锚杆	岩石有基本成孔条件	全长黏结式，由于中空相对较小，因此对砂浆要求高，往往只能使用纯水泥浆。浆液是由孔底返灌孔口，因此遇中间有塌孔现象时，则做不到全长固结，成本高
自进式（迈式）锚杆	岩石破碎，无成孔条件	是一种无法保证质量的锚杆，往往只是端头锚，而做不到全长固结，因为破碎岩体中塌孔厉害，使浆液无法返回整个孔，且杆体中孔细小，只能灌注纯水泥浆。由于每杆自带一个钻头，因此钻头质量往往很差，深度越过 4.0m（硬岩中 2.0m）将无法再自行自钻进，因此深孔和坚硬岩石中无法使用，且成本高
树脂锚杆	胶粘材料为树脂，使用于成孔条件好的岩体中	有端头锚固型及全长锚固型两种，能施加预应力，作用快，多用于悬吊作用机理的危石，由于树脂成本高，因此多用于端头锚
螺纹纤维树脂锚杆	杆体材料为纤维树脂，外形及尺寸与螺纹钢筋相同，也可中空注浆	抗拉强度大可达 400MPa 以上，质轻，抗静电，不导电导热，抗氯离子、镁离子、弱酸能力强，但质脆，抗剪强度低为抗拉强度的 1/8～1/10，适用于软岩中的临时支护
水压锚杆	适用于成孔条件较好的岩体中，是临时应急之用的锚杆	摩擦型锚杆，利用杆体内的水压力注入 25MPa 高压水，涨开杆体，杆体与孔壁岩石紧密接触产生摩擦作用而锚固住岩石，初锚力达 80kN，最终可增长到 120kN，作用快。由于长效性差，故不能作为围岩永久支护之用

锚杆类型	使用条件	特　　点
管缝式锚杆	适用于多节理裂隙、但有基本成孔条件的岩体中	摩擦型锚杆，采用16锰或20锰硅无缝钢管制成，利用管缝的弹力紧紧与孔壁岩石接触利用摩擦力锚固住岩石，操作简单，多用作临时支护
楔缝式锚杆	用于坚硬、能成孔的岩体中	端头锚，用于悬吊作用机理的危石，在杆体端头锯开一叉口，中夹一楔，用力打入锚杆孔孔底，作用快，尾端有垫板，长效性差。锚固后再注浆则可作为预应力永久全长固结锚杆
涨壳式锚杆	用于坚硬、成孔条件好的岩体中	端头锚固型，尾端施加扭转力后锚头自然胀开，杆尾在加预应力后紧固锁定，为悬吊型。由于锚头是专门加工，因此成本高，应用不广泛。在锚固后注入砂浆，则锚固程度及长效性更好
花管型注浆锚杆	用于岩石破碎、不能成孔的岩体中	全长黏结锚固型，在破碎围岩中，使用机械力将这类锚杆压入围岩中，再施加0.2~0.8MPa的注浆压力（顶拱用高压力），通过管壁的孔使浆液扩散在杆体周边，杆体与孔周围岩胶结得较好，且围岩通过浆液扩散起到固结作用，是破碎围岩中常用的一种锚杆。由于目前无成熟产品，因此多为自制，无统一标准

表10-9中砂浆锚杆、水泥卷锚杆、自进式注浆锚杆及花管型锚杆均属于全长黏结型锚杆，其完全依靠杆体与岩石通过胶结材料的牢固结合起到锚固作用。

管缝式锚杆与水压锚杆均为专业厂家加工产品。管缝式锚杆管体材料采用16锰或20锰钢，若带蝶形托板，托板材料为A3钢，厚度不小于4mm，尺寸不小于120mm×120mm。根据钻头选取不同管径的锚杆，管缝式锚杆与钻孔的孔径差见表10-10。

表10-10　　　　　　　　　　管缝锚杆与钻孔的孔径差表

岩石单轴抗压强度/MPa	孔径差/mm	岩石单轴抗压强度/MPa	孔径差/mm
＞60	1.5~2.0	＜30	2.5~3.5
30~60	2.0~2.5		

水压锚杆的选材为直径48mm、壁厚2mm的无缝钢管，加工成外径29mm、前后端套管径为35mm的杆体，形状为），钻孔直径为38~42m，若有托板，则与管缝式相同。

自进式（迈式）锚杆和中空注浆锚杆采用厚壁无缝钢管制作，外表全长具有国际标准的波形连接螺纹，其材料包括中空杆件、垫板、螺母，连接套和钻头（迈式钻头），杆体外径分别为25mm、32mm、38mm、51mm、76mm，螺纹为左旋型。注浆用浆液宜用纯水泥浆或粉砂砂浆，其水灰比为0.5:1或水:灰:砂＝0.5:1:1。中空注浆锚杆产品特性见表10-11。

表10-11　　　　　　　　　　中空注浆锚杆产品特性表

型　号	规　格	外径/壁厚/mm	极限抗拉力/kN	屈服力/kN	单位重/(kg/m)
MA_1	R25	25/5	180	140	2.3
MA_1	R27	27/6	230	170	3.0
NA_1	R32	32/6.5	280	210	3.4

水泥卷锚杆产品特性见表10-12，TZ-2型水泥卷锚杆产品特性见表10-13。

表 10-12 水泥卷锚杆产品特性表

型　号	规　格	浸泡时间 /min	初凝时间	终凝时间	4h强度 /MPa	1d强度 /MPa
8604-K$_3$型	ϕ28mm×L250mm	1～3	45min	60min	25	36
8604-M$_3$型	ϕ28mm×L250mm	1～5	9h50min	15h30min	—	18

表 10-13 TZ-2型水泥卷锚杆产品特性表

型　号	规格	浸泡时间 /min	初凝时间 /min	终凝时间 /min	4h强度 /MPa	1d强度 /MPa
TZ-2型	L200		3～6	4～8	45.1～60.8	
KM-84型			10	15	30.1	67.3

根据锚杆的作用功能，又可分为张拉型锚杆和非张拉型锚杆。张拉型锚杆包括普通张拉型锚杆和预应力锚杆，多用于破碎软弱围岩中。普通砂浆锚杆也可以制作成预应力锚杆或普通张拉型锚杆。预应力锚杆可以一次分段注浆，也可分两次注浆，第一次先注锚固端，待第一次张拉后再注第二次砂浆。预应力吨位80kN以下时，也可采用水泥药卷作胶凝剂，即在端头锚固端用速凝水泥药卷，自由段用缓凝水泥药卷，锚固端凝结达设计强度时，自由端的水泥卷尚未达初凝时间，这时进行张拉锁定。

张拉锚杆和预应力锚杆杆尾都必须配有杆尾螺纹、垫板、螺母，张拉型锚杆的拧紧螺帽的扭矩不应小于100N·m。

（3）钢拱架、格栅拱架与钢筋网安装。大型隧洞使用的钢拱架一般都采用16～20号工字钢，中小型隧洞钢拱架要小一些，一般为14～16号。围岩稳定不能单独依靠钢拱架支撑，而要与锚杆、喷混凝土联合受力。安装钢拱架后，钢架背后与岩面的空隙，必须用喷混凝土填满。

格栅拱架与钢拱架的作用机理相同，只是钢拱架可以立即受力发挥作用，而格栅拱架一定要等填满格栅拱架的喷混凝土达到一定强度后方能起到支撑作用。格栅拱架的制作规格与钢拱架相同，其断面随隧洞断面大小、围岩类别不同而定，一般为12～20cm，由3或4根钢筋组成，分段制作好后到现场安装（见图10-7和图10-8）。

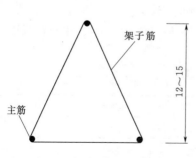

图10-7　三角形格栅拱架（单位：cm）

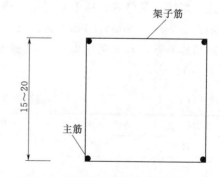

图10-8　正方形格栅拱架（单位：cm）

主筋的钢筋型号为 $\phi22\sim25$mm 螺纹钢，架子筋多用 $\phi6.5\sim8.0$mm 的一级圆钢。

钢筋网应采用屈服强度不低于 240MPa、$\phi6.5$mm 的一级圆钢。钢筋网格尺寸以 20cm ×20cm 为宜，若网格太密，喷混凝土很快附着在钢筋网上，与岩面接触不好，架空现象严重，起不到喷混凝土的作用。

10.3.3 中等深层支护

中等深层支护包括锚筋束、预应力长锚杆、预应力钢绞线锚固（即浅层锚索）。

（1）锚筋束。为提高单位面积锚固力和抗剪力，把几根钢筋合并在一起，形成一根锚筋束，长度在 9m 以上。如果多根钢筋连接，最长可超过 20m。为全长凝结式，一般不加预应力。

锚筋束适用于要求有强大锚固力的浅层支护中，如边坡及需稳定大块体的岩体中。特别是在发生较强剪应力的边墙中使用锚筋束较多，相距不远的两洞间对穿锚固时也使用。

（2）预应力长锚杆。在节理发育的围岩中，需大面积支护时，常常使用预应力锚杆，其锚固深度为 $9\sim12$m 或更深，由单根钢筋组成，一般是先在端头锚固后再施加预应力并锁定，然后再在自由端全孔注浆成全凝结锚杆；也可全孔注满浆后后张拉锁定。预应力长锚杆对抑制围岩松弛变形和提高岩体内的抗剪强度的作用很大，在地下厂房中较多使用。

（3）预应力钢绞线锚固。锚索使用的钢绞线，端头锚固后施预应力再全长固结锁定。由于施加了预应力，约束围岩变形，对提高围岩的抗剪强度和加强围岩稳定度皆高于普通锚杆。

短锚索可以是单束也可以是多束。单束锚固造孔孔径视钢丝索根数确定。凡是使用预应力与张拉形锚杆（锚索）的，都需要垫板及锚具和张拉设备。

10.3.4 深层支护

深层支护多采用预应力锚索，常常使用在大型地下洞室，如地下厂房中的不利结构面组合区及高地应力区的高边墙及其岩壁梁上、下区域，用以抑制围岩的有害变形。地下洞室中的锚索分端头锚和两相邻洞室间岩墙中的对穿锚。

端头锚可以使用于任何条件下的地下洞室中，对穿锚必须具备有两个相邻的地下洞室，其锚固深度为两洞室间的岩墙厚度。

端头锚索的深度取决于洞室大小、围岩结构面切割围岩深度等因素，一般为 $20\sim70$m。锚固吨位根据围岩性质、地应力状况、地下洞室的规模等因素决定，一般为 $600\sim3000$kN；锚索应根据洞室应力分布状态和围岩结构状况进行布局，其排间距是 3.0m× 3.0m～6.0m×6.0m。

由于锚索间间距大，因此锚索间还需要布有浅层系统锚杆或预应力锚杆支护。

锚索按锚固施工方法可分为注浆型锚固、胀壳型锚固、扩孔型锚固及综合性锚固；锚索按锚固段结构受力状态可分为拉力型、压力型及荷载分散型（拉力分散型、压力分散型、拉压力分散型、剪力型）等，其结构特点见表 10-14。

常用的预应力锚索为全长凝结注浆拉力型、非全长凝结注浆拉力型和全长凝结注浆压力分散型、非全长凝结注浆压力分散型。由于地下洞室使用锚索地区都处于岩石体中，因此后两类使用得较少。

表 10 – 14 **锚索类型结构特点表**

型　式	结　构　特　点
拉力型	内锚固端应力集中，随深度增加而衰减，采用二次注浆，多为全长黏结型
压力型	锚索根部荷载大，充分利用有效锚固段，浆体受压，无黏结型
荷载分散型	施加的预应力分别分散到各个锚固段上，以分散受力，确保锚固体不受破坏
注浆型	锚固力完全由注浆体与岩壁固结产生的作用，适用各类岩体中
胀壳型	锚固力由机械锚头紧衬岩壁的效果，适用于好岩体中
扩孔型	将锚固端的孔径扩大，以增加锚固力
综合型	胀壳型锚索张拉后再进行注浆，使其产生更好的锚固力与耐久性

由于全长凝结型锚索是胶黏材料和钢丝紧紧地固结在一起，因此固结后索体应力状态不可能再进行调整。而非凝结型锚索是自由段的钢绞线与胶黏材料有胶皮套隔开，不凝结成一体，因此锚固后因围岩应力状态的变化，索体的应力状态也随之进行调整，所以这类锚索应用得最为广泛。

地下洞室的锚索与地面边坡锚索的最大不同点是在预张拉与锁定过程中，不能按设计吨位张拉到位，要预留一定的吨位空间。因为地下洞室开挖后围岩必定产生收敛变形，尤其是在高地应力区域，而这一变形产生的应力会远远超过锚索锁定张拉应力，如若锚索完全处在极限张拉状态，则围岩变形应力会使锚索索体拉断而失效。因此要留有一定的预留变形量，锚索的锁定张拉吨位一般取用设计吨位的 75%～90%。

10.4　专用施工机械

支护工程专用施工机械主要是混凝土湿喷机和锚杆注浆机，国内常用混凝土湿喷机见表 10 – 15。

表 10 – 15 **国内常用混凝土湿喷机表**

型　号	TK961	SPI – 6	QPT	AL – 500	AMV rminimax	Meyco Petenza
生产能力/(m³/h)	5	6	2～5	21	>15	30
工作压力/MPa	0.45～0.70			21	7.5	7
耗风量/(m³/min)	10	9		19	12.8	12
骨料最大粒径/mm	15	25	15	22	20	22
功率/kW	7.5		6.2	11	45	
输送距离/m	30/26	40	100	14/16	10/10	20/14
机身质量/kg	2000	850	250	19000	17000	
特性	干喷、湿喷		干喷、湿喷	湿喷、喷钢纤维		

国内常用锚杆注浆机见表 10 – 16。

表 10 - 16   **国内常用锚杆注浆机表**

型　号	功率/kW	输送距离/m （垂直/水平）	注浆压力 /MPa	最大粒径 砾粒/mm	水灰比	输送形式
FCB250	2.2～5.5	30/120	5.0	≤5.0	0.30～0.60	抗压螺杆型
MEyco Degnna20T	1.8～5.5	50～60/80～100	4.0	≤5.0	≥0.3	
GS20E	5.5		2.2～5.0	3	≥0.3	螺旋挤压式

11 不良地质条件下的开挖

不良地质条件下的开挖指的是在软弱破碎岩体、岩溶地区、丰水地层、高地应力地区、有害气体地区、高膨胀性地层、放射性物质地层、高地热地区等地质条件下的地下洞室开挖。

11.1 软弱破碎岩体开挖

11.1.1 进洞前准备

隧洞的进洞口、出洞口地段的地应力分布复杂，因此须采取相应的特殊措施。

进洞地段的围岩类别应在原岩基础上降一级考虑，即Ⅲ类围岩应采用Ⅳ类围岩的支护参数，Ⅳ类围岩按Ⅴ类围岩的支护参数设计。

隧洞洞脸的平整与处理。洞口做适当平整，但不要求形成直立边坡。平整后沿开挖规格线紧贴岩面架设钢拱架（或钢格栅拱架），并在洞脸边坡上进行锚杆、挂网喷混凝土支护。钢拱架外缘的顶拱在 120°～150°范围内打设管棚。

随着地下洞室的大型化，洞室跨度越来越大，许多洞口因结构需要设计为平顶洞口。导流洞、尾水洞等的进口及与闸室、调压室相交处的洞口通常设计为平顶，这类洞口需要进行悬挂锚杆（又称吊顶锚杆）。悬挂锚杆有正悬挂和反悬挂两种。正悬挂是在洞口上方打孔插杆注浆。反悬挂是在洞口段 1～2 倍洞径范围内，从洞内垂直向上钻孔注浆插杆形成垂直悬挂式锚杆。这样就由锚杆、岩体组成了一个"悬挂岩梁"，也可采用钢筋混凝土结构进行加固的原理来进行支护。一般使用的吊顶锚杆的排间距为 2.0m×2.0m～2.0m×3.0m，锚杆为 $\phi25\sim28$mm。

悬挂锚杆及进洞段的支护形式与支护参数如下。

（1）正悬挂法（吊顶法）。以锦屏一级水电站右岸导流洞进水口平顶洞口为例，洞口跨度达 19m，为Ⅳ类围岩。

这类洞口在洞脸上方 0.5～1.0 倍洞径处有一条马道，宽度 3～5m，马道开挖形成后，根据马道到洞顶的岩体结构进行综合判断，须在洞口段设置悬吊锚杆和洞脸系统支护，具体思路如下。

主悬挂锚杆（锚筋束）一般间距在 2.0～3.0m 之间，长度要进入主洞开挖线 0.5m，开挖出露后与环向钢筋或钢构件连接为整体。必要时，在马道上浇筑钢筋混凝土锚拉板。计算悬挂岩体重力，即依据可能形成塌落拱的岩体重力来取值，使悬吊锚杆、岩体组成一个组合梁，再根据围岩类别在洞顶增加一定长度的反悬吊系统锚杆，以加密锚杆间排距，组成牢固的组合梁。

洞内设置系统径向锚杆，一般间距在 0.5～1.5m 之间，依围岩类别而定，间隔布置在主悬挂锚杆（锚筋束）之间，锚杆长度不小于 1/3 洞径，同时根据主悬挂锚杆间距的 2.5 倍以上或针对岩体完整性来确定长度。如果主悬挂锚杆（锚筋束）间距小，长度可小于 4.5m，组成一个组合梁，这时不再使用塌落拱理论进行计算。

根据现场实际情况，有时也增加锚筋束或锚索进行洞脸支护，锚筋束长度为 0.7～1.5 倍洞径。

钢筋网喷混凝土从洞脸正面挂网，延伸到洞内的钢筋网，根据岩体质量，一般采用 Φ6.5@20cm×20cm 的钢筋网，并与锚杆（锚筋束）焊接为整体，再喷 10～20cm 混凝土。

根据岩体质量，洞脸正面的两侧边墙锁口锚杆，采用 2～3 排锚杆锁口，网喷混凝土 10～15cm，可采用大排距、小间距的方式处理。

洞口的管棚可采用大管棚，也可采用小管棚，但大管棚长度不超过 20m，后于悬挂锚杆施工。

大断面洞室开挖时，宜自上而下分层开挖，上层开挖宜先开挖洞口上中导洞，完成上中导洞内的支护后，再依次开挖两侧，完成支护后，再开挖下层及完成支护。

（2）反悬挂法。在洞顶无法施工垂直悬吊锚杆时采用的方法，其垂直向上洞顶锚杆在洞内进行。隧洞施工方法主要采用短进尺、大跨度分部开挖。开挖一块，垂直向上锚杆施作一块，锚杆施工应钻孔后先注浆再插杆。反悬挂的吊顶锚杆不使用锚筋束，根据需要调整悬吊锚杆的排间距。反悬挂锚杆在管棚完成后施工（见图 11-1）。

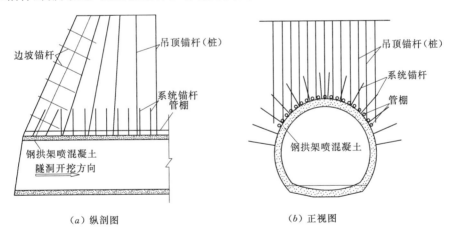

（a）纵剖图　　　　　　　　（b）正视图

图 11-1　进洞口段的支护措施图

11.1.2　进洞施工

不需进行爆破开挖进洞时，掘进应掌握好短进尺，一般 1～2 架钢拱架距为一进尺循环。每一进尺掘进后应立即架设钢拱架，并喷上混凝土。

爆破开挖进洞，对于断面不大的隧洞，可全断面开挖，但进洞时宜分三圈开挖。第一圈为中、下导洞超前的核心部分，将爆后石渣掏尽后进行第二圈开挖（见图 11-2），留

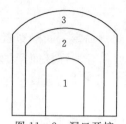

图 11-2　洞口开挖
爆破程序图
1—导洞；2—崩落层；
3—光面层

下最后的光面层为第三圈开挖。此开挖程序可使每一圈岩体爆破都有足够的自由面，对围岩的爆破振动破坏最小。

进洞后须及时安装钢拱架，并设置系统锚杆。系统锚杆参数根据围岩类别、洞室断面大小确定。钢拱架尽量与吊顶锚杆头或系统锚杆尾焊接牢固。

洞口管棚使用小导管时，当洞内开挖达到每排管棚长度的 2/3～3/4 时（即搭接长度为 1～1.5m）须再打第二排注浆管棚。

进洞段排炮进尺以 0.8～1.0m 为宜，进洞 1～1.5 倍洞径距离后，围岩级别提高，则可按正常洞挖方法进尺开挖。

11.1.3　支护方式

隧洞穿越规模较大的断层带、强全风化且经扰动的地层时，属Ⅴ类围岩，由于Ⅴ类围岩没有自稳时间，随挖随塌，无成洞条件，因此隧洞开挖前须采取预支护措施。预支护主要措施有管棚及超前锚杆。开挖后主要的支护措施有钢拱架及系统锚杆。主要施工程序如下。

（1）管棚。分为大管棚与小管棚。管棚是解决系统支护前不使顶拱岩体产生掉块、坍落的一种结构体，它承载山岩压力的作用很微弱，不能作为永久支护的一部分（见图 11-3 和图 11-4）。

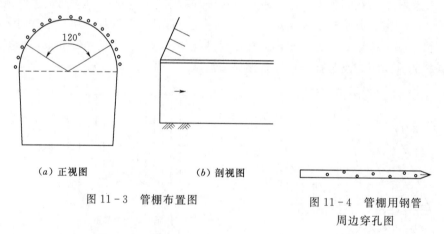

（a）正视图　　　　　　（b）剖视图

图 11-3　管棚布置图

图 11-4　管棚用钢管
周边穿孔图

1）大管棚。一般使用在隧洞进出口。管径大于 105mm，长度为 20m。若长度太长，会因管子外倾而不起作用。

A. 外倾角：1°。

B. 间距：50cm。

C. 范围：顶拱 180°～120°。

D. 注浆压力：0.5～1.0MPa。

E. 浆液配比：水：灰：细砂＝(0.45～0.80)：1：1。

2）小管棚。使用范围基本不受限制，隧洞进、出口及洞内任何地段均可使用。

A. 管径：42mm。

B. 长度：3～6m。

C. 外倾角：1°～3°。

D. 间距：30cm。

E. 搭接长度：1～1.5m。

F. 范围：顶拱120°～180°。

G. 注浆压力：0.2～0.5MPa。

H. 浆液配比：水：灰：细砂＝(0.45～0.80)：1：1。

不论大管棚或小管棚，都必须采用空心钢管，且管壁要穿孔以让浆液沿整个管壁挤压出来。

（2）超前锚杆。超前锚杆是未开挖前预先设置的锚杆，在不使用管棚的地段使用。沿掌子面的开挖规格线向前施作，向上倾斜，倾角30°～45°。间距视围岩性质而定，一般为0.5～1.0m，长度为3.0～4.5m，锚杆材料为ϕ22mm钢筋，如若成孔困难可采用小钢花管插杆后再注浆代替。每次只能施作1～2排，每掘进一次，施作一次，排距不宜大于1.0m，具有系统锚杆的功能和作用。超前锚杆与管棚的不同仰角布置见图11-5。

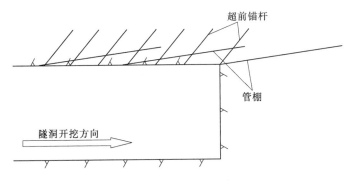

图11-5 超前锚杆与管棚的不同仰角布置图

短进尺开挖的开挖进尺视岩性状况而定，一般是0.5～1.5m。短进尺是使未支护的围岩只具有小跨度的空间，这样使松散软弱体的山岩压力作用在小跨度的管棚上压力不大，短时间的承载不会有问题。

（3）钢拱架支撑。开挖后立即用钢拱架顶住岩体进行支撑。这类围岩需使用高强度的工字钢拱架，不能使用钢筋焊接的格栅拱架，因为格栅拱架要等喷完混凝土有强度后方能起到支护的作用，而工字钢架的刚性支护力能立即起到支护作用，因此，必须使用高强度钢拱架进行支撑。

（4）系统锚杆。除有超前锚杆的地段外，必须使用系统锚杆，因为只有通过锚杆—钢拱架—喷混凝土的支护体联合作用，组成一个支撑拱，才能使围岩得到稳定。对于松散体软岩中，系统锚杆的参数取值如下。

1）锚杆型号：ϕ22mm螺纹钢。

2）锚杆长：洞室跨度的1/3～1/2。

3）排间距：0.5m×0.5m～1.0m×1.0m。围岩越松软，排间距越小。若成孔困难，可用小钢花管先插杆后注浆取代。

4）注浆压力：必须使用2～5MPa压力的注浆泵，操作的压力以注满锚杆孔水泥砂浆为标准，大断面地下洞室顶拱注浆压力会经常达到 4～5MPa。

5）浆液配比：水：水泥：细砂＝水：灰：细砂＝（0.45～0.55）：1：1。

6）喷混凝土：覆盖整个钢拱架间空隙，钢拱架与岩石间必须填满喷混凝土材料。喷混凝土材料与配合比见本书第 10 章支护工程。

11.1.4　洞身开挖方法

软弱破碎岩体开挖，开挖方法十分重要。水电系统多年的地下工程施工经验，已总结出针对不同地质条件、不同开挖断面的开挖方法。现结合铁道系统、公路系统开挖中应用的方法，归纳如下。

小断面隧洞开挖一般采用全断面短进尺开挖，中断面隧洞、大断面隧洞一般不采用全断面一次成洞法，因为开挖后自稳时间满足不了支护时间的要求，因此，中断面隧洞、大断面隧洞开挖常用方法如下。

（1）留核心土开挖。在掌子面不能自立条件下（Ⅴ类围岩）采用的一种方法，其施工工序见图 11-6。

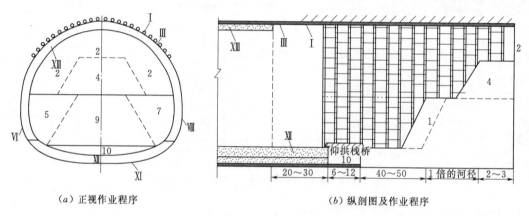

（a）正视作业程序　　　　　　　　　（b）纵剖图及作业程序

图 11-6　弧形导坑预留核心土施工工序示意图（单位：m）

1—超前支护；2—上部弧形导坑开挖；Ⅲ—上部初期支护；4—上部核心土；5、7—两侧开挖；
Ⅵ、Ⅷ—两侧初期支护；9—下部核心土开挖；10—仰拱开挖；Ⅺ—仰拱初期支护；
Ⅻ—仰拱及填充混凝土；ⅩⅢ—拱墙二次衬砌

初期支护包括可注浆管棚钢拱架、系统锚杆，喷混凝土等。仰拱材料可用工字钢或钢筋混凝土。排炮进尺一般为 0.5～2m。由于台阶是延后开挖，系统锚杆施作难度较大，因此可先设置一些短锚杆喷混凝土，待前进开挖挖除核心土后再补打长锚杆。这是一种常用的施工方法。

（2）交叉中隔壁（CRD）法。这是日本吸取德国 CD 法而改进的两侧交叉开挖步步封闭成环的一种施工方法，是一种不允许开挖后围岩有变形、收敛，不允许周边围岩松动的施工方法。城市地铁工程中，周围高大建筑密集，为了不让城市地面道路开裂、周围建筑变形，常使用该施工工法，其施工工序见图 11-7。

图 11-7 中先行施工的中隔壁及临时仰拱均需做临时强支撑。在混凝土浇筑（二次衬砌）前逐段拆除。使用该方法时，同一层左右两部开挖工作面相距不宜大于 15m，上下层

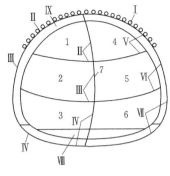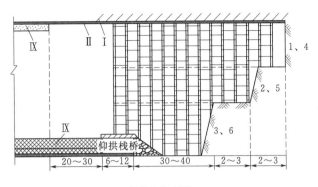

（a）正视作业步骤　　　　　　　　　　（b）剖视作业步骤

图 11-7　交叉中隔壁（CRD）法施工工序示意图（单位：m）

Ⅰ—超前支护；1—左侧上部开挖；Ⅱ—左侧上部初期支护成环；2—左侧中部开挖；Ⅲ—左侧中部初期支护成环；
3—左侧下部开挖；Ⅳ—左侧下部初期支护成环；4—右侧上部开挖；Ⅴ—右侧上部初期支护成环；5—右侧中部
开挖；Ⅵ—右侧中部初期支护成环；6—右侧下部开挖；Ⅶ—右侧下部初期支护成环；
7—拆除中隔墙及临时仰拱；Ⅷ—仰拱及填充混凝土；Ⅸ—拱墙二次衬砌

开挖工作面相距宜保持在 3～4m 之间。拆除中隔壁及临时仰拱时应根据监控量测结果实施，每段拆除长度（二次衬砌段长）不宜大于 15m。该方法只能在大断面、特大断面的劣质地层和不允许围岩有一点收敛变形的情况下使用。因工序复杂、花费材料多、施工进度极其缓慢，因此，远离城市的水电工程一般情况下不使用该方法。

（3）中隔壁（CD）法。该名词起源于德国慕尼黑地铁施工，适用于断面大、地质条件差的地下洞室开挖，其施工工序见图 11-8。

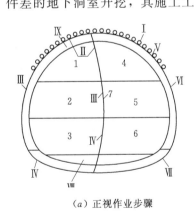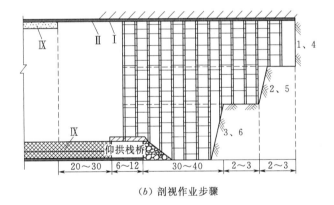

（a）正视作业步骤　　　　　　　　　　（b）剖视作业步骤

图 11-8　中隔壁（CD）法施工工序示意图（单位：m）

Ⅰ—超前支护；1—左侧上部开挖；Ⅱ—左侧上部初期支护；2—左侧中部开挖；Ⅲ—左侧中部初期支护；
3—左侧下部开挖；Ⅳ—左侧下部初期支护；4—右侧上部开挖；Ⅴ—右侧上部初期支护；
5—右侧中部开挖；Ⅵ—右侧中部初期支护；6—右侧下部开挖；Ⅶ—右侧下部初期支护；
7—拆除中隔墙；Ⅷ—仰拱及填充混凝土；Ⅸ—拱墙二次衬砌

该方法每侧按两部分或三部分台阶开挖，开挖后及时施作初期支护和中隔壁。两侧先后距离宜保持在 10～20m 之间，上下断面的距离宜保持在 3～5m 之间。中隔壁构件可以采用锚杆、喷混凝土，也可采用钢构件等。中隔壁一般在混凝土衬砌（二次衬砌）前拆除。若采用喷锚支护则在开挖相邻块时自然拆除。特殊状况下，用钢构件制作的中隔壁也可在混凝土衬砌后拆除。

在跨度大、高度不大的地下洞室中，中隔壁法常常不再分层开挖，只分左右两侧先后开挖。对高大断面洞室通常分两层开挖，一侧开挖完后紧跟开挖另半侧。

（4）双侧壁导坑法。在特大断面地下洞室（如跨度大于 18m 时）使用。根据模型试验及计算，使用该方法围岩产生的变形量最小，其施工工序见图 11 - 9。

（a）正视作业步骤

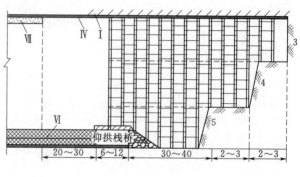
（b）剖视作业步骤

图 11 - 9　双侧壁导坑法施工工序示意图（单位：m）

Ⅰ—超前支护；1—左（右）侧导坑上部开挖；Ⅱ—左（右）侧导坑上部支护；2—左（右）侧导坑下部开挖；Ⅲ—左（右）侧导坑下部支护成环；3—中槽拱部开挖；Ⅳ—中槽拱部初期支护与左右Ⅱ闭合；4—中槽中部开挖；5—中槽下部开挖；Ⅴ—中槽下部初期支护与左右Ⅲ闭合；6—拆除临时支护；Ⅵ—仰拱及填充混凝土；Ⅶ—拱墙二次衬砌

两侧壁导坑超前中槽 10～15m，可分层开挖，也可一次开挖。在使用钢拱架支护的地下洞室中，中部钢架的连接是难点。因此，此类开挖方法最适合使用的是Ⅲ类围岩区。因为这种地质条件只需做简单的支护如喷混凝土后，围岩就能足够稳定，无需钢拱架，材料浪费少，但这种开挖方法使施工作业空间大大变小，因此非特大断面、非重要工程一般不使用。龙滩地下厂房跨度为 31m，Ⅲ类围岩使用了该方法进行开挖。

（5）分层台阶法开挖。这是使用最方便、效果很好、施工速度最快的方法。我国水电系统在地下工程开挖时，由于主要考虑的是围岩稳定，允许一定量的收敛变形，因此是最常用的一种方法，其施工工序见图 11 - 10。

采用该方法必须掌握的原则：①短进尺，每次进尺为 0.5m～2.0m；②开挖一段，支护紧跟一段，不允许有任何拖欠支护的地方；钢拱架，系统锚杆、喷混凝土及管棚等支护都必须使用，支护结束后方能进行下一循环；③第一层的高度为 2.0～3.0m，如高度超过 3.0m 则施工作业人员操作困难。

（6）中隔墩法。这是开挖大跨度地铁车站常使用的一种方法。水电站大跨度导流洞进水口偶尔也使用该方法。如糯扎渡右岸导流洞进水口跨度为 30m，也使用这种施工方法。该方法的使用条件是地下结构设有中隔墩。开挖时先开挖中部并用钢筋混凝土浇筑中隔墩，把实际开挖跨度减小到原来的一半（见图 11 - 11），然后再开挖两侧洞室。使用该方法必须注意以下问题。

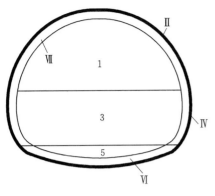
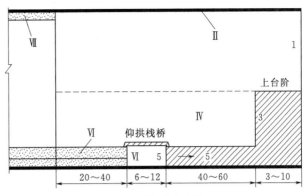

（a）正视作业步骤　　　　　　　　　　（b）剖视作业步骤

图 11-10　分层台阶法开挖施工工序示意图（单位：m）

1—上部开挖；Ⅱ—上中初期支护；3—下部开挖；Ⅳ—下部初期支护；5—底部开挖；

Ⅵ—仰拱及混凝土填充；Ⅶ—二次衬砌

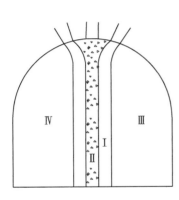

（a）简单中隔墩法的四大步骤

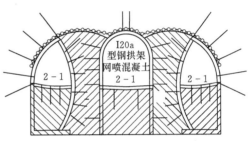

平行开挖中导洞及左右外侧导洞上断面（台阶开挖）施作初期支护，架设横向钢架（I20a型）支撑。三个导洞开挖时采用 ϕ32mm预注浆导管（$L=2\sim2.5\text{m}$，$t=3.5\text{mm}$）加固隧道周边土体

（b）复杂中隔墩法先开挖上层

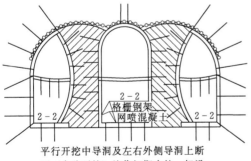

平行开挖中导洞及左右外侧导洞上断面（台阶开挖）施作初期支护，架设横向钢架（I20a型）支撑。三个导洞开挖时采用 ϕ32mm预注浆导管（$L=2\sim2.5\text{m}$，$t=3.5\text{mm}$）加固隧道周边土体

（c）复杂中隔墩法下半层开挖

施工中纵梁、中柱及外侧导洞二衬

（d）复杂中隔墩法中柱及侧壁混凝土衬砌

图 11-11　中隔墩法的几种形式及施工步骤图

Ⅰ～Ⅳ，2-1，2-2，3—作业程序

1）先开挖的中部岩体，必须做一定的临时性支护，如锚、喷及钢拱架支护。在浇筑好中隔墩混凝土柱后在开挖两侧时再将这些支护拆除。

2）浇筑好中隔墩后，其顶部与围岩（一次支护钢构件）接触处要用灌浆回填密实，中部洞槽开挖长度视中隔墩长度而定，和中隔墩长度一致。若中隔墩长度过长，可以每15m作为一个作业单元进行施工。

3）两侧洞室开挖时可分层开挖，但必须做好围岩的初期支护。

11.1.5 锁脚锚杆与临时仰拱

软弱破碎岩体地下洞室开挖，应根据开挖断面大小、围岩类别性质情况，灵活选择开挖方法。在使用这些开挖方法时，必须注意锁脚锚杆的使用及临时仰拱的设置。

（1）锁脚锚杆的使用。每一层开挖后设立的工字钢或格栅拱架底脚，不仅要有系统锚杆，而且每层都要设置锁脚锚杆。锁脚锚杆的长度比系统锚杆长 1/3～1/4，且注浆必须饱满，杆尾与工字钢焊接牢固（见图11-12）。

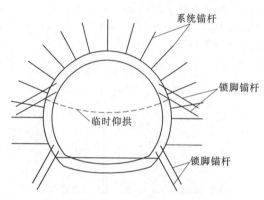

图11-12 锁脚锚杆与仰拱图

（2）临时仰拱的设置。开挖后围岩不断收敛的地层中，不仅要考虑整个全断面洞室的支护圈和钢拱架封闭成环，而且要考虑到分层开挖上中层时，钢拱架脚坐落在松软地层中，抑制不住围岩收敛变形，因此每层的开挖都须设置临时仰拱。临时仰拱可采用钢拱架，也可采用硬化混凝土。

在下层开挖并一次支护完成后拆除。

新奥法强调的是初期支护，初期支护后，围岩趋于稳定，因此水利水电工程中的混凝土衬砌一般都不跟进开挖进行。

11.1.6 塌方处理

地下洞室开挖时，由于对地质条件掌握不够，或施工时疏忽，或方法错误，容易产生塌方。尽管各工程塌方形式有所不同，但归纳起来主要有两类：第一类，松散软弱岩体中产生的塌方；第二类，块状岩体中不利结构面产生的塌方。

第一类塌方主要在大断层破碎带、软弱松散层中产生，一般规模很大，塌方高达数十米甚至通天。这类塌方有处理方法，其基本要素见图11-13。

塌方后不许出渣，因为出渣会造成更大空腔。塌方处理应先加固塌方段前后端未破坏洞段围岩。加固方法可以采用加密、加深锚杆及复喷混凝土、加密钢拱架等，必要时进行钢筋混凝土衬砌。

塌方处理需架设工字钢架，工字钢架尽量架设在开挖规格线外20cm处，以作为预留变形量。若无法架设在规格线外，则应架设几架临时工字钢，待塌方处理结束后再拆除侵占开挖规格线的工字钢，并沿工字钢拱架的外缘边线设置注浆管棚（管棚参数参照本书11.1.3）。管棚完成后采用留核心土法开挖，每循环进尺控制在0.5～1.5m范围内。

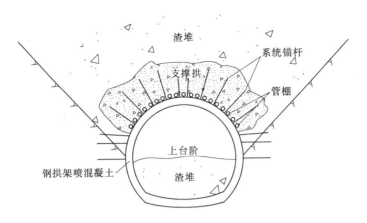

图 11-13　塌方处理用的基本要素图

第一类塌方的处理，须注意以下问题。

（1）不论使用的管棚直径多粗与钢拱架的型号多大，都必须施作系统锚杆，锚杆排间距宜小，锚杆长度视断面大小而定。

（2）必须保证锁脚锚杆质量，注浆必须饱满，必要时，边脚可增设预应力锚杆。

（3）喷混凝土必须填满钢拱架间空隙，使钢拱架连成整体。

（4）塌方处理大部分是采用台阶开挖法，因此原则上应为上半拱全部处理结束后再开挖（处理）下台阶，如果塌方段太长，则上半拱至少处理 5～8m 后方可处理下台阶，下半台阶在开始处理时，只能以工字钢架间距为循环进尺，将钢腿及时下接并及时做好喷锚工作。

（5）初始临时钢拱架通常会侵占开挖断面，因此在处理完塌方后，一般为上半拱处理结束后，则要反方向进行管棚作业，并逐架拆除。这种临时钢拱架间可不喷混凝土。

（6）根据塌方段的变形监测结果确定在处理上半拱及全断面时是否设置临时仰拱。临时仰拱可采用工字钢材料。

第二类塌方主要是在块状岩体中不利于结构面结合处产生的塌方，一般规模不大，往往塌高不超过 1 倍洞径。这类塌方如产生在开挖阶段，由于坍落后产生的堆渣高度较高，顶部空腔不大，一般只有 2～3m，使得塌方不会继续扩大，围岩处于相对稳定时期，因此处理起来较容易，其处理措施见图11-14。

第一步：作业人员登渣，在空腔壁上喷一层 5～7cm 的素混凝土或钢纤维混凝土，这样可以稳定围岩，很大程度延长围岩的自稳时间。

第二步：登渣施工锚杆，若担心围岩不能长时间自稳，则可先施作部分临时性锚杆如摩擦型锚杆、水压锚杆等。但最终必须设置砂浆锚杆，锚杆长度一般是洞室跨度的 1/3～1/2。锚杆排间距要小，不宜

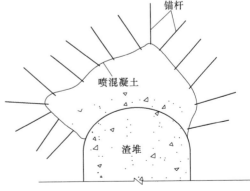

图 11-14　块状岩体中塌方的处理措施图

超过 1.0m。

第三步：挂网再复喷混凝土，厚 15～20cm。

第四步：下挖堆渣 1～2m，重复上述工作。如此层层下挖重复作业。

塌方如果发生在开挖结束后，产生的顶部空腔高度较大，作业人员不能进空腔内处理塌方，因此难度较大，其处理见图 11-15。

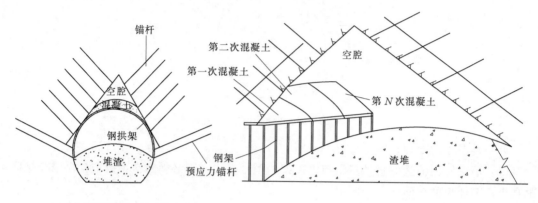

（a）架设钢拱架正视图　　　　　　　　　　（b）钢拱架推进剖视图

图 11-15　块状岩体中产生高空腔塌方处理图

从塌方端头开始登渣架设钢拱架，将钢拱架设置在开挖规格线外 20～30cm 以上，以预留沉降量，钢拱架脚尽量靠近未扰动的岩壁。每架设 3～5 榀后，架立内模，在拱顶灌注混凝土，拱顶灌注混凝土覆盖厚度应超过钢拱架顶 1.5～2.0m，钢拱架每前进 3～5m，灌注一次顶拱混凝土，后灌注的混凝土要尽量覆盖前一次的混凝土，直至塌方通过。

上述作业完成后，在钢拱架边脚打设砂浆锚杆，锁住钢拱架。为防止在下层清渣时顶拱下沉，宜在钢拱架脚设置预应力锚杆或预应力锚索，以增加钢拱架与岩壁间摩擦力，若钢拱架不能紧贴岩面，则在下接钢腿前进行一次固结灌浆。每架拱脚宜设置一根预应力锚杆。锚杆深度为 9～12m，锚固吨位为 150～200kN。

断面下部清渣在开始时须特别小心，应以钢拱架距为一循环，一架一接脚，步步为营，处理 3～5 架后循环进尺方可加快。

11.2　岩溶地区开挖

岩溶地区（喀斯特地区）的地下洞室群施工，主要存在以下技术难题：①施工期岩溶勘探；②溶洞的安全跨越技术；③施工过程中岩溶的突发涌水、涌泥；④岩溶处理与地下洞室群施工的关系。

因此，岩溶地区地下洞室开挖主要施工原则如下。

（1）根据岩溶的规模、形状、充填性质及稳定情况、地下水状况、岩溶与隧洞位置关系等状况，确定开挖方法，合理安排开挖与支护的施工程序。

（2）尽量不破坏洞穴的稳定。

（3）尽量减少对地层的扰动。

（4）有地下水时，先处理地下水。

11.2.1 洞室开挖处理方法

岩溶地区洞室开挖主要采取的处理方法有：加固洞穴、清除充填物后用混凝土置换或设置人工挡墙，视洞穴所在位置进行回填和架桥跨越、对充填物进行加固、封闭防止地表塌陷及疏排地表水等处理措施，对隧洞穿过有隐伏洞穴时，可采取浅孔、弱爆破及时支护的开挖方法。岩溶地区洞室开挖施工方法见表 11-1。

表 11-1　　　　　　　　　　　岩溶地区洞室开挖施工方法表

处理方法	具 体 措 施	适 用 条 件
加固	管棚或管棚注浆，短进尺，锚喷支护	充填物充满溶洞，松软
	注浆、填混凝土，大溶洞可用大管棚或多层大小管棚超前	溶洞规模大，洞内充填大量流塑性黏泥和松散物，有灌浆条件，换填工程量大
填塞	石渣回填	溶洞底板下有空腔
石渣置换	石渣回填，将软弱松散充填物逐步挤压排除，分层回填、压实	隧洞底板下有软弱充填物，清除困难
钢筋混凝土置换	将溶洞充填物清理干净，采取钢筋混凝土回填密实	溶洞靠近洞室，洞室结构稳定遭受破坏
阻挡	设置钢筋混凝土挡墙	溶洞位于隧洞一侧
	设置钢管桩或钢筋混凝土桩，形成桩栅栏	溶洞充填物量大，无法清除，或溶洞已通地表，清除充填物影响溶洞稳定
跨越	拱桥或钢筋混凝土梁跨越溶洞	溶洞深、基础处理修建困难，耗资大
人工基础	桩基	溶洞充填物量大，充填物厚、松软，清除困难
	充填物上设钢筋混凝土板，隧洞置于钢筋混凝土板上，使单位面积承压减小，均匀受力	块状充填物，较密实

11.2.2 岩溶地下水处理

岩溶区施工时，最重要的一项工作是查清岩溶发育规律、地下水、地下暗河的流向和流量等情况。

岩溶地区由于地下洞穴的存在至少也有数万年的历史，岩体自身较稳定。如果采用钻爆法开挖地下洞室则会破坏原稳定洞室形态和稳定结构，产生局部的不稳定块体。遇到这种情况时，一般采取挖除溶洞溶槽内的充填物（一般为黏土）和设置挡墙，进行必要的锚杆支护，再回填混凝土或设置拱桥、拱梁等措施进行处理。

存在地下暗河或地下瀑布的岩溶区，水处理是最大的难题，其原则是不能封堵，应进行引排，尽量降低开挖规格线范围内的地下水位，主要采取的措施如下。

查清地下暗河的来源流向、高程，先修筑要改道的地下引水洞，再封堵上、下游的地下暗河通往开挖区的颈口，这样不仅让地下暗河避开开挖的主体洞，而且在汛期可以防止河水倒灌，这一工作必须在枯水季节完成。有时，地下暗河零乱，必要时可先进行堵水灌浆（见图 11-16）。

地下水位较低时，应使地下暗河在隧洞底部通过，因此，须在隧洞底部先开挖一条水

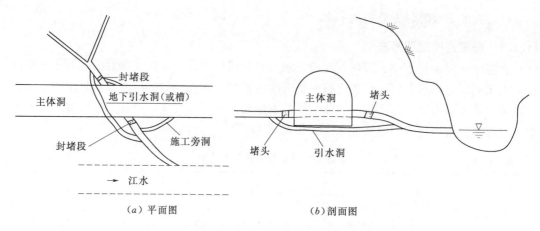

（a）平面图 （b）剖面图

图 11-16　隧洞遇地下暗河时处理措施图

道，其上设置钢筋混凝土盖板或设置拱桥，降低地下暗河水位（见图 11-17）。如遇地下水位较高无法避开时，则可在主体洞室附近先开挖一条排水洞，使地下水绕开主体洞，为主体洞施工创造条件。

11.2.3　岩溶系统施工期勘探

工程前期地质勘探工作一般只探明局部岩溶洞穴情况，不能完全满足施工需要，因此，主体工程施工安全技术及施工方案中必须进一步明确岩溶系统发育情况。即在施工过程中一般采用"边施工，边勘探"的施工期勘探方式来进一步探明岩溶系统的分布及发育情况。

结合工程实际，施工中可采用多种切实可行的勘探技术来准确判明岩溶分布情况，达到勘探目的。归纳起来，可采用以下几类施工勘探技术：①地质雷达探测；②CT 物探；③造孔超前探测；④导洞探测；⑤通道追溯。

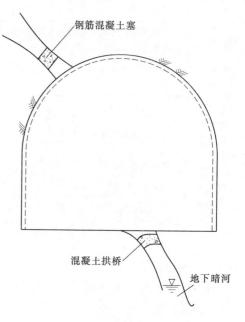

图 11-17　隧洞遇溶洞或地下暗河时
处理措施图

超前地质勘探主要用以查明未开挖区的地质构造、地下水富集带、含水层或含水地下洞穴的位置等。一般地质勘探采用的方法有以下几种。

（1）地震勘探。用得最多的是 TSP 法，是对人工地震产生的振动波进行接收，分析判断前方地质状况的方法。此方法具有较强实用性，但不能对断层产状、位置和岩体波速等参数同时给出准确结果。常用的有 TSP202，TSP203 预报系统。近年开发的 TRT 法，具有更先进的反射层析成像技术，对岩体中反射界面的位置确定、岩体波速和工程岩体类别的划分都有较高精度，在坚硬结晶岩区，可探测到开挖前方 100～150m；在软土层和破碎岩体地段，可预报 60～90m，它相对于 TSP 法有较大改进。另外，地震勘探法中还有透射波法、面波法（瑞雷波和拉夫面波），这些方法在勘探深度较小时有较高分辨率。

（2）电阻率法勘探。高密度电阻法是利用地面设电极，向地下供电形成地下电场的方法。电场在地下岩土中的分布状况与岩体电阻率 ρ 的分布相关，然后在地表通过电场的测量，了解地下介质视电阻率 ρ 的分布，形成岩土视电阻率的分布图像，从而推断和解释地下地质结构。该方法的探测深度不大。

（3）电磁波法勘探。利用电磁波在不同地质体中呈现出不同波形的原理进行勘探的方法，常用的方法有地质雷达法（GPR 法）。此方法是目前分辨率最高的地球物理勘探法，能分辨前方 20～30m 的地层变化。由于电磁波对水十分敏感，因此对含水层、富水带具有较高的识别能力。

11.2.4 岩溶处理区及周边安全监控

在一些大型地下洞室群中，岩溶系统沿层间错动顺层发育，洞室群同时受到岩溶和层间错动带的影响，虽然对岩溶进行了加固处理，但随着洞室的开挖，洞室围岩应力应变在不断变化。为了监控岩溶加固处理后洞室的稳定情况，对岩溶处理区及周边须进行安全监测。一般在洞室的顶拱及边墙岩溶处理区设置锚索测力计、锚杆应力计、测缝计、多点位移计等进行监测，以掌握岩溶处理后的效果，对异常情况进行针对性处理。

11.3　丰水地层开挖

地下水是地下工程的一大危害，特别是在劣质地层中，由于地下水使岩石软化，节理裂隙面的摩擦系数下降，加上地下水压力的作用，致使围岩自稳时间大大缩短甚至完全失去自稳时间。地下水常存在于孔隙率高的砂岩和节理裂隙发育的各类围岩、断层挤压破碎带及碳酸盐类岩中的溶沟溶槽和溶洞中。当岩溶地区富集地下水时，常常会形成地下暗河并与河流相通，而地下暗河的位置较低，在汛期河水常会倒灌。遇这类地质条件，应按以下程序与方法进行施工。

11.3.1 一般水压力下的地下水处理

在非岩溶地区，即使是高水头地下水，通过节理、裂隙或岩石孔隙后，地下水压力会得到很大衰减。因此地下洞室开挖后，虽然地下水渗流严重，但压力并不会很高。对于这类地层，第一种方法采用超前导洞排水最为有效。

随着开挖洞深的增加，地下水并不停留在原地出现，而是紧跟在掌子面附近出现，因此地下水造成的施工难度始终存在。对于大断面隧洞，采用中、下小导洞超前法，使地下水超前在导洞中排出，这样隧洞掌子面附近的地下水可迅速减少。因为导洞断面小，施工难度不大，所以地下水对其造成的危害也不会太大。

第二种方法为旁洞法，即与主体洞平行方向，在来水的上游方向打小断面旁洞，将地下水截流在主洞以外，百色水电站导流洞采用了该种办法。

第三种方法是在掌子面上，沿洞轴线方向，使用大口径钻（也可采用地质钻）超前接近洞轴方向钻孔，使大部分地下水沿钻孔集中排出，以改善掌子面前后的恶劣地下水环境。西洱河三级水电站的一个施工支洞地下水丰富，流量达 80L/s 以上，并常产生塌方，致使掌子面附近的喷混凝土和锚杆无法作业。采用超前钻孔（每次钻深 30m）后，集中了

80%以上的地下水，掌子面附近只出现了滴水情况，使锚杆、喷混凝土工作能正常施作。该办法的缺点是施工速度慢，但对大面积分散流的地段，是十分适用的。

在地下水丰富，但水压力低，不存在射流的地段，可以强行喷混凝土、锚杆支护。但喷混凝土的速凝剂必须采用初凝时间极快的材料如水玻璃、聚氨酯等。强行喷护后，再设置小孔径排水孔和锚杆孔，在出水少的地方安置锚杆。排水孔可以多设置，而且尽量多穿越裂隙面。西洱河三级水电站许多地段（20世纪80年代）均采用了这种办法，且使用水玻璃溶液作速凝剂喷射混凝土时，其凝固时间不足3s，效果很好。

11.3.2 高水压力下稳定流量的地下水处理

以排为主、排堵结合是处理地下水的基本法则。但有的地方不仅地下水压力高，而且为长期高压稳定大流量，仅用排的办法不能解决问题，如锦屏二级水电站辅助交通洞、引水洞都碰到这样的问题，其地下水静态压力高达10.2MPa，在开挖数月后，动态水压力仍可达到3MPa，最大瞬时流量达7.3m³/s，稳定流量达3.4m³/s，针对这种水文地质条件，设计单位提出以下措施。

第一步：使用地震勘探法（如TSP法）或电磁波法（如GPR法）朝前探明地下水富集带。

第二步：用水平钻机，以洞轴线为中心，打放射状超前孔，进行超前高压预灌浆，每次超前灌浆不少于30～50m。将整个前方富水带，在2～3倍洞径范围内用灌浆封堵成不透水岩段。

第三步：旁洞超前灌浆法。在主体洞外侧先挖掘断面较小的排水洞，同时在地质条件探明的情况下，也可采用旁洞超前专门做灌浆，给出须超前灌浆的作业场地（见图11-18）。

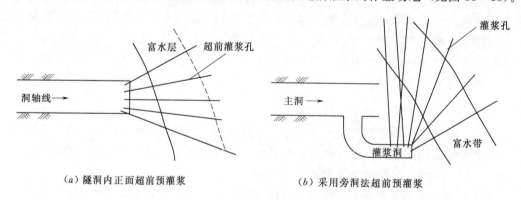

（a）隧洞内正面超前预灌浆　　　　（b）采用旁洞法超前预灌浆

图11-18　超前预灌浆示意图

这类超前预灌浆，最重要的是需选择凝固时间短、强度高的灌浆材料。如：水泥采用普通硅酸盐水泥，速凝材料采用聚氨酯、水玻璃。因为聚氨酯强度低，不适用于高水头的地下渗水，可采用水玻璃做速凝材料。这类速凝剂只能做双液灌浆。水玻璃又称硅酸钠，一般分子式为$Me_2O \cdot nSiO_2$（式中Me表示碱金属），水玻璃与普通硅酸盐组成的浆液其黏结时间可以控制到几秒至几十秒，抗压强度在50～200MPa之间，完全满足高压地下水地段的灌浆要求，而且其浆液无毒，不污染水源，成本相对较低。如果在水泥浆液中掺入10%～15%的BR型防水剂，其抗渗等级会大幅度提高（抗压强度也提高）。一般这类地段地下水渗流通道好，因此在水泥浆中，可以加入水泥用量的8%～10%的石棉粉或木屑，以加速堵住渗漏通道。水玻璃成本低，但因其长效性差，一般只能使用 5～7 年，所以使用水玻璃封堵后，还须采用混凝土衬砌等其他措施进一步封堵。

大风垭口隧道、深圳地铁 7 号线等工程，在对大流量地下水进行超前灌注时，采用的水泥水玻璃浆液配方见表 11-2。

表 11-2 水泥水玻璃浆液配方表

原材料	规格要求	作用	用量（比例）
水泥	42.5 或 52.5 普通硅		1
水玻璃	模数为 2.4～3.4，浓度为 30～45°Be′	速凝	0.5～1.0
氢氯化钠		速凝	0.05～0.20
磷酸氢二钠		缓凝	0.01～0.03

说明：1. 该配方凝结时间为几秒到几十秒，抗压强度为 50～200MPa。
2. 模数 m 是水玻璃中所含二氧化硅 SiO_2 的摩尔数与氧化钠 Na_2O 的摩尔数比值。摩尔数是物质计量单位，当分子原子或其他粒子的个数约为 6.02×10^{23} 时为 1 摩尔（Mole），市场上出售的水玻璃溶液，其模数在 1.5～3.5 之间。波美度°Be′ 表示水玻璃浓度，市场上出售的水玻璃浓度在 50～56°Be′。工程上使用时须进行稀释。

在地下水流速较高地区，使用水玻璃效果不明显。因此，目前国内外工程也常使用有机灌浆材料，在地下水压力不高时使用方便，但是成本昂贵。

HW、LW 水溶性聚氨酯。两者都是快速高效的防渗堵漏补强加固化学材料，具有良好亲水性，水既是稀释剂，又是固化剂，遇水先分散后固结，两者可单独使用，又可按任何比例混合使用。HW、LW 水溶性聚氨酯材料参数、性能见表 11-3。

表 11-3 HW、LW 水溶性聚氨酯材料参数、性能表

名称	HW	LW
黏度（25℃·MPa·s）	≤100	150～300
凝结时间/min	≤20（浆：水=100:3）	≤3（浆：水=1:10）
遇水膨胀力/%		≥100
凝结强度/MPa（干燥）	≥2.0	≥2.0
抗压强度/MPa	≥10	
拉伸强度/MPa		≥1.8

现场使用的防渗注浆材料及其配合比须进行试验确定。较多工程选用了 MG-646、铬木素、脲醛树脂等材料。

通过超前预灌浆处理的地下洞室开挖后，仍会存在一些零星漏水渗水。这时应增加排水孔以减小地下水对支护结构的渗透压力。

11.3.3 突发性涌水时地下水的处理

因对地下水分布状况探明不足，在开挖过程中会产生突发性地下涌水。这种涌水，常有两种状况：

一是突发性涌水一段时间后，水量衰减，很快接近于零。这种情况，等地下水衰减到能够施工时，再进行锚、喷支护，继续开挖。

二是突发性涌水后，水量衰减十分缓慢，甚至成为稳定流。遇这种情况要让稳定流集中在容易控制的地方流出，如采用大口径钻机钻孔引水或打旁洞探明含水层后加排水管进行混凝土封堵，可增加排水管引流，这样使难以控制的掌子面的水压力下降；或用混凝土填筑堵墙，埋入钢管引流，待混凝土达到一定强度后，再将引流管强行堵塞，进行高压灌浆。对混凝土堵墙的厚度计算可以应用水工堵头计算公式。

11.4　高地应力地区开挖

在高地应力条件下，地下洞室开挖中容易产生岩爆，危及人身安全。通常情况下，易产生岩爆的高地应力带、岩石都比较完整、坚硬和高脆性。因此，岩爆多发生在Ⅰ类、Ⅱ类、Ⅲ类围岩中，当岩石的完整系数 $K_v \geqslant 0.75$ 或岩石质量指标 $RQD \geqslant 60\%$ 时，才具有岩爆的可能性。对于岩石强度低或节理裂隙发育的岩石与软岩，因其储存与释放能量的能力低，虽不易产生岩爆，但由于高地应力产生的应力释放也会产生洞室围岩的长时间不稳定或产生周边片帮剥离现象。

对于脆性岩体，其单轴抗压强度为 $10 \sim 40 MPa$，弹性模量为 $3 \sim 10 GPa$，泊松比为 $0.2 \sim 0.3$ 时具有冲击破坏特性（如煤层），易产生岩爆。

高强度岩石如岩浆岩，单轴抗压强度 $\sigma_c \geqslant 120 MPa$，灰岩、大理岩、砂岩（粉砂岩、泥岩），单轴抗压强度 $\sigma_c \geqslant 50 MPa$ 时易产生岩爆。

高弹模、高弹性体岩石，当其变形能量指数 W_{ef}，高冲击能指数 K_{cf}，满足式（11-1）和式（11-2）的条件时，易产生岩爆。

$$W_{ef} = E_e/E_p \geqslant 2 \qquad (11-1)$$

式中　E_e——岩石峰值荷载前的弹性变形储能，MPa；

　　　E_p——相应的塑性变形耗能，MPa。

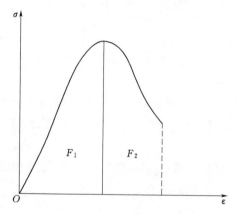

图 11-19　岩石单轴抗压全过程应力应变曲线图

$$K_{cf} = F_1/F_2 \geqslant 2 \qquad (11-2)$$

式中　F_1——岩石应力-应变全图中峰值荷载对曲线与横坐标所围成的面积；

　　　F_2——峰值荷载至残余强度曲线与横坐标所围成的面积（见图 11-19）。

当 $K_{cf} \geqslant 2$ 时，岩石才具有冲击破坏特性。

国内外的岩石力学界，对地下洞室开挖中岩石能否产生岩爆，提出各种判别准则。

威尔逊提出围岩强度与最大主应力之比值（即围岩强度应力比）小于 5 时，易产生岩爆；达 2.5 ～ 5 时可能产生中等岩爆；小于 2.5 时，可能产生强烈岩爆。围岩强度应力状态与岩爆关系见表 11-4。

表 11-4 中，α 与 β 按式（11-3）和式（11-4）计算。

$$\alpha = \frac{R_c}{\sigma_1} \tag{11-3}$$

$$\beta = \frac{\sigma_{max}}{\sigma_3} \tag{11-4}$$

式中　σ_1——最大主应力，MPa；

$\quad\quad\sigma_3$——最小主应力，MPa；

$\quad\quad R_c$——岩石单轴抗压强度，MPa；

$\quad\quad\sigma_{max}$——岩石极限抗压强度，MPa。

表 11-4　　　　　　　　　　　围岩强度应力状态与岩爆关系表

α	β	岩爆状态	α	β	岩爆状态
>10	>0.66	无	2.5～5	0.16～0.33	中等
5～10	0.33～0.66	弱	<2.5	<0.16	强

为防止或减少岩爆的危害，可以采取以下办法。

（1）导洞超前法。洞室断面越大，岩爆产生的危害也越大。因此，对大、中型地下洞室，可以采用导洞超前法，尽量利用小导洞将高地应力提前至大断面洞室开挖前释放，以降低强岩爆的产生。此办法应用在广州抽水蓄能电站二期工程等地下厂房开挖中，十分有效。

（2）设置应力释放孔。开挖前在规格线周边预设置一些放射状钻孔，开挖后及时在围岩周边设置钻孔，以释放地应力，孔深在 1.0m 以内（见图 11-20）。此方法效果不佳。

（3）爆破应力解除法。开挖爆破成形前，在开挖规格线外设置一排应力解除孔，装药先爆，然后再爆开挖用的开挖孔，如周边孔。该方法极易破坏开挖规格线外围岩，因此，此方法可将应力解除孔改为在小导洞内进行。

（4）尽早封闭。岩面暴露后，先弄湿岩面，尽快实施喷锚支护。强岩爆区域应加强支护，初喷混凝土宜采用钢纤维混凝土或网喷混凝土。

（5）调整开挖方法。在岩爆区，开挖方法应进行适当调整，可采用分块、短进尺开挖，使围岩应力缓慢释放，减轻岩爆。或使用超前钻孔，分步开挖，逐步卸荷。

（6）调整洞型。尽量少采用易产生应力集中型的洞型，多采用圆弧形断面隧洞。

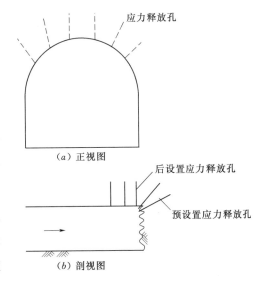

（a）正视图

（b）剖视图

图 11-20　高地应力区隧洞应力释放孔示意图

（7）加强施工安全防护。对于高地应力的软岩开挖，由于高地应力易产生大变形量，因此要留有足够的预留变形量和加强支护，如加深加密锚杆、设置钢拱架喷混凝土等。

11.5 有害气体地区开挖

地下洞室中有害气体主要包括一氧化碳、二氧化碳、硫化氢、二氧化硫、二氧化氮、三氧化二氮、甲烷、瓦斯等。有害气体会给施工带来较大危害。

11.5.1 有害气体特征及危害

空气主要由氧气（20.9%）和氮气（78.1%）组成，且能够流动，处于开放系统，地表空气中各种气体体积分数基本不变。但由于局部条件的变化，如在相对封闭的地下洞室，空气流动性差，因爆破、机械设备运行等原因导致各种气体成分变化超过正常值，甚至掺入毒气，当达到一定量时就会给人体带来危害。

地下洞室常见的有害气体特征及危害见表 11-5。

表 11-5　　　　　　　　　　地下洞室常见的有害气体特征及危害表

名称	主要性质	危害性与中毒症状	来源	燃性
一氧化碳	无味、无色，密度为 0.97g/L，体积分数达 13%～75%，有爆炸性，引爆温度为 630～810℃	极毒。CO 与血色素的亲和力比氧大 250～300 倍，排挤、阻碍氧，使血液中毒，使人体缺氧窒息死亡。轻微：0.048%，1h，耳鸣，心跳；严重：0.128%，0.5～1h，四肢无力，呕吐，失去行动能力；致命：0.4%，短时，丧失知觉，痉挛，呼吸停顿，假死	①放炮，1kg 炸药生成 40L；②火灾，1m³ 木材，生成 500m³；③煤自燃；④瓦斯、煤尘，爆炸，CO 可达 1%～7%	易爆
氮氧化物	褐红色，刺激性臭味，密度为 1.59g/L，极易溶于水成硝酸	剧毒。对眼、鼻、口腔、呼吸道有刺激作用，破坏肺组织，造成肺水肿，中毒潜伏期为 6～24h。0.006%，咳嗽、胸痛；0.01%，咳嗽加剧、呕吐、神经麻木；0.025%，短时间死亡	爆破工作产生。硝铵炸药分解：$4NH_2NO_3 \rightarrow 2NO_2 + 8H_2O + 3N_2 + 123kJ$，有时生成 NO，在空气中氧化合成 N_2，NO_2	不燃
硫化氢	无色，微甜，嗅出臭鸡蛋味，易溶于水，密度为 1.177g/L，达 4.3%～46% 有爆炸性，引爆温度为 260℃	剧毒。对眼、呼吸系统黏膜有刺激作用，使血液中毒。0.01%～0.015%，流唾液清水鼻涕，呼吸困难；0.02%，强烈刺激黏膜头痛、呕吐、无力；0.05%，0.5h 失去知觉，痉挛死亡	①有机物腐烂；②煤岩放出；③硫化矿物水解、自燃；④含硫矿尘爆炸；⑤老空区积水	易燃、易爆
二氧化硫	无色，硫磺刺激味及酸味，密度为 2.2g/L，易溶于水	剧毒。对眼、呼吸道强烈刺激和腐蚀作用，引起肺水肿。0.002%，眼红肿、流泪、喉痛、头痛；0.05%，急性支气管炎、肺水肿、死亡	①含硫煤中放炮；②硫化矿物氧化；③含硫煤自燃；④含硫矿尘爆破作业生成	可爆
氨气	无色，有刺激臭味，密度为 0.588g/L，空气中达 30% 时有爆炸的危险，极易溶于水，易液化	氨氧化生成 NO，NO 生成 NO_2。危害性同 NO_2		

名称	主要性质	危害性与中毒症状	来源	燃性
甲烷	无色、无臭气体，沸点为−161.6℃，熔点为−182.5℃，微溶于水，溶于醇、乙醚，相对空气密度为0.55g/L	对人基本无毒，但当其体积分数过高时，使空气中氧含量明显降低，使人窒息。当空气中甲烷达25%～30%时，可引起头痛、头晕、乏力、注意力不集中、呼吸和心跳加速，若不及时脱离，可致窒息死亡，皮肤接触液化本品，可致冻伤	广泛存在于天然气、沼气、煤矿坑井气之中，是优质气体燃料	易燃、易爆
二氧化碳	无色、略带酸臭味，易溶于水，对口腔、鼻、眼的黏膜有刺激作用，密度为1.52g/L	能刺激中枢神经，使呼吸加快。当空气中达到3%时，人的呼吸急促，易感疲劳；达到5%时，出现耳鸣、呼吸困难等症状；达到10%时，发生昏迷现象	①有机物腐烂；②煤岩放出；③硫化矿物水解、自燃；④老空区放出	不燃
氮气	本身无毒、无色、无味，熔点为−209.86℃，沸点为−195.8℃，相对空气密度为0.97g/L，微溶于水、乙醇，性质稳定，为惰性气体	本身不燃烧，也不支持燃烧，只以游离态存在于空气中，起着冲淡氧气的作用，使空气中的氧气保持一定的比例，空气中的氧、氮相对比例的变化时会导致空气性质发生严重变化	空气的最主要成分	不燃
氧气	无色、无味，氧气密度比空气略大，在0和1个大气压强下密度为1.429g/L，略溶于水	19.5%以下时为缺氧，可造成胸闷气短、心慌、甚至窒息；23.5%以上时为富氧，富氧对所有的细胞都有毒害作用，吸入时间过长，就可能发生氧中毒，富氧的空气易发生火灾或爆炸	空气的重要组分之一	助燃、易爆
氢气	无色、无味、密度为0.0696g/L，不助呼吸，体积分数达4%～75%能爆炸，引爆温度为560℃	无毒，但可窒息	①煤层中涌出；②蓄电池充电时产生	易燃、易爆
氡气	无色、无味，相对空气密度为7.53g/L，在空气中形成放射性气溶胶污染空气，具有强迁移性	极易通过呼吸进入人体的支气管及肺部，并在局部区域不断积累。氡气仅次于香烟引发人类患肺癌的第二大因素，人长期在高浓度氡环境中生活，对健康威胁极大，发病潜伏期大多在15a以上	含铀、镭、钍等放射性化学元素的岩土体的释放及地下水和天然气中高浓度氡的释放	

11.5.2 有害气体的检测及评价

（1）检测。一般首先检查氧气和可燃性气体，氧气探测器可使用在没有特别指明存在其他危险的大多数环境中。可燃气体探测器首先探测不需特别识别的可燃、可爆危险气体；其次进行有害气体检测。有害气体探测器具有化学的特殊性，在选择检测仪器之前，必须确定可能潜在的有害气体类别。

近年来，随着高新技术，特别是电子及光电技术的飞速发展，气体检测手段的自动化、智能化程度越来越高，极大地促进了气体检测技术的快速发展。一般气体的检测方法有化学分析法、气量化学吸收法、红外线分析法、电化学分析法、气敏传感法、气相色谱分析法和质谱分析法。有害气体的检测方法和检测仪器很多，在实际应用中，可根据不同的环境条件及需要加以选择。检测有害特定气体，使用最多的是专用气体传感器。

（2）地下洞室有害气体的评价。地下洞室有害气体容许浓度见表 11-6。

表 11-6　　　　　　　　　　地下洞室有害气体容许浓度表

气体名称	体 积 浓 度		重量浓度/(mg/m³)
	%	1×10^{-6}	
氧气	≥20		
一氧化碳	<0.0024	<24.0	≤30
二氧化碳	<0.5	<5000.0	≤10
硫化氢	<0.00066		≤10
二氧化硫	<0.00050		≤15
二氧化氮	<0.00025		≤5
三氧化二氮	<0.001		
甲烷	<1	（瓦斯 0.5~2.0，为不同条件下的警戒和处理依据）	
氰气	<0.5		
氨气	0.004		≤30
丙烯醛			≤0.3
甲醛			≤3.0

11.5.3　有害气体的防范措施

有害气体的防范应尽量避开有害气体地区，根据工程及有害气体特征采取封堵、引排、加强通风、选择合适的炸药及合理的钻孔爆破工艺等措施均能减少有害气体的产生和危害。

地下工程相对封闭，除天然地层中的有害气体外，开挖爆破、大量的人员及设备运转等也能产生有害气体。对有害气体进行检测及保持良好的通风是最有效的防范手段；针对不同的气体物化特性，采取洒水、撒石灰等措施有时也很有效；对围岩进行帷幕灌浆、锚喷混凝土、混凝土衬砌等措施可切断和减少有害气体的逸出通道；对地下洞室进行超前钻孔可引排集中高压力、高浓度的有害气体；选择合适的炸药及合理的钻孔爆破工艺也能减少有害气体的产生。总之，需针对施工期、运行期及工程的特点、有害气体的成分特征等制定相应的防范措施；另外，对工程参与人员进行有害气体的知识及防范教育，也是十分重要的。

11.5.4　瓦斯地区开挖

水工隧洞很少遇到瓦斯现象，一是水工隧洞大多不在煤层区，二是水工隧洞埋深不大，通风条件相对较好。但有的工程会碰到局部煤炭层而产生瓦斯，如紫坪铺水利枢纽就发生了瓦斯现象。煤炭系统根据瓦斯涌出量将有瓦斯矿井分为 3 个级别。

（1）低瓦斯矿井。矿井相对瓦斯涌出量不大于 10m³/t，且矿井绝对瓦斯涌出量不大于 40m³/min。

（2）高瓦斯矿井。矿井相对瓦斯涌出量大于 10m³/t 或矿井决定瓦斯涌出量大于 40m³/min。

（3）煤与瓦斯突出矿井。

根据以上的划分，水工隧洞遇到的瓦斯洞室属低瓦斯洞室。

有瓦斯产生区的开挖和普通地层中的开挖区别不大，通常接近Ⅳ类围岩地层中的开挖，但开挖时必须注意以下要求。

（1）严格进行通风，随时检测洞室内瓦斯浓度。

（2）严禁火源，包括电气短路的火源。在产生瓦斯区禁止吸烟，严防电线短路。

（3）采用专门爆破器材。

1）禁用火雷管。

2）不应使用导爆管或普通导爆索。

3）使用煤矿许用毫秒电雷管。使用这种雷管时，从起爆到最后一段的延期时间不应超过130ms。

4）炸药必须使用煤矿许用炸药，不含TNT炸药成分。

低瓦斯区必须使用安全等级不低于二级的煤矿许用炸药。高瓦斯区必须使用安全等级不低于三级的煤矿许用炸药。

我国煤矿许用炸药在安全性能上分五级，目前使用一至三级较多，一级、二级属一般性安全，三级属中等安全。三级煤矿许用粉状乳化炸药的基本配方见表11-7。

表 11 - 7　　　　　　　三级煤矿许用粉状乳化炸药的基本配方表

原料	氧化剂	油相	水	乳化剂	消焰剂
含量/%	70～80	3～5.5	3～7	1.5～3.0	8～16

三级煤矿许用粉状炸药的储存性能不好，储存几个月后，其爆速猛度和殉爆距离都有明显降低。

表11-7中的消焰剂主要是碱金属卤化物，如食盐、氯化钾、氯化铵及其他类似物质。它们具有较强的极性和活性，能有效抑制甲烷和氧之间的连锁反应，也对硝酸铵的分解和燃烧起到促进和催化作用。消焰剂的作用途径体现在两个方面：一是与自由基在气相中有效碰撞，吸收能量，使其衰变；二是多相反催化作用，消焰剂晶体表面的原子基显示强烈不饱和性和吸附性，因而能够吸附或黏附其中的自由基团并相互作用，使之达到稳定。

5）煤矿许用炸药的常用种类。根据炸药的组成和性质，煤矿许用炸药可分为5类。

A. 粉状硝铵类许用炸药，通常以TNT为敏感剂，多为粉状。这里不做进一步介绍。

B. 含水炸药。这类炸药包括许用乳化炸药和许用水胶炸药。许用乳化炸药在我国尚处于发展阶段，多数是二级、三级品，少数可达四级煤矿许用炸药的标准；煤矿许用含水炸药是近二十几年来发展起来的新型许用炸药，由于其组分中含有大量的水，爆温较低，有利于安全，调节余地较大，因此具有较好的发展前景。

C. 离子交换炸药。含有硝酸钠和氯化铵的混合物，称为交换盐或等效混合物。在通常情况下，交换盐比较安全，不发生化学反应，但在炸药爆炸的高温条件下，交换盐就会发生反应，进行离子交换，生成氯化钠和硝酸铵：

$$NaNO_3 + NH_4Cl \longrightarrow NaCl + NH_4NO_3$$

$$NH_4NO_3 \longrightarrow H_2O + N_2 + O_2$$

在爆炸瞬间生成的氯化钠，作为消焰剂高度弥散在爆炸点周围，有效地降低爆温和抑制瓦斯燃烧；与此同时生成硝酸铵，作为氯化剂加入爆炸反应。

D. 当量炸药。盐量分布均匀，安全性与被筒炸药相当的炸药称为当量炸药。当量炸药的含盐量要比被筒炸药高，爆力、猛度和爆热远比被筒炸药低，正常爆轰时具有很高的安全性。几种当量炸药的配方和性能见表 11-8。

表 11-8　　　　　　　　　　几种当量炸药的配方和性能表

炸药品种		1	2	3	4	5
组成（质量分数）/%	硝酸酯	8.0	10.0	5.0		
	胶棉	0.1	0.1	0.05		
	硝酸铵	44.9	41	56.95	48.0	56.0
	梯恩梯	3.0		5.0	4.0	7.4
	木粉	4.0	4.9	3.0	4.0	3.3
	食盐	40.0	44	30.0	40.0	33.3
	黑索金					
爆炸性能	爆速/(m/s)	1650	1700			2340
	猛度/mm	7.5	6.7	9.8	8.5~9.1	8~9
	殉爆距离/cm	8	12	12	4~6	4~6
	爆力/mL	177	161	171	140~145	190

E. 被筒炸药。用含消焰剂较少、爆轰性能较好的煤矿硝铵炸药作药芯，其外再包覆一个用消焰剂做成的"安全被筒"，这样的复合装药结构，就是通常所说的"被筒炸药"。当被筒炸药的药芯爆炸时，安全被筒的食盐被炸碎，并在高温下形成一层食盐薄雾，笼罩着爆炸点，更好地发挥消焰作用，因而这种炸药可用在瓦斯和煤尘突出矿井。被筒炸药整个炸药的消焰剂含量可高达 50%。

11.6　高膨胀性地层开挖

11.6.1　施工方法

在膨胀性地层中开挖隧道、巷道或地下洞室，常常可以见到围岩因开挖而产生变形，或者因浸水而膨胀，因脱水而开裂等现象，使设置在膨胀性围岩中的隧道或地下洞室的洞壁发生位移，导致围岩失稳，衬砌破坏。

膨胀性围岩的基本特征，归纳起来为以下两点。

（1）围岩的强度应力比小于1，即 $R_c/\sigma_0 < 1$（σ_0 为地应力；R_c 为围岩的抗压强度）。由于膨胀性围岩岩石内矿物具有一定量的遇水膨胀矿物（如蒙脱石等），使有原始地层具有超固结特性，围岩中储存有较高的初始应力，当隧道或地下洞室开挖后，引起围岩应力重分布，强度降低，产生卸载膨胀，因此围岩常常具有明显的塑性流变特征，开挖后将产生较大的塑性变形。

（2）胀缩效应的力学特性。膨胀围岩因吸水而膨胀，失水而收缩，岩体干湿循环产生胀缩效应，使围岩体结构破坏，块间联结为裂隙切割，甚至成为松散结构，强度完全丧失，无论膨胀压力或收缩应力，都将破坏围岩的稳定性，特别是膨胀产生的膨胀压力对增大围岩压力起叠加作用。

膨胀性围岩隧道施工，首先应查明膨胀产生的原因，测定围岩储存的应力大小来确定相应的施工方法及支护参数。

膨胀性围岩的施工原则为"加固围岩，加长加密锚杆；改善洞形；先柔后刚，先放后抗，变形留够；封闭成环。"

（1）加固围岩，加长加密锚杆。加固围岩最有效的措施是锚杆支护，锚杆长短结合。锚杆长度越长，支护效果越好，但锚杆太长时，工程造价加大，施工难度高，且局部锚杆强度难以充分发挥；而锚杆太短则加固围岩效果不好。每根锚杆对杆体周围有一定作用范围，塑性地层的锚杆作用范围有限，要使锚杆间的作用范围体连成一片，系统锚杆的作用才能发挥，所以锚杆密度一定要大。对于锚杆长度，当锚杆长度大于塑性区（地下洞室开挖后产生的二次应力重分配时产生的理论上的弹塑性区域）厚度时，方可抑制塑性区围岩的变形，并把塑性区围岩变形产生的力传递到弹性区稳定围岩上，从而提高锚杆对围岩径向支护的作用；短锚杆长度小于塑性区，以其较小的排间距也能提高洞室周边围岩整体强度。若两者相结合，则能阻止围岩剪切滑移破坏的可能。围岩塑性区可通过岩石力学的卡斯特纳公式（$L_1/L_2 = K = 2/3$，L_1 为围岩塑性区厚度，L_2 为锚杆长度）计算，最好通过多点位移计和声波测试法对围岩松动范围来确定塑性区，在膨胀性围岩中主要采用以下方式对围岩进行加固。

1）全固结注浆锚杆对围岩的约束较为理想。

2）采用预应力锚杆，或后张拉力锚杆，端头加垫板，增大对岩面受力面积，由自由端施加预应力张拉，张拉后用砂浆回填。

（2）改善洞形。通过增大边墙和仰拱曲率，避免直边墙出现，使开挖断面轮廓形状接近圆形，表面圆顺，开挖后支护形成环状封闭结构。

（3）先柔后刚，先放后抗，变形留够。先采用以长锚杆为主，辅以留纵缝的喷混凝土以及可缩式钢架的柔性初期支护，并预留 25～45cm 的预留变形量，待围岩收敛到一定值后，施作厚度 50cm 以上的钢纤维混凝土二次衬砌，对围岩进行刚性支护。

（4）封闭成环。及时设置仰拱进行全断面封闭，封闭时间尽可能提早。由于塑性区一直在变化，支护时间越推迟，围岩塑性区范围越扩大。因此，这类围岩要及早支护，尽早约束其塑性区范围的扩展。

11.6.2　施工要点

（1）加强围岩防水和排水。膨胀性地层的母岩矿物中多含有吸水率极高的遇水膨胀矿物，因此水是膨胀性围岩地下工程产生病害的主要根源。围岩含水量的变化直接使其强度和体积发生变化，所以，应及时施作喷锚闭合支护，封闭暴露围岩，防止施工用水和水汽侵入岩体。此外，还应重视地表防水、排水工程，防止地表水沿裂缝、层面流入地下洞室，地下水可通过衬砌背后的引水管或盲沟引入洞内水沟排出，防止地下水渗流到隧道底部，造成底鼓。

（2）由于膨胀围岩软弱、破碎，因此，钻孔与安装锚杆的间隔时间不宜太长，防止坍孔。钻杆退出后，立即插入锚杆。若遇坍孔，可采用注浆式锚杆或自进式锚杆，一般自进式锚杆在这种条件下注浆很难饱满，需补一次全孔注浆。

（3）开挖后，应在较短的时间内，做好初期支护加固围岩，一掘一支护，步步为营。

（4）宜采取短台阶分部开挖，在上半断面开挖后，为使上半断面初期支护形成封闭成环，需加设钢结构横撑以取代临时仰拱，以克服下断面开挖后临时仰拱失去底部围岩的支撑，使受力状态恶化。

（5）二次衬砌与开挖面距离尽量缩短，衬砌应尽快形成环形封闭结构。

（6）在膨胀性岩层中施工，要特别注意排水工作，避免水漫流；拱脚及墙脚应采取措施不能积水，凡水流通过的土、石暴露地段应设置管道、木槽或浆砌片石水沟。

（7）混凝土全部灌抵岩壁，对拱顶部位应特别注意捣固密实。

（8）不可向开挖面洒水，以保持围岩干燥。

（9）加强通风，以降低洞内湿度和温度。

（10）长锚杆施工中，每台钻机必须间隔一定的距离，防止向岩体内大量注水引起边墙及拱脚塌方。

11.7　放射性物质地层开挖

放射性物质的重要特点之一是不断地释放射线，产生辐射照射。当人体接受的放射剂量超过一定值时，人体的机能就要受到损伤，其危害程度与放射性质、强度、距离和人体吸收辐射率、受照时间直接有关。

放射剂量通常用 $\mu Sv/h$ 表示。一般 $0.2\mu Sv/h$ 以下属于基本无辐射，超过 $2.5\mu Sv/h$ 属于放射性场所，超过 $20\mu Sv/h$ 则须进行安全防护（国家标准）。

11.7.1　放射性检测仪器

放射性检测仪器种类较多，须根据监测目的、试样形态、射线类型、强度及能量等因素进行选择。常用放射性检测仪器见表 11-9。

表 11-9　　　　　　　　　　　常用放射性检测仪器表

射线种类	检测器	特　点
α	闪烁检测器	检测灵敏度低，探测面积大
	正比计数管	检测效率高，技术要求高
	半导体检测器	本底小，灵敏度高，探测面积小
	电流电离室	检测较大放射性活度
β	正比计数管	检测效率较高，装置体积较大
	盖革计数管	检测效率较高，装置体积较大
	闪烁检测器	检测效率较低，本底小
	半导体检测器	探测面积小，装置体积小
γ	闪烁检测器	检测效率高，能量分辨能力强
	半导体检测器	能量分辨能力强，装置体积小

11.7.2　放射性监测对象及内容

放射性监测按照监测对象可分为：①现场监测，即对放射性物质生产或应用单位内部工作区域所作的监测；②个人剂量监测，即对放射性专业工作人员或公众作内照射和外照射的剂量监测；③环境监测，即对放射性生产和应用单位外部环境，包括空气、水体、土壤、生物、固体废物等所作的监测。

在环境监测中，主要测定的放射性核素为：① α 放射性核素，即 239Pu、226Ra、224Ra、222Rn、210Po、222Th、234U 和 235U；② β 放射性核素，即 3H、90Sr、89Sr、134Cs、137Cs、131I 和 60Co。这些核素在环境中出现的可能性较大，其毒性也较大。

对放射性核素具体测量的内容有：①放射源强度，半衰期，射线种类及能量；②环境和人体中放射性物质含量、放射性强度、空间照射量或电离辐射剂量。

11.7.3　放射性监测方法

环境放射性监测方法有定期监测和连续监测。定期监测的一般步骤是采样、样品预处理、样品总放射性或放射性核素的测定；连续监测是在现场安装放射性自动监测仪器，实现采样、预处理和测定自动化。

11.7.4　施工期间防护措施

（1）施工前做好勘测与防护设计。针对放射性这一特殊的地质问题，进行放射源区的勘测、开展辐射环境评价。掌握隧洞所处区域构造的位置，查明隧洞地处的局部构造、岩脉发育状况以及它们与矿点、矿化异常带之间的关系。注重矿化、水化分析，按影响程度划分等级区段，圈定影响范围。

按照国家已颁布实施的《放射性卫生防护基本标准》（GB 4792）规定的放射防护三原则：即行为的正当化、防护的最优化以及必须遵守的个人剂量限值进行以下工程辐射防护设计。

在隧洞通过放射性地段时，为了防止氡及氡子体析出和屏蔽放射性外照射，采用以防渗混凝土为主的综合防护层，并采用铺设无纺布、PE 防水板、连接缝设 BW 止水条、不设泄水孔、全封闭断面等措施，使地下水不进入正洞而从小导洞排至洞外集中处理，同时要求喷射、模注混凝土的密实度必须达到设计要求。洞内永久排水沟采用密闭盖板式，以防止水中的氡气逸出。在施工防护设计中主要是加强通风、洒水、防排水以及对"三废"处理和施工监测方面的设计。洞室主体工程完工后、在辅渣之前对隧洞喷涂防氡涂料。

（2）施工期间的放射性地段放射性污染主要内容。在放射性异常地段施工，对隧洞及周围环境主要产生以下放射性有害因素。

1）隧洞开挖及爆破时产生含矿粉尘对隧洞内空气的污染。

2）从开挖后裸露的岩石及裂隙水中逸出的氡气及氡子体对空气及放射性物质造成的表面污染。

3）隧洞围岩中矿石 γ 射线对施工人员的外照射。

4）施工中产生的废水、废气、废渣等放射物"三废"对环境的污染。

针对以上内容，在放射性物质超标区，进入现场的工人必须穿戴适合国家标准的防护衣帽，未穿戴防护设施的人员不得进入。清扫完被放射性污染的渣物后，仍需进行进一步测试。在放射性物质超标区，不得进行施工。

11.8 高地热地区开挖

在地下的某些特殊部位，如断裂带的交汇部位或地热异常区等，往往可能有温泉产生或地温异常，温度高者可达几十摄氏度。目前，高地温问题已是隧道工程、采矿工程及其他地下工程常见的地质灾害问题，成为制约以上各项工程施工和运营的瓶颈。

在深埋隧洞中，高温将会使施工作业困难。当温度超过 25℃ 时，劳动生产率直线下降，温度超过 35℃ 时无法作业。岩体温度随深度增高，地温梯度 P 与岩石的导热系数 K 成反比，其近似关系按式（11-5）计算：

$$P=0.05/K \tag{11-5}$$

地热梯度的平均值为 1℃/（30～35m）；在地质构造稳定区域为 1℃/（60～80m）；在火山区域为 1℃/（10～15m）。

温度场评价的常用方法：①类比法；②地温梯度预测法；③钻孔实测法；④水文地球化学法。

11.8.1 高地热对隧洞开挖及质量控制的影响

（1）高地热对隧洞开挖的影响。

1）在岩体温度超过 55℃ 时，使用普通硝铵炸药会产生膨胀，使得导爆管产生变形，导致出现哑炮或炸药失效的情况，造成极大的安全隐患，严重影响开挖进度。

2）高温热水的喷溅危害。在断层高温带往往伴随有地下温泉，一旦出现大流量高温热水，对人体和机械都将产生极大的危害。

（2）高地热对施工质量的影响。

1）环境温度升高会影响作业主体（即施工人员），使之无法尽心尽力施工作业，则开挖过程中可能出现钻孔数量人为减少、钻孔角度及方向偏差大等状况。

2）测量仪器有时无法正常工作，如红外线测量仪器无法正常穿透地热产生的水雾。

3）由于喷混凝土为薄壁结构，如岩壁温度过高，会使喷混凝土的水分蒸发，在其初凝前硬化，引起脱层掉块。

11.8.2 高地热隧洞的施工措施

（1）降温措施。加大洞内通风能力以缩短降温时间，增强降温效果；采用喷雾降温系统对洞内环境进行立体降温；采用冷却循环系统对掌子面炮孔进行通水降温。

（2）采用隔热材料与地下热水隔离。利用热导率低的隔热材料如赛珞泡沫、硬质氨基甲酸泡沫等来减少冷热介质之间的热交换，以达到降温的目的。隔热材料多用于岩面、管道和风筒隔热几个方面。

1）围岩隔热。可将隔热材料喷涂在围岩表面；在衬砌背后充填隔热材料；采用内层或中层喷涂隔热材料的复合式衬砌。

2）管道隔热。可在管外包泡沫塑料、在管外喷涂化学发泡剂或直接采用硬质塑料管，减少散热。

3）隔热风筒。采用双层隔热风筒或外包隔热材料的风筒等，阻止热量交换。

11.8.3 高地热隧洞的支护形式

围岩和衬砌受温度应力作用，在施工中为减小温度应力，可考虑应用隔热保温技术，在喷锚支护后均铺设一层稀土隔热层，减小热量的传递。在高地热条件下，隧洞衬砌支护一方面要确保施工期间洞内合适的温度，另一方面还要确保运行的正常，所以，衬砌支护形式选择要综合施工期和运营期两方面的要求综合确定。以下为六种可用的支护形式：

支护形式一：喷锚支护＋稀土隔热层＋离壁式衬砌；

支护形式二：喷锚支护＋稀土隔热层＋硬质聚氨酯隔热层＋模筑混凝土衬砌；

支护形式三：喷锚支护＋稀土隔热层＋模筑混凝土衬砌＋稀土隔热层；

支护形式四：喷锚支护＋稀土隔热层＋模筑混凝土衬砌＋离壁式衬砌；

支护形式五：喷锚支柱＋稀土隔热层＋硬质聚氨酯隔热层＋装配式混凝土衬砌；

支护形式六：喷锚支柱＋稀土隔热层＋装配式混凝土衬砌＋稀土隔热层。

在以上六种支护形式中，由于二次衬砌之前已经施加了稀土隔热层，对温度的传递已有很好的阻隔，温度应力也有所减小，混凝土衬砌由于受温度的影响，在施工中严格控制各项指标，可达到预期的效果，故可优先考虑采用。

对于优先采用的模筑混凝土应采取下述措施。

（1）为了防止高温时的强度降低，应选定合适的水灰比，并考虑到混凝土的耐久性，宜采用高炉矿渣水泥（分离粉碎型水泥），混凝土配合比和掺合剂应作试验后优选。

（2）将衬砌混凝土的浇筑长度适当缩短。

（3）用防水板和无纺布组合成缓冲材料，由于与喷射混凝土隔离，因此，混凝土衬砌的收缩可不受到约束。

（4）适当设置裂缝诱发缝，一般在两侧拱角延长方向设置。

12 混凝土施工

地下工程混凝土施工主要包含隧洞混凝土、竖井与斜井混凝土、地下厂房与主变室混凝土、钢衬回填混凝土、堵头混凝土等。本章主要叙述地下工程混凝土的施工程序、模板及施工工艺，混凝土原材料及配合比、混凝土生产等内容可参考《水利水电施工技术全书》的第三卷混凝土工程。

混凝土在水工隧洞的主要作用：一是防止围岩坍塌，与初支护（一次支护）联合受力形成二次支护；二是承受内水压力和围岩压力；三是降低表面糙率系数，减少水头损失；四是防止内水和外部水渗入。

混凝土按使用功能分主要有：结构混凝土、保温混凝土、装饰混凝土、防水混凝土、耐火混凝土、水工混凝土、海工混凝土、道路混凝土、抗冻混凝土、防辐射混凝土等。按施工工艺分主要有：离心混凝土、真空混凝土、灌浆混凝土、喷射混凝土、碾压混凝土、挤压混凝土、泵送混凝土等。按配筋方式分有：素（即无筋）混凝土、钢筋混凝土、钢丝网水泥、纤维混凝土、预应力混凝土等。按混凝土拌和物的和易性分有：干硬性混凝土、半干硬性混凝土、塑性混凝土、流态混凝土、高流态混凝土等。

12.1 隧洞混凝土

12.1.1 施工程序

随着新奥法在我国的地下工程技术界及控制爆破技术（光面爆破和预裂爆破）领域的深入应用，初期一次支护不仅解决围岩稳定问题，而且作为永久支护的一部分，在硬岩和埋设较深隧洞通常将混凝土衬砌安置在开挖结束后进行。

对于大中断面隧洞，在浅埋偏压和无法布置施工支洞的长隧洞，可以采取边开挖边浇筑的方法。这是公路隧洞常用的施工方法。

混凝土衬砌分段长度根据围岩条件、隧洞结构尺寸、施工难度、混凝土生产能力等因素确定。隧洞衬砌施工期裂缝产生的主要原因是由于混凝土的水化热和干缩引起衬砌胀缩位移，但衬砌外围起伏不平的围岩阻碍了衬砌自由胀缩，若混凝土衬砌分段长度大于衬砌设计伸缩缝间距，容易使混凝土产生裂缝，因此，隧洞混凝土衬砌分段长度以 9～12m 为宜。

隧洞转弯段的浇筑长度，根据转弯半径计算直线模板段长度，使折线与弧线的误差满足规范要求。

断面不大的隧洞混凝土衬砌可一次浇筑，大断面隧洞混凝土衬砌要分部、分块浇筑，如先浇底拱、后浇边顶拱。在高度特大的隧洞中，可先浇顶拱、后浇底板和边墙。

隧洞混凝土衬砌分块及施工顺序详见表12－1。

表12－1　　　　　　　　　　隧洞混凝土衬砌分块及施工顺序表

施 工 顺 序	适 用 条 件
全断面一次衬砌	中小型断面隧洞，地质条件较好，体形单一
先底拱，后边顶拱	大型隧洞，地质条件差的隧洞更为适用
先顶拱，后底板、边墙	适用于高度特大隧洞，顶拱浇筑好后，再开挖下部

12.1.2　模板

隧洞混凝土衬砌模板一般分为组合模板和移动式模架，其中移动式模架又分为液压钢模台车、针梁钢模、穿行式钢模等。除在转弯半径小和异型（渐变）段采用散拼模板、组合模板等传统模板外，其余均采用移动模架（钢模台车）进行浇筑。其机械化操作、液压技术的广泛应用，更使混凝土的成形质量，和在减轻劳动强度，提高快速施工能力等方面为建筑业界所认可。

（1）隧洞钢模台车主要种类和特点（见表12－2）。

表12－2　　　　　　　　　　隧洞钢模台车主要种类和特点表

类型	名　　称	结 构 和 使 用 特 点
分部式衬砌模板	整体式钢模台车	多为边顶拱衬砌，模板和台车不分离，分段长度适应混凝土性质要求，一般以9～12m为宜，操作简便，速度快，立模精度好
	分离式钢模台车	与整体式钢模台车功能基本相同，不同的是台车较短，一部台车配多套模板组成一个浇筑段，一般每套模板长4～4.5m，要求模板自身具有较高强度，能独立承受混凝土荷载。此类模板有穿行式和非穿行式两种。穿行式是台车载运模板时可以同时穿行通过立模段；非穿行式仅台车可穿行立模段，立模时第一节模板需从远处开始就位
	底模台车	用于隧洞底拱衬砌，有针梁式，也有整体轨道行走式
	边墙钢模台车	大型隧洞有较高边墙，单独浇筑边墙时有多种类型的钢模台车，模板可采用拼装为大面积的整体模，并一起脱模，模板随台车行走转移
全断面衬砌模板	针梁钢模	模板和针梁互为依托、交替运行，达到移位目的。特别适宜在中小、长直隧洞中使用。目前针梁钢模已发展有针梁上置式、针梁下置式及穿行式针梁钢模等多种形式。由于针梁长度是模板的2倍多，通过转弯段有一定困难
	伸缩式钢模台车（穿行式钢模）	整套模板自成体系，底模由支腿支承在地面，台车载运模板行走于底模上，模板每节长3～4.5m，一部台车配多节模板，能较容易通过转弯段。由于分节立模、脱模，操作速度较慢
	多功能模板	是又一种全断面衬砌模板，需要铺设轨道，既可使用于平洞，又可使用于斜井，由卷扬机牵引移动
	行进式隧洞滑模	底板和顶拱有固定的模板，通过丝杆调节完成立模和脱模动作，而左右两侧采用滑模的方式进行滑升浇筑，施工时操作和观测方便，由于浇筑速度较慢，施工应用极少

（2）几种典型的隧洞成形模板。

1）边顶拱钢模台车。

A. 整体式边顶拱钢模台车。边顶拱钢模台车是隧洞混凝土衬砌模板中应用最广泛的一种，其中又以整体式钢模台车为主，整体式钢模台车除台车重量稍重外，有很多分离式钢模台车所不具备的优势：立模、脱模速度快，操作相对简单，立模精度容易控制，整体强度好，故成为边顶拱衬砌模板的首选。诸如大朝山、龙滩、小湾、糯扎渡、溪洛渡、乌东德等水电站导流洞、尾水洞等大型、特大型断面隧洞中都是采用的整体式边顶拱钢模台车方案。

小湾水电站导流洞整体式钢模台车见图12-1。

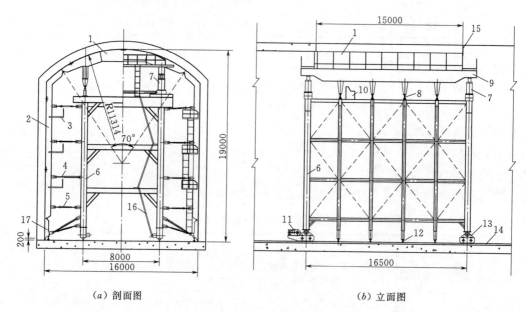

（a）剖面图　　　　　　　　　　　（b）立面图

图12-1　小湾水电站导流洞整体式钢模台车示意图（单位：mm）

1—顶模；2—侧模；3—操作平台；4—侧向油缸；5—螺旋撑杆；6—台车架；7—顶模油缸；8—模板调节支撑；9—托梁；10—液压泵站；11—主动轮机构；12—台车调节支撑；13—被动轮机构；14—轨道；15—堵头模板；16—楼梯；17—下边模

小湾导流洞为城门洞形，宽×高为16m×19m，台车每浇筑段长度为15m。液压系统中，顶模油缸4只，侧向油缸每排3只（模板长度小于12m时可考虑只用2只），横向调节机构2套，各用油缸1只。液压系统可能发生的泄漏和其他故障将会严重影响到模板立模工作状态，特别是设计大型钢模台车时，有必要对此进行特别关注和研究。该型台车是在顶模油缸上加设螺旋装置，以实现液压和机械共同锁紧，确保顶模油缸在浇筑时可靠受力。由于边墙是一次性同时衬砌到地面，故边墙模板分为两部分，都由液压缸控制操作。立模时，下边墙下面增加了高度为200mm的木模（或小钢模），这样才能保证浇完混凝土后下边模能自由转动完成脱模动作。

顶模托梁和台车下方均设置了多点可调节式螺旋支撑机构，立模后，变简支梁为连续梁多点支撑受力，改善顶模和台车整体受力状态。

龙滩水电站尾水洞边顶拱钢模台车见图12-2，该隧洞衬后成洞直径21m，先用成形小钢模浇120°范围内底拱，同时预埋弯钩螺栓，为安装边顶拱钢模台车行走轨道做准备。钢模台车衬砌长度为10m。

轨道装置见图12-3，包括支座、锥形螺母、轨道梁和轨道等。这种设计，不影响台

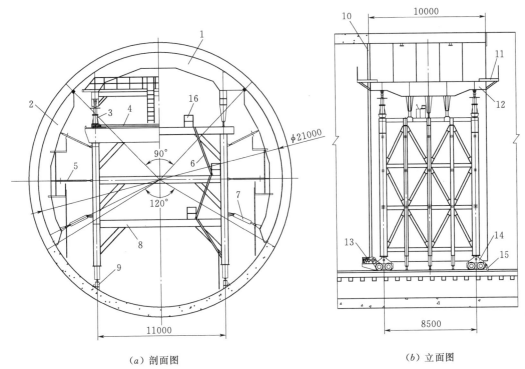

（a）剖面图   （b）立面图

图 12-2　龙滩水电站尾水洞边顶拱钢模台车示意图（单位：mm）

1—顶模；2—侧模；3—垂直油缸；4—横向调节机构；5—螺旋撑杆；6—楼梯；7—倾向油缸；8—台车架；

9—轨道装置；10—搭接环；11—操作平台；12—托梁；13—驱动机构；14—被动轮机构；

15—夹轨器；16—液压控制

车下部空间通行。

　　构皮滩水电站尾水洞钢模台车见图 12-4，其成洞直径为 14.2m，边顶拱钢模台车由 5m 长的两节组成，这种整体拆分式钢模台车，主要考虑兼顾直线和转弯段的应用，直线段时连成一体，转弯时分开，拼接转弯段模板。当然其操控系统、行走机构都有所增加，造价也相应有所提高。由于隧洞有较大坡度，故台车行走不设驱动机构，而由两台卷扬机牵引，同时，模板还加设了导向装置，防止模板倾斜。

　　B. 分离式边顶拱钢模台车。其优点是台车和单组模板较短，较容易通过转弯段，台车重量较轻，但立模、脱模须分几次进

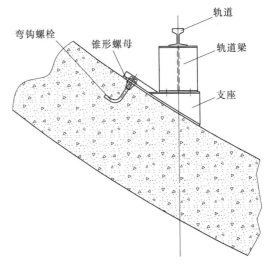

图 12-3　轨道装置图

行，操作相对烦琐，速度比不上整体式，立模精度也受到不利影响，所以对立模安装调整就位操作要求较严。立模时，模板没有台车支撑，依靠自身强度，受力不如整体式台车。

　　2）隧洞滑模。隧洞混凝土采用滑模施工，也有实践尝试。滑模装置有许多优点，首

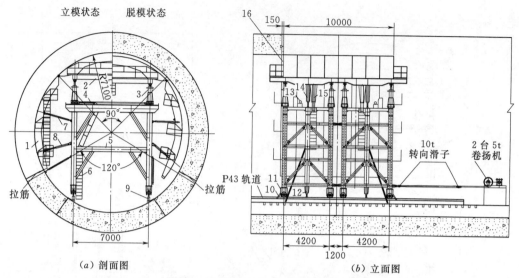

图 12-4　构皮滩水电站尾水洞钢模台车示意图（单位：mm）

1—模板组；2—托架；3—顶模油缸装置；4—横向调节机构；5—台车架；6—爬梯；7—螺旋撑杆；

8—侧向油缸；9—轨道装置；10—夹轨器；11—行走轮；12—辅助支撑；13—液压控制台；

14—顶模支撑；15—导向机构；16—搭接环

先它没有脱模、立模的重复操作，能实现混凝土浇筑的连续作业；其次模板结构为整体，使浇筑成形的混凝土建筑体形规整、统一，而且模板结构重量轻。

隧洞混凝土采用滑模施工，其难点在于模板仓面的处理。由于混凝土的流动性，一般情况下，混凝土入仓后，经平仓振捣，混凝土自然流淌，几乎形成水平状，由于没有堵头模板，顶拱很难灌满；如果加封堵头模、滑模不便进行连续浇筑；如果连续浇筑，混凝土没有分缝，不能防止开裂，解决不了分缝要求；如果顶拱模板太长，存在混凝土被拉裂的问题，顶拱模板太短，混凝土出模时尚未完全初凝，强度较低，顶拱会塌落，因此，可行性很小。

一种已经应用于工程施工的平洞滑模装置见图 12-5。

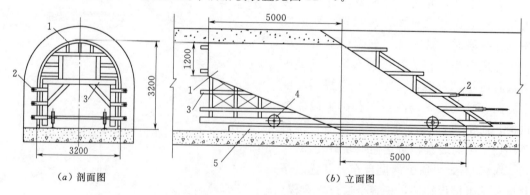

图 12-5　一种已经应用于工程施工的平洞滑模装置示意图（单位：mm）

1—模板；2—液压千斤顶；3—车架；4—行走轮；5—轨道

施工中，顶拱改设混凝土预制块，以避免混凝土因强度不够而塌落。最快速度曾达到 6m/d。

隧洞不大，为城门洞形，断面尺寸为 3.2m×3.2m，隧洞先浇了平面底板，铺轨道供滑模行走导向；滑动动力装置采用 6 台 QYD - 6 型液压千斤顶，横向放置，沿洞壁安装于车架前方；施工时，混凝土泵布置在滑模前面，并与滑模有机连接，同步前行，混凝土导管连接到顶拱，混凝土从顶拱入仓向两边分淌。边墙模板与底板之间的小空间用小模板支护对接，局部用木板封堵。

由于这种水平滑模存在诸多矛盾和困难，因此，推广尚有难度。

3）边墙钢模台车。大型隧洞，不论断面是城门洞形或者马蹄形，都有较高的边墙。有时候，由于总体方案和施工措施的要求，需要将边墙和顶拱分开、分期浇筑，或者只浇边墙，不浇顶拱。边墙钢模台车也有多种形式，图 12 - 6 和图 12 - 7 是有代表性的两种。

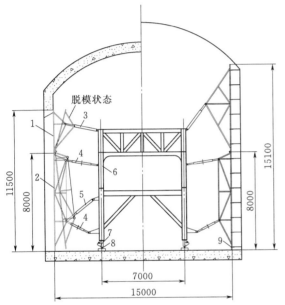

图 12 - 6　蝴蝶边墙钢模台车示意图（单位：mm）

1—上部模板；2—下部模板；3—上部油缸；4—螺旋撑杆；5—下部模板；6—台车架；7—行走机构；8—轨道；9—拉筋

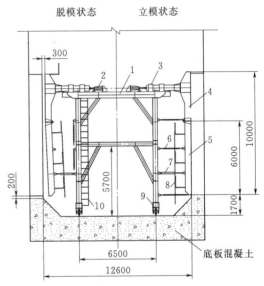

图 12 - 7　整体式边墙钢模台车示意图（单位：mm）

1—台车架；2—横移油缸；3—横送装置；4—上部模板；5—下部油缸；6—螺旋撑杆；7—侧向油缸；8—操作平台；9—行走轮；10—爬梯

图 12 - 6 中的蝴蝶边墙钢模台车在漫湾水电站导流洞、泄洪洞及其他多项工程中使用。在漫湾水电站工程中先开挖了隧洞的上半部，并随之进行了上半部的边顶拱混凝土衬砌，然后开挖下半部，边墙钢模台车就由上半部钢模台车加高、加宽改造而成。使用时，两边墙模板张开，犹如一只巨大的蝴蝶，故又称"蝴蝶钢模台车"。模板分上下两部分，均由液压油缸操控，脱模时，上部油缸收回，使上部分模板转动脱模，然后收回下部油缸，使全部模板完成脱模，操控方便。每节模板长 6m，一部台车配多节模板，属分离式边墙钢模台车，如立模时，模板需要与岩石上的锚杆焊牢拉紧，而后台车脱离，自由穿行。11.5m×6m 的一对模板重约 12t，台车托运模板时，巨大的模板悬于空中，非常平稳。因为钢模、油缸、可调撑杆及台车构成了几何稳定结构，保证了台车运送模板安全、

高效。实际施工时，4节模板（24m长）为一个浇筑段，一部台车配2套（48m）模板，实现了混凝土快速施工，确保截流工期要求。

图12-7是另一种结构型式的边墙钢模台车，在彭水水电站导流洞等工程中有实际应用。隧洞为城门洞形，下部有倒角，浇注段长度为12m，模板也分上下两部分，中间有转动支铰相连。脱模时，下部油缸收回，下边模转动离开混凝土面，然后上部油缸收缩，带动所有模板移动，完成脱模动作。此类整体式边墙钢模台车结构更为稳定，横向调节和操控更方便、可靠，脱模距离更大，而且台车整体受力，不需要大量的拉筋焊接，速度更快。

如果已先浇完顶拱混凝土，再浇边墙，则特别要注意纵向接缝处的模板技术处理，多开小料口，使混凝土能均匀地灌满，确保接缝质量。

4）全断面衬砌模板。20世纪90年代初，日本大成公司在鲁布革水电站引水隧洞工程引进了全断面针梁钢模，此后，隧洞全断面衬砌模板技术在水利水电工程等建筑领域全面推广实施，并不断改进、创新，使这一经典的有代表性的模板技术又有了长足的进步和发展。隧洞全断面衬砌模板除针梁钢模外，又涌现出伸缩式模板、多功能模板和行进式隧洞滑模等多种型式。

A．针梁钢模。典型针梁钢模结构见图12-8。模板的动作采用手动螺旋丝杆支撑调节，横向调节机构设置在针梁两端的支腿上，也采用丝杆调节，因此，横向调节时，是由针梁通过门架带动全部模板整体移动。而针梁的升降（也是模板的升降）采用4台液压油缸，油缸布置在支腿上。驱动装置采用双向卷筒电动机械卷扬机构，牵引针梁

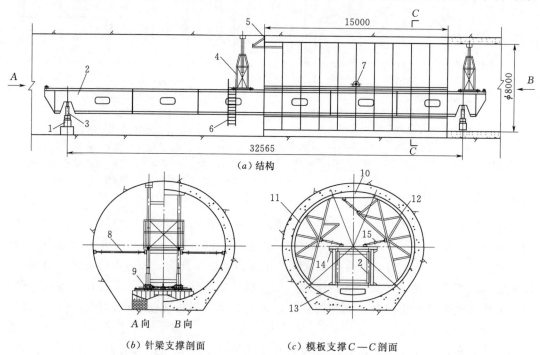

（a）结构

（b）针梁支撑剖面　　（c）模板支撑C—C剖面

图12-8　典型针梁钢模结构图（单位：mm）

1—前后支腿；2—针梁；3—支腿油缸；4—支撑小车；5—堵头模板；6—爬梯；7—驱动装置；8—侧向支撑；
9—横向调节机构；10—顶模；11—左侧模；12—右侧模；13—底模；14—门架；15—螺旋支撑

或模板运动,针梁采用实腹板结构,呈箱形,以满足巨大的荷载要求。正是由于其运动原理是针梁在模板内穿行,或者模板在针梁上移动,针梁和模板互为依托,产生相对运动,达到模板移位立模浇筑的目的,运动形式有"穿针引线"的寓意,故形象地称之为"针梁钢模"。

这样配置的操作机构和驱动装置,在一段时期内应用较多,后又发展到模板操作和横向调节也用液压控制,使立模、脱模和调节更方便、快捷、省力;驱动装置也有采用液压马达方式,长链条传动,真正实现了全液压操作,占用的有限空间更少。

上述这种针梁钢模又被称作为下置式针梁钢模,即针梁靠隧洞中心以下设置,与底模接触。

随着针梁钢模结构型式的变化与发展,又衍生出上置式针梁钢模(见图 12-9、图 12-

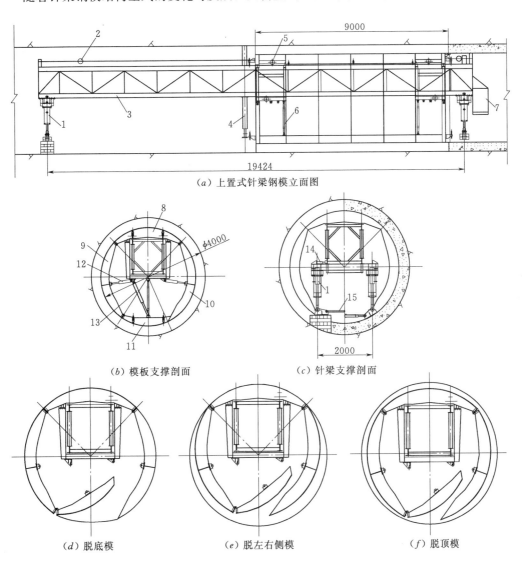

(a)上置式针梁钢模立面图

(b)模板支撑剖面　　　　(c)针梁支撑剖面

(d)脱底模　　　　(e)脱左右侧模　　　　(f)脱顶模

图 12-9　上置式针梁钢模示意图(一)(单位:mm)

1—前后支腿;2—5t手拉葫芦;3—针梁;4—辅助支腿;5—行走轮;6—底模支撑;7—液压泵站;8—顶模;
9—左侧模;10—右侧模;11—底模;12—侧模油缸;13—底模油缸;14—5t螺旋千斤顶;15—可调连接支撑

10 和图 12-11）。这几种型式的主要区别在支腿和模板分块方面。前两种多用于中、小断面隧洞，后者多用于较大断面隧洞中。

图 12-9 是直径为 4m、长度为 9m 的上置式针梁钢模，整圈模板分为 4 部分，分别为顶模、左侧模、右侧模和底模。针梁为桁架结构，模板动作全液压操控，支腿油缸上加装机械锁定机构。立模后，针梁中部用可调辅助支腿加撑，使跨度减小，较小截面的针梁也能满足强度要求，模板移动放弃卷扬机构，而用 2 台 5t 手拉链条葫芦，使整套钢模重量不到 30t。

图 12-10 所表示的是另一种结构型式的针梁钢模。模板分块和动作与前面不一样，侧模和底模之间不用转动支铰连接。脱模时，先收左右侧模，再向上提底模，针梁两端的支腿设计也是另一种形式。

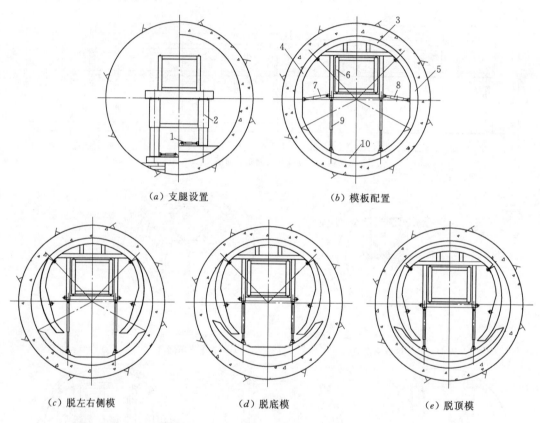

（a）支腿设置　　　　　　　　　　（b）模板配置

（c）脱左右侧模　　　　　　（d）脱底模　　　　　　（e）脱顶模

图 12-10　上置式针梁钢模示意图（二）

1—横向调节油缸；2—支腿；3—顶模；4—左侧模；5—右侧模；6—针梁；7—侧向油缸；
8—螺旋支撑；9—底模油缸；10—底模

小浪底水电站排沙洞针梁钢模结构见图 12-11，衬后直径 6.5m，长度 12.05m，该套模板除立模、脱模液压操作外，针梁和模板行走也是液压马达驱动。模板分为 5 部分，模板两端的腹板为箱形截面，强度特别大。立模后，模板两端的支撑分别顶住岩石面和已浇混凝土面，依靠模板自身的强度已可以完成混凝土浇筑，针梁主要用于模板的行走，这些是这套针梁钢模的突出特点。

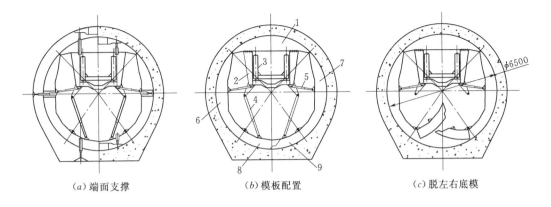

图 12-11　小浪底水电站排沙洞针梁钢模结构示意图

1—顶模；2—挂架；3—针梁；4—底模油缸；5—侧模油缸；

6—左侧模；7—右侧模；8—左底模；9—右底模

上置式针梁钢模的模板自身强度较大，对针梁的依赖较小，因此模板与针梁之间的支撑较少，整套模板显得紧凑、简明。由于针梁上置，而且取消了成排密集的门架，仅以 2～3 架挂架代替，使模板内部宝贵的空间比较集中，针梁下面便于施工人员活动、通行，对施工操作带来极大好处，这是上置式针梁钢模重要特点之一。针梁可设计为桁架式结构，重量减轻，还可以取消复杂的卷扬驱动装置，代之以手动葫芦或电动链条葫芦，进一步增大活动空间，降低造价，这在小洞径应用中尤为重要。上置式针梁钢模的成功实践，是隧洞全断面衬砌模板技术的重大进步，它极大程度取代了传统的针梁钢模结构型式。目前，小到直径为 3m 以下，大到直径为 8.5m 的上置式针梁钢模都有成功的应用实践。

惠州抽水蓄能电站（引水平洞和尾水平洞所使用的）上置式针梁钢模见图 12-12，成洞直径为 8.5m，浇筑段长 9m，桁架式针梁，驱动设备选用 2 台 10t 电动链条葫芦，横向调节用手动螺旋丝杆，其余为液压系统油缸控制，值得一提的是底模部分构造的变化。通常情况下，圆形隧洞腰线以下部位浇筑时，混凝土表面会产生许多水气泡，影响表面质量，这是由于混凝土内部的水、气不能很好地排出所致，即使采取在模板面钻小孔通气、使用土工布吸水等其他措施，都不能有效改善这种状况，因此，在此结构中，取消了底部模板，即在弦长 3m 原本是底模的范围不要模板，设计了一个悬空的框架，以维持模板体系稳定和强度要求，底部用人工抹面的方式成形，使这部分混凝土表面完全没有水、气泡缺陷，达到理想状态。

在施工中，混凝土从两侧向底部中央涌入，要等待混凝土初凝才能控制和抹面，很影响浇筑速度，于是，在底部增加定型小模板，利用悬空框架支撑固定，这样，浇筑速度将不受影响。视底部混凝土初凝情况适时取出小模板进行人工抹面，同样达到混凝土表面质量要求，而装、拆小模板并不影响循环周期时间。

针梁钢模实现了隧洞混凝土的全断面衬砌，而且不架设轨道，自成体系完成混凝土浇筑，这是其优势和特点，而正是由于不用轨道，长距离转移较麻烦，需要针梁和模板互相依靠，交替移动，每次都要升降支腿，而且模板下面需用方木或木板垫牢，所以转移速度

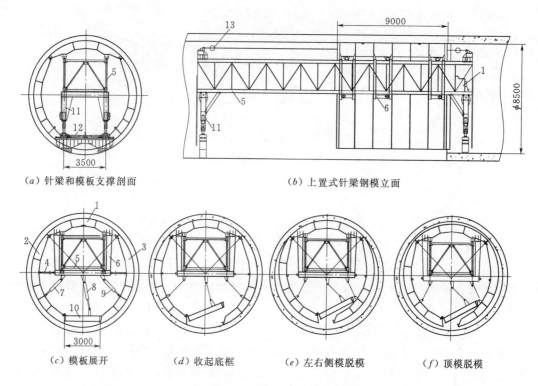

图 12-12　惠州抽水蓄能电站上置式针梁钢模示意图（单位：mm）

1—顶模；2—左侧模；3—右侧模；4—螺旋支撑；5—针梁；6—挂架；7—左侧模油缸；8—底框油缸；
9—右侧模油缸；10—底框；11—支腿；12—横向调节机构；13—10t电动链条葫芦

较慢，这也是针梁钢模的使用特点之一。

B. 穿行式针梁钢模。针梁钢模和普通边顶拱钢模台车都属于移置式钢模台车，即立模一次，浇筑一段，然后拆模，移位，再立模，再浇筑。一套针梁钢模，$\phi 8m \times 12m$ 左右的规格，完成一次浇筑循环的时间为 3~4d，这样的速度为绝大多数工程所接受，但在某些工期特别紧的工程中，对混凝土施工有更高的要求，要求进一步提高浇筑速度，穿行式针梁钢模就是为应对这种要求而设计的。

穿行式针梁钢模方案见图 12-13。从图 12-13（b）模板配置截面可以看出，模板分顶模，左、右上侧模，左、右下侧模和底模 6 部分，而模板纵向总长分为 A、B 两大段，各长 9m，脱模和立模都是以每段模板为独立单元分别进行。

对 A 段模板进行脱模操作时，先脱下侧模，用手动葫芦提，接着用油缸脱底模（向上提起），随即向前运行，穿过立模状态的 B 段模板，立模，然后脱左、右上侧模，最后脱顶模（同前面所提到的针梁钢模一样，顶、侧模的升降也是由针梁带动实现），顶模和侧模一起穿行通过 B 段模板，接着立模，这就是穿行式针梁钢模的原理和主要工作过程。模板跑车相当于台车，而针梁是模板运行的轨道，同其他针梁钢模不同的是，针梁运行时并不以模板为依托，而是在前后支腿下铺设外轨和内轨。穿行式针梁钢模之所以能快速施工，是因为 A、B 两段模板相继交替作业，极大地减少了模板等待混凝土凝固的时间，但混凝土实际养护时间足够。穿行式针梁钢模循环见图 12-14，穿行式针梁钢模循环时间见表 12-3。

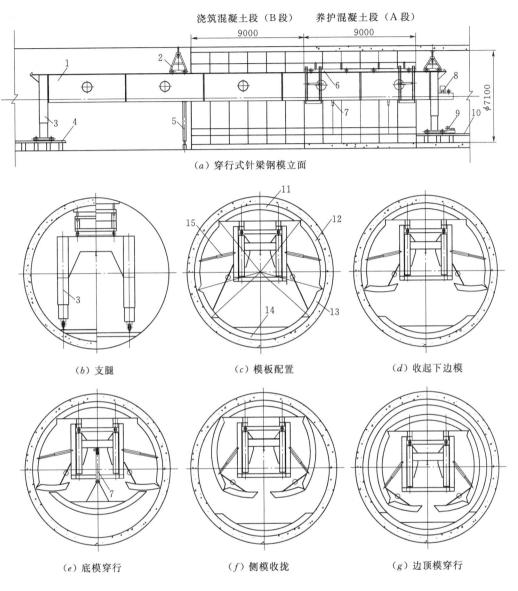

图 12-13 穿行式针梁钢模方案示意图（单位：mm）

1—针梁；2—支撑小车；3—支腿；4—外轨；5—辅助立撑；6—模板跑车；7—底模油缸；8—液压泵站；9—行走驱动轮；10—内轨；11—顶模；12—上侧模；13—下侧模；14—底模；15—侧模油缸

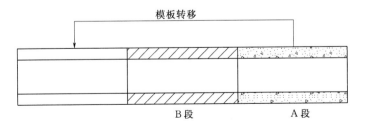

图 12-14 穿行式针梁钢模循环示意图

表 12 – 3 穿行式针梁钢模循环时间表

工作区段	B 段		A 段			
工作内容	初凝	拆堵头模	立模	浇混凝土	初凝	拆堵头模
时间/h	7	1	4	6	7	1
每次循环时间为 18h，混凝土实际养护时间为 26h						

其中，针梁的运行操作不占用循环时间，包括脱模准备工作均在现浇混凝土初凝这段时间内完成。每段混凝土养护时间达到了 26h，而每段循环时间仅 18h，每月可完成 40 次循环，如每段模板长 9m，则每月可浇混凝土 360m。

C. 伸缩式模板。伸缩式钢模台车（也叫穿行式钢模）是一种颇具特色的全断面平洞衬砌模板（见图 12 – 15）。

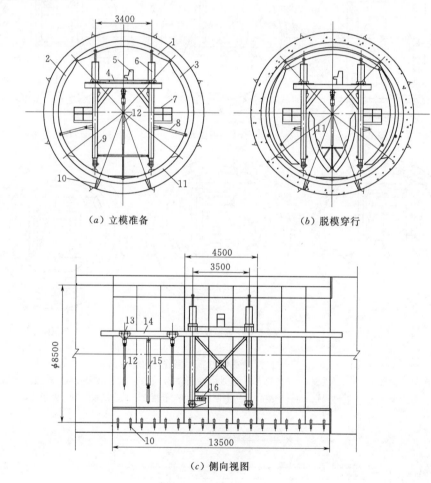

（a）立模准备　　　　　　　　　（b）脱模穿行

（c）侧向视图

图 12 – 15　伸缩式钢模台车示意图（单位：mm）

1—顶模；2—左侧模；3—右侧模；4—横向调节机构；5—液压泵站；6—垂直油缸；7—操作平台；
8—侧向油缸；9—台车架；10—支腿；11—底模；12—底模油缸；13—吊运小车；
14—小车行走梁；15—吊杆；16—驱动机构

整套模板自成体系，包括立模、脱模、行走转移，不需要另外铺设轨道，底模由支腿支撑在地面，承受全部荷载，模板由多节组成，每节模板长4.5m，一部台车配多节模板，每节模板就是一个立模、脱模的操作单元，台车长度不能超过单节模板长度，台车上方布置一对纵向轨道梁，其长度超过3节模板长度。工作时，台车站立在一节模板上，从台车后面提升底模，沿轨道运送到前端立模，新立好的底模又形成了一段台车行走轨道，台车可以在这段底模上立好边顶模。由于单节模板和台车均较短，通过转弯段不会有多少障碍，但是需要另外考虑三角体变化部位轨道的设计与安装，甚至需要同时考虑整个转弯段模板方案。

模板脱模后立模，需要穿行通过立模模板中间，故设计时模板腹板高度不宜太大，必须兼顾强度与结构诸方面的要求，模板制作时也要求有较高的配合精度，达到每节模板的互换搭配。

伸缩式模板是模板分节操作的，每浇筑段即使由3节模板组成，也要脱模、立模3次才能完成，与整体式钢模台车相比较，操作速度相对较慢。如想提高速度，可采用多配模板的方法，比如，一部台车配6节模板，像前面提到的穿行式针梁钢模一样，分两个浇筑段循环，一段保养，一段立模，可以极大地提高浇筑速度。

D. 多功能模板。多功能模板，顾名思义，其作用是多方面的，设计意图希望能综合运用于平洞段、斜井直线段和竖向转弯段，实际施工中在广州抽水蓄能电站引水隧洞和天荒坪抽水蓄能电站尾水斜井中均有所应用。作为多功能模板，在单一工况下，它可能不是最好的方案，但是能兼顾其他工况条件，就此点来说，是其独有的特点。

多功能模板结构见图12-16，圆形截面隧洞，模板由顶模、左右侧模和底模4部分组成，模板中间段长4m，主要用于转弯段，前后可各加长1.75m，使在平洞段和斜井直线段时长度达到7.5m。模板用液压控制操作，底模、顶模、侧模各4只油缸，液压泵站可以调整角度。结构受力中心是支撑方梁，方梁分为两段，两段之间以转动铰和调节丝杆

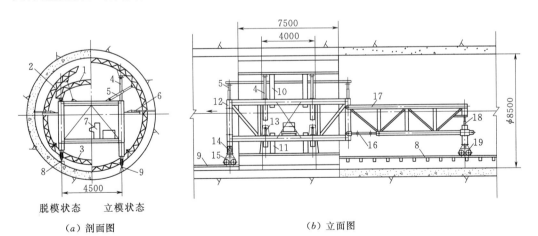

图12-16 多功能模板结构示意图（单位：mm）

1—顶模；2—侧模；3—底模；4—底模油缸；5—侧模油缸；6—横向支撑；7—液压泵站；8—内轨装置；9—外轨装置；10—上部导向；11—下部导向；12—方梁上段；13—底模油缸；14—前轮支架及千斤顶；15—外轨行走轮组；16—调节丝杆；17—方梁下段；18—调节支腿及千斤顶；19—内轨行走轮组

319

连接，调节丝杆长度可以改变方梁中心线的倾角，以适应进出转弯段时角度变化的要求。模板和方梁支间有导向机构，以防止在斜井中使用时模板下坠。

多功能模板的行走由外部卷扬机牵引。

E. 行进式隧洞滑模。其原理见图 12-17，底拱和顶拱均有固定的模板，通过丝杆调节实现脱模和立模，而左右两边采用滑模的方式进行滑升浇筑，混凝土入仓布置方便，也方便施工观察。但由于环向滑升，达到混凝土初凝强度需较多时间，故浇筑速度较慢，实际应用极少，仅作为隧洞模板的一种类型。

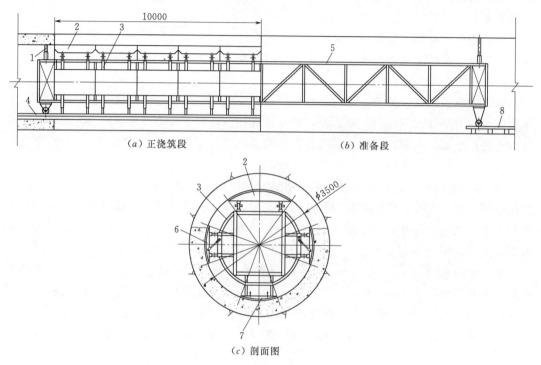

(a) 正浇筑段   (b) 准备段

(c) 剖面图

图 12-17　行进式隧洞滑模原理图（单位：mm）

1—定位撑杆；2—顶模；3—弧形模板；4—内轨；5—针梁；6—滑模模板；7—底模；8—外轨

5）底拱模板。隧洞底拱，这里指圆弧底拱，根据前面提到的优先原则，平地面底板浇筑一般是不需要模板的。底拱混凝土衬砌，相对边顶拱而言，要容易得多，模板高度低，空间大，混凝土泵管的布置，混凝土入仓，模板操作，施工观察，运输安装等有利条件很多。

一般底拱范围在 90°～120°之间。

用于底拱的成套模板，有针梁式、轨道式、也有伸缩模板式的。其操作方式可以是有较高机械化程度的液压系统控制，也可以是机械配合手动调节，应视具体工程要求而定。底拱衬砌，不论是在没浇边顶拱的情况下，还是在已浇边顶拱的情况下均能应用。

当然，底拱混凝土采用拖模的方案浇筑也是有的，不过这是多年以前的应用了，其特点是可以连续快速施工，但轨道安装加固投入较大，对洞内其他施工干扰极大，很难平行作业，而且混凝土没有分缝，满足不了结构设计要求，一般情况下不推荐使用。

近几年来，很多施工单位在底拱混凝土施工时往往不选择成套、成形的整体底模台车，有施工措施、施工技术方面的考虑，也有减少资金投入，节约造价方面的原因，而返回到采用定型小钢模的方式。与传统做法不同的是，在底拱中间一带，连小钢模也不要，直接人工抹面，待混凝土初凝后又脱开其余小钢模，进行抹面，完全消除了混凝土表面水气泡。目前，这种施工技术应用也较多，从中小隧洞到大型隧洞均有应用，如龙滩水电站尾水洞成洞直径为21m，应用效果也很好。

　　A. 针梁式底模。简易针梁式底模装置见图12-18，提升、前进均采用螺旋千斤顶或手动葫芦，可以节省重量，降低造价，其工作原理与前面所提到的全断面针梁钢模相同，即针梁和模板互为依托，相对运动，实现模板转移的目的，而且同样不需要另外架设轨道，结构上的主要区别是没有边顶拱模板。在底模中间可以留出一大块面积不设模板，用人工抹面的方法辅助成形，而其余部分可以提前脱模，在混凝土没有终凝前抹面，使整个底拱范围完全消除表面水气泡。

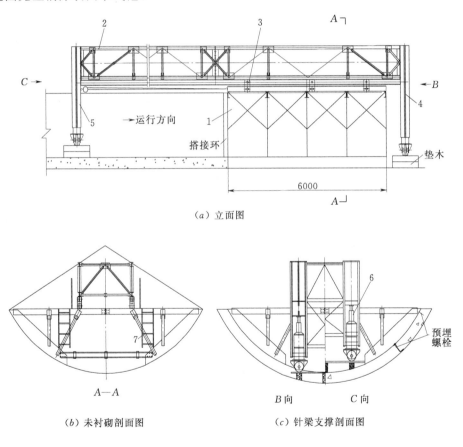

图 12-18　简易针梁式底模装置示意图（单位：mm）
1—模板；2—桁架式针梁；3—滑动滚轮机构；4—前支腿；
5—后支腿；6—32t 螺旋千斤顶；7—爬梯

　　由于整套模板只有底拱部分有模板，混凝土的作用力以浮托力为主，针梁荷载小，可以考虑设计为轻型桁架式结构，毕竟是整体式成形模板，故混凝土成形效果很好，便于在衬砌时预埋弯钩螺栓，为下一步边顶拱钢模台车的轨道安装做准备。

B. 轨道式底模台车。顾名思义，此种模板是有轨道的，在先浇边顶拱再浇底拱的情况下应用较多，因为轨道安装比较方便，在已衬好的边墙上有预埋螺杆，安装支座和轨道，轨道装置不必太长，因此可以反复拆装循环使用。

先衬边顶拱再浇底拱轨道式底模台车见图12-19。

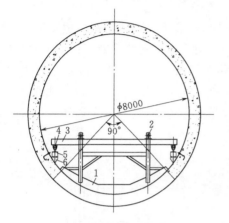

图 12-19 轨道式底模台车
示意图（单位：mm）
1—模板；2—提升油缸；3—横梁；
4—行走轮机构；5—轨道；
6—轨道支座

6）综合应用实例。鲁布革水电站长引水隧洞施工中，使用了底模台车、边顶拱钢模台车和全断面针梁钢模，是一次多种成形钢模联合应用的典型实例。该隧洞衬后直径为8m，缺少足够的施工支洞，其中一段长约9000m，单头开挖、掘进，而且同一端进洞浇混凝土，其开挖和混凝土施工布置如下。

A. 钻爆法开挖不停地向里推进，钻孔用液压多臂钻机，除渣用载重卡车。汽车在洞内掉头采用液压汽车转向盘。

B. 开挖进一段距离后开始混凝土衬砌，采用边顶拱钢模台车跟进浇筑，台车下部空间可供除渣车辆和其他施工车辆通行。

C. 开挖结束后在隧洞最内端安装全断面针梁钢模，由里向外浇筑，边顶拱钢模台车继续向里浇。

D. 针梁钢模和边顶钢模台车会合后均全部拆除，安装轨道式底模台车，由内向外浇筑，完成边顶拱台车衬砌后剩下的底拱空白，至此，完成隧洞全部混凝土施工。

（3）钢模台车弯道技术。地下隧洞常有水平转弯段，而弯道混凝土浇筑是隧洞混凝土施工的难点之一，有时将钢模台车自由通过弯段，丢下混凝土不管，另由其他方法立模浇筑，比如拱架、小钢模、木模、胶合板等，对这些传统全人工操作方法不在此处深入探讨，此处希望充分利用钢模台车的技术优势和作用，尽量减少其他投入，减小劳动强度，提高转弯段衬砌速度。

总体来说，转弯段模板技术是以直线代替曲线，但误差必须控制在相关规范允许的范围内。根据单项工程的不同情况和特点，可以有不同的解决办法。

1）转弯段的分块。为了准确地进行转弯段的混凝土衬砌，必须预先进行设计作图分块。一般来说，用于转弯段的钢模台车，其模板中心应分别在转弯段两端直线与圆弧间连接处的切点上，然后在转弯段弯道范围内进行均分，直线与曲线外切（见图12-20），这样分块的好处是分块均匀，严格按桩号长度立模，误差小。每两块标准块之间的三角体（俗称"西瓜皮"，实际投影为梯形）部位尺寸相同，便于设计制作专用的转弯段模板。分块时，最好使"西瓜皮"的小头尺寸尽可能小，减少拼模面积，对"西瓜皮"模板的强度也较容易保证。

2）弯段拼接法。这是常用的转弯段立模方法。事实上，为了转弯段的衬砌，在策划

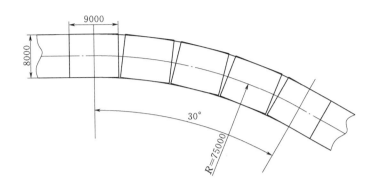

图 12-20　转弯段分块示意图（单位：mm）

确定总体模板方案时，就应该将此状况考虑进去，比如，制作两部较短的钢模台车使用，直线段时并在一起同时使用，作为一个浇筑段；转弯段时分开，同时用两台（或者只用一台）配合三角体模板立模，三角体模板可以是定制异形小钢模，也可以用钢木混合结构，或者胶合板，现场立模。此种方法常用于中小断面隧洞转弯半径较小、弯道长度也较短的情况。

　　A. 分散组合法。模板设计制作时，经常是以 1.5～2m 为单块模数进行组合，这也是运输、安装所需要，在转弯段时可充分利用这一特点，拆分模板进行转弯段组合。其分散组合法俯视布置见图 12-21，模板长 9m，转弯时分为 3 段，中间加进 2 段"西瓜皮"模板，共同组成转弯浇筑段。此类钢模台车设计时有两根较大、较长的托梁，顶模就放在托梁上，此时，拆开单元模板间的连接，拉开彼此之间的距离，中间加入制作好的三角体转弯模板，从而分散了原来直线整体模板，重新组合为转弯段模板。由于拆分后每一段直线模板都较短，比如图 12-21 中为 3m，所以精度高，误差小，混凝土成形质量很好。要注意的是，模板重新组合后，顶模和边侧模的连接转动支铰中心不再在同一条直线上，有时会影响边模脱模、立模的整体动作，解决办法是边模的脱模、立模动作分段进行，用手动葫芦和螺旋调节丝杆等进行辅助，可以较好地达到目的。此方案在转弯半径太小的场合不适用，因为半径太小，模板变化太急，在托梁上将无法摆放。同时，要注意让两端头模板边通过半径方向，以便于立模时浇筑段之间衔接。

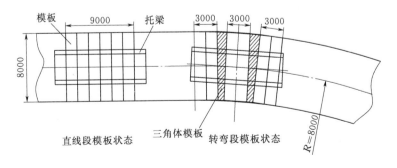

图 12-21　弯道模板分散组合法俯视布置图（单位：mm）

B. 加装模板法。在直线段模板上直接加装专门设计制作的转弯段三角体模板，如果直线段模板太长，与理论曲线的误差超出混凝土施工规范要求，则缩短直线段模板（待浇完转弯段再装上，继续直线段衬砌）。这种转弯段模板布置方法的特点是：转弯段模板随主模板一起动作，进行脱模、立模操作，并没有更多的其他辅助工作，较为简便、快捷，只是需要考虑立模后增加对三角体模板强度支撑的问题。转弯三角体的尺寸不宜过大，此方法用在转弯半径较大的场合，这样三角体的大头尺寸才不致过大，小湾水电站导流洞转弯道的衬砌就是这样做的（见图 12-22）。

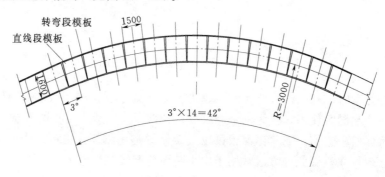

图 12-22 小湾水电站导流洞转弯道模板布置图（单位：mm）

3）浇筑段之间的衔接。钢模台车立模时，模板与已衬砌段的衔接，是模板技术不可忽略的一环，采用搭接环技术，是应用比较成功的一种方法。

12.1.3 钢筋、止水及埋件

（1）钢筋工程。隧洞钢筋按结构布置分为环向筋、纵向筋和中间连接筋（架立筋）；按受力状态分为抗压钢筋、抗拉钢筋和抗剪钢筋；按受力主次和结构需要分为主受力筋和分布筋。在水工隧洞中，由于承受内水压力、外水压力和围岩压力等，环向筋是主受力筋，是主筋，较粗；纵向筋是分布筋，是温度筋，起到受力均匀、防止温度裂缝等作用，较细；而架立筋布置在主受力筋之间，在两层及以上主受力筋布置中，一般均布置架立筋的作用是为了安装主受力筋时定位准确和在混凝土浇筑中主受力筋不移位。环向主受力筋分顶拱筋、边筋和底拱筋 3 种，在洞外钢筋加工厂加工后运入洞内进行现场安装。钢筋安装的接头位置一般都设置在受力较小处且错开。

钢筋安装时须符合以下规定。

1）接头和错位应符合设计和钢筋施工规范要求。

2）除设计明确要求外；对于 ϕ25mm 及以上的结构主筋，接头形式主要采用机械连接方式；对于 ϕ25mm 以下的分布筋，按照设计和施工规范要求分别采用焊接或绑扎连接的方式。

钢筋接头一般分为搭接接头、焊接接头与机械连接接头。无特殊情况时，优先选用焊接接头或机械连接接头。

钢筋直螺纹连接是将待连接的钢筋端头经镦粗处理后加工成螺纹，并配用专用套筒，现场用管钳扳手拧紧，适用于 ϕ18～40mmⅡ级、Ⅲ级钢筋连接。

（2）止水及埋件。常用止水片材料有金属材料，如紫铜片、铝片；非金属材料，如橡胶止水带，塑料带。止水材料物理力学性能见表 12-4。

表 12 - 4　　　　　　　　　　　　止水材料物理力学性能表

材料	容重/(kN/m³)	抗拉极限/MPa	伸长率/%	熔点/℃
紫铜片	89	224.8	24.2	1283
铝片	27	178.1	1.5	658
塑料带	12	18.6	369	160
橡胶带	9	26.0	500	

止水带（片）一般在厂内加工运至现场安装埋设。一般都是一次安装就位，一次浇筑成型，其接缝方法见表 12 - 5。止水片的凹槽（或凸鼻）要设置在环形横缝中。缝面（第一次浇筑成型后的堵头面）要求有填料，如涂沥青、置油毡或沥青锯末板或沥青砂板等。要求缝的宽度小于 5mm，填料形式多样。

表 12 - 5　　止水带（片）接缝方法表

紫铜	氧气铜焊
塑料	熔化焊，碳火熔，电阻热或电热风黏结
橡胶	硫化胶接

止水带（片）要求安装准确，固定牢靠，浇筑时不变位、不变形、不跑位，止水带处的混凝土应振捣密实。橡胶止水带安装方法为：先将加工好的 $\phi 12mm$ U 形钢筋焊接在主筋上，其间距为 50cm，然后将橡胶止水带卡在 U 形钢筋的槽内，最后进行堵头模板安装。

12.1.4　混凝土浇筑

（1）混凝土运输设备及入仓设备。水工隧洞混凝土水平运输主要采用有轨运输、无轨运输和皮带运输等方式；除断面较小的隧洞或特殊部位采用有轨运输或皮带运输外，一般采用无轨运输，即采用混凝土搅拌车或自卸汽车运输，混凝土搅拌车用 6m³ 或 8m³，自卸汽车一般用 15t；混凝土入仓设备采用泵车（拖泵或汽车泵）、胎带机、汽车吊配吊罐。

（2）混凝土振捣设备。在水工隧洞中一般采用插入式振捣器，分为软轴式和硬轴式两种。软轴式振捣器振捣轴采用 $\phi 50mm$ 或 $\phi 75mm$；大体积混凝土采用硬轴式振捣器变频式，采用"一拖二"或"一拖三"，振捣轴采用 $\phi 80mm$、$\phi 90mm$、$\phi 100mm$。

（3）混凝土入仓和平仓。混凝土入仓主要采用泵车入仓，在隧洞中采用振捣器平仓为主，辅助人工。

1）底板混凝土。混凝土浇筑应从低到高分层进行，均匀下料。混凝土应随浇随平仓，不得堆积。若产生骨料堆积时，应用人工将其产到砂浆较多的部位，避免由此产生蜂窝麻面。混凝土浇筑过程中，严禁加水，不合格的混凝土严禁入仓，如因故终止，并超过允许间隔时间且初凝时，应按工作缝处理。若能重塑者，仍可继续浇筑混凝土，重塑的标准是以插入式振捣器振捣 30s，周围 10cm 内混凝土还能泛浆且不留孔洞为原则。浇筑过程中应专人负责检查模板，发现问题立即通知现场技术人员，并及时处理。在混凝土浇筑过程中，仓面内的泌水必须及时排除，并避免外来水进入仓面，严禁在模板上开孔赶水。

2）边顶拱混凝土。

A. 开仓浇筑时首先在老混凝土上铺一层不低于混凝土强度等级的砂浆，其厚度为3～5cm，并加强对新老混凝土接缝处的振捣，控制混凝土入仓自由下落高度不大于1.5m，且不直接冲击模板。

B. 边顶拱混凝土应从下至上分层进行浇筑，分层厚度控制在30～40cm，左右对称均匀下料（两侧混凝土上升高差控制在80cm以内）。混凝土应随浇随平仓，不得堆积。若产生骨料堆积时，应人工将其铲至砂浆较多的部位，避免由此产生蜂窝麻面。

C. 边墙混凝土浇筑时两边对称下料，防止模板向一侧整体位移。顶拱分料处用彩条布临时铺盖，以免混凝土散落在模板上。

D. 顶拱混凝土浇筑应注意尽量不留浇筑空腔，目前还没有好的解决方法，主要采用退管法或冲天管法浇筑，并在顶拱混凝土浇筑即将封仓时尽量采用一级配高流态混凝土浇筑，这样对顶拱浇满是有利的。退管法施工要点为：待混凝土上升到顶拱部位，人工无法振捣时采用退管的方法从里往外进行顶部浇筑，并在浇筑期间要求每仓埋设排气管；泵管退至端部预留缺口部位时，将端部预留孔封死并进行加固处理，然后按正常速度泵送混凝土入仓，待混凝土上升至管口部位时，稍作停留，检查模板变形情况并进行适当的加固处理后，将顶部剩余空间填满，并在混凝土初凝前拆除泵管。冲天管法施工要点为：尽量将冲天管布置在超挖最大部位，布置排气管，现场量测好剩余混凝土空间体积，封好堵头模，在混凝土泵车的压力下进行封拱，施工的关键在于计算剩余空间体积，在封拱时观测模板，防止模板变形。

E. 混凝土入仓速度。边顶拱混凝土浇筑上升速度一般按1.0m/h考虑。

（4）混凝土振捣。混凝土采用插入式软轴式振捣器进行振捣，振捣器一前一后交叉两次梅花形插入振捣，快插慢拔，振捣器插入混凝土的间距按不超过振捣器有效半径的1.5倍控制，距模板的距离不小于振捣器有效半径的1/2。振捣器宜按顺序垂直插入混凝土，如略有倾斜，倾斜方向应保持一致，以免漏振，并插入下层混凝土5cm左右，以加强上下层混凝土的结合。单个位置的振捣时间以15～30s为宜，以混凝土不再下沉、不出现气泡并开始泛浆为止。严禁过振、欠振。

在预埋件特别是止水带等周围，应细心振捣，必要时辅以人工捣固密实。浇筑块第一层、卸料接触带及台阶边坡的混凝土应加强振捣。

（5）模板变形观测。在混凝土浇筑过程中，模板变形观测是一项重要环节。混凝土浇筑前，在模板的适当位置布设专门的模板控制检测点。混凝土浇筑过程中，应指派经验丰富的技术人员全程巡视，并对检测点适时进行检测。若发现模板变形的迹象，立即根据情况确定处理措施进行处理，并根据实际情况减缓下料或停止下料。

（6）拆模及缝面处理。

1）拆模。边顶拱堵头模板在混凝土强度达到表面及棱角不因拆除模板而损坏时拆除。拆模时不能用铁质硬具撬打混凝土，防止破坏混凝土棱角，只能用木质器具接触混凝土。拆卸下来的模板要妥为保存，不得损坏，以备后用。模板要及时清理、维修，将表面杂物清洗干净，表面刷脱模剂保护，堆放整齐。

钢模台车脱模时间依据试验室提供数据为准确定，一般情况下为混凝土浇筑完成18～

24h 后进行。

2）施工缝处理。施工缝采用高压水冲毛的方式处理。冲毛标准为冲除表层水泥乳皮，露出粗砂或小石，必要时辅以人工凿毛。

3）冷缝处理。混凝土浇筑如因故中断，超过允许间歇时间时，混凝土确已硬化形成大面积冷缝，只能停仓按施工缝处理。

（7）混凝土养护。混凝土脱模后开始安排专人洒水养护，洒水应保持混凝土表面始终湿润。混凝土养护时间为 28d。

12.2 竖井、斜井混凝土

12.2.1 竖井混凝土

竖井的永久衬砌形式一般为钢筋混凝土结构，有特殊要求时，设有钢管内衬。

（1）施工布置。竖井断面有圆形、矩形或方圆形等形式，竖井物料的输送方式是垂直提升，因此，在井口必须设置提升装置，其井口布置见图 12-23。

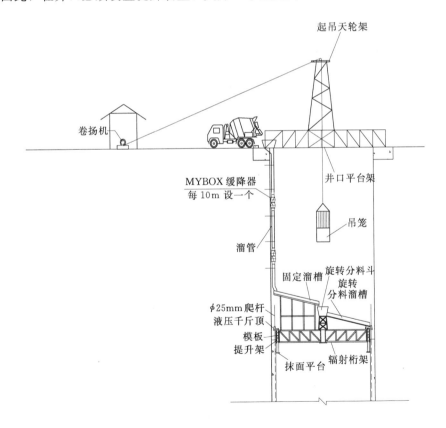

图 12-23 竖井井口布置图

为保证竖井施工期的安全，井口平台除吊笼、混凝土下料口留孔洞外，其余部位全封闭，井口设有锁口混凝土，并设高 20～30cm 的挡坎混凝土，以防杂物掉入井内或流水淌入井内。

（2）施工方法。竖井混凝土的施工方法分间断式和连续式。施工方法的选择主要考虑地质条件、施工工期和施工成本等因素。一般情况下，间断式和连续式竖井混凝土施工方法适用范围及模板形式见表12-6。

表12-6　　　　间断式和连续式竖井混凝土施工方法适用范围及模板形式表

名称	施工方法	适用范围	模板形式
间断式	①自下而上分段浇筑，浇筑一次移动一次模板；②自上而下边开挖边衬砌；③钢衬竖井，自下而上，钢衬安装与混凝土回填分段交替进行	短竖井、特殊工程部位、围岩稳定差的不良地质段竖井	组合模板、筒形模、多功能模板、自升式模板、提升式模板
连续式	自下而上连续浇筑	高竖井、一次开挖支护成形的竖井	滑模、自升式模板

（3）衬砌模板。竖井模板形式根据断面尺寸、结构型式、施工条件和设备能力选用或研制不同的模板结构；竖井混凝土已广泛使用滑模浇筑，随着竖井模板技术的发展，其模板技术方案和模板形式趋于多种多样，在工程实践中，可根据工程具体情况进行合理的模板配置。

1）竖井模板主要种类和特点见表12-7。

表12-7　　　　　　　　　　竖井模板主要种类和特点表

类型	名称	使　用　特　点
自升式模板	滑　模	连续式施工，适用于竖井结构规则的场合，特别适用于深竖井，浇筑滑升时，模板与混凝土之间产生相对运动
	滑框翻模	连续式施工，模板拆下后又下向上翻装，模板与混凝土之间无相对运动
	自升式爬模	间歇式施工，分层浇筑，属于移置式模板的一种
提升式模板	筒形模	分层浇筑，需提升设备，用于较小断面尺寸竖井

2）滑模。竖井混凝土已广泛使用滑模浇筑，特别是在深竖井中，优势十分明显。滑模结构简单，重量轻、施工速度快是其最大特点，而且技术较为成熟，应用极其广泛。

A. 典型竖井滑模。典型的竖井滑模有结构简单的圆形、矩形内壁滑模，如调压井、引水竖井、闸门井等，也有结构稍复杂，中间增加了隔墙或其他构造的电梯井、出线井滑模等，还有包括了内外模的进水塔滑模等。在一般中小型井筒滑模中，与提升架相连接的桁架梁大都采用从中心沿半径向外辐射状布置，称为辐射梁。典型井筒滑模结构与系统布置见图12-24，图12-24中为直径9m的井筒滑模，仅衬内壁，结构较为简单，圆周均布18台QYD-60型液压千斤顶。较大断面的井筒滑模，主平台布置除辐射式桁架外，还有井字式布置、平行式布置、挑架式布置等多种形式。

系统布置中应充分考虑钢筋吊运、混凝土输送、人员通道、升降吊笼、平台、井架等配套设施的设计及安全技术措施要求。

B. 悬吊式液压滑模。如前所述，普通滑模千斤顶爬升杆是埋在混凝土里的，随着滑

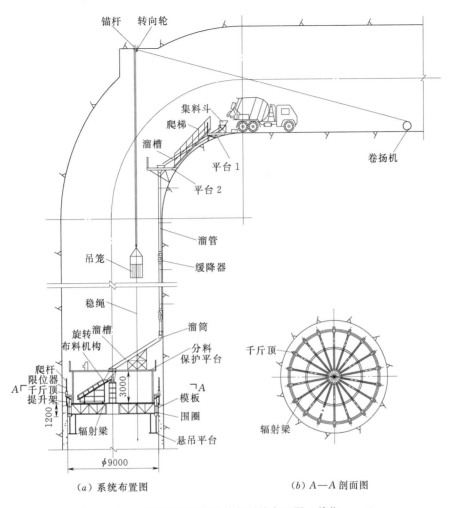

图中标注文字：锚杆　转向轮　集料斗　爬梯　溜槽　平台1　平台2　溜管　卷扬机　吊笼　缓降器　稳绳　旋转溜槽　布料机构　溜筒　分料保护平台　爬杆限位器　千斤顶　提升架　模板　围圈　辐射梁　悬吊平台　A　A　3000　1200　$\phi 9000$

（*a*）系统布置图

千斤顶　辐射梁

（*b*）A—A 剖面图

图 12-24　典型井筒滑模结构与系统布置图（单位：mm）

模上升而逐根连接，爬杆受压。而悬吊式滑模不是这样，某水电站尾闸室悬吊式液压滑模见图 12-25，矩形滑模尺寸为 3.6m×12m，在井口布置 18 台 QYD-60 型液压千斤顶，以 $\phi 48$mm 钢管作爬杆提升模板本体上升，从常规的压杆式滑模转变为拉杆式滑模施工。没有爬杆和提升架的干扰，钢筋一次绑扎完成，实现单一工序作业，便于施工管理和质量控制，爬杆可以回收。

C. 倾斜滑模。缅甸邦朗水电站引水竖井，衬后直径为 7.7m，有 5°倾角，由于设计选用竖井常用 QYD-60 型液压爬升千斤顶为爬升动力装置，故将其归于竖井滑模一类，其结构布置见图 12-26。从图 12-26 中看出，主要结构设计与典型滑模基本相同，各层平台仍然水平布置，为了保证沿倾斜洞轴线滑升的准确，设置了三条导向轨道，根据重心偏移的特点导向轮高度错开，有效防止模板结构体系倾斜。

3）滑框翻模。滑框翻模（又称滑框倒模）与滑模工作原理的最大区别在于模板与混凝土之间的运动形式。滑模滑升时，模板和主体结构同时向上运动，因此，模板与混凝土之间产生相对运动；而滑框翻模，总体结构上颇似滑模，但模板与主体结构分离，所以

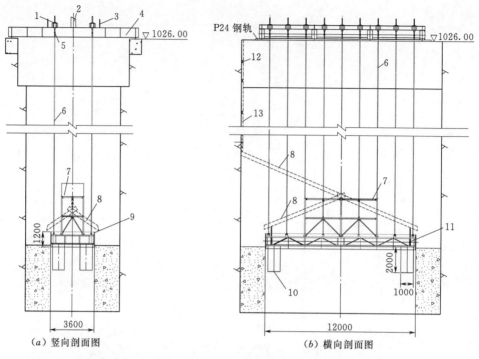

图 12-25　某水电站尾闸室悬吊式液压滑模示意图（单位：mm）

1—千斤顶；2—液压泵站；3—护栏；4—井口平台；5—限位器；6—吊杆；7—分料平台；8—溜槽；
9—模板；10—抹面平台；11—主框架；12—缓降器；13—溜筒

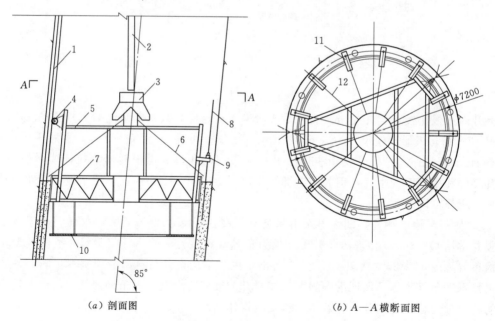

图 12-26　缅甸邦朗水电站滑模结构布置图（单位：mm）

1—导轨；2—混凝土溜管；3—旋转分料器；4—导向轮；5—上平台；6—溜槽；7—主平台；8—爬杆；
9—千斤顶；10—抹面平台；11—提升架；12—辐射梁

结构本体向上滑升时模板并不动，即模板与混凝土之间无相对运动。模板设计为小块组合式，竖直方向多块组合，一般模板单块高 300mm，总高度为 1800～2400mm，人工逐块脱模，翻到上面安装立模，故也可实现混凝土浇筑的连续作业。相对滑模而言，施工操作时，劳动强度稍大，模板投入稍多（见图 12-27）。

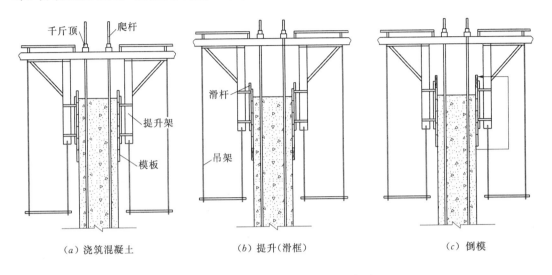

图 12-27　滑框翻模工作原理示意图

滑框翻模对现场施工管理的要求更高，施工时，与滑模一样要对混凝土输送、入仓振捣、钢筋输送、绑扎、混凝土修补、养护、结构滑升、测量纠偏等进行综合性动态管理外，还要加上脱模、翻模工作。

滑框翻模是自升式竖井模板的一种，使用时自成体系，不需要外部其他起升设备，针对这一特点，一些工程在使用时又进行了灵活运用，不断变化设计，比如，不追求连续施工，采用分层浇筑方法，使用大面积模板，分上下两组，向上翻升立模，也不靠结构体系自身抵抗混凝土压力，模板用拉筋固定，以液压千斤顶为动力组成的框架结构体系主要提供施工人员操作的平台，此种方案在一些特别高的桥梁墩柱施工中应用较多。

4）混合式滑模。滑模，一般只适用于混凝土结构较规则的场合，滑模模板要能顺利无阻碍地向上滑升，要求混凝土结构的内外壁面竖向壁直，但有的水工工程结构不是这样，比如水布垭水电站和彭水水水电站的母线井，井壁两侧每相距 3m 有牛腿外伸，左右交错布置（见图 12-28）。显然，很难用普通滑模进行浇筑，混合式滑模综合利用竖井滑模和滑框翻模技术于一体，成为竖井混凝土衬砌的又一种模板形式，仅牛腿部分翻模立模，减小了全部翻模的工作量和劳动强度，其结构见图 12-29。

5）自升式爬模。自升式爬模采用液压油缸配以液压泵站组成的液压系统为爬升动力装置，混凝土分层浇筑，层高 3～4m，在井架中共布置 3 层平台，上平台是主要操作平台，下两层平台是结构底盘，两架底盘上均设置伸缩式支腿，就位时，支腿伸进混凝土预留小空腔，承受全部结构重量和活动荷载，爬升时，下层底盘支腿受力，油缸推动模板井架向上移动，到达上部混凝土预留空腔时，中部底盘支腿伸进就位、受力，从而完成一次爬升，油缸收回，下部底盘上升到位，支腿放好，准备下次爬升。浇筑层较高时（3m 以上）可分两次爬升到位，井架放好后，模板的脱模、立模均用井架四周布置的丝杆推动模板水平移动调节。

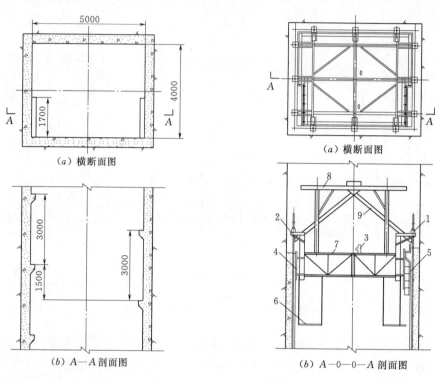

（a）横断面图

（b）A—A 剖面图

图 12-28　混凝土结构图（单位：mm）

（a）横断面图

（b）A—0—0—A 剖面图

图 12-29　滑模结构示意图

1—千斤顶；2—提升架；3—液压泵站；4—滑模模板；5—翻模模板；6—抹面平台；7—主平台；8—分料平台；9—溜槽

这是一种竖井内壁模板，在体积较大的混凝土结构或钢筋密集、复杂，不便于滑模连续浇筑的场合均适用。

三峡水利枢纽工程永久船闸输水系统阀门井爬模组合布置见图 12-30，每个阀门井由工作阀门井、水泵井及上游检修井各 1 个组成，采用自升式爬模施工，各井模板自成一体，可单独爬升，两个小井各用 2 只油缸，共用 1 套泵站，大井 4 只油缸，1 套泵站，自成体系。

自升式爬模工作原理见图 12-31。

6）筒形模。筒形模（又称筒子模）结构简单，也用于竖井混凝土成形衬砌，模板几部分之间以转动铰相连，转角处为转动铰模，通过模板内部的两组撑杆调节，实现脱模和立模，可以组装完成后再运到现场就位立模。此类模板仅适用于断面较小的竖井，模板高度在 3m 内较为适宜，模板下部底盘 4 个支腿，支撑模板就位。由于是整体式钢模板，面板清扫方便，混凝土成形表面平整、光洁，模板须由外部起重设备进行提升。

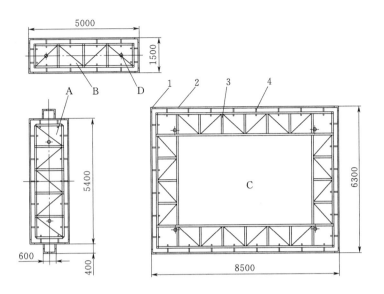

图 12-30　三峡水利枢纽工程永久船闸输水系统阀门井爬模组合布置图（单位：mm）

A—检修井；B—水泵井；C—工作阀门井；D—油缸位置；

1—角模；2—平面模板；3—井架；4—螺旋撑杆

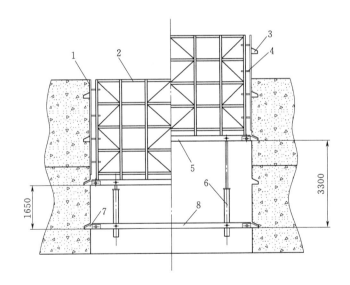

图 12-31　自升式爬模工作原理图（单位：mm）

1—模板；2—井架；3—预留孔模板；4—撑杆；5—中层平台；

6—油缸；7—支腿；8—下层平台

（4）混凝土施工。混凝土输送方式及施工工艺见表 12-8。

1）施工工艺流程。单条竖井的混凝土衬砌滑模施工工艺流程见图 12-32。

其施工工艺为：施工准备（测量放样）→下部支撑滑模混凝土浇筑→液压滑模安装、调试→钢筋安装、埋件安装→仓面清理、验收→仓位验收→混凝土运输及浇筑→滑模滑升→混凝土养护。

表 12－8   混凝土运输方式及施工工艺表

名称	混凝土运输方式		混凝土浇筑方式及施工工艺
	水平运输	垂直运输	
竖井	（1）斗车或专用混凝土运输车。 （2）混凝土搅拌运输车（轨式或轮式）	（1）吊罐（容量大小由施工强度确定）。 （2）混凝土泵（混凝土泵车或拖式泵）。 （3）溜管，其形式有以下几种：①钢管，一般为φ150～250mm；②AT塑料软管，一次安装，随浇筑面上升，逐步割除；③溜管带缓降器，缓降器间距以9～15m为宜	（1）混凝土浇筑一般自下而上进行。混凝土由上往下输送，特殊部位如调压井下部的小井、升管等，也可从井下运送混凝土，经提升或用混凝土泵入仓。 （2）采用吊罐将混凝土运至井口，卸入吊罐，由卷扬机吊入井下卸入分料斗。 （3）采用溜管井口应设受料斗，混凝土运至井口卸入受料斗经溜管下卸，溜管可单根布置，也可沿井周边布置若干根，若单根布置则卸入仓面分料斗，如多根布置则直接入仓

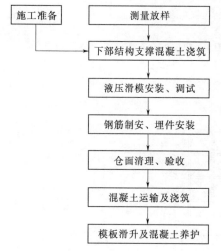

图 12－32 单条竖井的混凝土衬砌滑模
施工工艺流程图

滑模滑升过程中，混凝土抹面和养护应贯穿始终，同时，在滑升过程中，根据滑升高度提前进行钢筋安装。

2）主要施工方法。

A. 滑模支撑平台施工。当工期允许时，先浇筑好下部结构混凝土，作为滑模安装平台，因特殊情况，如上部工期要求，需首先完成上部结构时，须在中间设置支撑混凝土结构作为滑模安装的平台，支撑混凝土高度一般为 1.5～2.0m。

B. 滑模施工准备。滑模混凝土施工具有很高的连续性要求，必须做好充分的准备工作，以保障混凝土施工的顺利进行。

滑模施工前，还应完成混凝土溜管安装、竖口截排水设施、浮渣清理施工、测量控制点的布置、施工风水电管线（路）检修、卷扬机系统检修维护保养以及防护栏杆加固等各项施工准备工作。

为确保滑模施工的连续性，在竖井滑模安装前自上而下对竖井井壁用高压水或风水枪进行冲洗，对存在局部欠挖部位尽可能地提前进行处理，方法主要采用人工配合手风钻，对欠挖较大部位可利用静爆剂采用手风钻造孔处理，处理结束进行滑模的安装。

C. 滑模安装。滑模利用井圈混凝土浇筑时搭设的施工平台作为安装平台，将滑模筒心与辐射梁组装成一体，由布置在上平洞的卷扬机起吊，将滑模筒心和辐射梁吊至施工排架上（注意各构件在平台上应摆放均匀），再用布置在上平洞的卷扬机将模板组、提升架和液压控制台等相关构件吊至辐射梁上进行组装。

滑模安装顺序如下：测量放样标出结构物设计轴线 → 组装辐射梁和筒心 → 起吊辐射梁 → 安装提升架 → 安装平台梁 → 安装爬杆及套管 → 安装千斤顶 → 安装模板 → 安装液压系统并调试 → 安装分料平台 → 安装抹面平台。

D. 钢筋施工。竖井混凝土滑模施工阶段的人员、工器具及钢筋利用吊笼进行运输。

钢筋下料时，环向钢筋下料长度一般按洞径的 1/2 控制，外侧竖向钢筋可按 6.0m 长度下料，内层竖向钢筋的长度不宜超过 4.5m。

钢筋由钢筋厂负责加工制作，钢筋接头采用机械连接方式时，应对已经加工好的螺纹接头采用保护套进行保护，防止丝牙损坏。

钢筋在井口作业平台由人工将钢筋搬运至吊笼内（吊笼底脚设置踢脚板），然后利用卷扬机垂直吊运至滑模分料平台上部，最后人工转运至作业面。钢筋在吊笼内应摆放均匀，并采取有效措施加固好钢筋，不得超重。在上下材料运输过程中，竖井下部的施工人员不得站在正下方。

当滑模安装完毕后即可开始钢筋绑扎工作。根据设计蓝图的要求，竖向结构钢筋全部靠内层布置，由于竖井混凝土采用滑模施工，钢筋必须先于滑模滑升到位前安装完成，尤其是外侧钢筋的安装不能过多的占用滑模混凝土施工的时间，以免混凝土在滑模滑伸过程中出现冷缝情况。

钢筋绑扎时，外侧竖向钢筋可适当超前，内层环向钢筋位于爬杆内侧，应根据模板的高度在滑升过程中及时跟进。竖向钢筋采用绑扎接头形式，环向主筋主要采用直螺纹接头进行连接；所有钢筋接头位置应按规范要求错开布置。

钢筋吊运、接头连接、混凝土浇筑、模板滑升及抹面等多种工作相互交错，施工干扰较大，应精心组织，做好各工序的衔接工作，保证钢筋安装质量和混凝土浇筑质量。

E. 预埋件安装。竖井内的埋件分为永久埋件和临时埋件两种。其中：永久埋件主要有接地扁钢、永久监测预埋管路、橡胶止水；临时埋件主要有预埋灌浆管和上部结构施工平台预埋工字钢等。

接地网严格按照设计蓝图要求进行安装，安装位置和焊接长度须满足设计要求，并沿洞轴线方向每隔 15m 环向连接一次。

橡胶止水宜采用硫化热连接。安装时应定位准确，并用 $\phi12mm$ 钢筋固定牢固并保护好。

竖井井身设计布置有固结灌浆孔。在竖井混凝土浇筑时需埋设 $\phi60\sim90mm$ 薄壁钢管作为预埋灌浆管，以便后期钻孔作业。预埋钢管待钢筋绑扎完毕后，按设计蓝图位置进行安装，并与结构钢筋焊接固定。钢管一端紧贴模板面且用保温被封口；另一端尽量与基岩面紧贴，并用彩条布将孔底封闭，防止混凝土进入管内，套管安装后及混凝土浇筑过程中，应防止碰撞变位，模板滑升后及时找出孔口位置。

F. 渗水处理。在竖井滑模施工阶段，可根据岩壁渗水情况利用滑模的分料平台搭设临时防雨棚。对于井壁渗水较大部位，采用在混凝土浇筑期间预埋 $\phi25mm$ PE 管的方式集中将渗水引出，后期在固结灌浆时用同结构混凝土标号的水泥砂浆对 $\phi25mm$ PE 管进行灌浆封堵。

G. 混凝土入仓。竖井结构混凝土入仓采用溜槽＋溜管或吊罐的方式进行。混凝土采用搅拌车运至上平洞末端，经吊罐或主溜槽和溜管输送至滑模分料平台，再通过溜槽和旋转布料机构直接入仓。当采用溜管方式时，上部主溜槽末端设置料斗（料斗上铺设 $\phi12mm@5cm\times5cm$ 网格钢筋形成过滤网，安排专人在井口作业平台上巡视，防止粗骨料从平台下落到竖井内）。料斗下部至滑模分料平台间沿岩壁布置 $DN200mm$ 溜管，溜管上每隔9～15m设置一个缓降器（其中首节缓降器安装位置距溜管上口的距离不大于9m）。

随着滑模的不断滑升，溜管需要不断的拆除，每拆除一根溜管，在未拆除溜管末端悬挂溜筒，并保证溜筒与溜槽之间的距离不大于0.5m。

H．混凝土浇筑。

a．浇筑前准备。竖井混凝土浇筑前必须检查仓内照明及动力用电线路完好且稳定；机械设备运行正常；各工种工作人员配置齐全；检查混凝土振捣器就位；仓内外联络信号使用正常；检查吊罐、溜槽、溜管安装牢固可靠；卷扬系统调试正常；滑模空滑和试滑正常等。

b．下料和平仓。当采用溜管方式时，混凝土下料前，先湿润溜槽、溜管。浇筑第一仓前，应在老混凝土面上铺一层厚2～3cm的M25水泥砂浆。混凝土下料应均匀上升，高差不得超过30cm，按一定方向、次序分层，人工对称平仓，坯层高度为20～30cm，须满足上层混凝土覆盖前下层不出现初凝，要求混凝土入仓下落高度不大于1.5m，严禁混凝土直接冲击滑模。

对混凝土的坍落度应严格控制，采用溜管时，一般掌握在14～16cm之间，对坍落度过小的混凝土应严禁下料，以保证混凝土输送不堵塞。当采用吊罐方式时，坍落度适当降低，控制在8～12cm之间。混凝土浇筑过程中，发现小部分混凝土出现坍落度过大、过小、泌水严重等异常情况，应及时通知试验人员进行调整。

c．混凝土振捣。混凝土采用ϕ50mm、ϕ75mm插入式软轴振捣器对称振捣。振捣时间一般为20～30s，严禁过振、欠振，以混凝土不再显著下沉，气泡和水分不再逸出，表面开始泛浆为准。

振捣在平仓后立即进行，振捣棒尽可能垂直插入混凝土中，振捣第一层混凝土时，振捣棒插入混凝土之中，头部不得触及老混凝土面，但相距不超过5cm。浇筑过程中振捣时，振捣棒则插入下层混凝土5cm左右，使上、下层结合良好。

振捣应按一定的顺序进行，以免漏振，振捣器插入位置呈梅花形布置，振捣棒离模板距离20cm，严禁振捣棒直接触及模板、钢筋及预埋件。

d．混凝土抹面。在竖井滑模滑升后，混凝土强度较低，混凝土表面不光滑或出现微裂纹，需对混凝土进行抹面，以确保施工质量。混凝土抹面在滑模爬升后人工利用滑模下部反吊的抹面平台完成。

抹面前应做充分的防水措施，严禁有渗水、滴水侵蚀混凝土面，并用直尺和弧形靠尺检查表面平整度和曲率。在抹面时还应特别注意接口位置，消除错台，并使其平整，曲面达到曲率要求。抹面时，如发现混凝土表面已初凝，而缺陷未消除，应停止抹面，并及时通知有关部门，待混凝土终凝后，按缺陷处理规定进行修补。

e．模板滑升。滑模施工分为初始滑升、正常滑升和完成滑升三个阶段。滑模施工初始阶段的混凝土分层浇筑至60～70cm高度，然后开始进行模板的试滑升。正常滑升阶段时，混凝土浇筑高度应控制在模板上口以下50～100mm处，并应将最上一道横向钢筋留置在外，作为绑扎上一道横向钢筋的标志。

模板滑升过程中严禁振捣混凝土。

f．初始滑升。首批入仓的混凝土分层连续浇筑至60～70cm高度，当混凝土强度达

0.2～0.3MPa 时，即用手按混凝土面，能留有 1mm 左右的痕迹，便开始试滑升。试滑升是为了观察混凝土的实际凝结情况，以及底部混凝土是否达到出模强度。由于初始脱模时间难于掌握，因此，必须在现场进行取样试验确定。

滑模初次滑升要缓慢进行。第一层浇筑厚 3～5cm 的水泥砂浆，接着按 30cm 分层厚度浇筑完 2 层（厚度达到 65cm）后开始滑升 5cm，同时检查脱模时间是否合适；第四层浇筑完成后模板再滑升 10cm；继续浇筑第五层，然后再滑升 15～20cm；第六层浇筑后滑升 20～30cm，若无异常现象，便可转入正常滑升阶段。

滑升过程中对液压装置、模板结构以及有关设施的负载条件下做全面的检查，发现问题及时处理。因全部荷载由爬杆承受，应重点检查爬杆有无弯曲情况、千斤顶和油管接头有无漏油现象、模板倾斜度是否正常等。

g. 正常滑升。滑模经初始滑升并检查调整后，即可正常滑升。正常滑升时应控制滑升速度为 10～20cm/h，每次滑升 10～20cm。滑升时，若脱模混凝土尚有流淌、坍塌或表面呈波纹状，说明混凝土脱模强度低，应放慢滑升速度；若脱模混凝土表面不湿润，手按有硬感或混凝土表面伴有被拉裂现象，则说明脱模强度高，宜加快滑升速度。

在模板正常滑升期间，所有的千斤顶应充分地进油、回油。如出现油压升高且液压千斤顶顶升出现异常情况时，应立即停止提升操作，检查原因并及时进行处理。在滑升过程中，操作平台应保持水平，提升中各千斤顶的相对高差不得大于 20mm 且相邻两个提升架上千斤顶的升差不得大于 10mm。为了控制操作平台的水平，应在滑升过程中随时进行有效的水平度的观测，以便及时采取调平措施纠正水平升差。与此同时，也应随时检查和记录结构垂直度、扭转及结构截面尺寸等偏差数值，并采取相应的纠正措施。

正常滑升阶段的混凝土浇筑与钢筋绑扎、模板滑升施工等各道工序之间应相互交替进行，紧密衔接以保证施工顺利进行。在滑升过程中，应及时清理黏结在模板上的砂浆。

h. 完成滑升。当模板滑升至距终止高程约 1m 时，滑模即进入完成滑升阶段。此时应放慢滑升速度，准确找平混凝土，以保证顶部高程及位置的正确。

混凝土浇筑结束后，模板继续上滑，直至混凝土与模板完全脱开为止。在此阶段必须严格控制滑模滑升的速度。

3）滑模控制及纠偏措施。滑模发生偏移有两种原因造成：一是模板内混凝土的侧压力不均衡而使模板发生偏移；二是千斤顶不同步而造成模板产生倾斜，甚至发生扭转，如果不及时纠正，会随着倾斜模板的上升而发生偏移。

为防止模板发生偏移，针对产生的原因不同采用不同的措施进行预防和纠偏，纠偏按渐变原则进行。

A. 测量控制。模板的初次滑升必须在设计的断面尺寸上，当模板组装好之后，要求精确的对中、整平，经验收合格后，方可进行下道工序。

在滑模滑升过程中，滑模的滑升偏差主要采用吊线锤方式进行控制，其做法为：在上井口设置 2 组垂线吊锤，吊线采用 16 号铅丝，吊锤采用大号金属锤球，2 组锤球投影形成的点连线后必须经过竖井中心点（设计中心线），在检查滑模偏差时只要校核锤球投影形成的竖井中心与滑模设计中心重合即可。

在滑升过程中，时刻观察模板与锤线的相对位置，同时，定期用装满水的透明水准管对滑模水平面进行调平和校核，每班至少进行 1 次模板水平校核。

B. 初次滑升模板固定。在初次滑升前，为了防止混凝土下料不均匀所导致的侧压力使模板发生偏移，因此在模板对中、调平、固定重垂线后，需要对初次滑升模板的上下口进行加固处理。

上口周圈用 $\phi40mm$ 丝杆顶住模板进行固定。模板下口内侧焊挡块进行限位，周圈共设 6 个，均匀布在模板下口外侧。为保证钢筋保护层的厚度，周圈预放与结构混凝土相同标号的混凝土预制块固定在钢筋上，同时对模板进行限位。当准备滑升时，松开上口丝杆，即可进行滑升。在整体滑升过程中，应避免下料不均匀而对模板产生不均衡侧压力，因此要求混凝土下料对称均匀，必须遵守入仓、平仓、振捣、滑升的顺序，每次下料高度不超过 30cm，下一层振捣一层，提升一次，并保证模板内有一定厚度的混凝土，控制好混凝土的下料速度和滑模的滑升速度，一般控制模板中混凝土高度在 90cm 左右，即滑空高度不超过 30cm。

C. 爬杆加固。起滑段爬杆加固：竖井滑模安装阶段的爬杆下段与竖井结构分布钢筋间进行焊接，爬杆与内层结构主筋（环向钢筋）间绑扎连接；并在千斤顶下卡头与已浇筑混凝土面之间的爬杆中部增设拉杆（$\phi25mm$ 钢筋），其两端分别与爬杆和锚杆进行焊接牢固。

正常滑升段爬杆加固：由于爬杆的自由长度较长，在外力作用下有可能产生侧向位移（即摆动）。为了防止此类现象发生，在施工中可根据实际情况（如出现摆动时），利用井身内结构钢筋或系统锚杆焊接 $\phi16mm$ 钢筋，钢筋一端焊接 $\phi50mm$ 圆环套住爬杆，并沿洞周均匀布置，每 2m 为一圈，当模板上升到此位置时割断除掉，模板继续上升。另外爬杆与内层结构主筋（环向钢筋）间绑扎连接。

D. 对千斤顶不同步进行限位。模板在滑升过程中发生偏移最主要原因就是由于千斤顶不同步而造成模板发生倾斜，即模板中心线与井身的中心线不重合。

为了防止此类现象的产生，拟采取以下措施：①每个千斤顶在安装前必须进行调试，保证行程一致；②在每个千斤顶上安装限位装置，即在井口的千斤顶上部 30cm 处安装限位器，安装限位器时用水准仪找平，保证模板在 30cm 行程中行程一致，从而使整个模板水平上升而不发生偏移。

E. 千斤顶纠偏。在滑升过程中，通过重垂线发现模板有少量偏移（一般在 $\pm1cm$ 以内），利用千斤顶来纠偏；如发生向一侧偏移，关闭此侧的千斤顶，滑升另一侧，即可达到纠偏目的。在纠偏过程中，要缓慢进行，不可操之过急，以免混凝土表面出现裂缝。

在模板整个滑升过程中，由每班设置专人负责检查模板情况，做好本班观测数据记录；发现偏移，应及时进行纠正，防止累计出现大的偏移。

每班由值班队长或现场技术员准确掌握混凝土的脱模强度，确定模板的提升时间和速度，严格管理，防止因操作不当而引起模板偏移。

F. 滑模停滑处理。滑模停滑包括正常停滑和特殊停滑两种情况。

正常停滑指滑模滑升至预定桩号停滑，特殊情况下的停滑包括出现故障及其他以外因素引起的停滑。

停滑后，应采取以下措施：停滑时混凝土应浇筑到同一水平面上。混凝土浇筑完毕以后，模板应每隔 1h 左右整体提升一次，每次提升 20～30mm，如此连续进行 4h 以上，直至混凝土与模板不会黏结为止，并清理好模板上的混凝土、涂刷脱模剂。在继续施工时，应对液压系统进行全面检查；因特殊情况造成的停滑，混凝土面按施工缝进行处理。

4）混凝土养护。混凝土浇筑完12h后，即可洒水养护。具体做法为：用电钻在 $\phi48mm$ 钢管上沿直线钻一排小孔，将此钢管固定在滑模抹面平台并靠混凝土面的围栏上（沿井壁一圈），将其通水后即可对混凝土进行流水养护。模板滑升过程中，该 $\phi48mm$ 钢管随同滑模抹面平台同步上升，不养护时，切断水源即可，混凝土养护时间为28d。

12.2.2 斜井混凝土

斜井滑模的研制与应用是从广州抽水蓄能水电站斜井混凝土施工开始的，其原理与平洞针梁模板相似，属间式滑模。在此基础上，在天荒坪抽水蓄能水电站斜井混凝土施工时，自行研制出斜井滑模并成功应用，以后在水布垭水电站、龙滩水电站、小湾水电站得到推广应用。在三峡工程船闸输水系统的斜井施工中，滑模技术又发展到斜井变径滑模，使斜井滑模技术得到一个提升。正是由于这些模板技术的发展，使得斜井的混凝土施工达到了一个较高水平，经过20多年的施工实践，滑模已是陡倾角斜井混凝土衬砌施工成熟的技术。因此，倾角不小于45°的斜井钢筋混凝土衬砌施工应优先采用滑模施工方式。滑模牵引方式宜采用连续式拉伸式液压千斤顶抽拔钢绞线，也可采用卷扬机、爬轨器等。倾角小于45°的斜井钢筋混凝土衬砌施工，可采用移动式钢模台车，也可采用滑模，如在小湾水电站倾角为32°，城门洞形（宽×高＝5.2m×6.5m）断面，长442.5m的出线洞混凝土衬砌施工中采用了全断面滑模方案，取得了缓倾角长斜井混凝土滑模施工日最快滑升4.89m，月最大滑升96.21m的好成绩。

（1）模板规划。斜井衬砌模板，以全断面滑模为最佳，从20世纪90年代初期开始，较为全面、值得信赖的斜井滑模技术开始应用于工程施工，经过20多年来的不断探索与创新，斜井滑模技术逐步成熟，结构方案趋于定型，配套技术日益完善。

1）斜井模板的类型和特点见表12-9。

表12-9　　　　　　　　　　斜井模板的类型和特点表

类　型	名　称	特　点
全断面滑模	间歇式滑模	采用两套牵引机构，中梁和模板交替移动
	连续式滑模	整体式结构，连续式滑升
	变径滑模	斜井断面高度变化
分部式滑模		隧洞分为两部分滑升浇筑，接缝处的处理须特别注意
钢模台车	多功能模板	属整体移置式钢模台车，在平洞和斜井中均能使用

2）间歇式斜井滑模。间歇式斜井滑模见图12-33。

A. 结构原理。简单地说，滑模主体结构由中梁系统和模板系统两大部分组成，模板系统包括上平台、浇筑平台、主平台、模板、抹面平台和支撑架；而中梁系统包括中梁、前后锁定架和前行行走轮。中梁系统主要提供牵引模板的液压爬升驱动装置的爬升轨道，并且是通行于各层平台的唯一通道，总之，是一个支撑体系。而模板系统是负责钢筋绑扎、混凝土分料入仓振捣、抹面修复、保养及全部混凝土施工控制操作的工作场所，是操作体系。

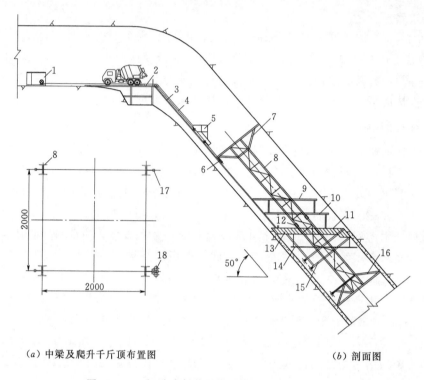

（a）中梁及爬升千斤顶布置图　　　　　　　　　　（b）剖面图

图 12-33　间歇式斜井滑模示意图（单位：mm）

1—液压卷扬机；2—井口平台；3—轨道；4—中梁爬升钢缆；5—送料车；6—钢缆爬升千斤顶；7—上锁定架；
8—中梁；9—上平台；10—浇筑平台；11—主平台；12—模板千斤顶；13—模板；14—抹面平台；
15—模板支撑架；16—下锁定架；17—爬升杆；18—2510-40 型爬升千斤顶

正常滑升时，中梁系统全部锁定不动，模板系统由液压爬升器牵引向上滑升，当滑到前锁定架时，停滑，然后固定模板系统不动，收起中梁的前后锁定架，在另外一组液压千斤顶的牵引下使中梁向上爬升，到达新的位置锁定，接着进行下一阶段滑升浇筑。

该型滑模中梁长达 30m，每次连续滑升距离为 12.5m，属于周期间歇性滑模，每滑12.5m 就要提升中梁，混凝土面须凿毛处理。在广州抽水蓄能水电站引水斜井（衬砌后直径 8.5m，倾角 50°）施工中，曾创出最高日滑升 9.8m，月滑升 149m 的好成绩。

B. 动力装置。模板系统滑升采用 4 台 2510-40 型液压爬升器，这是一种类似液压爬钳的液压千斤顶。从图 12-33 可以看到，在中梁四周布置有 4 条 40mm×40mm 的爬杆，爬升器就牵引模板系统沿爬杆向上滑升。而中梁的提升是通过 4 台 T15 钢缆千斤顶来实现的，T15 液压千斤顶安装在中梁前端前锁定架下边，钢缆（即钢绞线）锚固在井口平台上，两种规格 8 台千斤顶共用一套液压泵站，泵站布置在滑模平台上，便于就地观察操作。

3）连续式斜井滑模。

A. 主体结构。连续式斜井滑模本体结构见图 12-34。

滑模本体结构以中梁为核心形成整体，中梁中心与洞轴线重合，前后设置行走轮，前轮在斜井轨道上，后轮在混凝土面，依附中梁设置了多层工作平台，总体上看，结构紧凑，总重量不到间歇式滑模的 2/3。由于全部结构合为一个整体，所以操作运行也远比间歇式滑模简单，只要选用配置合适的滑升驱动装置，就可以不间断地连续滑升，完成整条斜井的混凝土衬砌。

工作平台从上而下分别是上平台、浇筑平台、主平台、抹面平台和尾部平台，上平台是混凝土和钢筋卸料平台，施工人员从送料车上下来也首先到达上平台，混凝土集料斗、液压泵站控制系统、钢筋堆放场均在此平台；浇筑平台周边布置有 8～10 个混凝土卸料口和溜槽、溜管，作业人员用手推车接料后送至各处卸料口入仓；模板上口的椭圆形水平面形成主平台，这里是绑扎钢筋、

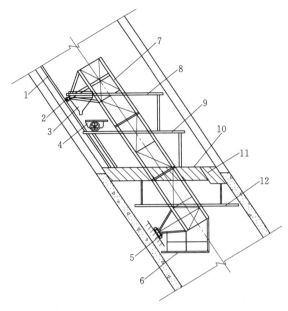

图 12-34　连续式斜井滑模本体结构图

1—轨道；2—前行走轮组；3—混凝土集料斗；4—分料小车；5—后行走轮组；6—尾部平台；7—中梁；8—上平台；9—浇筑平台；10—主平台；11—模板；12—抹面平台

混凝土平仓振捣的工作面，模板就安装在主平台周围；抹面平台用于进行混凝土修补抹面和养护；尾部平台较小，是滑模操作运行人员更换尾部混凝土面行走轮下的槽钢轨道垫时使用的工作平台。

目前，此种类型的斜井滑模已基本成熟，滑模本体结构设计方案基本相同，在多个工程不同断面的斜井施工中广泛应用。

B. 动力装置。连续式斜井滑模的动力装置曾经是困扰滑模设计工程师的难题，十多年前，国内找不到可用于斜井滑模的合适的动力装置，国外信息不多，而且进口机械产品价格昂贵，一般工程难以承受。21 世纪以来，随着经济改革进一步发展，对外技术引进消化吸收也逐步深入，一些工程技术已开始成功移植到水利水电工程施工中来，一些特殊的动力装置也开始有专业厂家专门生产，可供斜井滑模设计时选用。

4）斜井滑模配套系统。长斜井滑模施工中相关系统的布置、设备选型和配套设计十分重要，是高效、安全、快速施工必不可少的一环。

A. 轨道。斜井滑模施工，须铺设轨道，这既是滑模本身运行、导向所必需，又是送料车运行所必需。轨道可选用 P38 型重轨，安装时要加固牢固。安装后，一般应浇条形混凝土基础，滑模和送料车运行时不致变形、垮塌，确保这一施工、输送生命线畅通。

B. 送料车。斜井运输系统是滑模施工的生命线，所有的混凝土、钢筋和施工人员上下均要由该系统输送，送料车设计需要考虑载人舱（混凝土料仓在 2m³ 左右）、钢筋堆放平台和施工人员上下楼梯。

C. 卷扬机。送料车牵引卷扬机是本系统的关键设备，长斜井施工时，要求平均线速度不能低于 40m/min，并有可靠的制动机构。卷扬机要求长时间运行，每天 24h 不分昼夜都在浇筑施工，其工作负载持续率很大。一般选用国产电动、机械卷扬机，牵引力为 10～15t，有定型产品，也可根据要求定制。

更好的是全液压卷扬机，运行速度为 0～60m 无级调速，但进口价格高昂。

D. 井口平台。井口平台设置在斜井与上平洞转弯处，用型钢、钢管、钢板等现场制作。这是钢筋、混凝土下料处，需要承受混凝土罐车、载重车的重压，根据系统设计的不同，还可能有送料车卷扬机钢丝绳导向轮、钢绞线锚固梁等固定在井口平台上。设计井口平台时要考虑这些荷载要求。

5）滑三角体。滑模施工时，混凝土仓面是水平的，符合现浇混凝土是半流态物质的特点，如衬后斜井是圆形隧洞，则水平仓面是椭圆形。斜井的上下都各有转弯段，浇转弯段时，往往希望接合面垂直于洞轴线，便于转弯段立模，而滑模的水平仓面会使滑升后的混凝土与理想接合面之间出现一个三角体的空白区域（见图 12-35），一般情况下，这个三角体会在斜井衬砌后用小模板补浇，必然需要人工操作，现搭满堂脚手架，工作量很大，在上弯段也是同样的道理，只是上弯段补三角体时更麻烦，需要考虑施工平台等多方面因素。

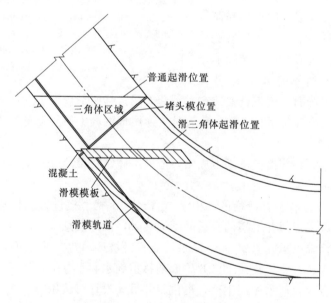

图 12-35　滑三角体示意图

其实，只要充分认识滑模的原理和构造，是可以用滑模本身来解决这一难题的，那就是滑出三角体。

方法很简单，在下弯段（上弯段同样），将直线轨道向下延长，滑模后行走轮先换用轨道行走轮，在接合面造两圈锚杆，作为固定支撑堵头模板之用，然后开始起滑，边滑升边封堵头模，待后轮开始进入混凝土面时，再换成混凝土面行走轮，随即进入全断面正常滑升，整个过程连续不断，一气呵成。

6）斜井变径滑模。三峡永久船闸地下输水斜井共 16 段，长度不一，在 35m 左右，斜井倾角约 57°，隧洞断面（径向）高度不断变化，从 5m 变化到 5.4m，上大下小呈喇叭状。对该斜井采用全断面变径滑模施工，其主要结构见图 12-36。

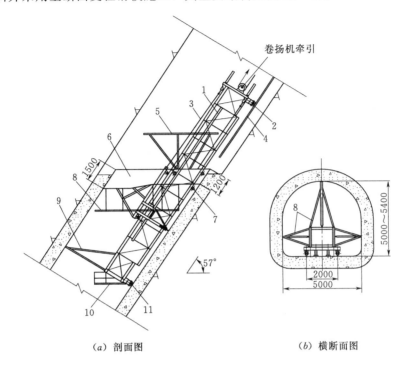

（a）剖面图　　　　　　　　　（b）横断面图

图 12-36　三峡全断面变径滑模主要结构图（单位：mm）

1—中梁；2—前行走轮；3—牵引钢绞线；4—前轮轨道；5—上平台；6—模板组；

7—模板行走轮；8—抹面平台；9—尾部锁定架；10—尾平台；11—后行走轮

模板分为两部分，下边墙和底拱为一部分，顶拱和上边墙为另一部分，边顶模板紧套着底拱模板，在边墙部位重叠 400mm，与斜井高度变化值相同，两部分模板在滑升时各自独立进行，但须配合保持每次上滑距离基本相等。中梁为渐变截面，上下有轨道，上部轨道与顶拱母线平行，下部轨道与底拱面平行，两部分模板就各自依附轨道滑升，中梁长14.7m，模板有效行程为 6m，显然，这是一种周期间歇性滑模。

动力装置：模板滑升时用 4 台液压千斤顶，上下部分模板各 2 台，钢绞线锚固在井口洞顶，中梁提升用 8t 卷扬机一台，布置在斜井上平洞，此斜井全断面变径滑模在施工中取得成功。

7）多功能模板。在平洞模板部分已介绍过多功能模板，由于兼顾转弯段，模板较短，而且是卷扬机牵引，故较适宜在短斜井和短平洞施工，特别是平洞与斜井相连时。这样一次安装，一次拆除，有望解决斜井和平洞的衬砌问题。

（2）混凝土衬砌。

1）施工程序。斜井混凝土施工程序为：滑模安装 → 各项施工准备工作（包括供水、供电系统的布置，混凝土输送系统敷设，材料准备，运料小车及卷扬机安装，钢筋制作等）→ 起滑段钢筋绑扎→下堵头模板安装（包括止水）→ 混凝土浇筑 → 滑模初次滑升→滑模调整 → 正常滑升 → 钢筋绑扎（循环）→ 滑模浇筑完毕 → 滑模拆除。

2）施工工艺及方法。其施工工艺及方法与竖井混凝土有类似之处，但也有如下工艺及方法特点。

A. 斜井滑模安装。首先按滑模安装的要求施作天锚、地锚，利用汽车吊及天锚、进锚进行安装，滑模各部件的安装顺序如下。

a. 滑模中梁倒运安装。

b. 滑模中梁前后支腿安装。

c. 各平台梁、柱安装。

d. 模板安装、液压系统安装、钢绞线安装。模板上的液压爬升千斤顶应在模板安装结束并调整好位置后再行安装，要求位置准确。钢绞线安装时应从下向上安装，通过模板上的液压爬升装置，用人工牵引使之固定在上部锚固装置上。

e. 滑模就位、调试。滑模起滑前，必须将 4 台液压千斤顶调整到隧洞径向的同一断面上，保证千斤顶工作的统一性和一致性。

B. 主要施工准备。斜井滑模混凝土施工前的准备工作包括建基面的检查清理、轨道安装和校核、水电系统的布置、滑模就位和调整、滑模滑升起始段的钢筋安装、混凝土输送系统安装、材料运输系统安装等。另外，在滑模起滑前还应做好各种故障发生的处理措施和应急预案，保证在发生各种故障后及时进行处理，确保混凝土的施工质量及施工安全。

a. 轨道安装。首先施作插筋，浇筑轨道混凝土基础，安装工字钢作为其轨道。从龙滩、小湾引水隧洞斜井滑模工程实践中得出，混凝土基础保证了滑模精准定位，混凝土质量较好，而采用型钢架固定，在特大断面斜井混凝土施工中容易出现偏差，给滑模带来困难。

轨道安装时须保证位置准确及轨道无扭曲现象，方能使滑模台车顺利运行，还要保证斜井体形尺寸满足设计要求。

b. 起滑段钢筋安装。斜井起滑段的钢筋安装在滑模调整就位后进行绑扎，即对滑模模板下边缘至前行走轮组之间段钢筋进行绑扎。钢筋加工根据设计图纸、施工规范及实际需要进行，一般环向钢筋的长度可控制在洞径的 1/2，并采用直螺纹接头进行连接。钢筋安装采用架立筋，并焊接固定在系统锚杆或插筋上。

c. 起始端部模板安装。起始端部堵头模板用厚 30mm 木板现场进行拼装，背管采用 ϕ48mm 钢管（加工成圆弧形），支撑系统均采用 ϕ12mm 拉筋与锚杆或插筋间进行焊接连接的内拉方式为主。堵头模板可在混凝土浇筑过程中安装，靠近内侧的堵头模板与混凝土设计线的距离为 5～10mm，以便台车滑出不会与堵头模产生摩擦，以免对混凝土产生扰动。

d. 混凝土输送系统及材料运输系统安装。斜井内混凝土的输送采用溜管或混凝土运输小车，在轨道基础混凝土面上轨道外侧紧贴岩面布置各一趟 ϕ200mm 溜管（见图 12 - 37）。为防止混凝土产生骨料分离，溜管安装时在靠近滑模的尾部设置一个缓降器，可随滑模的向上滑升进行移设，溜管利用钢筋焊接固定于轨道混凝土面上。为扩大混凝土入仓面积，混凝土浇筑时利用滑模的上平台作为分料平台，利用溜槽向洞周分料，根据需要设置 4～6 个溜槽下料点。当入仓下料点垂直高度大于 2m 时，应加挂溜筒以减少混凝土骨料分离。

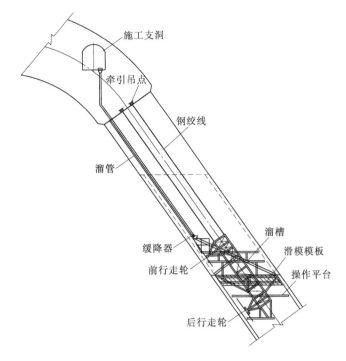

图 12-37　混凝土输送系统及材料运输系统示意图

斜井内的材料采用运料小车进行运输（运料小车采用型钢进行制作，其行走轮的中心线间距同滑模行走轮组）。运料小车通过布置在上部的 5t 慢速卷扬机在斜井滑模轨道上运行，上弯部分的轨道可在斜井滑模轨道的基础上向上延伸，并采用型钢和钢筋进行临时加固。

C. 混凝土施工要点。

a. 滑模起滑条件。斜井滑模施工工作面在具备以下条件后方可滑升模板：混凝土强度达到 0.2～0.3MPa 时；检查模板与围岩周围有无连接情况，起滑前必须断开；检查爬升液压系统和行走系统是否正常。在同时满足上述条件的情况下，方可滑升模板。

b. 滑模混凝土施工。模板滑升应遵循"多动少滑"的原则。即采用相对较多的滑升次数和较小的滑升距离，每次滑升的间隔时间控制在 60min 以内，防止间隔时间过长导致滑升阻力增大。滑模运行中的钢筋采用运料小车通过卷扬机运至上平台，再通过人工转移至安装部位。

为进一步满足滑模混凝土施工的连续性、快速性及均匀性的特点，混凝土运输方式主要采用运料小车或溜管和溜槽联合运输方式。当采用溜管时，在井内沿顺坡布置一趟溜管（$\phi 200$mm），由于斜井段距离较长，溜管安装时每隔 12～15m 应加设一缓降器，以减少骨料分离。

考虑斜井内运料小车倒运钢筋、辅助材料等倒运距离和溜管安装难度的要求，溜管安装在滑模轨道与岩石之间，以减小运料小车至滑模上平台的距离，降低作业人员材料倒运劳动强度。溜管至仓内的混凝土垂直运输采用溜槽组分料，即：一级滑动式主溜槽和二级固定式转分溜槽联合分料。具体施工方法为：首先根据混凝土坍落度和仓面覆盖面积确定分溜槽坡度和个数并合理布置、加固；然后利用滑模中层平台，在各分溜槽上口相交部位的中部焊接一根 ϕ48mm，$L=1$m 左右的普通焊管，在焊管上加设一根碗扣式脚手架管（也可用普通焊管在底部加焊套管代替），高度根据溜槽坡度和旋转半径确定，利用套管与下部普通焊管之间的活动连接实现旋转分料；最后根据旋转分溜槽高度确定主溜槽的搭设高度和距离。主溜槽搭设利用滑模上层平台加设钢管支撑，溜管出口处借助滑模轨道支撑且利用钢管在轨道上的滑动实现溜槽架与滑模同步上升，最大限度地减少仓内分料人员的投入，降低劳动强度，消除安全隐患。主溜槽应用弹性材料将其全封闭，以防飞石伤人。

考虑到混凝土入仓方式采用溜管和溜槽，其坍落度控制在 12～16cm 之间为宜。当混凝土强度达到 0.2～0.3MPa 时，模板即可进行滑升。滑升时，利用安装在中梁上的 4 只液压爬升器进行爬升牵引。液压爬升千斤顶的最大行程为 100mm，故每次滑升距离可控制在 50～100mm，并将每次滑升间隔时间控制在 60min 以内，以防止时间过长导致滑升阻力过大，同时又能使出模后能方便地抹面。正常情况下，模板滑升速度为 5.0～6.0m/d 较为合适（冬季取 5.0m/d，其余季节取 6.0m/d）。在滑模过程中，应有滑模施工经验丰富的专人观察和分析混凝土表面，确定合适的滑升速度和滑升时间，滑升过程中能听到"沙沙"声，出模的混凝土无流淌和拉裂现象；混凝土表面湿润不变形，手按有硬的感觉，指印过深应停止滑升，以免有流淌现象，若过硬则要加快滑升速度。

c. 滑模的控制及纠偏。具体控制及纠偏措施如下。

第一，滑模采取"多动少滑"的原则，技术员经常检查中梁及模板组相对于中心线是否有偏移，始终控制好中梁及模板组不发生偏移是保证混凝土衬砌体型的关键，必须将其作为一件重要工作来做。滑升过程中采用塑料管自制的滑模水平观察器，检查模板面是否水平，每滑升一次检查一次，吊垂球检查模板中心是否偏离了底板轨道中心线，确保滑模不偏移。若发生偏移，应及时进行调整，纠偏用爬升器及手拉葫芦联合进行。

第二，在混凝土浇筑过程中，滑模每滑升 5.0m，由测量队系统地检查一次已成型混凝土的断面体型和轴线偏差，确保隧洞各参数符合设计要求。

第三，在中梁不动的状态下始终用 2 只 5t 手动葫芦将中梁与底板轨道及插筋相连，防止中梁前端向上翘起。

第四，保证轨道不发生位移，如果轨道间距产生位移，及时采取措施进行校正，防止行走轮组跳轨。

第五，模板制作安装的精度是斜井全断面滑模施工的关键，必须确保精心制作和安装。模板滑升时，应指派专人经常检测模板及牵引系统的情况，出现问题及时发现并向班长和技术员报告，认真分析其原因并找出对应的处理措施。

第六，混凝土浇筑过程中必须保证下料均匀，两侧高差最大不得大于 40cm。当下料原因导致模板出现偏移时，可适当改变入仓顺序并借助于手动葫芦对模板进行调整。

（3）工程实例。

1）天荒坪抽水蓄能电站斜井滑模。该斜井成洞直径为 7m，倾角为 58°，是国内研制的连续式斜井滑模的首次实践，配套研制了 P38 型液压爬升器（简称 P38），这是一种在斜井 P38 轨道上爬行的动力装置。在滑模前行走轮的前后各布置 1 台，左右共布置 4 台，同时工作带动滑模向上滑升，施工中，该滑模创下了最高日滑升 12.08m 和月滑升 227m 的高纪录。

由于轨道到模板中心（即洞轴线）距离有 3m 左右，即牵引力与受力中心不重合，故爬升时产生很大的偏心力矩，使滑模头部有上抬现象，需要采取措施克服；另外，P38 轨道硬度太大，爬升器夹爪磨损过快，使爬升器维护、检修、更换夹爪工作频繁。因此，对斜井滑模而言，在轨道上配备此类爬升器并不十分理想。

2）龙滩水电站引水隧洞斜井滑模。该斜井成洞直径为 10m，倾角为 50°，是目前最大的斜井滑模。采用 4 台 TSD40 型液压千斤顶为牵引动力装置，每台千斤顶额定拉力为 400kN，用钢绞线 4 根，共 16 根，4 台千斤顶分 4 点布置（见图 12-38），钢绞线锚固在井口钢横梁上。此种布置，受力合理，滑模滑升平稳、可靠。

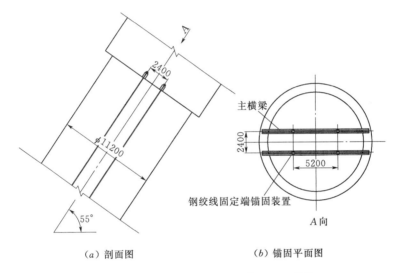

（a）剖面图　　　（b）锚固平面图

图 12-38　龙滩滑模井口钢绞线锚固布置图（单位：mm）

3）桐柏抽水蓄能电站斜井滑模。该斜井成洞直径为 9m，倾角为 50°，选用 2 台连续拉伸式液压千斤顶为牵引动力装置，千斤顶额定拉力为 1000kN，钢绞线为 1×7 标准型，公称直径为 15.2mm，每束钢绞线 9 根，共用钢绞线 18 根。钢绞线固定端通过钻孔、注浆锚固在上弯段顶拱围岩中。这也是一种合理的布置形式，实际施工应用也非常成功。

现在广泛应用于预应力锚索，张拉工程的钢绞线锚固体系。大型物体的起重提升系统都有多种型号、多种规格的液压钢绞线千斤顶，锚具等相关机具由专业厂家制造生产，水工模板设计时，动力装置配套又多了许多选择余地。

4）龙滩水电站引水斜井滑模混凝土施工。滑模采用爬升钢绞线式滑模，滑模直径达10m，使用时段在 2004 年 6—12 月，是国内最早使用该技术的案例。在斜井滑模施工中，先不浇筑下弯段，下部三角体也采用滑模与井身段一起浇筑成型，避免了下弯段传统立模方式，节约了时间，降低了成本，值得其他工程借鉴。

通过龙滩水电站引水大断面滑模施工，总结出以下经验。

A. 在长度小于100m斜井滑模施工中，采用模板组与中梁同时滑移的方式较适宜。在保证滑模质量的情况下，简化了滑模结构型式和运行；但斜井长度大于100m后，宜采用中梁与模板组分别运行的方式，因为钢绞线过长，导致钢绞线有一定的垂度，滑模质量难于控制，采用先滑中梁，中梁固定后再滑模板的方法，质量和安全上更有保障。

B. 混凝土配合比不宜采用缓凝型外加剂，宜采用减水剂。混凝土坍落度控制在$10\sim12cm$，混凝土初凝前强度为$0.32\sim0.35MPa$，凝结时间为2.5h左右时，保持均匀性，这样有利于滑模施工，使滑模每天滑升达$5\sim6m$，可加快滑模施工速度和质量。

C. 混凝土垂直运输方式，在斜井长度小于100m的情况下，混凝土垂直运输可以采用溜管、溜槽方式；但大于100m的斜井，应采用混凝土运料小车运输，这样可以防止混凝土分离，确保井内安全，保证混凝土坍落度，从而保证滑模混凝土质量。

D. 滑模轨道和钢绞线定位是控制滑模体形和质量的最基本条件，因而在滑模施工中，滑模轨道应采用刚性的混凝土支墩，钢绞线定位采用支架进行精确固定。

E. 冬季滑模施工时，可以采取一定的保温措施，控制空气对流，提高仓内温度，可以提高滑模混凝土的滑升速度。

12.2.3　施工安全及预防措施

由于竖井、斜井本身的特殊性，决定了它的施工安全问题是一个突出的问题，是一个需要从施工布置，施工方案的选定，技术措施的制定，设备、人员的配备等全方位、全过程体现出对施工安全问题的充分认识和相应的预防措施。

（1）竖井地面周围设截水墙、排水沟，施工过程中配备专人值班负责地面安全，井口设安全网，防止异物掉入。

（2）开挖工作面与井口配置对讲机、电铃及指示信号灯，保证施工通信及联络。

（3）吊点锚杆两侧各打设一根$\phi25mm$砂浆锚杆，$L=1.5m$，外露20cm，用于固定吊笼稳绳，在吊笼两侧焊接长60cm的1.5″焊接管，稳绳穿过焊接管后，在其下端坠以重物，保证吊笼上下时不会左右摇摆。

（4）卷扬机吊运重物时，严禁施工人员站在重物下面井坑内。

（5）卷扬机牵引重量必须在其承载范围内，其牵引的小车或吊笼的承载必须明确规定，特别是在施工过程中附着在牵引小车上的喷锚料、混凝土及灌浆液应进行及时清理，以防超载。

（6）定时检查维修上下爬梯、运输吊笼及卷扬机，保证使用安全。

（7）井口下料平台封闭要严，防止石块落入井内，下料平台有石块和溢出水泥浆要随时清理净。

（8）下料要均匀，防止堵管。严格控制超径石块进入溜管，发现滤网的石块立即用手取出，不能用钯子或钢筋翻动超径块石，以防漏进溜管造成堵管。发现堵管或溜管被磨穿漏浆时要及时处理。

（9）人员和材料运输采取卷扬机起吊吊笼方式，吊运人员时限载2人，吊运材料时限载2t，卷扬机运送材料和人员时，运行速度不得大于10m/min；长斜井、竖井须提高运行速度，应根据卷扬机的性能进行专题研究。

12.3　三大洞室混凝土

地下厂房及其他大型洞室的混凝土以结构性混凝土为主，如地下厂房的吊顶牛腿、岩壁锚杆吊车梁、安装间副厂房和机组混凝土，与厂房贯通洞的锁口混凝土，主变室框架混凝土及变压器运输通道及基础混凝土等，还有电缆井、电梯井、调压井及水道混凝土等。其施工特点如下。

（1）地下厂房混凝土开始施工时，厂房开挖基本结束，其他洞室均先后进入混凝土施工阶段。除厂房吊顶牛腿、岩壁梁混凝土在厂房开挖该层时浇筑完成，机组混凝土与金属结构埋件、机电安装密切相关，相互干扰、相互影响、相互制约。

（2）受施工通道限制，材料、混凝土运输、人员通行都较为困难，且机组混凝土结构复杂，钢筋量多，浇筑困难。

（3）地下厂房混凝土技术要求高、施工干扰大。

（4）在多台机组的地下厂房中一般采用机组成台阶状平行流水作业施工，可一个方向台阶，也可两个方向台阶呈 V 形。如安装间旁先浇到发电机层高程，则有利于提供更多的机组安装空间和场地。

（5）地下厂房中应尽快施工安装间混凝土，只有安装间混凝土完成后才能为桥式起重机的安装提供条件。桥式起重机安好后可为厂房机组、副厂房部位混凝土施工提供方便和开展机电安装工作。

（6）主变室混凝土大多为板、梁、柱结构混凝土，施工通道大多为单向通道，其材料、混凝土运输受限，其混凝土结构尺寸要求较高，板梁钢筋量密集，浇筑时须精细施工。

（7）尾闸室大多为长廊式布置，尾水调压室大多为圆形布置，也有两者合二为一布置的。一般其开挖高度较高、空间狭窄，尾闸室有闸门槽，闸墩体型相对复杂，尾水调压室设有阻抗板，其施工承重排架搭设时间长。大多仅有上部布置有施工通道，因此，混凝土施工难度大，须提前策划混凝土浇筑手段。

12.3.1　施工通道与分层原则

（1）施工通道。

1）地下厂房的混凝土施工首先要解决好材料运输、人员通行及混凝土运输的通道问题。当开挖基本结束后，相邻洞室在不同高程从不同部位与厂房相通，而混凝土是从底部开始浇筑，随着混凝土浇筑的上升，材料运输、人员通行的通道都会发生变化。要满足厂房机组不间断和立体多层次、平面多机组不同层次的混凝土施工，就应充分研究和利用开挖时的各种通道和相邻相通的洞室来进行不同高程的混凝土施工。如不能完全满足时，还需创造条件以形成新的施工通道进行混凝土施工。如在厂房开挖到发电机层高程时，为方便以后发电机层混凝土施工和机电安装，通常在厂房上游侧发电机高程布设栈桥锚杆，开挖结束后立即安设栈桥连接安装间与副厂房。还有在厂房底部混凝土施工前，可对不开挖的岩台用混凝土恢复或找平，然后与相连的洞室连通以形成通道或平台而有利于施工。

2）尾闸室一般开挖高度较高、空间狭窄，须在其上部布置栈桥与上部施工通道相连接，尽可能布置施工临时起吊设备。

3）主变室一般与进厂交通洞相连接，其施工通道大多为单向通道。

总之，混凝土施工通道首先应尽早全面规划，要根据施工情况变化研究、优化施工道路，确保混凝土施工的顺利进行。

（2）分层原则。

1）机组混凝土分层原则。地下厂房机组混凝土分层通常除要与机电安装相匹配外，还应根据机组尺寸、轮廓大小综合考虑，对小型机组以每层楼面高程为分层界线，不宜以其他高程来控制，尾水管和蜗壳混凝土基本都是一次浇完。为增强上下两层混凝土的黏结和抗震性能，可在下层混凝土表面设键槽和埋设插筋。对大型机组，如700MW以上机组，混凝土在肘管或蜗壳部位设计往往根据温控要求进行分层，但大型地下厂房机组混凝土与地面厂房机组混凝土施工是有很大的不同。在厂房机组混凝土施工阶段地下厂房中的气温比较稳定，变化不大，只要做好机组混凝土入仓温度控制，减少肘管、蜗壳的混凝土浇筑厚度即可，这有利加快混凝土的施工。对机组板梁柱结构部位的分层以楼板来划分为宜。

2）主变室混凝土浇筑分层通常除要与楼层高度匹配外，一般分层3.0～4.5m，尾闸室及尾水调压室混凝土浇筑分层通常除考虑与围岩约束因素外，一般底板混凝土分层1.0～2.5m，闸室混凝土分层3.0～4.5m。

12.3.2 厂房岩壁梁混凝土

厂房岩壁吊车梁结构由一期混凝土、二期混凝土、岩壁梁锚杆、永久伸缩缝、施工缝键槽、排水沟、排水管、吊车梁轨道等组成。

在地下厂房土建工程施工中，岩壁吊车梁在地下厂房没有开挖支护完成时浇筑成型。受厂房位移变形、爆破振动和自身结构特点的影响，岩壁吊车梁开裂可能性较大，成因复杂，在地下厂房已施工的岩壁吊车梁，均不同程度出现了开裂，有温度裂缝、表面裂缝或贯穿性裂缝，因此，岩壁吊车梁混凝土施工是地下厂房的重点和难点。

根据开挖揭露的地质条件，灵活确定混凝土块，降低围岩不均匀变形位移对岩壁吊车梁混凝土造成的影响。合理确定岩壁吊车梁与主厂房开挖爆破层之间高度，既能减小浇筑后下层开挖爆破振动对岩壁吊车梁混凝土的影响，又能保证岩壁吊车梁浇筑高度适宜，避免增加施工难度。采用低坍落度混凝土、双掺混凝土，必要时对混凝土进行通水冷却。为增加混凝土的抗裂性，可掺加聚丙烯微纤维等材料，提高混凝土的抗裂性能。妥善处理混凝土浇筑与岩壁梁受拉锚杆施工关系，保证岩壁吊车梁受拉锚杆质量及施工的成功率，从而保证岩壁梁受力的结构安全和整体安全。

（1）混凝土分块、模板及其支撑体系。

1）混凝土分块。为保证岩壁吊车梁浇筑成型后适应围岩不均匀变形位移，以及考虑结构要求、温度应力等影响，根据已施工的地下厂房岩壁吊车梁浇筑分块长度情况，一般分块长度为9～15m，施工缝处设置键槽，键槽为正方形，底面尺寸为1.1m×1.1m（长×宽）、顶面尺寸为0.7m×0.7m（长×宽）、深20cm。键槽处设置过缝插筋，插筋共5排：$\phi 25mm@30cm$，$L=2m$分别伸入施工缝两侧各1m。

2）模板及其支撑体系。

A. 模板体系。岩壁吊车梁斜面和直立面模板一般采用 2440mm×1220mm×18mm 酚醛覆膜胶合板或维萨模板拼装，堵头模板和键槽模板采用三分木板拼装。斜面模板与基岩面接触的空隙处采用木模进行拼补。

吊车梁直立面模板后采用 5cm×8cm@30cm 枋木作为背枋，背枋后采用 $\phi48mm×3.5mm@90cm$ 钢管和 $\phi12mm$ 拉筋进行加固。

吊车梁斜面模板后采用 5cm×8cm@30cm 枋木作为背枋，背枋后分别采用 10cm×10cm@50cm 枋木、$\phi48mm×3.5mm@50cm$ 钢管和 $\phi12mm$ 拉筋进行加固。

吊车梁堵头模板后采用 5cm×8cm@20cm 枋木作为背枋，背枋后采用 $\phi48mm×3.5mm@100cm$ 钢管和 $\phi12mm$ 拉筋进行加固。

键槽模板按照设计图纸中尺寸及高程部位进行布设，采用三分板和枋木制作成木盒子固定在堵头模板上。

吊车梁进厂交通段直立面模板采用 18mm×1220mm×2440mm 酚醛覆膜胶合板拼装，模板后采用 5cm×8cm@30cm 枋木作为背枋，背枋后采用 $\phi48mm×3.5mm@80cm$ 钢管和 $\phi12mm$ 拉筋进行加固。底模采用五分板进行拼装，模板后背 5cm×8cm@75cm 枋木和 $\phi48mm×3.5mm@75cm$ 钢管、间隔布置，利用 $\phi48mm$ 背管与 $\phi12mm$ 拉筋焊接对底模进行加固。堵头模板采用三分板拼装，加固方式与吊车梁其他部位堵头模板相同，并预留厚 2cm 伸缩缝。底模与基岩面接触的空隙处采用木模进行拼补。

B. 支撑体系。支撑体系由排架和三脚架两部分组成。

排架一般采用 $\phi48mm×3.5mm$ 钢管进行搭设，靠边墙侧三排为承重排架，靠厂房中心线侧两排为施工排架，排间距分别为 75cm×40cm 和 75cm×90cm，步距为 90cm 和 75cm。排架采用纵横向剪刀撑和 $\phi12mm$ 拉筋与下拐点以下系统锚杆焊接进行加固。

三脚架采用 10cm×12cm 枋木定制而成，沿平行厂房中心线方向间距与排架承重立杆间距同为 75cm，且位于同一面上。采用 $\phi12mm$ 拉筋与下拐点锁扣锚杆焊接进行加固，利用可调节托撑进行调平。

吊车梁模板及支撑排架体系见图 12-39。

C. 拉模锚杆布置。为了保证混凝土浇筑过程中模板的整体稳定性，除采用承重排架支撑外，还增加了大量拉筋进行加固，由于拉筋不能直接与岩台受拉锚杆和受压锚杆焊接，故在吊车梁体内高程 390.00m 处新增一排拉模锚杆，具体参数为 $\phi25mm$、$L=1.2m$、入岩 $1.0m@100\sim150cm$。吊车梁模板采用新增拉模锚杆和吊车梁 E 型系统锚杆与拉筋焊接固定。

（2）混凝土浇筑方法及成型保护。

1）混凝土浇筑方法。岩壁吊梁混凝土入仓常规手段通常采用泵送混凝土，吊罐、胎带机和伸缩式皮带机入仓。随着施工机械的发展，在大型地下厂房岩壁吊车梁施工中，为了降低岩壁吊车梁混凝土的水化热，尽量采用低坍落度混凝土原则，岩壁吊车梁普遍采用胎带机、吊罐和伸缩式皮带输送车为主要入仓手段，而在中小型地下厂房岩壁吊车梁混凝土施工中，仍以泵送混凝土为手段。

吊车梁混凝土采用自下而上分层浇筑，浇筑层厚控制在 30～40cm 之间，浇筑过程中下料孔内采用自制铁皮溜管伸至混凝土浇筑层面上下料，控制混凝土下料高度，防止混凝

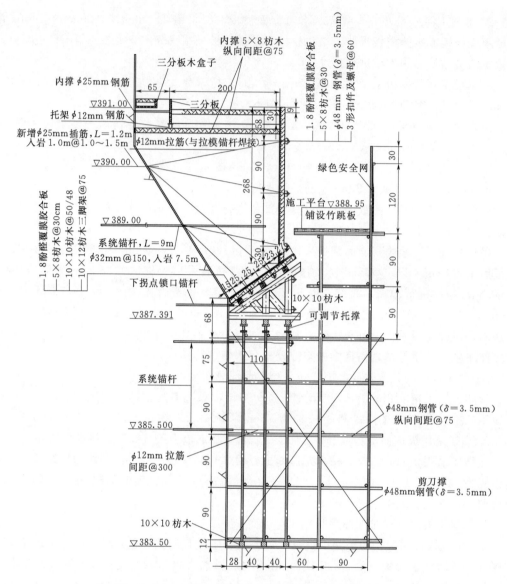

图 12-39　吊车梁模板及支撑排架体系图（单位：cm）

土出现离析现象。单仓混凝土布设 4 个下料孔，间距为 2～3m，断面尺寸为 30cm×40cm，具体位置可根据实际情况进行布置，且尽量避开岩壁梁锚杆、结构钢筋及混凝土梁体内预埋件。下料孔部位割断钢筋要进行补强加固。吊车梁混凝土下料全过程循环进行，按照单方向依次均匀从各下料孔下料，且每次下料摊铺厚度严格控制在 30～40cm 之间，每个下料孔覆盖区域为其中心线的 1～1.5m 范围。混凝土浇筑必须保持连续性，对已开仓段必须一次性浇筑完成，不许出现冷缝。浇筑过程中，模板工和钢筋工要加强巡视检查维护，发现异常情况及时处理。

人工平仓后采用插入式振捣器振捣，两台振捣器一前一后交叉两次梅花形插入振捣，快插慢拔，振捣器插入混凝土的间距不超过振捣器有效半径的 1.5 倍，距模板的距离不小于振捣器有效半径的 1/2，尽量避免触动钢筋和预埋件，必要时辅以人工捣固密实。振捣宜按顺序垂直插入混凝土，如略有倾斜，倾斜方向应保持一致，以免漏振。单个位置的振捣时间以 15～30s 为宜，以混凝土不再下沉，不出现气泡，并开始泛浆为止。严禁过振、欠振。

2) 混凝土成型保护。为了保证岩壁梁成型混凝土不受下层开挖爆破飞石的撞击破坏，直立面及斜面模板先不进行拆除，用以保护成型的吊车梁混凝土。为了控制爆破振动对新浇岩壁梁混凝土的破坏，按如下方法进行控制。

A. 在岩壁梁混凝土浇筑前必须先进行厂房岩锚梁下层设计边线预裂。

B. 厂房岩壁吊车梁下部开挖施工须在相邻 80～100m 范围内新浇岩壁梁混凝土，满足 28d 龄期强度后进行。

C. 根据厂房岩壁吊车梁层梯段爆破监测试验测试结果来控制厂房岩壁吊车梁以下梯段爆破单响药量，同时根据厂房岩壁梁以下层开挖初始阶段对岩壁吊车梁布置的爆破振动监测仪器实测数据进行调整，从而保证开挖振动速度在设计规范要求范围内（见表 12-10）。

表 12-10 新浇混凝土基础面上的安全质点振动速度表

混凝土龄期/d	1～3	3～7	7～28	>28
安全质点振动速度/(cm/s)	<1.2	1.2～2.5	5.0～7.0	≤10.0

（3）混凝土主要防裂措施。混凝土裂缝的产生通常是由于混凝土体积变化时受到约束或者由于外界荷载作用时混凝土自身产生过大的拉应力引起的。而早期裂缝产生的主要原因是水泥水化热温升后迅速温降产生的拉应力超过允许抗拉强度，多数形成贯穿裂缝。为了减少和抑制混凝土内部因收缩而引起的早期裂缝，提高抗渗防水能力，增强抗冻融性，提高混凝土毛细材料含量，增强混凝土自身抗拉能力，杜绝贯穿裂缝的发生，可采取如下措施。

1) 岩壁吊车梁合理进行分块，使其更能适应厂房高边墙不均匀位移变形，减少开裂。

2) 优化混凝土配合比设计，采用低热水泥，加粉煤灰和缓凝减水剂，降低水化热，降低混凝土内部温度。

3) 采用温控混凝土浇筑，严格控制混凝土的出机口温度、入仓温度和浇筑温度，防止混凝土早期贯穿裂缝。

4) 尽量采用 7～9cm 的低坍落度混凝土进行浇筑，减小水泥用量，从而减少混凝土自身水化热。

5) 有预埋冷却水管的，及时按设计要求通水冷却。

6) 岩壁吊车梁混凝土浇筑完成后，及时进行自流水养护，连续保持湿润状态。

7) 严格控制爆破振动速度，在岩壁吊车梁锚杆施工前，完成岩壁吊车梁下层深孔预裂；岩壁吊车梁混凝土满足 28d 强度后，才能进行岩壁吊车梁下层开挖，且开挖下层下采用两道预裂缝，中间爆破采用微差挤压爆破技术，两侧预留的 5～8m 保护层，采用手风钻小药量进行爆破。

8) 采用新奥法对厂房下部高边墙进行开挖支护，尽量减少在下部开挖支护过程中厂房高边墙位移变形对岩壁吊车梁的影响,特别是母线洞、尾水管开挖,要采用跳洞开挖、先洞后墙的方法,中间岩柱采用预应力等手段,开挖中"薄层开挖,适时支护",将厂房开挖对岩壁吊车梁的影响降至最小。

12.3.3 主厂房混凝土

(1)混凝土入仓方式。采用混凝土搅拌运输车或自卸式运输车运输混凝土至施工现场,根据不同的施工时段、施工部位和施工强度情况,通常采用四种不同的入仓方式:①以胶带机+混凝土布料机+溜筒直接为大体积混凝土入仓(见图12-40);②以混凝土管式布料机为厂房框架结构混凝土入仓;③以厂房施工桥式起重机配卧罐为机组段混凝土辅助入仓;④以负压溜管(设缓降器)配溜筒为局部混凝土布料机覆盖不到部位的辅助入仓。

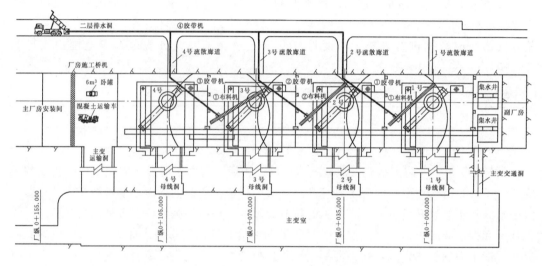

图12-40 机组锥管、蜗壳、机墩混凝土浇筑平面布置图(单位:m)

(2)肘管(尾水管)及锥管混凝土。地下厂房机组混凝土最先施工的就是肘管(尾水管)混凝土,若钢筋混凝土尾水管须经专门设计、制作,则应先制作组拼好后再运到现场组装;现在不少水电站采用了金属肘管,可在安装间拼焊后然后吊装就位,也可在机窝里拼焊。但在肘管就位前必须浇筑好肘管的混凝土支墩或焊好钢结构支墩,不论采用那种支墩都必须在基础上打锚筋。模板钢筋可以从尾水洞运进厂房也可用行车吊运。混凝土可用行车加吊罐配溜槽入仓,还可在尾水洞里用混凝土泵车辅助入仓。由于尾水管层混凝土量较大,可根据具体情况来决定是否要进行温控和分层。300MW以下机组的肘管混凝土一般为一次浇筑完成,部分分成两层浇筑。对于700MW以上大型机组肘管,在混凝施工时应分层浇筑,分层高度以不大于3.0m为宜。肘管混凝土浇筑前应做好肘管的加固和变位监测,以防止肘管在浇筑过程中产生位移和倾斜。混凝土下料时要布料均匀,每次浇筑混凝土坯层以30~50cm为宜,两侧混凝土的高差不宜超过50cm,以防止尾水管因混凝土浮托力产生偏移。机组尾水管扩散段是由弧形逐渐变为平面的,平的底部混凝土不易浇满,特别是大型机组,尾水肘管底部面积超过70m²,且底部钢筋密集,又布置有独立支墩,具有入仓条件单一、施工空间狭小、埋件及钢筋量大、振捣困难的特点。为保证尾水管底部混凝土浇满和振捣密实，在底部采用一级配混凝土或高流态混凝土，并在征得厂家和设计人员同意后在尾水管底部开孔，按间距 $2m \times 2m$ 布置，作为混凝土下料辅助孔和混凝土振捣孔，在混凝土浇完后予以封闭。最后对尾水管在混凝土浇完后钢板与混凝土间的空隙进行接缝灌浆。

单个机组锥管层混凝土分两块浇筑，即锥管一期混凝土和锥管二期混凝土，锥管层混凝土分块以满足锥管安装及焊接需要为主要原则设计，同时考虑结构布置，进行合理的分层，二期锥管对 300MW 以下机组一次浇筑，对 700MW 以上机组一般分二层进行浇筑，分层高度比肘管可适大提高（见图 12-41）；锥管层混凝土采用通仓薄层浇筑，入仓方式通常用吊罐入仓，浇筑时注意控制浇筑速度及对锥管一期混凝土模板的变形观测。

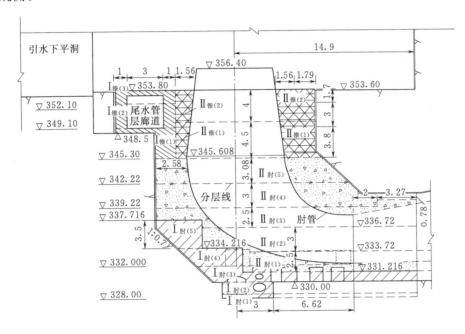

图 12-41　机组肘管及锥管一期、二期混凝土分层图（单位：m）

在尾水管混凝土施工前最好先浇一层基础混凝土找平，不用太厚，这有利于尾水管混凝土的施工。在混凝土施工时，周边立面可采用大块模板加快立模速度，模板的稳定靠埋入混凝土中的拉筋来实现。

（3）蜗壳层等混凝土浇筑。现在越来越多的水电站地下厂房机组蜗壳采用金属蜗壳，尤其是高水头机组蜗壳大多数采用金属蜗壳。在浇筑蜗壳混凝土前通常先要浇筑蜗壳支墩，已拼焊好的蜗壳在支墩上就位固定或在支墩上拼焊已组焊好成两半的蜗壳后才开始绑扎钢筋。由于蜗壳体形复杂，蜗壳外钢筋层多、量大、复杂，施工时需要先安排好施工程序和材料堆放部位才有可能顺利进行。为防止少数部位浇不满混凝土，通常可在该部位埋设回填灌浆管，出口引到蜗壳层上面。对低水头机组或较大机组蜗壳，因体形较大，靠蜗壳内侧不易浇满的部位可埋设混凝土导管和灌浆管引出，在浇完混凝土后，通过混凝土导管或灌浆管回填混凝土和灌浆。

高水头金属蜗壳在浇筑混凝土前要进行充水并按设计要求保持一定的压力，混凝土浇筑完后须等蜗壳回填混凝土或回填灌浆完成后才能减压放水。有的水电站金属蜗壳外设置弹性垫层或间隙垫层而不充水打压，在绑扎钢筋及焊接和浇混凝土时要防止对垫层的破坏。有的水电站采用蜗壳充水后进行加热后打低压的技术，以缩短打压时间，该技术还处于摸索试验阶段。

蜗壳层混凝土属于厂房大体积混凝土，尤其是大机组和低水头机组蜗壳混凝土，一般都要有混凝土温控要求，应由拌和楼拌制温控混凝土来控制混凝土，并在蜗壳层内埋设冷却水管，通冷却水或常温水进行冷却。

蜗壳混凝土浇筑时也应均匀布料，不同侧的混凝土高差不宜大于50cm，对较大的蜗壳也不宜超过1m。对于大型700MW机组蜗壳混凝土施工，除分层外还要分块，一般以机组轴线为中心分4个象限，在每一层2个象限对称均匀浇筑，目的是减小混凝土入仓强度和保证蜗壳不发生变形。

1) 蜗壳混凝土分层。蜗壳层混凝土浇筑时，特别在700MW大型机组蜗壳中，蜗壳尺寸较大，在周边进行混凝土浇筑时，由于仓面较大，为确保蜗壳不发生变形、移位，须对蜗壳层混凝土进行分块分层浇筑。蜗壳混凝土分层高度一般为1.5～3.0m，层数以4～6层为宜；在蜗壳第一层和第二层在层内分块，按机组纵横轴线分为4个象限，每层2个象限对称均匀浇筑，为减小蜗壳焊接温度应力，预留蜗壳与压力引水钢管连接的凑合节部位，形成蜗壳三期混凝土，待蜗壳混凝土浇筑结束后，再焊接凑合节和进行混凝土浇筑（见图12-42），其中，蜗壳混凝土腰线以下分2层浇筑，分4个象限，对称浇筑，腰线以上分2层通仓进行浇筑。

例如：龙滩水电站蜗壳厚度为11.95m，共分4层浇筑，分层厚度为3.0～3.5m；溪洛渡水电站蜗壳厚度为10.4m，共分4层进行浇筑，最小分层厚度为1.8m，最大分层厚度为2.9m，通仓进行浇筑；糯扎渡水电站蜗壳厚度为10.05m，分4层进行浇筑，最小分厚度为1.25m，最大分层厚为3.75m，第一层分4个象限，对称浇筑，第二～四层蜗壳混凝土在布料机布置的机组采用通仓进行混凝土浇筑，其余机组与第一层浇筑方法相同；三峡水利枢纽工程左岸地下厂房蜗壳层厚度为17.8m，共分6～7层进行浇筑，分层厚度为3～3.5m，第一、二层采用顺时针方向进行浇筑，即从蜗壳大管径端向蜗壳小管径端顺序推进，第三层以上采用对角线进行对称浇筑。

2) 蜗壳混凝土入仓方式。目前，大型地下厂房大型机组的混凝土入仓方式主要有：①皮带机＋溜槽＋溜管，局部辅以泵送和吊罐；②布料机入仓方式为主，辅以吊罐和泵送，短溜槽配合。在施工中，多种入仓方式结合使用。第一种入仓方式主要在2010年前实施的地下下厂房中应用。如在龙滩、小湾等地下厂房中应用。随着大量地下厂房的开工，通过对厂房混凝入仓手段进行的探索，以及机械设备的发展，将布料机入仓手段引入地下厂房，降低了混凝土坍落度，提高了混凝土浇筑强度，有效降低了水化热，保证了厂房大体积混凝土质量，如溪洛渡水电站右岸地下厂房、糯扎渡水电站地下厂房等。

3) 混凝土配合比。蜗壳体形复杂，钢筋密集、施工空间狭小，以及受机电埋件安装后的影响，为避免混凝土在施工过程中架空、离析和减少蜗壳阴角部位及蜗壳底部脱空面积，对于蜗壳混凝土在不同部位采用不同级配、不同坍落度的混凝土，以满足蜗壳混凝土

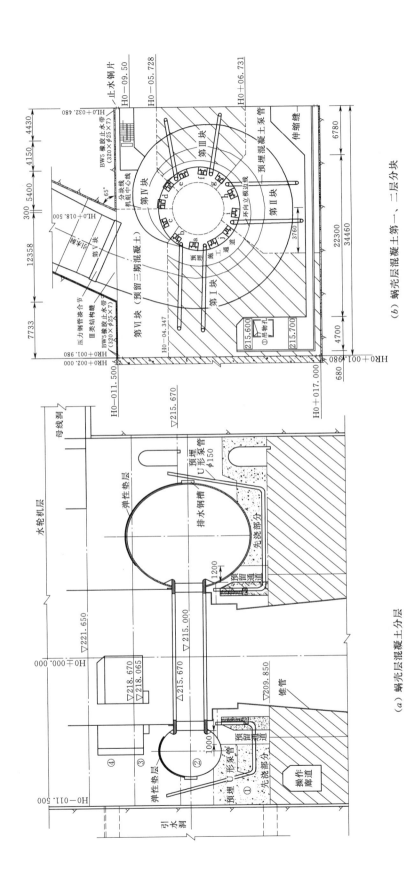

（a）蜗壳层混凝土分层

（b）蜗壳层混凝土第一、二层分块

图 12-42 龙滩水电站蜗壳混凝土分层分块示意图（单位：mm）

①—第一层；②—第二层；③—第三层；④—第四层

质量要求。在蜗壳外围及每2层以上采用三级配混凝土，在蜗壳第一层下部、阴角下部和钢筋密集部位采用二级配泵送混凝土，蜗壳底部120°和阴角中上部采用一级配泵送混凝土。

4）蜗壳混凝土浇筑。从以往的施工经验看，蜗壳混凝土施工的重点是蜗壳腰线以下混凝土浇筑，其特点是第一层混凝土浇筑。难点是如何保证蜗壳阴角及蜗壳底部120°范围内混凝土密实。由于蜗壳与基础环、座环之间空间狭小，如布置混凝土泵管、施工人员通道和作业空间，混凝土如何浇筑饱满，如何振捣密实是施工的关键问题。

蜗壳混凝土主要施工程序：按台阶法先浇筑蜗壳外围混凝土，台阶沿蜗壳轴线展开，并逐步向蜗壳底部延伸，外围混凝土浇筑3～4坯层后，在蜗壳外围形成阻挡，改用泵送混凝土将蜗壳底部浇筑密实。阴角部位先采用环向泵管退管法进行浇筑，最后利用在浇筑第一层前预埋的径向朝天管再次进行浇筑，在混凝土泵车的压力下使阴角混凝土浇筑密实。阴角部位上部混凝土利用座环上的预向孔振捣密实。阴角部位采用同标号泵送砂浆进行浇筑（见图12-43）。

在混凝土浇筑过程中，应严格控制混凝土面上升速度，且蜗壳内外侧混凝土对称均匀上升，铺层厚度控制为30cm。根据工程经验，混凝土上升速度控制为不大于30cm/h（指混凝土接触到蜗壳钢衬后的上升速度），液态混凝土厚度不大于60cm。当混凝土浇筑至座环环板顶面，且环板上预留排气孔开始冒浓浆后，采用木塞对环板上的振捣孔进行临时封堵，根据现场情况适时启动注浆机灌注M30砂浆，注浆压力小于0.2MPa；在蜗壳基础板上排气孔观察混凝土浇筑情况，阴角部位冒浆后，不要堵塞，人工用细拉条通孔，直至阴角内部高浓度砂浆流出为止（蜗壳内侧收仓）。

5）蜗壳变形观测。为防止厂房蜗壳混凝土浇筑以及灌浆施工过程中蜗壳本体产生位移和变形，除严格控制蜗壳混凝土浇筑分层高度和浇筑速度外，同时应采取措施对蜗壳本体的位移和变形进行监测，并在蜗壳混凝土施工过程中及时根据监测数据调整混凝土浇筑速度。

A. 蜗壳变形控制标准。目前没有制定规范规定标准值，通常由设计院各制造厂家提出，在大型机组蜗壳混凝土浇筑中，一般采取以下标准作为参考。

a. 蜗壳上抬量不大于4mm。

b. 座环变形量不大于0.3mm。

c. 基础环上的副底环把合法兰面水平度应不大于0.4mm。

B. 监测前准备工作。蜗壳混凝土浇筑前，应做好以下工作。

a. 检查蜗壳各支撑件及拉紧器的焊接质量和数量是否满足设计图纸的要求，以保证蜗壳在浇筑混凝土时不产生变形。

b. 蜗壳焊接全部完成后，在座环下环板内环、基础环/副底环把合法兰面沿顺时针均分8个点，作为监测点，在机坑里衬与蜗壳顶部中心沿 X/Y 方向做4组点，作为蜗壳/机坑里衬相对位移监测点，在机坑里衬顶部沿 X/Y 方向做4个点作为绝对高程监测点。测量各样点的初始值，做好原始数据记录。

c. 成立蜗壳混凝土浇筑监测小组。制定详细的监测计划与记录表格，做好监测样点的标记与保护工作，在混凝土浇筑过程中安排专人进行数据测量与记录工作。

C. 蜗壳监测方案。

a. 监测点布置。

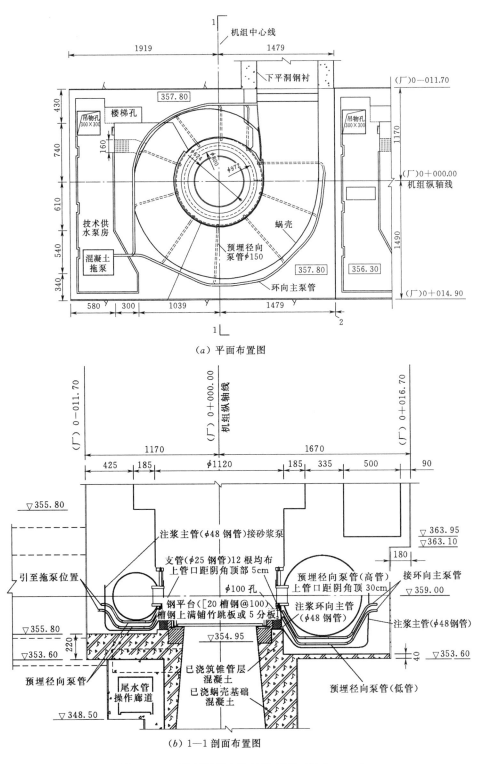

（a）平面布置图

（b）1—1剖面布置图

图12-43　蜗壳混凝土浇筑示意图（单位：mm）

b. 座环圆度监测。

c. 在座环上法兰面摆放钢支架，安装求心器，挂钢琴线测量座环下环圆度。

d. 监测前，用内径千分尺测量座环内环 8 个样点的半径作为初始值，并计算其圆度，浇筑过程中每次测量的数据与原数据进行比较，分析监测结果，如有必要，对浇筑方案及时进行更改。

D. 基础环/副底环把合法兰面水平监测。

a. 在混凝土浇筑前，测量基础环/副底环把合法兰面的水平值并做记录。

b. 浇筑过程中，用水准仪配合游标卡尺或千分尺测量该部位的水平，同初始值进行比较分析。

E. 蜗壳上抬量监测。

a. 在机坑里衬外壁和蜗壳顶部沿 X/Y 轴线方向各做 4 组标记点，浇筑前测量每组样点的相对高差并记录。

b. 蜗壳混凝土浇筑过程中，监测每组标记点的相对高差与初始值有无偏差，从而确定蜗壳相对于机坑里衬的上抬量。

F. 监测方法。

a. 在混凝土浇筑过程中，适时对蜗壳变形和抬动进行监测，并及时对监测数据进行分析，当发现监测数据超过预警值（该值为设计抬动值的 50%）时，应采取有效措施。

b. 座环和蜗壳监测频次。常态混凝土每 30min、泵送混凝土每 15min 读数记录一次。

G. 在混凝土浇筑过程中监测值超过预警值时需采取的措施。

a. 减缓混凝土上升速度或暂停该部位混凝土入仓。

b. 及时调整混凝土入仓的顺序；降低混凝土入仓强度或减小铺层厚度。

c. 当蜗壳抬动值达到允许值后，立即停仓浇筑。

d. 在蜗壳接触灌浆施工过程中监测值超过预警值时需采取的措施为降低灌浆压力，暂停灌浆施工。

6）蜗壳灌浆系统布置。

A. 阴角回填灌浆。在座环阴角部位和基础环上环板的底面布置出浆盒灌浆系统，出浆盒之间采用 DN25 钢管连接，就近采用支撑钢筋焊接在蜗壳底部钢筋网上。

B. 基础环板底板回填灌浆。在基础环下环板的底面布置出浆盒灌浆系统，出浆盒之间采用 DN25 钢管连接，就近采用支撑钢筋焊接在蜗壳底部钢筋网上。出浆盒沿基础环下环板底部轴线内外分别布设 2 个（基础环加劲板之间布置 2 个）。将基础环径向 2 个出浆盒连接，两根进浆管用 DN25 钢管连接，灌浆主管从基础环下环板预留孔或侧环板已有预留孔引出，基础环下环板的预留孔作为回浆或排气孔。

C. 蜗壳底部接触灌浆。为保证蜗壳底部接触灌浆的质量，在蜗壳底部布置两套灌浆系统，其中一套为"拔管"灌浆系统；另一套为"出浆盒"灌浆系统，确保混凝土浇筑结束后有一套灌浆系统的畅通。

7）蜗壳层混凝土温控措施。蜗壳层混凝土属大体积混凝土，为防止混凝土开裂，要求浇筑温控混凝土；并考虑混凝土浇筑后的绝热温升，结合混凝土上、下层温差，内外温差等指标，对混凝土进行温度控制。蜗壳层混凝土采取以下温控措施。

A. 合理分层、分块。在满足设计结构要求及施工技术要求的前提下，尽量减小混凝土的分层厚度，并根据机电设备安装要求，尽量考虑增加混凝土的分块数量，以便混凝土散热。因此，主厂房蜗壳层混凝土最大分层厚度按 3.5m 进行控制；混凝土上下层浇筑间歇时间不少于 5～7d，若在浇筑层中埋设了冷却水管，层间间歇时间适当延长，尽量控制在 10～15d 之内，以使混凝土充分散热，避免水化热积蓄。

B. 降低混凝土浇筑温度。

a. 控制出机口温度，高温季节采用二次预冷骨料、加冷水、加冰拌和方式，根据不同部位和入仓方式将混凝土出机温度控制在设计要求范围内。

b. 夏季浇筑时间尽量安排在低温时段（阴天或夜晚或早晨）。

c. 混凝土尽量采用混凝土搅拌车运输，减少混凝土运输中的暴晒时间，罐内混凝土待料入仓时间较长；夏季时段在搅拌运输车顶部设置湿布条降温，并定时用冷朋冲洗罐车降温。

d. 夏季采用自卸车运输混凝土时，必须在自卸车车厢顶部设置防晒棚，避免太阳直接照射混凝土。

e. 对温控要求严格的大体积混凝土部位，尽量避免在高温季节施工，并在仓面布置喷雾机，降低仓面温度，保持仓面湿度，形成浇筑仓面小气候，混凝土浇筑完成后及时洒水或流水养护。低温季节在混凝土外露面及时覆盖保温被保温。

C. 降低水化热温升。

a. 选用低热普通硅酸盐水泥。

b. 在满足设计混凝强度、抗渗性、耐久性、和易性的前提下，改善混凝土骨料级配，掺加优质粉煤灰和减水剂，减少单位水泥用量。

c. 为避免混凝土内部早期温升过高和内部温升过大，尽量采用三级配混凝土，采用吊罐、溜槽、布料机等入仓手段，浇筑低坍落度常态混凝土，降低水化热，少使用胶泥材料多的泵送混凝土和高流态混凝土。

d. 采用预冷混凝土施工。在龙滩、溪洛渡水电站地下厂房中，混凝土出机口温度控制在 14℃，浇筑温度控制在 18～21℃，冬季浇筑常规混凝土。

e. 在蜗壳的内支撑上采用 $\phi25mm$ 花管对钢管内壁通常流水喷洒养护，以起到降温作用。花管数量及其位置根据现场实际情况确定，但要保证钢管内壁能被水全部湿润。也可以设专用水管专人定时在钢管内壁冲水降温。

D. 降低混凝土内部温度。在蜗壳层大体积混凝土浇筑过程中，为降低混凝土内部早期最高温度，夏季（5—9 月），采用预冷混凝土施工，并预埋冷却水管通常温水进行降温。冷却水管采用 $\phi25mm$ PE 管和 $DN25$ 黑铁管。一般混凝土厚度小于 2.0m 时铺设 1 层冷却水管，置于混凝土浇筑层中部，混凝土浇筑厚度小于 1m 时，可将冷却水管铺设在混凝土底部，混凝土厚度不小于 2m 时，铺设 2 层冷却水管。冷却水管蛇形布置，标准间距为 1.5m，转弯半径为 75cm，进出水管口须预留在方便施工和连接水管的部位。混凝土开仓前，先对埋设到位的冷却水管进行通水检查，确定无漏水或堵管现象；在浇筑过程中，应防止水管受挤压变形。为方便冷却水管接入和导出，进出口尽量引出在技术性供水泵房侧，并做好标识，方便通水及检查。单根冷却水管的长度按 100m 左右进行控制。蜗壳各层混凝土冷却水管埋设见图 12-44。

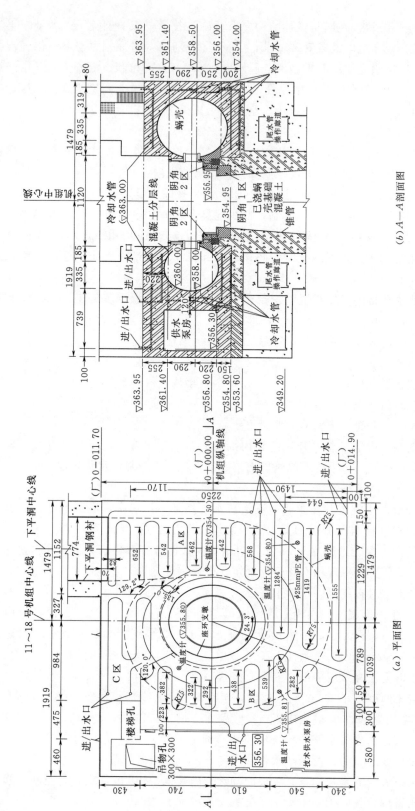

(b) A—A 剖面图

(a) 平面图

图 12 - 44　蜗壳各层混凝土冷却水管埋设示意图（单位：cm）

混凝土浇筑完成后即可通常温水冷却，每天改变一次水流流向，在混凝土内部最高温升出现前通水流量按 50L/min 左右控制，之后按 18L/min 控制；水温与混凝土温度之差在混凝土内部最高温升出现前不超过 25℃，后期不超过 20℃。每天降温速度不超过 1℃，通水冷却 7～10d。待蜗壳混凝土内部温度达到设计要求后，对冷却水管采用 M30 砂浆进行回填处理，其处理要求参照回填灌浆技术要求。

8）发电机层及上部结构。发电机层及其上部、副厂房混凝土结构简单，为板梁柱结构混凝土，可采用专用定型或大块模板以方便安装与拆卸。如广州抽水蓄能电站一期风罩层内模采用整体可调式圆桶形钢模；天荒坪水电站风罩层内模采用大块格构梁钢模，其他副厂房主变室等均采用工民建常规模板。

12.3.4 主变室及母线洞混凝土

（1）主变室混凝土施工。主变室大多与厂房和尾水调压室平行布置，主变室主要安放变压器及开关等设备。混凝土施工分地面结构、上部结构两大块。

地面结构主要是变压器运输通道、变压器室的轨道基础及底部的油池。结构上并不复杂，主要是轨道预埋件及排水管路的预埋，要防止排水管口被堵塞，在轨道基础混凝土浇筑时，避免振捣器直接接触轨道及埋件，防止变形移位。

上部结构是框架结构，但变压器四周是防火墙，层高较高，混凝土防火墙应分二次浇筑，以保证质量。

主变室混凝土在相应母线洞混凝土施工后开始施工，在施工程序上，通常应先把变压器运输通道浇完再进行上部结构的施工，以提供通畅的施工通道，由于一般这是单向通道，所以从一端向另一端方向分块逐层浇筑主变室。

若设计有吊顶混凝土，则在板梁柱混凝土完成后进行，先浇筑拱梁支撑梁、柱混凝土，再浇筑拱梁及板混凝土。

主变室混凝土通常采用混凝土搅拌车运输，混凝土泵送入仓。吊顶混凝土板梁柱混凝土完成后利用自制的自行式平台车支撑体系浇筑，泵送入仓为主、人工手推车转运辅助入仓。

（2）母线洞混凝土施工。为防止母线洞混凝土浇筑后靠近厂房侧洞口因在开挖期间厂房边墙变形导致产生裂缝，通常在厂房开挖支护完成后施工，也有在开挖至母线洞洞底板高程下 1～2 层后施工的，后者对限制厂房围岩变形有利，主要根据开挖地质条件及变形情况选择母线洞混凝土施工时机。

母线洞一般分为前段、后段浇筑，前段为标准段、后段为扩大段，浇筑长度以 9～12m 为宜。从主厂房侧向主变室推进施工，通常先浇底板、后浇边顶。混凝土通常采用混凝土搅拌车运输，混凝土拖泵泵送入仓为主，局部溜槽入仓为辅的方式。

12.3.5 尾水调压室混凝土

尾水调压室混凝土通常分为底板混凝土、阻抗板混凝土、闸墩混凝土及门槽二期混凝土、边墙混凝土和启闭机排架混凝土等。调压室边墙和闸门槽混凝土分层层高一般不大于3m，启闭机排架混凝土按层高 3～5m 分层。混凝土采用混凝土搅拌运输车运输，胶带机配缓降器的溜管和溜槽入仓为主，局部地方泵送辅助。

尾调室或尾调井的空间或直径较大，若高度不大，则采用定型钢模板分段自下往上浇筑，如小湾水电站的圆形尾调井；若高度较高，则采用悬臂模板或滑模进行浇筑，如溪洛渡水电站长廊式调压井中采用了单侧滑模进行混凝土浇筑。对于长廊式调压井，上部一般布置双梁桥式起重机，以解决材料运输、模板吊运和辅助吊罐混凝土浇筑等问题。

12.4 电梯、电缆井混凝土

在结构复杂的电梯、电缆井的混凝土施工通常从底部往上一层一层人工立模浇筑，如龙滩水电站三条电梯电缆井。这样耗费的时间较长，材料搬运的量较大，由于每层的混凝土量不大，主要注意混凝土垂直运输送骨料分离。目前，普遍采用滑模施工来浇筑电梯井或电缆井的主体结构：井壁，在楼梯梁的部位埋上预埋件；原楼板改为预制梁上铺预制板，预制梁的位置也是在井壁上埋预埋件，当滑升完后，立即先在井壁上把梁的位置的混凝土凿除，以便预制梁头的钢筋可以伸入连接，井壁上的预埋件是焊一钢牛腿以托住梁。安装时从下往上安装预制梁和预制板，井的顶部都为现浇。滑模施工只要处理得好是较快的一种施工方法，如水布垭水电站电梯电缆井。不论是一层一层浇还是采用滑模、深井混凝土的垂直输送时，防止混凝土分离是保证质量的重要一环。

随着滑模技术水平的提高，也有采取"一井多孔"一次滑模施工技术，如溪洛渡、锦屏、长河坝、白鹤滩、乌东德等水电站的电梯电缆井等。

12.5 钢衬回填混凝土

钢衬回填混凝土是指在地下埋管中岩体与压力钢管之间的充填物，通常情况下采用素混凝土或钢筋混凝土，其断面形式见图 12-45。它的主要功能是将压力钢管部分内水压力传递给围岩，使围岩承担部分内水压力；特别在钢筋混凝土结构中，除传递内水压力外，其自身还可以承担压力钢管部分内水压力，因此，回填混凝土与钢衬和围岩必须紧密结合。回填混凝土的质量是地下埋管施工中的一个关键。

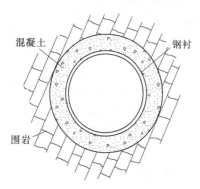

图 12-45 地下压力钢管断面形式图

12.5.1 钢衬回填布置形式

地下埋管应尽量布置在坚固完整的岩体之中，以便充分利用围岩的弹性抗力承担内水压力。地下压力钢管布置有竖井、斜井和平洞三种形式。

竖井管道轴线是垂直的，常用于首部开发的地下水电站；斜井管道轴线倾角小于90°，适用于地面式或地下式厂房，是在地下埋管中采用最多的一种；平洞一般作过渡段使用，例如，上游引水道经平洞过渡为竖井或斜井，竖井或斜井先转为平洞再进入厂房。

12.5.2　回填混凝土施工

（1）引水平洞压力钢管混凝土回填。在平洞压力钢管混凝土回填施工中，在顶拱和底拱处，平仓振捣困难，骨料容易离析，易于形成空洞，因而施工难度最大，在施工中必须采取措施，保证其施工质量。

1）混凝土分层分块。引水平洞钢衬段一般为全断面一次性浇筑，分块长度原则上按0.8～1.5倍洞径段长进行划分，不宜超过12m，以8～12m为宜。

2）施工工艺流程。基岩清理→垫层混凝土施工→压力钢管安装→埋件安装→模板安装→仓面清理→仓位验收→混凝土浇筑→养护。

3）底板建基面清理。人工清理撬开松动岩块，用高压水将岩面冲洗干净，并排干仓内积水。须做到无浮渣、无松动石块、无积水。局部欠挖利用人工配合风镐进行处理，欠挖较大部位采用手风钻造孔，小药量爆破挖除。

4）垫层混凝土施工。垫层混凝土根据压力管道运输台车要求进行设计，垫层混凝土强度等级与压力管道结构混凝土一致。垫层混凝土施工时，先对已开挖到位的基岩面进行清理，然后安装压力管道台车轨道，待台车轨道加固后，在基岩面上标示出轨道混凝土的施工范围及高程，然后进行轨道混凝土的浇筑。

5）钢衬段混凝土施工。压力管道钢衬段混凝土采用泵送方式入仓，退管法浇筑。泵管沿正顶拱钢衬延伸到浇筑段中部，通过在仓内布置的溜槽和溜筒防止混凝土骨料发生离析，混凝土下料点布置间距按不大于3.0m左右控制。

A. 混凝土振捣作业平台搭设。混凝土浇筑时，可在压力钢管外支撑上铺设木板或竹跳板作为临时施工操作平台，便于人员进行平仓振捣。临时操作平台随混凝土上升而逐步拆除。

B. 压力管道腰线以下混凝土施工。压力管道腰线以下混凝土施工中，当混凝土浇筑至接近钢衬底部30cm左右时，利用混凝土的自重和流动性能采用从压力管道一侧下料的方式进行入仓，为确保混凝土不离析以及它的和易性和流动性，混凝土级配可以调整为一级配混凝土；当混凝土从另外一侧溢出时，从混凝土溢出侧不断加强振捣，以保证钢衬底部混凝土浇筑饱满。为保证压力钢管底部混凝土密实，在振捣困难等特殊情况下，可以采用高流态自密式混凝土。

C. 腰线以上混凝土施工。顶拱部位混凝土采用退管法浇筑。待混凝土上升到顶拱部位，人工无法振捣时采用退管的方法从里往外进行浇筑，并在浇筑期间要求超挖较大位置埋设排气管。泵管退至端部预留缺口部位时，将端部预留孔封死并进行加固处理，然后按正常速度泵送混凝土入仓，待混凝土上升至管口部位时，稍作停留，检查模板变形情况并进行适当的加固处理后，将顶部剩余空间填满，并在混凝土初凝前拆除泵管。

混凝土采用插入式软轴振捣器进行振捣，根据混凝土的仓面大小，合理布置振捣器，振捣器宜垂直插入，如略有倾斜时，其倾斜方向应一致，避免漏振。每一位置的振捣时间，以混凝土不再显著下沉、不出现气泡，并开始泛浆为准，避免欠振、过振。两次插入混凝土的水平距离以40cm为宜，插入位置呈梅花形布置，并插入下层混凝土5cm左右，以加强上下层混凝土的结合，且不得触动埋件和模板，特别是压力钢管不得出洞，无法使用振捣器的部位应辅以人工捣固。在预埋件周围，应细心振捣，必要时辅助以人工捣固密实。

6）压力钢管稳定计算。压力钢管稳定最不利情况为：当回填混凝土浇筑至腰线，且认为腰线以下混凝土没有初凝时，混凝土浮托力最大，$F_浮=\rho g V_排$；计算出最大浮托力值后，因克服浮托力由钢管自身重量和外部支撑力组成，由此计算所需外部支撑力值，选择支撑材料和数量，满足强度和刚度要求。因此，压力钢管腰线以下混凝土施工时，要严格控制混凝土的浇筑速度在 0.5m/h 左右，且左右两侧均匀下料，避免浮托力使钢管产生位移的现象。

7）预埋件施工。压力管道下平洞埋件主要为灌浆管路、接地扁钢、检修排水管、监测管路、橡胶止水等。

灌浆管主要为高强钢段的回填和接触灌浆管，灌浆主管为 ϕ40mm 钢管，支管为 ϕ20mm 钢管。一般情况下，高强钢段采用引管方式灌浆，灌浆管的施工和灌浆方案按设计或规范要求进行布设施工。

接地扁钢按设计技术要求进行布设，一般接地扁钢每隔 15m 布置一组引出端子，引出端子与压力钢管加劲环规范焊接。

8）变形观测。在混凝土浇筑过程中，变形观测是一项重要环节，观测的主要项目为压力钢管变形观测和模板变形观测。混凝土浇筑前，应将所有钢管内支撑调整到受力状态，同时，对压力钢管外支撑按照要求加固到位。混凝土浇筑过程中，两侧混凝土高差不大于50cm，并安排专人对模板进行维护，防止堵头模板发生移位，同时，采用千分表对压力钢管进行抬动观测，设专人观测，每15min记录一次观测数值，根据监测数据判断压力钢管的变形情况，发现抬动数值超出设计要求时，及时采取相应措施进行处理。

9）施工缝处理。混凝土施工缝采用凿毛的方式处理。

10）压力钢管灌浆。由于压力钢管回填混凝土的特性，在施工时压力钢管底部和顶拱回填混凝土难以回填密实，以及混凝土凝固收缩和温降的影响，在钢管和混凝土之间、混凝土与围岩之间均可能存在一定缝隙，需进行回填灌浆。回填灌浆，压力一般为 0.2～0.5MPa，钢管与混凝土、混凝土与岩壁之间有时也进行压力不小于 0.2MPa 的接缝灌浆，灌浆压力与孔深视水头大小和围岩的破碎情况而定，有时灌浆压力可达 0.5～1.0MPa。

（2）斜竖井钢衬混凝土回填。斜竖井钢衬混凝土回填施工比平洞钢衬混凝土回填施工条件好、环境较好，质量易于得到保障。

1）混凝土分层分块。斜竖井钢衬回填混凝土全断面一次衬砌浇筑，分块长度以 6～12m 为宜，即钢管安装2～4节后进行分段浇筑。

2）混凝土施工工艺。斜竖井段钢衬混凝土回填工艺流程见图 12-46。

3）混凝土入仓及浇筑。斜竖井压力钢管一般采用"溜管＋溜槽"方式进行入仓。混凝土浇筑时应均匀、对称下料，分层浇筑，铺层厚度为30～50cm，在浇筑时，仓内混凝土面高差不大于100cm，防止钢管倾斜变形。

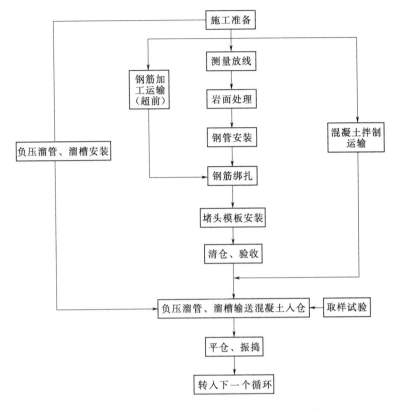

图 12-46　斜竖井段钢衬混凝土回填工艺流程图

12.6　堵头混凝土

堵头混凝土是指承受一定水头压力的施工支洞、导流隧洞等封堵工程，分临时堵头和永久堵头。如导流洞施工支洞堵头为临时堵头，引水压力管道施工支洞封堵、导流洞封堵等为永久堵头，其中永久堵头对防渗要求很高。

12.6.1　堵头设计

（1）堵头形式。常用的堵头形式主要有单截锥形和柱状形两种（见图 12-47），在此基础上，根据堵头所处地质条件、环境和水头压力等情况，又演变出复截锥形、短钉形和

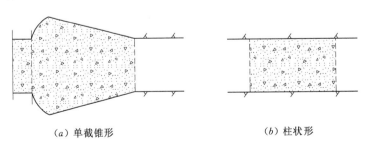

（a）单截锥形　　　　　　　　　　（b）柱状形

图 12-47　堵头形式图

拱形。

锥形堵头一般在底板和边墙开挖键槽,在隧洞开挖过程中键槽一并开挖成型,如在导流洞中,按结构混凝土进行衬砌,在导流洞下闸后,原则上将导流洞封堵部位的混凝土全部凿除,清敲松动岩块后才能进行堵头混凝土浇筑;但在工程实际中,受工期、施工条件、施工难度等因素影响,在部分工程中,没有将该部分混凝土凿除,而是直接在原老混凝土上施工堵头,但要采取相应的措施,将原混凝土面进行凿毛,在底板和边墙布设锚筋,堵头部位固结灌浆,堵混凝土与原导流洞混凝土之间进行接触灌浆或化学灌浆,以保证围岩、导流洞混凝土和堵头混凝土之间结合紧密。而对于堵头部位为喷射混凝土的情况,则要求将喷射混凝土全部凿除,特别是钢筋网喷混凝土,防止喷射混凝土形成夹心饼,从而形成渗水通道。

(2)堵头设计原则。

1)堵头是永久性建筑物的一部分。

2)堵头要与大坝防渗帷幕或其他防渗墙如厂房防渗墙连成整体。

3)尽量选择在地质条件好的围岩部位布置。

4)堵头混凝土是大体积混凝土,除实体段外堵头内部一般都设有纵向灌浆廊道,并对堵头周边要进行回填灌浆、固结灌浆和接缝灌浆。

5)为防止堵头迎水面混凝土开裂,若无结构钢筋则在迎水面配防裂钢筋;结构混凝土与堵头一起浇筑 2~3m。

6)对承受高水头压力的堵头,一般情况下要设齿槽。

7)在堵头混凝土施工前,为加固堵头周边围岩,进行固结灌浆和设置系统锚杆。

8)在堵头长度设计时,除满足堵头本身抗滑、稳定要求外,要应考虑堵头周边水压力情况,堵头设计长度须满足水力梯度要求。

(3)堵头长度设计。

1)堵头设计长度。堵头长度是堵头设计的核心问题,一般而言,堵头承受的基本荷载有内水压力、渗透压力、自重、地震荷载以及周边的围岩压力等。

A. 水利版堵头长度设计。《水工隧洞设计规范》(SL 279—2016)中对等断面隧洞按式(12-1)计算。

$$L=\frac{P}{[Z]A} \tag{12-1}$$

式中 L——封堵长度,m;

P——封堵体迎水面总水头压力,kN;

$[Z]$——允许剪应力,取 0.2~0.3MPa;

A——封堵体剪切面周长,m。

用式(12-1)计算更为简便。

在实际工程实践中,在计算剪切面周长时,顶拱 90°范围不予计算,这样堵头有较大安全储备。

B. 电力版堵头长度设计。作用效用函数

$$S(\cdot)=\sum P_R \tag{12-2}$$

抗力函数 $$R(\cdot)=f_R\sum W_R+C_R A_R \qquad (12-3)$$

式中 $\sum P_R$——滑动面上封堵体承受的全部切向作用之和，kN；

$\sum W_R$——滑动面上封堵体全部法向作用之和，向下为正，kN；

f_R——混凝土与围岩（或混凝土）的摩擦系数；

C_R——混凝土与围岩（或混凝土）的黏聚力，kPa；

A_R——除顶部外，封堵体与混凝土接触面的面积，m^2。

如果堵头周边原导流洞衬砌混凝土挖除，则 f_R 采用混凝土与围岩的摩擦系数，C_R 采用混凝土与围岩的黏聚力；如果堵头周边原导流洞衬砌混凝土不挖除，则 f_R 采用混凝土与混凝土的摩擦系数，C_R 采用混凝土与混凝土的黏聚力。

C. 经验公式。

$$L=HD/50 \qquad (12-4)$$

式中 D——混凝土堵头直径，m，堵头非圆形时，取纵向或水平向较大值；

H——作用水头，m。

D. 挪威公式。国内也有人使用挪威公式确定堵头长度，按式（12-5）计算。

$$L=(3\sim5)H/100 \qquad (12-5)$$

式中 L——堵头长度，m；

H——设计水头，m。

式（12-5）的缺点是没有考虑封堵断面大小。用式（12-5）计算，比我们国内设计院理念计算出来的要短。

E. 当设计计算的堵头长度太短时，可以用其长度是否超过堵头断面直径的 1.5 倍来校核。即堵头长度不要短于堵头直径的 1.5 倍。

F. 抗滑稳定的堵头长度计算。在高水头压力下，考虑堵头的抗滑稳定性，常用抗剪式（12-6）计算：

$$L=\frac{KP}{Arf+S\lambda C} \qquad (12-6)$$

式中 L——堵头长度，m；

K——抗滑稳定安全系数，常取 $2.0\sim3.0$；

P——设计水头总推力量，kN；

f——混凝土与岩石（或混凝土与混凝土）的摩擦系数。事实上，开挖面绝不可能是一个光滑面，其起阻抗作用的不是摩阻力，是一个抗剪断力；

C——混凝土与岩石，或混凝土与混凝土接触面的黏聚力，kPa；

A——堵头断面面积，m^2；

r——混凝土容重，kN/m^3；

λ——抗剪断面积有效系数，可取 $0.7\sim0.75$；

S——堵头断面周长，m。

使用式（12-6），安全系数的取值与 C 的取值有关，若 C 取大值，则要求取较大的安全系数。

实际上，混凝土总重量再乘以摩擦系数的概念是不够确切的，应再考虑在高水头下水的扬压力作用及堵头顶部混凝土不饱满的情况，因此中国电建集团昆明勘测设计研究院有限公司唐定远、任成功等人提出修正公式：

$$K = \frac{fw + CSLA}{P}(fw \text{ 应该是负值})$$ (12-7)

式中 f——接触面有效面积系数（凝聚力面积系数），一般不计顶拱面积；

w——滑动面垂直向上的分力（扬压力）；

其余符号意义与式（12-6）相同。

当堵头自重较小时，堵头的稳定主要依靠堵头周边接触面的抗剪断（或黏聚力）力的作用。如果把自重摩擦力要求的安全系数和黏聚力要求的安全系数分别取用，则概念较为明确，其堵头长度用式（12-8）计算：

$$L = \frac{P}{\frac{fAr}{k_1} + \frac{S\lambda C}{k_2}}$$ (12-8)

式中 k_1——摩擦力的安全系数，取 1.05～1.15；

k_2——黏聚力的安全系数，取 4～6；

其余符号意义同前。

用式（12-8）计算时，是假定在堵头周边的剪应力是均匀分布的。而实际上剪应力是沿长度方向不均匀分布的。最大剪应力（在近迎水面地方）与平均剪应力要相差 2～3 倍。因此，采用的堵头长度往往比计算值要长。

混凝土—岩石之间的力学参数见表 12-11。

表 12-11　　　　　　　　　混凝土—岩石之间的力学参数表

混凝土、岩石	内摩擦系数	黏聚力/(kN/m²)
混凝土、混凝土	1.10	0.70
混凝土、花岗岩	0.70～0.84	0.55～0.80
混凝土、石灰岩	1.10	0.70～0.80
混凝土、砂岩	0.80	0.50
混凝土、泥灰岩	0.50	0.30

注　一般是软岩取小值，硬岩取大值。

2）高水头压力下，很容易沿堵头周边进行渗透，因此，堵头设计中，不是主要考虑堵头的稳定性，因为利用式（12-1）计算，其抗水推力稳定是不会有问题的，而是考虑高水头压力下的渗透。因此，引进水力梯度概念。水力梯度是水头（m）与堵头长度（m）的比值。根据多个工程经验，建议取值范围为 4～10。岩石完整性好的堵头段，取大值；岩石完整性差的堵头段，或工程等级高的重要工程，取小值。

12.6.2　堵头混凝土施工

堵头混凝土属大体积混凝土，因此，施工必须按大体积混凝土的施工技术进行。但是，由于堵头施工空间狭小，施工设备、施工手段受到限制，因而其施工难度大，不具备大体积混凝土的入仓条件。因此，施工中应从以下几方面来考虑。

（1）混凝土配合比优化。

1）胶黏材料：采用氧化镁含量高的中热大坝水泥和低热膨胀水泥，或在混凝土中掺入混凝土重量 3.3％ 的轻烧氧化镁，以微膨胀混凝土。

2）尽可能减少水泥用量，在混凝土中采用双掺技术，掺入 30％～35％ 粉煤灰和高效缓凝减水剂，降低水灰比，从而降低水泥用量；每立方米混凝土中少用 10kg 水泥就可降低混凝土绝对升温 1.2℃ 左右。

（2）降低水化热。

1）尽量采用三级配、低坍落度混凝土，以降低水化热。

2）不同部位采用不同标号混凝土，封堵体除迎水面的防渗要求高外，后段部位及廊道内回填混凝土可以降低标号。

3）封堵下部混凝土尽量不用泵送，以减少水泥用量。

（3）采用温控混凝土。

1）由于堵头混凝土为大体积混凝土，因而严格混凝土出机口温度，有条件的情况下将出机口温度控制在 7℃ 以内，控制混凝土浇筑温度，减小混凝土绝对温升，减少混凝土开裂概率。

2）设置灌浆廊道，增加混凝土散热面积，同时在浇筑层中，平均每 2.0m 厚度就设置一层蛇形冷却水管。浇筑完成后，通冷水。冷却水流量决定冷却水温，一般流量为 1.0m³/h（根据冷却水温可适当调整）。

（4）浇筑段长度。一般混凝土堵头分为实体段和廊道段两个部分，如实体段超过 5m，超过部分先预留廊道，利用廊道对实体段堵头进行固结、回填、接触灌浆，后期按设计要求将廊道回填混凝土形成实体段，回填混凝土与原混凝土之间进行接缝（触）灌浆，保证其紧密结合。长堵头要分段浇筑。实体段一次浇筑长度以 6m 宜，廊道段浇筑长度以不超过 9～12m 为宜。

（5）混凝土浇筑层厚。混凝土要分层浇筑，底层与岩面接触面积大，受基岩约束严重，底层厚以 1.5m 为宜，以上以 2.0～3.0m 为宜。层间歇时间 5～7d，对混凝土温控要求较严格部位可适当延长 2～3d，导流洞等临时堵头分层厚度可适当放宽为 4.5～6.0m。

12.6.3 堵头灌浆施工

堵头混凝土至少设计有回填灌浆，并根据临时堵头和永久堵头的重要性、堵头及其前后围岩情况，设计有固结灌浆、接触灌浆、接缝灌浆等，通常永久堵头均有上述灌浆项目。堵头段一般采用钢管搭设施工平台造孔或多臂钻台车造孔。

回填在浇筑时提前埋管，对于无灌浆廊道的堵头，固结灌浆、接触灌浆须提前造孔，并在浇筑混凝土时埋设灌浆管；对留有灌浆廊道的堵头，固结灌浆、接触灌浆可在廊道内施工；接缝灌浆预埋出浆管、排气管、排浆管、橡胶止水、灌浆管，并在混凝土浇筑达到温降要求后进行。

13 灌 浆 施 工

水利水电地下工程灌浆施工与地面、大坝灌浆施工有很多相同之处，但也有不同之处。本章将对地下工程灌浆施工特点进行重点阐述，对与地面、大坝灌浆施工相同之处简略阐述。水利水电地下工程按其使用功能，根据不同的地质条件和地形条件进行布置，洞室断面大小不一、形状各异，各洞室纵横交错、相互贯通。地下工程的钻孔灌浆施工，按其功能作用主要分为：回填灌浆、固结灌浆、接触灌浆、接缝灌浆、帷幕灌浆。按灌浆材料分为水泥灌浆和化学灌浆等。

地下工程的灌浆施工，按照水工建筑物的功能和作用选择灌浆类型。钻孔灌浆设备、灌浆材料按照灌浆类型和目的要求选择实施。水电站运行水头、地下水位、围岩地质条件也是影响选择灌浆参数的主要因素。通过灌浆施工，进一步完善并提高水工建筑物运行的要求，保证水工建筑物稳定安全运行。

13.1 施工布置

地下工程灌浆施工多在平洞、竖井、斜井及灌浆廊道等洞室井巷中进行，进入施工场地通道少而窄，而且洞室井巷、高空作业交叉，并与混凝土施工多有干扰，通风、防尘、降噪及废浆废水的排除均比地面灌浆施工复杂。

13.1.1 风、水、电及通信线路布置

（1）压风机的布置。回填灌浆用风量较小，一般采用移动式压风机就近供风，也可采用压风站供风。固结灌浆工程用风量大，且风动钻孔设备较集中，宜采用压风机站供风。压风机站的供风容量按施工高峰期各风动设备需风量总和计算。一把手风钻的需风量可按 $3m^3/min$ 计算。一般将洞室开挖期的压风机站延续到灌浆施工期使用。固结灌浆工程量不大，且分散，可采用压风机就近布置，分散供风。

（2）平洞（廊道）风管、水管、电力线及通信线路的布置。在方便使用与维修，并且不妨碍交通及保证安全的前提下，进行平洞（廊道）风管、水管、电力线及通信线的合理布置。

1）管线在平洞中的布置。

A. 圆拱直墙城门形隧洞：各种管线均布置在边墙上（见图 13-1）。

需要指出的是，图 13-1 及后续各种形状的地下洞室井巷，其电缆、照明线路和通信线路均严禁布置在洞底。同时，顶拱与边墙布置的管线应避开渗漏滴水地方，或布置防水设施。

B. 方圆形大断面隧洞：管路可靠布置在隧洞底板上，电缆、照明及通信线路布置在

372

边墙上。

C. 圆形隧洞：管路布置在底拱上，电缆等各种线路尽量布置在方便使用、维修的高处。

D. 各种管线穿越钢模台车、针梁模：当管线需穿越钢模台车等，管线布置要兼顾穿越方便及便于管线的移接。

2）管线在竖井及斜井中的布置。

A. 设置爬梯的竖井。管路与线路分别布置在爬梯两侧，距爬梯 30～60cm。

B. 上下交通使用吊篮的竖井。管路与线路分别布置在吊篮两侧的井壁上，与吊篮的距离为 30～60cm。

C. 管线的固定。管路固定在钢丝绳上，每 30m 设置一个固定点。钢丝绳上端固定牢固，满足安全规定。沿管路每 30m 设置固定螺栓或锚筋，防止管路侧向摆动。

D. 管线在斜井中的布置。管线在斜井中布置与固定原则上与竖井相同。管线位置既要便于维修，又要不妨碍交通小车的运行。

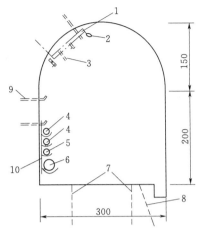

图 13-1　地下灌浆廊道内风管、水管及电缆布置图（单位：cm）

1—角钢横担；2—照明灯；3—电缆瓷瓶；
4—集中输浆管；5—风管；6—水管；
7—灌浆孔；8—排水孔；
9—锚杆；10—吊钩

13.1.2　制浆输浆系统及废水废浆处理

（1）制浆站的布置。

1）选择制浆站位置的原则。

A. 输浆距离短。

B. 制浆站宜处于洞口或地上，这有利于灌浆材料的运输，可减少交通干扰和减小水泥粉尘的危害。

C. 制浆站位置宁高勿低，利用浆液自重自流输浆。

D. 布置在施工支洞堵头外侧，以减少制浆站拆迁移动次数。

E. 严禁阻断车辆通行。

2）集中制浆站与分散制浆站。当灌浆工程量大、施工机组多且集中时，宜采用集中制浆站；反之，采用分散制浆站。水泥集中制浆输浆系统布置分别见图 13-2 和图 13-3。

（2）输浆。

1）输浆原则：避免浆液在管内沉淀而堵管，输浆全程要保证浆液畅通。

A. 输浆管路应平顺、光滑，转变半径不宜太小，过流断面不宜突变，管路中不宜有凹弯管，输浆流速以 1.4～2.0m/s 为宜。

B. 输浆压力不宜太高，一般采用 0.5～1.5MPa。

C. 输送的浆液不宜太稀，浆液黏度一般不大于 45s。

D. 当浆液从高处向低处输送，且高差比较大时，输浆管出口端应安装水能防溅器。

E. 输浆系统各工作点之间要有快捷的通信保障。

F. 放浆支管宜装在回浆管上，且管口向上。

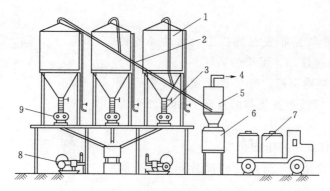

图 13-2　水泥集中制浆输浆系统布置图（一）

1—水泥罐；2—进灰管；3—喂料计量器；4—废气；5—袋式除尘器；

6—集尘罐；7—水泥罐车；8—输浆泵；9—2m³泥浆搅拌机

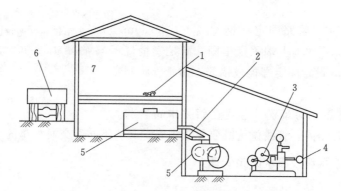

图 13-3　水泥集中制浆输浆系统布置图（二）

1—喂料斗；2—回浆管路；3—送浆泵；4—进浆管路；

5—2m³泥浆搅拌机；6—袋装水泥车；7—水泥库

G. 输水泥浆中断 1h 以上时，应将管路彻底冲洗。输水泥砂浆中断 20min 以上时，应预先用水泥浆将管路中的水泥砂浆置换，防止砂浆沉淀堵管。

2）输浆方法。

A. 输浆泵输浆。输浆泵输浆是常用的输浆方法。一般采用多缸往复柱塞式泥浆泵或灌浆泵输送水泥浆，采用砂浆泵输送水泥砂浆。

B. 自流输浆法。利用浆液自重，浆液通过输浆钻孔、竖井或斜井自行流淌到需浆地点。此法节省了输浆设备，输浆能力大。送浆点与接浆点要密切协同作业。绿水河水电站、鲁布革水电站都使用过此法输浆。

C. 混凝土罐车运输浆液。由混凝土罐车将混凝土搅拌站拌制的浆液运输到需浆点。此法不常用，设备投入大，成本高，只能作为加快灌浆工程进度的补充措施。金沙江中游阿海水电站和彭水水电站导流洞灌浆工程都采用过此种方法输浆。

D. 输浆气泵输浆。用气压为 0.7MPa 的压缩空气通过管径为 DN32 钢管把浆液输送到接浆点。输浆管末端安装浆液、空气分离防溅装置。气泵输浆的输送距离可达 700m，可输送水泥浆或水泥砂浆。要求输浆管路平顺，在平洞内输浆。确认输完一缸浆、输浆管已空后，方可输后续一缸浆，否则易发生堵管事故。

（3）废水废浆处理。对钻孔及灌浆过程中产生的废水、废浆、废渣，不能任其自流，应注意经常清理排出洞外，一般设沉淀池将废水用水泵抽排。沉淀物经常清理运出洞外。

13.1.3 灌浆施工作业平台

灌浆施工平台应能同时满足钻孔和灌浆等各项作业需要。施工平台分为固定式和移动式两种，根据具体条件选用。

（1）固定式施工平台。这是用钢管及木板搭设的施工作业平台（俗称脚手架）。适用于直径小于 6m 的小断面平洞、短竖井、短斜井等钻孔灌浆施工。斜井、竖井的弯段脚手架直立钢管下端应设置抗滑锚筋。固定式灌浆平台布置见图 13-4。

（2）移动式施工平台。移动式施工平台又分为有轨式和无轨式两种，可根据不同施工条件选用。

1）平洞钻灌施工台车。设置有行走轮的型钢底盘上搭设多层钢构架，作为施工作业平台。采用卷扬机或其他设备拖拉移动。设计台车时应考虑不阻碍交通，台车与洞壁间相距 30cm 为宜。施工台车适用于导流洞、泄洪洞、尾水洞及引水洞等大断面隧洞施工，灌浆廊道（平洞段）可采用简易平台车。大断面圆形、方圆形和廊道轨道式平洞施工台车布置分别见图 13-5～图 13-7。

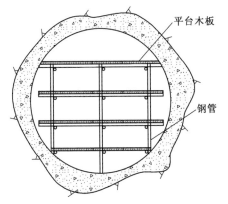

图 13-4　固定式灌浆平台布置图

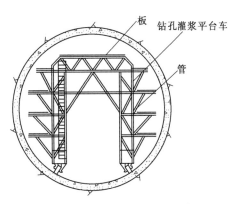

图 13-5　大断面圆形平洞施工台车布置图

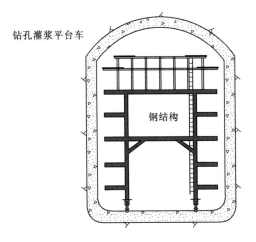

图 13-6　大断面方圆形平洞施工台车布置图

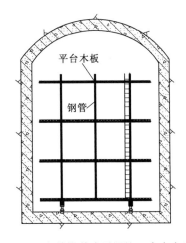

图 13-7　廊道轨道式平洞施工台车布置图

2) 竖井、斜井施工平台。一般由钻孔平台、灌浆平台、封孔平台构成。

深竖井、长斜井采用施工平台。竖井施工平台由有防坠落装置的绞车拖动升降，设置有行走轮的斜井施工平台由有防坠落装置的绞车拖动上下。根据工程具体条件设计施工平台，设计荷载包括施工平台自重、各种设备机具荷载、各种材料（水泥、砂、浆液）荷载、施工人员荷载。各种设备、机具、材料的放置力求分散、均匀及对称。

绞车符合安全规定，地锚牢固。吊物锚杆由多根锚杆组成整体锚固点，锚杆长度根据围岩性质及荷载而定。施工平台升降速度宜慢不宜快，宜采用滑轮组，既减慢了升降速度，又避免了钢丝绳的旋转。施工平台放置到位后，伸出施工平台上的锁定顶杆抵紧洞（井）壁。随时保持施工平台的清洁卫生，不用之物随时运走。竖井与斜井施工平台分别见图 13-8 和图 13-9。

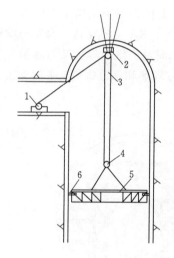

图 13-8　竖井施工平台示意图
1—绞车；2—锚杆组；3—钢丝绳；4—滑轮组；5—竖井施工平台；6—锁定顶杆

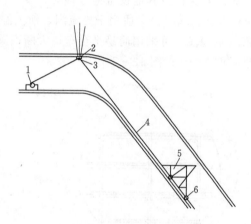

图 13-9　斜井施工平台示意图
1—绞车；2—锚杆组；3—滑轮；4—钢丝绳；5—斜井施工平台；6—行走轮

13.2　设备及材料

13.2.1　灌浆设备和机具

（1）搅拌机的转速和拌和能力应分别与所搅拌浆液的类型和灌浆泵的排浆量相适应，保证能均匀、连续地拌制浆液。高速搅拌机的搅拌转速应不小于 1200r/min。

（2）灌浆泵的技术性能与所灌注的浆液的类型、浓度应相适应。额定工作压力应大于最大灌浆压力的 1.5 倍，压力波动范围宜小于灌浆压力的 20%，排浆量能满足灌浆最大注入率的要求。

（3）灌浆管路应保证浆液流动畅通，并应能承受 1.5 倍的最大灌浆压力。

（4）灌浆泵和灌浆孔口处均应安设压力表。使用压力宜在压力表最大标值的 1/4～3/4 之间。压力表与管路之间应设有隔浆装置。

（5）灌浆塞应与所采用的灌浆方式、方法、灌浆压力及地质条件相适应，应有良好的膨胀和耐压性能，在最大灌浆压力下能可靠地封闭灌浆孔段，并且易于安装和卸除。

（6）集中制浆站的制浆能力应满足灌浆高峰期所有机组用浆需要，并应配备防尘、除尘设施。当浆液中需加入掺合料或外加剂时，应增设相应的设备。

（7）所有灌浆设备应注意维护保养，保证其正常工作状态，并应有备用量。

（8）钻孔灌浆的计量器具，如测斜仪、压力表、流量计、密度计、自动记录仪等，应定期进行校验或检定，保持量值准确。

13.2.2 灌浆材料

（1）灌浆工程所采用的水泥品种，应根据灌浆目的和环境水的侵蚀作用等由设计确定。一般情况下，可采用硅酸盐水泥或普通硅酸盐水泥。

（2）灌浆用水泥的品质必须符合《通用硅酸盐水泥》（GB 175—2007）或采用的其他水泥的标准及规范的规定。回填灌浆、固结灌浆和帷幕灌浆所用水泥的强度等级可为32.5或以上，坝体接缝灌浆、各类接触灌浆所用水泥的强度等级可为42.5或以上。

（3）灌浆水泥应妥善保存，严格防潮并缩短存放时间。不得使用受潮结块的水泥。

（4）灌浆用水应符合拌制水工混凝土用水的要求。

（5）水泥灌浆宜使用纯水泥浆液。在特殊地质条件下或有特殊要求时，根据需要通过现场灌浆试验认证，可使用细水泥浆液、稳定浆液、水泥基混合浆液、膏状浆液等。根据灌浆需要也可在水泥浆液中加入砂、膨润土或黏性土、粉煤灰、水玻璃等掺合料，以及速凝剂、减水剂、稳定剂等外加剂。各种灌浆材料、掺合料和外加剂的质量应满足设计及规范要求。

13.2.3 制浆

（1）制浆材料必须按规定的浆液配比计量，计量误差应小于5%。水泥等固相材料宜采用质量（重量）称量法计量。

（2）各类浆液必须搅拌均匀并测定浆液密度。

（3）纯水泥浆液的搅拌时间，使用高速搅拌时应大于30s，使用普通搅拌机时应大于3min。浆液在使用前应过筛，浆液自制备至用完的时间不宜大于4h。

（4）拌制细水泥浆液和稳定浆液应使用高速搅拌机并加入减水剂。搅拌时间宜通过试验确定。细水泥浆液自制备至用完的时间宜少于2h。

（5）集中制浆站宜制备水灰比为0.5的纯水泥浆液。输送浆液的管道流速宜为1.4~2.0m/s。各灌浆地点应测定从制浆站或输浆站输送来的浆液密度，然后调制使用。

（6）寒冷季节施工应做好机房和灌浆管路的防寒保暖工作，炎热季节施工应采取防晒和降温措施。浆液温度应保持5~40℃。若用热水制浆，水温不得超过40℃。

13.3 灌浆孔施工

13.3.1 回填灌浆孔施工

隧洞回填灌浆造孔方法根据具体情况可分为钻孔法和预埋管法。

1）钻孔法。回填灌浆孔一般采用手风钻钻孔，在素混凝土衬砌中宜直接钻进，在钢筋混凝土衬砌中可从预埋管中钻进。预埋管采用铁管，在模板安装前埋设，绑扎在钢筋上后并经焊接固定。在混凝土浇筑过程中，安排专人进行维护，以防止预埋管被踩踏、碰撞等造成移位。混凝土拆除模板后，及时找出预埋管位置。钻孔时如遇钢筋、钢支撑无法钻进时，应重新开孔，并采取措施控制废孔数量。

回填灌浆孔钻孔孔径不宜小于38mm，孔深宜进入岩石10cm。对混凝土厚度和混凝土与围岩之间的空隙尺寸应进行记录，其孔位布置见图13-10。

2）预埋管法。在混凝土浇筑前预埋回填灌浆管及排气管，并将灌浆管路引至适当的位置进行灌浆。遇有围岩塌陷、溶洞、超挖较大等特殊情况时，应在该部位预埋灌浆管（排气管），其数量不应少于2个。塌方段回填灌浆孔位布置见图13-11。

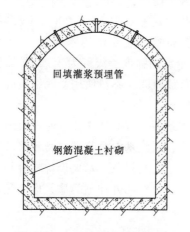

图13-10　回填灌浆孔位布置图

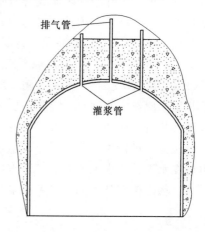

图13-11　塌方段回填灌浆孔位布置图

探洞、钢衬段、堵头段等部位进行回填灌浆时，如果不具备钻孔灌浆条件，采用预埋管法可节约工期，不足之处是灌浆质量检查较困难，一般可通过分析灌浆资料进行灌浆效果评价（见图13-12～图13-16）。

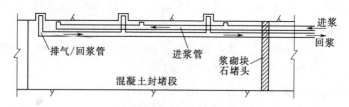

图13-12　全断面回填灌浆预埋管布置图

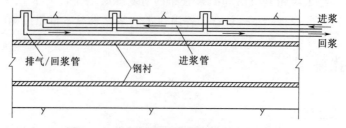

图13-13　钢衬顶回填灌浆预埋管布置图

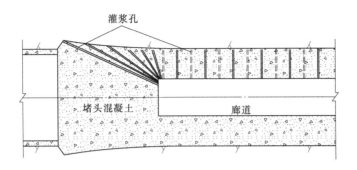

图 13-14 堵头段回填灌浆孔布置图

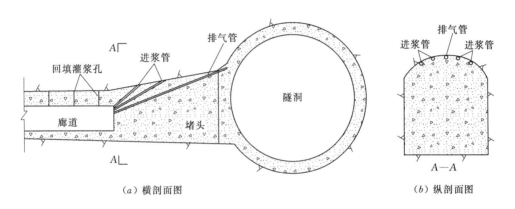

（a）横剖面图 　　　　　　　　　　　　　　（b）纵剖面图

图 13-15 过水隧洞堵头段回填灌浆孔布置图

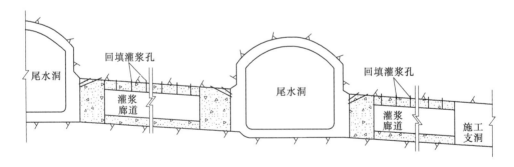

图 13-16 尾（引）水洞之间堵头段回填灌浆孔布置图

13.3.2 固结灌浆孔施工

固结灌浆钻孔工序的质量直接影响灌浆工程的质量，不同的灌浆工程可以选择不同的钻孔机具和钻进方法。孔深较浅的固结灌浆可采用风动凿岩机或潜孔锤钻进。深孔固结灌浆可采用回转式钻机钻进，也可采用冲击回转式或冲击式钻机钻进。

选择钻孔方法的其他重要因素有地层特点、岩石可钻性等级或覆盖层性质等。常用钻进方法与适用岩石可钻性对应关系见表 13-1。

表 13-1　　　　　　　　　　常用钻进方法与适用岩石可钻性对应关系表

钻 进 方 法	岩石可钻性等级和特点	钻 进 方 法	岩石可钻性等级和特点
表镶金刚石回转钻进	4～11 级，较完整均一岩层	针状合金钻进	4～7，中硬岩层
孕镶金刚石回转钻进	4～12 级，较破碎不均一岩层	硬质合金冲击回转钻进	5～8 级，中硬岩层
金刚石冲击回转钻进	9～12 级，坚硬打滑岩层	冲击钻进，深孔采用跟管钻进	1～5 级，松散地层
硬质合金钻进	1～7 级，软、中硬岩层		

钻孔作业完成后，如未能及时进行灌浆，孔口应加塞保护。

13.3.3 帷幕灌浆孔施工

帷幕灌浆钻孔方法应根据地质条件和灌浆方法确定。当采用自上而下分段灌浆法、孔口封闭灌浆法时，宜采用回转式钻机和金刚石或硬质合金钻头钻进；当采用自下而上分段灌浆法时，可采用冲击回转式钻机或回转式钻机钻进。

13.4　回填灌浆

回填灌浆是用浆液充填混凝土与围岩或混凝土与钢板间的空腔及大缝隙，以增强结构密实性的灌浆。回填灌浆宜在隧洞衬砌完后，并待混凝土的强度达到设计强度的 70% 以上时进行，回填灌浆可采用填压式灌浆法。

（1）灌浆分序。回填灌浆应按逐渐加密的原则进行。根据工程实际情况及设计要求，可分作两序进行。后序孔应包括顶孔。

分序有两种做法。一种是按序逐个地进行钻孔，逐孔进行灌浆；另一种是同序孔一次钻出，然后由隧洞较低的一端开始向较高一端推移灌浆。推移灌浆的具体做法：将最低端的第一个孔作为进浆孔，临近的孔作为排水、排气用，待其排出最稠一级浆液后立即将它堵塞，再改换进浆孔，直至全序孔灌到结束标准时结束。塌方段从低处灌浆孔灌浆，高处排气孔作为排水、排气用。

灌浆结束后，应将孔口闸阀关闭，待浆液凝结后，才可解除闭浆装置。

前序孔浆液凝结后，才可施工后序孔。

（2）浆液水灰比。回填灌浆的水泥浆液水灰比分为 1:1、0.8:1、0.6:1、0.5:1（重量比）4 个比级。当回填部位的空洞较大、彼此串通严重时，灌注水泥砂浆，但掺砂量不宜大于水泥重量的 200%，浆液结石强度应满足设计要求。

（3）灌浆压力。灌浆压力视混凝土衬砌厚度和配筋情况等确定。在素混凝土衬砌中，可采用 0.2～0.3MPa；在钢筋混凝土衬砌中，可采用 0.3～0.5MPa。

（4）灌浆的结束标准。在设计压力下，灌浆孔停止吸浆后，延续灌浆 10min，即可结束。

（5）特殊情况处理。在回填灌浆之前，应将混凝土衬砌的施工缝、裂缝等，采用嵌缝、表面封堵等方面进行堵漏处理。在灌浆过程中如发现漏浆，还应采取加浓浆液、降低压力、间歇灌浆等方法处理。

因故中断灌浆，应及早恢复灌注；如中断时间较长，则应重新扫孔进行灌注。

（6）质量检查。回填灌浆的质量检查，应在回填灌浆结束 7d 以后通过打检查孔进行。检查孔应布置在施工过程中认为质量较差的地方（如中断过、灌浆不正常等）。具体布置由设计、监理及施工单位共同商定。检查孔数一般为总孔数的 5%。

检查孔在设计规定压力下，在 10min 内注入水灰比为 2∶1 的浆液，每孔不超过 10L 即认为合格。不合格时由参建各方研究处理措施，直至满足设计要求。

13.5 固结灌浆

13.5.1 特点

固结灌浆是为增强受灌体的密实性、整体性，并提高其力学性能的灌浆。基岩固结灌浆通常都在岩石浅层进行，用于断层破碎带岩体的固结灌浆有时深度也较大。前者通常压力较低，后者压力较高。灌浆压力小于 3MPa 的固结灌浆通常称为常规压力固结灌浆，不小于 3MPa 的固结灌浆称为高压固结灌浆。

地下工程固结灌浆主要是指用于水工隧洞（包括平洞、竖井、斜井和其他地下洞室）的围岩或混凝土支护结构加固的灌浆工程，主要目的是处理地质条件较差的隧洞段围岩或地下工程开挖产生的围岩爆破松动圈。其主要作用如下。

（1）充填作用。浆液结石将地层空隙充填起来，提高地层的密实性，也可以阻止水流通过。

（2）压密作用。在浆液被压入过程中，对地层产生挤压，从而使那些无法进入浆液的细小裂隙和孔隙受到压缩或挤密，使地层密实性和力学性能都得到提高。

（3）黏合作用。浆液结石使已经脱开的岩块、建筑物裂缝等充填并黏合在一起，恢复或加强其整体性。

（4）固化作用。水泥浆液与地层中的黏土等松软物质发生化学反应，将其凝固成坚固的"类岩体"。

地下工程固结灌浆根据水工隧洞和其他洞室的布置情况，结合围岩地质条件、开挖断面大小和内外水压力情况进行设计。一般来说，有压隧洞（如引水隧洞、压力管道、调压室或调压井下部等）应全洞段布置固结灌浆孔；与有压隧洞直接连接的施工支洞堵头段要布置一定长度洞段的固结灌浆；无压隧洞（如导流隧洞、尾水隧洞等）根据围岩地质条件确定固结灌浆布置的位置，一般在围岩地质条件较差的洞段布置；对于一些有特殊要求的洞室（如母线洞、地下发电厂房、主变室、闸门井），一些水电工程也设计有固结灌浆。

13.5.2 施工条件与顺序

（1）施工条件。地下工程中同一部位有多种灌浆时，一般应遵循先进行较低压力的灌浆，后进行较高压力的灌浆的原则。具体可按照下列顺序施工。

1）在混凝土衬砌段内的灌浆，应当先进行回填灌浆，后进行围岩固结灌浆。

2）当布置有高压固结灌浆时，应当先进行回填灌浆和常压固结灌浆，后进行高压固结灌浆。

3）围岩固结灌浆宜在该部位回填灌浆结束 7d 后进行。

4）灌浆部位附近有相邻洞室时，应待相邻洞室混凝土衬砌完成后再进行固结灌浆。

（2）施工顺序。固结灌浆的施工顺序应遵循从低到高的原则进行。从一个工程部位来说，固结灌浆应按照从高程低的一端逐步向高程高的一端推进的施工顺序施工；从洞室内单排灌浆孔的施工顺序看，也应先进行底部孔的施工，逐步向顶部推进施工。

钢支撑密集段的固结灌浆施工顺序可调整为：钢支撑→喷混凝土→固结灌浆→混凝土衬砌。

13.5.3 常压固结灌浆

（1）灌浆前准备工作。灌浆前的准备工作包括钻孔冲洗、裂隙冲洗及灌前压水试验。

1）钻孔冲洗和裂隙冲洗。钻孔冲洗（简称洗孔、冲孔）是指使用清水或压缩空气与水将钻孔孔底沉淀的岩屑和孔壁上黏附的岩粉等污物冲出孔口以外，使与钻孔相交的岩石裂隙口不被泥渣堵塞，达到便于浆液注入的目的。裂隙冲洗（简称洗缝）是指采用水或压缩空气等介质对钻孔周围的岩体的裂隙或孔隙进行的冲洗。

固结灌浆工程对钻孔冲洗的要求是冲洗后孔底沉积厚度不大于 20cm。孔深较浅的灌浆孔和使用风动钻孔机械钻进的灌浆孔也可使用压缩空气与水作为冲洗介质。冲孔的特点是，孔口不封闭，冲洗水流的水量大，但压力不一定大。冲洗时间以回水变清为原则，施工中有的要求回水变清后持续多少时间的，这种做法实际上并无必要。

裂隙冲洗常用的方法是压水冲洗，有特殊要求时应采用强力冲洗，即高压压水冲洗、脉动冲洗、风水联合冲洗或高压喷射冲洗。灌浆工程岩体的裂隙冲洗应当使用清水，除非工程有特殊需要，方可使用化学剂。裂隙冲洗应该在钻孔冲洗以后进行。若岩层遇水后发生显著软化现象，则不宜进行冲洗。

2）透水率。1933 年法国地质学家吕荣（Lugeon）提出透水率定义：压水压力为 1MPa 时，每米段长每分钟注入水量 1L 称为 1Lu。通过压水试验获得岩层的透水率值，压水试验也称之吕荣试验。

3）灌前简易压水试验。是一种在钻孔内进行的岩体原位渗透试验。它的主要任务是了解随着各排、各序孔灌浆的进行，岩体透水率变化的趋势，以评估灌浆设计和施工参数的正确性，同时预测灌浆效果。简易压水就是为满足这一要求而进行的简化和粗略的压水试验。

固结灌浆孔的压水试验应在裂隙冲洗后进行，试验孔数不宜少于总孔数的 5%。简易压水由于其精确度要求不高，在地下水压力对计算结果影响不大时，通常假设地下水位与孔口齐平，压水压力也不采用全压力，而采用表压力，即按压力表（或记录仪）指示的压力记读数，忽略孔内水柱压力和管路损失的影响。当对裂隙冲洗没有专门要求时，简易压水可与裂隙冲洗结合进行。

若隧洞围岩地质条件差，岩层遇水后会软化或造成其他不利影响，这种情况就不做冲洗，也不做压水试验。

地下工程固结灌浆工程普遍使用单点法压水试验，即只使用一个压力阶段的压水试验方法。压水试验的成果按式（13-1）计算。

$$q = Q/PL \qquad\qquad (13-1)$$

式中　q ——透水率，Lu；

Q——压入流量，L/min；

P——作用于试段内的全压力，MPa；

L——试段长度，m。

透水率 q 和渗透系数 K 之间不是简单的对应关系，各种条件下通过 q 计算 K 的公式也很多。《水利水电工程钻孔压水试验规程》（SL 31—2003）推荐：当试段位于地下水位以下，透水率在 10Lu 以下，P-Q 曲线为 A 型（层流型）时，可用式（13-2）求算渗透系数。

$$K = \frac{Q}{2\pi HL} \ln \frac{L}{r} \qquad (13-2)$$

式中　K——地层渗透系数，m/d；

Q——压水流量，m^3/d；

H——试验压力，以水头表示，m；

L——试验段长度，m；

r——钻孔半径，m。

也可以用图 13-17 中的曲线查找渗透系数。该图给出了不同学者的研究成果，可以提供大致合理的近似值。

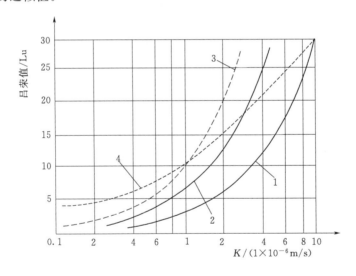

图 13-17　渗透系数 K 与透水率 q 的关系曲线图

1—里斯勒（Rissler）作的曲线，各向同性岩体；2—里斯勒作的曲线，

严重的各向异性的岩体；3—美国垦务局作的曲线；

4—海飞尔（Heitfeld）作的曲线

按照式（13-2），如假定压水试验的压力为 1MPa（即 100m 水头），每米试段的压入流量为 1L/min（即 $1.44 m^3/d$），试段长度为 5m。即在透水率为 1Lu 的条件下，以孔径为 $\phi 56 \sim 150 mm$ 计算得的渗透系数为 $(1.37 \sim 1.11) \times 10^{-5} cm/s$。由此可见，作为近似关系，1Lu 相当于渗透系数为 $10^{-5} cm/s$。

（2）常压固结灌浆作业。

1）固结灌浆压力。固结灌浆压力的大小取决于隧洞围岩的性质、埋藏条件、完整程度以及衬砌形式，在有压隧洞中与作用水头有关。我国水工隧洞固结灌浆所用水压力大多在 1.5～2.0 倍的范围内。

2）固结灌浆方法。围岩固结灌浆通常采用纯压式灌浆法，当灌浆孔基岩段长度小于 6m 时，可全孔一次灌浆，基岩段较深或不良地质地段的灌浆孔宜分段灌注；一些孔深较深的固结灌浆孔也要求采用循环式自下而上分段灌浆法、自上而下分段灌浆法或孔口封闭灌浆法。

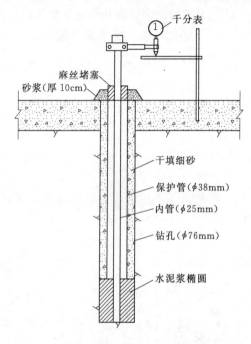

图 13-18　混凝土衬砌变形观测示意图

3）衬砌抬动变形观测。在灌浆试验时，对大面积高边墙、大面积底板、衬砌体形复杂（如岔管）及引水钢管等构筑物应布置抬动变形装置，以监测施工过程中衬砌的变形，指导施工（见图 13-18）。在压水及灌注过程中应不断观测并记录，当累计变形量达到 0.2mm 时应停止施工，查明原因后方可施工。

各灌浆孔宜单独进行灌注，由隧洞底部开始两侧对称向上进行。在地层均匀、注入量较小的地段可进行并联灌浆，但并联孔应在同一环上对称分布，孔数不宜多于 3 个。

4）固结灌浆浆液。地下工程固结灌浆通常采用纯水泥浆液，浆液水灰比可采用 3∶1、2∶1、1∶1、0.8∶1、0.6（或 0.5）∶1，由稀至浓灌注。浆液比级变换原则如下。

A. 当灌浆压力保持不变，注入率持续减少时，或当注入率不变压力持续升高时，不得改变水灰比。

B. 当某级浆液注入量达 300L 以上或灌注时间达 30min，而灌浆压力和注入率均无改变或改变不显著时，改浓一级。

C. 当注入率大于 30L/min 而灌浆压力又低于设计压力，水灰比大于 1∶1 时可越级变浓。

5）固结灌浆结束条件与封孔。

A. 结束条件。围岩固结灌浆各灌浆段的灌浆结束条件为：在设计压力下，当注入率不大于 1L/min 后，继续灌注 30min 即可结束。当采用多孔并联灌浆时，有的工程结束条件适当放宽（注入率稍大）。但也有的工程坚持同样的条件，理由是并联孔通常是注入率小的孔。高压固结灌浆结束标准适当放大注入率。

灌浆过程中，随时测量进浆和回浆比重，当回浆变浓时，换用与进浆相同比级的新浆进行灌注。若效果不明显，延续灌注 30min，即可停止灌注。

B. 封孔。固结灌浆孔灌浆结束后应妥善封孔。常用的封孔方法有以下几种。

a. 全孔灌浆封孔，清除灌浆孔内积水和污物，将灌浆塞塞于孔口，采用 0.5∶1 水泥浆和允许最大灌浆压力，对该孔进行纯压式灌浆，持续 90～120min。为提高效率，可一环孔（6～10 孔）串联施工（见图 13-19）。所有灌浆后孔口依然渗水的灌浆孔应当采用这种方法封孔。有的孔一次封不好，可以扫孔后再次封，可以采取屏浆和闭浆措施。

b. 导管注浆封孔。将导管（胶管或铁管）下至钻孔底部，冲净孔内污物，向导管内泵入0.5：1水泥浆，置换出孔内积水，待浆液凝固即可。也可用砂浆代替水泥浆。此法适用于隧洞下半圆孔口不渗水的灌浆孔。需要特别注意的是，绝对禁止不通过导管直接从孔口倒入封孔浆液，那样孔下部的积水或稀浆不能置换出来，会留下可能渗水的通道。

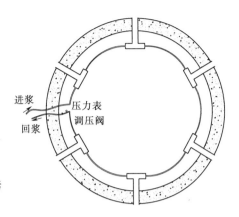

图 13-19　多孔串联封孔示意图

c. 锚杆注浆机封孔。清除灌浆孔内积水和污物，使用锚杆注浆机将预拌好的灰砂混合物（水：水泥：砂＝0.3：1：1）由孔底向孔口徐徐注入。此法适用于孔口无渗水的灌浆孔。

d. 人工投入砂浆球封孔。清除灌浆孔内积水和污物，人工向孔内投入砂浆球，并用木棍或钢筋分层捣实，直至孔口。此法适用于孔深较小且孔口无渗水的灌浆孔。

e. 孔口处理。采用以上方法，特别是全孔灌浆封孔法和导管注浆封孔法封孔后，待浆液析水凝固，孔口还会留下少许空余段，需要使用干硬性水泥砂浆填满压实抹平。

封孔用水泥应与灌浆水泥相同，并宜加入减水剂、膨胀剂，以改善浆液、砂浆的施工性能，提高浆液结石的抗渗防裂能力。减水剂和膨胀剂的掺用方法参照商品说明进行试验确定。

6）固结灌浆工程质量检查。围岩固结灌浆工程质量检查，一般情况下可采用钻检查孔进行压水试验的方法，压水试验为单点法。有条件时宜测定围岩灌浆前后的弹性波波速或弹性（变形）模量。重要的或地质条件复杂地段也有采用声波、地震波或电磁波CT层析成像等方法。

压水试验检查的时间应在该部位灌浆结束3d以后，有条件时宜在7d以后。检查孔的数量不宜少于灌浆孔总数的5%。检查孔应在分析施工资料的基础上布置在下述部位：①断层、岩体破碎、裂隙发育、强岩溶等地质条件复杂的部位；②末序孔注入量大的部位；③灌浆过程不正常等经分析资料认为可能对灌浆质量有影响的部位。检查孔的方向一般与灌浆孔相同。同时，这些检查孔还作为补充灌浆孔，如果这些部位的灌浆质量尚不能完全满足设计要求，那么，经过检查孔补充灌浆就起到了加强作用。如果检查孔的合格率低得很多，就应当深入研究原因，加密布孔或调整工艺。

当进行岩体弹性波波速测试时，检查时间应在灌浆结束14d以后；当进行岩体弹性（变形）模量测试时，检查时间应在灌浆结束28d以后。一般需要测定灌浆前和灌浆后的波速，以对比经过灌浆以后岩体性能改善的程度。

13.5.4　高压固结灌浆

近年来由于一批高水头引水水电站，特别是抽水蓄能电站的兴建，隧洞高压固结灌浆已在不少工程中应用。但由于各工程情况不同，施工要求及方法差别较大，因此本节仅叙述高压固结灌浆的一般要求。

进行高压固结灌浆既要满足一般固结灌浆的要求，又具有以下的特殊要求。

（1）高水头水电站引水隧洞承受很大的内水压力，混凝土衬砌已不能满足防渗要求，常采用高压固结灌浆方法提高围岩防渗性能和力学性能。但过高的灌浆压力易使混凝土衬砌被破坏。因此，要使高压固结灌浆施工既要达到设计目的，又不损坏混凝土衬砌，就要求需有完善的灌浆规划和灌浆工艺。

（2）由于需要进行高压固结灌浆的隧洞工程技术条件和要求差异较大，灌浆工程的技术也较为复杂，因此，设计和施工前宜进行现场灌浆试验，以确定适宜的工艺参数和灌浆后可能达到的技术指标。

（3）与普通固结灌浆较多采用全孔一次灌浆法不同，高压固结灌浆应当分段进行，即使孔深不大（如不大于 5m），也通常分成 2 段灌浆。靠近衬砌的孔口段以较低的压力先灌，之后以较高的压力灌注孔底段（或全孔）。钢筋混凝土岔管体形复杂，抗外压能力低，高压灌浆时混凝土衬砌易被破坏，宜逐级升压、逐级加固围岩，使前一级的围岩与衬砌联合受力，能承受后一级更高的灌浆压力的原则。

（4）隧洞高压固结灌浆一般钻孔浅（通常不大于 10m）、孔数多，不便安设孔口管进行孔口封闭，需要使用灌浆塞阻塞隔离孔段。灌浆塞必须承受高压，普通的灌浆塞不能满足要求，因此要使用高压灌浆塞。早期，我国的几座水电站引水隧洞成功应用了法国制造的胶囊式灌浆塞，近年由我国自行研制生产的液压、气压胶囊式灌浆塞已在很多工程中得到成功应用。

（5）灌浆泵和管路系统也应能满足在高压力下工作的要求。灌浆泵应当配备稳压器，减小灌浆压力的波动，稳压器应通过压力容器的安全鉴定，在小湾水电站抗力体、惠州抽水蓄能电站高压固结灌浆中采用两个稳压器串联使用达到很好的效果。

（6）高压固结灌浆的灌浆塞在承受孔内高压时，应采取安全保护措施，以防止灌浆塞从孔内冲出造成人员伤害。灌浆泵、阀门、管路、仪表及管路接头等灌浆机具必须能承受1.5 倍的最大灌浆压力，且经常维护保养。

（7）高压固结灌浆应加强洞室围岩和混凝土的抬动变形观测，应在确保洞室变形安全的情况下进行。

13.5.5　无盖重固结灌浆

无盖重固结灌浆是在有盖重固结灌浆的基础上发展起来的一种灌浆方式，可以分为完全无盖重固结灌浆（又称裸岩固结灌浆）和表面封闭式无盖重固结灌浆。其优点是灌浆与其他施工干扰少，易于观察到表面冒浆情况，能及时发现问题，便于迅速处理，灌浆孔无需预埋，易于造孔等。缺点是由于岩石表面无盖重，不能施用大的灌浆压力，在岩石破碎、裂隙多的地带，往往由于灌浆时漏浆，造成施工困难，影响灌浆质量。

无盖重固结灌浆施工工艺可参见常压固结灌浆，已被多个工程采用，如彭水水电站地下厂房高边墙采用的是表面喷护厚 15cm 钢纤维混凝土后的基岩封闭式无盖重固结灌浆，锦屏二级水电站引水隧洞采用喷锚支护后的高压无盖重固结灌浆，小天都水电站引水隧洞分别采用无盖重裂隙灌浆和高压无盖重固结灌浆，百色水电站钢管道采用无盖重固结灌浆等，均取得了较好的效果。

13.5.6　隧洞超前预灌浆

为提高围岩的稳定性和减小地下水的渗漏量，在地下洞室施工开挖面的前方（或下方）先行的固结灌浆称为超前预灌浆。

在地下洞室开挖支护中，Ⅴ类围岩或塌方松渣没有自稳时间，通常采用管棚结合超前预灌浆方法加固围岩，使围岩有一定的自稳时间，为后续的加固工作创造条件。海底隧道、过江隧道等地下水丰富的工程采用超前预灌浆措施减小地下水的渗入量，为顺利施工提供必要的条件。

（1）与管棚相结合的超前预灌浆。

1）灌浆材料及浆液。一般采用 32.5 通用硅酸盐水泥，浆液配比为：1∶1、0.8∶1、0.6（或 0.5）∶1，加水玻璃等速凝剂。水玻璃掺量为水泥重量的 2%～5%，水玻璃浓度为 35Be°（波美度）。注入量大的孔，宜灌砂浆。

2）灌浆压力。0.2～0.7MPa，应大于地下水压力。若开挖面漏浆不严重，且开挖面稳定，则可适当提高灌浆压力。

3）超前灌浆管（孔）的布置（见图 13-20）。排距与管棚排距相同；孔（管）距为 30～40cm，与管距相同；管长依管棚设计要求。

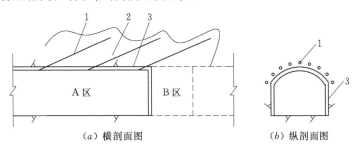

(a) 横剖面图　　　　　　　(b) 纵剖面图

图 13-20　超前灌浆管布置示意图

1—管棚（灌浆管）；2—灌浆固结的范围；3—喷混凝土；

A 区—已开挖区；B 区—待开挖区

4）分段分序。不分段、跳管灌注。

5）灌浆管（管棚）。灌浆管加工成花管，孔口端 80～150cm 范围不开孔，其余管段每间距 60cm 开一个 $\phi 8mm$ 的出浆孔。花管内端头加工成锥形。

6）灌浆施工。孔口段钢管与围岩的间隙用棉纱水泥浆封堵。不洗孔，不进行压水试验。在灌浆泵排量能满足的条件下可多孔联灌。注入量大时，参照常规固结灌浆的方法处理。观察围岩变形稳定情况，发现有险情迹象，应立即停止施工，撤出人员，讨论处理措施。待确定安全可靠后，方可继续施工。

7）灌浆结束标准。达到规定设计压力，单孔注入率小于 3L/min 后，延续灌注 5min，可结束灌浆。群孔灌注可适当降低注入率的要求。

8）不进行质量检查。

9）灌浆结束 12h 后，方可进行开挖作业。

（2）富水地层的洞室超前预灌浆。

1）超前灌浆孔的布置。围岩为基岩的洞室，灌浆孔沿开挖轮廓线周边布置，孔距为 2～3m（见图 13-21 和图 13-22）。围岩为富水透水性强的松散岩体的洞室，灌浆孔沿洞室轴线方向全断面布置辐射状灌浆孔，孔底与相邻孔的间距不大于 1.5m，采用水泥水玻璃浆液，灌浆压力应为 1.5～2.0MPa（见图 13-23）。

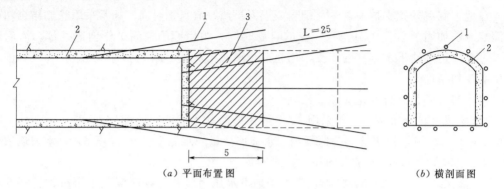

（a）平面布置图   （b）横剖面图

图 13-21 海下隧洞超前预灌浆布孔示意图（单位：m）

1—超前灌浆孔；2—喷混凝土；3—暂留止水体

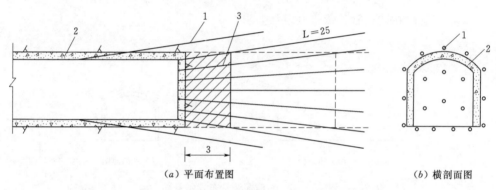

（a）平面布置图   （b）横剖面图

图 13-22 富水松散围岩全断面超前预灌浆布孔示意图（单位：m）

1—超前灌浆孔；2—喷混凝土；3—暂留止水体

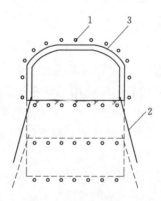

图 13-23 海边地下油气库超前预灌浆布孔示意图

1—水平超前灌浆孔；2—竖向超前灌浆孔；3—喷混凝土

2）钻孔。采用冲击凿岩机或地质钻机。遇涌水量较大孔段，立及停止钻进，进行灌浆堵漏。

3）灌浆施工。不分段，全孔一次灌浆。

4）质量检查。布置检查孔，测量涌水量，进行压水试验，若达不到设计要求，设置加密孔灌浆。

5）其他。参照常规固结灌浆要求。

13.6 接触及接缝灌浆

13.6.1 衬砌混凝土与围岩间接触灌浆

（1）钻孔或埋管。隧洞接触（接缝）灌浆孔可采用钻孔法及埋管法施工。在某一个灌浆区段内，将所有接触灌浆孔按设计布置孔位，一次性钻完，孔深为打穿混凝土并进入围岩一定深度，以达到设计要求。也可采用引管法进行，在混凝土浇筑前先将接触灌浆孔钻完并预埋接触灌浆管和排气管，将预埋管路引至适当的位置。

（2）灌浆。衬砌混凝土与围岩间接触灌浆在回填灌浆结束 7d 后即进行。

灌浆一般不分序，但应从低部位向高部位施灌。在灌浆过程中，如发生串浆现象，一般不予堵塞，而是把主灌孔移至串浆孔；若多孔串浆，则可采用多孔并联灌浆。浆液采用高速搅拌机制浆，水灰比采用 1：1、0.8：1、0.5：1，尽量多灌浓浆。灌浆压力按设计规定要求进行控制。灌浆结束标准为达到设计规定压力，吸浆量不大于 0.4L/min，持续 20min 结束。

（3）质量检查。衬砌混凝土与围岩间接触灌浆质量检查一般不进行压水试验检查，可通过对灌浆资料进行整理、汇总、分析，判定灌浆质量。

13.6.2 钢衬接触灌浆

（1）灌浆孔的位置和数量。宜在混凝土达到恒温后经敲击检查确定，并绘制脱空区展视图。每一灌浆孔负担的实际脱空面积以 1.5～2.0m² 为宜；每一单独的脱空区，不论其面积大小，均应作为 1 个独立单元，布孔不少于 2 个。

在钢衬上开孔宜采用磁座电钻，孔径不宜小于 12mm。在钢衬加劲环内边缘上应设置连通孔，孔径不宜小于 16mm，以利浆液流通。用风吹扫孔口。测钢板与混凝土间的缝隙值。钢衬接触灌浆也可在钢衬上预留灌浆孔，孔内应有丝扣，并在该孔处钢衬外侧补焊加强钢板，与预埋孔不连通的独立空腔，可补钻 2～3 个灌浆孔。有条件也可在钢衬外壁安装专用接触管（见图 13-24～图 13-26），并在灌浆区用 PVC 管将接触管两端管嘴胶接，穿过钢衬预留孔引出。接触管安装部位、长度、数量均由设计确定。

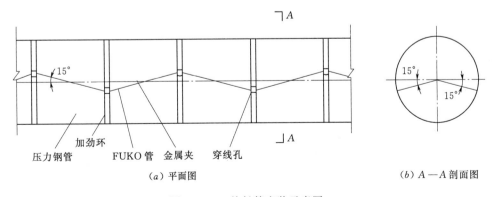

（a）平面图　　　　　　　　　　　（b）A—A 剖面图

图 13-24　接触管安装示意图

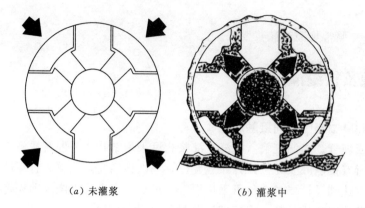

（a）未灌浆 （b）灌浆中

图 13-25 接触管工作状况示意图

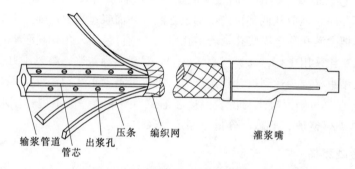

输浆管道 出浆孔 压条 编织网 灌浆嘴
管芯

图 13-26 接触管结构立体示意图

蜗壳部位接触灌浆范围采用引管法。蜗壳内侧及底部外围混凝土浇筑前，在蜗壳底部埋设接触灌浆管，一般划分为 4 个灌浆区域，每个灌区的每排灌浆主管沿蜗壳底部水平环状布置，一端密封；另一端绕过蜗壳底部，引至适当位置，加以保护并做好标识。灌浆管采用高密度聚乙烯管和单向重复灌浆器。单向重复灌浆器与蜗壳壁紧贴，安装牢固并加以固定，确保在浇筑过程中不被水泥浆堵塞。蜗壳接触灌浆管布置和剖面分别见图 13-27和图 13-28。

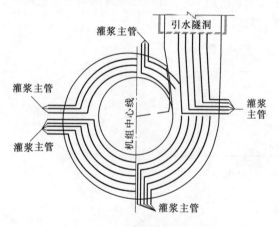

图 13-27 蜗壳接触管布置示意图

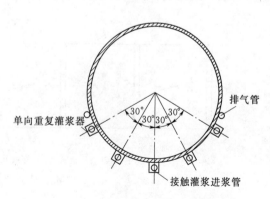

图 13-28 蜗壳接触管剖面图

（2）灌浆时间。在混凝土冷却到稳定温度后进行。

（3）清孔。灌浆前，对接触灌浆孔应用去油的有压风，吹除空隙内的污物和积水，同时了解缝隙串通情况。采用的风压应小于灌浆压力。

（4）浆液及配比。一般采用纯水泥浆，浆液配比可采用1∶1、0.8∶1、0.6（或0.5）∶1，必要时可加入减水剂，应尽量多灌注较浓浆液。在脱空较大，排气出浆良好的情况下，可直接使用0.6∶1的浆液灌注。

（5）灌浆压力。应以控制钢衬变形不超过设计规定为标准（一般可在适当位置安装千分表进行监测）。可根据钢衬厚度、脱空面积的大小以及脱空的程度、钢衬的抗外压能力等实际情况确定灌浆压力，并要有足够的安全度，一般不宜大于0.1MPa。灌注时严格控制灌浆压力。采用小量程压力传感器，并经检查后方可使用。

（6）钢衬变形观测。灌浆前应在适当部位安装千分表，灌浆过程中严密监视千分表摆动值，不许超过设计规定值，若出现异常，应立即加大回浆阀开度，降低灌浆压力。钢衬变形观测装置结构见图13-29。

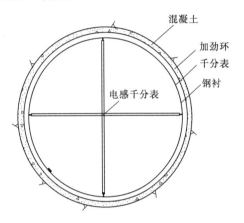

图13-29　钢衬变形观测装置结构示意图

（7）灌浆方法。钢衬接触灌浆宜先从低处孔进浆，上方的孔作为排气、排水孔。待上方孔排出浆液并达到与进浆浓度接近时，依次关闭阀门，在规定的压力下灌浆孔停止吸浆，延续灌注5min即可结束灌浆。

（8）质量检查。灌浆结束7～14d后，采用锤击法进行灌浆质量检查，并绘制灌后脱空区展示图，脱空范围和程度应满足设计要求。现施工规范没有合格标准的规定，多数工程不再做接触灌浆，个别工程要求单个脱空区面积不大于0.5m²方为合格。

贵州构皮滩水电站高强钢蜗壳采用预埋单向重复灌浆器，并进行重复接触灌浆，效果良好。

（9）钢衬灌浆孔封堵。

1）焊接性能较好的钢材。清理灌浆孔，安装丝堵，焊接，涂装。检查是否有遗漏的灌浆孔未封堵，并记录。

2）高强钢灌浆孔的封堵。

A. 高强钢焊接性能差，施工难度大，易产生裂纹，易留下质量隐患。

B. 小浪底工程钢管采用800MPa级高强钢，采用SIKA胶封堵灌浆孔，效果良好。工艺流程：清理灌浆孔，SIKA清洗剂清洗软铜垫圈和丝堵，安放软铜垫圈，在预留孔丝牙和丝堵丝牙上刷SIKADUR752胶，在预留孔中旋入丝堵，在丝堵与预留孔的间隙中填入SIKADUR752胶，24h后将预留孔用SIKADUR752胶填充与管壁平齐，涂装。

13.6.3　接缝灌浆

隧洞混凝土散热性能差，且一般不预埋冷却水管，因此接缝灌浆在隧洞中应用较少。一般情况下，隧洞堵头部位常设置接缝灌浆，特别是对于高压堵头，接缝灌浆能保证堵头与原衬砌有效传递应力。

管路埋设或钻孔。

接缝灌浆系统包括埋设止浆片、进浆管、灌浆管、排气管、出浆盒等，灌浆盒、排气槽、止浆片等，在立模后埋设。在先浇块的模板上，安装出浆盒、排气槽及止浆片等，出浆盒和排气槽应与模板紧贴，安装牢固。在后浇块安装盒盖和排气槽盖，盒与盒、槽盖与槽完全吻合，并加以固定，四周封闭。管路的连接采用三通、接头、弯管机等连接，不得焊接。进浆管、回浆管引至适当的位置并编号标识，埋设及安装完成后进行现场通水检查。接缝灌浆缝面设置及出浆盒布置见图 13-30 和图 13-31。

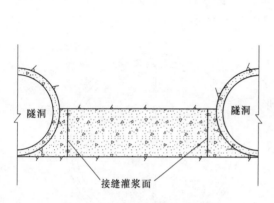

图 13-30　接缝灌浆缝面设置图

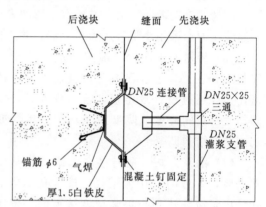

图 13-31　接缝灌浆出浆盒布置图（单位：mm）

隧洞接缝灌浆也可直接进行钻孔，钻孔应穿过缝面，每条缝钻孔数量不宜少于 3 个，分别位于缝面最低处及最高处。低位孔作为进浆孔，高位孔作为排气孔及出浆孔。

灌浆前进行管路通水检查，检查管路是否畅通，若发现仍有串、漏或管路堵塞等异常情况，应进行处理。灌前对缝面浸泡 24h，浸泡完后用风吹出缝内的水，然后从低处向高处施灌。隧洞混凝土接缝灌浆可参照大坝混凝土接缝灌浆施工。

13.7　帷幕灌浆

水利水电地下工程帷幕灌浆一般布置在地下厂房周边，减小地下厂房等地下建筑物的渗水量，提高其围岩的稳定性和运行的安全性。本节只进行简单说明。

13.7.1　布置形式

在水利水电地下工程中，帷幕灌浆主要分布在压力管道的压力钢管起始位置处和厂房上游侧的灌浆廊道或排水廊道内，其主要目的均为满足水电站地下厂房的永久运行的阻水需要。其中压力钢管起始端的帷幕灌浆一般设计成环形帷幕，根据设计要求可以在钢管上预留灌浆孔布置，也可以在钢管前布置帷幕环。灌浆或排水廊道内帷幕灌浆一般设置与大坝帷幕灌浆连接的衔接帷幕。

13.7.2　施工条件

帷幕灌浆通常应当在具备了以下条件后实施。

（1）灌浆隧洞已经衬砌完成。

（2）同一地段的固结灌浆已经完成。

（3）帷幕灌浆应当在引水洞充水以前完成。

13.7.3 帷幕灌浆施工

（1）帷幕灌浆施工方法。基岩灌浆有多种方法，按照浆液流动的方式分，有纯压式灌浆和循环式灌浆；按照灌浆段施工的顺序分，有自上而下分段灌浆法、自下而上分段灌浆法、综合灌浆法或孔口封闭灌浆法等。

（2）施工顺序及分段。

1）施工顺序。帷幕灌浆应遵循分序加密的原则进行，由三排孔组成的帷幕，先灌下游排，再灌上游排，后灌中间排；由两排孔组成的帷幕，先灌下游排，后灌上游排。

2）灌浆次序。单排孔组成的帷幕一般按 3 个次序施工，先导孔最先施工，接着顺次施工Ⅰ～Ⅲ次序孔，最后施工检查孔。由两排孔或多排孔组成的帷幕，每排可以分为两个次序施工。

3）施工程序。单孔施工程序为：钻进（一段）→冲洗→简易压水试验→灌浆→待凝（如需要）→下一灌浆段钻孔、压水、灌浆→……终孔→封孔。

孔口封闭灌浆法单孔施工程序为：孔口管段钻进→裂隙冲洗兼简易压水→孔口管段灌浆→镶铸孔口管、待凝 72h→第二灌浆段钻进→裂隙冲洗兼简易压水→灌浆→下一灌浆段钻孔、压水、灌浆→……终孔→封孔。

4）分段。帷幕灌浆段分段长度通常为 5～6m，特殊情况下可适当缩短或加长，但最长也不宜大于 10m，混凝土结构与基岩接触处的灌浆段段长宜为 2～3m。

孔口封闭法是我国当前用得最多的灌浆方法，它采用小口径钻孔，自上而下分段钻进，分段进行灌浆，但每段灌浆都在孔口封闭，并且采用循环式灌浆法。孔口段及其以下 2～3 段段长划分宜短，灌浆压力递增宜快，这样做的目的一方面是为了减少抬动危险，另一方面是尽快达到最大设计压力。通常孔口第三（或第二）段按 2m、1m、2m（或 2m、3m）段长划分，第四（或第三）段恢复到 5m 长度，并升高到设计最大压力。

（3）帷幕灌浆的浆液变换。地下工程帷幕灌浆一般均为永久防渗帷幕，灌浆浆液采用纯水泥浆液，在灌浆过程中，浆液浓度的使用一般由稀浆开始，逐级变浓，直到达到结束标准。帷幕灌浆浆液水灰比可以采用 5∶1、3∶1、2∶1、1∶1、0.8∶1、0.6（或 0.5）∶1 共 6 个比级，浆液变换的原则同固结灌浆。

对耗浆量特大的地段或采用 GIN 灌浆法的帷幕灌浆，可采用稳定浆液或膏状浆液。

稳定浆液是指 2h 析水率不大于 5% 的浆液。性能良好的稳定浆液不但要有足够的稳定性，而且要有良好的流动性。在普通水泥浆液中加入适量的稳定剂（通常使用膨润土）和减水剂，就可以获得稳定浆液。各成分的作用如下：膨润土可显著降低浆液的析水率，改善浆液的稳定性，同时也增加了浆液的塑性黏度和屈服强度；减水剂可降低浆液的塑性黏度和屈服强度，并增加浆液的析水率。

膏状浆液有时又称高稳定性浆液，具有较高的屈服强度、较大的塑性黏度及良好的触变性能，在大孔隙地层的扩散范围具有良好的可控性。膏状浆液应具备如下特点：屈服强度为 20~45Pa，塑性黏度为 0.3~0.45Pa·s，密度为 1.6~1.8g/cm³，析水率小于 5%。膏状浆液的组成成分主要有水泥、黏土或膨润土、粉煤灰以及外加剂等，水泥可选用普通硅酸盐水泥。通常水和干料的质量比为 1:1.8~1:2.4。贵州某水库堆（砌）石坝坝体防渗灌浆工程膏状浆液部分配合比及性能试验资料见表 13-2。

表 13-2　　贵州某水库堆（砌）石坝坝体防渗灌浆工程膏状浆液部分配合比及性能试验资料表

序号	配合比						浆液性能			结石性能		
	水泥	粉煤灰	黏土	赤泥	减水剂	水	密度 /(g/cm³)	塑性黏度 /(MPa·s)	屈服强度 /Pa	抗压强度 /MPa	劈拉强度 /MPa	弹模 /GPa
1	100	70	50	15		135	1.69	880	117	9.7	0.53	5.6
2	100	70	50	15	0.25	135	1.67	1000	95	9.9	0.54	5.4
3	100	80	50	15	0.25	140	1.67	5000	87	5.0	0.50	5.7
4	100	50	40	15	0.25	124	1.69	1000	97	10.3	0.67	6.2
5	100		60		0.5	105	1.67	290	48	11.6	0.53	5.2
6	100		60	15	0.5	123	1.59	270	22	7.5	0.50	4.0

注　赤泥为炼铝副产品，微细粉末，具有微膨胀性能。1~5 号浆液漏斗黏度和流动度不漏不流，析水率为 0；6 号浆液漏斗黏度为 49s，析水率为 1%。浆液结石性能均为 28d 龄期数据，抗渗等级均大于 W10。

（4）帷幕灌浆压力及抬动观测。帷幕灌浆压力应满足设计要求，可按式（13-3）确定。

$$P = P_0 + Zm \qquad\qquad (13-3)$$

式中　P——灌浆全压力，MPa；

P_0——基岩表层容许压力值，MPa；

m——灌浆段以上岩层每增深 1.0m 容许增加的压力，MPa；

Z——灌浆段顶的埋藏深度或岩层厚度，m。

重要工程的灌浆压力应通过现场灌浆试验论证。在施工过程中，灌浆压力可根据具体情况进行调整，采用分级升压法或一次升压法。

在地下厂房、引水钢管道等重要的工程部位进行灌浆，特别是高压灌浆时，一般要求进行抬动观测。抬动观测有两个作用：①了解灌浆区域构筑物变形的情况，以便分析判断这种变形对工程的影响；②通过实时监测，及时调整灌浆施工参数，防止相邻构筑物发生抬动变形。观测厂房围岩、引水道混凝土衬砌、钢衬的变形。

（5）帷幕灌浆结束与封孔。

1）结束条件。各灌浆段灌浆的结束条件应根据地质和地下水条件、浆液性能、灌浆压力、浆液注入量和灌浆段长度等确定。一般情况下，当灌浆段在最大设计压力下，注入率不大于 1L/min 后，继续灌注 30min，即可结束灌浆。

当地质条件复杂、地下水流速大、浆液注入量较大、灌浆压力较低时，持续灌注的时间应延长。

2）封孔。下斜孔采用浓浆置换孔内稀浆，在最大设计压力下进行纯压力灌浆，持续60min 即可结束，孔口回空部分，用干性砂浆人工回填密实。上仰孔及水平孔采用锚杆注浆机压入在孔内不脱落的浓砂浆，孔口段（2～3m）用干性砂浆人工回填密实。

13.8 化学灌浆

化学灌浆是在水泥灌浆的基础上发展起来的一种以化学材料作为浆液的灌浆方法，利用化学浆液在一定条件下能够凝固和固化的特点，对各种松散破碎岩石和微细裂隙进行胶结加固，以达到防渗、补强的目的。水泥灌浆的应用虽最为普遍，但也有一定的局限性。在某些不良地质条件下，例如断层、岩石破碎带、泥化夹层、岩石微细裂隙等，使用水泥灌浆处理，有时难于见效，而采用化学灌浆就较易解决这些问题。目前，在围岩处理方面仍以水泥或水泥基浆液为主，化学灌浆仅起辅助作用，着重解决一些水泥灌浆难以见效的问题。对具有低毒性的化学浆液，原则上应尽量不用或少用。但在堵漏和混凝土裂缝灌浆处理方面，由于效果好，化学灌浆日益显示出其优越性。

13.8.1 围岩化学灌浆

（1）化学灌浆材料。地下工程所用化学灌浆材料，主要是根据工程要求、处理部位、要达到的目的等进行选用，常用的化学灌浆材料主要有：聚氨酯灌浆材料、环氧树脂灌浆材料、水玻璃灌浆材料等。

1）材料性能。

A. 聚氨酯灌浆材料以多异氰酸酯与多羟基化合物制备的预聚体为主剂，在分子结构两端有游离的－NCO，它能与水或固化剂反应形成不溶于水的、具有一定弹性或强度的固结体。聚氨酯灌浆材料种类繁多，根据其性状不同，可分为水溶性（或称亲水型）、油溶性（或称疏水型）两类。聚氨酯灌浆材料性能指标宜符合《聚氨酯灌浆材料》（JC/T 2041—2010）、《煤矿充填密闭用高分子发泡材料安全操作规范》（AQ 1090—2011）的规定。

B. 环氧树脂结构中含有环氧基团，能与氨基等活性基团反应，生成稳定的高分子结构。由环氧树脂与稀释剂、助剂及固化剂按规定比例配制成环氧灌浆材料，形成的固结体具有优异的力学性能。环氧树脂灌浆材料性能指标宜符合《混凝土裂缝用环氧树脂灌浆材料》（JC/T 1041—2007）、《工程结构加固材料安全性鉴定技术规范》（GB 50728—2011）的规定。

C. 水玻璃（硅酸钠）灌浆材料是最早使用的化学灌浆材料，由于其具有无毒、价廉等特点，目前仍是多数防渗堵漏工程的首选材料，特别是水泥-水玻璃体系仍在大量的工程中应用。水玻璃灌浆材料原液宜为模数在 2.2～3.4 之间，浓度宜为 30～55°Be。

2）适用条件。

A. 聚氨酯灌浆材料具有反应速度快、固结体性能范围广的特点。它通常以水作为固化剂，根据材料分子结构的不同，其固化产物可以是包水的胶凝体、高延伸率的弹性体、坚硬的固结体或者高发泡倍数的泡沫体。因此，根据其不同的特性可将其用于不同的工程中，如水溶性聚氨酯灌浆材料宜用于防渗堵漏工程；油溶性聚氨酯灌浆材料既可用于防渗堵漏工程，也可用于补强加固工程；而有变形要求的结构缝处理宜采用弹性较大的聚氨酯灌浆材料。

B. 环氧树脂灌浆材料是使用最为广泛的补强灌浆材料。具有黏结力高、在常温下可固化，固化后收缩小、机械强度高、耐热性及稳定性好等优点。目前已研制出黏度可调、渗透性好且可在低温、潮湿及水下固化的系列环氧树脂灌浆材料。环氧树脂灌浆材料宜用于混凝土结构和地基的补强、加固和防渗工程。

C. 水玻璃类灌浆材料是由水玻璃溶液和相应的胶凝剂等组成的，灌入地层后，发生反应生成硅酸盐胶凝，充填密闭土（砂）中的孔隙和岩石的裂隙，起到固结和防渗堵漏的作用。水玻璃除可以单独作为纯水玻璃浆液灌注而外，它还可以与水泥浆联合灌注。这一方法在国内的地下工程中已经广泛应用，主要用于防渗堵漏工程。

3）化学灌浆材料的储存、保管与浆液配制。化学灌浆材料应存放在密闭容器中，储存于阴凉、干燥处，并设有消防安全措施。

化学灌浆浆液一般由双组分或多组分组成，需要在现场按比例进行配制，且对配合比要求比较高。配浆人员应熟知浆液配方，了解配方各组分的化学性能和作用，在满足灌浆进度的条件下，应减少每次的配浆量，遵循"少量多次"的原则。聚氨酯灌浆材料在存放与配制过程中不得与水接触，包装开启后宜一次使用完。

4）废液处理。在灌浆过程中产生剩余浆液，不得随意倾倒、丢弃，必须装入专用的料桶，待其固化后，运到合适地点进行集中处置。

（2）工艺流程。围岩化学灌浆一般工艺流程为：施工准备→钻孔→清孔→裂隙冲洗和压水试验→安装灌浆塞→配浆→灌浆→拆卸灌浆塞→灌浆孔回填封堵、表面清理→竣工。

（3）钻孔。

1）固结化学灌浆钻孔可采用各种适宜的方法钻进，当采用冲击或冲击回转式钻机钻孔时，应加强钻孔和裂隙冲洗。帷幕化学灌浆宜采用回转式钻机和金刚石或硬质合金钻头钻进。

2）灌浆孔位与设计孔位的偏差值不应大于100mm，孔深不得小于设计规定值。孔斜应符合设计及相关规范要求。

3）钻孔过程中，遇岩层、岩性变化，发生回水变色、涌水等异常情况，应详细记录。

4）灌浆孔（段）在钻进结束后，应进行钻孔冲洗，孔底沉积厚度不应大于0.2m。

（4）裂隙冲洗和压水试验。

1）当采用自上而下分段灌浆法时，灌前宜进行裂隙冲洗。采用自下而上分段灌浆法，各灌浆孔可在灌浆前全孔进行一次裂隙冲洗，冲洗压力可为灌浆压力的80%，并不大于1MPa。对断层破碎带、软弱夹层等地质条件复杂地段，以及设计有专门要求的地段，裂隙冲洗应按设计要求进行，或通过现场试验确定。

2）帷幕化学灌浆先导孔应自上而下分段进行压水试验，试验可采用单点法，其他灌浆孔各灌浆段灌前宜进行简易压水，简易压水可结合裂隙冲洗进行，单点法及简易压水试验方法同水泥灌浆。

3）固结化学灌浆孔各孔段灌浆前应采用压力水进行裂隙冲洗，冲洗时间宜为20min，压力为最大灌浆压力的80%，并不大于1MPa。灌浆前的压水试验应在裂隙冲洗后进行，试验孔数不宜少于总孔数的5%，试验可采用单点法。

4）在岩溶泥质充填物和遇水后性能易恶化的岩层中进行灌浆时，可不进行裂隙冲洗和简易压水。

（5）灌浆。

1）根据不同的地质条件和工程要求，基岩灌浆方法可选用全孔一次灌浆法、自上而下分段灌浆法、自下而上分段灌浆法。

2）化学灌浆开始前，宜先排除孔内积水，然后进行灌浆。

3）灌浆压力记录以孔口压力表为准。压力值宜读取压力表指针摆动的中值，指针摆动范围宜小于灌浆压力的20%，摆动范围宜做记录。

4）灌浆宜尽快达到设计压力，但对于注入率较大或易于抬动的部位应分级升压。

（6）灌浆结束和封孔。

1）化学灌浆的结束标准应按设计要求执行，若无明确设计要求时，可按以下标准执行。

A. 帷幕化学灌浆：灌浆段在最大设计压力下，当注入率不大于0.02L/(min·m)后，继续灌注30min或达到胶凝时间。

B. 固结化学灌浆：灌浆段在最大设计压力下，当注入率不大于0.05L/(min·m)后，继续灌注30min或达到胶凝时间。

2）各灌浆段灌浆结束后，应进行闭浆，待浆液胶凝后再钻灌下一段。

3）化学灌浆的封孔及封孔方法应按《水工建筑物水泥灌浆施工技术规范》（DL/T 5148—2012）的规定执行。

（7）特殊情况处理。

1）化学灌浆过程中发现冒浆、漏浆时，应根据具体情况采用低压、限流、待凝、间歇等方法进行处理。如效果不明显，应停止灌浆，待浆液凝固后重新扫孔复灌。

2）化学灌浆过程中发生串浆时，如串浆孔具备灌浆条件，宜"一泵一孔"同时开灌，但并灌孔不宜多于3个，并应控制灌浆压力，防止上部混凝土或岩体抬动。否则，应阻塞被串孔，待灌浆孔灌浆结束后，再对被串孔进行扫孔、冲洗后，继续钻进或灌浆。

3）化学灌浆应连续进行，若因故中断，应在浆液胶凝以前且不影响灌浆质量时恢复灌浆，否则应进行冲孔或扫孔，再恢复灌浆。

4）孔口有涌水的灌浆孔段，灌浆前应测记涌水压力和涌水量，根据涌水情况，可采取提高灌浆压力、缩短浆液胶凝时间等处理措施。

5）灌浆注入率大时，宜采取低压、限流、限量、间歇、改用速凝浆液等技术措施处理。

6）化学灌浆过程中，灌浆压力或注入率突然改变幅度较大时，应分析原因，及时采取措施处理。

（8）质量检测。施工过程中应对化学灌浆材料和各道工序的质量进行检测并记录。基岩化学灌浆施工质量检测应按表13-3执行。

帷幕化学灌浆检查孔的数量不宜少于灌浆孔总数和10%，固结化学灌浆检查孔的数量不宜少于灌浆孔总数的5%。1个单元工程内，至少应布置1个检查孔。检查孔压水试验宜采用单点法，也可采用五点法。

表 13 - 3 　　　　　　　　基岩化学灌浆施工质量检测方法一览表

项目类别	应采取的方法	必要时可采取的方法
帷幕灌浆	①钻孔取芯，绘制钻孔柱状图； ②检查孔压水试验	孔内电视录像
固结灌浆	①钻孔取芯，绘制钻孔柱状图； ②声波测试； ③检查孔压水试验	①变模测试； ②孔内电视录像； ③岩芯物理力学试验； ④大口径钻孔观察及取芯检测

13.8.2　混凝土裂缝化学灌浆

混凝土工程裂缝的类型较多，按裂缝产生的原因划分为由外荷载引起的裂缝、由变形引起的裂缝、由施工操作引起的裂缝；按裂缝的方向、形状划分为水平裂缝、垂直裂缝、横向裂缝、纵向裂缝、斜向裂缝以及放射状裂缝等；按裂缝深度划分为贯穿裂缝、深层裂缝及表面裂缝 3 种。对于混凝土微细裂缝的防渗处理及混凝土裂缝的补强处理，一般采用化学灌浆。

（1）施工工艺流程。准备工作→打磨→冲洗→裂缝描述→贴嘴（或钻孔）→封缝→通风检查→灌浆→注浆嘴清除（复灌→嵌缝，此两道工序根据灌后缝面是否仍然渗水而确定是否增加）→质量检查及验收。

（2）灌浆准备。

1）采用钻孔灌浆法时，钻孔可布置在裂缝的一侧或两侧，钻孔排数、孔深、孔排距和斜孔倾角等参数，应按设计规定执行。设计无明确规定时，可参照以下方法确定。

A. 混凝土裂缝断裂面上的孔距和排距。依据化学灌浆浆液在混凝土裂缝中的有效扩散半径 R，为保证化学浆液在裂缝面上充填密实，按图 13 - 32 确定混凝土裂缝断裂面上的孔距 S 和排距 h。S、h 值按式（13 - 4）计算。

$$\left.\begin{array}{c} S=\sqrt{3}R \\ h=\dfrac{3}{2}R \end{array}\right\} \tag{13-4}$$

式中　S——裂缝断裂面上孔距，m；

　　　h——裂缝断裂面上排距，m；

　　　R——浆液有效扩散半径，m。

B. 混凝土表面上的孔距和排距。垂直裂缝（裂缝面与混凝土表面呈 90°）、混凝土表面的钻孔孔距和排距（见图 13 - 33），按式（13 - 5）计算。

$$\left.\begin{array}{c} S_1=S=\sqrt{3}R \\ h_1=\dfrac{h}{\tan\alpha}=\dfrac{3R}{2\tan\alpha} \end{array}\right\} \tag{13-5}$$

式中　S_1——混凝土表面上的孔距，m；

　　　h_1——混凝土表面上的排距，m；

　　　R——浆液有效扩散半径，m；

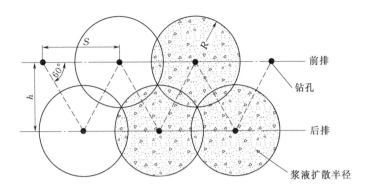

图 13 - 32　混凝土裂缝断裂面上的孔距和排距示意图

α——灌浆钻孔倾角，(°)。

第一排孔的孔位距裂缝开口线的距离应等于 $h_1/2$。

斜缝裂缝面与混凝土表面夹角不等于 90°时，断裂面上孔距和排距仍按图 13 - 33 确定，混凝土表面钻孔的孔距和排距，根据斜缝实际倾角，通过数学方法计算求出（其中，孔距不变）。

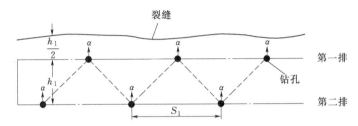

图 13 - 33　混凝土表面上孔距和排距示意图

C. 钻孔孔深。混凝土垂直裂缝钻孔孔深（见图 13 - 34）按式（13 - 6）计算：

$$L_n=\frac{\left(n-\frac{1}{2}\right)h}{\sin\alpha}+L_{超}=\frac{3\left(n-\frac{1}{2}\right)R}{2\sin\alpha}+L_{超} \tag{13-6}$$

式中　L_n——第 n 排孔深（n=1、2、…），m；

R——灌浆有效扩散半径，m；

α——灌浆钻孔倾角，(°)；

$L_{超}$——孔深超深值，0.5～1.5m，孔越深，孔深超深值越大；

n——系数（排数，n=2、3、…）。

混凝土斜缝钻孔孔深，应根据斜缝实际倾角，通过数学计算方法求出。

D. 混凝土表面上的钻孔孔距应与混凝土断裂面上的孔距要同，钻孔时应保证钻杆在混凝土表面上的投影线与混凝土裂缝开口线垂直（90°）。

E. 混凝土表面上钻孔时，后排孔位应在前排相邻两孔连线中点垂线上。

F. 化学灌浆孔应选用适宜的钻机钻进，斜孔孔径不宜小于 12mm，骑缝孔和孔深大于 1m 的钻孔孔径不宜小于 25mm。钻孔应采取有效措施保证按设计角度成孔。

G. 钻孔终孔后，应及时用洁净的压缩空气或压力水将钻孔内的粉末、碎屑冲（洗）

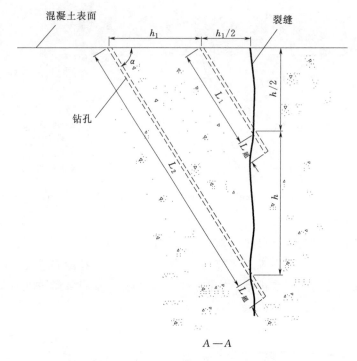

图 13-34　混凝土裂缝钻孔剖面图

干净，并检查、记录孔径、孔向、倾角和孔深，其误差值应满足设计要求。

　　H. 钻孔验收合格后埋设灌浆管时，孔内可插入过缝钢筋或投放干净、干燥的小石。灌浆管与钻孔孔壁间宜采用胶结材料密封。

　　2）采用贴嘴灌浆法时，贴嘴间距不宜大于 0.5m。裂缝交叉点、尖灭点应布置贴嘴。

　　A. 封缝应根据混凝土结构和裂缝的情况，选取凿槽嵌缝和表面涂抹封缝材料等方法。

　　B. 埋管、贴嘴、封缝应定位准确、粘贴牢固，能承受最大灌浆压力。

　　三峡工程永久船闸地下输水隧洞温度缝化学贴嘴及封缝采用如下方法。

　　对于规则裂缝，缝宽小于 0.3mm 时，按间距 20cm 布置注浆嘴；缝宽大于 0.3mm 时，按间距 30cm 布置注浆嘴。对于不规则裂缝，在裂缝交叉点及裂缝端部均须布置注浆嘴（见图 13-35）。贴嘴施工时，在漏水大的部位用堵漏灵胶泥做一座小围堰，引开流水，将 ECH-Ⅰ型黏胶抹在注浆嘴底板上，要求进浆孔周围 1cm² 范围内不能抹胶，以免堵塞注浆孔。贴嘴时用定位针穿过进浆管，对准缝口插上，然后将注浆嘴压向混凝土表面，1min 后，抽出定位针，如发现定位针没黏附粘胶，就可以认定注浆嘴粘贴合格。贴嘴工作完成 3h（1～3h，用手触碰不动即可）后，用堵漏灵胶泥将渗水的缝口堵住，2h 后用烤灯或碘钨灯将混凝土表面烘干，并对烘干的混凝土表面用无水酒精洗抹一遍。待混凝土表面干燥后，刮抹一层 ECH-Ⅱ型黏胶（底胶）。当 ECH-Ⅱ型黏胶不黏手时，刮抹 ECH-Ⅲ型面胶两遍，厚度大于 2cm，宽度沿裂缝两边各 15cm。待 12h 后，ECH-Ⅲ型面胶基本固化，用堵漏灵再加固，厚 3cm，宽度超过 ECH-Ⅲ型面胶两边各 3cm，形成中间高、两边低的伞形封盖（见图 13-36）。堵漏灵抹完后，及时洒水进行养护。

图 13-35　不规则裂缝贴嘴示意图

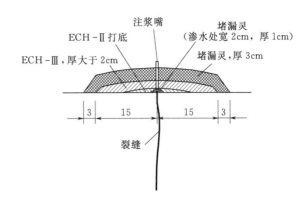

图 13-36　封缝示意图（单位：cm）

C. 灌浆单元内所有混凝土裂缝、灌浆管口、贴嘴应统一编号。

D. 化学灌浆前应采用洁净压缩空气对裂缝与埋管、贴嘴之间的畅通性和封缝的密封性以及管路安装的牢固性、可靠性等进行检查，吹出缝内碎屑、浮尘及积水，并进行记录。风压不得超过最大灌浆压力的 30%。

3）采用骑缝灌浆法时，应按以下要求操作。

A. 骑缝灌浆法是对准裂缝直接钻孔，对缝面封闭后再进行化学灌浆的方法。

B. 沿裂缝将混凝土凿成 V 形槽，一般干裂缝槽口宽为 8～10cm，槽深 5cm，涌水裂缝槽口为 10～15cm，其深度为 8cm。V 形槽采用干硬性水泥封缝。

C. 骑缝孔布孔参见贴嘴灌浆法。

D. 灌浆孔的阻塞采用化学灌浆专用阻塞器，方便灵活。

（3）灌浆。

1）立面竖向裂缝或斜缝灌浆应自上而下、由深孔到浅孔进行。立面水平或近似水平裂缝灌浆应自一端向另一端，由深孔到浅孔进行。平面裂缝宜选择通畅性最好的孔（嘴）开灌，同时向两端依次进行。

2）当裂缝规模较大，超过灌浆设备的正常工作能力，灌浆质量难以保证时，可采取分区灌浆。分区方法可采取钻孔封堵、间歇灌浆分割等形式。

3）钻孔灌浆法、贴嘴灌浆法应逐孔、逐嘴灌注，钻孔加贴嘴灌浆法应先灌钻孔后灌贴嘴。相邻多孔、多嘴出浆时可并联灌浆。

4）灌浆过程中应逐级提升灌浆压力。

5）灌浆结束标准应按设计规定执行。

6）灌浆结束待浆液固化后，应对埋管、贴嘴及封缝材料进行拆除清理和封孔。

（4）特殊情况处理。

1）化学灌浆过程中发生冒浆、外漏时，应采取措施堵漏，并根据具体情况采用低压、限流和调整配比灌注等措施进行处理。如效果不明显，应停止灌浆，待浆液胶凝后重新堵漏复灌。

2）化学灌浆过程中，当灌浆压力达到设计值，而进浆量和注入率仍然小于预计值且缝面增开度或抬动（变形）值未超过设计规定时，应研究是否提高灌浆压力。

3）化学灌浆应连续进行，因故中断应尽快恢复灌浆，必要时可进行补灌。

4）若灌浆达不到结束标准，或注入率突然减小或增大等，应分析原因，及时采取补救措施。

5）若裂缝与混凝土内部的预埋件或预设孔发生串通时，应采取阻隔、限压、限量等方式进行控制，并采用冲洗等措施防止预埋件被堵塞。

6）在水下进行混凝土裂缝灌浆时，应选择适当的灌浆材料，所选材料应能在水中固化，并与混凝土黏结牢固。水下灌浆宜采用钻孔灌浆法。

（5）质量检测。施工过程中应对化学灌浆材料和各道工序的质量进行检测并记录，灌浆后检测时间应根据所灌材料的性能在灌浆结束后适时进行检测。混凝土裂缝化学灌浆施工质量检测应按表 13-4 执行。

表 13-4　　　　　　　　　　混凝土裂缝化学灌浆施工质量检测方法

项目类别	应采取的方法	必要时可采取的方法
防渗堵漏	检查孔压水试验	钻孔取芯，绘制钻孔柱状图
补强加固	①钻孔取芯，绘制钻孔柱状图； ②检查孔压水试验	①孔内电视录像； ②岩芯物理力学试验； ③声波测试

贯穿性裂缝、深层裂缝和对结构整体性影响较大的裂缝，每条缝至少布置 1 个检查孔。其他裂缝每 100m 布置不少于 3 个检查孔；总长度小于 100m 时，也布置 3 个检查孔。检查孔压水试验压力宜为 0.3MPa，并稳压 10～20min 后结束。若设计无明确规定时，每条缝至少布置 1 个检查孔。

13.9　GIN 灌浆法

20 世纪 90 年代，第 15 届国际大坝会议主席、瑞士学者隆巴迪（Lombardi）等提出了一种新的设计和控制灌浆工程的方法——灌浆强度值（Grout Intersity Number，GIN）法。我国有一些工程进行了灌浆试验，黄河小浪底水利枢纽部分帷幕灌浆工程采用了GIN 法灌浆。

（1）基本原理。隆巴迪认为，对孔段的灌浆，都是一定能量的消耗，这个能量消耗的数值，近似等于该孔段最终灌浆压力 P 和灌入浆液体积 V 的乘积 PV，PV 就叫作灌浆强度值，即 GIN。灌入浆液的体积可用单位孔段的注入量 L/m 表示，也可以用注入干料量 kg/m 表示，灌浆压力用 MPa 表示。

GIN 法根据选定的灌浆强度值控制灌浆过程，控制的目标是使 $PV=$ GIN$=$ 常数，这在 P-V 直角坐标系里是一条双曲线，见图 13-37 中的 AB 弧线。为了避免在注入量小的细裂隙岩体中使用过高的灌浆压力，导致岩体破坏，还需确定一个压力上限 P_{max}（AE 线）；为了避免在宽大裂隙岩体中注入过量的浆液，同样需要确定一个累计极限注入量 V_{max}（BF 线）。这样一来，灌浆结束条件受 3 个因素制约：或灌浆压力达到压力上限，或累计注入量达到规定限值，或灌浆压力与累计注入量的乘积达到 GIN。AE、AB、BF 3

条线称作包络线。

（2）技术要点。①使用稳定的、中等稠度的浆液，以达到减少沉淀，防止过早地阻塞渗透通道和获得紧密的浆液结石的目的；②整个灌浆过程中尽可能只使用一种配合比的浆液，以简化工艺，减少故障，提高效率；③用 GIN 曲线控制灌浆压力，在需要和条件允许的地方，如裂隙细微、岩体较完整的部位，尽量使用较高的压力；在岩体破碎或裂隙宽大的地方避免使用高压力，避免浪费浆液；④用电子计算机监测和控制灌浆过程，实时地控制灌浆压力和注入率，绘制各种过程曲线。根据 P-V 曲线的发展情况和逼近 GIN 包络线的程度，控制灌浆进程中施工参数的调节和决定结束灌浆的时机。

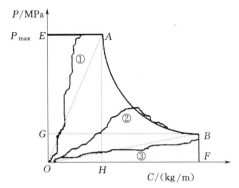

图 13-37　典型 GIN 灌浆包络线曲线图
①—灌浆进程曲线（压力达到预定的限制值）；
②—灌浆进程曲线（压力和注入量小于限制值，
但两者的乘积达到 GIN 值）；③—灌浆进程曲线
（注入量达到预定的限制值）

（3）过程监控。就某一灌浆段而言，由于其 GIN 是确定的，构成 GIN 的两个因素（灌浆压力 P 和注入量 C）又是可控的，也就是说整个灌浆过程是容易控制的。灌浆压力通过调整注入率来控制，要求达到 $P \times C$ 值不突破 GIN 包络线。GIN 法灌浆过程大体上可分为三种情况：一是细微裂隙地层，这种情况下注入率很小，压力升高很快，当压力达到最大值后，保持稳定到结束，此时灌浆曲线位于 $OEAH$ 区域（见图 13-37 中曲线①），灌浆结束点落有 AE 线上；二是裂隙中等发育区，这种情况下的灌浆压力随注入量的增加平稳上升，当 P-C 过程曲线逼近或达到 GIN 曲线即 AB 包络线时，应视灌浆的结束降低灌浆压力，使 P-C 过程曲线沿 AB 包络线下滑直至达到结束条件；P-C 过程曲线位于 AOB 区域，灌浆结束点落在 AB 包络线上（见图 13-37 中曲线②）；如果所规定的 GIN 值适当，大多数孔段的过程曲线处在该区域；三是宽大裂隙地层的灌浆过程，在这种情况下，耗浆量大，难以升压，有时甚至呈无压自流状态，此时的 P-C 过程曲线位于 $BGOF$ 区域（见图 13-37 中曲线③）。

（4）GIN 灌浆法与我国常规灌浆方法的异同。GIN 灌浆法与《水工建筑物水泥灌浆施工技术规范》（DL/T 5148）中规定的我国常用灌浆方法与工艺要求不同，见表 13-5。

（5）GIN 法的缺陷。由于灌浆技术的复杂性和 GIN 法提出和应用不久，该法尚存在一些值得研究的地方：①GIN 法也有其局限性，它不适用于细微裂隙和宽大裂隙的灌浆处理，当在细微裂隙地层灌浆时，大多数孔段的灌浆过程很快甚至一开始就会达到压力上限而结束，当在宽大裂隙地层灌浆时，大多数孔段又会很快地达到注入量极限而过早地结束灌浆；②保持 GIN 为一个常量，不仅在一个坝址的不同地段是不适宜的，而且即使在同一地段或一个孔的上部和下部也是有差别的，因为，宽大裂隙的灌浆可能成为薄弱环节；③该法不适宜于在地质条件比较差的条件下建造防渗标准高（如 $q \leqslant 1Lu$）的帷幕。

项　目		GIN 灌浆法	我国常用灌浆法
浆液		稳定浆液	各种浆液
灌浆过程	水灰比变换	不变换	一般应变换
	灌浆压力	缓慢升高	尽快升至设计压力
	注入率	以稳定的中低流量灌注	根据压力选择最优注入率
结束条件	灌浆压力	不大于最大设计压力	达到最大设计压力
	注入率	无要求	达到很小（如小于 1L/min）
	累计注入量	不大于设计最大注入量	无要求
	灌浆强度值	达到规定的 GIN	无
	持续时间	无明确要求	持续一定时间
计算机监测		使用计算机进行实时监测	现代工程一般要求用

（6）我国技术人员对 GIN 法的改进。我国技术人员在引进 GIN 法的同时，对它的不足之处进行了部分改进。①先堵后灌：某水利枢纽 GIN 法灌浆试验时对岩溶化石灰岩地层涌水、透水率大的层间溶蚀部位先进行堵漏灌浆，待达到注入率足够小，灌浆压力不小于 1MPa 后，再按 GIN 法要求灌浆；②根据不同地段和灌浆深度，规定不同的灌浆强度值，如小浪底 GIN 灌浆时就采用了这种方法；③各段灌浆要求在达到规定的灌浆强度值之后，还必须达到注入率、灌浆压力和持续时间的结束条件。

13.10　工程实例

广州抽水蓄能电站高压隧洞 6.5MPa 固结灌浆。

（1）工程概况。广州抽水蓄能电站位于广东省从化县境内。水电站采用上水库、下水库、引水隧洞及地下厂房等可逆式开发布置，装机总容量为 2400MW，分两期施工。广州抽水蓄能电站一期工程的下平洞、高压岔管位于厂房上游侧约 125m。下平洞全长215m，上游端与下斜洞下弯段相接，下游端与高压岔管相接，衬砌洞径为 8m。高压主管分部与 4 号、3 号、2 号支管成 60°交角连接，依次经过 4 号、3 号、2 号支管，后与另一侧的 1 号支管连接。主管由上游端洞径 8m 按统一锥度变为各支管端洞径 3.5m，主、岔管全长 95m。

下平洞及岔管深埋于黑云母花岗岩中，地质条件较好，为 Ⅰ 类、Ⅱ 类围岩。岩石完整性较好，断层较少，有 10 条陡倾角小断层，断层宽度一般为 10～35cm，走向与洞轴线交角较大。断层伴生有轻度蚀变花岗岩。断层处往往有渗流状或渗滴状地下水出露。地应力条件较好，岩石水力破裂应力不小于 13MPa。

下平洞及岔管轴线高程为 205.00m，上覆岩体厚度约 420m，承受设计静压水头为612m，最大内水压力为 7.25MPa。钢筋混凝土衬砌，衬砌厚度为 60cm，混凝土标号为 C30。

钢筋混凝土衬砌及一倍衬砌长度的围岩联合承担一部分内水压力，其余内水压力由其外围岩承担。在高水头作用下衬砌将开裂，围岩必须具有良好的抗渗功能，这就必须用相当于内水压力的高压对围岩进行固结灌浆，以提高围岩的抗力和防渗功能，同时还可对衬砌施加一定的预应力。而钢筋混凝土主要起保护围岩、降低糙率和便于灌浆作业之用。

为了验证及优化设计所采用的各种参数，寻求高压固结灌浆合理可行的施工方法及施工工艺，做了两场高压灌浆模拟试验：一场是选择在地质条件类似原型的地点，做了与原型为 1：2 的岔管高压灌浆试验；另一场选择在尾水洞（衬砌洞径为 8m、衬砌厚度为40cm），对不同围岩级别做了隧洞高压固结灌浆试验，为隧洞高压固结灌浆积累了经验。

（2）灌浆成果。下平洞于 1992 年 8 月 19 日开始进行回填灌浆，至 1992 年 12 月 17日高压固结灌浆结束，其灌浆成果见表 13-6。

表 13-6　　　　　　　　　　下平洞固结灌浆成果表

孔数	总孔深 /m	灌浆段位 /m	总段长 /m	灌浆压力 /MPa	总 耗 量		平均每米耗量	
					浆/L	灰/kg	浆/L	灰/kg
593	2965.0	0.6~2.5	1126.7	3.0	8414.5	2836.1	7.5	2.5
		2.5~5.0	1482.5	6.5	12569.8	6068.7	8.5	4.1

（3）灌浆孔的布设及深度。岔管共设有顶拱回填灌浆、浅孔接触灌浆、帷幕灌浆和固结灌浆 4 种。下平洞为顶拱回填灌浆和固结灌浆 2 种。以上灌浆均为水泥灌浆，采用P·O42.5 普通硅酸盐水泥。

1）孔位布设。回填灌浆的孔位系先利用浅孔接触灌浆或固结灌浆的 0°孔，一序孔孔距为 6m，最终孔距为 3m。其他类型的灌浆孔相互形成梅花形布孔。浅孔接触灌浆排距为3m，每排 10 孔。帷幕灌浆孔各管设 2 排，排距为 1m，主管和 1 号支管每排 10 孔，其他支管每排 8 孔，主管布置在始端与高压下平洞相相接，支管设于末端同引水钢支管相连。固结灌浆排距 3m，岔管的主管和 1 号支管每排 10 孔，其他支管和下平洞每排 8 孔。

2）孔深。

A. 浅孔接触灌浆。目的主要有两个：一是处理混凝土与岩石间的接触缝，使其紧密连接；二是初步加固围岩因爆破而产生的松动圈（广州抽水蓄能电站多次实测深度为0.8~1.2m）。最终是为高压灌浆创造条件，以免因高压作用而破坏混凝土衬砌，依据上述目的，孔深定为 2.5m。

B. 帷幕灌浆。其目的是使其形成防渗幕圈或延长渗径，以减少渗压水流对岔管和引水钢支管的威胁，所以设计入岩深度主岔及 1 号支管为 12m，其他支管为 6~8m。

C. 固结灌浆。原设计入岩深度为 6~8m。鉴于本地区地质条件较好，并经多次孔深与耗浆率的对比试验，表明耗浆量主要在孔深 5m 范围内，且集中在有地质构造的部位，5m 以外的耗浆量几乎为 0，所以未施工的孔在对比试验后，孔深一律改为从混凝土内面起算 5m。

因衬砌布筋较密，所以在衬砌前对各种类型的灌浆孔均进行预先埋管，管径为φ50mm 和 φ75mm，对断层等较为薄弱的地质部位增埋了随机固结灌浆孔位管，使固结灌浆更有针对性。

（4）施工技术。

1）灌浆程序。岔管的灌浆设计及灌浆方法采用了美国哈扎技术咨询公司的咨询意见，岔管基本依照回填灌浆、浅孔接触灌浆、帷幕灌浆、固结灌浆 4 个程序进行，但每 1 个岔支管又相对于独立形成 1 个施灌小区，以利于加快施工速度。下平洞依先回填灌浆、后固结灌浆 2 个程序进行。

2）施工次序。

A. 回填灌浆按 2 个次序 1 次加密，从低坡往高坡施灌。

B. 浅孔接触灌浆不分次序，但需从低孔开始逐步往高孔推进。

C. 帷幕灌浆按排间加密排内不分序、由低孔往高孔逐孔灌浆的原则进行。

D. 岔管固结灌浆按照排间加密排内分序（实际形成了 4 个次序），由低孔往高孔进行施灌。下平洞固结灌浆排间孔间均不分序，由低孔往高孔进行施灌，但每孔分两个灌浆段，必须先灌内圈近衬砌的第一灌浆段，然后再钻到设计孔深，灌外圈的第二灌浆段。

3）钻孔、冲洗及压水试验。钻孔主要采用手风钻和阿特拉斯风动凿岩机进行，孔径 ϕ45mm。

钻孔结束后利用钻机的风与水进行孔内清洗。压水试验在固结灌浆中分成 3 个压力等级进行。前两个压力等级分别在第一序孔的奇数孔 5 号、9 号孔和第二序孔的偶数孔 2 号、8 号孔中，压力分别为 2.5MPa 和 4.5MPa，以了解灌前的岩层渗透情况。第 3 个压力等级压力为 6.5MPa，布置在灌前第 4 序孔中的 5 号和 9 号孔，栓塞深入围岩 0.6m 处，以了解第三序孔灌后岩石是否产生水力劈裂现象，实际上也是对灌浆质量的一种检查。

岔管第一、第二序孔灌浆前共压水 60 段，最大透水率值为 4.5Lu。第四序孔灌浆前压水 22 段，占第一、第二、第三序灌浆孔总数 11.2%，透水率均为 0Lu（见表 13 - 7）。

表 13 - 7　　　　　　　　　　　　岔管压力试验统计表

压水次序	压水压力/MPa	透水率/Lu				合计段数
		0	0.01～1	1～3	3～5	
第一序孔灌前	2.5	18	8	2		28
第二序孔灌前	4.5	23	8		1	32
第四序孔灌前	6.5	22				22

下平洞灌前压水 30 段，压力为 3.0MPa，最大透水率值为 8.0Lu。6.5MPa 灌后压水 22 段，压力为 6.5MPa，最大透水率值为 0.08Lu。

压水试验成果表明高压灌浆防渗效果是良好的。

4）灌浆方法。不论何种类型的灌浆均采用孔口循环灌浆法。这里着重阐述浅孔接触灌浆和岔管固结灌浆与往常的不同之处。

浅孔接触灌浆要求一次性把所有的孔（或一小区段内的孔）全部钻孔完毕才允许开灌，在灌浆过程中如果发生相互串浆现象，一般不予堵塞，而是把主灌孔移至串浆孔；若多孔相串则可实行联灌。实际上这是一种群孔灌浆而又便于观察浆液渗透扩散的施工方法。哈扎技术咨询公司的观点是不言而喻的，也就是浆液渗透扩散的面积越广，灌浆的目的也就达到了。实践证明这种方法在该地区是对的。

岔管固结灌浆采用了两种不同的灌浆方法，第一种系以往国内隧洞固结灌浆常用的灌浆方法，即钻第一序孔至设计孔深，栓塞置于混凝土衬砌中，用 2.5MPa 灌浆压力施灌，然后用同样程序，以 4.5MPa 灌浆压力施灌第二序孔。第二种灌浆方法是在第三、第四序孔中实施，即第三序孔灌浆结束后，钻第三序孔至设计孔深，每个孔分为两个灌浆段。首先把充气式栓塞置于岩石中 1.5m 处，用 6.5MPa 压力施灌远离了衬砌段。该段灌浆结束后，若无浆液回流现象，则把栓塞起拔置于衬砌中，用 4.5MPa 压力施灌靠近衬砌的一段；若有浆液回流现象则待凝 12h 再予实施，然后用同样程序和灌浆压力施灌第四序孔。第二种灌浆方法是借鉴了帷幕灌浆中的孔间分序、孔内分段的方法。岔管的固结灌浆是这两种灌浆方法的联合应用。

下平洞固结灌浆每个孔分两个灌浆段。先钻、灌靠近衬砌的一段，待凝 72h 后方可钻、灌第二段。

5）压力的使用与控制。根据厚壁圆筒承受外压公式计算，下平洞衬砌在 6.5MPa 外水压力作用下，钢筋混凝土衬砌的安全系数只有 0.54；体型复杂、抗外压能力较低的岔管，安全系数更小。显然 6.5MPa 的灌浆压力直接作用在衬砌上是不安全的，并且在尾水洞高压灌浆试验中得到了证实，衬砌曾发生过劈裂。为此，必须谨慎使用高压，寻求不同寻常的隧洞固结灌浆施工方法。本工程高压灌浆的主要原则是：首先用低、中压固结与衬砌相邻的内圈围岩，提高内圈围岩抗外压能力，使其与衬砌联合以后能承担更高灌浆压力；然后，对外圈围岩进行 6.5MPa 的高压固结灌浆。

根据不同的灌浆类型、灌浆次序及灌浆段位采用不同的灌浆压力，由低压、中压到高压渐进（见表 13-8）。

表 13-8　　　　　　　　　　　　孔深、段位、灌浆压力表

工程项目	灌浆类型	排别	孔别	灌浆次序	孔深 /m	段位 /m	灌浆压力 /MPa
岔管	接触				2.5		1.0
	帷幕			1	6.0~12.0		2.5
				2	6.0~12.0		4.5
	固结	奇数	奇数	1	5.0		2.5
			偶数	2	5.0		4.5
		偶数	奇数	3	5.0	0.6~2.5	4.5
						2.5~5.0	6.5
			偶数	4	5.0	0.6~2.5	4.5
						2.5~5.0	6.5
下平洞	固结			1	5.0	0.6~2.5	3.0
				2		2.5~5.0	5.5

关于压力的控制，既要注意升速和升幅，也要视耗浆率的情况及时加以调控。本工程采取的方法是：对浅孔接触灌浆，若单耗不大于 30L/min，采用一次升压法；对帷幕和固结灌浆，若单耗不大于 30L/min，起始压力采用接触灌浆的最大压力，然后视单耗的情况每 5min（测读耗浆的时间间隔）升压 0.5~1MPa；在施灌 6.5MPa 的固结灌浆时，由 4.5MPa 升至 6.5MPa，又规定每 30s 升幅为 0.5~0.6MPa。

6）浆液的配比与变换（对岩石灌浆而言）。浆液的起始配比（水与水泥的重量比）在Ⅲ类、Ⅳ类围岩采用3:1，在Ⅰ类、Ⅱ类围岩采用5:1，然后视单耗与压力的变化情况每注入400L逐级按3:1、2:1、1:1、0.8:1进行变换。

浆液均采用1440r/min的高速搅拌机拌制。

7）灌浆结束条件及封孔。不论何种灌浆，凡最大设计压力不大于4.5MPa或者当单耗不大于0.4L/min时持续20min，即告结束；而设计压力最终要达到6.5MPa者，当灌浆压力在4.5MPa时，在20min内单耗不大于2.5L/min，要按压力的控制办法升至6.5MPa，并稳压5min。若在此时间内岩石不发生劈裂现象，则宣告该孔段灌浆结束；若岩石发生劈裂现象，应把压力回降并续灌至总耗水泥达1t方能结束灌浆。封孔采用微膨胀水泥砂浆封填。

（5）工程质量评价。在灌浆过程中测得的岔管衬砌应力应变多呈受压状态。在环向28个应变测点中，受拉测点只有2个，测值为0的有1个，其余25个测点均受压，岔管衬砌获得了平均约2.7MPa预压应力。灌浆过程中混凝土衬砌没有发生劈裂破坏现象。

在岔管顶部钻埋设渗压计的钻孔时，在距洞顶10m处取出的岩芯发现有胶结密实坚硬的水泥结石。

6.5MPa灌浆后，用6.5MPa压力进行压水试验，压水44段，其中37段吕荣值为0，其余7段最大吕荣值为0.08。

高压引水道充水后，597m静水头稳压5d，在5号支洞堵头、引水钢支管的排水管、排水廊道及f_{7012}断层等与下平洞、岔管有关的漏水点测得的总渗漏流量为0.84L/s。

以上情况表明高压灌浆是成功的，质量良好。

（6）主要施工设备。SGB6-10灌浆泵，杭州水工机械厂生产；GJ200-1搅浆机，中国水利水电第十四工程局有限公司修造厂生产；RB42-2充气式栓塞，法国制造；瑞典（阿特拉斯）产风动凿岩机。

（7）几点意见。

1）隧洞固结灌浆采用6.5MPa灌浆压力在国内属首次应用，国外工程实例也不多。在实施过程中，经认真的探索，总结出"低压灌浆，逐步升压，浓浆待凝，封孔密实"16字高压固结灌浆工艺要点。经检查，灌浆效果良好，美国哈扎公司专家对灌浆质量给予了高度评价，该项灌浆施工技术达到了国际先进水平。

2）先用低压、中压对靠近衬砌的围岩进行固结灌浆，提高内圈围岩的抗外压能力，使内圈围岩与衬砌联合受力，能承担外圈围岩固结灌浆时更大的灌浆压力。然后再对外圈围岩进行更高压力的固结灌浆，这是隧洞高压固结灌浆施工技术的要点。

3）通过模拟试验，才能因地制宜，这是实现隧洞高压灌浆的前提，否则可能达不到质量要求，或者造成不必要的浪费。

4）造孔质量的好坏（孔壁顺直与否和相应的孔径）是实现高压灌浆的关键因素。

5）坚硬致密的岩层（如果也要灌浆的话）是相对的封闭体，在灌浆过程中不利于排气，也就不利于浆液的渗透扩散。所以，可以认为在这类岩层中进行灌浆不应分序，应该在相邻的两排孔造孔后再实施灌浆。如果出现串浆现象，只要进行恰当的封堵或及时实施联灌，并不影响灌浆质量。

6）6.5MPa 灌浆结束条件中由 4.5MPa 升至 6.5MPa 时，耗量定为 2.5L/min 还值得商讨，单耗增加就升压对灌浆质量有利；而且升压前时间为 20min 也略长。

7）灌浆泵的最大工作压力能达到灌浆最大压力的 2 倍，并在管路上安装稳压器，这对压力的调控很有必要。

8）须进一步探索封孔材料和机具，以便把灌浆孔封堵得更加饱满和密实。

14 施 工 安 全 监 测

施工安全监测的主要任务是：掌握围岩和支护系统变化信息和工作状态；评价围岩和支护系统的稳定性、安全性；及时预报围岩险情，以便采取措施，防止事故发生；修正施工参数或施工工序；验证修改设计参数；为地下洞室设计和施工积累资料，为围岩稳定性理论研究提供基础数据；对地下洞室未来性态做出预测等。

14.1 范围与内容

14.1.1 监测范围

并非所有的地下洞室都需要实施现场监控量测。地下洞室是否需要现场监控量测，主要依据地下洞室围岩类别和规模（跨度）。如当地下洞室跨度小于5m时，Ⅰ～Ⅳ类围岩均不需要现场监控量测；但当地下洞室规模很大，如跨度大于20m时，即使是Ⅰ类围岩，也需要实施现场监控量测。《锚杆喷射混凝土支护技术规范》（GB 50086）对应实施现场监控量测的工程范围进行了规定（见表14-1）。

表 14-1　　　　　　　　　　地下洞室应实施现场监控量测的工程范围选定表

跨度 B/m	B≤5	5<B≤10	10<B≤15	15<B≤20	20<B
Ⅰ类围岩	—	—	—	△	√
Ⅱ类围岩	—	—	△	√	√
Ⅲ类围岩	—	—	√	√	√
Ⅳ类围岩	—	√	√	√	√
Ⅴ类围岩	√	√	√	√	√

注　1.“√”者为应实施现场监控量测的地下洞室。
　　2.“△”者为选择局部地段进行量测的地下洞室。

表14-1规定表明：凡是跨度较大和围岩较差的地下洞室，均应进行现场监控量测；围岩好或特别好但跨度很大的地下洞室，宜在局部地段进行量测，控制和监视局部不稳定块体的动态，以保证安全。

14.1.2 监测项目及布置

（1）地下工程监测项目。地下洞室围岩监测主要包括：巡视检查、变形（位移）监测、应变监测、应力监测、地下水位监测、温度监测、动态监测等，其监测项目分为必测项目和选测项目，见表14-2。

表 14-2　　　　　　　　　　　地下洞室进行现场监控量测的监测项目表

项目类别	必 测 项 目			选 测 项 目							
项目序号	(1)	(2)	(3)	(4)	(5)	(6)	(7)	(8)	(9)	(10)	(11)
项目名称	地质支护状况监测	围岩收敛	拱顶下沉	地表下沉	初始围岩内部位移变化	围岩松动范围	围岩压力	支护层间接触应力	钢架结构受力	支护结构内力	锚杆应力

对于具有特殊性质和要求的地下洞室，表 14-2 所规定的选测项目多数都成了必测项目，如大型水电站的地下厂房，初始围岩内部位移监测、围岩松动范围监测、支护结构内力监测、锚杆应力监测、锚索锚固荷载监测，都成为必测项目；对于浅埋工程，应增测地表沉降监测项目，塑性流变地层应增测底鼓位移监测项目；对需要进行理论分析、有限元计算的重大工程项目，还需要进行岩体力学参数及地应力等的测试。

（2）地下工程监测布置。

1）监测断面的分类。监测断面布置包括监测断面的确定（断面间距）和监测点的布置。监测断面又可细分为系统检测断面和一般监测断面。把多项监测内容有机地组合在一个监测断面里，且有计划、有目的地使监测内容、监测手段互相校验、印证，综合分析监测断面的变化，这种监测断面称为系统监测断面；仅将单项监测内容布置在一个监测断面内（通常指收敛监测断面，或称必测项目断面），了解围岩和支护在这个断面上各部位的变化情况，这种监测断面称为一般监测断面。

通常认为，从围岩稳定性监控出发，应重点监测围岩质量差及局部不稳定块体；从反馈设计、评价支护参数合理性出发，则应在代表性的地段设置观测断面；在特殊的工程部位，也应设置监测断面。

2）监测断面的确定（断面间距）。监测断面间距的规定如下：对一般性监测断面（必测项目断面），监测断面间距为 20～50m；对系统监测断面，仅选择有代表性的地段测试。同时还规定，测点布置的数量与地质和工程有关。在地质条件差的工程和重要工程，应该从密布点。

系统监测断面的间距、位置与数量由具体需要满足，对洞径小于 15m 的长隧洞，在Ⅱ类、Ⅲ类围岩条件下，应每隔 200～500m 设一个断面。地表沉降监测结果与埋设关系很大，其监测断面间距见表 14-3。

表 14-3　　　　　　　　　　　地下洞室进行现场监控量测的监测断面间距表

埋深 h 与洞室跨度 D 的关系	测点间距/m	埋深 h 与洞室跨度 D 的关系	测点间距/m
$h<D$	5.0～10.0	$h>2D$	20.0～50.0
$D<h<2D$	10.0～20.0		

在一般的铁路和公路隧洞中，根据围岩类别，洞室收敛位移和拱顶下沉监测断面的断面间距定为：Ⅱ类围岩为 5.0～20.0m；Ⅲ类围岩为 20.0～40.0m；Ⅳ类围岩为 40.0m 以上。〔铁路和公路隧洞围岩类别划分不同于《岩石锚杆与喷射混凝土支护工程技术规范》

（GB 50086）及相关规范。〕具有高边墙大跨度特点的水电站地下洞室，其系统监测断面间距一般为 $(1.5 \sim 2.0)D$（D 为洞室的跨度）。

3）监测测点的布置。监测测点主要依据断面尺寸、形状、围岩地质条件、开挖方式、程序、支护类型等因素进行布置。在安装埋设和观测过程中，可依据具体情况进行适当的调整。

（3）地下工程常用监测项目布置形式。确定具体工程的施工安全监测方案，应该结合工程的实际情况，选择适合工程需要的某些项目作为基本监测内容，并且做出相应的监测布置（见表 14-4）。此外，为了适应复杂多变的外界条件或特殊条件下的工程监测需要，也可以采用其他监测项目。

表 14-4　　　　　　　　　　　地下工程常用监测项目表

监测项目	主要设备	测试精度要求	布置形式	布置示意图
围岩及支护状态观察	巡视检查		全部	
收敛量测	机械量测（尺式收敛计）	0.5～1.0mm	视围岩情况每隔 5～50m 布置一个监测断面，每个断面布置测点 3～5 个	B—隧洞跨度；H—隧洞高度
	光学量测（全站仪）	1mm	大型洞室断面间距一般为 $(1.5 \sim 2.0)D$（D 为洞室的跨度），每个监测断面布置测点 5～9 个	1—激光反射棱镜；2—测线；h—断面间距
顶拱下沉量测	水准仪、钢钢挂尺或全站仪	0.5～1.0mm	一般和净空变化测点布置于同一断面；断面间距为 5～50m，布置测点 1～3 个	水准尺　水准点　顶拱下沉测点　挂尺　水准仪　开挖面
底拱（板）上抬量测	水准仪、水准尺或全站仪			

监测项目	主要设备	测试精度要求	布置形式	布置示意图
地面沉降量测	水准仪、全站仪、测尺	0.5～1.0mm	一般 $B<H\leqslant2B$ 时，纵向测点间距为 10～20m，横向测点间距为 2～5m；布置断面测点不少于 11 个	 H—隧道埋深；B—隧洞开挖跨度 b—测点横向间距；L—测量范围
围岩内部位移变化量测	单点、多点位移计	0.025～0.25mm	选择有代表性地段布置，断面间距一般为（1.5～2.0)D（D 为洞室的跨度），每个断面布置测点 5～11 个	 位移计钻孔
岩壁侧向位移量	测斜仪	0.02mm/500mm	选择有代表性的地段布置	 1—防渗灌浆洞；2—测斜管； Ⅰ～Ⅷ—开挖分层程序号
沿某一侧线应变和轴向位移分布的测量	滑动测微计	0.005mm/1000mm	选择有代表性的地段布置	

监测项目	主要设备	测试精度要求	布 置 形 式	布 置 示 意 图
相邻隧道施工影响监测	收敛计、断面收敛自动监测系统、水准仪、全站仪	0.5～1.0mm	视围岩情况每隔5～50m布置1个监测断面，每个断面布置测点3～5个	1—运行隧道；2—施工隧道；3—收敛侧线
局部岩体稳定监测	单点位移计、游标尺、百分表	0.01～0.25mm	埋设于不稳定块体处，布置测点1～2个	1—不稳定岩体；2—施工隧洞
裂缝开合及滑动位移量测	测缝计、游标尺、百分表	0.01～0.25mm	视围岩情况布置测点1～2个	1—测缝计；2—上盘；3—下盘
锚杆应力量测	锚杆应力计	≤1.0%F.S.	选择有代表性的地段，每断面布置测点3～11个	1—岩壁梁；2—锚杆；3—应力计

监测项目	主要设备	测试精度要求	布 置 形 式	布 置 示 意 图
锚索（杆）荷载量测	锚索（杆）测力计	≤1.0％F.S.	选择有代表性的地段，布置于系统锚索上，每个断面布置测点2～7个	 1—垫板；2—测力计；3—锚具
支护结构内力量测	应力计、应变计、轴力计	±0.1％F.S.	选择有代表性的地段布置，每个断面布置测点3～5个	
支护结构外力量测	界面压力传感器渗压计	≤0.5％F.S.	选择有代表性的地段布置，每个断面布置测点3～5个	1—应变计（组）；2—界面压力计；3—渗压计；4—钢架结构应力计；5—无应力计
围岩内部渗压梯度量测	渗压计	≤0.5％F.S.	选择有代表性的地段进行布置，一般每个监测断面布置测点3～5个	 1—单孔单点布置；2—单孔多点分隔布置；3—高压管道

监测项目	主要设备	测试精度要求	布 置 形 式	布 置 示 意 图
温度量测	温度计	±0.3℃	围岩内部一般设温度计2~4支	\n1—温度计；2—围岩钻孔
围岩松动圈测定	钻孔式声波仪	$\Delta_L<0.5\%$	选择有代表性的地段，每个断面布置测孔3~6个	
爆破震动监测	测震仪、磁记录仪器	1mm/s	测点至爆源的距离，按近密远疏的对数规律布置，测点数不应小于5个	\n1—地表测点；2—岩壁梁

14.1.3 监测仪器选型

仪器的用途应是事先确定的，选定时，要有在同样的用途下良好运行的考察资料为依据。对仪器的任务范围必须加以规定，其内容包括：仪器规格确定、仪器采购、仪器校准和率定、仪器安装、仪器观测、仪器维护、数据处理、数据分析说明和补救措施的实施。

这个任务的完成情况也是对责任委派工作的一个检查。同时，在进行不同仪器的方案的经济评价时，应比较其采购、校准、安装、维护、监测和数据处理的总投资；单价最低的仪器不一定能使总投资达到最小。

仪器选型应根据具体的监测项目、相应布置、工作环境等，选择技术上适用、质量上可靠、经济上合理的仪器品种、型号及配套设备和观测电缆。仪器选型应遵循以下几个要求：依据工程等级、设计监测年限、仪器工作环境等要求，确定仪器的质量指标（包括抗水性、抗腐蚀、抗电磁、耐温度等指标）；针对监测部位和测试对象进行最大测值估计，以确定正确的工作量程、分辨率、重复稳定性等技术指标；仪器选型应考虑与监测系统的数据采集方式相匹配；仪器选型应照顾安装埋设、检查维修、安全防护等实施方便的要求。

14.1.4 监测仪器监测程序

监测仪器监测程序如下：监测仪器的采购及保管→监测仪器的检验及率定→监测断面（测点）定点放样→监测孔点施工→监测仪器安装埋设→现场监测（巡视检查）→监测资料整理分析→监测报告发布（信息反馈）。

各工序具体监测要求可参考《混凝土坝安全监测技术规范》（DL/T 5178）、《水电水利工程岩体观测规程》（DL/T 5006）等。

14.2 监控量测控制基准与标准

监控量测控制基准包括地下洞室内位移、地表沉降、爆破振动等，应根据地质条件、地下洞室施工安全性、洞室结构的长期稳定性，以及周围建筑物的特点和重要性等因素制定。

14.2.1 监测频率控制标准

各监测项目原则上应根据其变化的大小和距工作面距离确定监测频率。如洞周收敛位移和拱顶下沉的监测频率可根据位移速度及离开挖面的距离而定。当不同的测线和测点位移量值和速度不同时，应以产生最大位移者来决定量测频率，整个断面内各测线和测点应采用相同的监测频率。《铁路隧道监控量测技术规程》（TB 10121）规定的观测频率为：在洞室开挖或支护后的半个月内，每天应观测 1～2 次；半个月后到 1 个月内，或掌子面推进到距观测断面大于 2 倍洞径的距离后，每天观测 1 次；1～3 个月期间，每周观测 1～2 次；3 个月以后，每月测读 1～3 次。

另外，可以根据测点距开挖面的距离及位移速度分别按表 14-5 和表 14-6 确定。由位移速度决定的监控量测频率和由距开挖面的距离决定的监控量测频率之中，原则上采用较高的频率值。出现异常情况或不良地质时，应增大监控量测频率。

表 14-5　　　　　　　　　按距开挖面距离确定的监控量测频率表

监控量测断面距开挖面距离/m	监控量测频率	监控量测断面距开挖面距离/m	监控量测频率
(0～1)B	2 次/d	(2～5)B	1 次/d
(1～2)B	1 次/d	>5B	1 次/7d

注　B 为地下洞室开挖宽度。

表 14-6		按位移速度确定的监控量测频率表	
围岩位移变化速度/(mm/d)	监控量测频率	围岩位移变化速度/(mm/d)	监控量测频率
≥5	2次/d	0.2~0.5	2次/3d
1~5	1次/d	<0.2	2次/7d
0.5~1	1次/2~3d		

大型洞室监测频率（n）应根据分层开挖特点确定。原则是测点距离爆区越近，监测频率越高，反之越低。因此，每个测点都可能多次出现高频率监测期。

监测频率应根据围岩实测动向和变化速率灵活掌握。围岩条件好、趋稳周期较短的，可按一般规定进行；围岩条件较差、趋稳周期较长的，应提高监测频率档次和延长相应监测期；变化剧烈或可能发生失稳险情的，应跟踪监测，并及时上报监测信息。

14.2.2 相对位移控制基准

地下洞室支护极限允许位移相对值可参照表 14-7 选用。

表 14-7	地下洞室支护极限允许位移相对值参照表		%
埋深/m	<50	50~300	>300
Ⅲ类围岩	0.10~0.30	0.20~0.50	0.40~1.20
Ⅳ类围岩	0.15~0.50	0.40~1.20	0.80~2.00
Ⅴ类围岩	0.20~0.80	0.60~1.60	1.00~3.00

注 1. 周边位移相对值系指两测点间实测位移累计值与两测点间距离之比，两测点间位移也称收敛值。
    2. 脆性岩体取表中较小值，塑性岩体则取表中较大值。
    3. 本表适用高跨比为 0.8~1.2 的下列地下工程：
      Ⅲ类围岩跨度不大于 20m；
      Ⅳ类围岩跨度不大于 15m；
      Ⅴ类围岩跨度不大于 10m。
    4. Ⅰ类、Ⅱ类围岩中进行量测的地下工程，以及Ⅲ类、Ⅳ类、Ⅴ类围岩在第 3 项规定以外的地下工程，应根据实测数据的综合分析或工程类别方法确定允许值。

14.2.3 位移控制基准

地下洞室位移控制基准应根据测点距开挖面的距离，支护极限由极限相对位移按表 14-8 要求确定。

表 14-8	极限相对位移控制基准表		
类别	距离开挖面 B（U_B）	距离开挖 2B（U_{2B}）	距离开挖较远
允许值	65%U_0	90%U_0	100%U_0

注 B 为地下洞室开挖宽度；U_0 为极限相对位移值。

14.2.4 结构内力控制基准

钢架内力、喷混凝土内力、二次衬砌内力、围岩压力（换算成内力）、初期支护与二次衬砌间接触压力（换算成内力）、锚杆轴力控制基准按设计技术允许要求控制。

14.2.5 位移管理等级基准

根据位移控制基准，按表 14-9 分为三个位移管理等级。

表 14-9　　　　　　　　　　　　　　　位移管理等级分类表

管理等级分类	距离开挖面 B	距离开挖面 $2B$
Ⅲ类	$U < U_B/3$	$U < U_{2B}/3$
Ⅱ类	$U_B/3 \leqslant U \leqslant 2U_B/3$	$U_B/3 \leqslant U \leqslant 2U_B/3$
Ⅰ类	$U > 2U_B/3$	$U > 2U_B/3$

注　U 为实测位移值。

14.2.6　爆破影响深度声波检测法破坏判据

声波检测法判断爆破破坏或基础岩体质量的标准，以同部位的弹性波纵波的爆后波速（C_{P2}）与爆前波速（C_{P1}）的变化率 η 来衡量，爆破后弹性纵波波速变化率。

$$\eta = [1 - (C_{P2}/C_{P1})] \times 100\% \tag{14-1}$$

式中　η——爆破后纵波波速变化率，%；

C_{P2}——爆破后的纵波波速，m/s；

C_{P1}——爆破前的纵波波速，m/s。

爆破影响深度声波检测判断标准见表 14-10。

表 14-10　　　　　　　爆破影响深度声波检测判断标准表

爆破后纵波波速变化率/%	破坏情况	爆破后纵波波速变化率/%	破坏情况
$\eta \leqslant 10$	爆破破坏甚微或未破坏	$\eta > 15$	爆破破坏
$10 < \eta \leqslant 15$	爆破破坏轻微		

14.2.7　爆破振动安全允许标准

工程爆破振动安全允许振速标准应按表 14-11 确定。

表 14-11　　　　　　　工程爆破振动安全允许振速标准表

序号	保护对象类别		安全允许振速/（cm/s）		
			<10Hz	10~50Hz	50~100Hz
1	水工隧洞			7.0~15.0	
2	交通隧洞			10.0~20.0	
3	矿山巷道			15.0~30.0	
4	水电站及发电厂中心控制室设备			0.5	
5	新浇大体积混凝土	初凝~3d		2.0~3.0	
		3~7d		3.0~7.0	
		7~28d		7.0~12.0	

注　1. 表列频率为主振频率，是指最大振幅所对应波的频率。
　　2. 频率范围可根据类似工程或现场实测波形选取。一般深孔爆破 10~60Hz；浅孔爆破 40~100Hz。
　　3. 有特殊要求的根据现场具体情况确定。

14.3　分析与反馈

14.3.1　监测数据整理

现场量测数据随时间和空间变化，一般称为时间效应和空间效应。在量测现场，要及时用变化曲线关系图表示出来，即量测数据随时间的变化规律——时态曲线；量测数据与距离之间的关系曲线。

（1）围岩与支护结构变形测试。

1）净空位移量测。按要求做好量测记录并及时进行整理；绘制各测线净空位移变化曲线。

A. 绘制位移（μ）-时间（t）关系曲线（见图14-1）。

B. 绘制位移（μ）-开挖面距离（L）关系曲线（见图14-2）。

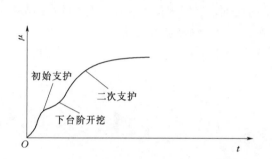
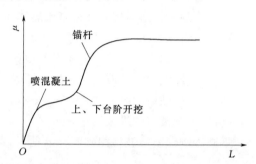

图14-1　位移（μ）-时间（t）关系曲线图　　图14-2　位移（μ）-开挖面距离（L）关系曲线图

C. 绘制位移速度（v）-时间（t）关系曲线（见图14-3）。

2）围岩内位移量测。按不同测试手段的要求做好记录，并及时整理；绘制各测孔位移变化曲线。

A. 绘制孔内个各测点（L_1、L_2、…）位移（μ）-时间（t）关系曲线（见图14-4）。

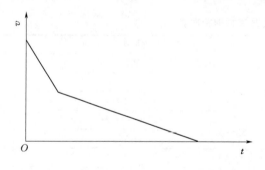
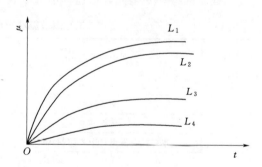

图14-3　位移速度（v）-时间（t）关系曲线图

图14-4　各测点（L_1、L_2、…）位移（μ）-时间（t）关系曲线图

B. 绘制不同时间（t_1、t_2、…）位移（μ）-深度（测点位置L）关系曲线（见图14-5）。

（2）围岩径向应变量测。围岩径向应变量测，目前多采用锚杆和应变计。按不同测试手段的要求做好记录并及时整理；绘制围岩应变变化图。

1）绘制不同时间（t_1、t_2、…）应变（μ_ε）-深度（L）关系曲线（见图14-6）。

2）绘制不同测点（1、2、…）应变（μ_ε）-时间（t）关系曲线（见图14-7）。

（3）支护受力量测。

1）锚杆轴向力量测。按要求做好记录并进行及时整理；绘制锚杆轴力变化图。

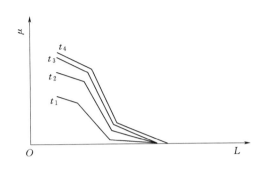

图 14 - 5 位移（μ）-深度（测点位置 L）
关系曲线图

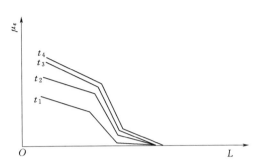

图 14 - 6 应变（μ_ϵ）-深度（L）关系曲线图

A. 绘制不同时间（t_1、t_2、…）锚杆轴力（应力 σ）-深度（L）关系曲线（见图 14 - 8）。

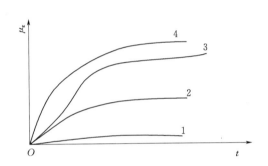

图 14 - 7 应变（μ_ϵ）-时间（t）
关系曲线图

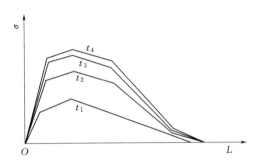

图 14 - 8 锚杆轴力（应力 σ）-深度（L）
关系曲线图

B. 绘制各测点（1、2、…）锚杆轴力（应力 σ）-时间（t）关系曲线（见图 14 - 9）。

2）喷层应力应变测试。按要求做好记录并及时整理；绘制各测点（1、2、…）应力（σ）或应变-时间（t）关系曲线（见图 14 - 10）。

（4）声波测试。声波测试数据较多，整理简单、方便。一般测试数据及时整理并计算出 V_P 值；绘制各测孔（或测段）V_P-L 关系曲线（见图 14 - 11）。

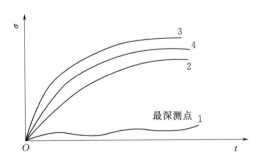

图 14 - 9 锚杆轴力（应力 σ）-
时间（t）关系曲线图

14.3.2 监测资料分析

监测资料分析的内容：一是初步分析，重点判识有无异常测值；二是根据重点监测时段的工作需要，或上级主管部门要求，开展较为系统全面的综合性分析。

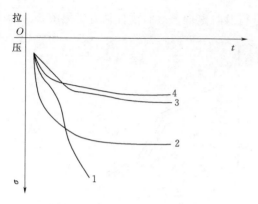
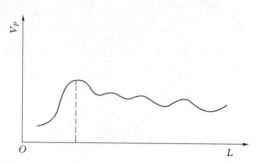

图 14-10 应力（σ）或应变-
时间（t）关系曲线图

图 14-11 波速（V_P）-深度（L）关系曲线图

14.3.2.1 过程线分析

测点过程线线型分类见表 14-12。

表 14-12 测点过程线线型分类表

类别	过程阶段特征			稳定性判断	线型特征	说 明
	Ⅰ	Ⅱ	Ⅲ			
第一类	急剧增长	缓慢增长	趋零增长	稳定形态		在地质条件和施工条件一般较好的情况下，围岩具有的变化过程
第二类	急剧增长	较慢增长	低速均匀增长	流变型不稳定形态		在软岩或者自承能力不足而且支护不充分情况下，围岩具有的变化过程
第三类	急剧增长	较慢增长	较慢至加快增长	流变型不稳定至突发失稳		在恶劣地质地段，自稳时间短或不充分情况下围岩可能呈现的变化过程
		较快增长	加快增长	突发失稳		

14.3.2.2 动态分析

从表 14-12 不难看出，施工中最需要监测的是第二类和第三类线型对应的开挖支护现场，尤其是第三类。然而在最需要监测的时段里，一般还没有完整的可与分类线型相类比的实测过程线可循，有的只是一些历时较短的过程线段。动态分析就是要密切关注这些过程线段的延续动态、发展趋势，并把每次的观测数据与现场地质情况、施工情况、洞体三维拓展情况等联系起来综合印证分析，从中作出对施工有指导意义的合理判断。以下是需要关注的几种围岩动态。

（1）爆破引起的一次变化增量（即台阶增量）过大。

（2）在静态时段内依然保持过快的增长速率。

（3）在连续数次爆破中，一次增量的衰减速率较慢，不减或有增长趋势。

（4）过程线段有"抬头"发展趋势等。

14.3.2.3 相关分析

一般是通过回归计算，预测该测点可能出现的最终值及影响范围，以评估结构或建筑物的安全状况，必要时据此优化施工方案。常见的回归函数有以下几种类型。

（1）位移历时回归分析一般采用模型。

1）指数模型。

$$U = A e^{\frac{-B}{t}} \tag{14-2}$$

$$U = A(e^{\frac{-B}{t}} - e^{\frac{-B}{t_0}}) \tag{14-3}$$

2）对数模型。

$$U = A \lg[(B+t)/(B+t_0)] \tag{14-4}$$

$$U = A \lg(l+t) + B \tag{14-5}$$

3）双曲线模型。

$$U = t/(A+Bt) \tag{14-6}$$

式中　U——变形值（或应力值）；

A，B——回归参数；

t，t_0——测点的观测时间，d。

（2）由于地下工程开挖过程中地表纵向沉降、拱顶下沉及净空变化等位移受开挖工作面的时空效应的影响，多采用指数函数进行回归分析。通常采用以拐点为对称的两条分段指数函数进行回归分析。

$$\left. \begin{array}{l} S = A[1 - e^{-B(x-x_0)}] + U_0 \quad (x > x_0) \\ S = -A[1 - e^{-B(x-x_0)}] + U_0 \quad (x \leqslant x_0) \end{array} \right\} \tag{14-7}$$

$$S = A(1 - e^{-Bx}) \quad (x \geqslant 0) \tag{14-8}$$

式中　A，B——回归参数；

x——距离开挖面的距离，mm；

S——距离开挖面 x 处的地表沉降；

x_0，U_0——拐点 x 处的沉降值 U_0。

（3）地表沉降横向分布规律采用 Peck 公式。

$$S(x) = S_{\max} e^{-\frac{x^2}{2i^2}} \tag{14-9}$$

其中

$$S_{\max} = \frac{V_1}{\sqrt{2\pi}i} \tag{14-10}$$

其中

$$i = \frac{H}{\sqrt{2\pi} \tan\left(45° - \frac{\varphi}{2}\right)} \tag{14-11}$$

式中　$S(x)$——距洞室中线 x 处的沉降值，mm；

S_{max}——洞室中线处最大沉降值，mm；

V_1——地下工程单位长度地层损失，m^3/m；

i——沉降曲线变曲点；

H——洞室埋深，m。

14.3.2.4 分布图线分析

过程线适用于点的变化动态分析，分布图线适用于线或面的变化形态分析。例如，测孔位移分布图、断面收敛形态图、洞室断面岩体深度位移等值线图及洞室岩面位移等值线图等，适合表现岩体位移的分布范围、分布深度、重点部位和位移量值。一张分布图线只反映某线或某面在某时刻的形象面貌。要想把面貌的变化过程反映出来，则需要分阶段绘制多张分布图线。

14.3.3 监测中的初步安全判别

14.3.3.1 允许最大变形量围岩稳定标准

围岩实际变形量超过或者等于允许的最大变形量时，围岩就处于破坏状态。因此在实际观测时，若发现观测值接近"最大变形量"时，就应考虑具体加固措施或修改设计参数，以加强支护。

我国和不少国家对地下洞室围岩"允许变形量"做出了明确的规定。《岩石锚杆喷射混凝土支护技术规范》（GB 50086）对允许变形量的规定是以相对收敛量给出的，相对于洞径即可换算出洞周允许最大收敛量，而"允许变形量"和"允许相对收敛量"不是一个绝对数量，只能作为参考量应用，真正判断围岩稳定与否，以围岩收敛稳定趋势为好。

14.3.3.2 趋向稳定判别

在一般情况下，当围岩与支护结构具备以下变化特征时，将趋向稳定。

（1）随着开挖面的远离，测值变化速率有逐渐减缓趋势。

（2）测值总量已达到最大回归值的 80% 以上。

（3）位移增长速率小于 0.1～0.3mm/d（软岩取大值）。

14.3.3.3 险情判别

（1）开挖在逐渐远离或停止不变，但测值变化速率无减缓趋势，或有加速增长趋势。

（2）围岩出现断断续续掉块现象。

（3）支护结构变形过大过快，有受力裂缝在不断发展等。

当发现上述任何一种情况时，应以险情对待，须跟踪加密监测，并及时预警预报。

14.3.3.4 设计警戒值判别

当测值总量或增长速率达到或者超过警戒值时，特别是增长速率加快，出现反常时，则是不安全的，需要报警。比如为满足与地下工程相关的环境或环保要求，常有警戒值限定。但就地下工程自身的安全稳定而言，由于岩体条件的复杂多变和工程不确定因素太多，水利水电工程系统至今尚无可供普遍使用的"设计安全警戒值"标准，对岩石力学而言，由于其介质为非连续体和各向异性明显，因此，要寻求一个"安全警戒值"是困难的。

14.3.4 监测信息反馈流程

14.3.4.1 监测信息反馈

监测信息反馈有理论方法和经验方法，目前仍以经验方法为主，其主要目的如下。

（1）判断围岩是否稳定，支护措施是否安全，施工方法是否恰当。

（2）在保证安全的前提下，支护是否经济，必要时调整支护设计。

14.3.4.2 监测信息反馈流程

在施工过程中进行监控量测数据的分析分为实时分析和阶段分析，均以报告形式反馈。

（1）实时分析。每天根据监控量测数据，分析施工对结构和周边环境的影响，发现安全隐患及时采取措施。实时分析一般采用日报形式。

（2）阶段分析。经过一段时间后，根据大量的监控量测数据及相关资料等进行综合分析，总结施工对周围地层影响的一般规律，指导下一阶段施工。阶段分析一般采用周报、月报、年报形式，或根据工程施工需要不定期进行。

在工程管理系统内建立监测信息反馈流程，可以有效促进信息利用、保障工程施工安全、提高信息化施工水平。同时也有利于对监测工作和信息资料的管理。

监控量测信息流程应根据工程管理体制具体确定（见图 14-12）。

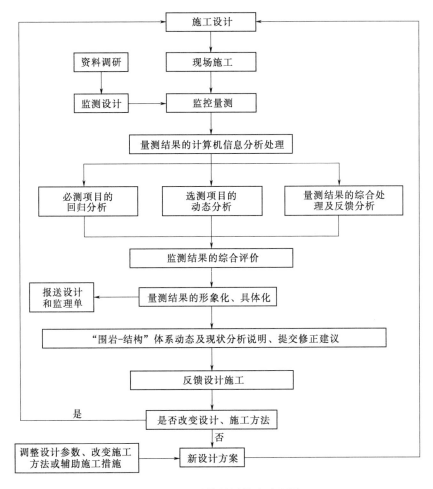

图 14-12　监控量测信息流程图